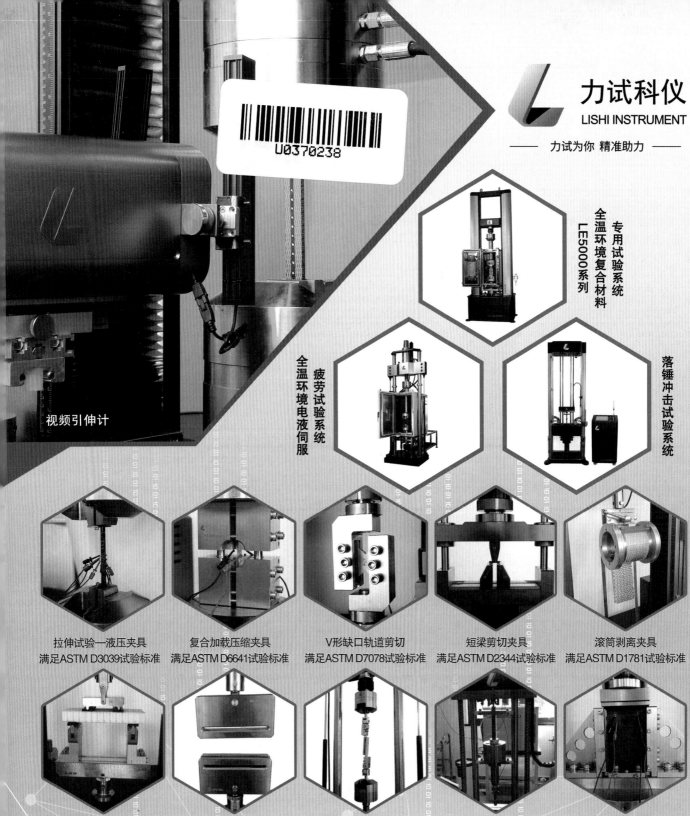

力试科仪
LISHI INSTRUMENT

力试为你 精准助力

视频引伸计

U0370238

专用试验系统
全温环境复合材料
LE5000系列

疲劳试验系统
全温环境电液伺服

落锤冲击试验系统

拉伸试验—液压夹具
满足ASTM D3039试验标准

复合加载压缩夹具
满足ASTM D6641试验标准

V形缺口轨道剪切
满足ASTM D7078试验标准

短梁剪切夹具
满足ASTM D2344试验标准

滚筒剥离夹具
满足ASTM D1781试验标准

蜂窝芯材剪切（梁弯曲方法）
满足ASTM C393试验标准

蜂窝芯材拉伸
满足ASTM C363试验标准

蜂窝状结构剪切
满足ASTM C273试验标准

落锤冲击试验
满足ASTM D7136试验标准

冲击后压缩试验
满足ASTM D7137试验标准

开孔压缩夹具
满足ASTM D6484试验标准

I形断裂韧性
满足ASTM D5528试验标准

拉拉疲劳试验
满足ASTM D3479试验标准

四点弯曲疲劳试验
满足ASTM C393试验标准

全温液压夹具
满足ASTM D3039试验标准

力试（上海）科学仪器有限公司
邮箱：lsi@lishi-test.com
全国销售热线：400-880-2830

地址：上海市金山工业区金流路199号
电话：021-37199700
售后服务电话：400-696-9212

了解更多详情
扫一扫

WANCE 万测试验机

国家高新技术企业　编号：2900 深圳万测试验设备有限公司 国家专精特新"小巨人"企业

工信部专精特新小巨人企业——深圳万测试验设备有限公司是国内知名的材料力学测试设备和服务提供商，主营材料力学测试装备生产及技术服务提供，2021年销售收入接近4亿元。现有员工超过500名，分布在深圳、武汉、上海三个研发制造工厂，以及主要大中城市的技术支持服务基地。

自2011年成立以来，万测已为数千家客户交付1万多套测试装备，主要集中在材料力学测试领域。同时我们致力于与诸多领域的客户共同成长和发展，并获得了不少荣誉，例如，国家高新技术企业、工信部专精特新"小巨人"企业、广东自主创新优胜企业、湖北瞪羚企业等。

"服务科研，贴近产业"是我们的经营宗旨，创建世界先进测试技术是我们的目标。为此我们坚持技术引领，在机械、电气、软件等全流程全环节拥有自己的全部知识产权，获准专利达100多项。在此基础上，我们积极引入工业领域新技术，不断提升测试技术和能力，例如，复合材料高低温环境下全自动化连续拉伸／弯曲测试、复合材料／金属材料高温环境下全应变控制试验、复合材料变形／应变测量非接触方式全方位实现等。

科学研发和产业发展是测试提升的基础，我们做好了准备，并积极开展各类合作，合作伙伴包括"中国航发北京航空材料研究院、航天特种材料及工艺技术研究所、上海飞机制造有限公司、四川四众玄武岩纤维技术研发有限公司、成都飞机工业（集团）有限责任公司、中国航发贵州黎阳航空动力有限公司、四川省玻纤集团有限公司、中国工程物理研究院等。不忘初心，砥砺前行，未来万测将与众多复合材料领域客户协同发展，共同迎接复合材料领域美好时代！

深圳万测试验设备有限公司
电话：0755-23057996　0755-23146660
地址：广东省深圳市光明区风景南路引进科技工业城3栋
网址：www.wance.com.cn

湖北万测试验设备有限公司
电话：027-86636062
地址：湖北省武汉市江夏经济开发区
　　　大桥现代产业园何家湖南街6号

上海万测试验设备有限公司
电话：021-57688881
地址：上海市松江区玉秀路136号20幢

北京万测试验设备有限公司
电话：010-60530057
地址：北京市通州区北皇木厂街1号院7-1号楼

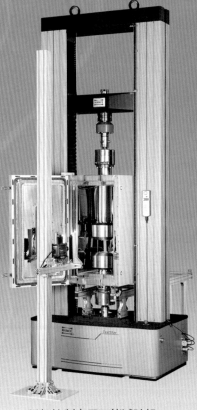

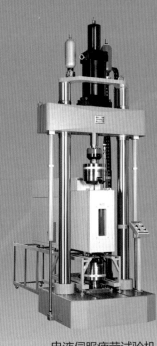

中国建材

中复神鹰碳纤维股份有限公司
Zhongfu Shenying Carbon Fiber Co., Ltd.

公司简介

　　中复神鹰碳纤维股份有限公司成立于 2006 年，隶属于国务院国资委管理的世界 500 强企业——中国建材集团有限公司。中复神鹰经过十几年的技术研发，突破了超大容量聚合、干喷湿纺纺丝、快速均质预氧化碳化等核心技术工艺，系统掌握了碳纤维 T300 级、T700 级、T800 级、M30 级、M35 级千吨级技术，以及 M40 级、T1000 级百吨级技术，建成了国内具有自主知识产权的千吨级干喷湿纺碳纤维产业化生产线。公司产品广泛应用于航空航天、风电叶片、体育休闲、压力容器、碳／碳复合材料、交通建设等领域，带动了国内碳纤维复合材料产业的快速发展。

荣誉证书

主要产品

| SYT49S-12K/24K | SYT55S-12K | SYM40-12K | SYT45-3K |

地址：江苏省连云港市大浦工业区金桥路 1-6 号　联系电话：0518-86070006

南京诺尔泰复合材料设备制造有限公司
Nanjing Loyalty Composite Equipment Manufacture Company

公司简介 >>>

　　南京诺尔泰复合材料设备制造有限公司位于江苏省南京市江北新区,是国家级高新技术企业。

　　公司成立于 2000 年,2013 年获得了国家科技进步奖二等奖;注册商标 LYT(诺尔泰);制定了拉挤设备企业标准和行业标准,取得国家专利 30 项(其中 10 项发明专利、20 项实用新型专利),通过了 ISO 9001 质量管理体系认证、欧洲 CE 认证,获得江苏省质量诚信 AAA 企业,南京市"重合同守信用"企业和国家高新技术企业等荣誉。

　　近几年公司先后到法国 OC 研发中心、德国 Fraunhofer 研究中心进行技术交流和访问。其产品客户主要来自美国、英国、法国、德国、日本、澳大利亚、印度、伊朗、巴西、迪拜、马来西亚、阿塞拜疆等十几个国家和地区,并与国内 500 多家企业建立了技术互补、产品开发、科研讨论的合作交流。

　　高品质的拉挤设备、优良的工艺设计、完善的售后服务是诺尔泰公司对您的承诺。

资质证书 >>>

高新技术企业证书

南京市优秀发明专利奖

教育部优秀成果奖证书
公司

教育部优秀成果奖证书
程正晖

国家科技技术
进步奖证书

地址：江苏省南京市江北新区智能制造产业园博富路 26 号

邮编：211506

邮箱：office@njloyalty.net

电话：025-58804462

官网：http://www.njloyalty.net

联系人：唐舒 17715665749

创新 卓越 开拓 守信
Innovation excellence pioneering trustworthiness

BAOWU 浙江宝旌

浙江宝旌炭材料有限公司

公司简介

　　浙江宝旌炭材料有限公司是中国宝武集团一级子公司——宝武碳业科技股份有限公司下属企业。位于浙江省绍兴市和吉林省吉林市，下辖五家公司，总占地面积约45.3平方米。公司以碳纤维、树脂及碳纤维复合材料的设计、研发、制造为核心业务，定位于航空航天、新能源、汽车轻量化、轨道交通、海洋装备等领域，拥有千吨级碳纤维生产车间、复材技术工程研发中心、省级复材检测中心、复合材料成型车间、预浸料生产车间、高性能树脂车间等技术储备及先进装备，为不同领域客户提供碳纤维、树脂、预浸料基础材料与高性能复合材料的研发与生产服务，承担一系列航天军工重点项目，助力我国航空航天发展。着力打造"高性能"和"轻量化"的碳纤维及其复合材料的应用、研发、规模化生产基地。2020年，碳纤维产能规模达到9500吨／年，市场份额占据国内"半壁江山"。

地址：浙江绍兴滨海工业区滨海大道与越江路交叉处
电话：0575-81198129　　传真：0575-81198011
邮箱：shenwei_779005@baosteel.com
网址：www.baojingcarbon.com

德州联合拓普复合材料科技有限公司
DEZHOU UNITED TOP COMPOSITE MATERIALS TECH CO.,LTD.

公司简介 Company profile

　　德州联合拓普复合材料科技有限公司是一家集研发、生产、销售高性能碳纤维织物、预浸料、复材制品于一体的国家级高新技术企业，公司占地44,000平方米，位于山东省德州市运河经济开发区新旧动能转换示范园区天衢东路5886号，具备年产预浸料1200万平方米、织物60万平方米、光伏热场用炭／炭复合材料及树脂基碳纤维制品10万件的生产能力。

　　公司已通过"ISO 9001""ISO 14001""ISO 45001"三体系认证，2021年被评为3A级守信用单位。公司产品已通过UL94、EN45545、DIN5510、ROHS等多项国际权威认证，产品在工业制品、轨道交通、医疗器械、体育器材、光伏热场等领域广泛应用，久负盛名。经过近20年的发展，已成为中国规模较大、技术领先的高科技复合材料制造商。

　　公司是国际先进材料与制造工程学会（SAMPE·中国）会员单位，并于2019年联合高校成立"联合拓普复合材料研究院"，充分发挥优质的科研水平和人才力量，助力于公司发展，将技术与产品应用紧密结合。目前已研发出一系列拥有多项自主知识产权的高性能产品，并已获得9项发明及近20项实用新型专利授权，相关产品通过多项国际权威认证。公司于2020年被认定为国家级高新技术企业，2021年被认定为德州市"一企一技术"、"专精特新"中小企业。

中国·山东省德州市运河新区天衢东路5886号　　电话：0534-8211969/ 15965978820

上海新天和实业集团有限公司

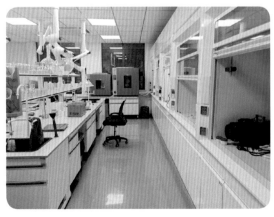

公司简介

上海新天和实业集团有限公司创建于1996年，现已形成以科创研发为头部先导，以上海新天和为运营主体，以浙江天和、南通天和为两翼，协同前进的战略布局。集团致力于在不饱和树脂、水性树脂和其他功能性树脂领域提供高品质产品及综合解决方案，产品规模均居行业先进地位。

天和坚持创新驱动，精炼"内功"，以天和研究院为研发主体，不断加大研发投入，以期让天和实现从规模先进向技术先进转变，从基础制造向智能制造迈进。天和研究院位于上海市松江区，办公面积约2500平方米，年研发投入约3500万元，与国内外多所高校、科研机构保持深度合作，主持并参与多项行业标准的编写。

天和集团将秉持"专注、累积、科技、极致"的企业发展理念，专注高分子聚合物领域，重视科研投入，累积技术实力，用科学技术打造极致产品。

注重科技创新 追求卓越品质

地址：上海松江区书崖路 168 号 9 号楼　　电话 800-820-8357　　官网：www.chinaresins.com

复合材料标准汇编

（第3版）

中国标准出版社　编

中国标准出版社

北京

图书在版编目(CIP)数据

复合材料标准汇编/中国标准出版社编. —3版. —北京：
中国标准出版社,2022.12
ISBN 978-7-5066-9048-5

Ⅰ.①复… Ⅱ.①中… Ⅲ.①复合材料—材料标准—汇
编—中国 Ⅳ.①TB33-65

中国版本图书馆 CIP 数据核字(2022)第 211030 号

中国标准出版社出版发行
北京市朝阳区和平里西街甲 2 号(100029)
北京市西城区三里河北街 16 号(100045)

网址 www.spc.net.cn
总编室:(010)68533533 发行中心:(010)51780238
读者服务部:(010)68523946
中国标准出版社秦皇岛印刷厂印刷
各地新华书店经销

×

开本 880×1230 1/16 印张 54.25 字数 1 680 千字
2022 年 12 月第三版 2022 年 12 月第三次印刷

*

定价 380.00 元

出版说明

　　复合材料是以一种材料为基体、另一种材料为增强体组合而成的材料。由于复合材料具有重量轻、强度高、加工成型方便、弹性优良、耐化学腐蚀和耐候性好等特点，已逐步取代木材及金属合金，广泛应用于航空航天、汽车、电子电气、建筑、健身器材等领域，在近几年更是得到了飞速发展。复合材料的研究深度和应用广度及其生产发展的速度和规模，已成为衡量一个国家科学技术先进水平的重要标志之一。

　　本汇编收集了截至 2021 年 8 月底批准发布的有关复合材料的标准 78 项，包括碳纤维原料及综合、复合材料试验方法、树脂复合材料、不饱和聚酯树脂复合材料、环氧树脂复合材料、其他树脂复合材料等内容。

　　本汇编可供复合材料行业生产、检验、科研、销售单位的技术人员，以及标准化人员等使用。

编　者

2022 年 5 月

目　录

三、树脂复合材料

四、不饱和聚酯树脂复合材料

一、碳纤维原料及综合

ICS 29.035.99
K 15

中华人民共和国国家标准

GB/T 1303.1—2009/IEC 60893-1:2004
代替 GB/T 18381—2001

电气用热固性树脂工业硬质层压板
第 1 部分：定义、分类和一般要求

Industrial rigid laminated sheets based on thermosetting resins
for electrical purposes—Part 1：Definitions，designations
and general requirements

(IEC 60893-1:2004,IDT)

2009-06-10 发布   2009-12-01 实施

中华人民共和国国家质量监督检验检疫总局
中国国家标准化管理委员会 发布

前　言

GB/T 1303《电气用热固性树脂工业硬质层压板》包含下列几个部分：

——第1部分：定义、分类和一般要求；

——第2部分：试验方法；

——第3部分：工业硬质层压板型号；

——第4部分：环氧树脂硬质层压板；

——第5部分：三聚氰胺树脂硬质层压板；

——第6部分：酚醛树脂硬质层压板；

——第7部分：聚酯树脂硬质层压板；

——第8部分：有机硅树脂硬质层压板；

——第9部分：聚酰亚胺树脂硬质层压板；

——第10部分：双马来酰亚胺树脂硬质层压板；

——第11部分：聚酰胺酰亚胺树脂硬质层压板；

　……

本部分为 GB/T 1303 的第1部分。

本部分等同采用 IEC 60893-1:2004《电气用热固性树脂工业硬质层压板　第1部分：定义、分类和一般要求》（英文版）。

本部分技术内容与 IEC 60893-1:2004 相同，仅删除了引用标准"IEC 60893-4:2003　绝缘材料　电气用热固性树脂工业硬质层压板　第4部分：典型值"，因本部分并没有采用到。

本部分代替 GB/T 18381—2001《电工用热固性树脂工业硬质层压板规范　定义、命名和一般要求》。

本部分与 GB/T 18381—2001 的区别如下：

a）　在"前言"中列出了有关电气用热固性树脂工业硬质层压板标准组成部分；

b）　增加了第2章"规范性引用文件"；

c）　增加了"5.2　板材大小"章条。

本部分由中国电器工业协会提出。

本部分由全国绝缘材料标准化技术委员会（SAC/TC 51）归口。

本部分主要起草单位：桂林电器科学研究所、东材科技集团股份有限公司、北京新福润达绝缘材料有限责任公司、西安西电电工材料有限责任公司。

本部分起草人：罗传勇、赵平、刘琦焕、杜超云。

本部分所代替标准的历次版本发布情况为：

——GB/T 1305—1985，GB/T 18381—2001。

电气用热固性树脂工业硬质层压板
第1部分:定义、分类和一般要求

1 范围

GB/T 1303 的本部分规定了电气用热固性树脂工业硬质层压板(以下简称层压板)的定义、分类及一般要求。层压板是以下述任一树脂作粘合剂制成的:环氧、三聚氰胺、酚醛、聚酰亚胺、有机硅、不饱和聚酯以及其他类树脂。下述补强材料可以单独使用或组合使用:纤维素纸、棉布、玻璃布、玻璃粗纱、玻璃毡、聚酯布以及木质胶合板。

2 规范性引用文件

下列文件中的条款通过 GB/T 1303 的本部分的引用而成为本部分的条款。凡是注日期的引用文件,其随后所有的修改单(不包括勘误的内容)或修订版均不适用于本部分,然而,鼓励根据本部分达成协议的各方研究是否可使用这些文件的最新版本。凡是不注日期的引用文件,其最新版本适用于本部分。

GB/T 1303.2—2009 电气用热固性树脂工业硬质层压板 第2部分:试验方法(IEC 60893-2:2003,MOD)

3 定义

3.1
工业硬质层压板 industrial rigid laminated sheets
以热固性树脂为粘合剂,由浸以粘合剂并在热和压力作用下粘结而成的一片片坯料作增强材料叠层构成的板。
注:其他组分,如着色剂,也可加入。

3.2
环氧树脂 epoxy resin/epoxide resin
含有多个环氧基并能交联的合成树脂。

3.3
三聚氰胺树脂 melamine resin
由三聚氰胺与甲醛或另一种能提供亚甲基桥的化合物缩聚而成的氨基树脂。

3.4
酚醛树脂 phenolic resin
由苯酚、苯酚同系物和/或其衍生物与甲醛缩聚而成的树脂通称。

3.5
不饱和聚酯树脂 unsaturated polyester resin
由带有酯类重复结构单元及碳-碳不饱和键的并能与不饱和单体或预聚物进行后续交联链组成的聚合物。

3.6
有机硅树脂 silicone resin
聚合物主链由交替的硅原子和氧原子组成,带有含碳原子的侧基并能交联的树脂。

3.7

聚酰亚胺树脂 polyimide resin

由芳香二胺和芳香二酐缩聚而成的合成树脂。

4 分类

本部分所涉及的层压板按所用的树脂和补强材料的不同以及板特性的不同可划分为多种型号。各种层压板的名称构成如下：

——GB 标准号；

——代表树脂的第一个双字母缩写；

——代表增强材料的第二个双字母缩写；

——系列号；

——标称厚度(mm)×宽度(mm)×长度(mm)。

名称举例：PF CP 201 型工业硬质层压板，标称厚度为 10 mm，宽度为 500 mm，长度为 1 000 mm，则可表示为：GB/T 1303 PF CP 201-10×500×1000。各种树脂和补强材料的缩写如下：

树脂类型		补强材料类型	
EP	环氧	CC	(纺织)棉布
MF	三聚氰胺	CP	纤维素纸
PF	酚醛	GC	(纺织)玻璃布
UP	不饱和聚酯	GM	玻璃毡
SI	有机硅	PC	纺织聚酯纤维布
PI	聚酰亚胺	WV	木质胶合板
		CR	组合补强材料

CR(组合补强材料)用于含有一种以上补强材料的层压板。实际组成由相应的单项材料规范规定。

注 1：GB/T 1303.3—2009 中列出了涉及的各种型号树脂组合和补强材料组合。

5 一般要求

层压板应符合本部分所规定的要求。

5.1 外观

板材应无气泡、皱纹、裂纹和其他缺陷，如划痕、压痕、波纹及颜色不匀。但允许有少量斑点。

5.2 板材大小

板材大小由供需双方商定。板材应在修边后供货，除非在相应的单项材料规范中另有规定或按供需双方商定的状态供货。

5.3 厚度

除非供需双方另有规定，标称厚度应为表 1 中所列的优选厚度。按 GB/T 1303.2—2009 测定的板的厚度偏差应不超过单项材料规范所规定的要求值。

表 1 优选标称厚度

层压板型号	优选标称厚度 mm
所有型号	0.4，0.5，0.6，0.8，1.0，1.2，1.5，2.0，2.5，3.0，4.0，5.0，6.0，8.0，10.0，12.0，14.0，16.0，20.0，25.0，30.0，35.0，40.0，45.0，50.0，60.0，70.0，80.0，90.0，100.0

5.4 供货状态要求

层压板应包装于能保证其在运输、装卸和贮存期间能够得到足够保护的包装箱或袋中供货。

每个包装的外部均应清晰地标注板材的名称及数量或质量。

若同一包装中装有不同类型的板材,则可随包装附上说明以注明所需的信息。

单一板材上的任何标记按供销合同规定。

若用印戳来打标记,则所用的印油不应影响板材的电气性能。

参 考 文 献

GB/T 1303.3—2008 电气用热固性树脂工业硬质层压板 第 3 部分:工业硬质层压板型号 (IEC 60893-3-1:2003,MOD)

ICS 29.035.01
K 15

中华人民共和国国家标准

GB/T 1303.3—2008

电气用热固性树脂工业硬质层压板
第3部分：工业硬质层压板型号

Industrial rigid laminated sheets based on thermosetting resins
for electrical purposes—Part 3：Requirements for types
of industrial rigid laminated sheets

(IEC 60893-3-1：2003，Insulating materials—
Industrial rigid laminated sheets based on thermosetting resins for
electrical purposes—Part 3：Specifications for individual materials—
Sheet 1：Requirements for types of industrial rigid laminated sheets，MOD)

2008-12-30 发布   2010-01-01 实施

中华人民共和国国家质量监督检验检疫总局
中国国家标准化管理委员会 发布

前　　言

GB/T 1303《电气用热固性树脂工业硬质层压板》分为以下几个部分：

——第1部分：定义、名称及一般要求；

——第2部分：试验方法；

——第3部分：工业硬质层压板型号；

——第4部分：环氧树脂硬质层压板；

——第5部分：三聚氰胺树脂硬质层压板；

——第6部分：酚醛树脂硬质层压板；

——第7部分：聚酯树脂硬质层压板；

——第8部分：有机硅树脂硬质层压板；

——第9部分：聚酰亚胺树脂硬质层压板；

——第10部分：双马来酰胺树脂硬质层压板；

——第11部分：聚胺酰亚胺树脂硬质层压板；

……

本部分为 GB/T 1303 的第3部分。

本部分修改采用 IEC 60893-3-1:2003《电气用热固性树脂工业硬质层压板　第3部分：单项材料规范　第1篇：对工业硬质层压板型号的要求》（第2版，英文版）。

本部分与 IEC 60893-3-1:2003 相比主要差异为：

——在格式上删除了其"参考文献"；

——技术上增补了双马来酰胺（BMI）、聚胺酰亚胺（PAI）、聚二苯醚（DPO）树脂的缩写及其对应的层压板的用途与特性；

——删除了表1中层压板有关粗布和细布的规定以及补强用纺织物规格的注释。

本部分由中国电器工业协会提出。

本部分由全国绝缘材料标准化技术委员会（SAC/TC 51）归口。

本部分主要起草单位：北京新福润达绝缘材料有限责任公司、四川东材科技集团股份有限公司、西安西电电工材料有限责任公司、国家绝缘材料工程技术研究中心、桂林电器科学研究所。

本部分起草人：刘琦焕、杨远华、杜超云、刘锋、罗传勇。

本部分为首次发布。

电气用热固性树脂工业硬质层压板
第3部分:工业硬质层压板型号

1 范围

GB/T 1303 的本部分规定了电气用热固性树脂工业硬质层压板要求的指南。而各种层压板的性能在后续各部分中规定。

本部分适用于电气用热固性树脂工业硬质层压板。

2 缩写

树脂类型

EP 环氧

MF 三聚氰胺

PF 酚醛

UP 不饱和聚酯

SI 有机硅

PI 聚酰亚胺

BMI 双马来酰胺

PAI 聚胺酰亚胺

DPO 聚二苯醚

增强材料类型

CC （纺织）棉布

CP 纤维素纸

GC （纺织）玻璃布

GM 玻璃毡

PC 纺织聚酯纤维布

WV 木质胶合板

CR 组合增强材料

注:名称CR(组合增强材料)用于含有一种以上增强材料的层压板。实际组成在相应的产品标准中规定。

3 型号

层压板的型号见表1。

表 1 层压板的型号

层压板型号			用途与特性[b]
树脂	增强材料	系列号[a]	
EP	CC	301	机械和电气用。耐电痕化、耐磨、耐化学性能好。
	CP	201	电气用。高湿度下电气性能稳定性好,低燃烧性。
	GC	201	机械、电气及电子用。中温下机械强度极高,高温下电气性能稳定性好。
		202	类似于 EP GC 201 型。低燃烧性。
		203	类似于 EP GC 201 型。高温下机械强度高。
		204	类似于 EP GC 203 型。低燃烧性。
		205	类似于 EP GC 203 型,但采用粗布。
		306	类似于 EP GC 203 型,但提高了电痕化指数。
		307	类似于 EP GC 205 型,但提高了电痕化指数。
		308	类似于 EP GC 203 型,但提高了耐热性。

表 1（续）

层压板型号			用途与特性[b]
树脂	增强材料	系列号[a]	
EP	GM	201	机械和电气用。中温下机械强度极高,高湿度下电气性能稳定性好。
		202	类似于 EP GM 201 型。低燃烧性。
		203	类似于 EP GM 201 型。高温下机械强度高。
		204	类似于 EP GM 203 型。低燃烧性。
		305	类似于 EP GM 203 型,但提高了热稳定性。
		306	类似于 EP GM 305 型,但提高了电痕化指数。
	PC	301	电气和机械用。耐 SF₆ 性能好。
MF	CC	201	机械和电气用。耐电弧和耐电痕化。
	GC	201	机械和电气用。机械强度高,耐电弧和耐电痕化,低燃烧性。
PF	CC	201	机械用。较 PF CC 202 型机械性能好,但电气性能较其差。
		202	机械和电气用。
		203	机械用。推荐用于制作小零件。较 PF CC 204 型机械性能好,但电气性能较其差。
		204	机械和电气用。推荐用于制作小零件。
		305	机械和电气用。用于高精度机加工。
	CP	201	机械用。机械性能较其他 PF CP 型更好,一般湿度下电气性能较差。适用于热冲加工。
		202	工频高电压用。油中电气强度高,一般湿度下在空气中电气强度好。
		203	机械和电气用。一般湿度下电气性能好。适用于热冲加工。
		204	电气和电子用。高湿度下电气性能稳定性好。适用于冷冲加工或热冲加工。
		205	类似于 PF CP 204 型,但具低燃烧性。
		206	机械和电气用。高湿度下电气性能好。适用于热冲加工。
		207	类似于 PF CP 201 型,但提高了低温下的冲孔性。
		308	类似于 PF CP 206 型,但具低燃烧性。
	GC	201	机械和电气用。一般湿度下机械强度高、电气性能好,耐热。
	WV	201	机械用。交叉层叠。一般湿度下电气性能好。
		202	机械和电气用。类似于 UP GM 201 型。低燃烧性。
		303	机械用。同向层叠。机械性能好。
		304	机械和电气用。同向层叠。
UP	GM	201	机械和电气用。高湿度下电气性能稳定性好,中温下机械性能好。
		202	机械和电气用。类似于 UP GM 201 型。低燃烧性。
		203	机械和电气用。类似于 UP GM 202 型,但提高了耐电弧和耐电痕化。
		204	机械和电气用。室温下机械性能很好,高温下机械性能好。

表 1（续）

层压板型号			用途与特性[b]
树脂	增强材料	系列号[a]	
UP	GM	205	机械和电气用。类似于 UP GM 204 型。低燃烧性。
SI	GC	201	电气和电子用。干燥条件下电气性能极好,潮湿条件下电气性能好。
		202	高温下机械和电气用。耐热性好。
PI	GC	301	机械和电气用。高温下机械和电气性能很好。
BMI	GC	301	机械和电气用。高温下机械和电气性能很好,耐热性很好。
PAI	GC	301	机械和电气用。高温下机械和电气性能很好,耐热性很好。
DPO	GC	301	机械和电气用。机械和电气性能好,耐热性很好。

[a] 200 系列的型号名称依据 ISO 1642,300 系列的型号名称为后加的。

[b] 不应根据表 1 推论:某具体型号的层压板一定不适用于未被列出的用途,或者特定的层压板适用于所述大范围内的各种用途。

参 考 文 献

[1]   ISO 1642   Plastics Industrial laminated sheets based on thermosetting resins

---

ICS 29.035.01
K 15

中华人民共和国国家标准

GB/T 15022.1—2009/IEC 60455-1:1998
代替 GB/T 15022—1994

电气绝缘用树脂基活性复合物
第1部分:定义及一般要求

Resin based reactive compounds used for electrical insulation—
Part 1:Definitions and general requirements

(IEC 60455-1:1998,IDT)

2009-06-10 发布   2009-12-01 实施

中华人民共和国国家质量监督检验检疫总局
中国国家标准化管理委员会   发布

前　言

GB/T 15022《电气绝缘用树脂基活性复合物》由下列部分组成:

——第 1 部分:定义及一般要求;

——第 2 部分:试验方法;

——第 3 部分:无填料环氧树脂复合物;

——第 4 部分:不饱和聚酯浸渍树脂;

——第 5 部分:石英填料环氧树脂复合物;

　……

本部分为 GB/T 15022 的第 1 部分。

本部分等同采用 IEC 60455-1:1998《电气绝缘用树脂基活性复合物　第 1 部分:定义及一般要求》(英文版)。

本部分与 IEC 60455-1:1998 相比做了下列编辑性修改:

a)　删除了 IEC 60455-1:1998 的前言、引言和附录 A"参考文献",并将"参考文献"中所列的 IEC 61006 归入第 2 章"规范性引用文件"中;

b)　凡注日期的引用文件在条文中引用时未注日期的,一律补上日期。

本部分代替 GB/T 15022—1994《电气绝缘无溶剂可聚合树脂复合物　定义和一般要求》。

本部分与 GB/T 15022—1994 相比较主要变化如下:

a)　章条标题名称不同;

b)　扩充了第 4 章"定义"的条文;

c)　增加了"分类"一章。

本部分由中国电器工业协会提出。

本部分由全国绝缘材料标准化技术委员会(SAC/TC 51)归口。

本部分主要起草单位:桂林电器科学研究所。

本部分起草人:马林泉。

本部分所代替标准的历次版本发布情况为:

——GB/T 15022—1994。

电气绝缘用树脂基活性复合物
第1部分:定义及一般要求

1 范围

GB/T 15022 的本部分规定了电气绝缘用树脂基活性复合物及其组分的命名、定义、分类及一般要求。所有的活性复合物都是无溶剂的,但可含有活性稀释剂和填料。固化时的反应是聚合反应或交联反应。本部分不包括用作涂敷粉末的活性复合物。

本部分适用于电气绝缘用树脂基活性复合物及其组分,其常用范围见表1。

表 1 复合物常用范围

应　　用	符号代码
浇铸复合物	CC
——埋封复合物	EBC
——灌注复合物	PC
包封复合物	ECC
浸渍复合物	IC
——用于沉浸	ICD
——用于滴浸	ICT
——用于真空压力浸渍	VPI

上述有关符号代码可用作产品种类的简称。根据实际需要,可以增补更多的相关符号代码。

2 规范性引用文件

下列文件中的条款通过 GB/T 15022 的本部分的引用而成为本部分的条款。凡是注日期的引用文件,其随后所有的修改单(不包括勘误的内容)或修订版均不适用于本部分,然而,鼓励根据本部分达成协议的各方研究是否可使用这些文件的最新版本。凡是不注日期的引用文件,其最新版本适用于本部分。

GB/T 1844.1—2008 塑料 符号和缩略语 第1部分:基础聚合物及其特征性能(ISO 1043-1:2001,IDT)

GB/T 1844.2—2008 塑料 符号和缩略语 第2部分:填充及增强材料(ISO 1043-2:2000,IDT)

GB/T 2035—2008 塑料术语及其定义(ISO 472:1999,IDT)

GB/T 2900.5—2002 电工术语 绝缘固体、液体和气体(eqv IEC 60050(212):1990)

GB/T 15022.2—2007 电气绝缘用树脂基活性复合物 第2部分:试验方法(IEC 60455-2:1998,MOD)

ISO 4597-1:1983 塑料 环氧树脂硬化剂和催化剂 第1部分:命名

IEC 61006:2004 电气绝缘材料 测定玻璃化转变温度的试验方法

3 命名

根据组成和活性,复合物可以在室温或高温下固化。通过固化反应可生成刚性、柔性或弹性固化物。特定复合物是根据所含树脂本身或主要活性部分的组成而命名。常用的树脂见表2。有关树脂和聚合物的符号及其特性见 GB/T 1844.1—2008。

表 2 基本树脂

树　　脂	符号代码
丙烯酸类	A
环氧	EP
聚氨酯	PUR
有机硅	SI
不饱和聚酯	UP

上述有关符号代码可用作聚合物名称的缩写。根据实际需要,可以增补更多的符号代码。

注:有关填料和增强材料的符号代码见 GB/T 1844.2—2008。有关环氧树脂固化剂和催化剂的命名见 ISO 4597-1:1983。

4　定义

注:可从 GB/T 2900.5—2002 或 GB/T 2035—2008 中获得合适定义。当需要更为专用的定义时,其措词应尽可能 接近 GB/T 2900.5—2002 或 GB/T 2035—2008。

4.1

活性复合物　reactive compound

含有其他活性组分,如硬化剂、催化剂、抑制剂或活性稀释剂,以及含有或不含有填料和某些添加剂 的浇铸树脂混合物,在其固化反应中实际上没有挥发性物质逸出。活性复合物是无溶剂的。

注:在树脂的固化过程中,可能有少量的副产(物)逸出。在活性复合物的树脂用活性稀释剂稀释的情况下,少量的 单体稀释剂会在固化过程中逸出,这主要取决于使用的工艺条件。

4.2

固化复合物　cured compound

活性复合物固化后的产物。固化复合物具有自支撑能力。

4.3

活性组分　reactive component

可以与其他组分起反应或进行连锁反应的活性复合物的任意一部分,例如树脂、引发剂、硬化剂、催 化剂、抑制剂和活性稀释剂。

4.4

树脂　resin

其分子量不确定但通常较高的一种固体、半固体或准固体的有机材料,在遭受应力时有流动倾向, 通常有一个软化或熔化范围,分子链段呈螺旋状。从广义上说,凡作为塑料基材的任何聚合物都可称之 为树脂。

4.5

丙烯酸树脂　acrylic resin

由丙烯酸或丙烯酸衍生物聚合或与其他单体(丙烯酸单体占多数)共聚而制成的树脂。

4.6

环氧树脂　epoxy resin

含有环氧基团能够交联的树脂。

4.7

聚氨酯树脂　polyurethane

固化后分子链中具有重复的氨基甲酸乙酯结构单元的树脂。

4.8

有机硅树脂 silicone resin

固化后聚合物主链由交替的硅原子和氧原子组成的树脂。

4.9

不饱和聚酯树脂 unsaturated polyester resin

在聚合物主链中具有可与不饱和单体或预聚物进行交联的碳-碳不饱和键的聚酯树脂。

4.10

活性稀释剂 reactive diluent

低黏度液体,将其加入到高黏度的无溶剂固化树脂中,在固化过程中能与树脂或硬化剂发生化学反应。

4.11

硬化剂 hardener

可通过参加反应促进或调节树脂固化反应的试剂。

4.12

催化剂 accelerator

为增加活性复合物反应速率而加入的量很少的物质。

4.13

抑制剂 inhibitor

为抑制化学反应而加入的量很少的物质。

4.14

填料 filler

为改善未固化复合物的加工性能或其他品质,或其固化物的物理、电气、化学或老化性能,以及为降低成本而加入活性复合物中的惰性固体材料。

4.15

固化 cure;curing

通过聚合或交联将活性复合物转变成更加稳定和可应用状态的过程。

4.16

聚合 polymerization

将单体或单体混合物转变成聚合物的过程。

4.17

交联 crosslinking

在聚合物链间产生多重分子间的共价键或离子键的过程。

4.18

适用期 pot life

制备待用的活性聚合物保持其可使用状态的时间周期。

4.19

贮存期 shelf life

在规定条件下,材料能保持其基本性能的贮存时间。

4.20

浇铸复合物 casting compound

采用浇注或其他方法注入模具然后固化的活性复合物。

注:通常浇铸复合物和用于特殊的浇铸复合物,如埋封、灌注,在 GB/T 2900.5—2002 中没有给出定义,或者对灌注复合物下的定义欠妥。GB/T 2900.5—2002 并不区分树脂和复合物。

4.20.1

埋封复合物 embedding compound

采用浇注法浇入模具,完全将电气或电子部件包封起来的浇铸树脂。经固化后,再从模具中取出已包封好的部件。

注:电气或电子部件的接线或接线头可以从埋封件中抽出。

4.20.2

灌注复合物 potting compound

采用浇注法浇入模具,完全将电气或电子部件包封起来的浇铸树脂。经固化后,模具仍留在埋封件上作为部件的永久性一部分。

4.21

包封复合物 encapsulating compound

不需要模具,而是采用如涂刷、蘸浸、喷溅或涂敷等合适的方法,将电气或电子部件包封上一层防护或绝缘涂层的活性复合物。

4.22

浸渍复合物 impregnating compound

能够渗透或浸入绕组和线圈或者电气部件,具有填充缝隙和孔隙的作用,以保护和粘结绕组和线圈的活性复合物。可通过沉浸(ICD)、滴浸(ICT)或真空压力浸渍(VPI)的方式进行浸渍。

5 分类

固化后复合物根据其玻璃化转变温度的分类见表3。有关玻璃化转变温度的试验方法见GB/T 15022.2—2007 中 5.4.2.1。

注:按照 IEC 61006:2004 所述的玻璃化转变温度是材料热力学性能的指标。它提供了一种评定活性复合物转变度的方法。它也是区分具有不同热力学特性的不同材料的方法。

表 3 固化后复合物分类

玻璃化转变级别	玻璃化转变温度 T_g ℃
1	$\geqslant 160$
2	$135 < T \leqslant 160$
3	$125 < T \leqslant 135$
4	$110 < T \leqslant 125$
5	$100 < T \leqslant 110$
6	$75 < T \leqslant 100$
7	$50 < T \leqslant 75$
8	$25 < T \leqslant 50$
9	$0 < T \leqslant 25$
10	$-20 < T \leqslant 0$
11	$\leqslant -20$

6 一般要求

对交付的所有产品,不仅应符合本部分的要求,而且还应符合相应单项材料规范的要求。

6.1 颜色

固化后复合物的颜色应符合供需双方商定的要求。

6.2 供货条件

树脂和其他组分应包装在坚固、干燥和清洁的容器里,以保证在运输、搬运和贮存过程中对其有足够的保护。每一个容器上至少应清晰、持久地标明下述内容:

——标准编号;

——产品名称;

——批号;

——生产日期;

——制造商名称或商标;

——规定的贮存温度或温度范围和期限;

——任何危险性警示,例如可燃性(闪点)和毒性;

——合适的组分混合说明(例如对于双组分产品);

——容量。

推荐使用的容器大小为:1 L、2.5 L、5 L、25 L 和 205 L。

6.3 贮存期

在规定温度条件下,当贮存在最初密封的容器中时,产品在其使用期内应能保持其原有基本特性。

ICS 83.120
Q 23

中华人民共和国国家标准

GB/T 26752—2020
代替 GB/T 26752—2011

聚丙烯腈基碳纤维

PAN-based carbon fiber

2020-03-06 发布

2021-02-01 实施

国家市场监督管理总局
国家标准化管理委员会 发布

前　言

本标准按照 GB/T 1.1—2009 给出的规则起草。

本标准代替 GB/T 26752—2011《聚丙烯腈基碳纤维》。

本标准与 GB/T 26752—2011 相比,除编辑性修改外主要技术变化如下:

——增加 2 个引用标准(见第 2 章);

——增加术语和定义(见 3.1、3.2 和 3.3);

——增加了溶剂分类、工艺分类及其表示(见 4.1.2 和 4.1.3);

——上浆剂分类删除"通用型",增加"适用于热固性聚酰亚胺树脂""适用于热塑性聚酰亚胺树脂"
和"其他"(见 4.1.6,2011 年版的 4.1.4);

——修改了上浆剂含量分类及其表示(见 4.1.7,2011 年版的 4.1.5);

——力学性能分类中增加了一些品种(见表 1);

——修改了碳纤维产品标记(见 4.2,2011 年版的 4.2);

——修改了外观要求(见 5.1,2011 年版的 5.1);

——增加了长度偏差及试验方法(见 5.2 和 6.2);

——增加了丝束规格的性能指标要求(见表 2);

——删除了含碳量上限值(见 2011 年版的 5.2);

——将密度的试验方法改为 GB/T 30019(见 6.3.2,2011 年版的 6.2.2);

——将上浆剂含量的试验方法改为 GB/T 29761(见 6.3.3,2011 年版的附录 B);

——修改保质期(见 8.4.2,2011 年版的 8.4.2)。

本标准由中国建筑材料工业联合会提出。

本标准由全国纤维增强塑料标准化技术委员会(SAC/TC 39)归口。

本标准起草单位:威海拓展纤维有限公司、北京化工大学、中国航空工业集团公司沈阳飞机设计研
究所、中复神鹰碳纤维有限责任公司、中国化学纤维工业协会、吉林碳谷碳纤维股份有限公司、江苏恒神
股份有限公司。

本标准主要起草人:丛宗杰、陈洞、张洪池、邹秀娟、高爱君、隋晓东、连峰、李德利、王继军、钱洪川。

本标准所代替标准的历次版本发布情况为:

——GB/T 26752—2011。

聚丙烯腈基碳纤维

1 范围

本标准规定了聚丙烯腈基碳纤维的术语和定义、分类和标记、要求、试验方法、检验规则、包装、标志、运输和贮存。

本标准适用于聚丙烯腈基碳纤维长丝,不适用于沥青基、粘胶基等非聚丙烯腈基碳纤维。

2 规范性引用文件

下列文件对于本文件的应用是必不可少的。凡是注日期的引用文件,仅注日期的版本适用于本文件。凡是不注日期的引用文件,其最新版本(包括所有的修改单)适用于本文件。

GB/T 191　包装储运图示标志

GB/T 3362　碳纤维复丝拉伸性能试验方法

GB/T 18374　增强材料术语及定义

GB/T 29761　碳纤维　浸润剂含量的测定

GB/T 30019　碳纤维　密度的测定

3 术语和定义

GB/T 18374界定的以及下列术语和定义适用于本文件。

3.1

有捻纤维　twisting fiber

沿纤维束轴向加捻后收卷的纤维。

3.2

无捻纤维　twistless fiber

沿纤维束轴向不加捻收卷的纤维。

3.3

解捻纤维　untwisting fiber

去除捻度的纤维。

4 分类和标记

4.1 分类

4.1.1 力学性能分类

按力学性能分为高强型、高强中模型、高模型和高强高模型四类,其分类由两个汉语拼音字母和四位数字组成。两个字母表示力学性能分类,四位数字表示相应的力学性能参数,前两位数字表示拉伸强度,后两位数字表示拉伸弹性模量,具体规定见表1。

如拉伸强度为4 500 MPa～＜5 500 MPa、拉伸弹性模量为220 GPa～＜260 GPa的高强型碳纤维,表示为 GQ4522。

4.1.2 溶剂分类

溶剂分类由一位字母表示：
a) 采用二甲基亚砜(DMSO)，表示为 S；
b) 采用二甲基乙酰胺(DMAc)，表示为 A；
c) 采用硫氰酸钠(NaSCN)，表示为 N；
d) 采用其他，表示为 R。

4.1.3 工艺分类

工艺分类由一位字母表示：
a) 湿法，表示为 W；
b) 干湿法，表示为 D。

4.1.4 丝束规格分类

丝束规格分类由数字与字母 K 表示，数字为每束纤维中单丝根数与 1 000 的比值，如：3 000 根单丝的纤维束，其丝束规格表示为 3K。

4.1.5 加捻情况分类

加捻情况分类由一位数字表示：
a) 有捻纤维，表示为 1；
b) 无捻纤维，表示为 2；
c) 解捻纤维，表示为 3。

4.1.6 上浆剂分类

上浆剂分类由一位数字表示：
a) 适用于环氧类树脂，表示为 1；
b) 适用于乙烯基酯、环氧类树脂，表示为 2；
c) 适用于环氧、酚醛，双马类树脂，表示为 3；
d) 适用于热固性聚酰亚胺树脂，表示为 4；
e) 适用于热塑性聚酰亚胺树脂，表示为 5；
f) 其他，表示为 6。

4.1.7 上浆剂含量分类

上浆剂含量分类由一位数字表示：
a) 不含上浆剂，表示为 0；
b) 上浆剂含量为 0.5%～<1.0%，表示为 1；
c) 上浆剂含量为 1.0%～<1.5%，表示为 2；
d) 上浆剂含量为 1.5%～<2.0%，表示为 3；
e) 上浆剂含量为 2.0%～<2.5%，表示为 4；
f) 上浆剂含量≥2.5%，表示为 5。

表 1 力学性能分类

力学性能分类及表示		拉伸强度分类及表示		拉伸弹性模量分类及表示	
力学性能分类	表示	拉伸强度范围 MPa	表示	拉伸弹性模量范围 GPa	表示
高强型	GQ	3 500~<4 500	35	220~<260	22
		4 500~<5 500	45		
高强中模型	QZ	4 500~<5 000	45	260~<350	26
		5 000~<5 500	50		
		5 500~<6 000	55		
		6 000~<6 500	60		
		6 500~<7 000	65		
		7 000~<7 500	70		
高模型	GM	3 000~<3 500	30	350~<400	35
高强高模型	QM	5 500~<7 000	55	350~<400	35
				350~<400	35
		4 000~<5 500	40	400~<450	40
				450~<500	45
				500~<550	50
				550~<600	55
		3 500~<4 000	35	600~<650	60
				650~<700	65

4.2 标记

标记由力学性能分类、溶剂分类、工艺分类、丝束规格、加捻情况、上浆剂分类、上浆剂含量和标准编号组成。

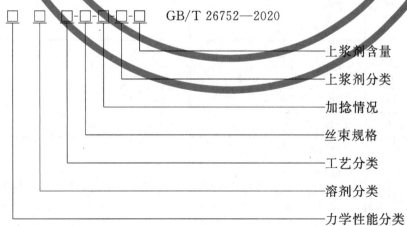

□ □ □-□-□-□-□ GB/T 26752—2020

- 上浆剂含量
- 上浆剂分类
- 加捻情况
- 丝束规格
- 工艺分类
- 溶剂分类
- 力学性能分类

示例：表示高强型碳纤维，其拉伸强度为 3 500 MPa~<4 500 MPa、拉伸弹性模量为 220 GPa~<260 GPa、以二甲基亚砜作为溶剂、采用湿法纺丝工艺生产、丝束中单丝为 3 000 根、无捻、上浆剂适用于环氧类树脂、上浆剂含量为 1.5%~<2.0%的产品标记为：

GQ3526SW-3K-2-1-3 GB/T 26752—2020

5 要求

5.1 外观

黑色,色泽均匀,无明显毛丝,无毛团,无异物,纤维束间无粘连。

5.2 长度偏差

长度偏差为正偏差。

5.3 理化性能

5.3.1 上浆剂含量应符合 4.1.7 上浆剂含量分类对应的上浆剂含量范围。

5.3.2 灰分应小于或等于 0.5%。

5.3.3 线密度、拉伸强度、拉伸弹性模量、断裂伸长率、密度和含碳量应符合表 2 的规定。

5.3.4 拉伸强度卷内离散系数应不超过 6%,拉伸弹性模量卷内离散系数应不超过 3%。

表 2 性能指标

力学性能分类	丝束规格	线密度 g/km	拉伸强度 MPa	拉伸弹性模量 GPa	断裂伸长率 %	密度 g/cm³	含碳量 %
GQ3522	1K	66±3	3 500～<4 500	220～<260	≥1.5	1.78±0.02	≥91
	3K	198±6					
	6K	400±12					
	12K	800±20					
	24K	1 600±30					
	48K	3 200±50					
GQ4522	3K	198±6	4 500～<5 500	220～<260	≥1.7	1.80±0.02	≥91
	6K	400±12					
	12K	800±20					
	24K	1 600±30					
QZ4526	3K	198±6	4 500～<5 000	260～<350	≥1.5	1.80±0.02	≥94
	6K	400±12					
	12K	800±20					
	24K	1 600±20					
QZ5026	3K	111±4	5 000～<5 500	260～<350	≥1.5	1.80±0.02	≥94
	6K	223±6					
	12K	445±12					
	24K	1 000±100					

表 2（续）

力学性能分类	丝束规格	线密度 g/km	拉伸强度 MPa	拉伸弹性模量 GPa	断裂伸长率 %	密度 g/cm³	含碳量 %
QZ5526	3K	111±4	5 500～<6 000	260～<350	≥1.8	1.80±0.02	≥94
	6K	223±6					
	12K	480±50					
	24K	1 000±100					
QZ6026	12K	445±12	6 000～<6 500	260～<350	≥1.8	1.80±0.02	≥94
GM3035	1K	61±3	3 000～<3 500	350～<400	≥0.8	1.81±0.02	≥98
	3K	182±6					
	6K	364±10					
	12K	728±18					
QM5535	12K	700±20	5 500～<7 000	350～<400	≥1.5	1.76±0.02	≥98
QM4035	3K	113±4	4 000～<5 500	350～<400	≥1.0	1.76±0.02	≥98
	6K	225±8					
	12K	450±16					
QM4040	3K	113±4	4 000～<5 500	400～<450	≥0.8	1.83±0.02	≥98
	6K	223±8					
	12K	445±16					
QM4045	3K	109±4	4 000～<5 500	450～<500	≥0.8	1.87±0.02	≥98
	6K	218±8					
QM4050	3K	109±4	4 000～<5 500	500～<550	≥0.7	1.90±0.02	≥98
	6K	218±8					
QM3555	3K	103±4	≥3 500	550～<600	≥0.6	1.93±0.02	≥98
	6K	206±8					

6 试验方法

6.1 外观

在正常光照下,目测。

6.2 长度偏差

用精度不低于±1 m的计米器测量。

6.3 理化性能

6.3.1 线密度

按 GB/T 3362 的规定检测。

6.3.2 密度

按 GB/T 30019 的规定检测。

6.3.3 上浆剂含量

按 GB/T 29761 的规定检测。

注：GB/T 29761 的"浸润剂含量"为本标准的"上浆剂含量"。

6.3.4 含碳量

按附录 A 的规定检测。

6.3.5 灰分

按附录 B 的规定检测。

6.3.6 力学性能

1 K～24 K 拉伸强度、拉伸弹性模量及断裂伸长率按 GB/T 3362 的规定检测。其他丝束规格参照 GB/T 3362 检测。

7 检验规则

7.1 出厂检验

7.1.1 检验项目

出厂检验项目为外观、上浆剂含量、拉伸强度、拉伸弹性模量、断裂伸长率、密度和线密度。

7.1.2 组批

同一生产线、同一批原材料、同一工艺，连续 1 d～10 d 稳定生产的同一标记的产品为一批。

7.1.3 抽样

按表 3 随机抽取样品进行上浆剂含量、密度检验。按表 4 随机抽取样品进行外观、拉伸强度、拉伸弹性模量、断裂伸长率及线密度检验，所抽取样品应包含按表 3 规定所抽取的上浆剂含量与密度检验用样品。

7.2 型式检验

7.2.1 检验条件

有下列情况之一时，应进行型式检验：
a) 新产品投产时；
b) 老产品转厂时；
c) 产品结构、材料、工艺等有较大改变时；
d) 正常生产时，每年至少进行 1 次；
e) 产品停产时间超过 3 个月恢复生产时；
f) 供需方合同有要求时。

7.2.2 检验项目

第 5 章规定的所有项目。

7.2.3 组批

同 7.1.2。

7.2.4 抽样判定

按表 3 随机抽取样品进行上浆剂含量、密度、含碳量及灰分检验。按表 4 随机抽取样品进行外观、拉伸强度、拉伸弹性模量、断裂伸长率及线密度检验,所抽取样品应包含按表 3 规定所抽取的上浆剂含量、密度、含碳量及灰分检验用样品。

表 3　抽样及规定表 I

批量大小 卷	抽样数量 卷	合格判定数 卷	不合格判定数 卷
3～25	3	0	1
26～50	3	0	1
51～280	3	0	1
281～500	5	0	1
501～1 200	5	0	1
1 201～3 200	8	1	2
3 201～10 000	8	1	2
10 001～35 000	8	1	2
35 001 及其以上	19	1	2

表 4　抽样判定表 II

批量大小 卷	抽样数量 卷	合格判定数 卷	不合格判定数 卷
3～25	3	0	1
26～50	8	0	1
51～280	13	1	2
281～500	20	1	2
501～1 200	32	2	3
1 201～3 200	50	3	4
3 201～10 000	80	5	6
10 001～35 000	125	7	8
35 001 及其以上	200	10	11

GB/T 26752—2020

8 包装、标志、运输、贮存

8.1 包装

8.1.1 碳纤维应紧密缠绕在纸筒上,纸筒的表面应使纱线能顺利退下来。纸筒内径规格为 76 mm,长度规格分 192 mm 和 290 mm 两种。

8.1.2 每卷碳纤维需用柔软的透明材料包裹外表面,装在清洁、干燥的瓦楞纸箱,每卷之间用硬质隔板固定,防止挤压和碰撞。

8.2 标志

8.2.1 纸筒内壁应贴有产品标签,内容包括:
  a) 产品名称、标记;
  b) 产品卷号;
  c) 产品批号、生产日期;
  d) 生产单位。

8.2.2 包装箱内应附有产品检验合格证,内容包括:
  a) 产品名称、标记;
  b) 产品批号、执行标准;
  c) 生产单位名称;
  d) 加盖质量检验专用章。

8.2.3 包装箱外表面应包括以下内容:
  a) 产品名称、标记、产品批号;
  b) 产品数量、净重量、箱号;
  c) 生产单位名称、地址;
  d) 产品执行标准。
  按 GB/T 191 的规定标明"怕湿""禁止滚翻""堆码层数极限"三种图示。

8.3 运输

产品应用干燥、有篷的交通工具运输,严防受潮,避免撞击。

8.4 贮存

8.4.1 贮存条件

产品应存放在干燥、阴凉通风的库房内,远离火源和热源,防潮,堆码层数不应超过包装上标明的堆码层数极限。

8.4.2 保质期

在 8.4.1 规定的贮存条件下,产品保质期为 2 年,超期后,经检验合格,可继续使用。如有特殊要求,应在产品标签中明示。

附　录　A
（规范性附录）
碳纤维含碳量测试方法

A.1　方法原理

碳纤维在高效催化剂存在下,在高温纯氧气氛中燃烧分解,生成二氧化碳、水和氮氧化合物的混合气体。经过还原柱,氮氧化合物还原为氮。在载气的带动下,二氧化碳、水和氮的混合气体经仪器的分离系统被逐步分离,依次进入检测器检测,得出碳的特征峰,通过数据处理得出相应的含碳量。

A.2　仪器和试剂

A.2.1　元素分析仪

元素分析仪应具有燃烧系统、还原系统、混合气体分离系统、检测系统及数据处理系统,并具备从试样燃烧、还原、气体分离、检测到数据处理的全过程自动化功能。数据处理系统应能自动记录峰面积或峰高积分计数,且自动计算校正因子和元素质量分数。

A.2.2　电子天平

感量为0.001 mg。

A.2.3　样品舟

元素分析专用锡舟。

A.2.4　试剂

乙酰苯胺:元素分析专用基准试剂。

A.3　环境条件

温度:23 ℃±2 ℃,相对湿度:50%±10%。

A.4　试样制备及预处理

A.4.1　试样制备

取碳纤维约1 g,制成长度约0.5 mm的试样待用。
若碳纤维表面有上浆剂,应先去除上浆剂,然后再按上述方法制备。

A.4.2　试样预处理

将按A.4.1制备的试样置于称量瓶中,在103 ℃±2 ℃的烘箱内烘2 h,取出后立即放入装有硅胶的干燥器中冷却至室温待用。

A.5 测定前准备

A.5.1 试剂装填

A.5.1.1 燃烧系统和还原系统应选用与元素分析仪相匹配的试剂,试剂应填充密实,各段之间不得留有空隙,并用石英棉隔开。

A.5.1.2 燃烧系统试剂装填(装填量按元素分析仪相关要求)顺序如下:

石英棉→催化剂 1→石英棉→催化剂 2→石英棉→催化剂 3→石英棉→灰分管。

A.5.1.3 还原系统试剂装填(装填量按元素分析仪相关要求)顺序如下:

石英棉→铜→石英棉→银网。

A.5.1.4 按仪器说明书要求开启元素分析仪,仪器通过自检后,进入升温程序。

A.5.2 炉温设定

按元素分析仪说明书分别设定燃烧炉、还原炉温度。

A.5.3 优化燃烧条件

为使碳纤维充分燃烧,应加大进氧量及延长燃烧时间来优化燃烧条件,优化方式依据仪器说明书选择。

A.6 元素分析仪校正

A.6.1 空白校正

待燃烧炉、还原炉的温度达到要求并保持稳定后,开始进行元素分析仪系统校正。

用已经称量的样品舟称取乙酰苯胺约 3 mg,精确至 0.001 mg,送入元素分析仪进样器,使其在规定的条件下燃烧分解。燃烧产物的收集和测定按程序自动进行。然后不加乙酰苯胺重复上述操作,测定空白值。交替进行至少 3 次,直至空白值达到仪器要求为止。

本步骤可根据元素分析仪型号不同,依据操作说明进行操作。

A.6.2 校正因子试验

用已经称量的样品舟称取乙酰苯胺约 3 mg,精确至 0.001 mg,送入元素分析仪进样器,使其在规定的条件下燃烧分解,燃烧产物的收集和测定按程序自动进行。至少进行 3 次测试,检查校正因子是否达到仪器要求。如果校正因子未达到仪器要求,则从 A.6.1 开始重新进行校正。

本步骤可根据元素分析仪型号不同,依据操作说明进行操作。

A.6.3 标准样品校正

用已经称量的样品舟称取乙酰苯胺约 3 mg,精确至 0.001 mg,送入元素分析仪进样器,使其在规定的条件下燃烧分解,并自动进行燃烧产物的收集和测定,从终端读取乙酰苯胺中碳的质量分数。重复测定不少于两次,各次测定结果与乙酰苯胺元素质量分数理论值的绝对误差不大于 0.3%,否则从 A.6.1 开始重新进行校正。

A.7 样品称量与测定

A.7.1 称量

将预处理后的样品置于已经称量的样品舟中,称量 2.3 mg～2.7 mg,精确至 0.001 mg,待测。

A.7.2 测定

将预先称好的样品送入元素分析仪进样器,使其在规定条件下充分燃烧分解,并自动进行燃烧产物的收集和测定,从终端读取样品碳的质量分数。每个试样至少进行两次平行测定,其误差应满足 A.8 规定。

A.8 数据处理

平行测定结果之差不大于 0.5%,最终结果以两次测定数据的算术平均值表示,保留四位有效数字。

A.9 试验报告

试验报告一般包括以下内容:
a) 本标准编号;
b) 元素分析仪的名称、型号;
c) 试验项目及名称;
d) 试样来源、试样名称、批号;
e) 试验室温度、湿度;
f) 试验结果;
g) 试验人员、审核人员、日期及其他。

附　录　B

（规范性附录）

碳纤维灰分测试方法

B.1　方法原理

本方法使用高温炉,在恒定温度下灼烧碳纤维试样至恒重后,计算残余物质的质量分数。

B.2　仪器、设备、计量器具

B.2.1　电子天平,感量为 0.1 mg。

B.2.2　瓷坩埚。

B.2.3　玻璃干燥器,内装变色硅胶。

B.2.4　高温炉,其性能应满足以下要求:

　　a)　最高炉温可达 1 300 ℃;

　　b)　装有调温装置,并配有热电偶和温度指示仪表,温度控制精度为±20 ℃。

B.2.5　烘箱额定温度为 200 ℃,精度为±2 ℃。

B.3　试样

在碳纤维端头 200 mm 后取样,每个样品取试样数不少于 3 份,每份试样质量约为 5 g,且试样应制成长度约 10 mm 的小段。

B.4　步骤

B.4.1　将一份试样放入烧杯,在 110 ℃±5 ℃烘箱中烘 1 h。

B.4.2　将烘好的试样置于干燥器中冷却至室温。

B.4.3　将冷却至室温的试样放入已恒重瓷坩埚(m_0),称量(m_1),精确至 0.1 mg。

B.4.4　将盛试样的瓷坩埚放在高温炉恒温区,由 300 ℃以下随炉升温到(900±20)℃,恒温进行灼烧。

B.4.5　灼烧时打开炉门圆孔,自然通风氧化,无炉门圆孔的高温炉,可微开炉门 3 mm～5 mm。

B.4.6　灼烧至无碳黑后,取出瓷坩埚放在石棉板上,在空气中冷却 5 min,再放入干燥器内,冷却至室温,迅速称量,精确至 0.1 mg。

B.4.7　称量后按 B.4.4～B.4.6 规定反复进行灼烧(每次灼烧 30 min)、称量,直至两次称量差值不大于 0.4 mg 为止,取最后一次称量结果(m_2)。

B.5　计算

B.5.1　灰分按式(B.1)计算:

$$A_m = \frac{m_2 - m_0}{m_1 - m_0} \times 100 \qquad\qquad\cdots\cdots\cdots\cdots\cdots\cdots\cdots\text{(B.1)}$$

式中：

A_m——碳纤维灰分，%；

m_0——瓷坩埚的质量，单位为克（g）；

m_1——试样质量和瓷坩埚的质量，单位为克（g）；

m_2——灼烧后灰分和瓷坩埚的质量，单位为克（g）。

B.5.2 取不少于 3 份试样的 A_m 算术平均值作为测试结果，取小数点后两位数字。

B.6 测试误差

本测试方法的允许误差：

a) 灰分小于 0.1% 时，标准偏差应不超过 9%；

b) 灰分不小于 0.1% 时，标准偏差应不超过 5%。

B.7 试验报告

试验报告一般包括以下内容：

a) 本标准编号；

b) 试验项目及名称；

c) 试样名称、批号、生产单位及生产日期；

d) 试验条件：环境温度、灼烧温度；

e) 试验结果；

f) 试验人员、审核人员、日期及其他。

————————————————

二、复合材料试验方法

ICS 83.120
Q 23

中华人民共和国国家标准

GB/T 3354—2014
代替 GB/T 3354—1999

定向纤维增强聚合物基复合材料
拉伸性能试验方法

Test method for tensile properties of orientation fiber reinforced
polymer matrix composite materials

2014-07-24 发布

2015-01-01 实施

中华人民共和国国家质量监督检验检疫总局
中国国家标准化管理委员会 发布

前　言

本标准按照 GB/T 1.1—2009 给出的规则起草。

本标准代替 GB/T 3354—1999《定向纤维增强塑料拉伸性能试验方法》。本标准与 GB/T 3354—1999 相比,主要变化如下:

——标准名称由《定向纤维增强塑料拉伸性能试验方法》改为了《定向纤维增强聚合物基复合材料拉伸性能试验方法》;

——将适用范围扩大为:连续纤维(包括织物)增强聚合物基复合材料对称均衡层合板面内拉伸性能的测定;

——删除了原来的 5 条术语和定义;

——将试验设备单独列为一章(见第 5 章),其中增加了有关环境箱的条款(见 5.2);

——将 0°拉伸试样长度由“230 mm”改为“230 mm～250 mm”;将仲裁厚度“2.0 mm”改为“推荐厚度 1 mm”(见 6.2);

——将 90°拉伸试样长度由“170 mm”改为“170 mm～200 mm”,并取消了贴加强片的要求(见 6.2);

——删除了 0°/90°均衡对称层合板的内容,改为多向层合板试样的尺寸要求(见 6.2);

——将多向层合板拉伸试样长度由“230 mm”改为“230 mm～250 mm”(见 6.2);

——对加强片的材料和粘贴方法进行了修改(见 6.3 和 6.4);

——在试验环境条件一节中增加了非实验室标准环境条件(见 7.1.2);

——在试样状态调节一节中增加了湿态试样状态的内容(见 7.2.2);

——在 7.3 中增加了对引伸计和应变片安装的详细说明(包括引伸计安装示意图和应变计粘贴示意图);

——增加了测量弯曲百分比的要求(见 7.3);

——增加了失效模式的说明(见 8.3.3);

——增加了测量弹性模量的应变范围(见 9.2、9.3);

——将拉伸破坏伸长率改为拉伸破坏应变(见 9.4)。

本标准由中国建筑材料联合会、中国航空工业集团公司提出。

本标准由全国纤维增强塑料标准化技术委员会、全国航空器标准化技术委员会(SAC/TC 435)归口。

本标准起草单位:中国飞机强度研究所、中国航空工业集团公司北京航空材料研究院、哈尔滨玻璃钢研究院。

本标准主要起草人:孙坚石、杨胜春、沈真、陈新文、王兴华、沈薇、王俭、肖娟。

本标准的历次版本发布情况为:

——GB 3354—1982、GB/T 3354—1999。

定向纤维增强聚合物基复合材料拉伸性能试验方法

1 范围

本标准规定了定向纤维增强聚合物基复合材料层合板拉伸性能试验方法的试验设备、试样、试验条件、试验步骤、计算和试验报告。

本标准适用于连续纤维(包括织物)增强聚合物基复合材料对称均衡层合板面内拉伸性能的测定。

2 规范性引用文件

下列文件对于本文件的应用是必不可少的。凡是注日期的引用文件,仅注日期的版本适用于本文件。凡是不注日期的引用文件,其最新版本(包括所有的修改单)适用于本文件。

GB/T 1446 纤维增强塑料性能试验方法总则

GB/T 3961 纤维增强塑料术语

3 术语和定义

GB/T 3961 界定的术语和定义适用于本文件。

4 方法原理

对薄板长直条试样,通过夹持端夹持,以摩擦力加载,在试样工作段形成均匀拉力场,测试材料拉伸性能。

5 试验设备

5.1 试验机与测试仪器

试验机和测试仪器应符合 GB/T 1446 的规定。

5.2 环境箱

环境箱的控制精度应满足试验要求,经计量检定合格,并在有效期内使用。

6 试样

6.1 铺层形式

试样应具有对称均衡的铺层形式。

6.2 试样形状和尺寸

试样形状与尺寸见图 1 和表 1。

6.3 加强片

加强片宜采用织物或无纬布增强复合材料,也可采用铝合金板,除90°单向板试样不使用加强片外,其他试样均应使用加强片,加强片的粘贴宜在切割试样前进行。

6.4 胶粘剂

可采用任何满足环境要求的高伸长率的(韧性的)胶粘剂,胶粘剂固化温度不能高于层合板成型温度。

6.5 试样制备

试样制备按 GB/T 1446 的规定。

6.6 试样数量

每组有效试样应不少于 5 个。

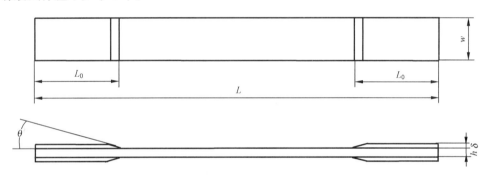

a) 0°和多向层合板试样

b) 90°试样

图 1 拉伸试样示意图

表 1 拉伸试样几何尺寸

单位为毫米

试样铺层	几何尺寸					
	L	w	h^a	L_0	δ	θ
0°	230～250	12.5±0.1	1～3	50	1.5～2.5	15°～90°
90°	170～200	25±0.1	2～4	—	—	—
多向层合板	230～250	25±0.1	2～4	50	1.5～2.5	15°～90°
^a 0°试样推荐厚度为 1 mm;其他试样推荐厚度为 2 mm。						

7 试验条件

7.1 试验环境条件

7.1.1 实验室标准环境条件

实验室标准环境条件按照 GB/T 1446 中的规定。

7.1.2 非实验室标准环境条件

7.1.2.1 高温试验环境条件

首先将环境箱和试验夹具预热到规定的温度,然后将试样加热到规定的试验温度,并用与试样工作段直接接触的温度传感器加以校验。对干态试样,在试样达到试验温度后,保温 5 min～10 min 开始试验;而对湿态试样,在试样达到试验温度后,保温 2 min～3 min 开始试验。试验中试样温度保持在规定试验温度的±3 ℃范围内。

7.1.2.2 低温(低于零度)试验环境条件

首先将环境箱和试验夹具冷却到规定的温度,然后将试样冷却到规定的试验温度,并用与试样工作段直接接触的温度传感器加以校验。在试样达到试验温度后,保温 5 min～10 min 开始试验。试验中试样的温度保持在规定试验温度的±3 ℃范围内。

7.2 试样状态调节

7.2.1 干态试样状态调节

试验前,试样在实验室标准环境条件下至少放置 24 h。

7.2.2 湿态试样状态调节

试验前,应在规定的温度和湿度条件下使试样达到所要求的吸湿状态,推荐的温度和湿度条件如下:

a) 温度:70 ℃±3 ℃;

b) 相对湿度:(85±5)%。

湿态试样状态调节结束后,应将试样用湿布包裹放入密封袋内,直到进行力学试验,试样在密封袋内的储存时间应不超过 14 d。

7.3 应变计和引伸计安装

每组试样中选择 1～2 个试样,在其工作段中心两个表面对称位置背对背地安装引伸计(见图 2)或粘贴应变计(见图 3),并按式(1)计算试样的弯曲百分比:

$$B_y = \frac{|\varepsilon_f - \varepsilon_b|}{|\varepsilon_f + \varepsilon_b|} \times 100\% \quad \cdots\cdots\cdots\cdots\cdots\cdots\cdots\cdots\cdots (1)$$

式中:

B_y ——试样弯曲百分比,%;

ε_f ——正面传感器显示的应变,单位为毫米每毫米(mm/mm);

ε_b ——背面传感器显示的应变,单位为毫米每毫米(mm/mm)。

GBT 3354—2014

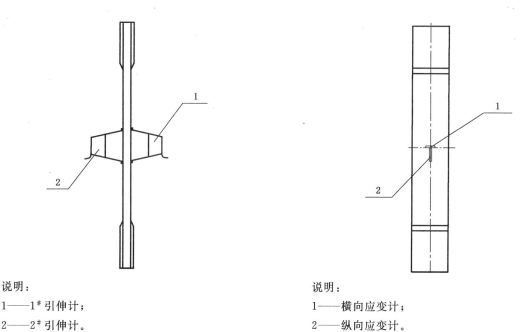

说明：
1——1#引伸计；
2——2#引伸计。

图2　引伸计安装示意图

说明：
1——横向应变计；
2——纵向应变计。

图3　应变计粘贴示意图

若弯曲百分比不超过3%，则同组的其他试样可使用单个传感器。若弯曲百分比大于3%，则同组所有试样均应背对背安装引伸计或粘贴应变计，试样的应变取两个背对背引伸计或对称应变计测得应变的算术平均值。

8　试验步骤

8.1　试验前准备

8.1.1　按GB/T 1446的规定检查试样外观，对每个试样编号。

8.1.2　按7.2的规定对试样进行状态调节。

8.1.3　在状态调节后，测量并记录试样工作段3个不同截面的宽度和厚度，分别取算术平均值，宽度测量精确到0.02 mm，厚度测量精确到0.01 mm。

8.1.4　高温湿态试样应在状态调节前粘贴应变片，其他试验状态的试样应在状态调节后粘贴应变片。

8.2　试样安装

将试样对中夹持于试验机夹头中，试样的中心线应与试验机夹头的中心线保持一致。应采用合适的夹头夹持力，以保证试样在加载过程中不打滑并对试样不造成损伤。

8.3　试验

8.3.1　对于在实验室标准环境条件下进行的试验，按7.1.1的规定进行；而对于在非实验室标准环境条件下进行的试验，则按7.1.2的规定进行。

8.3.2　按1 mm/min～2 mm/min加载速度对试样连续加载，连续记录试样的载荷-应变（或载荷-位移）曲线。若观测到过渡区或第一层破坏，则记录该点的载荷、应变和损伤模式。若试样破坏，则记录失效模式、最大载荷、破坏载荷以及破坏瞬间或尽可能接近破坏瞬间的应变。若采用引伸计测量变形，则由载荷-位移曲线通过拟合计算破坏应变。

8.3.3　失效模式的描述采用表2和图4所示的三字符式代码。

表 2　拉伸试验失效代码

第 1 个字符		第 2 个字符		第 3 个字符	
失效形式	代码	失效区域	代码	失效部位	代码
角铺层破坏	A	夹持/加强片内部	I	上部	B
边缘分层	D	夹持根部或加强片根部	A	下部	T
夹持破坏或加强片脱落	G	距离夹持/加强片小于1倍宽度	W	左侧	L
横向	L			右侧	R
多模式	M(xyz)	工作段	G	中间	M
纵向劈裂	S	多处	M		
散丝	X				
其他	O				

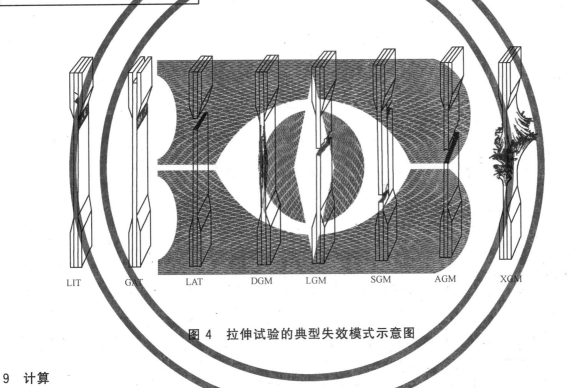

LIT　GAT　LAT　DGM　LGM　SGM　AGM　XGM

图 4　拉伸试验的典型失效模式示意图

9　计算

9.1　拉伸强度

拉伸强度按式(2)计算,结果保留3位有效数字:

$$\sigma_t = \frac{P_{max}}{wh} \qquad (2)$$

式中:

σ_t——拉伸强度,单位为兆帕(MPa);

P_{max}——破坏前试样承受的最大载荷,单位为牛顿(N);

w——试样宽度,单位为毫米(mm);

h——试样厚度,单位为毫米(mm)。

9.2 拉伸弹性模量

90°试样拉伸弹性模量在 0.000 5～0.001 5 的纵向应变范围内按式(3)或式(4)计算,其他试样拉伸弹性模量在 0.001～0.003 纵向应变范围内按式(3)或式(4)计算,结果保留 3 位有效数字：

$$E_t = \frac{\Delta P l}{w h \Delta l} \quad \cdots\cdots\cdots\cdots\cdots\cdots\cdots\cdots\cdots\cdots (3)$$

$$E_t = \frac{\Delta \sigma}{\Delta \varepsilon} \quad \cdots\cdots\cdots\cdots\cdots\cdots\cdots\cdots\cdots\cdots (4)$$

式中：

E_t ——拉伸弹性模量,单位为兆帕(MPa)；

l ——试样工作段内的引伸计标距,单位为毫米(mm)；

ΔP ——载荷增量,单位为牛顿(N)；

Δl ——与 ΔP 对应的引伸计标距长度内的变形增量,单位为毫米(mm)；

$\Delta \sigma$ ——与 ΔP 对应的拉伸应力增量,单位为兆帕(MPa)；

$\Delta \varepsilon$ ——与 ΔP 对应的应变增量,单位为毫米每毫米(mm/mm)。

9.3 泊松比

泊松比在与拉伸弹性模量相同的应变范围内按式(5)计算,结果保留 3 位有效数字：

$$\mu_{12} = \frac{\Delta \varepsilon_{横}}{\Delta \varepsilon_{纵}} \quad \cdots\cdots\cdots\cdots\cdots\cdots\cdots\cdots\cdots (5)$$

$$\varepsilon_{纵} = \frac{\Delta l_L}{l_L} \quad \cdots\cdots\cdots\cdots\cdots\cdots\cdots\cdots\cdots (6)$$

$$\varepsilon_{横} = \frac{\Delta l_T}{l_T} \quad \cdots\cdots\cdots\cdots\cdots\cdots\cdots\cdots\cdots (7)$$

式中：

μ_{12} ——泊松比；

$\Delta \varepsilon_{纵}$ ——对应载荷增量 ΔP 的纵向应变增量,单位为毫米每毫米(mm/mm)；

$\Delta \varepsilon_{横}$ ——对应载荷增量 ΔP 的横向应变增量,单位为毫米每毫米(mm/mm)；

l_L ——纵向引伸计的标距,单位为毫米(mm)；

l_T ——横向引伸计的标距,单位为毫米(mm)；

Δl_L ——对应 ΔP 的纵向变形增量,单位为毫米(mm)；

Δl_T ——对应 ΔP 的横向变形增量,单位为毫米(mm)。

9.4 拉伸破坏应变

由引伸计测量的纵向拉伸破坏应变按式(8)计算,结果保留 3 位有效数字：

$$\varepsilon_{1t} = \frac{\Delta l_b}{l} \quad \cdots\cdots\cdots\cdots\cdots\cdots\cdots\cdots\cdots (8)$$

式中：

ε_{1t} ——纵向拉伸破坏应变,单位为毫米每毫米(mm/mm)；

Δl_b ——试样破坏时引伸计标距长度内的纵向变形量,单位为毫米(mm)。

9.5 统计

对于每一组试验,按 GB/T 1446 的规定计算每一种测量性能的算术平均值、标准差和离散系数。

10 试验报告

试验报告一般包括下列内容：

a) 试验项目名称和执行标准；

b) 试验人员、试验时间和地点；

c) 试样来源及制备情况,材料(包括复合材料、加强片和胶粘剂)品种及规格；

d) 试样铺层形式、编号、形状和尺寸、外观质量及数量；

e) 试验温度、相对湿度、试样状态调节参数和结果；

f) 试验设备及仪器的型号、规格及计量情况；

g) 与本标准的不同之处,试验时出现的异常情况；

h) 试验结果,包括：

    1) 每个试样的最大载荷值；

    2) 计算弹性模量的应变范围；

    3) 每个试样的拉伸强度及样本的算术平均值、标准差和离散系数；

    4) 每个试样的拉伸弹性模量及样本的算术平均值、标准差和离散系数；

    5) 每个试样的泊松比及样本的算术平均值、标准差和离散系数；

    6) 每个试样的破坏应变及样本的算术平均值、标准差和离散系数；

    7) 每个试样的失效模式。

ICS 83.120
Q 23

中华人民共和国国家标准

GB/T 3355—2014
代替 GB/T 3355—2005

聚合物基复合材料纵横剪切试验方法

Test method for in-plane shear response of polymer
matrix composite materials

2014-07-24 发布

2015-01-01 实施

中华人民共和国国家质量监督检验检疫总局
中国国家标准化管理委员会 发布

前　言

本标准按照 GB/T 1.1—2009 给出的规则起草。

本标准代替 GB/T 3355—2005《纤维增强塑料纵横剪切试验方法》。本标准与 GB/T 3355—2005
相比,主要变化如下:

——标准名称由《纤维增强塑料纵横剪切试验方法》改为了《聚合物基复合材料纵横剪切试验方
法》;

——将适用范围由原"测定单向纤维或织物增强塑料平板的纵横剪切弹性模量、纵横剪切强度和纵
横剪切应力-应变曲线"更改为"连续纤维(单向带或织物)增强聚合物基复合材料层合板纵横
剪切性能的测定";

——删除 3.1 纵横剪切术语定义,增加了 0.2% 剪切强度的术语定义;

——增加第 4 章方法原理;

——将试验设备单独列为一章(见第 5 章),其中增加了有关环境箱的条款(见 5.2);

——将试样宽度由"25 mm±0.5 mm"改为"25 mm±0.1 mm",同时删除了对试样加强片的要求,
增强了应片计布置图和对试样长度方向平行度的要求(见 6.2);

——将"试样厚度为[45°/−45°]$_{ns}$,其中对单向层合板(16、20 或 24 层),4≤n≤6,仲裁试样厚度 h
为 3 s 层合板的厚度。对于织物层合板(8、12 或 16 层),4≤n≤6"改为:"试样的铺层顺序为
[45/−45]$_{ns}$(复合材料子层合板重复铺贴 n 次后,再进行对称铺贴)。其中对于单向带,4≤n≤6;
对于织物,2≤n≤4"(见 6.1,2005 年版的 4.2);

——在试验环境条件一节中增加了非实验室标准环境条件(见 7.1.2);

——在试样状态调节一节中增加了湿态试样状态的内容(见 7.2.2);

——在 6.2 和 7.3 中增加了对引伸计和应变片安装的详细说明;

——增加了测量弯曲百分比的要求(见 7.3);

——将剪切强度符号由"τ_{LT}^b"改为了"S",将剪应力符号由"τ_{LT}^n"改为了"τ",将剪切弹性模量符号由
"G_{LT}"改为了"G_{12}"(见 9.1、9.2);

——修改了对剪切强度的定义(见 9.1);

——增加了测量剪切弹性模量的应变范围(见 9.2);

——增加了 0.2% 剪切强度、0.2% 剪应变和极限剪应变的概念(见 9.3、9.4)。

本标准由中国建筑材料联合会、中国航空工业集团公司提出。

本标准由全国纤维增强塑料标准化技术委员会全国航空器标准化技术委员会(SAC/TC 435)
归口。

本标准起草单位:中国飞机强度研究所、中国航空工业集团公司北京航空材料研究院。

本标准主要起草人:周建锋、杨胜春、沈真、张子龙、陈新文、孙坚石、肖娟、张立鹏。

本标准的历次版本发布情况为:

——GB/T 3355—1982、GB/T 3355—2005。

聚合物基复合材料纵横剪切试验方法

1 范围

本标准规定了聚合物基复合材料层合板纵横剪切性能试验方法的试验设备、试样、试验步骤、计算和试验报告。

本标准适用于连续纤维(单向带或织物)增强聚合物基复合材料层合板纵横剪切性能的测定,适用的复合材料形式仅限于承受拉伸载荷方向为±45°铺层的连续纤维层合板。

2 规范性引用文件

下列文件对于本文件的应用是必不可少的。凡是注日期的引用文件,仅注日期的版本适用于本文件。凡是不注日期的引用文件,其最新版本(包括所有的修改单)适用于本文件。

GB/T 1446　纤维增强塑料性能试验方法总则

GB/T 3961　纤维增强塑料术语

3 术语和定义

GB/T 3961 界定的以及下列术语和定义适用于本文件。

3.1

0.2%剪切强度　0.2% offset shear strength

过剪应变轴上偏离零点 0.2%剪应变,作平行于剪切应力-应变曲线线性段的直线,该直线与剪切应力-应变曲线交点所对应的剪应力值即 0.2%剪切强度。

4 方法原理

通过对$[\pm 45]_{ns}$层合板试样施加单轴拉伸载荷测定聚合物基复合材料纵横剪切性能。

5 试验设备

5.1 试验机与测试仪器

试验机和测试仪器应符合 GB/T 1446 的规定。

5.2 环境箱

环境箱的控制精度应满足试验要求,经计量检定合格,并在有效期内使用。

6 试样

6.1 铺层形式

试样的铺层顺序为$[45/-45]_{ns}$(复合材料子层合板重复铺贴 n 次后,再进行对称铺贴)。其中对于单向带,4≤n≤6;对于织物,2≤n≤4。

6.2 试样形状和尺寸

试样形状和尺寸见图1。

单位为毫米

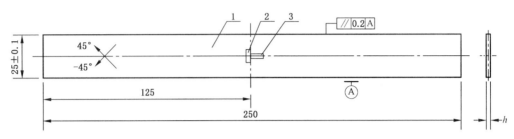

说明:
1——试样;
2——横向应变计;
3——纵向应变计;
h——试样厚度。

图 1 试样几何形状和应变计布置示意图

6.3 试样制备

试样制备按 GB/T 1446 的规定。

6.4 试样数量

每组有效试样应不少于5个。

7 试验条件

7.1 试验环境条件

7.1.1 实验室标准环境条件

实验室标准环境条件应满足 GB/T 1446 的规定。

7.1.2 非实验室标准环境条件

7.1.2.1 高温试验环境条件

首先将环境箱和试验夹具预热到规定的试验温度,然后将试样加热到规定的试验温度,并用与试样试验段直接接触的温度传感器加以校验。对干态试样,在试样达到试验温度后,保温 5 min~10 min 开始试验;对湿态试样,在试样达到试验温度后,保温 2 min~3 min 开始试验。试验中试样温度保持在规定试验温度的±3 ℃范围内。

7.1.2.2 低温(低于零度)试验环境条件

首先将环境箱和试验夹具冷却到规定的试验温度,然后将试样冷却到规定的试验温度,并用与试样试验段直接接触的温度传感器加以校验。对干态试样,在试样达到试验温度后,保温 5 min~10 min 开始试验。试验中试样温度保持在规定试验温度的±3 ℃范围内。

7.2 试样状态调节

7.2.1 干态试样状态调节

试验前,试样在实验室标准环境条件下至少放置 24 h。

7.2.2 湿态试样状态调节

试验前,应在规定的温度和湿度条件下使试样达到所要求的吸湿状态。推荐的温度和湿度条件
如下:

    a)   温度:70 ℃±3 ℃;

    b)   相对湿度:(85±5)%。

湿态试样状态调节结束后,应将试样用湿布包裹放入密封袋内,直到进行力学试验,试样在密封袋
内的储存时间应不超过 14 d。若在湿态试样状态调节结束后对试样粘贴应变计,则可在实验室标准环
境下进行,但应变计粘贴时间不应超过 2 h。

7.3 应变计和引伸计安装

每组试样中选择 1～2 个试样,在其工作段中心两个表面对称位置背对背地安装双向引伸计(见
图 2)或粘贴应变计(见图 1),并按式(1)计算试样的弯曲百分比:

$$B_y = \frac{|\varepsilon_f - \varepsilon_b|}{\varepsilon_f + \varepsilon_b} \times 100\% \quad\quad\quad\quad\quad\quad (1)$$

式中:

B_y ——试样弯曲百分比,%;

ε_f ——正面传感器显示的应变,单位为毫米每毫米(mm/mm);

ε_b ——背面传感器显示的应变,单位为毫米每毫米(mm/mm)。

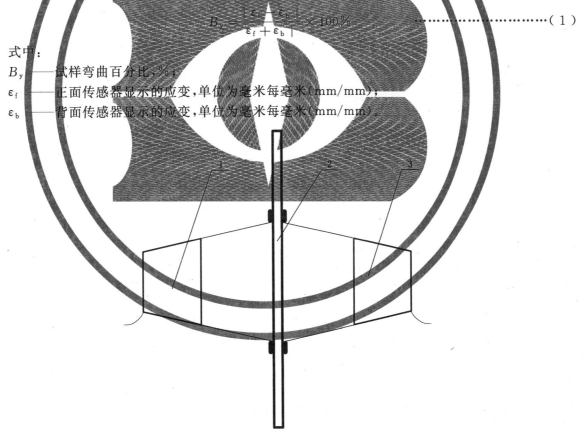

说明:

1——1# 双向引伸计;

2——试样;

3——2# 双向引伸计。

图 2　双向引伸计安装示意图

若弯曲百分比不超过 3%,则同组的其他试样可使用单个传感器。若弯曲百分比大于 3%,则同组所有试样均应背对背安装引伸计或粘贴应变计,试样的应变取两个背对背引伸计或对称应变计测得应变的算术平均值。

8 试验步骤

8.1 试验前准备

8.1.1 按 GB/T 1446 的规定检查试样外观,对每个试样编号。

8.1.2 按 7.2 的规定对试样进行状态调节。

8.1.3 在状态调节后,测量并记录试样工作段 3 个不同截面的宽度和厚度,分别取算术平均值,宽度测量精确到 0.02 mm,厚度测量精确到 0.01 mm。

8.1.4 高温湿态试样应在状态调节前粘贴应变片,其他试验状态的试样应在状态调节后粘贴应变片。

8.2 试样安装

8.2.1 将试样对中夹持于试验机夹头中,试样的中心线应与试验机夹头的中心线保持一致。

8.2.2 应采用合适的夹头夹持力,以保证试样在加载过程中不打滑并不对试样造成损伤。

8.3 试验

8.3.1 对于在实验室标准环境条件下进行的试验,按 7.1.1 的规定进行;而对于在非实验室标准环境条件下进行的试验,则按 7.1.2 的规定进行。

8.3.2 按 1 mm/min～5 mm/min 加载速度对试样连续加载至试样破坏或剪应变超过 5%后停止试验,连续记录试样的载荷-应变(或载荷-位移)曲线。若试样破坏,则记录失效模式、最大载荷、破坏载荷以及破坏瞬间或尽可能接近破坏瞬间的应变。若采用引伸计测量变形,则由载荷-位移曲线通过拟合计算破坏应变。

9 计算

9.1 剪切强度和剪应力

剪切强度按式(2)计算,每一个数据点的剪应力按式(3)计算,结果保留 3 位有效数字:

$$S = \frac{P_{\max}}{2wh} \quad \cdots\cdots\cdots\cdots\cdots\cdots (2)$$

$$\tau = \frac{P}{2wh} \quad \cdots\cdots\cdots\cdots\cdots\cdots\cdots (3)$$

式中:

S ——剪切强度,单位为兆帕(MPa);

τ ——剪应力,单位为兆帕(MPa);

$P_{\max}$ ——剪应变等于或小于 5%的最大载荷,单位为牛顿(N);

P ——试样承受的载荷,单位为牛顿(N);

w ——试样宽度,单位为毫米(mm);

h ——试样厚度,单位为毫米(mm)。

9.2 剪切弹性模量

在 0.002～0.006 的剪应变区间内按照式(4)计算剪切弹性模量。若材料在 0.006 剪应变以前破坏或者应力-应变曲线出现明显非线性,则应在应力-应变曲线的线形段选取一个合理的应变区间计算剪切弹性模量。剪切弹性模量结果取 3 位有效数字。

$$G_{12} = \frac{\Delta\tau}{\Delta\gamma} \qquad \cdots\cdots\cdots\cdots\cdots\cdots\cdots\cdots\cdots(4)$$

$$\gamma = |\varepsilon_x| + |\varepsilon_y| \qquad \cdots\cdots\cdots\cdots\cdots\cdots\cdots\cdots\cdots(5)$$

式中:

G_{12}——剪切弹性模量,单位为兆帕(MPa);

γ ——剪应变,单位为弧度每弧度(rad/rad);

ε_x ——纵向应变算术平均值,单位为毫米每毫米(mm/mm);

ε_y ——横向应变算术平均值,单位为毫米每毫米(mm/mm);

$\Delta\tau$ ——两个剪应变点之间的剪应力差值,单位为兆帕(MPa);

$\Delta\gamma$ ——两个剪应变点之间的剪应变差值,单位为弧度每弧度(rad/rad)。

9.3　0.2%剪切强度和0.2%剪应变

过剪应变轴上偏离零点 0.2% 剪应变值,作平行于剪切应力/应变曲线线性段的直线,该直线与剪切应力-应变曲线交点所对应的剪应力值为 0.2% 剪切强度 $S_{0.2}$,见图 3,对应的剪应变值为 0.2% 剪应变 $\gamma_{0.2}$。

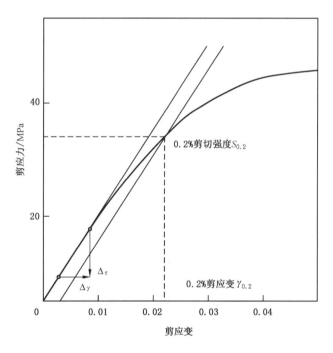

图 3　剪切模量及 0.2%剪切强度测量示意图

9.4　极限剪应变

当试样在剪应变小于 5% 前发生破坏,破坏瞬间的应变为极限剪应变 γ_{12};当试样在剪应变超过 5% 后仍未发生破坏,极限剪应变即为 5%。

9.5　统计

对于每一组试样,按照 GB/T 1446 规定计算每一种测量性能的算术平均值、标准差和离散系数。

10 试验报告

试验报告一般包括下列内容：

a) 试验项目名称和执行标准号；

b) 试验人员、试验时间和地点；

c) 试样来源及制备情况，材料品种及规格；

d) 试样编号、形状和尺寸、外观质量及数量；

e) 试验温度、相对湿度、试样状态调节参数和结果；

f) 试验设备及仪器的型号、规格及计量情况；

g) 与本标准的不同之处，试验时出现的异常情况；

h) 试验结果，包括：

    1) 每个试样的最大载荷值；

    2) 每个试样的剪切强度及样本的算术平均值、标准差和离散系数；

    3) 每个试样的剪切弹性模量及样本的算术平均值、标准差和离散系数；

    4) 每个试样的 0.2% 剪切强度及样本的算术平均值、标准差和离散系数；

    5) 每个试样的极限剪应变及样本的算术平均值、标准差和离散系数；

    6) 剪切弹性模量计算时应变的取值范围；

    7) 每个试样的失效模式。

ICS 83.120
Q 23

中华人民共和国国家标准

GB/T 3356—2014
代替 GB/T 3356—1999

定向纤维增强聚合物基复合材料
弯曲性能试验方法

Test method for flexural properties of orientational fiber
reinforced polymer metrix composite materials

2014-07-24 发布

2015-01-01 实施

中华人民共和国国家质量监督检验检疫总局
中国国家标准化管理委员会 发布

前　言

本标准按照 GB/T 1.1—2009 给出的规则起草。

本标准代替 GB/T 3356—1999《单向纤维增强塑料弯曲性能试验方法》。本标准与 GB/T 3356—1999 相比,主要变化如下:

——标准名称由《单向纤维增强塑料弯曲性能试验方法》改为《定向纤维增强聚合物基复合材料弯曲性能试验方法》;

——将适用范围扩大为:连续纤维增强聚合物基复合材料层合板弯曲性能的测定;

——对定向纤维增强聚合物基复合材料弯曲性能试验的方法原理进行了描述;

——将试验设备单独列为一章(见第5章),其中增加了有关环境箱的条款,并规定了加载头和支座的硬度要求,HRC 40～45。在5.3中对试验方法进行了说明,保留了原有的三点弯曲试验方法(方法A),增加了四点弯曲试验方法(方法B),将加载头和支座的半径改为对聚合物基复合材料试样加载头和支座半径:$R=3$ mm,对 0°单向纤维增强复合材料层合板试样加载头和支座半径:$R=5$ mm;

——第6章在试样形状与尺寸中,除保留原标准的内容外,增加了对聚合物基复合材料试样厚度的要求,2 mm～6 mm,推荐 4 mm(见6.1)。

——第7章中,删除了试验设备和试验机校正两条,将试验环境条件分为实验室标准环境条件(见7.1.1)和非实验室标准环境条件(见7.1.2)。试样状态调节分为干态试样状态(见7.2.1)和湿态试样状态(见7.2.2);

——将原标准中调节跨距,准确到0.5 mm改为跨距测量精确到0.1 mm(见8.2.1);

——增加了对试样失效模式的描述(见8.3.4);

——第9章增加了四点弯曲的计算,破坏应变的计算(见9.1.2)和计算弯曲模量推荐的应变范围0.001～0.003(见9.1.3)。

本标准由中国建筑材料联合会、中国航空工业集团公司提出。

本标准由全国纤维增强塑料标准化技术委员会、全国航空器标准化技术委员会(SAC/TC 435)归口。

本标准起草单位:中国飞机强度研究所、中国航空工业集团公司北京航空材料研究院、航天材料及工艺研究所。

本标准主要起草人:沈薇、杨胜春、沈真、张子龙、王立平、王海鹏、王俭、权彩霞。

本标准的历次版本发布情况为:

——GB 3356—1982、GB/T 3356—1999。

定向纤维增强聚合物基复合材料
弯曲性能试验方法

1 范围

本标准规定了定向纤维聚合物基复合材料弯曲性能试验方法的试验设备、试样、试验步骤、计算和试验报告。

本标准适用于连续纤维增强聚合物基复合材料层合板弯曲性能的测定,也适用于其他聚合物基复合材料弯曲性能的测定。

2 规范性引用文件

下列文件对于本文件的应用是必不可少的。凡是注日期的引用文件,仅注日期的版本适用于本文件。凡是不注日期的引用文件,其最新版本(包括所有的修改单)适用于本文件。

GB/T 1446 纤维增强塑料性能试验方法总则

GB/T 3961 纤维增强塑料术语

3 术语和定义

GB/T 3961 界定的术语和定义适用于本文件。

4 方法原理

对聚合物基纤维增强复合材料层合板直条试样,采用三点弯曲或四点弯曲方法施加载荷,在试样中央或中间部位形成弯曲应力分布场,测试层合板弯曲性能。

5 试验设备

5.1 试验机与测试仪器

试验机和测试仪器应符合 GB/T 1446 的规定。

5.2 环境箱

环境箱的控制精度应满足试验要求,经计量检定合格,并在有效期内使用。

5.3 加载头与支座

5.3.1 概述

加载头与支座的半径为 3 mm,对 0°单向纤维增强复合材料层合板试样,加载头与支座的半径可采用 5 mm。推荐加载头和支座硬度为 HRC 40～45。加载方法分为 A(三点弯曲法)和 B(四点弯曲法)。

GB/T 3356—2014

5.3.2 方法A(三点弯曲法)

方法A加载示意图见图1。

5.3.3 方法B(四点弯曲法)

方法B加载示意图见图2。

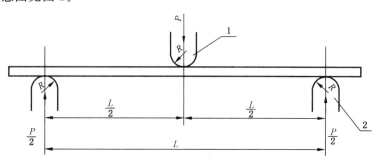

说明：

1——加载头；

2——支座；

R——加载头和支座半径,R=3 mm；

P——载荷；

L——支座跨距。

对0°单向纤维增强复合材料层合板试样,也可采用加载头和支座半径R=5 mm。

图1 方法A加载示意图

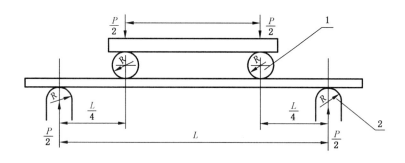

说明：

1——加载头；

2——支座；

R——加载头和支座半径,R=3 mm。

图2 方法B加载示意图

6 试样

6.1 试样形状与尺寸

试样形状与尺寸分别见图3和表1。

机械加工边缘的粗糙度 Ra 值不应大于 3.2 μm。

图 3　弯曲试样示意图

表 1　试样尺寸要求

单位为毫米

试样类型	厚度 h	宽度 w	长度 l	跨厚比 L/h
聚合物基复合材料	2～6 推荐 4	12.5±0.2,对于织物增强的纺织复合材料,试样的宽度至少应为两个单胞	≥1.2	碳纤维增强复合材料为 32∶1,玻璃纤维和芳纶增强复合材料为 16∶1,如出现层间剪切破坏时可增加跨厚比

注:0°单向纤维增强复合材料试样厚度为 2.0 mm±0.2 mm,宽度为 12.5 mm±0.2 mm,长度为 $L+15.0$ mm。

6.2　试样制备

按照 GB/T 1446 中的规定。

6.3　试样数量

每组有效试样应不少于 5 个。

7　试验条件

7.1　试验环境条件

7.1.1　实验室标准环境条件

实验室标准环境条件按照 GB/T 1446 中的规定。

7.1.2　非实验室标准环境条件

7.1.2.1　高温试验环境条件

首先将环境箱和试验夹具预热到规定的温度,然后将试样加热到规定的试验温度,并用与试样工作段直接接触的温度传感器加以校验。对干态试样,在试样达到试验温度后,保温 5 min～10 min 开始试验;而对湿态试样,在试样达到试验温度后,保温 2 min～3 min 开始试验。试验中试样温度保持在规定试验温度的±3 ℃范围内。

7.1.2.2　低温(低于零度)试验环境条件

首先将环境箱和试验夹具冷却到规定的温度,然后将试样冷却到规定的试验温度,并用与试样工作段直接接触的温度传感器加以校验。在试样达到试验温度后,保温 5 min～10 min 开始试验。试验中试样温度保持在规定试验温度的±3 ℃范围内。

7.2 试样状态调节

7.2.1 干态试样状态

试验前,试样在实验室标准环境条件下至少放置 24 h。

7.2.2 湿态试样状态

试验前,应在规定的温度和湿度条件下使试样达到所要求的吸湿状态,推荐的温度和湿度条件如下:

a) 温度:70 ℃±3 ℃;

b) 相对湿度:(85±5)%。

湿态试样状态调节结束后,应将试样用湿布包裹放入密封袋内,直到进行力学试验,试样在密封袋内的储存时间应不超过 14 d。

7.3 加载速度

本标准推荐的加载速度如下:

a) 测量弯曲弹性模量时,加载速度为 1 mm/min～2 mm/min;

b) 测量弯曲强度时,加载速度为 5 mm/min～10 mm/min。

8 试验步骤

8.1 试验前准备

8.1.1 按 GB/T 1446 的规定检查试样外观,对每个试样编号。

8.1.2 按 7.2 的规定对试样进行状态调节。

8.1.3 在最终的试样机械加工和状态调节后,测量试样中心截面处的宽度 w 和厚度 h。宽度测量精确到 0.02 mm,厚度测量精确到 0.01 mm。

8.2 试样安装

8.2.1 对方法 A,加载头应位于支座的中央,对方法 B,加载跨距应是支座跨距的一半并对称安置在支座之间,跨距测量精确到 0.1 mm。

8.2.2 将试样光滑面向下居中放在支座上,使试样的中心与加载头的中心对齐,并使试样的纵轴垂直于加载头和支座。

8.2.3 在试样下方安装位移传感器,位移传感器触头与试样下表面跨距中点处接触。

8.3 试验

8.3.1 对于在实验室标准环境条件下进行的试验,按 7.1.1 的规定进行;而对于在非实验室标准环境条件下进行的试验,则按 7.1.2 的规定进行。

8.3.2 按 7.3 规定的加载速度对试样连续加载,直到达到最大载荷,且载荷从最大载荷下降 30% 停止试验。

8.3.3 连续测量并记录试样的载荷-挠度曲线,记录试样的失效模式和最大载荷。

8.3.4 破坏位置出现在试样外表面时试验结果有效。出现层间剪切破坏及在支座头或加载头下方出现的压碎破坏为无效失效模式,所记录的数据为无效数据。

9 计算

9.1 方法 A

9.1.1 弯曲强度

弯曲强度(即对应最大载荷的外表面最大应力)按式(1)计算,结果保留 3 位有效数字:

$$\sigma_f = \frac{3P_{max}L}{2wh^2}$$ ······(1)

式中:

σ_f ——弯曲强度,单位为兆帕(MPa);

P_{max}——试样承受的最大载荷,单位为牛顿(N);

L ——跨距,单位为毫米(mm);

h ——试样厚度,单位为毫米(mm);

w ——试样宽度,单位为毫米(mm)。

9.1.2 破坏应变

破坏应变(即对应最大载荷的外表面最大应变)按式(2)计算,结果保留 3 位有效数字:

$$\varepsilon_f = \frac{6\delta h}{L^2}$$ ······(2)

式中:

ε_f ——破坏应变,单位为毫米每毫米(mm/mm);

δ ——试样在跨距中央的挠度,单位为毫米(mm)。

9.1.3 弯曲弹性模量

弯曲弹性模量按式(3)计算,结果保留 3 位有效数字:

$$E_{fc} = \frac{\Delta\sigma}{\Delta\varepsilon}$$ ······(3)

式中:

E_{fc}——弯曲弹性模量,单位为兆帕(MPa);

$\Delta\sigma$——两个所选应变点之间弯曲应力之差,单位为兆帕(MPa);

$\Delta\varepsilon$——两个所选应变点之间应变之差,单位为毫米每毫米(mm/mm)。

计算弯曲弹性模量,推荐的应变范围为 0.001~0.003。

9.2 方法 B

9.2.1 弯曲强度

弯曲强度(即对应最大载荷的外表面最大应力)按式(4)计算,结果保留 3 位有效数字:

$$\sigma_f = \frac{3P_{max}L}{4wh^2}$$ ······(4)

9.2.2 破坏应变

破坏应变(即对应最大载荷的外表面最大应变)按式(5)计算,结果保留 3 位有效数字:

$$\varepsilon_f = \frac{4.36\delta h}{L^2}$$ ······(5)

9.2.3 弯曲弹性模量

弯曲弹性模量按式(6)计算,结果保留 3 位有效数字:

$$E_{fc} = \frac{\Delta\sigma}{\Delta\varepsilon} \qquad\qquad\qquad\qquad\cdots\cdots\cdots\cdots\cdots\cdots\cdots(6)$$

计算弯曲弹性模量,推荐的应变范围为 0.001~0.003。

9.3 统计

对于每一组试验,按 GB/T 1446 的规定计算每一种测量性能的算术平均值、标准差和离散系数。

10 试验报告

试验报告一般包括下列内容:

a) 试验项目名称及执行标准和方法;

b) 试验人员、试验时间和地点;

c) 试样来源及制备情况,材料品种及规格;

d) 试样铺层形式、试样编号、形状和尺寸、外观质量及数量;

e) 试验温度、相对湿度、试样状态调节参数和结果;

f) 试验设备及仪器的型号、规格及计量情况;

g) 与本试验标准的不同之处,试验时出现的异常情况;

h) 试验结果,包括:

    1) 每个试样的最大载荷值;

    2) 每个试样的弯曲强度以及样本的算术平均值、标准差和离散系数;

    3) 每个试样破环时的弯曲应变以及样本的算术平均值、标准差和离散系数;

    4) 每个试样的弯曲弹性模量以及样本的算术平均值、标准差和离散系数;

    5) 计算弯曲弹性模量的应变范围;

    6) 每个试样的失效模式。

ICS 29.035.99
K 15

中华人民共和国国家标准

GB/T 15022.2—2017
代替 GB/T 15022.2—2007

电气绝缘用树脂基活性复合物
第 2 部分：试验方法

Resin based reactive compounds used for electrical insulation—
Part 2: Methods of test

(IEC 60455-2:2015,NEQ)

2017-12-29 发布

2018-07-01 实施

中华人民共和国国家质量监督检验检疫总局
中国国家标准化管理委员会　　发布

前　言

GB/T 15022《电气绝缘用树脂基活性复合物》分为以下部分:

——第 1 部分:定义及一般要求;

——第 2 部分:试验方法;

——第 3 部分:无填料环氧树脂复合物;

——第 4 部分:不饱和聚酯为基的浸渍树脂;

——第 5 部分:石英填料环氧树脂复合物;

——第 6 部分:核电站 1E 级配电变压器绝缘用环氧浇注树脂;

——第 7 部分:环氧酸酐真空压力浸渍(VPI)树脂;

——第 8 部分:环氧改性不饱和聚酯真空压力浸渍(VPI)树脂;

……

本部分为 GB/T 15022 的第 2 部分。

本部分按照 GB/T 1.1—2009 给出的规则起草。

本部分代替 GB/T 15022.2—2007《电气绝缘用树脂基活性复合物　第 2 部分:试验方法》。本部分与 GB/T 15022.2—2007 相比较主要技术变化如下:

——将"规范性引用文件"中的 ISO、IEC 标准改为相应的国家标准,并增加了 GB/T 21298—2007 等国家标准(见第 2 章,2007 年版的第 2 章);

——将有关取样和试样的制备改为按相关国家标准的规定(见第 3 章,2007 年版的第 3 章);

——在"固化前树脂基活性复合物的试验方法"中增加了"外观"试验项目,删除了"软化温度"、"氯含量"两项试验项目(见第 4 章,2007 年版的第 4 章);

——在"固化后树脂基活性复合物的试验方法"中增加了"导热系数""线膨胀系数"和"温度变化试验"三项试验项目(见第 5 章,2007 年版的第 5 章)。

本部分使用重新起草法参考 IEC 60455-2:2015《电气绝缘用树脂基活性复合物　第 2 部分:试验方法》编制,与 IEC 60455-2:2015 的一致性程度为非等效。

本部分由中国电器工业协会提出。

本部分由全国绝缘材料标准化技术委员会(SAC/TC 51)归口。

本部分起草单位:浙江荣泰科技企业有限公司、桂林电器科学研究院有限公司、四川东材科技集团股份有限公司、苏州太湖电工新材料股份有限公司、苏州巨峰电气绝缘系统股份有限公司、西安西电电工材料有限责任公司、上海同立电工材料有限公司。

本部分主要起草人:曹万荣、马林泉、狄宁宇、赵成龙、沈彬、赵平、张春琪、王文、刘洪斌、冯一兵。

本部分所代替标准的历次版本发布情况为:

——GB/T 2643—1981、GB/T 15023—1994、GB/T 15022.2—2007。

电气绝缘用树脂基活性复合物
第 2 部分:试验方法

1 范围

GB/T 15022 的本部分规定了电气绝缘用树脂基活性复合物的试验方法。

本部分适用于电气绝缘用树脂基活性复合物的性能试验。

2 规范性引用文件

下列文件对于本文件的应用是必不可少的。凡是注日期的引用文件,仅注日期的版本适用于本文件。凡是不注日期的引用文件,其最新版本(包括所有的修改单)适用于本文件。

GB/T 528 硫化橡胶或热塑性橡胶 拉伸应力应变性能的测定

GB/T 606 化学试剂 水分测定通用方法 卡尔·费休法

GB/T 1033.1—2008 塑料 非泡沫塑料密度的测定 第 1 部分:浸渍法、液体比重瓶法和滴定法

GB/T 1034 塑料 吸水性的测定

GB/T 1036 塑料-30 ℃~30 ℃线膨胀系数的测定 石英膨胀计法

GB/T 1408.1 绝缘材料 电气强度试验方法 第 1 部分:工频下试验

GB/T 1409 测量电气绝缘材料在工频、音频、高频(包括米波波长在内)下电容率和介质损耗因数的推荐方法

GB/T 1410 固体绝缘材料体积电阻率和表面电阻率试验方法

GB/T 1634.1 塑料 负荷变形温度的测定 第 1 部分:通用试验方法

GB/T 1634.2 塑料 负荷变形温度的测定 第 2 部分:塑料、硬橡胶和长纤维增强复合材料

GB/T 1723 涂料粘度测定法

GB/T 1981.2—2009 电气绝缘用漆 第 2 部分:试验方法

GB/T 2411 塑料和硬橡胶 使用硬度计测定压痕硬度(邵氏硬度)

GB/T 2423.16—2008 电工电子产品环境试验 第 2 部分:试验方法 试验 J 及导则:长霉

GB/T 2423.22 环境试验 第 2 部分:试验方法 试验 N:温度变化

GB/T 2567—2008 树脂浇铸体性能试验方法

GB/T 2895—2008 塑料 聚酯树脂 部分酸值和总酸值的测定

GB/T 3186 色漆、清漆和色漆与清漆用原材料 取样

GB/T 3536 石油产品 闪点和燃点的测定 克利夫兰开口杯法

GB/T 4207 固体绝缘材料耐电痕化指数和相比电痕化指数的测定方法

GB/T 4612 塑料 环氧化合物 环氧当量的测定

GB/T 5208 闪点的测定 快速平衡闭杯法

GB/T 6750 色漆和清漆 密度的测定 比重瓶法

GB/T 6753.4 色漆和清漆 用流出杯测定流出时间

GB/T 7193—2008 不饱和聚酯树脂试验方法

GB/T 9345.1—2008 塑料 灰分的测定 第 1 部分:通用方法

GB/T 10582 电气绝缘材料 测定因绝缘材料引起的电解腐蚀的试验方法

GB/T 11026.1　电气绝缘材料　耐热性　第1部分:老化程序和试验结果的评定

GB/T 11026.2　电气绝缘材料　耐热性　第2部分:试验判断标准的选择

GB/T 11028　测定浸渍剂对漆包线基材粘结强度的试验方法

GB/T 11547　塑料　耐液体化学试剂性能的测定

GB/T 20777　色漆和清漆　试样的检查和制备

GB/T 21298—2007　实验室玻璃仪器　试管

GB/T 22472　仪表和设备部件用塑料的燃烧性测定

GB/T 22567　电气绝缘材料　测定玻璃化转变温度的试验方法

GB/T 24148.4　塑料　不饱和聚酯树脂(UP-R)　第4部分:黏度的测定

GB/T 24148.6　塑料　不饱和聚酯树脂(UP-R)　第6部分:130 ℃反应活性测定

GB/T 24148.9　塑料　不饱和聚酯树脂(UP-R)　第9部分:总体积收缩率测定

GB/T 29313　电气绝缘材料热传导性能试验方法

3　试验方法总体说明

试验方法应遵循如下总体说明:

——除非相关产品标准或试验方法中另有规定,所有的试验均应在温度21 ℃～29 ℃、相对湿度45％～70％的环境条件下进行。试验前,样品或试样应在上述环境条件中进行预处理,直至达到平衡状态。对于液态或糊状物样品,取样可参照GB/T 3186,试样制备可参照GB/T 20777。在本部分与相关产品标准不一致的情况下,应优先按相关产品标准的规定。当其他标准被引入某一试验时,应报告涉及的标准。

——试验项目应在产品标准中明确规定,是测试个别组分还是混合物也应明确说明。当对配制的混合物进行试验时,应注意这类混合物的使用期可能较短,应尽快测试完毕。

——同一试验项目中,先后或平行测试同样性能指标的,应使用同一台仪器。

4　固化前树脂基活性复合物的试验方法

4.1　外观

对于可流动的液态或糊状物样品,正常取样后将其倒入内径(18±1)mm的干燥洁净无色透明玻璃试管中,静置5 min,在白昼散射光下对光用肉眼观察试样颜色、是否透明、有无机械杂质和不溶解的粒子。对于不可流动样品,取出不少于10 g样品置于200 mL的干燥洁净无色透明玻璃烧杯或玻璃皿中,在白昼散射光下对光用肉眼观察试样颜色、是否透明、有无机械杂质。

4.2　黏度

采用涂-4黏度计法时,应按GB/T 1723测定。

采用ISO流出杯法时,应按GB/T 6753.4测定。

采用旋转黏度计法时,应按GB/T 24148.4测定。

试验两个试样,报告两个试验结果的平均值,应注明方法、黏度计型号或转子、转速。

4.3　密度

应按GB/T 6750测定。试验两个试样,报告两个试验结果的平均值。

4.4 闪点

闭杯法闪点应按 GB/T 5208 测定。

开口杯法闪点应按 GB/T 3536 测定。

试验两个试样,报告两个试验结果的平均值。

4.5 酸值

应按 GB/T 1981.2—2009 的 5.5 或 GB/T 2895—2008 的方法 B 测定。试验两个试样,报告两个试验结果的平均值,以及所采用的标准。

4.6 环氧当量

应按 GB/T 4612 测定。试验两个试样,报告两个试验结果的平均值。

4.7 羟值

应按 GB/T 7193—2008 的 4.2 测定。试验两个试样,报告两个试验结果的平均值。

4.8 水分含量

应按 GB/T 606 测定。试验两个试样,报告两个试验结果的平均值。

4.9 凝胶时间

4.9.1 试验器材

使用如下试验器材:

——试管:符合 GB/T 21298—2007 标准的 I 类试管,规格尺寸为 φ18 mm × 180 mm;

——恒温油浴:工作槽容积不少于 5 L,温度波动度不大于±0.5 ℃。恒温油浴应选用低黏度、在试验温度下不挥发的导热介质,如硅油等;

——玻璃棒:φ6 mm × 230 mm;

——秒表。

注:允许使用自动凝胶化时间测试仪。

4.9.2 试验步骤

将恒温油浴加热至试验温度并保持恒温 15 min 以上,试验温度由产品标准规定。将玻璃棒放入试管,加入试样至液面高(75±5)mm(从试管圆底算起),然后将试管放入恒温油浴内,试样液面应低于油浴液面 10 mm 以上,开动秒表计时。测试过程中,玻璃棒以 2 次/5 s 的速度对试样进行上下搅动,当玻璃棒带动试管一起拉起 10 mm 以上时,或当试样出现明显的凝胶时,或当试样变成果冻状时,停止计时,该时间即为试样的凝胶时间。

4.9.3 结果与报告

试验两个试样,报告两个试验结果的平均值。

4.10 放热温度峰

应按 GB/T 24148.6 测定,记录时间-温度曲线中的最高温度。试验两个试样,报告两个试验结果的平均值。

4.11 适用期

4.11.1 概述

本试验项目适用于多组分产品,适用期终点的诊断性能为黏度或凝胶时间。

4.11.2 试验步骤

根据产品标准规定的试样体积(或重量)、容器、贮存环境条件和诊断性能测试条件,按4.2或4.9测试适用期终点试样的黏度或凝胶时间。

4.11.3 结果与报告

试验两个试样,报告适用期终点时测试的指标的平均值。

4.12 贮存稳定性

4.12.1 闭口法

4.12.1.1 试验器材

使用如下试验器材:
——恒温烘箱:工作室容积不少于60 L,温度波动度不大于±1 ℃;
——容器:容积为250 mL的广口磨口玻璃试剂瓶;
——黏度计:按产品标准规定选择合适的黏度计。

4.12.1.2 试验步骤

先测量试样在(23±1)℃时的黏度,然后将(200±5)mL试样放入试剂瓶中(推荐根据产品试样的密度换算后称量到试剂瓶),确认密封后,放入已恒温至(60±2)℃的强制通风烘箱中,贮存96 h后取出试剂瓶,测量试样在(23±1)℃时的黏度。

黏度测量按4.2进行。若有需要,其他的贮存温度可由产品标准或供需双方协议规定。

4.12.1.3 结果与报告

贮存稳定性以贮存后试样黏度增加倍数来表示,按式(1)计算:

$$X = \frac{X_2 - X_1}{X_1}$$ ·······················(1)

式中:
X ——试样贮存后黏度增加倍数;
X_1 ——贮存前试样的黏度值;
X_2 ——贮存后试样的黏度值。

4.12.2 敞口法

4.12.2.1 试验器材

使用如下试验器材:
——恒温烘箱:工作室容积不少于60 L,温度波动度不大于±1 ℃,自然通风;
——样品容器:容积为250 mL的广口磨口玻璃试剂瓶;
——黏度计:按产品标准选择合适的黏度计;

——天平:量程 500 g,精度±0.1 g。

4.12.2.2 试验步骤

先测量试样在(23±1)℃时的初始黏度,然后将(200±5)mL 试样放入去盖的试剂瓶中,用天平称重后,敞口放入已恒温至(50±2)℃的自然通风烘箱中,每贮存 24 h 后补充因挥发损耗的稀释剂,并搅拌均匀。贮存 96 h 后取出试剂瓶,补充因挥发损耗的稀释剂,搅拌均匀后测量试样在(23±1)℃时的黏度。

稀释剂成分及要求由产品标准或供需双方协议规定。

4.12.2.3 结果与报告

贮存稳定性以贮存后黏度增加倍数来表示,按式(1)计算。

4.13 固化挥发分

用标称厚度 0.1 mm 的铝箔折成边长 45 mm、高 25 mm 的方形铝盒,在已干燥的铝盒中加入约(10.0±0.5)g 试样,放置于已升温至规定温度的自然通风烘箱的隔板上烘焙,烘焙的温度和时间按产品标准规定。

用分度值为 0.1 mg 的天平分别称量试样烘焙前后的质量,按式(2)计算固化挥发分含量:

$$Y = \frac{m_1 - m_2}{m_1 - m_0} \times 100\% \qquad\qquad\cdots\cdots\cdots\cdots\cdots\cdots\cdots\cdots\cdots (2)$$

式中:

Y ——固化挥发分的含量;

m_1——烘焙前铝盒+样品质量的数值,单位为克(g);

m_2——烘焙后铝盒+样品质量的数值,单位为克(g);

m_0——已干燥铝盒质量的数值,单位为克(g)。

试验两个试样,报告两个试验结果的平均值。

4.14 灰分

应按 GB/T 9345.1—2008 的方法 A 测定。试验三个试样,报告三个试验结果的平均值。

4.15 厚层固化性

4.15.1 试验器材

试验盒:内尺寸为边长 45 mm、高 25 mm 的方形盒子,用标称厚度 0.1 mm 的干净铝箔折成。容许使用其他金属或任何合适的固体材料制作试验盒,但应在产品标准及报告中指明材质和壁厚。

4.15.2 试验步骤

在试验盒中称取(10±0.2)g 的样品,放入已恒温至产品标准规定温度的烘箱内,达到产品标准规定的时间后取出,自然冷却至室温后观察试样状态。

4.15.3 结果与报告

厚层固化性是以固化后试样的上面(S)、底面(U)和内部(I)的状态来表示,状态代码见表1。

应试验两个试样,以代码报告结果。如 S1、U1、I3.2 表示试样上表面光滑、不粘;底面不粘;内部如皮革状,有孔隙但不多于五个。

表 1 厚层固化性试样的状态代码

上表面	代码	S1	S2			
	状态	光滑[a]、不粘	粘或有其他缺陷[b]			
底面	代码	U1	U2			
	状态	不粘	粘			
内部	代码	I1	I2	I3	I4	I5
	状态	坚硬	硬如角质	皮革状	橡胶状	液状
	代码	.1	.2	.3		
	孔隙	无	不多于5个	多于5个		
[a] 允许有不严重的波纹或网状;						
[b] 其他缺陷如开裂、较严重皱纹等。						

4.16 总体积收缩率

应按 GB/T 24148.9 测定,试验两个试样,报告两个试验结果的平均值。

4.17 对漆包线的作用

4.17.1 试验器材

使用如下试验器材:

——250 mL 的量筒;

——硬度为 6 B~9 H 的铅笔 16 支;

——漆包线:长 150 mm,线径 1.0 mm 的漆包线校直后在(130±2)℃烘箱内处理 10 min,漆包线型号应根据产品标准或供需双方协议规定,线径也可根据产品标准或供需双方协议规定选择,但应≥0.5 mm。

4.17.2 试验步骤

将 200 g 试样倒入量筒,试样的温度按产品标准规定。将漆包线浸入试样,保持 30 min 后取出,用干净软棉布将漆包线表面的试样擦掉,平放在桌上,把产品标准中规定硬度的铅笔芯以 60 度角与漆包线表面接触,用约 5 N 的力沿漆包线表面轴向缓缓推动,重复测试三次,漆膜在任何一次试验中均不应被磨破见到导体。可以根据需要选用比产品标准中规定硬度更硬的铅笔芯测试。

漆包线从试样中取出至测定的时间不得超过 30 s。铅笔芯用细锉磨成图 1 形状。

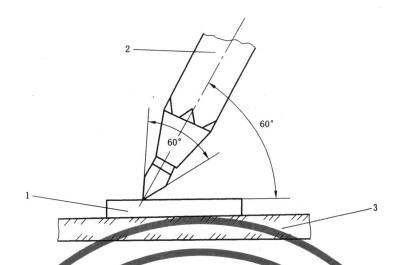

说明：
1——漆包线；
2——铅笔；
3——试验平台。

图 1

4.17.3 结果与报告

把不使漆膜磨破的最硬铅笔的硬度作为测试结果，报告还应包括漆包线的类型和线径。

5 固化后树脂基活性复合物的试验方法

5.1 固化物密度

应按 GB/T 1033.1—2008 的 5.1(A 法)测定。试验三个试样，报告三个试验结果的平均值。

5.2 吸水性

应按 GB/T 1034 测定，具体方法由相关产品标准规定，若未规定，则应采用方法 1。试验三个试样，报告三个试验结果的平均值。

5.3 导热系数

应按 GB/T 29313 测定。试验两个试样，报告两个试验结果的平均值。

5.4 阻燃性

应按 GB/T 22472 测定。

5.5 耐液体化学品

应按 GB/T 11547 测定，试验液体由相关产品标准规定。除非另有规定，试验液体的温度为(23±2)℃，浸泡时间为(168±1)h。每种试验液体试验三个试样，分别报告每种试验液体每个试样外观的变化和/或三个试样尺寸和质量变化的平均值。

5.6 耐电痕化指数和相比电痕化指数

应按 GB/T 4207 测定。

5.7 玻璃化转变温度

应按 GB/T 22567 测定,具体方法由相关产品标准规定,若未规定,则应根据具体材料的组分、结构及物理状态,选用其中一种更有效的方法。试验两个试样,报告两个试验结果的平均值。

5.8 负荷变形温度

应按 GB/T 1634.1 和 GB/T 1634.2 测定,试样平放,施加的弯曲应力应为 1.8 MPa。试验两个试样,报告两个试验结果的平均值。

5.9 线膨胀系数

应按 GB/T 1036 测定。试验两个试样,报告两个试验结果的平均值。

5.10 耐霉性

应按 GB/T 2423.16—2008 的方法 1 中严酷等级 1 测定,最后检测项目或参数由相关产品标准规定。

5.11 粘结强度

应按 GB/T 11028 测定,具体方法由相关产品标准规定。

5.12 硬度

应按 GB/T 2411 测定。

5.13 拉伸强度和拉伸弹性模量

5.13.1 刚性材料

应按 GB/T 2567—2008 的 5.1 测定。试验五个试样,报告五个试验结果的平均值。

5.13.2 柔软材料

应按 GB/T 528 测定,采用哑铃状试样。试验五个试样,报告五个试验结果的平均值。

5.14 弯曲强度和弯曲弹性模量

应按 GB/T 2567—2008 的 5.3 测定。试验五个试样,报告五个试验结果的平均值。

5.15 冲击强度

应按 GB/T 2567—2008 的 5.4 测定。试验十个试样,报告十个试验结果的平均值。

5.16 压缩强度和压缩弹性模量

应按 GB/T 2567—2008 的 5.2 测定。试验五个试样,报告五个试验结果的平均值。

5.17 体积电阻率和表面电阻率

应按 GB/T 1410 测定。

5.18 击穿电压和电气强度

应按 GB/T 1408.1 测定,电极尺寸及升压方式由相关产品标准规定。

5.19 介质损耗因数和相对电容率

应按 GB/T 1409 测定,试验频率由相关产品标准的规定。

5.20 电解腐蚀

应按 GB/T 10582 测定,用肉眼观察三个试样,报告三个观察结果。

5.21 温度变化试验

应按 GB/T 2423.22 测定,试验类型、试样制备、预处理条件、初始检测参数、低温、高温、暴露持续时间、循环数、恢复条件、最后检测参数等由相关产品标准规定。

5.22 温度指数

应按 GB/T 11026.1 和 GB/T 11026.2 测定。试验及终点判断标准应符合产品标准的规定。

————————————

ICS 83.120
Q 23

GB/T 27797.1—2011/ISO 1268-1:2001(E)

中华人民共和国国家标准

纤维增强塑料 试验板制备方法
第 1 部分:通则

Fibre-reinforced plastics—Methods of producing test plates—
Part 1:General conditions

(ISO 1268-1:2001,IDT)

2011-12-30 发布

2012-08-01 实施

中华人民共和国国家质量监督检验检疫总局
中国国家标准化管理委员会 发布

前　言

GB/T 27797《纤维增强塑料　试验板制备方法》分为11个部分：

——第1部分：通则；

——第2部分：接触和喷射模塑；

——第3部分：湿法模塑；

——第4部分：预浸料模塑；

——第5部分：缠绕成型；

——第6部分：拉挤模塑；

——第7部分：树脂传递模塑；

——第8部分：SMC及BMC模塑；

——第9部分：GMT/STC模塑；

——第10部分：BMC和其他长纤维模塑料注射模塑　一般原理和通用试样模塑；

——第11部分：BMC和其他长纤维模塑料注射模塑　小方片。

本部分为GB/T 27797的第1部分。

本部分按照GB/T 1.1—2009给出的规则起草。

本部分使用翻译法等同采用ISO 1268-1:2001(E)《纤维增强塑料　试验板制备方法　第1部分：通则》。

与本部分中规范性引用的国际文件有一致性对应关系的我国文件如下：

——GB/T 1033（所有部分）　塑料　非泡沫塑料密度的测定[ISO 1183（所有部分）]；

——GB/T 2035—2008　塑料术语及其定义(ISO 472:1999,IDT)；

——GB/T 2577—2005　玻璃纤维增强塑料树脂含量试验方法(ISO 1172:1996,MOD)。

本部分做了下列编辑性修改：

——将一些适用于国际标准的表述改为适用于我国标准的表述；

——在11.2中加条号。

本部分由中国建筑材料联合会提出。

本部分由全国纤维增强塑料标准化技术委员会(SAC/TC 39)归口。

本部分起草单位：北京玻钢院复合材料有限公司、常州天马集团有限公司、中国兵器工业集团五三研究所。

本部分主要起草人：宁珍连、宣维栋、郑会保、马玉敬、张力平。

纤维增强塑料 试验板制备方法 第1部分:通则

1 范围

GB/T 27797 的各部分规定了用于试样加工的纤维增强塑料板的制备方法,以确定复合材料性能及各组分的含量,这些方法适用于所有主要的增强材料和树脂基体。

试验板的制备方法取决于:

a) 增强材料:
—— 成分(玻璃、碳、芳纶等);
—— 形式(粗纱、毡、织物等);
—— 相对于板的长度、宽度、厚度而言的(纤维)方向;
—— 在增强塑料中的含量。

b) 基体(热塑性或热固性);

c) 预期性能;

d) 制备工艺。

增强塑料的机械性能与制备工艺密切相关,在制备试验板时应尽可能采用相同工艺。

GB/T 27797 的本部分描述了各种制备方法通用的要求。

2 规范性引用文件

下列文件对于本文件的应用是必不可少的。凡是注日期的引用文件,仅注日期的版本适用于本文件。凡是不注日期的引用文件,其最新版本(包括所有的修改单)适用于本文件。

ISO 472 塑料 术语(Plastics—Vocabulary)

ISO 1172 纺织玻璃纤维增强塑料 预浸料、模塑料和层压板 玻璃纤维和无机矿物填料含量的测定 灼烧法(Textile-glass-reinforced plastics—Prepregs, moulding compounds and laminates—Determination of the textile-glass and mineral filler content—Calcination methods)

ISO 1183(所有部分) 塑料 非泡沫塑料密度的测定方法(Plastics—Methods for determining the density of non-cellular plastics)

ISO 7822 纺织玻璃增强塑料 孔隙含量的测定 灼烧失重、机械碎裂和统计计算方法(Textile glass reinforced plastics—Determination of void content—Loss on ignition, mechanical disintegration and statistical counting methods)

ISO 10724-2:1998 塑料 热固性粉末模塑料注塑试样(PMCs) 第2部分:小方片(Plastics—Injection moulding of test specimens of thermosetting power moulding compounds(PMCs)—Part 2: Small plates)

3 术语和定义

ISO 472 界定的术语和定义适用于本文件,在 GB/T 27797 其后的内容中,视需要确定术语的插入和引用。

4 健康和安全

GB/T 27797 的各部分仅限于描述试验板的制备方法,材料的使用应遵从国家有关规定,员工应被告知其危险性,并采用适当的防护措施。

5 原理

本标准的其他部分描述了制备试验板的基本方法。

6 材料和半成品

所有使用到的材料(增强材料、树脂、助剂、SMC、BMC、预浸料等)应明确标识,材料应按照生产厂家规定的条件存储,并在标记的有效期内使用。

7 板的尺寸

板的长度、宽度和厚度取决于选取的材料和制备工艺,具体尺寸将在相关部分中规定。

注:板的尺寸也取决于从板上加工的试样所进行的试验,如,在正交方向上完成拉伸试验需要一块边长至少为250 mm 的方板。

8 增强材料

试验板中增强材料的含量应与被评估的最终产品的增强材料含量一致,如没有特定的规范,采用本标准各部分推荐的含量。

9 实验室/车间设备的一般要求

除非另有要求,制备试验板的设备应满足选定方法对温度和压力的要求,实验室/车间应配备控制装置,以便同步记录制备过程中的温度和压力。

10 步骤

制备试验板的步骤因工艺与材料的差别而不尽相同,具体步骤在本标准的相关部分中规定。

11 试验板的性能测定

11.1 总则

加工试样前应检查试验板,板材的接收或拒收准则应在材料规范和试验板的制备方法中规定,或者由有关方协商确定。

11.2 纤维含量

11.2.1 玻璃纤维增强塑料中的纤维含量的测定见 ISO 1172,碳纤维增强塑料中的纤维含量根据有关方达成一致的方法测定。

11.2.2 铺层顺序可通过边角料判定。

11.3 孔隙率或孔隙含量

孔隙率或孔隙含量是板材产生开放或封闭空穴频率的测量结果,可用下列任一方法测定:目测、用显微镜检查抛光后的横截面(见 ISO 7822)、超声检查或者 X-射线检查。

11.4 密度

密度的测量按 ISO 1183 规定的相关部分执行。

11.5 尺寸

应测量板的厚度,其他尺寸的测量视需要确定。

12 标识

板材应有能实现追溯的标识:
——模具或模腔;
——板的侧面;
——铺层顺序;
——试验板中基体流动方向,或者增强材料或制备方法的其他方向纤维体系(细或粗、单股或多股)的描述应符合 ISO 10724-2:1998 中附录 C 的规定。

13 试验板制备报告

试验板制备报告应明确如下信息:
a) 依据本标准的相关部分;
b) 制备地点、时间;
c) 所用材料的完整描述,包含树脂、增强材料、填料等;
d) 树脂体系;
e) 所用设备;
f) 操作条件;
g) 板材铺层;
h) 本标准相关部分规定的试样的特征值(如厚度、纤维含量)和其他所需的特征值;
i) 再制备板材时所需的其他信息;
j) 与本标准相关部分的差异。

ICS 83.120
Q 23

中华人民共和国国家标准

GB/T 27797.2—2011/ISO 1268-2:2001(E)

纤维增强塑料　试验板制备方法
第2部分:接触和喷射模塑

Fibre-reinforced plastics—Methods of producing test plates—
Part 2:Contact and spray-up moulding

(ISO 1268-2:2001,IDT)

2011-12-30 发布　　　　　　　　　　　　　　2012-08-01 实施

中华人民共和国国家质量监督检验检疫总局
中国国家标准化管理委员会　发布

前　言

GB/T 27797《纤维增强塑料　试验板制备方法》分为11个部分：

——第1部分：通则；

——第2部分：接触和喷射模塑；

——第3部分：湿法模塑；

——第4部分：预浸料模塑；

——第5部分：缠绕成型；

——第6部分：拉挤模塑；

——第7部分：树脂传递模塑；

——第8部分：SMC及BMC模塑；

——第9部分：GMT/STC模塑；

——第10部分：BMC和其他长纤维模塑料注射模塑　一般原理和通用试样模塑；

——第11部分：BMC和其他长纤维模塑料注射模塑　小方片。

本部分为GB/T 27797的第2部分。

本部分按照GB/T 1.1—2009给出的规则起草。

本部分使用翻译法等同采用ISO 1268-2:2001(E)《纤维增强塑料　试验板制备方法　第2部分：接触和喷射模塑》。

与本部分中规范性引用的国际文件有一致性对应关系的我国文件如下：

——GB/T 2577—2005　玻璃纤维增强塑料树脂含量试验方法(ISO 1172:1996,MOD)；

——GB/T 27797.1　纤维增强塑料　试验板制备方法　第1部分：通则(ISO 1268-1:2001,IDT)。

本部分做了下列编辑性修改：

——将一些适用于国际标准的表述改为适用于我国标准的表述；

——在4.1、4.2、6.2、7.2、9.3和第10章中加条号。

本部分由中国建筑材料联合会提出。

本部分由全国纤维增强塑料标准化技术委员会(SAC/TC 39)归口。

本部分起草单位：北京玻钢院复合材料有限公司、常州天马集团有限公司、中国兵器工业集团五三研究所。

本部分主要起草人：宁珍连、宣维栋、郑会保、马玉敬、张力平。

纤维增强塑料 试验板制备方法
第2部分:接触和喷射模塑

1 范围

GB/T 27797 的本部分规定了接触和喷射模塑制备增强塑料试验板的方法。

本部分仅适用于玻璃纤维增强材料。

本部分与 GB/T 27797.1 一并使用。

2 规范性引用文件

下列文件对于本文件的应用是必不可少的。凡是注日期的引用文件,仅注日期的版本适用于本文件。凡是不注日期的引用文件,其最新版本(包括所有的修改单)适用于本文件。

ISO 1172 纺织玻璃纤维增强塑料 预浸料、模塑料和层压板 玻璃纤维和无机矿物填料含量的测定 灼烧法(Textile-glass-reinforced plastics—Prepregs, moulding compounds and laminates—Determination of the textile-glass and mineral filler content—Calcination methods)

ISO 1268-1 纤维增强塑料 试验板制备方法 第1部分:通则(Fibre-reinforced plastics—Methods of producing test plates—Part 1:General conditions)

3 健康和安全

见 ISO 1268-1。

4 原理

4.1 接触模塑

4.1.1 增强层(如5.1所述)放置在刚性平板上,人工浸渍热固性树脂液体。应在树脂供应商建议的固化周期内完成铺层,尽量减少树脂在空气中不必要的暴露。用手动辊压实纤维和树脂。

4.1.2 本方法适用于任何常温常压固化的热固性树脂。

4.2 喷射模塑

4.2.1 用短切机将玻璃纤维无捻粗纱短切成预定长度,同时与喷枪喷出的树脂喷雾混合。本方法适用于不饱和聚酯树脂。

4.2.2 玻璃纤维和树脂喷到刚性平板或者模具上,用手动辊压实。

5 材料

5.1 接触模塑

5.1.1 增强材料

裁剪至与试验板相同的尺寸,标记经纬线方向或者优选方向。合适的材料包括短切毡(含有粘合剂,该粘合剂能溶解在基体树脂中)、由无捻粗纱或者细纱构成的机织物、无纺布等。

5.1.2 热固性树脂和固化剂

按供应商常温固化的说明混合。

5.1.3 脱模剂

在制备试验板的平板或模具上涂覆。

5.2 喷射模塑

5.2.1 粗纱或者细纱束。

5.2.2 预促型热固性树脂,喷射模塑专门推荐使用的一种树脂。

5.2.3 催化剂,在树脂中推荐使用的催化剂。

5.2.4 脱模剂。

6 尺寸

6.1 总则

板的长度、宽度和厚度取决于使用的原材料和制备工艺。

6.2 接触模塑

6.2.1 推荐尺寸为 600 mm×600 mm,该尺寸可获得足够的二个方向的拉伸和弯曲试样。

6.2.2 厚度应为 2 mm~10 mm。

6.3 喷射模塑

该尺寸应足够大,以保证在相互垂直的二个方向进行拉伸和弯曲试验,推荐尺寸为 600 mm×600 mm。厚度应不超过用辊能完全赶除层合板所有气泡的厚度(典型值为 2 mm~5 mm)。

7 增强材料含量

7.1 总则

层合板的增强材料含量取决于所用的材料类型,推荐增强材料含量:无捻粗纱布 50%±3%;毡及短切粗纱 32%±4%。

7.2 接触模塑

为获得期望的厚度和纤维含量,在确定最终制备方案前,有必要进行前期试验并测试其性能。增强材料层数的确定参见附录 A。

7.3 喷射模塑

7.3.1 为获得期望的厚度和纤维含量,在确定最终喷射方案前,有必要进行前期试验并测试其性能。

7.3.2 多层喷射宜用一个喷枪,每层喷射材料的厚度大约 1 mm。

8 设备

8.1 接触模塑

8.1.1 剪刀或刀片:用于裁剪增强材料。

8.1.2 天平:精确至 0.1 g。

8.1.3 烧杯、玻璃或塑料材质,也可以是无涂敷(或打蜡)纸质材料。

8.1.4 刷子。

8.1.5 辊子:马海毛或者钢辊,有无衬垫均可。

8.1.6 刚性平板:可由抛光钢材或者无孔材料制成,边缘突起(防止树脂溢出),且平板材料不影响树脂性能。

8.1.7 鼓风烘箱:带计时器和控制装置。

8.1.8 干燥器。

8.2 喷射模塑

设备同 8.1,还需增加如下设备:
a) 玻璃纤维短切机/喷枪机组;
b) 秒表。

9 步骤

9.1 接触模塑

9.1.1 采用与生产层合板相同的参数(层数、角度、纤维含量和树脂类型)制备试验板。

9.1.2 在板或模具表面上涂覆脱模剂,待其干透,必要时进行打磨抛光。

9.1.3 将增强材料裁剪至所需的尺寸,保证有足够面积用以加工试样。按生产厂家的说明对增强材料进行状态调节,必要时在使用前进行烘干处理。

9.1.4 称量经状态调节后的增强材料总质量 m_1。

9.1.5 根据期望的增强材料含量确定所需的树脂质量 m_2,按公式(1)计算:

$$m_2 = m_1 \times \frac{100 - w_g}{w_g} \times 1.2 \quad \cdots\cdots\cdots\cdots\cdots\cdots\cdots\cdots (1)$$

式中:

m_2——树脂质量,单位为克(g);

m_1——玻璃纤维质量,单位为克(g);

w_g——层合板期望的玻璃纤维含量,以总质量的百分数表示。

注:因树脂从边缘溢出、辊子吸收等因素产生损耗,需增加 20% 的树脂用量。

9.1.6 在加入固化剂前,将树脂温度调节至室温,混合均匀后立即制备。

9.1.7 在模具表面涂刷一薄层树脂,涂刷范围与试验板的尺寸一致,树脂用量取决于单层增强材料的厚度,然后在树脂层上小心铺覆第一层增强材料,待树脂将增强材料浸透,用辊子赶出气泡,接着再涂刷一层树脂并铺覆第二层增强材料,重复操作直至所需的厚度。

9.1.8 完成铺层后,固化试验板(见 9.3)。

9.2 喷射模塑

9.2.1 将特定型号的玻璃纤维无捻粗纱放入短切机,调节刀辊与砧辊之间的压力,确保切割干净利落。

9.2.2 在设备的储胶罐内注入预促型树脂和催化剂。

9.2.3 打开短切机 15 s,称量所切纤维的质量。不开启雾化功能,往合适的容器(如纸杯)喷射树脂15 s,称量容器中树脂质量。调节短切机和喷枪的压力以达到期望的树脂和玻璃纤维输出比值。

9.2.4 在板或模具表面涂刷脱模剂,待其干透,必要时进行打磨抛光。

9.2.5 在板或模具表面均匀喷射短切纤维和树脂,每喷完一层,用辊子赶出气泡。

9.2.6 达到要求厚度后,固化试验板(见 9.3)。

9.3 固化条件

9.3.1 除非树脂生产厂家另有要求,应采用下列之一的固化条件:

    a) 连同模具室温下放置 48 h;

    b) 在室温下固化不超过 4 h 脱模,然后将试验板放在一支撑平板上放入 40 ℃烘箱中保温 16 h。

上述固化条件可用于一般用途的试验板制备,若制备用于特殊用途的试验板,应进行后固化处理,所需温度和时间由树脂生产厂商提供。

9.3.2 固化完成后,将试验板放置在室温下冷却 60 min。

9.3.3 加工试样前切除毛边。

10 试验板的性能测定

10.1 目测试验板是否可用。

10.2 纤维含量测定见 ISO 1172,推荐值见 7.1。

10.3 如需要,用合适的方法测定孔隙率。

11 标识

每块试验板均应做出标识,与制备报告记录相对应。

12 试验板制备报告

试验板制备报告应包含如下信息:

    a) 依据本部分;

    b) 制备地点和时间;

    c) 制备工艺(接触模塑或喷射模塑);

    d) 接触模塑:

        1) 增强材料状态调节的细节;

        2) 层数及铺层方向(如有)。

    e) 喷射模塑(短切纤维的公称长度);

    f) 所用材料清单(增强材料类型、树脂类型、填料类型、固化体系等);

    g) 所用设备;

    h) 操作条件(制备时间、固化温度和时间、后固化情况);

    i) 试验板的厚度;

    j) 纤维含量和填料含量;

k) 试验板质量(外观、浸渍情况);

l) 再制备板材时所需的其他信息;

m) 任何与 GB/T 27797 本部分的差异。

附　录　A

（资料性附录）

估算增强材料层数

A.1　计算方法

增强材料的层数按公式(A.1)计算：

$$n = \frac{h p_g w_g}{p_A [w_g p_r + p_g (1 - w_g)]} \times 1\,000 \quad\cdots\cdots\cdots\cdots\cdots\cdots\cdots\cdots(\text{A.1})$$

式中：

n　——层数；

h　——试验板厚度，单位为毫米(mm)；

p_g　——玻璃纤维密度，单位为克每立方厘米(g/cm³)；

p_r　——树脂密度，单位为克每立方厘米(g/cm³)；

w_g　——玻璃纤维含量，用质量分数表示(%)；

p_A　——单位面积增强材料质量，单位为克每平方厘米(g/cm²)。

A.2　操作方法

具体操作方法见表 A.1。

表 A.1

增强材料类型		单位面积质量 g/m²	常用纤维含量 %	理论厚度 mm
毡		300	30	0.7
		450	30	1.0
		600	30	1.4
机织物		270	60	0.5
无捻粗纱布		270	50	0.4
		500	50	0.6
		800	50	0.9
毡＋无捻粗纱布	一层 450 g/m² 毡＋一层 500 g/m² 无捻粗纱布	950	40	1.4
	一层 600 g/m² 毡＋一层 500 g/m² 无捻粗纱布	1 100	40	1.7
	一层 600 g/m² 毡＋一层 800 g/m² 无捻粗纱布	1 400	40	2.1
	三层 450 g/m² 毡＋两层 500 g/m² 无捻粗纱布	2 350	40	3.3

ICS 83.120
Q 23

中华人民共和国国家标准

GB/T 27797.3—2011/ISO 1268-3:2000(E)

纤维增强塑料 试验板制备方法
第 3 部分:湿法模塑

Fibre-reinforced plastics—Methods of producing test plates—
Part 3:Wet compression moulding

(ISO 1268-3:2000,IDT)

2011-12-30 发布

2012-08-01 实施

中华人民共和国国家质量监督检验检疫总局
中国国家标准化管理委员会 发布

前　言

GB/T 27797《纤维增强塑料　试验板制备方法》分为11个部分：
——第1部分：通则；
——第2部分：接触和喷射模塑；
——第3部分：湿法模塑；
——第4部分：预浸料模塑；
——第5部分：缠绕成型；
——第6部分：拉挤模塑；
——第7部分：树脂传递模塑；
——第8部分：SMC及BMC模塑；
——第9部分：GMT/STC模塑；
——第10部分：BMC和其他长纤维模塑料注射模塑　一般原理和通用试样模塑；
——第11部分：BMC和其他长纤维模塑料注射模塑　小方片。

本部分为GB/T 27797的第3部分。

本部分按照GB/T 1.1—2009给出的规则起草。

本部分使用翻译法等同采用ISO 1268-3:2000(E)《纤维增强塑料　试验板制备方法　第3部分：湿法模塑》。

与本部分中规范性引用的国际文件有一致性对应关系的我国文件如下：
——GB/T 1033(所有部分)　塑料　非泡沫塑料密度的测定[ISO 1183(所有部分)]；
——GB/T 2577—2005　玻璃纤维增强塑料树脂含量试验方法(ISO 1172:1996,MOD)；
——GB/T 27797.1　纤维增强塑料　试验板制备方法　第1部分：通则(ISO 1268-1:2001,IDT)。

本部分做了下列编辑性修改：
——将一些适用于国际标准的表述改为适用于我国标准的表述；
——在5.1、5.2、8.2中加条号。

本部分由中国建筑材料联合会提出。

本部分由全国纤维增强塑料标准化技术委员会(SAC/TC 39)归口。

本部分起草单位：北京玻钢院复合材料有限公司、中国兵器工业集团五三研究所、常州天马集团有限公司。

本部分主要起草人：宁珍连、郑会保、宣维栋、马玉敬、张力平。

纤维增强塑料 试验板制备方法
第3部分:湿法模塑

1 范围

GB/T 27797的本部分规定了湿法模塑制备试验板的方法。用本方法制备试验板可实现再现性,使不同时间、不同地点制备的试验板的性能比较成为可能。

从湿法模塑制备的试验板上切割的试样,可用于测定所用增强材料的性能。增强材料可以使用毡或者织物,需关注以下性能:
——吸水性(ISO 62);
——弯曲强度和弯曲模量(ISO 178);
——冲击性能(简支梁)(ISO 179);
——拉伸强度、拉伸模量及断裂延伸率(ISO 527-4)。
GB/T 27797的本部分和GB/T 27797.1一并使用。

2 规范性引用文件

下列文件对于本文件的应用是必不可少的。凡是注日期的引用文件,仅注日期的版本适用于本文件。凡是不注日期的引用文件,其最新版本(包括所有的修改单)适用于本文件。

ISO 1172:1996 纺织玻璃纤维增强塑料 预浸料、模塑料和层压板 玻璃纤维和无机矿物填料含量的测定 灼烧法(Textile-glass-reinforced plastics—Prepregs,moulding compounds and laminates—Determination of the textile-glass and mineral filler content—Calcination methods)

ISO 1183(所有部分) 塑料 非泡沫塑料密度的测定方法(Plastics Methods for determining the density of non-cellular plastics)

ISO 1268-1 纤维增强塑料 试验板制备方法 第1部分:通则(Fibre-reinforced plastics—Methods of producing test plates—Part 1:General conditions)

ISO 2555 塑料 液态、乳液或分散状树脂 用布鲁克菲尔德试验方法测定表观黏度(Plastics—Resins in the liquid state or as emulsions or dispersion—Determination of apparent viscosity by the blookfield test method)

3 健康和安全

见ISO 1268-1。

4 原理

在两平板模具上施加压力,湿法模塑制备试验板。将下模具板固定,上模具板能施压到下模具板。将毡或者织物等增强材料铺放在下模具板上,在增强材料上边倒入适量树脂,然后通过上模具板对下模具板施压,在压力作用下,树脂体系在增强材料中流动。两块模板之间的间隙能够调节,因此能够调节增强材料和树脂的含量。试验板可以室温固化或高温固化,固化温度和固化时间取决于所用的树脂体系。

5 材料

5.1 增强材料

5.1.1 增强材料应为平整的片状,以利于裁剪至要求的尺寸,湿法模塑采用的增强材料通常为玻璃纤维织物。

5.1.2 非常重要的是,增强材料层应具有足够的强度以承受成型过程中树脂的流动,这意味着增强材料不能溶于树脂体系。

5.2 树脂

5.2.1 通常使用不饱和聚酯(UP)树脂,对于压力模塑,树脂应有较高的黏度值。通常,黏度值高于1 000 mPa·s(在23 ℃按ISO 2555中阐述的布鲁菲尔德法测定)是合适的。为获得高黏度值可以在UP树脂中添加填料,每100份树脂中至少加入50份填料,在必要的情况下,还可以加入色浆。此外,应在树脂体系中加入适当的脱模成分,或者在模具上涂刷脱模剂。

5.2.2 在树脂和填料的混合物中先加入促进剂,之后再加入引发剂。由引发剂和促进剂组成的固化体系应保证树脂体系保持较长时间的适用期。在环境温度下,树脂体系的适用期应足够长以满足在增强材料上注入树脂及树脂在增强材料中流动。制备几块试验板后,由于反应发热,模具的温度将稳定在一个较高的值(一般情况下为30 ℃~60 ℃),由于在较高温度下凝胶时间缩短,因此更需要树脂有足够长的适用期。

6 试验板尺寸

模塑试验板既可以是圆形也可以是方形,推荐圆形试验板的直径为300 mm,方形试验板的尺寸为300 mm×300 mm。这两种情况下,试验板的厚度均为4 mm,此规格的试样可以进行一个方向的拉伸性能、弯曲性能、冲击强度和吸水性试验。

也可选其他尺寸的试验板,但是增强材料层决定试验板的最小厚度,试验板应包含数个增强层以弥补单个增强层的缺陷。

7 增强材料含量

增强材料含量取决于增强材料的类型(毡或纤维),增强材料含量以质量分数表示,另外,增强材料含量还取决于树脂中填料的添加量(增加填料能使树脂密度增加)。

以毡为增强材料时,增强材料质量含量应在20%~40%之间,若增强材料为织物或者其他多轴向织物时,含量在40%~60%之间。对其他类型的增强材料,其含量很大程度上取决于增强材料的结构。

8 设备

8.1 模具

使用一对相互平行的平板模具,这种成型工艺不需要很高的压力,因此模具可以采用相对轻便的结构,一般情况下,压力为0.1 MPa~1 MPa。为使试验板达到规定厚度,模具间配置间隔装置,平板模具应有足够的刚度,以保证试验板表面的平行度偏差不超过±0.3 mm。

8.2 压机

8.2.1 模具板应固定在压机上,一块模具板(通常为下模具板)固定在压机框架上,另外一块模具板(上模具板)固定在压机的活塞上,以便其垂直运动。活塞的行程不小于 500 mm,具备两个速度挡:"快速挡"为 25 mm/s～50 mm/s,"加压挡"为 0.2 mm/s～2 mm/s。

8.2.2 压机应能提供足够高的压力,制备试样时采用 0.1 MPa～1 MPa 的压力即可满足需要。

9 步骤

9.1 将增强材料剪裁到要求的尺寸。增强材料的层数应满足试验板在给定厚度下对纤维含量的要求。所需层数 n 按公式(1)计算:

$$n = \frac{e\rho_f\rho_m b}{g[b\rho_m + \rho_f(1-b)]} \qquad \cdots\cdots\cdots\cdots\cdots\cdots\cdots\cdots (1)$$

式中:

e ——试验板的厚度,单位为厘米(cm);

ρ_f ——增强材料密度,单位为克每立方厘米(g/cm³);

ρ_m ——树脂密度,单位为克每立方厘米(g/cm³);

b ——增强材料质量含量,用质量百分数表示(%);

g ——增强材料单位面积质量,单位为克每平方厘米(g/cm²)。

注:密度最好从生产厂家获取,如不能,按照 ISO 1183 中的某一方法测定。

9.2 准备树脂体系。根据试验板中期望的增强材料含量推算树脂用量,考虑 0%～10% 的树脂溢出损失。树脂用量按公式(2)计算:

$$m = \frac{1-b}{b} ngA(1+x) \qquad \cdots\cdots\cdots\cdots\cdots\cdots\cdots\cdots (2)$$

式中:

m ——树脂用量,单位为克(g);

b ——增强材料质量含量,用质量分数表示(%);

n ——增强材料层数;

g ——增强材料单位面积质量,单位为克每平方厘米(g/cm²);

A ——增强材料的面积,单位为克每平方厘米(g/cm²);

x ——溢出树脂含量,用百分数表示(%)。

9.3 打开压机,将增强材料放置在下模具板上,在增强材料的中心注入树脂后合模。合模第一阶段的速度应尽可能快,合模至最后几毫米时,应降低合模速度。试验板的质量取决于最后阶段的合模速度和这个过程的长短,因此为获得优质试验板应采取最优化的合模操作,为优化试验板的质量也需改变树脂的溢出量 x。

9.4 完全合模后,模具(预热或不预热均可)中树脂的固化时间也是优化因素之一,在环境温度下固化需要较长时间,树脂体系的适用期应作相应的调整。由于该工艺不能保证试样有规则整齐的边缘,使用金刚锯将毛边清理干净。清理试验板毛边时,应将未能包含所有增强材料层的边缘切除,清理后的试验板增强材料应分布均匀。

10 试验板的性能测定

10.1 纤维含量

由于树脂中通常添加了填料,所以增强材料的质量含量最好采用灼烧法测定。对于玻璃纤维增强材料,按照 ISO 1172 测定。

10.2 外观和浸渍情况

完成模塑后,目测试验板的外观和浸渍的质量是否合适。

10.3 试验板尺寸

采用该技术(模压后切除毛边)不能获得规定的宽度和尺寸,因此没必要测量尺寸,但是需要测量试验板的厚度,测量不同位置的厚度,以比较试验板的厚度和间隔装置设定的厚度。

11 试验板制备报告

试验板制备报告应包含如下内容:
a) 依据本部分;
b) 制备地点和时间;
c) 详细的层数、排列方式、铺层角度;
d) 所用材料清单(增强材料型号、树脂类型、填料类型、固化体系等);
e) 所用设备(模具等);
f) 操作条件(压力、温度和合模速度等);
g) 试验板的厚度;
h) 纤维含量和填料含量;
i) 试验板质量(外观、浸渍情况);
j) 再制备试验板所需的其他信息;
k) 与本部分的差异。

ICS 83.120
Q 23

中华人民共和国国家标准

GB/T 27797.4—2013/ISO 1268-4:2005

纤维增强塑料 试验板制备方法
第4部分：预浸料模塑

Fibre-reinforced plastics—Methods of producing test plates—
Part 4:Moulding of prepregs

(ISO 1268-4:2005,IDT)

2013-11-27 发布　　　　　　　　　　　　　　　2014-08-01 实施

中华人民共和国国家质量监督检验检疫总局
中国国家标准化管理委员会　发布

前　言

GB/T 27797《纤维增强塑料　试验板制备方法》分为11个部分：
——第1部分:通则；
——第2部分:接触和喷射模塑；
——第3部分:湿法模塑；
——第4部分:预浸料模塑；
——第5部分:缠绕成型；
——第6部分:拉挤模塑；
——第7部分:树脂传递模塑；
——第8部分:SMC及BMC模塑；
——第9部分:GMT/STC模塑；
——第10部分:BMC和其他长纤维模塑料注射模塑　一般原理和通用试样模塑；
——第11部分:BMC和其他长纤维模塑料注射模塑　小方片。

本部分为GB/T 27797的第4部分。

本部分按照GB/T 1.1—2009给出的规则起草。

本部分使用翻译法等同采用ISO 1268-4:2005《纤维增强塑料　试验板制备方法　第4部分:预浸料模塑》。

与本部分中规范性引用的国际文件有一致性对应关系的我国文件如下：

——GB/T 1033(所有部分)　塑料　非泡沫塑料密度的测定[ISO 1183(所有部分)]；
——GB/T 2577—2005　玻璃纤维增强塑料树脂含量试验方法(ISO 1172:1996,MOD)；
——GB/T 2918—1998　塑料　试样状态调节和试验的标准环境(ISO 291:1997,IDT)；
——GB/T 27797.1　纤维增强塑料　试验板制备方法　第1部分:通则(ISO 1268-1:2001,IDT)。

本部分做了下列编辑性修改：

——将一些适用于国际标准的表述改为适用于我国标准的表述。

本部分由中国建筑材料联合会提出。

本部分由全国纤维增强塑料标准化技术委员会(SAC/TC 39)归口。

本部分起草单位:北京玻钢院复合材料有限公司、中国兵器工业集团五三研究所、常州天马集团有限公司。

本部分主要起草人:宁珍连、李树虎、宣维栋、马玉敬、张力平。

纤维增强塑料 试验板制备方法
第4部分：预浸料模塑

1 范围

GB/T 27797的本部分规定了使用加热加压及不同的设备(如热压机、气压机、液压机和真空袋压设备)成型多层单向纤维预浸料或织物(预浸)试验板的方法,适用于所有增强材料和树脂。

本方法适用于热固性树脂预浸料和热塑性树脂预浸料,制备试验板时将预浸料按照要求的顺序和方向铺放,压紧并在加热加压/真空状态下固化,制备的试验板宜用机械加工成试样。

用此方法制成的标准板可用于分析其组分,即增强材料、添加剂和树脂等,也可用于鉴定最终产品的综合质量。

2 规范性引用文件

下列文件对于本文件的应用是必不可少的。凡是注日期的引用文件,仅注日期的版本适用于本文件。凡是不注日期的引用文件,其最新版本(包括所有的修改单)适用于本文件。

ISO 291 塑料 试样状态调节和试验的标准环境(Plastics—Standard atmospheres for conditioning and testing)

ISO 1172 纺织玻璃纤维增强塑料 预浸料、模塑料和层压板 玻璃纤维和无机填料含量的测定 灼烧法(Textile-glass-reinforced plastics—Prepregs,moulding compounds and laminates—Determination of the textile-glass and mineral filler content—Calcination methods)

ISO 1183(所有部分) 塑料 非泡沫塑料密度的测定(Plastics—Methods for determining the density of non-cellular plastics)

ISO 1268-1 纤维增强塑料 试验板制备方法 第1部分:通则(Fibre-reinforced plastics—Methods of producing test plates—Part 1:General conditions)

ISO 2818 塑料 机加工制备试样(Plastics—Preparation of test specimens by machining)

ISO 7822 纺织玻璃纤维增强塑料 孔隙含量的测定 灼烧损失、机械破碎和统计计算方法(Textile glass reinforced plastics—Determination of void content—Loss on ignition,mechanical disintegration and statistical counting methods)

3 健康和安全

见 ISO 1268-1。

4 原理

将纤维增强预浸料裁剪成要求的层数和尺寸,按照要求的顺序和方向铺放,制备用于加工试样的标准板。通过机械压缩或抽真空将预浸料初步压实并将空气排出,预浸料叠层通常密封在一个真空袋中,按照材料供应商的说明,借助机械设备在某种热压组合作用下最终固化。适当的工艺流程包括:使用热压釜、压力釜、真空发生器或者液压机。

除非专门研究试样的表面效应,否则试验板的表面应平整,并应满足切割最大试样所需的尺寸。

5 设备

5.1 工艺设备

5.1.1 压机:任意型号,具备 5.1.1.1～5.1.1.4 规定的组件。

5.1.1.1 机身(见图1),由框架、压头和底座组成。框架应足够高以提供模塑空间,该空间能进行安放包含预浸料叠层的模具的操作。压头与框架之间的缝隙至少为 0.2 mm,以保证可以安装导杆。

单位为毫米

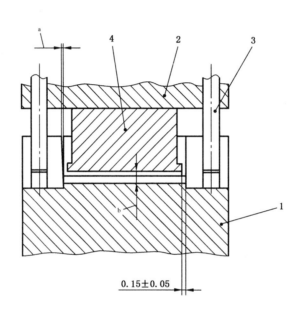

说明:

1——底座;

2——上端框;

3——立柱;

4——压头。

ᵃ 斜度为 1°。

ᵇ 四处压紧。

图 1 压机

5.1.1.2 侧开式模具(见图2),由两块平整的金属板组成(一块底板和一块覆板),四个角安装调节垫块以控制试验板厚度,模具板尺寸应保证试验板能加工成所需的试样。与试验板接触的模板表面的平整度应在 ±0.05 mm 之间,为此需进行抛光处理或采用硬铬板。钢质模具板的厚度为 5 mm,铝合金模具板的厚度为 6 mm。

> 注 1:制作特殊厚度的试验板时,可以通过在两模具板的(四个)角上安放合适尺寸的垫块获得。

> 注 2:可在底板上雕刻箭头以识别试验板的零度方向。操作时应注意,每块试验板上雕刻的箭头不能影响试验板的性能。也可制作非正方形的试验板(如 350 mm×300 mm),使其长边平行于 0°方向。

5.1.1.3 加压方式,按照规定的力-时间曲线进行加压,整个加压过程的压力控制精度为 5%。

5.1.1.4 温度测量和控制设备,能获得至少 3 ℃/min 的升温速率,并在特定的范围内能获得所需的固化温度,或者能满足温度-时间曲线的要求。

5.1.2 热压釜:任意干热型,符合5.1.1.3和5.1.1.4的要求。

5.1.3 鼓风烘箱:符合5.1.1.4的要求。

5.1.4 尺子:测量试验板的长度和宽度,精度为0.5 mm。

5.1.5 螺旋测微计:测量试验板的厚度,精度为0.01 mm。

5.1.6 天平:称重,感量为0.01 g。

5.1.7 切割设备:如有利刃的刀具。

5.1.8 真空泵:能产生0.08 MPa或更低的真空度。

5.1.9 压缩空气装置:能获得0.7 MPa±0.014 MPa的压力。

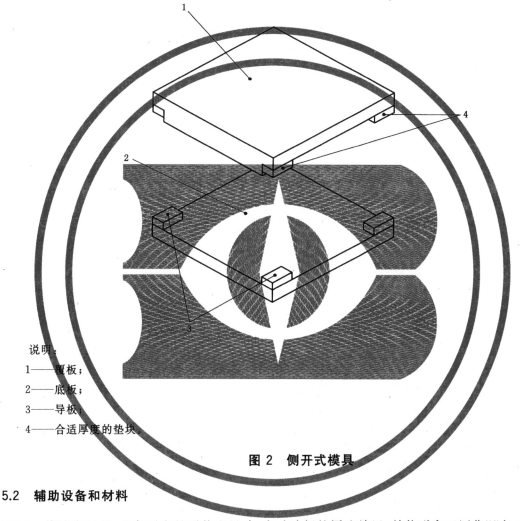

说明:
1——覆板;
2——底板;
3——导板;
4——合适厚度的垫块。

图 2 侧开式模具

5.2 辅助设备和材料

5.2.1 橡胶密封垫:具备适宜的形状和尺寸,在试验板的周边放置,并能耐高于固化温度20 ℃的温度。

5.2.2 脱模薄膜:能耐高于固化温度20 ℃的温度,由聚氟乙烯(PVF)、聚四氟乙烯(PTFE)或有聚四氟乙烯涂层的织物材料制成。

5.2.3 多孔脱模薄膜:能耐高于固化温度20 ℃的温度,由聚氟乙烯(PVF)、聚四氟乙烯(PTFE)或有聚四氟乙烯涂层的织物材料制成。

5.2.4 密封薄膜:能耐高于固化温度20 ℃的温度,由聚氟乙烯(PVF)、聚四氟乙烯(PTFE)或有聚四氟乙烯涂层的织物材料制成。

5.2.5 透气材料:如铝丝网或玻璃纤维织物。

5.2.6 吸胶材料:吸收盈余的树脂,如机织的玻璃纤维织物。

注:单位面积质量为100 g/m²~300 g/m²的机织玻璃纤维织物,每平方米能吸收大约60 g~115 g树脂,单位面积

质量为 60 g/m² 的聚酰胺纤维织物,每平方米能吸收大约 40 g 树脂。

5.2.7　金属压边条:宽度 15 mm,长度适当,在模具中围绕试验板铺放,其厚度取决于所制备的试验板厚度。

5.2.8　密封带:能耐高于固化温度 20 ℃ 的温度。

6　步骤

6.1　将包括足够的预浸料在内的用于制备试验板的材料,在 ISO 291 规定的某一标准环境中状态调节至少 2 h,并在相同的环境中进行后续的铺层(见 6.4)。

6.2　若原材料在低于状态调节的温度下储存,应将其放入密封袋中防止吸湿直到达到状态调节的温度。

6.3　除非另有规定,热固性材料应在状态调节后 6 h 内固化。

6.4　从经状态调节的预浸料中,裁剪所要求的层数,以满足制备规定长度、宽度和厚度的试验板,铺层中每层的方向在规范或试验方法中给出,见附录 A。将裁剪好的预浸料按规定顺序铺放在下模具板上。在预浸料铺叠物边缘插入热电偶,控制模压过程中的温度。热压釜中预浸料铺叠物和辅助材料的分布如图 3 所示,以制备具有平整表面的试验板。若需要研究产品的外观,在最上层再放一层适合于外观研究的多孔脱模薄膜。图 4 给出了适合气压的叠层和辅助材料的排列方式。

注1:用于吸收多余树脂的吸胶材料的数量由试验板的树脂含量决定,试验板的厚度和树脂含量也随压力、温度及其他因素[所用纤维/树脂体系性能(见注2)]而变。

注2:在一定压力下,为获得规定厚度及纤维含量的试验板,可能有必要预先进行试验,以确定所需预浸料层数及吸胶材料数量。对于低渗出体系,可以根据每一层的厚度计算出所需预浸料的层数。

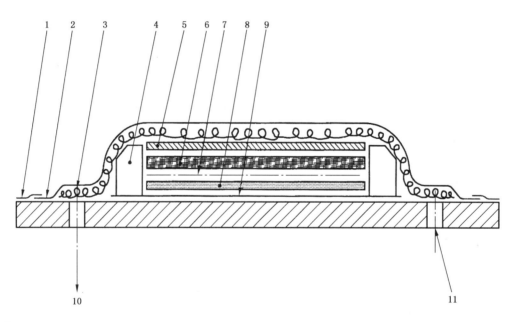

说明:
1——密封带;　　　　5——模具覆板;　　　　9——脱模薄膜;
2——密封层;　　　　6——吸胶材料;　　　　10——热压釜通气孔;
3——透气材料;　　　7——多孔脱模薄膜;　　11——温度及/或压力传感器插孔。
4——金属压边条;　　8——层合板;

图 3　典型的热压釜模压组合

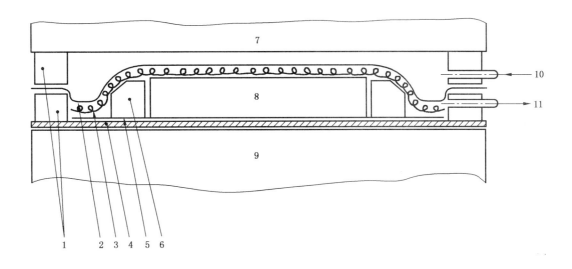

a) 过压/真空试验法

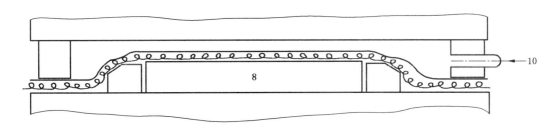

b) 过压试验法

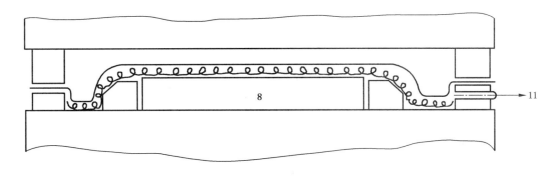

c) 真空试验法

说明:
1——金属压边条;
2——密封层;
3——透气材料;
4——下模板;
5——脱模薄膜;
6——橡胶密封垫;
7——模具覆板;
8——层合物;
9——压机下台板;
10——压缩空气进口;
11——抽真空孔。

图 4 气压机模压示意图

6.5 固化温度、压力及时间应根据树脂牌号及固化剂种类而定,也可依据原材料说明书或由供需双方约定。在固化周期内,温度应保持稳定,温度测量设备显示的温度必须在树脂体系所要求的范围内(见图5)。在模塑过程中,试验板表面任意两点的温差不应超过 2 ℃。

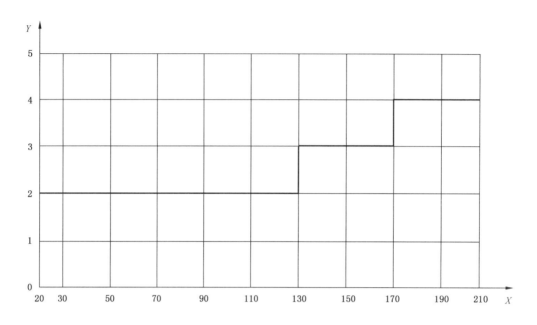

说明:

X——固化温度,单位为摄氏度(℃);

Y——允许的温度差,单位为摄氏度(℃)。

图 5　允许的固化温度差示意图

6.6　固化后,将试验板从压机或热压釜中取出,自然冷却至室温,避免变形和损伤。

6.7　用压敏纸标记与试验板长度方向相关的纤维方向,或者按照相关各方达成的其他合适方法标识(见 5.1.1.2 注 2)。

6.8　切除至少 10 mm 的毛边。

6.9　若无需其他处理,这种状态的试验板可用于取样。机械加工按 ISO 2818 规定。若相关的试验标准中无规定,从试验板中加工的试样,其尺寸和增强材料的方向应单独规定。

7　试验板的性能检验

7.1　称重已切除毛边的试验板,准确至 0.1 g。

7.2　沿试验板的四边,通过端部,用尺子测量已切除毛边的试验板的长度和宽度,准确至 0.5 mm。计算一对测量结果的算术平均值,修约到毫米。

7.3　用螺旋测微计测量四个角(离边缘至少 25 mm)及中心的厚度,准确至 0.05 mm。计算五次测量结果的算术平均值,修约到 0.1 mm。

7.4　按相关各方达成的方法(如要求),用无损探伤(如 C 扫描超声波探伤)测定试验板的孔隙均匀性和其他缺陷。

7.5　仅从均质和其他可接受的区域切取试验试样。

7.6　若要测量试验板的纤维含量、孔隙含量及密度,从对角处各取一块 20 mm×10 mm×原厚的试样。

 a)　按照 ISO 1183 各部分中规定的某一方法测定密度。

 b)　按照 ISO 1172 中玻璃纤维或其他惰性纤维增强塑料中规定的方法,测定试样的纤维体积含量和质量含量。对碳纤维增强塑料,按双方达成的协议测定。

c) 按照 ISO 7822 的规定测定试验板的孔隙含量。

8 精确度

参见附录 B。

9 试验板制备报告

试验板的制备报告应包含如下内容:

a) 依据本部分;

b) 制备地点和时间;

c) 层数、铺放顺序和铺层方向;

d) 原材料清单(包括投料量及增强材料总量、树脂型号、纤维类别及涂料类别等);

e) 设备清单(压机型号、热压釜型号、模具型号、温度及压力检验方法等);

f) 详细的制备步骤(压力或力-时间曲线、温度-时间曲线、后固化时间及温度等);

g) 试验板的质量;

h) 试验板尺寸;

i) 纤维含量;

j) 孔隙含量;

k) 均匀度,用无损方法检验,记录其检验方法;

l) 任何与本部分的差异。

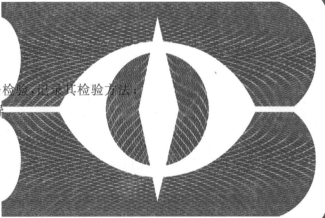

附　录　A
（规范性附录）
铺层命名系统

A.1　概述

铺层命名系统的目的在于为单向纤维或织物增强材料的铺层提供一种描述方法。应用这种规定既可以避免混淆又可以避免加工和试验时出错。

A.2　参照面和方向

命名前应先确定参照面和方向,如下(见图 A.1):

a)　一般情况下将铺层的下底面作为参照面。也可用上底面,此时需在命名中注明。

b)　有时以零度方向作为参照方向,一般情况下参照面中平行纤维的方向或者整块板中平行纤维方向为参照方向。这个方向定义为 0°。正的角度即逆时针方向测量视线同参照面的夹角(从上面到底层参照面)。

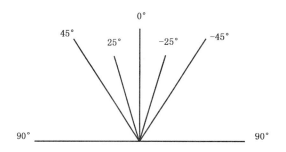

图 A.1　叠层中描述铺层方向所用的角度

A.3　命名特性

一般命名形式如式(A.1):

$$X:\left[(\theta_1 m_1 b_1 / \theta_2 m_2 b_2)_n\right]_{sL} \qquad \cdots\cdots\cdots\cdots\cdots(\text{A.1})$$

式中:

X(可选)——铺层总层数;

1,2　——层编号;

θ　——铺层方向,用度表示,与参照方向有关,可以表示为 ±0°～±90°(见图 A.1)对于单向带,铺层方向即纤维方向;对于织物,铺层方向即织物的经线方向;对于特殊织物(如多轴向织物),铺层方向应在备注中详细说明。对于织物,当现有的标记可能导致错误的判断时,可以用负号标记;

m　——某一特定方向铺层总数;

b　——当使用多种不同的材料(不同的纤维型号及/或不同的纤维规格)时对材料型号的命

名(如 b_x/b_{x+1})等；

n ——铺层的层数(或组数),相同铺层顺序的重复次数。一组铺层用括弧括起来；

s ——用于下标,表示相对于中间层几何对称(当在一边铺层时,在另一边镜面对称重复该铺层)；

f ——用于下标,表示织物,也可在备注中描述(见 b)。单向纤维铺层无此下标；

L ——表示与铺层方向无关但与铺层布局有关,如"正-反"、"交错排列"、"打包"、"套装"等,应全部在附加的注中说明。

注：如该层材料为织物时,用 f 作下标。

A.4 命名汇编

A.4.1 叠层命名体系汇编如下：

——铺层方向按照从左到右的方式,从参照面开始,到另一面最外层为止；

——每层之间插入斜杠(如 0/90/0)；

——括弧用于将同一型号的层合物组合在一起,其后是该型号材料的铺层数(m),如果重复某一铺层顺序,其后是该顺序的重复次数(n)；

——中括号用于包围整个命名；

——如果在中间层之后,往相反方向重复铺层(也就是说,如果叠层相对于中间层镜面对称)在第二个中括号之后加下标"s"；

——对于没有重复的单中心镜向铺层,在象征该层的符号上加上划线或加后斜杠(\)。

A.4.2 铺层总数(X)也可在名字之前给出(单向铺层和织物铺层各自计数),后面加一冒号。

A.5 电脑识别码

A.5.1 在电脑识别码中不能使用下标,下标可以用冒号表示。

A.5.2 特殊的电脑码命名如下所示。

标准	参照层	铺层总数	铺层顺序	备注
ISO 1268-4	底层	7:	$[45:2b1/(90/0\backslash):b2]:s$	$b1=$玻璃纤维织物 $b2=$单向玻璃布带

相当于总体描述$[45_f/45_f/90/0/90/45_f/45_f/]$。

A.6 示例

Top	0	参照面-底层
S-	90	命名$=[0/90]_s$
	90	总体描述$=[0/90/90/0]$
Bottom	0	电脑识别码$=[0/90]:s$
Top	0	参照面-底层
S-	90	命名$=[0/\overline{90}]_s$
Bottom	0	总体描述$=[0/90/0]$
		电脑识别码$=[0/90\backslash]:s$

Top	0	参照面-底层
	90	命名＝[−45_f/0/90/0]
	0	总体描述＝[−45_f/0/90/0]
Bottom	−45 织物	电脑识别码＝[−45:f/0/90/0]
Top	＋45	参照面-底层
	−45	命名＝9：[(±45)₂/$\overline{0}$]_s
	＋45	总体描述＝[45/−45/45/−45/0/−45/45/−45/45]
	−45	电脑识别码＝9:[(45/−45):2/0\]:s
S-	0	
	−45	
	＋45	
	−45	
Bottom	＋45	
Top	45 织物	参照面-底层
	45 织物	命名＝[45_{f6}]_L（L＝Flip-flop 布局）
	45 织物	总体描述＝[45_f/45_f/45_f/45_f/45_f/45_f/]_L（L＝Flip-flop 布局）
	45 织物	电脑识别码＝[45:f6]:L
	45 织物	
Bottom	45 织物	
Top	45	参照面-底层
	0	命名＝[(45/0/−45/90)₂]_s 或[45/0/−45/90]_{2s}
	−45	总体描述＝[45/0/−45/90/45/0/−45/90/90/−45/0/45/90/−45/0/45]
	90	电脑识别码＝[45/0/−45/90:2]:s 或[45/0/−45/90]:2s
	45	
	0	
	−45	
S-	90	
	90	
	−45	
	0	
	45	
	−45	
	90	
	0	
Bottom	45	

附　录　B
（资料性附录）
精　确　度

表 B.1 中给出的是单批低渗出碳纤维/环氧预浸料板的精确度,从八个不同部位取样,每个部位根据 prEN 2565 制备试验板,板厚 3 mm,用热压釜压制,时间/压力条件依据材料手册中的规定。试样加工及测试使用 QA 试验方法。[4]

表 B.1　从热压釜压制的试验板的八个不同部位取样的精确度

性能	试验板厚度	平均值	再现性 r	标准差 r/平均值 %	还原性 R	标准差 R/平均值 %
纤维质量含量	1 mm	69.3%	2.44%	1.4	8.44%	4.4
	2 mm	67.1%	5.43%	2.5	6.54%	3.5
	5 mm	69.2%	3.41%	1.5	4.35%	2.2
层间剪切强度 (ISO 14130)	2 mm	104 MPa	10.0 MPa	3.4	22.4 MPa	7.6
弯曲强度 (ISO 14125)	2 mm					—
E_{11}		122 GPa	6.81 GPa	2.0	31.3 GPa	9.1
E_{22}		7.96 GPa	0.58 GPa	2.6	1.89 GPa	8.5
s_{11}		1 780 MPa	246 MPa	4.9	321 MPa	6.4
s_{22}		151 MPa	39.9 MPa	9.4	56.0 MPa	13.2

参 考 文 献

[1] EN 2374 Aerospace series—Glass fibre reinforced mouldings and sandwich composites—Production of test panels

[2] EN 2565 Preparation of carbon fibre reinforced resin panels for test purposes

[3] ASTM D 5687 Standard Guide for Preparation Flat Composite Panels with processing guidelines for Specimen Preparation

[4] ISO 14125 Fiber-reinforced plastics composites—Determination of flexural properties

[5] ISO 14130 Fiber-reinforced plastics composites—Determination of apparent interlaminar shear strength by short-beam method

[6] SIMS,G.D Validation results from VAMAS and ISO round—robin exercises,10th International Conference on ComMaterials,Canada,1995

ICS 83.120
Q 23

中华人民共和国国家标准

GB/T 27797.5—2011/ISO 1268-5:2001(E)

纤维增强塑料　试验板制备方法
第5部分:缠绕成型

Fibre-reinforced plastics—Methods of producing test plates—
Part 5:Filament winding

(ISO 1268-5:2001,IDT)

2011-12-30 发布　　　　　　　　　　　　　　2012-08-01 实施

中华人民共和国国家质量监督检验检疫总局
中国国家标准化管理委员会　发布

前　言

GB/T 27797《纤维增强塑料　试验板制备方法》分为11个部分：
——第1部分:通则;
——第2部分:接触和喷射模塑;
——第3部分:湿法模塑;
——第4部分:预浸料模塑;
——第5部分:缠绕成型;
——第6部分:拉挤模塑;
——第7部分:树脂传递模塑;
——第8部分:SMC及BMC模塑;
——第9部分:GMT/STC模塑;
——第10部分:BMC和其他长纤维模塑料注射模塑　一般原理和通用试样模塑;
——第11部分:BMC和其他长纤维模塑料注射模塑　小方片。
本部分为GB/T 27797的第5部分。
本部分按照GB/T 1.1—2009给出的规则起草。
本部分使用翻译法等同采用ISO 1268-5:2001(E)《纤维增强塑料　试验板制备方法　第5部分:缠绕成型》。
与本部分中规范性引用的国际文件有一致性对应关系的我国文件如下:
——GB/T 27797.1　纤维增强塑料　试验板制备方法　第1部分:通则(ISO 1268-1:2001,IDT)。
本部分做了下列编辑性修改:
——将一些适用于国际标准的表述改为适用于我国标准的表述;
——在8.5和第9章中加条号。
本部分由中国建筑材料联合会提出。
本部分由全国纤维增强塑料标准化技术委员会(SAC/TC 39)归口。
本部分起草单位:北京玻钢院复合材料有限公司、中国兵器工业集团五三研究所、常州天马集团有限公司。
本部分主要起草人:宁珍连、张力平、陈海玲、宣维栋、马玉敬。

纤维增强塑料 试验板制备方法
第 5 部分:缠绕成型

1 范围

GB/T 27797 的本部分规定了用缠绕法制备纤维增强塑料板的方法,该法以玻璃纤维无捻粗纱和热固性树脂为原料(不包括预浸渍的纤维)。

本部分规定了在最优工业化条件下制备单向增强板,在这些试验板上可切取用于测试各种机械性能的试样。

GB/T 27797 的本部分主要适用于用聚酯树脂或环氧树脂制备的玻璃纤维增强塑料,但也可扩展到其他类型的树脂和增强材料。

GB/T 27797 的本部分和 GB/T 27797.1 一并使用。

注:为便于理解本方法,"无捻粗纱"一词在全文中经常用到,也包括纱线,除非特别说明。

2 规范性引用文件

下列文件对于本文件的应用是必不可少的。凡是注日期的引用文件,仅注日期的版本适用于本文件。凡是不注日期的引用文件,其最新版本(包括所有的修改单)适用于本文件。

ISO 1268-1 纤维增强塑料 试验板制备方法 第 1 部分:通则(Fibre-reinforced plastics—Methods of producing test plates—Part 1:General conditions)

3 健康和安全

见 ISO 1268-1。

4 原理

一股粗纱(或数股粗纱束)浸渍树脂,缠绕若干层后成型。在芯模上安装外模板,以获得试验板所要求的最终厚度。固化可在带加热板的压机中或放入烘箱中进行。

本方法可同时制备两块相同的试验板。

5 材料

5.1 粗纱

本方法适用于所有线密度为 200 tex～4 800 tex 的粗纱。对线密度较低的粗纱可进行合股,使其线密度达到 200 tex～4 800 tex(例如,10 束 22 tex 等于 220 tex)。

5.2 树脂体系

推荐所用的树脂体系(聚酯或环氧＋固化体系)应满足如下性能:

a) 黏度:在缠绕温度下低于 0.4 Pa·s;

b) 最低适用期:操作温度下的最短适用期应满足缠绕到最后阶段树脂黏度不大于初始值的140%。

如果所选择的树脂体系不具备上述性能,应在试验板制备报告中说明其粘度及最低适用期。

6 试验板尺寸

制备的试验板的最小尺寸为长度 300 mm、宽度 200 mm。

7 增强材料含量

试验板的玻璃纤维含量应由需方规定,此类型试验板的玻璃纤维质量含量通常为70%。

注:玻璃纤维质量含量70%时,体积含量为52%。

8 设备

8.1 纱架(选用)

纱架需配备张力调节系统,使纤维张力在 0 N～15 N 间可调(在粗纱进入浸胶槽之前测定张力)。

8.2 缠绕机

缠绕机(见图1)应有如下性能:

a) 轴速:在 0 r/min～70 r/min 范围内连续可调;

b) 纱线前进量:在 0.5 mm～5 mm 范围内可调;

c) 如需要,可安装辐射板,使粗纱在芯模上缠绕时温度保持基本恒定。

8.3 浸胶装置

8.3.1 总则

浸胶装置可选用8.3.2和8.3.3中的一种,如果使用别的装置,应在试验板制备报告中详细说明。

8.3.2 浸胶槽

应监控浸胶槽(见图1)内树脂体系的温度以保持其黏度尽可能恒定,确保粗纱浸胶均匀、完全。因此,建议浸胶槽采用双层结构,温度调节液在夹层内循环。浸胶槽内最小浸渍距离为400 mm,并能盛装1 L树脂,以保证浸渍完全。图1为浸胶槽的一个示例,推荐浸胶槽应具有如下性能:

a) 进口处有导纱眼以防磨损;

b) 出口处有纤维导杆,保证浸胶完全,无干纱;

c) 气泡拦除装置;

d) 位于树脂中的导杆(平面和沟槽交替设置)。

GB/T 27797.5—2011/ISO 1268-5:2001(E)

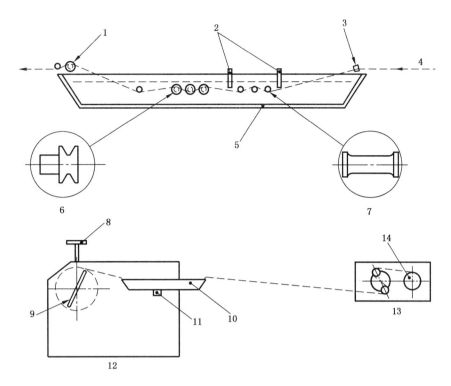

说明：
1——出口导杆；
2——气泡拦除装置；
3——入口导杆（导纱眼）；
4——粗纱；
5——双层胶槽；
6——带沟槽的导杆；
7——平板导杆；
8——辐射板；
9——芯模；
10——浸胶槽；
11——活动臂；
12——缠绕设备；
13——张力控制系统；
14——粗纱团。

图 1　浸胶槽和缠绕机

8.3.3　浸胶辊

浸胶辊（见图2）应耐腐蚀、耐磨，且为自由轮，最小直径120 mm，粗纱接触浸胶辊的长度应不小于其周长的20%，浸胶辊浸入树脂胶液的深度约为其直径的20%～30%。应使用刮刀控制浸胶辊上树脂的量，刮刀和浸胶辊的距离在0 mm～3 mm之间可调，刮刀的安装应经过事先调试，应使用另一刮刀刮去粗纱不能吸附的树脂。

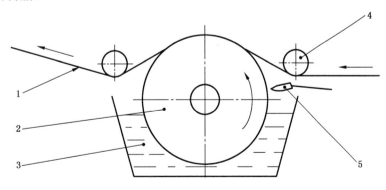

说明：
1——粗纱；
2——胶辊；
3——树脂；
4——导杆；
5——刮刀。

图 2　浸胶辊

117

8.4 芯模

芯模(见图3)由框架和两面抛光的平板组成。粗纱缠绕在芯模上,外模板设置在绕组两侧,紧贴芯模,这样可以准确控制缠绕件厚度。外模板的表面应平整光滑,和芯模平行。棒状硅橡胶端板用来封住芯模和外模板之间的间隙,防止固化时树脂流失。

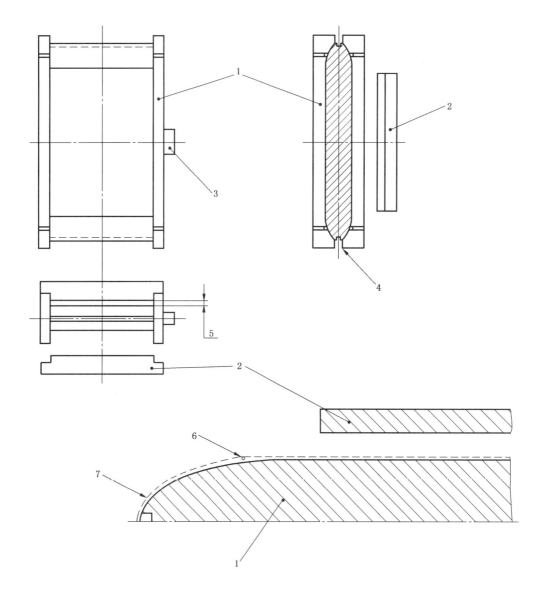

说明:

1——框架;

2——外模片;

3——芯轴;

4——槽口;

5——缠绕件厚度;

6——硅橡胶棒;

7——粗纱。

图 3 缠绕和固化芯模

8.5 带加热板的压机

8.5.1 压机应有如下特性：

    a) 最小压力：20 kN；

    b) 温度可根据树脂及其固化体系的固化曲线要求调节。

8.5.2 如果没有带加热板的压机，也可用如下方法：

    a) 安装一套夹紧外模板装置；

    b) 能达到树脂体系所需固化温度的烘箱。

9 步骤

9.1 除非另有规定，用于制备试验板的粗纱可直接使用，不需要预先调节。

9.2 将芯模安装在缠绕机的轴上，当浸胶槽的温度须保持在 50 ℃ 以上时，建议芯模也尽可能保持在此温度。

9.3 调节芯轴转速，使纱线速度为 5 m/min～15 m/min，确保在树脂适用期内能完成缠绕操作。选择的缠绕参数如下：

    ——纱线前进量 p：0.5 mm＜p＜4 mm；

    ——层数 n：2≤n≤12。

合适的缠绕参数参见附录 A，缠绕参数计算参见附录 B。

9.4 将粗纱团装入退绕机的轴上（如使用）。

9.5 拽出一定长度的粗纱，穿过张力控制系统、浸胶槽导杆及纤维导杆，系在芯模上。借助张力控制系统，调节粗纱的张力，确保粗纱能均匀地缠绕到芯模上。

9.6 将配制好的树脂加入浸胶槽中。

9.7 保持胶槽温度在设定的温度。

9.8 在芯模上涂刷脱模剂，所涂脱模剂应在操作温度下稳定，或覆盖一层耐热薄膜。

9.9 如果所用芯模上没有供切割的槽口，在芯模的两端固定一塑料棒，以便于试验板脱模，并防止切割试验板时损伤芯模。在芯模两边放置硅橡胶棒（如图 3 所示），这些硅橡胶棒将使粗纱在缠绕过程中有一定的张力，并避免模具闭合处的任何树脂流失，硅橡胶棒的位置和直径应能保证其间的缠绕件是平整的。

9.10 在外模板上涂刷一薄层配制好的树脂。

9.11 先缠绕一层粗纱，如有必要，用一柔韧的刮刀或辊子除去表面的树脂。重复缠绕至规定的层数。

9.12 当缠绕完毕后，在芯模上安装外模板（见图 3）。

9.13 将整个组件放在压机的加热板之间，或夹紧外模板后放入固化炉中。根据树脂体系推荐的时间、温度等固化条件固化缠绕件。

9.14 进行后固化。

9.15 冷却至室温。

9.16 用圆锯按图 4 所示切割后脱模。

9.17 将试验板切割成所需的尺寸，为避免边缘损坏，建议用金刚石锯。

9.18 从这些试验板上按标准规定的尺寸切取用于力学性能测试的试样。

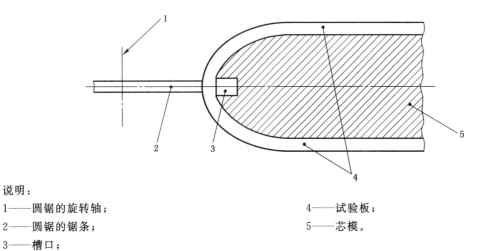

说明：
1——圆锯的旋转轴；
2——圆锯的锯条；
3——槽口；

4——试验板；
5——芯模。

图 4　试验板脱模

10　试验板的性能测定

10.1　纤维含量

见 ISO 1268-1，纤维含量应在规定值的±2%范围之内。

10.2　孔隙含量

见 ISO 1268-1。

10.3　外观及浸渍情况

脱模后，目测试验板的外观及浸渍情况，应符合试验板的质量要求。

10.4　尺寸

测量试验板的厚度、宽度及长度。

11　试验板制备报告

试验板制备报告应包含如下信息：
a)　依据本部分；
b)　制备地点、时间；
c)　增强材料层数及缠绕件纱线前进量，毫米(mm)；
d)　所用材料的详细情况(包括增强材料型号、树脂牌号、填料类型、固化体系等等)；
e)　所使用的浸胶设备(水浴、辊或其他)；
f)　操作条件(树脂体系温度，℃；纱线速度，m/min)；
g)　是否用压机或固化炉；
h)　试验板尺寸；
i)　纤维含量及填料含量；
j)　板的质量(外观、浸渍情况)；
k)　其他再制备板材时所需要的信息；
l)　与本部分的差异。

附　录　A

（资料性附录）

缠绕参数举例

表 A.1 给出了最终产品为 3 mm 厚单向板的缠绕参数，所用树脂密度为 1.2 g/cm³，产品纤维质量含量为 70% 左右。可以通过增加层数或减小纱线前进量来增加纤维含量，与之对应，用相反的操作可降低纤维含量。

表 A.1

粗纱线密度 tex	粗纱数量	总线密度 tex	计算参数		可选参数	
			层数	纱线前进量 mm	层数	纱线前进量 mm
210	2	420	11	1.14	6	0.56
210	3	630	9	1.40	6	0.68
300	1	300	13	0.97	8	0.47
300	2	600	9	1.33	6	0.67
300	3	900	7	1.56	4	0.82
800	1	800	8	1.59	4	0.77
1 200	1	1 200	6	1.79	4	0.97
1 600	1	1 600	6	2.38	4	1.09
2 000	1	2 000	5	2.47	4	1.22
2 400	1	2 400	5	2.98	4	1.33
2 400	2	4 800	3	3.57	2	1.89

附　录　B

（资料性附录）

缠绕法制备单向板缠绕参数计算方法

B.1　层数

缠绕层数按式（B.1）计算：

$$n = \sqrt{\frac{h^2 \times \rho \times \varphi \times 10}{\rho_1}}$$

················（ B.1 ）

式中：

n ——缠绕层数（层数必须是整数，如有必要，取相邻的整数或偶数）；

ρ ——纤维密度，单位为克每立方厘米（g/cm³）；

φ ——纤维含量，用质量分数表示（%）；

ρ_1 ——粗纱线密度，tex；

h ——试验板厚度，单位为毫米（mm）。

B.2　纱线前进量

纱线前进量按式（B.2）计算：

$$p = \frac{n \times \rho_1}{h \times 10 \times \rho \times \varphi}$$

················（ B.2 ）

式中：

p ——纱线前进量，单位为毫米（mm）。

其余同式（B.1）。

ICS 83.120
Q 23

中华人民共和国国家标准

GB/T 27797.6—2011/ISO 1268-6:2002(E)

纤维增强塑料 试验板制备方法

第6部分：拉挤模塑

Fibre-reinforced plastics—Methods of producing test plates—
Part 6:Pultrusion moulding

(ISO 1268-6:2002,IDT)

2011-12-30 发布   2012-08-01 实施

中华人民共和国国家质量监督检验检疫总局
中国国家标准化管理委员会   发布

前　言

GB/T 27797《纤维增强塑料　试验板制备方法》分为 11 个部分：

——第 1 部分：通则；

——第 2 部分：接触和喷射模塑；

——第 3 部分：湿法模塑；

——第 4 部分：预浸料模塑；

——第 5 部分：缠绕成型；

——第 6 部分：拉挤模塑；

——第 7 部分：树脂传递模塑；

——第 8 部分：SMC 及 BMC 模塑；

——第 9 部分：GMT/STC 模塑；

——第 10 部分：BMC 和其他长纤维模塑料注射模塑　一般原理和通用试样模塑；

——第 11 部分：BMC 和其他长纤维模塑料注射模塑　小方片。

本部分为 GB/T 27797 的第 6 部分。

本部分按照 GB/T 1.1—2009 给出的规则起草。

本部分使用翻译法等同采用 ISO 1268-6：2002（E）《纤维增强塑料　试验板制备方法　第 6 部分：拉挤模塑》。

与本部分中规范性引用的国际文件有一致性对应关系的我国文件如下：

——GB/T 2577—2005　玻璃纤维增强塑料树脂含量试验方法（ISO 1172：1996，MOD）；

——GB/T 27797.1　纤维增强塑料　试验板制备方法　第 1 部分：通则（ISO 1268-1：2001，IDT）。

本部分做了下列编辑性修改：

——将一些适用于国际标准的表述改为适用于我国标准的表述；

——在第 6 章、第 9 章、第 10 章加条号。

本部分由中国建筑材料联合会提出。

本部分由全国纤维增强塑料标准化技术委员会（SAC/TC 39）归口。

本部分起草单位：北京玻钢院复合材料有限公司、中国兵器工业集团五三研究所、常州天马集团有限公司。

本部分主要起草人：宁珍连、张力平、李树虎、宣维栋、马玉敬。

纤维增强塑料 试验板制备方法
第6部分：拉挤模塑

1 范围

GB/T 27797 的本部分规定了用拉挤模塑制备增强塑料试验板的方法。所得的试验板用于加工测定层合板的机械和物理性能的试样。

本方法适用于制备玻璃纤维、碳纤维或芳纶纤维（连续粗纱、丝束、表面毡、织物或其组合）增强热固性或热塑性树脂板材。增强材料可单独使用，也可组合使用。

GB/T 27797 的本部分和 GB/T 27797.1 一并使用。

2 规范性引用文件

下列文件对于本文件的应用是必不可少的。凡是注日期的引用文件，仅注日期的版本适用于本文件。凡是不注日期的引用文件，其最新版本（包括所有的修改单）适用于本文件。

ISO 1172 纺织玻璃纤维增强塑料 预浸料、模塑料和层压板 玻璃纤维和无机矿物填料含量的测定 灼烧法（Textile-glass-reinforced plastics—Prepregs，moulding compounds and laminates—Determination of the textile-glass and mineral filler content—Calcination methods）

ISO 1268-1 纤维增强塑料 试验板制备方法 第1部分：通则（Fibre-reinforced plastics—Methods of producing test plates—Part 1：General conditions）

3 健康和安全

见 ISO 1268-1。

4 原理

4.1 拉挤工艺是成型纤维复合材料的独特工艺，能成型具有复杂几何截面的连续长度的复合材料，有不同的纤维含量、排列方向和纤维种类。拉挤型材通常由于截面过小或是形状不适合，很难从中切取试样验证其性能。如果不能从生产的型材上获得满足试验条件要求的试样，有必要使用相同原材料、按照相同工艺制备替代平板，然后根据相关试验方法从替代平板上切取试样。本部分规定了此替代平板的制备过程。此方法也可用于比较不同原材料和不同生产条件下生产的型材的性能。

4.2 增强材料浸渍适当树脂后，牵引穿过模具，在规定条件下固化，制备条状平板。条状平板应有足够宽度，以便能在横向或其他特定方向切取所需长度的试样。

5 材料

5.1 增强材料，适合拉挤的所有形式，多为连续无捻粗纱、丝束或纱线、毡及织物。增强材料应经过表面处理使其与所用的树脂体系相匹配。

5.2　对于热固性树脂体系,根据供应商的使用说明,选择温度、速度等,制备成一固化的试验板。对于热塑性树脂体系,分析基体聚合物和增强材料两者的种类和型号,选择特定的体系制备试验板。

6　形状和尺寸

6.1　考虑到本部分的目的,只有平条型材适合制备试验板。板材的宽度和厚度取决于试验项目。

6.2　任何情况下,最终试验板的厚度应为试样所要求的厚度。

6.3　板应有足够的宽度,保证能从与板垂直的方向切割试样。

7　增强材料含量

增强材料含量、种类及层合板中每一层的取向应当符合试验板制备规范,任何情况下,应有足够多的增强材料来填满模腔。

8　设备

8.1　增强材料支架或纱架:能安装要求数量的粗纱或要求卷数的毡、织物等。

8.2　浸胶槽。

8.3　型模:配备适当的加热系统(有时与浸胶槽联合在一起)。

8.4　牵引部件:能以恒定的速度牵引型材。

8.5　切割部件。

8.6　夹具或压机:用于消除内应力和/或后固化时夹持试验板。

9　步骤

9.1　一般条件见 ISO 1268-1。

9.2　按照制造商的说明安装设备。

9.3　增强材料含量、种类及层合板中每一层的取向应当符合试验板制备规范。选择的工艺条件应与树脂供应商的建议一致,并参照拉挤产品的生产质量标准,以获得无缺陷的产品。

9.4　试样只能从工艺稳定后的型材上切取。

10　稳定化

10.1　试验板应平整且固化完全,能切取满意的试样。根据所用的树脂及工艺条件,用拉挤法制备的平板型材可能需要稳定化和/或后固化。

10.2　试验板应在拉挤机上切割成适当的长度。如果需要稳定化应避免翘曲,可用夹具或压机保持试验板平整;如果需要后固化,应将试验板夹在压机中进行,后固化的时间及温度应与试验板制备规范一致,或根据试验板具体生产情况调整。

11　试验板的性能测定

玻璃纤维含量的测定按 ISO 1172 的方法进行,碳纤维含量的测定方法由双方协商确定,并与规范中的要求值作比较,在进行试验之前目测针孔情况。

12 试验板制备报告

试验板制备报告应包含如下信息：

a) 依据本部分；

b) 所用原材料的详细情况，包括树脂体系、增强材料及各种添加剂（制备标记或一般说明）；

c) 试验板标识，用合适的数字或编码体系；

d) 制备工艺条件记录，包括型模温度及牵引速度；

e) 后固化的详细情况；

f) 增强材料含量；

g) 任何可能影响试验板性能的制备流程调整。

ICS 83.120
Q 23

中华人民共和国国家标准

GB/T 27797.7—2011/ISO 1268-7:2001(E)

纤维增强塑料　试验板制备方法
第 7 部分：树脂传递模塑

Fibre-reinforced plastics—Methods of producing test plates—
Part 7：Resin transfer moulding

(ISO 1268-7：2001,IDT)

2011-12-30 发布　　　　　　　　　　　　　2012-08-01 实施

中华人民共和国国家质量监督检验检疫总局
中国国家标准化管理委员会　　发布

前 言

GB/T 27797《纤维增强塑料 试验板制备方法》分为 11 个部分：
——第 1 部分:通则；
——第 2 部分:接触和喷射模塑；
——第 3 部分:湿法模塑；
——第 4 部分:预浸料模塑；
——第 5 部分:缠绕成型；
——第 6 部分:拉挤模塑；
——第 7 部分:树脂传递模塑；
——第 8 部分:SMC 及 BMC 模塑；
——第 9 部分:GMT/STC 模塑；
——第 10 部分:BMC 和其他长纤维模塑料注射模塑 一般原理和通用试样模塑；
——第 11 部分:BMC 和其他长纤维模塑料注射模塑 小方片。

本部分为 GB/T 27797 的第 7 部分。

本部分按照 GB/T 1.1—2009 给出的规则起草。

本部分使用翻译法等同采用 ISO 1268-7:2001 (E)《纤维增强塑料 试验板制备方法 第 7 部分:树脂传递模塑》。

与本部分中规范性引用的国际文件有一致性对应关系的我国文件如下：
——GB/T 1033(所有部分) 塑料 非泡沫塑料密度的测定[ISO 1183(所有部分)]；
——GB/T 2577—2005 玻璃纤维增强塑料树脂含量试验方法(ISO 1172:1996,MOD)；
——GB/T 19466.2—2004 塑料 差示扫描量热法(DSC) 第 2 部分:玻璃化转变温度的测定(ISO 11357-2:1999,IDT)；
——GB/T 27797.1 纤维增强塑料 试验板制备方法 第 1 部分:通则(ISO 1268-1:2001,IDT)。

本部分做了下列编辑性修改：
——将一些适用于国际标准的表述改为适用于我国标准的表述；
——在 5.1 和第 7 章中加条号。

本部分由中国建筑材料联合会提出。

本部分由全国纤维增强塑料标准化技术委员会(SAC/TC 39)归口。

本部分起草单位:北京玻钢院复合材料有限公司、中国兵器工业集团五三研究所、常州天马集团有限公司。

本部分主要起草人:宁珍连、陈海玲、宣维栋、马玉敬、张力平。

纤维增强塑料 试验板制备方法
第7部分：树脂传递模塑

1 范围

GB/T 27797 的本部分规定了用树脂传递模塑(RTM)制备增强塑料试验板的方法。

GB/T 27797 的本部分和 GB/T 27797.1 一并使用。

2 规范性引用文件

下列文件对于本文件的应用是必不可少的。凡是注日期的引用文件，仅所注日期的版本适用于本文件。凡是不注日期的引用文件，其最新版本(包括所有的修改单)适用于本文件。

GB/T 19466.2—2004 塑料 差示扫描量热法(DSC) 第2部分：玻璃化转变温度的测定(ISO 11357-2:1999,IDT)

ISO 1172:1996 纺织玻璃纤维增强塑料 预浸料、模塑料和层压板 玻璃纤维和无机矿物填料含量的测定 灼烧法(Textile glass-reinforced plastics—Prepregs,moulding compounds and laminates—Determination of the textile glass and mineral filler content—Calcination methods)

ISO 1183(所有部分) 塑料 非泡沫塑料密度的测定方法(Plastics—Methods for determining the density of non-cellular plastics)

ISO 1268-1 纤维增强塑料 试验板制备方法 第1部分：通则(Fibre-reinforced plastics—Methods of producing test plates—Part 1:General conditions)

ISO 7822:1990 纺织玻璃纤维增强塑料 孔隙含量的测定 灼烧损失、机械破碎和统计计算方法(Textile glass reinforced plastics—Determination of void content—Loss on ignition,mechanical disintegration and statistical counting methods)

ISO 11357-5:1999 塑料 差示扫描量热法(DSC) 第5部分：反应特性的测定 温度时间曲线、反应焓和转化度(Plastics—Differential scanning calorimetry(DSC)—Part 5：Determination of characteristic reaction-curve temperature and times,enthalpy of reaction and degree of conversion)

3 健康和安全

见 ISO 1268-1。

4 原理

树脂传递模塑(RTM)是在密闭容器中低压成型的一种方法。纤维增强材料可以预成型,增强材料铺放在模腔内,合模。将树脂注射到模腔中浸渍增强材料,树脂固化形成复合材料板。生产工艺可调整,如注射树脂前抽真空排出空气、加热树脂以降低粘度和缩短固化时间。采用高活性树脂时,用两个泵分别抽取树脂和固化剂进入一个容器,混合后再注入模具。

5 材料

5.1 增强材料

5.1.1 增强纤维可为玻璃纤维、碳纤维、芳纶等,其形式为毡(短切毡或连续毡)、短切纤维、机织物、针织物、编织物、单向增强材料及它们的组合。

5.1.2 增强材料可以预先铺放在预成型坯模中保持其形状,预成型坯可以通过在装配好的增强材料上喷射粘合剂制备,然后热定型。另一种方法,可以通过用辅助丝束将增强材料缝合、绑结或编织在一起制备成预成型坯。

5.1.3 增强材料应容易往模腔内铺放且有良好的树脂浸渍性能。注射树脂时应避免引起增强材料的移动。

5.2 树脂

树脂的粘度和固化特征应保证树脂能充满模腔,在固化前浸透增强材料。

6 试验板尺寸

制备的板材的长度和宽度应足够大以便加工符合要求的试样,试样的尺寸应符合相关的标准。推荐板的长度和宽度均为 300 mm,厚度应为 1 mm~4 mm,超过 4 mm 的试验板通常不适于测定机械性能。

7 增强材料含量

7.1 纤维无定向分布板材,推荐纤维体积含量为 15%~30%。

7.2 织物板材,推荐纤维体积含量为 35%~55%。

7.3 单向板,推荐纤维体积含量为 40%~60%。

8 设备

8.1 模具:钢、铝合金或纤维增强塑料制成,由阴、阳模组成,中间为模腔,带有一个进树脂孔和一个出气孔。模具用螺栓或其他可靠的紧固装置扣紧以保证完全闭合,模板间安装橡胶条密封,测温装置可插在模具板中,模具表面须涂刷脱模剂。

8.2 带加热板的压机:控温精度在 ±5 ℃内,压力为规定值的 ±20 kPa。

8.3 空气循环箱:控温精度在 ±5 ℃内。

8.4 树脂罐:温度可调。

8.5 泵:以最高 800 kPa 的压力传递树脂。

8.6 真空泵或真空发生器。

8.7 软管:连接模具和树脂泵或真空发生器。

8.8 温度、压力的控制和记录设备。

9 步骤

9.1 制备预成型体

9.1.1 按以下方法制备预成型体:

a) 按说明剪裁毡并叠放,用少量聚合物粘接剂粘接,在定型模中将叠放的毡加热、压缩;

b) 将增强纤维短切并喷洒在一个旋转面上,由空气负压定位,在短切纤维中添加少量(2%~5%)的聚合物粘接剂。然后加热。若需铺放连续纤维或者织物,可在加热前将连续纤维或者织物铺放在短切纤维上;

c) 裁剪织物并按特定方向铺放,织物用辅助纱线(例如聚酰胺、聚酯、芳纶、玻璃或碳纤维)经缝合、绑结或编织成整体,单向织物用于制作高纤维含量试验板的预成型体;

d) 具有特定形状的三维织物采用缝合、针织或编织方法。

9.1.2 预成型体单位面积的质量应能满足试验板所要求的纤维体积含量要求。

9.1.3 预成型体的设计应与模具相匹配,并能保持纤维的排列顺序。

9.2 树脂的注射和固化

9.2.1 由于树脂和增强材料的特性不尽相同,故采用不同的步骤,见9.2.2~9.2.4给出的示例。

9.2.2 将增强材料铺放在模腔中,合模并用螺栓或其他紧固装置扣紧,用软管将模具连接到树脂泵和树脂罐上,用泵往模腔中注入树脂,充满后,将模具放置在压机加热板之间或者固化炉中固化。

9.2.3 将增强材料铺放在模腔中,合模并扣紧。用软管将模具连接到真空泵、树脂泵、树脂罐上,用真空泵抽出模腔内的空气,借助树脂泵,在大气压力下或稍高于大气压力下将树脂从树脂罐经过软管注入到模腔。

9.2.4 注射模塑工艺也可以采用高活性树脂,将预成型体放入模腔,合模并扣紧,用两个泵分别抽取树脂和固化剂到一个容器中,混合后再注入模具。用这种方法,树脂的流速快,有可能导致模腔中的增强材料移动,为保证增强材料不移动,建议在注射期间对其进行检查。

9.2.5 对所有方法均应记录时间、压力、保压时间和固化时间。

9.3 稳定化

固化后,打开模具取出试验板,若材料规范或制备方法中有要求,应对试验板进行稳定化。除非另有要求,建议在切割取样前应在实验室环境下状态调节48 h,同时建议试验板至少切除15 mm的毛边,因为该区域(毛边)纤维含量和纤维排列不具有代表性。

10 试验板的性能测定

10.1 通则

加工试样前应先检查试验板,根据材料规范或有关方的协议判定试验板是否满足要求。有关参数的测定见10.2~10.7。

10.2 纤维含量

玻璃纤维增强塑料纤维含量的测定按ISO 1172执行,碳纤维增强塑料纤维含量的测定方法由双方协商。

注:通过试验板的质量和预成型体的质量可大体知道试验板中的纤维含量是否合格。

10.3 孔隙含量

试验板的孔隙含量可用显微镜(见ISO 7822)观察抛光切面获得,也可用超声扫描或采用其他方法。

10.4 密度

用 ISO 1183 给出的任一方法测定密度。

10.5 试验板尺寸

测定试验板的厚度、宽度和长度,同时测定板的弯曲或扭曲(或其他变形)。应在试验板制备报告中明确记录厚度的测量位置,所用显微探针的类型(平面或半球面)和探针直径。

10.6 固化度

如有要求,用差示扫描量热仪(DSC)测定玻璃化转变温度(见 GB/T 19466.2—2004)和残留焓(见 ISO 11357-5:1999),以确定固化程度。

10.7 纤维排列方式

如有要求,测定增强纤维偏离中心线的角度,当注射树脂的速度很高时通常应该检测偏心度。

11 标识

试验板每一面的纤维含量不尽相同,测试弯曲和层间剪切性能时,载荷施加在不同面所得结果会有差异,建议对试验板的每一表面进行标识。

12 试验板制备报告

试验板制备报告应包含如下信息:
a) 依据本部分;
b) 试样制备的地点、时间;
c) 层数、排列次序、铺层方向;
d) 所用材料清单(增强材料型号、树脂类型、填料类型、固化体系等);
e) 所用模具;
f) 操作条件(模塑压力、模塑温度、合模速度);
g) 所制试验板厚度,以及测量厚度的位置和所用测微器的详细描述(见 10.5);
h) 若有要求,纤维含量和填料含量;
i) 板的质量(外观、浸渍情况);
j) 再制备板材时所需的其他信息;
k) 与本部分的差异。

ICS 83.120
Q 23

中华人民共和国国家标准

GB/T 27797.8—2011/ISO 1268-8:2004(E)

纤维增强塑料 试验板制备方法
第 8 部分：SMC 及 BMC 模塑

Fibre-reinforced plastics—Methods of producing test plates—
Part 8.Compression moulding of SMC and BMC

(ISO 1268-8:2004,IDT)

2011-12-30 发布 2012-08-01 实施

中华人民共和国国家质量监督检验检疫总局
中国国家标准化管理委员会 发布

前　言

GB/T 27797《纤维增强塑料　试验板制备方法》分为11个部分：
——第1部分：通则；
——第2部分：接触和喷射模塑；
——第3部分：湿法模塑；
——第4部分：预浸料模塑；
——第5部分：缠绕成型；
——第6部分：拉挤模塑；
——第7部分：树脂传递模塑；
——第8部分：SMC及BMC模塑；
——第9部分：GMT/STC模塑；
——第10部分：BMC和其他长纤维模塑料注射模塑　一般原理和通用试样模塑；
——第11部分：BMC和其他长纤维模塑料注射模塑　小方片。

本部分为GB/T 27797的第8部分。

本部分按照GB/T 1.1—2009给出的规则起草。

本部分使用翻译法等同采用ISO 1268-8:2004(E)《纤维增强塑料　试验板制备方法　第8部分：SMC及BMC模塑》。

与本部分中规范性引用的国际文件有一致性对应关系的我国文件如下：
——GB/T 2035—2008　塑料术语及其定义(ISO 472:1999,IDT)。

本部分做了下列编辑性修改：
——将一些适用于国际标准的表述改为适用于我国标准的表述；
——在第5章、8.1.1、8.2中加条号。

本部分由中国建筑材料联合会提出。

本部分由全国纤维增强塑料标准化技术委员会(SAC/TC 39)归口。

本部分起草单位：北京玻钢院复合材料有限公司、常州天马集团有限公司、中国兵器工业集团五三研究所。

本部分主要起草人：宁珍连、宣维栋、张永侠、马玉敬、张力平。

纤维增强塑料 试验板制备方法
第8部分:SMC及BMC模塑

1 范围

GB/T 27797 的本部分规定了用两种纤维增强热固性模塑料,即片状模塑料(SMC)和团状模塑料(BMC),模压制备试验板的一般原理和步骤。

GB/T 27797 的本部分的目的是保证制作平整的试验板以切取试验试样(相关试验方法参见附录 A)。从本方法制备的试验板上切取试样,其试验结果具有代表性。

2 规范性引用文件

下列文件对于本文件的应用是必不可少的。凡是注日期的引用文件,仅注日期的版本适用于本文件。凡是不注日期的引用文件,其最新版本(包括所有的修改单)适用于本文件。

ISO 472 塑料 术语(Plastics—Vocabulary)

ISO 8604 塑料 预浸料 术语定义和命名符号(Plastics—Prepregs—Definitions of terms and symbols for designations)

ISO 12115:1997 纤维增强塑料 热固性模塑料及预浸料 流动性、熟化期和储存期的测定(Fibre-reinforced plastics—Thermosetting moulding compounds and prepregs—Determination of flowability,maturation and shelf life)

EN 1842 塑料 热固性模塑料(SMC-BMC)模塑料收缩性的测定[Plastics—Thermoset moulding compounds(SMC-BMS)—Determination of compression moulding shrinkage]

3 术语和定义

ISO 472 和 ISO 8604 中界定的术语和定义以及下列术语和定义适用于本文件。
3.1
保压时间 compression time
维持模具在规定压力下的时间。

4 健康和安全

本部分仅限于描述试验板的制备方法。材料的使用条件须遵从国家的规定,员工须明确其危险性,并采取适当的防护措施。

5 试验板尺寸

5.1 推荐模具板尺寸为 200 mm×590 mm(ISO 12115:1997 中方法Ⅱ所需的尺寸)。如果没有合适的模具,可以使用一最小面积为 300 cm² 的模具,仅按照方法 A 制备,模具的尺寸应保证试验板能切割出至少 5 块 20 mm×250 mm 的试样。

5.2 SMC 和 BMC 的大多数试验方法要求试样厚度约为 4 mm,特殊情况下,要求模压其他厚度的试验板,针对特殊的试验方法,按 EN 1842 执行。

6 设备

6.1 压机

压制试验板的液压机应满足以下要求:

a) 从合模至达到规定压力的时间不超过 15 s;

b) 保压时间内,压力波动不超过规定压力的±5%。

6.2 模具

所用模具应能够承受规定的温度和压力,模具的设计应保证所有的压力均能施加到模压料上,模腔应平整,其面积方法 A 至少为 300 cm²,方法 B 为 200 mm×590 mm。

6.3 冷却架

冷却试验板用的装置。建议使用带槽口的非金属冷却架,槽口深度至少为 20 mm,试验板端部应采取一定的保护措施以免损坏。为保证所有试验板冷却均匀,在试验板外放置防护板。

7 取样和状态调节

7.1 SMC 片材,从卷材的满幅宽取样,两边各切除 5 cm,以消除边缘效应。

7.2 BMC 模塑料,从一批模塑料中选取具有代表性的样品。

7.3 取样后立即将所取料装入合适的袋中加以保护,以避免组分挥发和吸湿。模压前,将样品置于温度为(23±2)℃的环境中,调节样品至温度均衡。

8 步骤

8.1 装料的准备

8.1.1 方法 A:模压时材料在模具中不流动

8.1.1.1 SMC 片材,推荐覆盖100%的模具面积,除非有特殊要求或者双方协商确定,否则至少覆盖90%的模具面积。往模具中装料,叠放至需要的层数,注意层的顺序和方向。若覆盖面积少于100%时,按比例减少叠层的长度和宽度,以免模压时材料流动导致纤维方向的改变。

8.1.1.2 BMC 模塑料,在平底托盘上进行预先成型,尽量使每一层厚度均匀,尺寸和模腔尺寸相符。

8.1.2 方法 B:模压时材料在模具中流动

按 ISO 12115:1997 中的方法Ⅱ规定装料,覆盖模具表面大约25%~30%的面积(见图1)。

8.2 模压条件

8.2.1 除非另有规定或协议,模压时的温度应在 140 ℃±2 ℃。

8.2.2 模压压力和保压时间应按照相关的材料规范执行。

单位为毫米

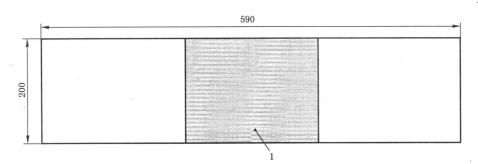

说明:
1——装料面积。

图 1 装料覆盖模具总面积的 25%～30%示意图

8.3 模压步骤

8.3.1 设置所需的模压条件。

8.3.2 按 8.1.1 或 8.1.2 所述准备原料,以获得规定的试样厚度。

8.3.3 称量待装料。

8.3.4 将料放入到模腔中,尽可能放在模腔的中间部位,立刻合模。一旦升压至规定压力,开始计时。

8.3.5 保压时间结束后打开模具,开启压机,将模塑板脱模并将其放在冷却架上冷却至室温。

8.3.6 废弃有缺陷的试验板。

8.3.7 测量每块试验板的厚度

9 稳定化

除非另有规定或协议,在加工试样前,试验板应在实验室环境下放置 48 h。从按照方法 B 制备的试验板上加工试样时,按图 2 所示加工。

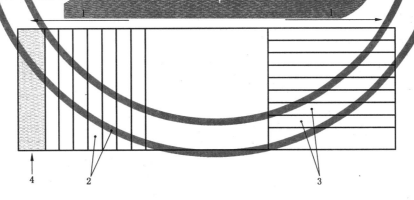

说明:
1——流动方向;
2——垂直于流动方向的试样;
3——平行于流动方向的试样;
4——毛边。
注:垂直于流动方向的一端因为存在边缘效应,故而应切掉左毛边"4"。试验板右端头的边缘效应限制在很小区域
    内,因此不影响测试性能。平行于流动方向的边缘无明显的边缘效应,因此不必去除。

图 2 用于切取试样的模压板的流动面积和方向

10 试验板制备报告

试验板制备报告应包含如下信息：

a) 依据本部分；

b) 所用材料清单，至少包括型号、来源、制造商名称及材料名称；

c) 原材料的保质期；

d) 所用模具型号和尺寸；

e) 所用装料描述（长度、宽度、质量、SMC 的层数、BMC 的装料质量）；

f) 模塑条件（模塑压力、模塑温度、成型时间）；

g) 适当的编码；

h) 板的厚度；

i) 影响试样性能的突发状况和工艺调整。

附　录　A
（资料性附录）
合适的试验方法

从依据本部分制备的试验板上切取的试样适合于如下试验方法，本列表仅是资料性的，将不随试验方法的修订而修改。

A.1　力学性能

ISO 179-1　塑料　简支梁冲击性能的测定　第1部分：非仪器化冲击试验

ISO 179-2　塑料　简支梁冲击性能的测定　第2部分：仪器化冲击试验

ISO 180　塑料　悬臂梁冲击强度的测定

ISO 527-1　塑料　拉伸性能的测定　第1部分：总则

ISO 527-2　塑料　拉伸性能的测定　第2部分：模塑和挤出塑料的试验条件

ISO 527-4　塑料　拉伸性能的测定　第4部分：各向同性及各向异性纤维增强塑料复合材料的试验条件

ISO 14125　纤维增强塑料复合材料　弯曲性能的测定

ISO 14126　纤维增强塑料复合材料　平面方向压缩性能的测定

ISO 6603-1　塑料　有缺口硬塑料冲击性能的测定　第1部分：非仪器化冲击试验

ISO 6603-2　塑料　有缺口硬塑料冲击性能的测定　第2部分：仪器化冲击试验

A.2　热性能

ISO 75-1　塑料　负荷变形温度的测定　第1部分：试验方法总则

ISO 75-2　塑料　负荷变形温度的测定　第2部分：塑料及硬质橡胶

ISO 75-3　塑料　负荷变形温度的测定　第3部分：高强度热固性层合板及长纤维增强塑料

ISO 11359-2　塑料　热机分析（TMA）　第2部分：线膨胀系数及玻璃化转变温度的测定

A.3　化学及物理性能

ISO 62　塑料　吸水性的测定

ISO 1183　塑料　非泡沫塑料密度的测定

ISO 2577　塑料　热固性模塑料　收缩率的测定

A.4　电性能

IEC 60093　固体绝缘材料体积电阻及表面电阻试验方法

IEC 60112　固体绝缘材料工频耐电压及漏电起痕指数测定方法

IEC 60243-1　绝缘材料电气强度试验方法　第1部分：工频下试验

IEC 60243-2　绝缘材料电气强度试验方法　第2部分：对应用直流电压试验的附加要求

IEC 60250　固体绝缘材料在工频、音频及高频（包括米波波长在内）下相对介电常数及介质损耗因数的试验测定方法

A.5   耐火和燃烧性能

ISO 3795   交通工具、拖拉机及农业和林业机械   内饰材料燃烧性能的测定

ISO 4589-2   塑料   氧指数的测定   第 2 部分:室温测试

ISO 4589-3   塑料   氧指数的测定   第 2 部分:高温测试

IEC 60695-2-10   阻燃试验   第 2 部分 10 节:白炽/热丝基础试验方法   白炽丝装置及通用试验程序

IEC 60695-11-10   阻燃试验   第 11 部分 10 节:50 W 卧式及垂直式试验方法

A.6   流变性及加工性能

ISO 1172   纺织玻璃纤维增强塑料   预浸料、模塑料及层压板   玻璃纤维及无机矿物填料含量的测定灼烧法

ISO 11667   纤维增强塑料   模压板和预浸料   树脂、增强纤维和无机矿物填料含量的测定   溶解法

参 考 文 献

[1]　ISO 295　Plastics—Compression moulding of test specimens of thermosetting materials.

[2]　ISO 12114　Fibre-reinforced plastics—Thermosetting moulding compounds and prepregs—Determination of cure characteristics.

ICS 83.120
Q 23

中华人民共和国国家标准

GB/T 27797.9—2011/ISO 1268-9:2003(E)

纤维增强塑料 试验板制备方法
第 9 部分:GMT/STC 模塑

Fibre-reinforced plastics—Methods of producing test plates—
Part 9:Moulding of GMT/STC

(ISO 1268-9:2003,IDT)

2011-12-30 发布

2012-08-01 实施

中华人民共和国国家质量监督检验检疫总局
中国国家标准化管理委员会 发布

前　言

GB/T 27797《纤维增强塑料　试验板制备方法》分为11个部分:
——第1部分:通则;
——第2部分:接触和喷射模塑;
——第3部分:湿法模塑;
——第4部分:预浸料模塑;
——第5部分:缠绕成型;
——第6部分:拉挤模塑;
——第7部分:树脂传递模塑;
——第8部分:SMC及BMC模塑;
——第9部分:GMT/STC模塑;
——第10部分:BMC和其他长纤维模塑料注射模塑　一般原理和通用试样模塑;
——第11部分:BMC和其他长纤维模塑料注射模塑　小方片。

本部分为GB/T 27797的第9部分。

本部分按照GB/T 1.1—2009给出的规则起草。

本部分使用翻译法等同采用ISO 1268-9:2003(E)《纤维增强塑料　试验板制备方法　第9部分:GMT/STC模塑》。

与本部分中规范性引用的国际文件有一致性对应关系的我国文件如下:
——GB/T 1040.4—2006　塑料　拉伸性能的测定　第4部分:各向同性和正交各向异性纤维增强复合材料的试验条件(ISO 527-4:1997,IDT);
——GB/T 2577—2005　玻璃纤维增强塑料树脂含量试验方法(ISO 1172:1996,MOD);
——GB/T 27797.1　纤维增强塑料　试验板制备方法　第1部分:通则(ISO 1268-1:2001,IDT);
——GB/T 27797.4　纤维增强塑料　试验板制备方法　第4部分:预浸料模塑(ISO 1268-4:2005,IDT)。

本部分做了下列编辑性修改:
——将一些适用于国际标准的表述改为适用于我国标准的表述;
——在第6章、10.2、10.3中加条号。

本部分由中国建筑材料联合会提出。

本部分由全国纤维增强塑料标准化技术委员会(SAC/TC 39)归口。

本部分起草单位:北京玻钢院复合材料有限公司、中国兵器工业集团五三研究所、常州天马集团有限公司。

本部分主要起草人:宁珍连、马玉敬、郑素萍、宣维栋、张力平。

纤维增强塑料 试验板制备方法
第9部分:GMT/STC模塑

1 范围

GB/T 27797的本部分规定了用增强热塑性片材(GMT/STC)模压制备试验板的方法。所制备的试验板用于加工测定层合板机械和物理性能的试样。本方法适用于以热塑性树脂为基体,以玻璃纤维、碳纤维、芳纶或其他纤维为增强材料(增强材料可单独使用,也可组合使用,其形式应适合模压)经模压成型的层合板。

GB/T 27797的本部分和GB/T 27797.1一并使用。

2 规范性引用文件

下列文件对于本文件的应用是必不可少的。凡是注日期的引用文件,仅注日期的版本适用于本文件。凡是不注日期的引用文件,其最新版本(包括所有的修改单)适用于本文件。

ISO 527-4 塑料 拉伸性能的测定 第4部分:各向同性和各向异性纤维增强塑料复合材料试验条件(Plastics—Determination of tensile properties—Part 4:Test conditions for isotropic and orthotropic fibre-reinforced plastic composites)

ISO 1172 纺织玻璃纤维增强塑料 预浸料、模塑料和层压板 玻璃纤维和无机矿物填料含量的测定 灼烧法(Textile-glass-reinforced plastics—Prepregs,moulding compounds and laminates—Determination of the textile-glass and mineral filler content Calcination methods)

ISO 1268-1 纤维增强塑料 试验板制备方法 第1部分:通则(Fibre-reinforced plastics—Methods of producing test plates—Part 1:General conditions)

ISO 1268-4 纤维增强塑料 试验板制备方法 第4部分:预浸料模塑(Fibre-reinforced plastics—Methods of producing test plates—Part 4:Moulding of prepregs)

3 术语和定义

下列术语和定义适用于本文件。

3.1

GMT

工业通用的玻璃纤维毡增强热塑性片材的缩写,在这里热塑性塑料通常是指聚丙烯。

3.2

STC

任何种类的热塑性增强复合材料片材的缩写,与聚合物的种类或增强材料的形式无关。

4 健康和安全

见ISO 1268-1。

5 原理

本方法是基于模压工艺,使用常规工业压机、平板模具,在GMT/STC供应商推荐的模压条件下制备试验板。

将模塑料裁剪成所需的尺寸,放入模腔中心,加热到模压温度。模具是闭合的,在压力下材料可以流动并成型。对于在模腔内不流动的模塑料,装料时应充满模腔,制备流程需要作一些变更。

6 材料

6.1 本方法适用于所有类型适合模压的GMT/STC材料,不考虑所用的热塑性聚合物和增强材料的种类及型号。

6.2 本方法是为模压过程中流动的材料设计的,模压过程中不流动的材料也可用本方法压制,压制时可考虑使用ISO 1268-4中的制备方法,该方法更适合于高纤维含量、高熔点的STC材料。

7 尺寸

7.1 模具表面积至少200 mm×200 mm,当按ISO 1268-4进行制备时,模具表面积应增大。

7.2 板厚为(4±0.2)mm。

8 增强材料含量

除非另有规定,假定增强材料的含量及方向在模具的 X 轴和 Y 轴方向是相同的,如果增强材料取向不规则,试验板制备规范中应规定试验板要求的方向及在模具中材料的铺层顺序。

9 设备

9.1 液压机

合模速度至少15 mm/s,能获得2 000 kN模压压力。

9.2 温控模具

最小宽度200 mm,建议长度590 mm,安装在液压机(9.1)上。

注:经各方同意,也可用其他尺寸的模具,但是模具的形状会影响模压过程中材料的流动,进而影响到纤维方向及产品的性能。

9.3 烘箱

能均匀加热模塑材料,偏差不大于±2 ℃,加热时间能控制到±1 s,加热结束后应有光信号或声信号提示。

注1:加热方式可能影响温度分布、材料粘稠度,甚至导致聚合物的裂解,这些影响可能也会导致试验结果发生变化。为避免这些出其不意的后果,建议加热时在加热板上覆盖一块缓释薄片。

注2:加热时间由材料及其厚度决定,可以通过单独加热试验来确定加热时间,通常加热4 mm的模塑料需要2 min到5 min,当加热多层模塑料时,需增加加热时间。

10 步骤

10.1 坯料尺寸

由于试验板在流动中模压,坯料叠层覆盖模具面积的 50% 即可。

注 1:坯料是从相关材料上切取的,成四方形或矩形。

注 2:如果坯料的厚度在 3.7 mm～3.8 mm 之间,可取两块相同尺寸的方形坯料,以足够压制 4 mm 厚度的试验板。如果坯料较薄,可适当增加坯料的块数;如果较厚,可将坯料减至一块。

注 3:如果相关材料在模具中不流动,坯料的尺寸应和模具尺寸相同,坯料块数应足够制备出规定厚度的试验板。

10.2 叠放坯料

10.2.1 如果使用两块坯料,对于增强材料无规则取向的坯料,应按 0°/90°方向叠放;对于单向增强材料坯料,应按 0°/0°方向叠放。

10.2.2 三块及三块以上的坯料应对称叠放(0°/90°/0°,0°/90°/90°/0°)。

10.3 坯料预热

10.3.1 将坯料叠层放入烘箱中,加热到相关材料供应商建议的温度,应特别注意 9.3 中规定的条件。

10.3.2 加热过程中可能出现冒烟的现象,这是热氧化裂解的征兆应尽量避免,加热过程中冒烟的材料不能用来制备试验板,加热设备出现故障时也可能出现冒烟现象。

10.4 模压温度

除非另有规定,模压温度应为(60±5)℃。

10.5 模压压力

模压压力应大于 14 MPa。

10.6 操作时间

将经预热的坯料叠层放入模腔的正中间,立即合模。确保在预热结束(35±5)s 以及坯料放入模腔(5±1)s 之内,模具与坯料接触。

10.7 压机合模速度

从模具与坯料接触至达到最大压力的时间应不大于 5 s。

10.8 冷却时间

从最大压力到升起模具的时间应不小于 60 s。

11 试验板的有效面积

在模压过程中增强材料会优先据模具的角落。因此通常情况下,对于纤维方向是各向同性的试验板,只从模板的中间部分取样,试验板四边各切除 15% 的长度和宽度后剩下的部分可以用作加工试样。例如,400 mm×400 mm 的试验板各边切除 60 mm,剩下 280 mm×280 mm。

最小尺寸为 200 mm×200 mm 的试验板,各边切除 15% 后,只剩下 140 mm×140 mm。该尺寸不足以加工按 ISO 527-4 测定拉伸性能的试样。在这种情况下,通常可将拟切除的区域保留,用作试样的夹持部分,试样的计量长度应落在上述中心区域内。

12 试验板的性能测定

按照 ISO 1172 测定试验板纤维含量,并将结果与规范中给出的要求指标进行比较。做试验之前目测试样的空隙含量是否过高。

13 试验板制备报告

见 ISO 1268-1。

ICS 83.120
Q 23

中华人民共和国国家标准

GB/T 27797.10—2011/ISO 1268-10:2005(E)

纤维增强塑料 试验板制备方法
第 10 部分:BMC 和其他长纤维模塑料
注射模塑 一般原理和通用试样模塑

Fibre-reinforced plastics—Methods of producing test plates—
Part 10:Injection moulding of BMC and other long-fibre moulding compounds—
General principles and moulding of multipurpose test specimens

(ISO 1268-10:2005,IDT)

2011-12-30 发布

2012-08-01 实施

中华人民共和国国家质量监督检验检疫总局
中国国家标准化管理委员会 发布

前　言

GB/T 27797《纤维增强塑料　试验板制备方法》分为11个部分：
——第1部分:通则；
——第2部分:接触和喷射模塑；
——第3部分:湿法模塑；
——第4部分:预浸料模塑；
——第5部分:缠绕成型；
——第6部分:拉挤模塑；
——第7部分:树脂传递模塑；
——第8部分:SMC及BMC模塑；
——第9部分:GMT/STC模塑；
——第10部分:BMC和其他长纤维模塑料注射模塑　一般原理和通用试样模塑；
——第11部分:BMC和其他长纤维模塑料注射模塑　小方片。

本部分为GB/T 27797的第10部分。

本部分按照GB/T 1.1—2009给出的规则起草。

本部分使用翻译法等同采用ISO 1268-10:2005(E)《纤维增强塑料　试验板制备方法　第10部分:BMC和其他长纤维模塑料注射模塑　一般原理和通用试样模塑》。

与本部分中规范性引用的国际文件有一致性对应关系的我国文件如下:
——GB/T 2035—2008　塑料术语及其定义(ISO 472:1999,IDT)；
——GB/T 11997—2008　塑料　多用途试样(ISO 3167:2002,IDT)；
——GB/T 19467.2—2004　塑料　可比单点数据的获得和表示　第2部分:长纤维增强材料(ISO 10350-2:2001,IDT)；
——GB/T 27797.1　纤维增强塑料　试验板制备方法　第1部分:通则(ISO 1268-1:2001,IDT)；
——GB/T 27797.11　纤维增强塑料　试验板制备方法　第11部分:BMC和其他长纤维模塑料注射模塑　小方片(ISO 1268-11:2005,IDT)。

本部分做了下列编辑性修改:
——将一些适用于国际标准的表述改为适用于我国标准的表述；
——在4.2.4、5.1中加条号。

本部分由中国建筑材料联合会提出。

本部分由全国纤维增强塑料标准化技术委员会(SAC/TC 39)归口。

本部分起草单位:北京玻钢院复合材料有限公司、常州天马集团有限公司、中国兵器工业集团五三研究所。

本部分主要起草人:宁珍连、马玉敬、宣维栋、孟祥艳、张力平。

纤维增强塑料　试验板制备方法
第10部分：BMC和其他长纤维模塑料
注射模塑　一般原理和通用试样模塑

1 范围

GB/T 27797的本部分规定了注射模塑团状模塑料(BMC)试验试样的一般原理,给出了用重复性注塑条件注塑同一类型试样的模具设计细节。在适当情况下,GB/T 27797的本部分也适用于片状模塑料(SMC)注射模塑。其目的是提升注塑工艺中主要参数的一致性,在注塑条件报告中建立统一的操作规程。特殊条件下,注塑用于比较实验的试验板,需要变更所用的注射料。这些条件应在相应注射料的方法标准中给出,或者双方达成一致。

注：试验表明,模具设计是重复注塑试样的重要因素。

GB/T 27797的本部分与GB/T 27797.1一并使用。

2 规范性引用文件

下列文件对于本文件的应用是必不可少的。凡是注日期的引用文件,仅注日期的版本适用于本文件。凡是不注日期的引用文件,其最新版本(包括所有的修改单)适用于本文件。

ISO 472　塑料　术语(Plastics—Vocabulary)

ISO 2577　塑料　热固性模塑料　收缩率测定(Plastic—Thermosetting moulding materials—Determination of shrinkage)

ISO 3167　塑料　多用途试样(Plastic—Multipurpose test specimens)

ISO 1268-1　纤维增强塑料　试验板制备方法　第1部分:通则(Fibre-reinforced plastics—Methods of producing test plates—Part 1:General conditions)

ISO 1268-11　纤维增强塑料　试验板制备方法　第11部分:BMC和其他长纤维模塑料注射模塑　小方片(Fibre-reinforced plastics—Methods of producing test plates—Part 11:Injection moulding of BMC and other long-fibre moulding compounds—Small plates)

ISO 10350-2　塑料　可比单点数据的采集和表示　第2部分:长纤维增强塑料(Plastics—Acquisition and presentation of comparable single-point data—Part 2:Long-fibre-reinforced plastics)

ISO 10724-1　塑料　热固性粉末模塑料注射试样(PMCs)　第1部分:一般原理和多用途试样的模塑[Plastics—Injection moulding of test specimens of thermosetting power moulding compounds(PMCs)—Part 1:General principles and moulding of multipurpose test specimens]

ISO 10724-2　塑料　热固性粉末模塑料注射试样(PMCs)　第2部分:小试样[Plastics—Injection moulding of test specimens of thermosetting power moulding compounds(PMCs)—Part 2:Small plates]

ISO 11403-1　塑料　可比多点数据的采集和表示　第1部分:力学性能(Plastics—Acquisition and presentation of comparable multipoint data—Part 1:Mechanical properties)

ISO 11403-2　塑料　可比多点数据的采集和表示　第2部分:热学性能及加工性能(Plastics—Acquisition and presentation of comparable multipoint data—Part 2:Thermal and processing properties)

ISO 11403-3　塑料　可比多点数据的采集和表示　第 3 部分：环境对性能的影响（Plastics—Acquisition and presentation of comparable multipoint data—Part 3：Environmental influences on properties）

3　术语和定义

ISO 472 中界定的术语和定义以及下列术语和定义适用于本文件。

3.1

模具温度　mould temperature

T_C

当系统达到热平衡时所测量的模腔表面温度和模具开启瞬间所测量的模腔表面温度的平均值(℃)。

3.2

注射料温度　temperature of material

T_M

注射前塑性注射料温度(℃)。

3.3

注射料压力　pressure on material

p

注塑过程中，施加在螺杆前的塑性注射料上的压力(MPa)(见图 1)。

注：施加在注射料上的压力由液压产生，大小可由作用在螺杆纵向的力 F_S 推算得出，见公式(1)：

$$p = \frac{4 \times 10^3 \times F_S}{\pi \times D^2} \qquad\qquad\cdots\cdots(1)$$

式中：

p ——施加在注射料上的压力，单位为兆帕(MPa)；

F_S——螺杆上的纵向压力，单位为千牛(kN)；

D ——螺杆直径，单位为毫米(mm)。

3.4

注射料最大压力　maximum pressure on material

p_{max}

施加在注射料上的最大压力(MPa)。

3.5

保压压力　hold pressure

p_H

保压时间内施加在注射料上的压力(MPa)(见图 1)。

3.6

注塑周期　moulding cycle

在注塑工艺中完成一个试样制备所需的完整工序(s)(见图 1)。

3.7

周期时间　cycle time

t_T

完成一个注塑周期所需要的时间(s)。

注：周期时间是注射时间 t_I、固化时间 t_{CR} 及开模时间 t_O 之和。

3.8

注射时间 injection time

t_I

从螺杆开始前进到注射结束所用的时间以及保压时间的总和(s)。

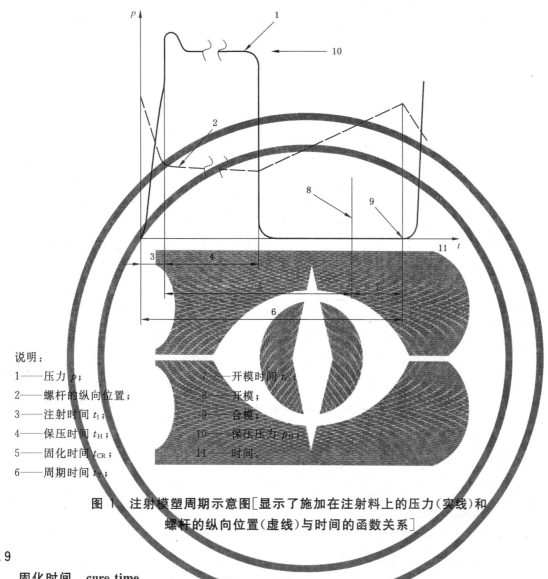

说明：

1——压力 p；

2——螺杆的纵向位置；

3——注射时间 t_I；

4——保压时间 t_H；

5——固化时间 t_{CR}；

6——周期时间 t_T；

7——开模时间 t_O；

8——开模；

9——合模；

10——保压压力 p_H；

11——时间。

图 1 注射模塑周期示意图[显示了施加在注射料上的压力（实线）和
螺杆的纵向位置（虚线）与时间的函数关系]

3.9

固化时间 cure time

t_{CR}

注射结束到模具开启所用的时间(s)。

3.10

保压时间 hold time

t_H

注射结束到卸除压力所用的时间(s)。

3.11

开模时间 mould-open time

t_O

从开始开模到模具合上并紧固所用的时间(s)。

3.12

模腔　cavity

注塑试样所用模具的空腔部分。

3.13

双腔模具　two-cavity mould

有两个平行排列相同模腔的模具(见图2)。

注:两个模腔有相同的几何流程、位置对称,确保一次注塑的所有试样性能相同。

单位为毫米

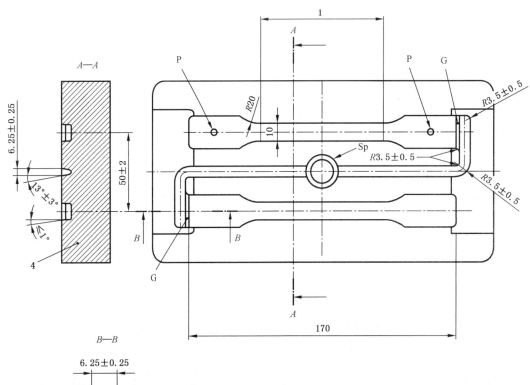

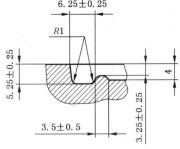

说明:

1——最佳长度82 mm;

Sp——注入口;

G——进料口;

P——压力传感器。

注射容积 $V_s = 30\,000\ mm^3$;

设计面积 $A_p = 6\,500\ mm^2$。

图2　A型ISO双腔模具

3.14

ISO 模具　ISO mould

重复制备用于比较性能的试样的任何一种标准模具(A 型设计,D1 和 D2)。

注1:模具由一块含有一个中心注射孔的固定板和一个3.13描述的双腔板组成。其他细节在4.1.4中给出。

注2:一套完整模具的示例参见附录C。

3.15

关键区横截面面积　critical cross-sectional area

A_c

ISO 模具模腔中试样关键区的横截面面积(mm^2),在此处测量试样的尺寸。

注:对条状拉伸试样,试样的关键区是试验中承受最大应力的狭窄部分。

3.16

注塑件体积　moulding volume

V_M

注塑件质量与密度之比(mm^3)。

3.17

投影面积　projected area

A_p

注塑件投影到平面上的轮廓面积(mm^2)。

3.18

锁模压力　locking force

F_M

锁紧闭合模具中的模腔板所用的力(kN)。

注:所需的最小锁模压力可由不等式(2)推算得出:

$$F_M \geqslant A_p \times p_{max} \times 10^{-3} \qquad \cdots\cdots(2)$$

式中:

F_M——锁模压力,单位为千牛(kN);

A_p——投影面积,单位为平方毫米(mm^2);

p_{max}——施加在注射料上的最大压力,单位为兆帕(MPa)。

3.19

注射速度　injection velocity

v_I

注射料经过关键横截面 A_c 时的平均速度(mm/s)。

注:仅适用于多腔模具(本例为双腔模具),可由公式(3)推算:

$$v_I = \frac{V_M}{t_I \times A_c \times 2} \qquad \cdots\cdots(3)$$

式中:

v_I——注射速度,单位为毫米每秒(mm/s);

V_M——注塑件体积,单位为立方毫米(mm^3);

t_I——注射时间,单位为秒(s)。

A_c——关键横截面面积,单位为平方毫米(mm^2);

2——模腔个数。

3.20

注塑件质量　mass of the moulding

m_M

注塑件总质量,包括试样质量、流道和注入口中的残留物的质量(g)。

3.21

注射容量 shot capacity

V_S

注射机最大行程与螺杆横截面面积的乘积(mm³)。

4 设备

4.1 A型ISO模具(双腔)

4.1.1 采用ISO模具(见3.14),以便注塑能获得可比性数据的试样(见ISO 10350-2、ISO 11403-1、ISO 11403-2和ISO 11403-3;以及ISO 10724-1和ISO 10724-2),也可以用于解决包括国际标准在内的争议。

4.1.2 ISO 3167中规定的通用试样应由Z-流道(参见附录A)A型ISO双腔模具注塑而成,模具示意见图2,并符合4.1.4的相关规定。

4.1.3 沿A型试样(见ISO 3167)中心线,在两侧切割成尺寸为80 mm×10 mm×4 mm的矩形试样。

4.1.4 A型ISO模具的详细描述见图2,并符合以下要求:

a) 喷嘴侧注入口的直径至少为(4.4±0.5)mm;

b) 流道的宽度和高度分别为(6.25±0.25)mm 和(5.25±0.25)mm。在进料口处,流道底部和流道壁之间有半径1 mm的倒角;

c) 模腔应有一如图2所示的端部进料口;

d) 进料口高度至少为模腔高度的三分之二,进料口宽度应等于进料口嵌入处模腔的宽度;

e) 进料口长度为(3.5±0.5)mm,所有倒角半径的最小值为1 mm;

f) 流道的倾斜角度为13°±3°。除了拉伸试样的肩部位置倾斜角不超过2°外,模腔其他位置的倾斜角度不大于1°;

g) 模腔尺寸应与相关测试标准中规定的试样尺寸一致,由于注塑件具有不同程度的收缩性,因此模腔尺寸应在试样所需基准尺寸与公差上限之间。对A型ISO模具而言,模腔的尺寸应符合以下要求:

——深度4.0 mm~4.2 mm;

——中心部位宽度10.0 mm~10.2 mm;

——中心线平行长度80.0 mm~82.0 mm。

h) 起模杆应在试样测试区域的范围之外,例如,对于A型ISO模具,位于哑铃型试样肩部位置;

i) 加热装置的设计应满足:在工作状态下,模腔表面任一点间的温差小于5 ℃;

j) 建议可拆卸的模腔板和进料口嵌入件从注塑一种型号试样到另一种型号试样时可快速更换,为了更换简便,注射容量V_S尽可能相同。不同流道外形示例和所用进料口嵌入件参见附录A;

k) 压力传感器应位于通道中心,以便注射期间进行适当控制(ISO 2577中强制规定必须使用传感器),传感器的安装位置见图2;

l) 为保证模腔板可以在不同的ISO模具间互换使用,除了注意图2所示和ISO 1268-11规定的细节外,还需要重点注意以下几点:

1) 用A型ISO模具注塑通用试样时,模腔的长度为170 mm,模具的最大空腔长度不超过180 mm;

2) 模具板的宽度可能受加热槽连接点间的最小距离的影响;

3) 在试样测试区域外标记记号线,沿记号线切割试样,比如A型ISO模具相隔170 mm。另

158

两条间隔 80mm 的标记线用于从 A 型 ISO 模具注塑的通用试验板上切割条状试样;

m) 为了便于检查一个模具注塑的所有试样,推荐在试样测试区域[见 4.1.4h)]以外对每个模腔做标记,在起模杆的端部刻下记号即可轻易解决这个问题,还能避免破坏模腔板表面。其他标记位置参见附录 B;

n) 表面缺陷影响测试结果,特别是力学性能,因此,模腔表面应高度抛光,抛光方向应与试验加载时试样放置的方向一致。

4.1.5 模具其他组件的更多信息可参考其他国际标准,见参考文献。

4.2 注塑机

为使重复注塑的试样具有可比较的测试结果,只能使用可以控制注塑条件的往复式螺杆注塑机。

4.2.1 注塑件体积

除非相应注射料规范另有要求或供应商推荐,否则注塑件体积 V_M(见 3.16)与注射容量(见 3.21)之比应在 30%~70% 之间。

4.2.2 控制系统

注塑机的控制系统应能满足以下注射条件:

——注射时间 t_I:±0.2 s;

——保压压力 p_H:±5%;

——保压时间 t_H:±5%;

——注射料温度 T_M:±5 ℃(通过调节螺杆筒壁的温度获得);

——模具温度 T_C:±8 ℃;

——注塑件质量 m_M:±2%。

4.2.3 螺杆

螺杆型号应适用于团状注塑料。推荐安装止逆阀。

4.2.4 锁模压力

4.2.4.1 模具锁模压力 F_M 应足够高以防止任何工作条件下产生的大面积溢料。

4.2.4.2 A 型 ISO 模具的最小锁模压力 F_M 由公式 $F_M \geqslant 6\,500 \times p_{max} \times 10^3$(见 3.18)给出,如最大锁模压力为 520 kN 时,施加在注塑料上的最大压力为 80 MPa。

4.2.4.3 对于 D1 型和 D2 型 ISO 模具,其投影面积 A_P 为 11 000 mm²,要求更高的锁模压力。

4.2.5 温度计

采用精度为 ±1 ℃ 的探针式温度计,测量注塑料温度 T_M(见 3.2);采用精度为 ±1 ℃ 的表面温度计,测量模腔表面温度,该温度即模具温度 T_C(见 3.1)。

5 步骤

5.1 材料状态调节

5.1.1 注塑前,按相关注射料规范要求对团状注射料进行状态调节,如果缺乏这方面的资料,按注射料供应商推荐的方法进行状态调节。

5.1.2 避免将注射料暴露在显著低于车间温度的大气中,防止湿气在注射料上凝结。

5.2 注射模塑

5.2.1 将注塑机设置到相关注射料规范要求的条件,如果缺乏这方面的资料,双方协商确定。

5.2.2 对大多数注塑料来说,使用 A 型 ISO 模具时的最佳注射速度为(150 ± 50)mm/s。对于给定的注射速度 v_1 来说,注射时间 t_1 与模腔的数量 n[见 3.19 中公式(3)]成反比,注射期间应尽量减少注射速度的变化。

5.2.3 保压压力 P_H 通常不做专门规定,确定该参数的简便方法如下:从 0 开始逐渐增大注射料上的压力,直到注塑件无凹痕、孔隙、和其他可视的缺陷,并且溢料最少,用此时的压力作为保压压力。

> 注:这一方法可用于多数注射模塑工艺。

5.2.4 确保保压压力持续稳定,直到进料口区域的注射料固化。即注塑件的质量达到要求的上限值。

5.2.5 注塑机达到稳定状态前制备的注塑件按废品处理。记录稳定状态下的各个参数,并开始收集试样。注塑期间,用适当方法维持状态的稳定,比如称量注塑件的质量 m_M。

5.2.6 如果注射料发生任何改变,清空机器并彻底清理。用新注射料重新注塑试样,在正式收集试样前,至少废弃前 10 个注塑件。

5.3 模具温度的测定

系统达到热平衡后立即打开模具以确定其温度 T_C。在模腔每边选取几个点,用表面温度计测量其温度。在两次读数之间,至少间隔 10 个周期才能开始下次测量。记录每个测量值并计算其平均值。

5.4 注射料温度的测定

5.4.1 采用下列方法之一测定注射料的温度 T_M。

5.4.2 一种方法,达到热平衡后,往一个合适大小的非金属容器注射 30 cm³ 注射料,然后立即将预热的高灵敏度针式探头温度计插入到注射料的中心,缓慢移动温度计直到其读数达到最大。确保预热温度接近注射料的温度,可采用与注塑试样条件相同的空射来确定预热温度,每次空射的时间基本相同。

5.4.3 另一种方法,注射料的温度可以采用适当的传感器测量,这种方法同样可以得到与空射法相同的测量结果。传感器导致的热量损失应很低,并且能快速响应注射料温度的变化。将传感器固定在适当位置,如注塑机的喷嘴处,若有疑问,采用 5.4.2 的方法。

5.5 试样的后处理

脱模后,将试样以相同速率逐渐冷却至室温,以避免试样间的个体差异。

> 注:经验表明,冷却时间至少会影响 BMC 制品的固化程度。

6 试验板制备报告

试样制备报告应包含如下信息:
a) 依据本部分;
b) 试样注塑的地点、时间;
c) 所用注射料清单(型号、名称、制造商、批号);
d) 注塑前注射料状态调节详情;
e) 试样型号、相关标准及进料口尺寸和位置;
f) 所用注塑机的详细情况(制造商、注射容量、锁模压力、控制系统);
g) 注塑条件:

——注射料温度 T_M(见3.2),摄氏度(℃);

——模具温度 T_C(见3.1),摄氏度(℃);

——注射速度 v_I(见3.19),毫米每秒(mm/s);

——注射时间 t_I(见3.8),秒(s);

——保压压力 p_H(见3.5),兆帕(MPa);

——如果安装了压力传感器,施加在注射料上的最大压力 p_{max}(见3.4),兆帕(MPa);

——保压时间 t_H(见3.10),秒(s);

——固化时间 t_{CR}(见3.9),秒(s);

——周期时间 t_T(见3.7),秒(s);

——注塑件质量 m_M(见3.20),克(g)。

h) 其他相关细节(如每个模腔产生的废品数、剩余数量、后处理)。

附 录 A

（资料性附录）

流道排列示例

如图 A.1 所示，模具的排列因为进料口嵌板（a-a' 或 b-b'）的变化而变化。

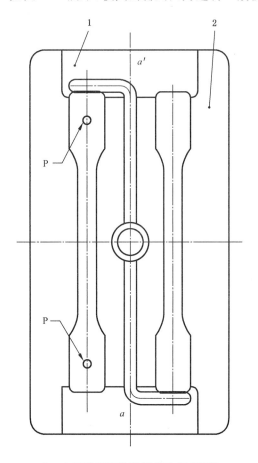

a)　本标准规定的注塑模具（Z 通道）　　　　　b)　变化的双 T 流道（如用于研究胶结强度）

说明：

1——可拆卸的进料口嵌板；

2——可拆卸的双腔模板；

3——压力传感器。

图 A.1　不同方式的流道排列

附 录 B

（资料性附录）

试 样 标 识

对试样进行标识的目的在于，即使将试样末端的标号切除（如获得 80 mm×10 mm×4 mm 的条形试样），仍然可以确定两块试样在模具中的原始位置。除了起模杆上的标记外，宜另行标记［见 4.1.4 中m）和 h）］。

所用数字以及在模腔中的定位如下（见图 B.1）：

——编号应采用反写的"1"和"2"；

——编号应清晰，与注射料流动的方向一致；

——编号应位于试样在弯曲试验时加载的范围之外，且应在 80 mm 长的条状试样内；

——编号应凸出（而非凹痕），以避免应力集中；

——编号应位于模腔进料口的末端。

单位为毫米

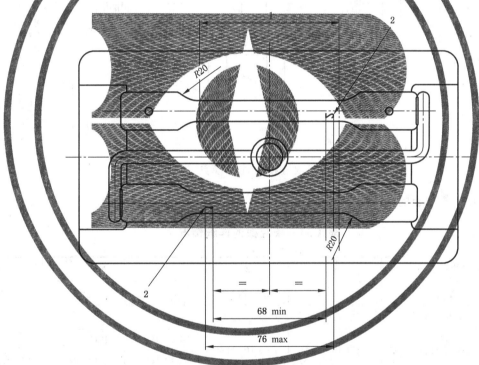

说明：

1——最佳长度 82 mm；

2——模腔个数。

图 B.1 模腔编号的定位

附 录 C
（资料性附录）
注射模具示例

C.1 图 C.1 所示的是一件可拆卸双腔模板注塑模具的分解图,模块对应 ISO 模具的 A 型、B 型、C 型、D1 型、D2 型,模具可定做并改进。

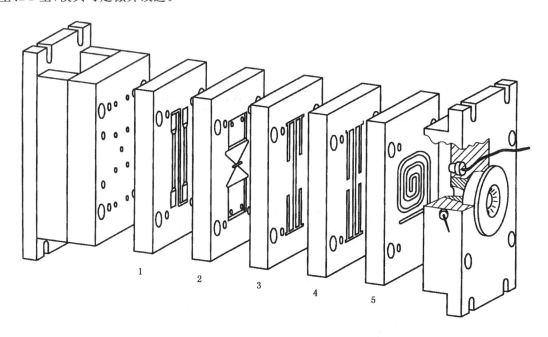

图 C.1 可拆卸双腔模板注塑模具的模板分解图

C.2 图 C.1 所示模腔板的参数见表 C.1。

表 C.1 模腔板的详细情况

图 C.1 中的数字		1	2	3	4	5
ISO 模具型号		A	D(D1 和 D2)	C	B	X
ISO 标准模具	BMC、SMC	ISO 1268-10	ISO 1268-11	—	—	无
	其他热固性注射料	ISO 10724-1	ISO 10724-2	ISO 294-3 ISO 527-4	ISO 294-1 ISO 527-4	
	热塑性注射料	ISO 294-1 ISO 527-4	ISO 294-3 ISO 527-4			
试样型号及对应 ISO 标准		通用 A 型试样 ISO 3167	小方片 ISO 10724-2 ISO 294-3	4 型条状拉伸 小试样 ISO 8256	矩形 ISO 3167	
试样尺寸 mm		＞150/80/10×4 r=20～25	60×60×2(D1) 60×60×4(D2)	60×10×3 r=15	80×10×4	将来改进 (如"螺旋形 流动")

参 考 文 献

[1]   ISO 294-1   Plastics—Injection moulding of test specimens of thermoplastic materials—Part 1:General principles and moulding of multipurpose and bar test specimens.

[2]   ISO 294-2   Plastics—Injection moulding of test specimens of thermoplastic materials—Part 2:Small tensile bars.

[3]   ISO 294-3   Plastics—Injection moulding of test specimens of thermoplastic materials—Part 3:Small plates.

[4]   ISO 527-4   Plastics—Determination of tensile properties—Part 4:Test conditions for isotropic and orthotropic fibre-reinforced plastic composites.

[5]   ISO 6751   Tools for moulding—Ejector pins with cylindrical head.

[6]   ISO 6753-2   Tools for pressing and moulding—Machined plates—part 2:Machined plates for moulds.

[7]   ISO 8017   Mould guide pillars,straight and shouldered,and locating guide pillars,shouldered.

[8]   ISO 8018   Mould guide bushes,headed,and locating guide bushes,headed.

[9]   ISO 8256   Plastics—Determination of tensile-impact strength.

[10]   ISO 8404   Tools for moulding—Angle pins.

[11]   ISO 8405   Tools for moulding—Ejector sleeves with cylindrical head—Basic series for general purposes.

[12]   ISO 8406   Tools for moulding—Mould bases—Round locating elements and spacers.

[13]   ISO 8693   Tools for moulding—Flat.

[14]   ISO 8694   Tools for moulding—Shouldered ejector pins.

[15]   ISO 9449   Tools for moulding—Centring sleeves.

[16]   ISO 10072   Tools for moulding—Sprue bushes—Dimensions.

[17]   ISO 10073   Tools for moulding—Support pillars.

[18]   ISO 10907-1   Tools for moulding—Locating rings—Part 1:locating rings for mounting without thermal insulating sheets in small or medium moulds—Type A and B.

[19]   ISO 12165   Tools for moulding—components of compression and injection moulds and diecasting dies—Terms and symbols.

ICS 83.120

Q 23

中华人民共和国国家标准

GB/T 27797.11—2011/ISO 1268-11:2005(E)

纤维增强塑料 试验板制备方法
第 11 部分：BMC 和其他长纤维模
塑料注射模塑 小方片

Fibre-reinforced plastics—Methods of producing test plates—
Part 11:Injection moulding of BMC
and other long-fibre moulding compounds—Small plates

(ISO 1268-11:2005,IDT)

2011-12-30 发布
2012-08-01 实施

中华人民共和国国家质量监督检验检疫总局
中国国家标准化管理委员会   发布

前　言

GB/T 27797《纤维增强塑料　试验板制备方法》分为11个部分：

——第1部分：通则；

——第2部分：接触和喷射模塑；

——第3部分：湿法模塑；

——第4部分：预浸料模塑；

——第5部分：缠绕成型；

——第6部分：拉挤模塑；

——第7部分：树脂传递模塑；

——第8部分：SMC及BMC模塑；

——第9部分：GMT/STC模塑；

——第10部分：BMC和其他长纤维模塑料注射模塑　一般原理和通用试样模塑；

——第11部分：BMC和其他长纤维模塑料注射模塑　小方片。

本部分为GB/T 27797的第11部分。

本部分按照GB/T 1.1—2009给出的规则起草。

本部分使用翻译法等同采用ISO 1268-11:2005(E)《纤维增强塑料　试验板制备方法　第11部分：BMC和其他长纤维模塑料注射模塑　小方片》。

与本部分中规范性引用的国际文件有一致性对应关系的我国文件如下：

——GB/T 2035—2008,塑料术语及其定义(ISO 472:1999,IDT)；

——GB/T 27797.1　纤维增强塑料　试验板制备方法　第1部分：通则(ISO 1268-1:2001,IDT)。

本部分做了下列编辑性修改：

——将一些适用于国际标准的表述改为适用于我国标准的表述；

——在4.1、4.2和附录C中加条号。

本部分由中国建筑材料联合会提出。

本部分由全国纤维增强塑料标准化技术委员会(SAC/TC 39)归口。

本部分起草单位：北京玻钢院复合材料有限公司、中国兵器工业集团五三研究所、常州天马集团有限公司。

本部分主要起草人：宁珍连、马玉敬、郑会保、宣维栋、张力平。

纤维增强塑料 试验板制备方法 第11部分：BMC和其他长纤维模 塑料注射模塑 小方片

1 范围

GB/T 27797 的本部分规定了用 D1 型和 D2 型 ISO 双腔模具，注塑尺寸为 60 mm×60 mm，厚度为 2 mm（D1 型）或 4 mm（D2 型）的小方片，以进行各种试验（参见附录 A）的方法。模具中可适当增加嵌入件，以便于研究熔接线对力学性能的影响（参见附录 B）。

GB/T 27797 本部分与 GB/T 27797.1 一并使用。

2 规范性引用文件

下列文件对于本文件的应用是必不可少的。凡是注日期的引用文件，仅注日期的版本适用于本文件。凡是不注日期的引用文件，其最新版本（包括所有的修改单）适用于本文件。

GB/T 27797.10—2011 纤维增强塑料 试验板制备方法 第10部分：BMC和其他长纤维模塑料注射模塑 一般原理及通用试样模塑（ISO 1268-10:2005，IDT）

ISO 472 塑料 术语（Plastics—Vocabulary）

ISO 1268-1 纤维增强塑料 试验板制备方法 第1部分：通则（Fibre-reinforced plastics—Methods of producing test plates—Part 1:General conditions）

ISO 2577 塑料 热固性模塑料 收缩率的测定（Plastic—Thermosetting moulding materials—Determination of shrinkage）

3 术语和定义

ISO 472 和 GB/T 27797.10—2011 中界定的术语和定义适用于本文件。

4 设备

4.1 D1 型和 D2 型 ISO 模具

4.1.1 D1 型和 D2 型模具为双腔模具，用于注塑尺寸为 60 mm×60 mm 的试验板。用此类模具注塑试验板的尺寸由图 1 给出。

4.1.2 D1 型和 D2 型 ISO 模具的详细描述见图 1 和图 2，并符合以下要求：

    a) 喷嘴侧注入口的直径至少为（4.4±0.5）mm；

    b) 模腔一端有如图 2 所示的进料口；

    c) 流道的倾斜角度为（13±3）°，模腔的倾斜角度不大于 2°；

    d) 模腔尺寸应与相关测试标准中规定的试样尺寸一致，由于注塑件具有不同程度的收缩性，所以模腔尺寸应在试样所需基准尺寸与公差上限之间。模腔的主要尺寸（见图 1）如下：

        ——长度 60 mm～62 mm；

——宽度 60 mm~62 mm；

——深度 D1 型模具为 2.0 mm~2.1 mm、D2 型模具为 4.0 mm~4.1 mm。

e) 起模杆应在试样测试面积的范围之外，即流道区域；

f) 加热装置的设计应满足：在操作条件下，模腔表面任一点间的温差小于 3 ℃；

单位为毫米

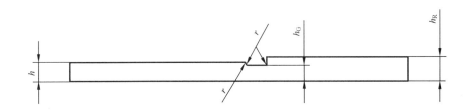

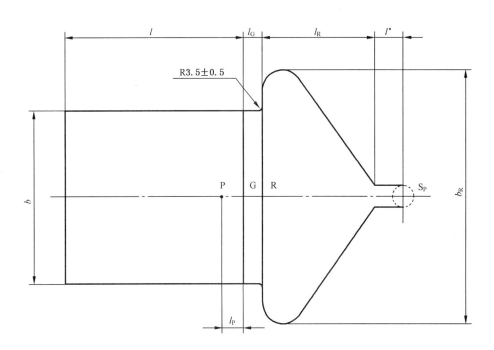

说明：

S_P——注入口；

G——进料口；

R——流道；

P——压力传感器；

l——试验板长度，$l=(60\pm2)^a$mm；

b——试验板宽度，$b=(60\pm2)^a$mm；

h——试验板厚度：

    a) D1 型模具 $h=(2.0\pm0.1)$mm；

    b) D2 型模具 $h=(4.0\pm0.1)^a$mm；

l_G——进料口长度，$l_G=(4.0\pm0.1)^b$mm；

h_G——进料口高度，$h_G=(0.75\pm0.05)\times h^{b,c}$mm；

l_R——流道长度，$l_R=(25-30)^d$mm；

b_R——进料口处流道宽度，$b_R\geqslant(b+6)$mm；

h_R——进料口处流道深度，$h_R=h$；

l^*——未规定的距离；

l_P——压力传感器到进料口的距离，$l_P=(5\pm2)^e$mm。

a 上述尺寸适用于 ISO 6603 所用试样；

b 见 4.1 的注 1；

c 见 4.1 的注 2；

d 见 4.1 的注 3；

e 压力传感器的定位应受如下条件限制：$l_P+r_P\leqslant10$，$l_P-r_P\geqslant0$，其中 r_P 为传感器的直径。

图 1 D1 型和 D2 型 ISO 模具细节

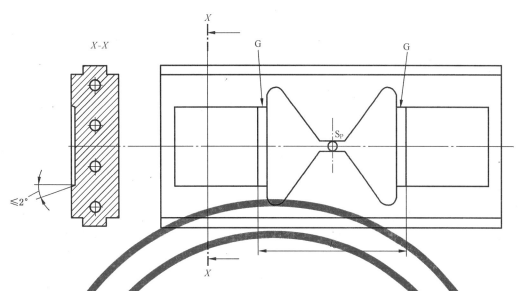

说明：

S_P——注入口；

G——进料口；

l_c——从流道切割试样，两（切割）线之间的距离（见 4.1 中注 4）；

模具体积 $V_M \approx 30\ 000\ mm^3$（2 mm 厚）。

投影面积 $A_P \approx 11\ 000\ mm^2$。

图 2　D1 型和 D2 型 ISO 模具模腔板

g)　制备不同的试样类型时，可互换的模腔板和进料口嵌入板必须可以快速更换。采用尽可能相同的注射量 v_S 可使更换快捷；

h)　图 1 给出了压力传感器 P 在模腔中的位置，用于监测注塑件的收缩情况（见 ISO 2577），这种传感器对应用任何 ISO 模具[（见 GB/T 27797.10—2011 4.1.4 中 k)]进行注塑都能起到控制作用，传感器应安装在模腔表面，避免影响注射料的流动；

i)　为保证模腔板可以在不同 ISO 模具间互换使用，应符合 GB/T 27797.10—2011 的 4.1.4 中 l)的规定，特别是模板的宽度取决于加热槽连接点之间的最小距离；

j)　为了易于检查一个模具制作的所有试样是否一致，应在测试面积之外的区域对每个模腔做标记。在起模杆的端部刻下记号即可，这样还能避免破坏模腔板表面，其他标记位置参见附录 C；

k)　表面缺陷对测试结果影响很大，特别是力学性能。因此，模腔表面应高度抛光，抛光方向应与试验加载时试样放置的方向一致；

注 1：当注射料流进模腔时，进料口的高度和长度对其固化有明显影响，进而影响注塑件的收缩性（见 ISO 2577）。因此进料口的尺寸应控制在最小公差内；

注 2：进料口在高度上也有若干限制，即使在距离挡板较远的地方，模腔中注射料的取向仍受其影响。因此进料口高度应按一个固定值变化以便于测量注塑件的收缩性；

注 3：从模腔移出后应立即将注塑件从流道中取出，否则会因为流道与进料口和注塑件的收缩率不同而导致注塑件产生永久变形；

注 4：沿流道切割试样，两切割线间的距离可由公式 $l_c = 2(l_G + l_R + l^*)$（见图 2）得出。取长度为 80 mm，沿通用试样[见 GB/T 27797.10—2011 4.1.3 和 4.1.4 中 l)]的中心部位，用同一切割设备加工成 80 mm ×10 mm×4 mm 条形试样。

4.2 注塑机

4.2.1 为使重复注塑的试样具有可比较的测试结果,只能使用可以控制注塑条件的往复式螺杆注塑机。

4.2.2 D1 型和 D2 型 ISO 模具的最小锁模压力 F_M 由公式 $F_M \geqslant 11\,000 \times p_{max} \times 10^3$ 给出,如锁模压力为 880 kN 时,施加在注射料上的压力为 80 MPa。

5 步骤

5.1 注射料状态调节

注塑开始前,确定注射料达到相应材料规范中的规定要求,若无要求,参考供应商所提要求。避免将注射料暴露在显著低于车间温度的大气中,防止湿气在注射料上凝结。

5.2 注射模塑

5.2.1 将注塑机设置到相关材料规范要求的条件,若无要求,有关方协商确定。

5.2.2 对多数注射料来说,应用 D1 型和 D2 型 ISO 模具时的最佳注射速度 v_I 为 (150 ± 50) mm/s。对于给定的注射速度 v_I,注射时间 t_I 与模腔的数量 n[见 GB/T 27797.10—2011 中 3.19 的公式(3)]成反比,注射期间应尽量减少注射速度的变化。

5.2.3 保压压力 p_H 通常不做专门规定,确定该参数的简便方法是从 0 开始逐渐增大压力,直到注塑件无凹痕、孔隙和其他可视的缺陷,并且溢料最少,此时的压力即为保压压力。这一方法可用于多数注塑工艺。

5.2.4 确保保压压力持续稳定,直到进料口区域的注射料硬化,即注塑件的质量达到要求的上限值。

5.2.5 机器达到稳定状态前制备的注塑件按废品处理,记录稳定状态下的各个参数,并开始收集试样。注塑期间,用适当方法维持状态的稳定,比如称量注塑件的质量 m_M。

5.2.6 如果注射料发生任何改变,清空机器并彻底清理。用新注射料重新注塑试样,在正式收集试样前,至少废弃前 10 个注塑件。

5.3 模具温度的测定

系统达到热平衡后立即打开模具以确定其温度 T_C,在模腔每边选取几个点,用表面温度计测量其温度,进行二次平行测量,第二次测量至少在 10 个注塑周期后进行,记录每个测量值并计算其平均值。

5.4 注射料温度的测定

5.4.1 采用下列方法之一测定注射料的温度 T_M。

5.4.2 方法一:达到热平衡后,往一个合适大小的非金属容器注射 30 cm³ 注射料,然后立即将预热的高灵敏度的针形温度计的探头插入到注射料的中心,缓慢移动温度计直到其读数达到最大。确保预热温度接近注射料的温度,可采用与注塑试样条件相同的空射来确定预热温度,每次空射的时间基本相同。

5.4.3 方法二:注射料的温度可以采用适当的传感器测量,这种方法同样可以得到空射法测得的结果。传感器导致的热量损失应很低,并且能快速响应注射料温度的变化。将传感器固定在适当位置,如注射模塑机的喷嘴处,若有疑问,采用 5.4.2 的方法。

5.5 试样的后处理

脱模后,将试样以相同速率逐渐冷却至室温,以避免试样间的个体差异。

注:经验表明,冷却时间至少会影响 BMC 制品的固化程度。

6 试验板制备报告

试样制备报告应包含如下信息：

a) 依据本部分；

b) 试样注塑的地点、时间；

c) 所用注射料清单（型号、名称、制造商、批号）；

d) 注塑前注射料状态调节详情；

e) 试样型号、相关标准及进料口尺寸和位置；

f) 所用注塑机的详细情况（制造商、注射容量、锁模压力、控制系统）；

g) 注塑条件：

——注射料温度 T_M（见 GB/T 27797.10—2011 中 3.2），摄氏度（℃）；

——模具温度 T_C（见 GB/T 27797.10—2011 中 3.1），摄氏度（℃）；

——注射速度 v_I（见 GB/T 27797.10—2011 中 3.19），毫米每秒（mm/s）；

——注射时间 t_I（见 GB/T 27797.10—2011 中 3.8），秒（s）；

——保压压力 p_H（见 GB/T 27797.10—2011 中 3.5），兆帕（MPa）；

——若安装了压力传感器，施加在注射料上的最大压力 p_{max}（见 GB/T 27797.10—2011 中 3.4），兆帕（MPa）；

——保压时间 t_H（见 GB/T 27797.10—2011 中 3.10），秒（s）；

——固化时间 t_{CR}（见 GB/T 27797.10—2011 中 3.9），秒（s）；

——周期时间 t_T（见 GB/T 27797.10—2011 中 3.7），秒（s）；

——注塑件质量 m_M（见 GB/T 27797.10—2011 中 3.20），克（g）。

h) 其他相关细节（如每个模腔产生的废品数、剩余数量、后处理）。

附 录 A
（资料性附录）
小方片的用途

D2 型 ISO 模具注塑的试样可用来进行 ISO 6603（见本附录注 1）中描述的轴向冲击试验,测定 ISO 2577 中描述的注塑件收缩率,为着色塑料（见注 2）提供试样,研究各向异性的力学性能和热性能（见注 3）。如果模具安装了进料口嵌板,则可以研究熔接线的影响（参见附录 B）。

D1 型 ISO 模具注塑的试样更适合用来研究电性能（见注 4）、吸水性（见注 5）及动态力学性能（见注 6）。

注 1：ISO 10350-2[9] 及 ISO 11403-1[11] 中认为轴向冲击力包含在力学性能内,要求试样厚度 4 mm。

注 2：按 ISO 4892-2[4] 的规定,用着色或者自然状态的注射料注塑的试样可用来进行光学性能和力学性能的测试,按照 ISO 4892-2[4] 试验,研究风化侵蚀的影响。

注 3：ISO 8256[8] 规定的 4 型拉伸试样,从不同的位置和不同的方向上按照 ISO 2818[3] 加工而成,适合用来研究 ISO 527-2[2] 及 ISO 8256[8] 中规定的拉伸及拉伸-冲击时的各向异性力学性能。各向异性热性能,特别是线膨胀系数,可用双边平行的试样（如 10mm 宽）测定,取样方法与以上所述相类似（见参考文献[12]）。

注 4：ISO 10350-2[9] 推荐测试下述电学性能：相对介电常数、介质损耗、体积电阻及表面电阻,试验板厚为 2 mm；介电强度,板厚为 2 mm 和 4 mm。

注 5：ISO 10350-2[9] 推荐依据 ISO 62[1] 测试吸水性,所用试样厚度≥1 mm,以便于在合理的试验时间内测试试样的饱和吸水量。

注 6：ISO 6721-2[7] 叙述了用扭摆法测试复合剪切模量,试样优选厚度为 2 mm,可以从 D1 型 ISO 模具制备的试验板上切取。

附 录 B
（资料性附录）
熔 接 线

在模腔中装配适当的插板，可以用于研究熔接线对力学性能的影响（见图 B.1）。

图 B.1 所示为使用多级插板（阴影部分），由注射料的相对流动形成熔接线（用实线给出），每条熔接线对应一条不同长度的流动路径。

图 B.1 给出的注射料相对流动，代表基本形状的熔接线信息。只有对称排列的双腔模具才能使用。

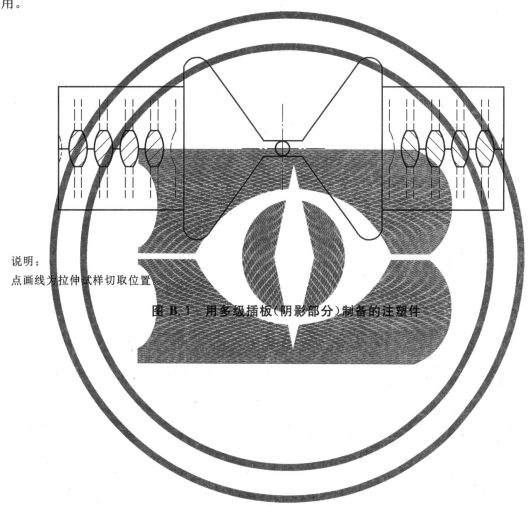

说明：
点画线为拉伸试样切取位置。

图 B.1 用多级插板（阴影部分）制备的注塑件

附　录　C

（资料性附录）

试 样 标 识

C.1　标记试样的目的是能够确定下述事项（即使流道已经从注塑件上切除掉）：

a)　模腔中两个注塑件的原始位置；

b)　两个试样哪端是上部、哪端是底部（这对试验结果有重要影响，如进行轴向冲击试验时，上部或者底部承受拉力时结果不同）；

c)　方向，和哪是上面、哪是下面一样，例如，60 mm×10 mm×2 mm 或 60 mm×10 mm×4 mm 条状试样，从注塑件上切取时，不是平行于注射料流动方向，就是垂直于注射料流动方向（用于研究填料或增强材料方向对某些力学性能的影响）。

C.2　模腔中所用编号及位置应符合以下要求[见图 C.1 和 GB/T 27797.10—2011 4.1.4 中 m)]：

1)　应用相互平行并接近模腔边缘的线段代替编号：两条独立线段（沿不同边缘并相互垂直）标记模腔 1；两对平行线（沿不同边缘并相互垂直）标记模腔 2；

2)　线段应位于试样的测试区域之外（见图 C.1）；

3)　线段沿注射料流动的方向相对模板中心不对称排列，线段位于模腔同一边缘（如左手边）以便于观察注射料流动方向；

4)　平行于流动方向的线段的宽度应小于垂直于流动方向的线段的宽度（这意味着有窄线段标记的条状试样总是从垂直于流动方向的注塑件上切取，而有宽线段标记的条状试样总是从平行于流动方向的注塑件上切取，从而避免混淆）；

5)　线段应凸出（而不是凹陷），以避免破坏模腔表面和脱模时粘料。

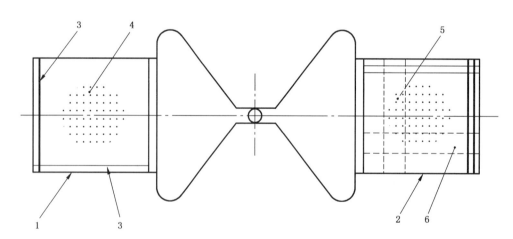

说明：

1——模腔 1；

2——模腔 2；

3——标记线；

4——测试区域(φ50 mm)；

5——"垂直"试样；

6——"平行"试样。

图 C.1　标记在模腔"1 和"2 中的位置

参 考 文 献

[1]　ISO 62　Plastics—Determination of water absorption.

[2]　ISO 527-2　Plastics—Determination of tensile properties—Part 2:Test conditions for moulding and extrusion plastics.

[3]　ISO 2818　Plastics—Preparation of test specimens by machining.

[4]　ISO 4892-2　Plastics—Methods of exposure to laboratory light sources—Part 2:Xenon—arc sources.

[5]　ISO 6603-1　Plastics—Determination of puncture impact behaviour of rigid plastics—Part 1:Non-instrumented impact testing.

[6]　ISO 6603-2　Plastics—Determination of puncture impact behaviour of rigid plastics—Part 2:Instrumented impact testing.

[7]　ISO 6721-2　Plastics—Determination of dynamic mechanical properties—Part 2:Torsion-pendulum method.

[8]　ISO 8256　Plastics—Determination of tensile-impact strength.

[9]　ISO 10350-2　Plastics—Acquisition and presentation of comparable single-point data—Part 2:Long-fibre-reinforced plastics.

[10]　ISO 10724-2　Plastics—Injection moulding of test specimens of thermosetting power moulding compounds(PMCs)—Part 2:Small plates.

[11]　ISO 11403-1　Plastics—Acquisition and presentation of comparable multipoint data—Part 1:Mechanical properties.

[12]　ISO 11403-2　Plastics—Acquisition and presentation of comparable multipoint data—Part 2:Thermal and processing properties.

ICS 83.120
Q 23

中华人民共和国国家标准

GB/T 28889—2012

复合材料面内剪切性能试验方法

Test method for in-plane shear properties of composite materials

2012-11-05 发布　　　　　　　　　　　　2013-06-01 实施

中华人民共和国国家质量监督检验检疫总局
中国国家标准化管理委员会　发 布

前　言

　　本标准按照 GB/T 1.1—2009 给出的规则起草。

　　本标准使用重新起草法修改采用 ASTM D 7078/D 7078M-05《V 型缺口轨道剪切复合材料剪切性能试验方法》。

　　本标准与 ASTM D 7078/D 7078M-05 相比在结构上有较多调整,附录 A 中列出了本标准与 ASTM D 7078/D 7078M-05 的章条编号对照一览表。

　　本标准与 ASTM D 7078/D 7078M-05 相比存在技术性差异,这些差异涉及的条款已通过在其外侧页边空白位置的垂直单线(|)进行了标示,附录 B 中给出了相应技术性差异及其原因的一览表。

　　本标准由中国建筑材料联合会提出。

　　本标准由全国纤维增强塑料标准化技术委员会(SAC/TC 39)归口。

　　本标准起草单位:上海玻璃钢研究院有限公司。

　　本标准主要起草人:张旭、姚辉、张汝光。

复合材料面内剪切性能试验方法

1 范围

本标准规定了纤维增强塑料面内剪切性能的试验设备、试样及其制备、试验条件、试验步骤及结果计算等。

本标准适用于测定对称铺层的纤维增强塑料面内剪切强度、剪切模量及剪切应力-应变曲线。

2 规范性引用文件

下列文件对于本文件的应用是必不可少的。凡是注日期的引用文件,仅注日期的版本适用于本文件。凡是不注日期的引用文件,其最新版本(包括所有的修改单)适用于本文件。

GB/T 1446　纤维增强塑料性能试验方法总则

GB/T 3961　纤维增强塑料术语

3 术语和定义

GB/T 3961 界定的以及下列术语和定义适用于本文件。

3.1

残余应变剪切强度　offset shear strength

以设定的残余应变容限值为起点,以割线弹性模量为斜率作直线,与剪切应力-应变曲线交点处的应力值。

注:残余应变剪切强度用于确定材料应力-应变曲线的近似线性限度,记作 τ_S(这一定义中所包含曲线的非线性,既不认定也不排除材料已经损伤)。在没有适当依据以确定该设定参数值时,工程上通常采用 0.2% 应变值作为设定残余应变的容限值,对应的残余应变剪切强度记为 $\tau_{S(0.2)}$。在比较材料的残余应变剪切强度时,必须采用同样的残余应变容限值,见图 1。

3.2

割线弹性模量　chord modulus of elasticity

在剪切应力-应变曲线上,以一小应变量为起点(建议取 0.15%～0.25%),取适当的应变增量[通常取(0.4±0.02)%],其所对应的应力增量与该应变增量之比即为割线弹性模量,该模量视作初始弹性模量。

3.3

极限剪切强度　ultimate strength

5% 剪切应变范围内的最大剪应力值。

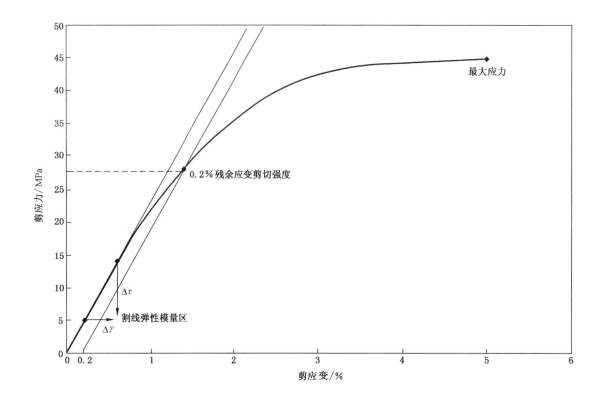

图 1　模量、偏移强度图例

4　原理

将开有对称 V 型槽口的试样夹持在一对专用夹具上,通过试验机的拉伸在试样工作区内产生剪应力,最终使试样因剪切而破坏。

注:试样带有 V 型槽口可以有效改善工作区内剪应力的均匀性。

5　试验设备

5.1　试验机

按 GB/T 1446 规定。

5.2　测量工具

5.2.1　游标卡尺:用于测量试样的宽度、厚度和 V 型槽直径,精确至 0.01 mm。

5.2.2　量角器:用于测量试样的 V 型槽角度,精确至 1°。

5.3　应变测试仪

采用电阻应变仪来测量应变。应变仪至少拥有 4 个通道,能够测量 3‰ 的应变。

5.4　夹具

夹具如图 2 所示。夹具应有足够刚度且能够稳定夹持试样,能确保上、下夹具的加载中心线通过两个 V 型槽口中心。

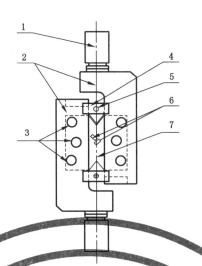

说明:
1——试验机接口;   5——垫块螺钉;
2——固定块(对称);   6——应变片;
3——夹具螺钉;   7——试样。
4——垫块(对称);

注1:螺钉用于给夹持齿面施加压力,垫块用于固定试样位置,具体装夹效果见图5。
注2:垫块可使用硬塑料等具备一定刚度的材料,以填充夹具间空隙。

图 2　面内剪切夹具示意图

6　试样及其制备

6.1　形状和尺寸

6.1.1　V型槽口试样,具体尺寸见图3。

6.1.2　推荐试样厚度为 2 mm～5 mm。

单位为毫米

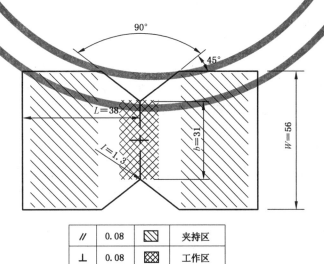

| // | 0.08 | ▨ | 夹持区 |
| ⊥ | 0.08 | ▩ | 工作区 |

图 3　面内剪切试样

6.2 试样制备

6.2.1 试样制备按 GB/T 1446 规定。

6.2.2 试样应对称铺层,即 $[\theta_1/\theta_2/\cdots/\theta_m]_s$,如 90°/0°/0°/90°铺层。

6.2.3 如图 4 所示,试样的 V 型槽口应对称,且槽口线与加载中心线 Y 垂直。

　　注:当板材 X 方向纤维多于 Y 方向纤维时,宜将板材旋转 90°加工。

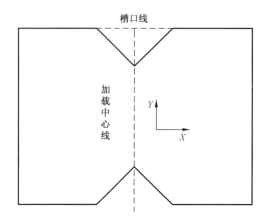

图 4　试样加工方向示意图

6.3 试样数量

　　每组有效试样不少于 5 个。

7 试验条件

　　按 GB/T 1446 规定。试验采用位移控制。

8 试验步骤

8.1 检查试样外观,若试样有缺陷、尺寸或槽口方向不符合要求,应予以作废。

8.2 按 GB/T 1446 对试样进行状态调节。

8.3 对试样编号,在槽口处测量 3 次宽度和厚度后取平均值,精确至 0.01 mm。

8.4 在试样中心贴应变片,应变片位于试样凹槽中心两端加载轴的±45°方向,见图 2。

8.5 先在一边的夹具上插入试样并在空隙处放上垫块,将试样移动至夹具中间位置,稍加拧紧夹具螺钉和垫块螺钉以固定试样(见图 5),然后对载荷清零。

8.6 连接应变仪,对应变清零。

8.7 将试样插入另一边的夹具并对称上紧所有夹具螺钉,然后稍加拧松垫块螺钉使其能上下滑动。

　　注:对夹具螺钉施加的扭力视试样的铺层和厚度而定,过大会导致非工作区破坏,过小则会发生滑动,通常施加的扭力为 40 N·m~55 N·m。

8.8 以 2 mm/min 速度进行试验。

8.9 试验过程中,同步记录载荷和应变值,直至试样破坏;若设备无法自动记录,可分级加载,级差为破坏载荷的 5%~10%。

8.10 试验过程中发生载荷忽然下降或试样发生破坏时,记录其载荷、应变和试样状况。

8.11 在非工作区发生破坏或非剪应力造成破坏时,应予作废。同批有效试样数量不足 5 个时,应另取试样补充或重作试验。

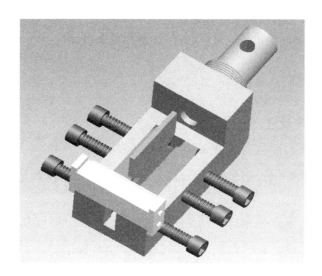

图 5　面内剪切装夹型式

9　计算

9.1　绘制剪切应力-应变曲线。

9.2　剪切应力 τ 按式(1)计算,剪切应变 γ 按式(2)计算,剪切模量 G 按式(3)计算:

$$\tau = F/(hb) \quad\quad\quad\quad\quad\quad\quad\quad\cdots\cdots\cdots\cdots\cdots\cdots\cdots\cdots\cdots\cdots(1)$$

$$\gamma = |\varepsilon_1| + |\varepsilon_2| \quad\quad\quad\quad\quad\quad\cdots\cdots\cdots\cdots\cdots\cdots\cdots\cdots\cdots\cdots(2)$$

$$G = \Delta\tau/\Delta\gamma \quad\quad\quad\quad\quad\quad\quad\cdots\cdots\cdots\cdots\cdots\cdots\cdots\cdots\cdots\cdots(3)$$

式中:

τ　　——剪切应力,单位为兆帕(MPa);

F　　——载荷,单位为牛顿(N);

h　　——试样厚度,单位为毫米(mm);

b　　——试样槽口处宽度,单位为毫米(mm);

γ　　——剪切应变;

$\varepsilon_1,\varepsilon_2$　——$+45°$和$-45°$方向应变值;

G　　——剪切模量,单位为吉帕(GPa);

$\Delta\tau$　　——剪切应力增量,单位兆帕(MPa);

$\Delta\gamma$　　——与剪切应力增量对应的剪切应变增量。

9.3　计算割线弹性模量,按 3.2 定义取剪切应力、剪切应变值,按式(3)计算。

9.4　计算残余应变剪切强度 τ_s,按 3.1 定义取残余应变容限值,由作图法得出。

　　示例:图 1 中的残余应变剪切强度为 $\tau_{s(0.2)}=28$ MPa

9.5　计算极限剪切强度 τ_u,按式(1)计算。

10　试验结果

计算结果按 GB/T 1446 规定,必要时给出:

a)　剪切应力-应变曲线;

b)　若出现载荷下降状况,给出该点的剪切应力和剪切应变;

c) 割线弹性模量；

d) 残余应变剪切强度及其残余应变容限取值；

e) 极限剪切强度,需要时给出相应试样状况(如破坏或未破坏)。

11 试验报告

试验报告按 GB/T 1446 规定。

附　录　A

（资料性附录）

本标准与ASTM D 7078/D 7078M-05相比的结构变化情况

本标准与ASTM D 7078/D 7078M-05相比在结构上有较多调整，具体章条编号对照情况见表A.1。

表A.1　本标准章条编号与ASTM D 7078/D 7078M-05章条编号对照情况

本标准章条编号	对应的ASTM标准章条编号
1	1.1第一句,5.1
—	1.1其他
2	2
3.1	3.2.4,3.2.4.1
3.2	12.3.1
3.3	12.1
—	3其他
4	4
—	5
—	6.1~6.4
5.1	7.5
5.2	7.1,7.3,7.4
5.3	7.6
5.4	7.5.4
6	8.2,8.3
—	8.4
—	9
7	10
8.1,8.2,8.3	11.1,11.4
—	11.2.1~11.2.3
8.4	11.2.4
8.5	11.5
8.6	11.6
8.7	11.7
8.8	11.3.1,11.3.2
8.9,8.10	11.8~11.10
8.11	6.5,8.1
9.1	11.9
9.2	12.1部分内容,12.2部分内容

表 A.1（续）

本标准章条编号	对应的 ASTM 标准章条编号
9.3	12.3
9.4	12.4
9.5	12.1 部分内容,12.2 部分内容
10	12.5
11	13
—	14
—	15

表 A.1（续）

附　录　B

（资料性附录）

本标准与 ASTM D 7078/D 7078M-05 的技术性差异及其原因

表 B.1 给出了本标准与 ASTM D 7078/D 7078M-05 的技术性差异及其原因。

表 B.1　本标准与 ASTM D 7078/D 7078M-05 的技术性差异及其原因

本标准章条编号	技术性差异	原因
1	删除关于本方法优势、试验材料、单位制和安全系数的描述 适用范围由剪切性能修改为面内剪切性能	ASTM 标准是美国试验方法的推荐标准,和国内标准的形式不同,本标准是选取其中部分内容作为标准指导,删除它关于探讨和详细全面描述的部分
2	未引用国外标准,引用国家标准 GB/T 1446 和 GB/T 3961	引用国家标准,便于标准使用者使用,其中参数基本相同,无明显技术差异,适应我国技术条件
3	删除 ASTM D 7078/D 7078M-05 中的术语 3.2.1、3.2.1、3.2.3 和 3.2.5,增加"割线弹性模量"和"极限剪切强度"定义	不对基本术语进行定义,对原定义进行意译,对其使用方法进行更明确定义和说明
—	删除 ASTM D 7078/D 7078M-05 第 5 章,将该章部分内容移至范围	标准不宜出现有关探讨的内容
—	删除 ASTM D 7078/D 7078M-05 中的 6.1～6.4	标准不宜出现有关介绍研发的内容
5.1	简化描述	同 GB/T 1446 的要求一致,适应我国技术条件
5.2	简化描述	以具体设备替代
5.3	简化描述	该部分有关于应变片的使用探讨和详细介绍,为适应我国标准格式,舍去其介绍和指导
6	简化描述,删除8.3部分内容	本标准仅涉及面内剪切,不包括关于其他剪切性能(如层间剪切)的取样方式
7	简化描述	同 GB/T 1446 的要求一致,适应我国技术条件
—	删除8.4内容	非强制性制样方法,主要为经验建议,删除具体制样方法及其相关内容
—	删除 9 对设备刻度的要求	无特殊表述含义,与设备要求有重复
—	删除 11.2.1～11.2.3	与后文的计算重复
8.5,8.6,8.7	重新描述,以"固定一边夹具,再插入另一边"代替了"装夹完试样后,将夹具连接试验机"	简化操作

表 B.1（续）

本标准章条编号	技术性差异	原因
8.8	删除11.3.1应变控制，仅选取11.3.2位移控制要求的速度	去除以破坏时间为要求的试验时间，使操作更简明，适应我国技术条件，因前文已规定使用位移控制，故对于应变控制不再规定
8.9,8.10,9.5	重新描述，合并工程剪应力和极限强度	理解和表述更简单
10	增加给出"若出现载荷下降状况，给出该点的剪切应力和剪切应变"	该损伤状态按要求被记录，但ASTM中未被要求在报告中给出，该数据指示了试样的损伤，有比较重要的参考意义
11	简化描述	同GB/T 1446的要求一致，适应我国技术条件

ICS 83.120
Q 23

中华人民共和国国家标准

GB/T 28891—2012/ISO 15024:2001

纤维增强塑料复合材料 单向增强材料 I型层间断裂韧性 G_{IC} 的测定

Fibre-reinforced plastic composites—Determination of mode
I interlaminar fracture toughness G_{IC} for unidirectionally
reinforced materials

(ISO 15024:2001,IDT)

2012-11-05 发布

2013-06-01 实施

中华人民共和国国家质量监督检验检疫总局
中国国家标准化管理委员会 发布

前 言

本标准按照 GB/T 1.1—2009 给出的规则起草。

本标准使用翻译法等同采用 ISO 15024:2001《纤维增强塑料复合材料 单向增强材料Ⅰ型层间断裂韧性 G_{IC} 的测定》。

与本标准中规范性引用的国际文件有一致性对应关系的我国文件如下:

——GB/T 17200—2008 橡胶塑料拉力、压力、弯曲试验机 技术要求(ISO 5893:2002,IDT)。

本标准由中国建筑材料联合会提出。

本标准由全国纤维增强塑料标准化技术委员会(SAC/TC 39)归口。

本标准起草单位:北京玻璃钢研究设计院、中国飞机强度研究所。

本标准主要起草人:彭兴财、杨胜春、张力平、仙宝君、梁家铭。

纤维增强塑料复合材料 单向增强材料
Ⅰ型层间断裂韧性 $G_{\mathrm{Ⅰc}}$ 的测定

1 范围

本标准规定了用双悬臂梁(DCB)试样测定单向纤维增强塑料复合材料的Ⅰ型层间断裂韧性(临界能量释放率) $G_{\mathrm{Ⅰc}}$ 的方法。

本标准适用于碳纤维增强和玻璃纤维增强的热固性和热塑性复合材料。

2 规范性引用文件

下列文件对于本文件的应用是必不可少的。凡是注日期的引用文件,仅注日期的版本适用于本文件。凡是不注日期的引用文件,其最新版本(包括所有的修改单)适用于本文件。

GB/T 2918—1998 塑料试样状态调节和试验的标准环境(idt ISO 291：1997)

ISO 1268(所有部分) 纤维增强塑料 试验板制备方法(Fibre-reinforced plastics—Methods of producing test plates)

ISO 4588：1995 胶粘剂 金属表面预处理指南(Adhesives—Guidelines for the surface preparation of metals)

ISO 5893 橡胶和塑料试验机拉伸、弯曲和压缩型(恒速转动) 技术指标(Rubber and plastics test equipment—Tensile,flexural and compression type(constant rate of traverse)—Description)

3 术语和定义

下列术语和定义适用于本文件。

3.1

Ⅰ型层间断裂韧性 mode Ⅰ interlaminar fracture toughness

临界能量释放率 critical energy release rate

$G_{\mathrm{Ⅰc}}$

在Ⅰ型张开载荷下,单向纤维增强聚合物基复合材料层合板对分层裂纹起始及扩展的阻抗。

注：用 $\mathrm{J/m^2}$ 来计量。

3.2

Ⅰ型裂纹开裂 mode Ⅰ crack opening

由垂直施加于双悬臂梁试样分层平面的载荷而引起的裂纹开裂模式,如图1所示。

3.3

NL 点 NL point

载荷位移曲线上的线性偏离点,如图2所示。

3.4

VIS 点 VIS point

在试样边缘目测到的分层起始点,在图2中的载荷位移曲线上标出。

3.5

5%/MAX 点　5%/MAX point

试样加载时,下列两种情况中首先出现的点:

a)　从初值(C_0)处的柔度增加至 5%的点($C_{5\%}$),如图 2 所示;

b)　最大载荷点,如图 2 所示。

3.6

PROP 点　PROP point

在载荷-位移曲线上,嵌入物顶端或裂纹发生器以外的,分层长度非连续增加的点,不考虑裂纹被终止的点,如图 2 所示。

3.7

分层-阻力曲线　delamination-resistance curve

R-曲线　R-curve

G_{IC}的交绘图,对于Ⅰ型裂纹开裂的初始以及随后的扩展值作为分层长度的函数(见第 10 章)。

4　原理

　　Ⅰ型双悬臂梁试样(DCB),如图 1 所示,用来测定纤维增强塑料复合材料的临界能量释放率 G_{IC} 或层间断裂韧性。本测试方法仅限于 0°单向铺层(参见附录 B.1)。对于Ⅰ型断裂韧性,G_{IC} 值在裂纹出现以及随后的扩展过程中衰减。分层-阻力曲线或 R-曲线是以 G_{IC} 作为分层长度的函数为基础来绘制的。

　　本测试方法的目的是测定被测复合材料裂纹开始扩展时的初值。分层一般发生在复合材料结构中不同铺层方向层的层间。然而,在 DCB 测试方法中,分层裂纹在相同的 0°单向层间增长,因此在初始分层裂纹形成后会引起纤维桥接。纤维桥接是 DCB 测试中的人为现象,不代表被测的复合材料。在大分层长度情况下,G_{IC} 达到恒定值之前,纤维桥接是导致 R-曲线上升的主要因素。

　　在恒定速率下,通过加载块或琴式铰链使裂纹扩展载荷垂直于分层平面而施加到 DCB 试样。在双臂梁试样的中间层预埋一层薄的、无粘性的薄膜作为初始分层,如图 3 所示。对试样进行加载,一旦裂纹从嵌入物前端处发生扩展,立即卸载。此时的裂纹称为试样的预制裂纹。监视分层稳定增长的起始,记录分层从开始及扩展的读数。R-曲线是由嵌入物和Ⅰ型预制裂纹的初始值及其扩展来绘制的。在某些规定的环境下(见 9.2.7),可以采用一个可选的楔形块预制裂纹方法,但不推荐使用。

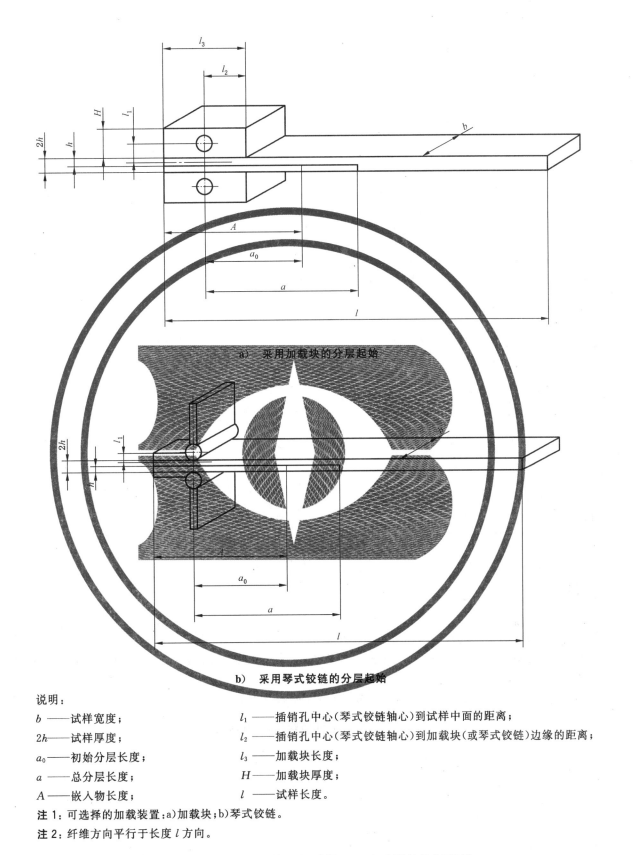

a) 采用加载块的分层起始

b) 采用琴式铰链的分层起始

说明：

b ——试样宽度；

2h——试样厚度；

a_0——初始分层长度；

a ——总分层长度；

A ——嵌入物长度；

l_1 ——插销孔中心(琴式铰链轴心)到试样中面的距离；

l_2 ——插销孔中心(琴式铰链轴心)到加载块(或琴式铰链)边缘的距离；

l_3 ——加载块长度；

H ——加载块厚度；

l ——试样长度。

注1：可选择的加载装置：a)加载块；b)琴式铰链。

注2：纤维方向平行于长度 l 方向。

图 1 带有初始分层的双悬臂梁(DCB)试样的几何形状

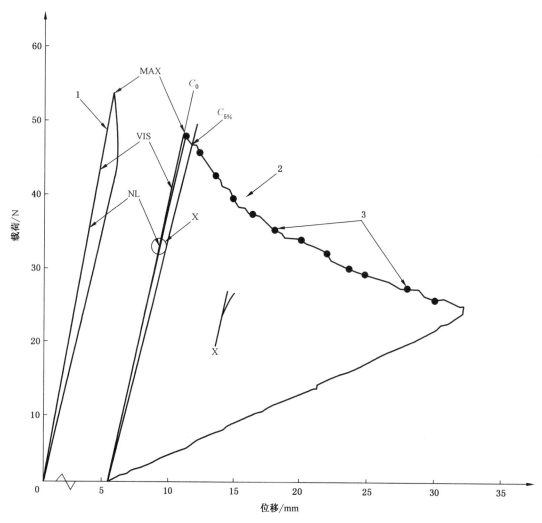

说明:

1——卸载后的初始裂纹;

2——裂纹扩展;

3——裂纹扩展标记。

DCB测试的载荷-位移曲线显示:(1)在卸载后从嵌入物开始;(2)通过裂纹扩展和卸载后产生的Ⅰ型预制裂纹再开始。

注:图中显示5%值出现在最大载荷值之后,重新加载后的曲线明显有5 mm的偏移。

图 2 DCB 测试的载荷-位移曲线

单位为毫米

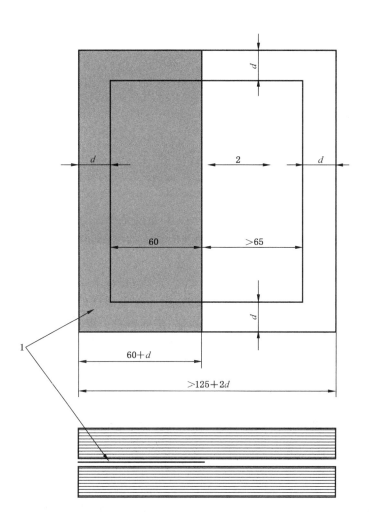

说明：

1——嵌入薄膜；

2——纤维方向；

d——初步剪裁加工要求的边界余量。

图3 试板制备实例(包含层合板结构、嵌入薄膜的尺寸和位置)

5 仪器设备

5.1 测试仪器

5.1.1 概要

拉伸试验机应符合 ISO 5893,具体要求见5.1.2~5.1.5。

5.1.2 试验速度

试验机应具有9.2.1和9.3.1所要求的恒定的位移速率,按 ISO 5893 的规定。

5.1.3 夹具

试验机应配备能将载荷传递到嵌入加载块中的插销或能夹持琴式铰链柄头的夹具。在任何情况下,试样端部都必须能够灵活转动。夹具的轴心必须与试验机的轴心一致。

5.1.4 载荷和位移测定

载荷传感器应被校准,它的最大允许误差为±1%。通常通过横梁的移动来校正任何有效的载荷-变形,使得位移测定的误差不大于指示值的±1%。

5.1.5 记录装置

试验机应能连续地测量并记录载荷和位移。

5.2 加载块和琴式铰链

加载块或琴式铰链用于对试样加载,如图1所示,其宽度至少应与试样宽度一致。对于如图1a)中所示的加载块,l_3 的最大值为 15 mm。加载块插销孔应在 l_3 的中点处。

5.3 测量仪器

5.3.1 千分尺或类似量具,精度为 0.02 mm 或更高,用于测量试样的厚度。测量时,千分尺应具有能与被测表面匹配的接触面(如平面对平面、抛光的表面,半球面对不规则的表面)。

5.3.2 游标卡尺或类似量具,精度为 0.05 mm 或更高,用于测量试样的宽度。

5.3.3 直尺,精度为 1 mm,用于测量试样的长度和对试样边缘做标记以监测裂纹扩展。

5.4 移动式显微镜(可选)

移动式显微镜用于测量分层长度。如使用,显微镜应有 0 mm～200 mm 的行程,放大倍数不大于70 倍,读数精度为 0.05 mm。

5.5 无粘性嵌入薄膜

用作嵌入物的无粘性高分子薄膜,其厚度不超过 13 μm。对于固化温度低于 180℃ 的环氧树脂基复合材料,推荐使用聚四氟乙烯(PTFE)薄膜。对于固化温度高于 180℃ 的复合材料(例如聚酰亚胺或双马来酰亚胺复合材料),推荐使用聚酰亚胺薄膜(参见 B.2)。

5.6 辅助装置

5.6.1 干燥器:用于存放状态调节后的试样,包含合适的干燥剂,如硅胶或者无水氯化钙。

5.6.2 脱模剂:当用聚酰亚胺薄膜作为无粘性嵌入薄膜时,推荐使用聚四氟乙烯(PTFE)型脱模剂(参见 B.2)。

5.6.3 胶粘剂:双组分室温固化型,如腈基丙烯酸酯或环氧树脂胶粘剂,用于试样与加载块或琴式铰链的粘接(见附录 A)。

5.6.4 溶剂:有机溶剂,如丙酮或乙醇(见附录 A)。

5.6.5 砂纸(研磨纸):500 目或者更细(见附录 A)。

5.6.6 白色液体:水溶性的打字机修改液。

6 试样

6.1 试板制备

试板应采用 ISO 1268 规定的合适制备方法进行制备。对于纤维体积含量为 60% 的碳纤维增强复合材料,推荐的厚度为 3 mm,而对于纤维体积含量为 60% 的玻璃纤维增强复合材料,推荐的厚度为 5 mm。

应采用偶数层的单一方向铺层(参见 B.1),铺叠时应将无胶的薄膜嵌入层合板的厚度中心处。为了模拟一个尖裂纹并对层合板各单层的影响最低,嵌入物厚度不应超过 13 μm。嵌入物的材料和制备参见 B.2。

如果使用聚酰亚胺薄膜,薄膜应在嵌入层合板之前用脱模剂涂覆或喷涂。薄膜应在涂覆脱模剂之前切割成合适的尺寸。含有硅的脱模剂会穿透各单层而污染层合板,烘烤薄膜有利于防止硅在复合材料层间中迁移。薄膜涂覆脱模剂后,在 130 ℃条件下烘烤 30 min,该过程需进行两次。应小心操作,避免脱模剂的涂层被损坏和擦除。

图 3 给出了试板构成的实例,试板切割和加工时需要考虑嵌入物的位置。

6.2 试样制备

6.2.1 标准试样

试样由试板经机械加工而得到,试样的轴线与试板的纤维方向平行。试样应做标记以追溯其在试板上的初始位置,试样的结构形式见图 1,标准试样的尺寸和公差见表 1。试样表面不得采用机械加工以满足厚度要求。

单个试样的厚度和宽度与该组试样平均值的偏差不应超过±1%。

表 1 标准试样的尺寸和公差

单位为毫米

尺寸	碳纤维	玻璃纤维	公差
宽度 b	20	20	±0.5
最小长度 l	125	125	—
厚度 $2h$	3	5	±0.1

6.2.2 可选试样

可以根据试样的拉伸弹性模量和预计的层间断裂韧性值而采用其他的试样厚度。试样厚度的选取原则参见 B.3,并基于预计的层间断裂韧性值而不必进行位移修正。

也可采用宽度在 15 mm~30 mm 之间的试样,允许增加试样的长度,但不推荐缩短试样的长度,因为它会缩短检测的最大分层长度,并减少分析用的数据点。

6.3 试样的检查和测量

试样加工完后,检查并剔除产生扭曲、翘曲和切割损伤的试样。检查试样的切割边是否足够平滑,以满足 B.4 和 B.5 的裂纹长度检测要求。

测量每个试样长度 l,精确到毫米。沿着长度方向上间隔均匀的 3 个点,测量试样宽度 b,精确到 0.02 mm。沿试样中心线测量上述 3 点的厚度 $2h$,精确到 0.02 mm。最后在中心接近边缘的 2 个附加点上测量试样厚度,以检查试样的厚度均匀性。

记录每次测量的厚度、宽度和平均值,核对其值是否在表 1 给出的范围内,同时核对试样尺寸是否在表 1 给出的范围内。剔除不符合要求的试样。

测量试样两个侧边嵌入物的长度,取平均值,如果两个侧边嵌入物的长度相差超过 1 mm,应在报告中注明。每个嵌入物尖端至加载块或琴式铰链最近端的最小距离为 45 mm。

6.4 加载点的连接

将用于加载的加载块或琴式铰链与含有嵌入物的试样端部表面粘接,如图 1。加载夹具应与试样平行和相互对齐,并在胶接处用夹板固定。加载块或琴式铰链的粘接要求见附录A。

6.5 分层长度的测量

为了测量分层长度,应沿着试样边缘每间隔 5 mm 做标记,并延伸到至少超过嵌入物尖端 55 mm 处。另外,在开始的 10 mm 和最后的 5 mm 处每间隔 1 mm 做标记。

7 试样数量

试样的数量至少为 5 个。无效试样(见 9.3.6)应剔除,并用备用试样代替。

8 状态调节

试样粘接加载块或琴式铰链后,应按树脂供应商推荐的干燥温度和干燥时间进行干燥处理。干燥处理后,试样应在干燥器中保存,保存时间不超过 24 h。

> 注:由于聚合物基复合材料的层间断裂韧性对水分很敏感,为了得到含有相同吸湿量试样的基准数据,要求进行状态调节。因此,本标准中推荐的状态调节为干燥处理,参见 B.6。

9 试验步骤

9.1 试验准备

9.1.1 试验应在 GB/T 2918 规定的标准条件(温度 23 ℃±2 ℃,相对湿度 50%±5%)下进行。

9.1.2 将试样安装到试验机的夹具中。如有可能,对试样端部进行支撑,以保持试样垂直于加载方向。

9.1.3 试验准备的更多要求参见 B.4。

9.2 初始加载

9.2.1 以 1 mm/min～5 mm/min 的恒定速率对试样加载。

9.2.2 连续记录载荷和位移值。记录分层的位置,精确至 ±0.5 mm(参见 B.5)。

9.2.3 加载期间,在试样边缘目测到分层起始时(VIS,图 2),在载荷-位移曲线上标注此点,或记录载荷-位移的数据值。

> 注 1:如果很难观察到分层扩展的起始,推荐改善照明条件,或降低试验速度。

9.2.4 当嵌入物外的分层裂纹长度到 3 mm～5 mm 后停止加载。如果观察到嵌入物处的分层出现不稳定扩展(参见 B.7),继续加载,直至嵌入物外的分层裂纹长度到 3 mm～5 mm,并在报告中注明。如果分层长度超出 3 mm～5 mm,应在报告中注明。

9.2.5 以低于 25 mm/min 的恒定速率卸载。

9.2.6 卸载后,在试样两个侧边对预制裂纹的尖端做标记。如果两个标记的位置相差超过 2mm,或试样从夹具上脱落,应在报告中注明。

> 注 2:两标记位置之间相差超过 2 mm,说明加载不对称。

9.2.7 如果 R-曲线显示断裂韧性随分层长度出现明显降低的异常情况(见图 8),可用楔形预制裂纹替代预加载过程。不推荐使用楔形预制裂纹(参见 B.8),因为楔形开裂难以产生合适的预制裂纹,如果使用应在报告中注明。另外,预制裂纹不一定总是出现在试样的中面。如果预制裂纹偏离试样中面,则试验结果无效,同时应在报告中注明。

9.3 重新加载

9.3.1 与初始加载一样,在 1 mm/min～5 mm/min 之间选取一个恒定速率对试样重新加载,在达到最终分层长度之前,不能停止加载或者卸载(见 9.3.3)。记录载荷位移值,包括卸载过程。在试样侧边标记分层位置,其精度在 ±0.5 mm 之内。

9.3.2 在试样侧边观测到从预制裂纹处的分层扩展时,记录该点的载荷和位移值(VIS,图 2)。

9.3.3 连续加载,当分层长度在第一个 5 mm 范围内,尽可能多地记录载荷位移值,如每 1 mm 记录一次;接下来每 5 mm 记录一次载荷位移值,直到从预制裂纹尖端开始的分层至少扩展 45 mm;最后 5 mm 分层长度范围内,每 1 mm 记录一次。直到从预制裂纹尖端开始的分层总长度达到 50 mm(见图 2)。

9.3.4 以低于 25 mm/min 的恒定速率卸载。

9.3.5 卸载后,在试样两个侧边对分层裂纹尖端的位置进行标记。如果两侧边标记位置相差超过 2 mm,需在报告中注明。

注 3:两标记位置之间相差超过 2 mm,说明加载不对称。

9.3.6 如果卸载后试样出现永久变形,则应在报告中注明。如果分层偏离试样的中面,则试验结果无效。在此情况下,必须用备用试样重新试验。

10 G_{IC} 的计算

10.1 试验结果解释

从载荷-位移曲线图以及由分层扩展值得到的 R 曲线,可以确定几个不同的 G_{IC} 起始值。以下与 G_{IC} 值对应的点,从每个试样起始薄膜和 I 型预制裂纹的试验中得出。这些起始值如图 7 的 R 曲线所示,确定如下:

NL 点——沿载荷-位移曲线的初始直线部分画一条直线,其线性偏离点或非线性(NL)的起始点即为 NL 点(图 2 中的 NL),该点的获取方法参见 B.9。

VIS 点——在试样侧边第一次目测到嵌入物尖端或 I 型预制裂纹出现分层的点(图 2 中的 VIS)。记录该点对应的载荷和位移值以用于计算。可以采用移动显微镜(5.4)检测 VIS 点。

5%/MAX 点——试样第一次加载过程中的载荷和位移值。对于 5% 值,画一条直线得到初始柔度 C_0,并忽略任何加载系统引起的偏差,然后以柔度等于 $1.05C_0$ 画一条新的直线,以该直线与载荷-位移曲线的交点的载荷和位移来计算 G_{IC}。若交点的位移大于最大载荷点的位移,则用最大载荷及其对应的位移来计算 G_{IC}。

PROP 点——裂纹扩展期间,每一个分层长度对应的测量值(图 7 和 8 中的 PROP),但裂纹终点数据除外。PROP 点的最小数为 15 个。如果采用较少的数据点,将影响统计结果,应在报告中注明。

10.2 数据处理

10.2.1 概述

方法 A(见 10.2.2)或方法 B(见 10.2.3)将用于数据简化,两种方法将给出等效的结果。分析所需要的数据如下:
- ——初始分层长度 a_0;
- ——总分层长度 a($a = a_0 +$ 测量的分层长度增量);
- ——载荷 p;
- ——载荷线位移 δ;
- ——载荷线柔度 C,$C = \delta/p$;
- ——试样宽度 b;
- ——试样厚度 $2h$。

10.2.2 方法 A:修正的梁理论(CBT)(仲裁法)

将柔度的立方根 $C^{1/3}$[使用加载块时,应为 $(C/N)^{1/3}$,其中 N 为加载块修正系数,下文有定义]作为再加载数据中分层长度 a 的函数绘制坐标图来建立二者之间的关系(见图4)。通过数据拟合直线的外推产生与 X 轴的截距 Δ。

如果得到的截距 Δ 为正值,则取 $\Delta=0$,并在报告中注明。VIS 和 PROP 点可用于线性拟合,但不应用于确定 NL 或 5%/MAX 点。当绘制的图形如图 4 所示时,如果 VIS 点无法确定或明显位于由 PROP 点所定义的范围之外,则该点不参与线性拟合,并在报告中注明。

临界能量释放率 G_{Ic} 按式(1)计算:

$$G_{Ic} = \frac{3p\delta}{2b(a+|\Delta|)} \times F \text{ 或 } G_{Ic} = \frac{3p\delta}{2b(a+|\Delta|)} \times \frac{F}{N} \quad\quad\quad (1)$$

式中:

F——大位移修正系数;

N——加载块修正系数。

计算所有初始点和扩展点对应的 G_{Ic} 值。对于嵌入物,以加载线与嵌入物尖端之间的距离(图 1 中的 a_0)作为初始分层长度;对于预制裂纹,以加载线与预制裂纹尖端之间的距离(图 1 中的 a)作为初始分层长度。

大位移修正系数 F 适用于所有的试样,如果 $\delta/a>0.4$,则修正系数的影响很显著。大位移修正系数 F 和加载块修正系数 N 分别按式(2)和式(3)计算,对于琴式铰链,取 $N=1$。

$$F = 1 - \frac{3}{10}\left(\frac{\delta}{a}\right)^2 - \frac{2}{3}\left(\frac{\delta l_1}{a^2}\right) \quad\quad\quad\quad (2)$$

$$N = 1 - \left(\frac{l_2}{a}\right)^3 - \frac{9}{8}\left[1 - \left(\frac{l_2}{a}\right)^2\right]\frac{\delta l_1}{a^2} - \frac{9}{35}\left(\frac{\delta}{a}\right)^2 \quad\quad\quad (3)$$

式中:

l_1——插销孔中心或琴式铰链轴心到试样中面的距离;

l_2——插销孔中心到加载块边缘的距离(见图1)。

若大位移修正系数 F 小于 0.9,应在报告中注明。

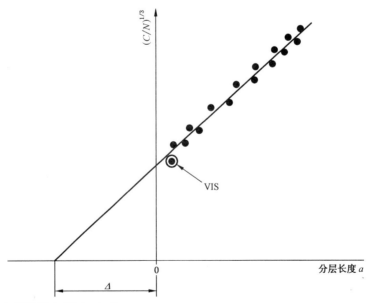

注:该 VIS 点不参与线性拟合(见10.2.2)。

图 4 在修正梁理论方法中用线性拟合测定 Δ

10.2.3 方法 B:改进的柔度校准方法(MCC)

将用宽度归一化的柔度立方根$(bC)^{1/3}$[如果使用加载块,应为$(bC/N)^{1/3}$]作为再加载数据中用厚度归一化的分层长度$a/2h$的函数绘制坐标图来建立二者之间的关系(见图 5)。直线的斜率定义为m。

临界能量释放率G_{Ic}按式(4)计算:

$$G_{Ic} = \frac{3m}{2(2h)} \times \left(\frac{p}{b}\right)^2 \times \left(\frac{bC}{N}\right)^{2/3} \times F \quad\cdots\cdots\cdots\cdots\cdots\cdots\quad (4)$$

式中F和N分别由式(2)与式(3)中给出,计算所有裂纹起始点和扩展点对应的G_{Ic}值。

用显微镜(参见 B.5 中描述)在水平方向上测量分层长度(图 6 中x)时,分层长度x可用于绘制图 4 和图 5,并计算G_{Ic}。此时,大位移修正系数F等于 1。但是,如果用加载块代替琴式铰链,则需要采用式(3)的修正系数N来计算G_{Ic}。

10.3 数据记录表,数据图和统计计算

所有从起始薄膜、I 型预制裂纹和 PROP 值得到的对应的 NL、VIS 和 5%/MAX 点的结果,都用于绘制分层-阻抗曲线(R-曲线)和每个试样的G_{Ic}-分层长度a曲线(见图 7 和图 8)。当需要从试验中得到材料特征值时,需有 5 个试样(见第 7 章),并计算对应于每个 VIS、NL 和 5%/MAX 点的G_{Ic}的算术平均值、标准差σ和离散系数CV。

单个试验结果表格将用于记录从嵌入物(NL、VIS 和 5%/MAX 点对应的值)或 I 型预制裂纹(NL、VIS、5%/MAX 和 PROP 点对应的值)得到的每个试样的试验数据。推荐的试验结果表格参见表 C.1。

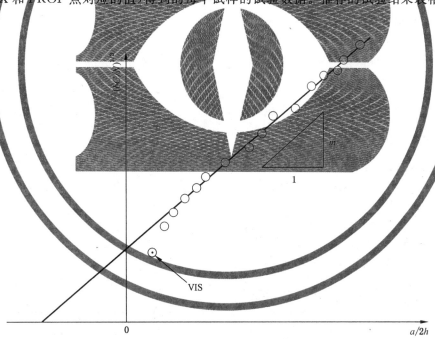

注:该 VIS 点不参与线性拟合(见 10.2.3)。

图 5 改进的柔度校准方法(MCC)中用线性拟合确定的斜率m

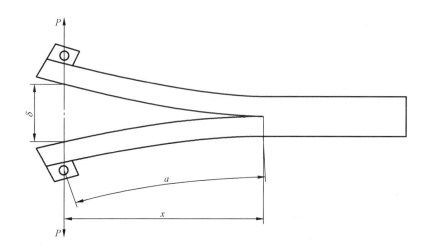

图 6　DCB 试样在加载时,沿水平方向上测量的分层长度 x,沿固定在试样上的刻度尺方向测量的分层长度 a

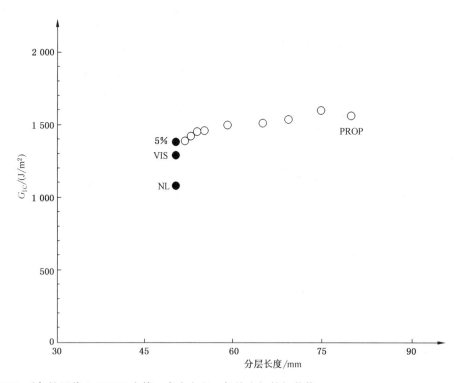

注:NL、VIS、5%、扩展值和 PROP 在第 3 章中定义。仅给出初始加载值。

图 7　典型的分层-阻力曲线(R-曲线),分层阻抗随分层长度增加而增加

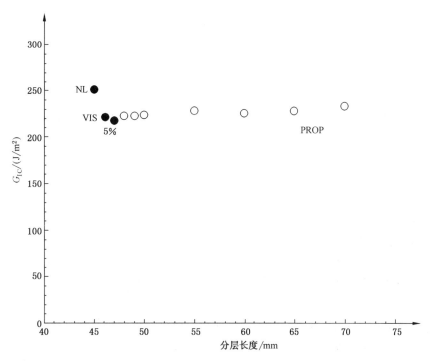

注：NL、VIS、5%、扩展值和 PROP 在第 3 章中定义。仅给出初始加载值。

图 8　非典型的分层-阻力曲线（R-曲线），分层阻抗随分层长度增加而降低

11　精密度

表 2 给出的材料和精密度数据，按本标准由两次国际循环试验得出。初始值引用 NL 值，对于碳纤维增强环氧材料（CFRE），初始值与 VIS 值相同。对于碳纤维增强热塑性复合材料（CFRT），NL 点在 VIS 点之前出现。试验过程对方法进行了改进，即在初始预制裂纹产生后没有卸载，而是连续试验。所有试验均得到了典型的 R-曲线（如图 7）。

表 2　ASTMD5528 中的精密度数据

材料	实验室数量	每个实验室 测试数量	嵌入物	G_{Ic}平均值 KJ/m²	s_r	(CV)r %	s_R	(CV)$_R$ %
CFRE	3	3	13 μm 聚酰亚胺	0.085	0.015	17.6	0.014	16.5
CFRT	9	5	7.5 μm 聚酰亚胺	1.182	0.126	10.8	0.111	9.4
CFRT	9	5	13 μm 聚酰亚胺	1.262	0.132	10.5	0.110	8.7

注：这些结果都选自 ASTM D 5528 首次发布的数据。应该注意到，ASTM 标准的数据仅限于碳纤维增强材料，对于其他的材料，其偏差可能更大。重复性和再现性的精密度测量在 ASTM D 5528 定义为：
重复性——相同材料在某一实验室的试验结果（同一操作者使用相同的试验设备在短时间内得到），如果其标准差大于材料的 r 值，则试验结果的重复性是不可信的，其中，$r=2.8s_r$，s_r 是每个实验室的标准差的平均值。
再现性——对于相同的材料，如果两个不同的试验室得到的平均结果之间的标准差，或者在同一个实验室由不同的操作者采用不同的设备而得到的平均结果之间的标准差大于该材料的 R 值，则说明试验结果不可信，其中 $R=2.8s_R$，s_R 是从所有实验室得到的 G_{Ic}平均值的标准差。

12　试验报告

试验报告应包含以下内容：

a)　引出本标准,指出分析方法。

b)　标示测试材料所必需的详细信息(如,层合板制造商,纤维材料,聚合物材料,最高固化温度 T_{mc},固化时间 t_c)。

c)　试样数量,试验日期和试验室。

d)　每个试样在试板上的位置。

e)　每个试样的平均厚度、平均宽度、沿长度方向的最大厚度偏差和长度,使用的嵌入物材料及其厚度和长度,如果嵌入物长度两侧边尺寸的测量值相差超过 1 mm,需注明。

f)　初始嵌入薄膜和脱模剂类型。

g)　试验环境条件和状态调节环境条件。

h)　使用的加载装置的类型(加载块或琴式铰链)、几何尺寸及表面处理方法,与试样粘接的胶粘剂(如果使用)。

i)　预制裂纹的类型(Ⅰ型或楔形开口),如果在预制裂纹形后试样与夹具脱离,需注明。

j)　嵌入物或Ⅰ型预制裂纹试验所采用的加载和卸载速率。

k)　试验(卸载)后,从试样两个侧边的加载线测量的嵌入物的分层长度,如果测量的分层长度相差超过 2 mm,需注明。

l)　如果采用 CBT 方法,则记录归一化柔度立方根 $(C/N)^{1/3}$-分层长度 a 曲线用线性拟合得到的与 X-轴的截距 Δ,以及线性拟合的相关系数 r^2。如果线性拟合不包含 VIS 值,需注明。

m)　如果采用 MCC 方法,则记录宽度归一化的修正柔度立方根 $(bC/N)^{1/3}$-以厚度归一化的分层长度 $a/2h$ 曲线经线性拟合得到斜率 m,以及线性拟合的相关系数 r^2。如果线性拟合不包含 VIS 值,需注明。

n)　每个试样的载荷-位移曲线。

o)　每个试样 G_{Ic} 值的表格和 G_{Ic}(对应的所有点的值在 10.1 定义)-分层长度 a 曲线(R-曲线),包括大位移修正系数和加载块修正系数。如果大位移修正系数 F 小于 0.9,需注明。

p)　对应于 VIS、NL 和 5%/MAX 点的各组数值的平均值和离散系数。

q)　$(C_{5\%/MAX}-C_0)\times100/C_0$ 值,例如,初始柔度 C_0 与 MAX 或 5%点处柔度变化的百分比,两者都适用。

r)　任何与本标准规定的偏离(例如,试样的尺寸和纤维方向)。

s)　试验时可能影响试验过程和试验结果的异常现象(例如,预制裂纹或分层与试样中面的偏离、纤维桥接、卸载或嵌入物粘接后的永久变形)。

t)　如果可能,材料特性结果(如纤维和空隙率)。

附 录 A
（规范性附录）
加载块或琴式铰链的制备和粘接

　　加载块或琴式铰链与试样首先都应被轻微地打磨。测试过程中使试样分层的载荷是非常低的，所以仅使用砂纸打磨或喷砂处理。加载块和琴式铰链与试样在打磨之后应用溶剂进行清理。如果发生胶接层失效，需查阅 ISO 4588 得到精密的工序。块或铰链与试样的粘结应在表面处理后立即进行。在先前类似样品的测试中，已发现腈基丙烯酸酯胶粘剂可以满足大多数情况。或者说，刚性的、室温固化的胶粘剂都可被使用。表面处理和胶粘剂的种类都应在报告中注明。

附　录　B
（资料性附录）
推荐的试验准则

B.1　样品的铺层准则

本标准只规定了 0°单向铺层。该铺层显示出非常小的互反曲面的弯曲。因此,板的弯曲刚度参数满足$(D_{12})^2/(D_{11}D_{22})$比率远小于 1 的条件。多向铺层不满足这种条件,由此显示出互反曲面的弯曲的重要性。此外,多向铺层会导致裂纹的分叉远离试样的中面,因此不推荐使用。

B.2　初始嵌入薄膜材料和制备准则

建议使用聚合物薄膜作为初始薄膜,以避免使用铝薄膜产生的折叠或卷曲问题。环氧基复合材料的固化温度低于 180℃时,推荐使用聚四氟乙烯(PTFE)薄膜。复合材料(例如聚酰亚胺或双马来酰亚胺复合材料)的固化温度超过 180℃时,推荐使用聚酰亚胺薄膜。

B.3　试样厚度准则

如果可能,试样厚度选择按式(B.1):

$$2h > 8.28\left(\frac{G_{IC}a_0^2}{E_{11}}\right)^{1/3} \quad\quad\quad\quad\quad\quad (B.1)$$

式中:
$2h$ ——试样厚度;
G_{IC} ——预判的最大断裂韧性;
a_0 ——初始分层长度(对于加载块 $a_0 = A - l_3 + l_2$);
E_{11} ——试样沿纤维方向上的拉伸弹性模量。
应用本准则要求要对测试材料的 G_{IC} 值有预先认识,如果有效的话,刊登文献上的试样结果和数据将被使用。用本准则确定试样厚度会产生一个趋近于 1 的大位移校正系数。

B.4　试验准备

当第一次测试材料或实验人员对观察初始分层没有经验的情况时,推荐制备不少于一个的备用试样(最少为 6 个代替 5 个)。
测力传感器和载荷范围选择小于 500 N。
在状态调节后,沿试样边缘涂上一薄层的水溶性打字机修正液(白色墨水),有助于观察分层的增长。一些修正液使用的溶剂对有些复合材料种类有害,因此,在使用前最好对液体的成分进行检查。
分层增长可以用肉眼或者使用移动式显微镜观察。更多细节见 B.5。
对于透明层合板,在整个宽度方向做标记,要好于在侧边做标记,可以更好地观察内部的分层长度。

B.5　自动测量分层长度

通过在移动式显微镜上安装一个位移传感器来自动测量分层长度。按照 6.5 中的规定对试样进行划线标记,将移动式显微镜放在第一个标记处,记录显微镜指示的位置。当分层前沿通过显微镜的网格线时,分层长度与显微镜的位置一致。然后将显微镜移动至下一个标记处,记录分层长度 x。重复以上步骤,直到测试结束。

B.6 状态调节准则

GB/T 2918 规定试验前的状态调节条件和测度中所用的条件,是典型实验室环境。GB/T 2918 允许温度为+23 ℃和+27 ℃,以及相应的湿度;如果同意,20 ℃也可以使用。试样在上述三种温度放置 88 h 后,会吸收相当大的水分(吸湿取决于基体材料)。高温干燥后的试验结果与 GB/T 2918 的规定相比是不同的。因此,推荐样品经高温干燥后以最小含水量进行测试(环氧干燥温度为 70℃时在干燥器最多放置一天)。

B.7 不稳定的分层扩展

大多数纤维增强层合板的分层扩展是不稳定的,即使在显微镜下观察其扩展速度都是无规律的。不稳定分层扩展的特点是初始阶段没有明显出现或者很缓慢的护展;接着是迅速的,几乎是瞬间的出现分层扩展。在载荷位移曲线上呈现出几乎是垂直位移坐标轴的急剧下降。在不稳定分层扩展期间通常不能记录到分层长度值。在不稳定分层扩展停止后(没有分层增长),继续加载,载荷随着分层扩展不断增加,并产生一个(局部)最大载荷。

B.8 楔形块预制裂纹的准则

如需选择某一载荷引导预制裂纹方法(见第 4 章和 9.2.7),推荐使用楔形开口。在距薄膜尾端 5 mm 处夹紧试样,楔形块的宽度至少应与试样宽度相等,开口角应尽可能小,且楔形块不接触分层裂纹的顶端。采用手推、轻敲楔形块端部或用合适工装将楔形块装进试样,使楔形块距夹紧处 2 mm～3 mm。通常楔形块的预制裂纹会超出夹紧处几毫米,但超出应尽可能短,以保证能获得至少 50 mm 的分层长度。

B.9 NL 点的获取

从二种典型材料(碳-纤维/环氧和碳-纤维/PEEK)的 X-射线图像上可以看出,试样内部初始薄膜处的分层在接近 NL 点并在 VIS 点之前发生。NL 点往往对应最低,最保守的层间断裂韧性值。然而,在载荷位移曲线上难以再现 NL 点,因为变异系数超过 10%是常见的,但是,一般记录在一个 X-Y 坐标记录器的图纸上的载荷-位移函数的模拟信号图要比在测试中通过一个数据采集装置自动记录的数据点获得的拟合曲线得到较少变异的结果。在载荷位移曲线上从一个限定的载荷开始进行线性拟合绘制,这样可以避免由于使用一致的准则引起的非线性直线偏差,例如绘图仪追踪的中点,可以得到更一致的结果。

附　录　C
（资料性附录）
推荐的试验结果表

推荐的试验结果表见表 C.1。

表 C.1 推荐的试验结果表

I 型 DCB 实验结果表，共 2 页 第 1 页

试样标识		试样编号		纤维
实验室		试验人员		树脂
层合板厂商		树脂厂商		试验时间
试样长度 l/mm		载荷传导		纤维厂商
平均厚度 2h/mm		块厚度 H/mm		NL±σ 平均值
厚度最大偏差 Δ(2h)/mm		块长度 l₃/mm		CV NL
试样宽度 b/mm		块/铰链宽度/mm		VIS±σ 平均值
嵌入物材料		表面处理		CV VIS
嵌入物厚度/μm		胶粘剂		5%/MAX±平均值
嵌入物长度 A/mm		状态调节温度 T_d/(°)		CV 5%/MAX
脱模剂		状态调节时间 t_a/h		
预制裂纹长度 a_0/mm		试验温度 T/(°)		
最大固化温度 T_{mc}/(°)		相对湿度/%		
固化时间 t_c/h		加载/卸载速率/(mm/min)		
最大分层长度 a_{max}/mm		l_1 和 l_2 距离/mm		
柔量变化/%		校正		

（图：试板中试样和嵌入物的位置，标注 H、l_2、l_3、a、A、l_1、2h；长度:mm；宽度:mm；最小初始值；注释）

弯曲模量 (GP)

点	a/mm	载荷/N	δ/mm	G_{IC} CBT/(J/m²)	G_{IC} MCC/(J/m²)	弯曲模量 (GP)
NL(嵌入物)						
5%/MAX(嵌入物)						
VIS(嵌入物)						
NL(预制裂纹)						
5%/MAX(预制裂纹)						
VIS(预制裂纹)						
数据点						
数据点						
数据点						

表 C.1 (续)

I型DCB实验结果表 共2页 第2页				
试样标识				
实验室		试样编号		
层合板厂商		试验人员		试验日期
纤维		树脂厂商		纤维厂商
				树脂

方法 A(CBT)		两边嵌入物长度的差距≤1 mm?	是/否
拟合直线的斜率		两边预制裂纹的差距≤2 mm?	是/否
拟合直线与 y 轴的截距 Δ/mm		预制裂纹到嵌入物 3~5 mm?	是/否
校正系数		两边的总分层长度的差距≤2 mm?	是/否
方法 B(MCC)		试样在预制裂纹后移动?	是/否
拟合直线的斜率		VIS 参考线性拟合?	是/否
拟合直线与 y 轴的截距		测试过程中分层长度稳定增长?	是/否
m		所有校正系数≥0.9?	是/否
校正系数		载荷线位移/a <4?	是/否
		参考 ISO 4588?	是/否

点	F	N	F/N	C/N	$(C/N)^{1/3}$	$(bC/N)^{1/3}$	$a/2h$	δ/a	核对完成?
NL(嵌入物)									
5%/MAX(嵌入物)									
VIS(嵌入物)									
NL(预制裂纹)									
5%/MAX(预制裂纹)									
VIS(预制裂纹)									
数据点									
数据点									
数据点									
数据点									

参 考 文 献

[1]　ASTM D 5528　Standard Test Method for Mode I Interlaminar Fracture Toughness of Unidirectional Fiber-Reinforced Polymer Matrix Composites

[2]　S. HASHEMI, A. J. KINLOCH, J. G. WILLIAMS: "Corrections Needed in Double Cantilever Beam Tests for Assessing the Interlaminar Failure of Fibre-composites", Journal of Materials Science Letters, 8, pp. 125-129(1989).

[3]　R. A. NAIK, J. H. CREWS Jr. , K. N. SHIVAKUMAR: "Effects of T-Tabs and Large Deflections in DCB Specimen Tests" in: Composite Materials—Fatigue and Fracture(T. K. O'Brien ed.), ASTM STP 1110, American Society for Testing and Materials, pp. 169-186 (1991).

[4]　P. FLUELER, A. J. BRUNNER: "Crack Propagation in Fibre-Reinforced Composite Materials Analysed with In-situ Microfocal X-ray Radiography and Simultaneous Acoustic Emission Monitoring" in: Composites Testing and Standardization ECCM-CTS(P. J. HOGG, G. D. SIMS, F. L. MATTHEWS, A. R. Bunsell, A. MASSIAH eds.)European Association for Composite Materials, pp. 385-394 (1992).

[5]　T. DE KALBERMATTEN, R. JAGGI, P. FLUELER, H. H. KAUSCH, P. DAVIES: "Microfocus Radiography Studies During Mode I Interlaminar Fracture Toughness Tests on Composites", Journal of Materials ScienceLetters, 11, pp. 543-546(1992).

[6]　T. K. O'BRIEN, R. H. MARTIN: "Results of ASTM Round Robin Testing for Mode I Interlaminar Fracture Toughness of Composites Materials", ASTM Journal of Composites Technology and Research, 15, No. 4, pp. 269-281 (1993).

[7]　A. J. BRUNNER, S. TANNER, P. DAVIES, H. WirncH: "Interlaminar Fracture Testing of Unidirectional Fibre-Reinforced Composites: Results from ESIS Round-Robins" in: Composites Testing and Standardisation ECCM-CTS 2(P. J. Hogg, K. Schulte, H. Wittich eds.), Woodhead Publishing, pp. 523-532(1994).

[8]　M. HOJO, K. KAGEYAMA, K. TANAKA : "Prestandardization study on mode I interlaminar fracture toughness test for CFRP in Japan", Composites, 26, No. 4, pp. 243-255(1995).

[9]　P. DAVIES: "Uncertainty in the determination of initiation values of G_{IC} in the Mode I interlaminar fracture test," Applied Composite Materials, Vol. 3, pp. 135-140 (1996).

[10]　R. M. JONES, "Mechanics of Composite Materials", Taylor&Francis, Philadelphia, Second edition(1999).

ICS 83.080.01
G 31

中华人民共和国国家标准

GB/T 29365—2012

塑木复合材料 人工气候老化试验方法

Wood-Plastic Composite (WPC)—Test methods of artificial weathering

2012-12-31 发布

2013-06-01 实施

中华人民共和国国家质量监督检验检疫总局
中国国家标准化管理委员会 发布

前　言

本标准按照 GB/T 1.1—2009 给出的规则起草。

本标准参考了 ASTM D 7032-2007《塑木复合材料铺板和护栏（挡板或扶手）系统性能等级标准规范》、ASTM D 6662-2006《聚烯烃基塑木铺板标准规范》、BS DD CEN/TS 15534-1:2007《塑木复合材料（WPC）　第 1 部分:塑木复合材料及制品相关性能试验方法》,并结合国内塑木复合材料产业的实际情况编制。

本标准由全国质量监管重点产品检验方法标准化技术委员会(SAC/TC 374)提出并归口。

本标准起草单位:广州市质量监督检测研究院、广东顾地塑胶有限公司、安徽国风木塑科技有限公司、惠东美新塑木型材制品有限公司、广东联塑科技实业有限公司、中山市森朗环保装饰建材有限公司、广州赫尔普复合材料科技有限公司、北京至柔科技发展有限公司、广州金发绿可木塑科技有限公司、开平关健木塑板材制品有限公司、海南汽车研究所。

本标准主要起草人:赵慕莲、何国山、王文治、方晓钟、林东亮、吴素平、刘雪宁、吴俊杰、宋维宁、段海龙、关荣健、庄奕玲、魏远芳、潘永红。

塑木复合材料 人工气候老化试验方法

1 范围

本标准规定了塑木复合材料的人工气候老化试验方法。

本标准适用于塑木复合材料在氙灯及荧光紫外灯为光源的人工气候老化箱中进行的老化试验。

使用本标准规定方法所得的试验结果,不能用于直接推断材料的使用寿命。

2 规范性引用文件

下列文件对于本文件的应用是必不可少的。凡是注日期的引用文件,仅注日期的版本适用于本文件。凡是不注日期的引用文件,其最新版本(包括所有的修改单)适用于本文件。

GB/T 2918 塑料试样状态调节和试验的标准环境

GB/T 16422.1 塑料实验室光源暴露试验方法 第1部分:总则

GB/T 16422.2 塑料实验室光源暴露试验方法 第2部分:氙弧灯

GB/T 16422.3 塑料实验室光源暴露试验方法 第3部分:荧光紫外灯

3 术语和定义

下列术语和定义适用于本文件。

3.1

塑木复合材料 wood-plastic composite

以热塑性塑料、木质纤维或其他生物质纤维为主要原料,经成型加工复合而成的材料。

3.2

人工气候老化 artificial weathering

将样品置于人工条件下,模拟和强化自然环境中的光、热、空气、温度、湿度和降雨等因素,样品发生的加速破坏的现象。

4 试验装置

4.1 氙灯

4.1.1 应符合 GB/T 16422.1 和 GB/T 16422.2 的规定。

4.1.2 氙灯和滤光器在使用过程中会逐渐老化,沉积水垢、试样污染等可导致辐照强度下降,应定期进行光能量监测。在测定光能量时,光感器应固定在与试样接受光能量相同的位置上,当测得光能量不符合试验要求时,应调节氙灯功率,必要时,清洗氙灯和滤光器。氙灯和滤光器,应根据供应商提供的使用寿命及时更换。若无特别说明,通常选用既可监控试样窄带波段,又可监控宽带波段辐射能量的辐射计作为光能量监测设备。

4.2 荧光紫外灯

应符合 GB/T 16422.1 和 GB/T 16422.3 的规定。

5 试样

5.1 试样制备

5.1.1 应根据性能测试相关方法标准来确定,或由供需双方商定。

5.1.2 尺寸和形状应满足暴露后相应性能测试方法的规定。当要测试特定类型的制品性能时,在可能的情况下应暴露制品本身。

5.1.3 当进行外观或性能比较时,应使用尺寸及暴露面积相似的试样。

5.1.4 当进行破坏性试验时,应确保有足够的比对原样。

5.2 试样数量

5.2.1 每一组或每一个暴露周期的试样数量应按暴露后性能测试方法规定的数量进行准备;性能测试方法中没有规定试样数量的,测试中的每种材料应至少准备3个平行试样。

5.2.2 用于力学性能测试的试样,宜用2倍于性能测试方法规定的试样数量。

5.3 试样的状态调节

5.3.1 当利用试验来表征被暴露材料力学性能时,应在测试前按 GB/T 2918 的规定对试样进行状态调节。

5.3.2 参照试样应避光保存在实验室环境中,老化后的试样应尽快进行颜色测定或目测对比。

6 试验条件

6.1 氙灯老化

6.1.1 辐照度

宜采用以下辐照度:

——辐照度1:$(0.35\pm0.02)\,W/m^2\,@340\,nm$ 或 $(41.5\pm2.5)\,W/m^2\,@(300\sim400)\,nm$;

——辐照度2:$(0.51\pm0.02)\,W/m^2\,@340\,nm$ 或 $(60\pm2.5)\,W/m^2\,@(300\sim400)\,nm$。

选择其他辐照度,应在试验报告中说明。

注:有些薄壁型材(例如塑木复合材料型材或墙板)的老化降解对于光照强度或温度较敏感,建议选用辐照度1。

6.1.2 温度

6.1.2.1 黑标温度或黑板温度

黑标温度为 65 ℃±3 ℃或黑板温度为 60 ℃±3 ℃,其他黑标或黑板温度可由供需双方商定。

6.1.2.2 箱体空气温度

箱体空气温度为 38 ℃±3 ℃,其他箱体空气温度可由供需双方商定。

6.1.3 相对湿度

相对湿度为50%±5%,其他相对湿度可由供需双方商定。

6.1.4 喷水周期

喷水周期每次喷水时间为 18 min±0.5 min,两次喷水之间的无水时间为 102 min±0.5 min,其他喷水周期可由供需双方商定。

6.1.5 黑暗周期

6.1.2 和 6.1.4 所规定的条件适用于连续光照的试验,黑暗周期可选用更复杂的循环周期,比如具有较高相对湿度的黑暗周期,在该周期内提高箱体空气温度并形成凝露。

黑暗周期循环试验的具体条件,应在报告中说明。

6.2 荧光紫外灯老化

6.2.1 光源

采用Ⅰ型 UVA-340 荧光紫外灯,其他类型的荧光紫外灯可由供需双方商定。

6.2.2 暴露条件

试样经一段光照暴露期后,应进行无辐照冷凝的循环试验。选用的黑板温度应根据受试材料对环境适应性要求和老化性能评价指标确定,试验周期按有关规定进行。宜采用下述暴露条件:
——条件 1:辐照度为(0.89±0.02) W/m²@340 nm,在黑板温度 60 ℃±3 ℃下辐照暴露 8 h,然后,在黑板温度 50 ℃±3 ℃下无辐照冷凝暴露 4 h。
——条件 2:辐照度为(0.72±0.02) W/m²@340 nm,在黑板温度 60 ℃±3 ℃下辐照暴露 8 h,然后,在黑板温度 50 ℃±3 ℃下无辐照冷凝暴露 4 h。

选择其他暴露条件,应在试验报告中说明。

7 试验步骤

7.1 试样固定

7.1.1 将试样以不受任何外加应力的方式固定于试样架上,每件试样应作不易消除的标记,标记不能标在后续试验需使用的部位上。为了检查方便,可以设计试样放置的布置图。

7.1.2 为了避免因试样暴露位置不同而造成表面受辐照度的不同,在固定试样时,应根据试样的尺寸和形状,合理排列。若有必要,试验仓内的试样位置要定时调换,使循环光照强度相对均匀。

7.1.3 当测定试样外观颜色变化时,可用不透明物遮盖试样的一部分面积,为有利于直观地比较遮盖面与暴露面老化前后的变化,通常遮盖的面积不大于试样总面积的 1/3,但最终试验结果应以试样暴露面与保存在暗处的原始试样的比较为准。

7.2 暴露

7.2.1 在试样放入试验箱前应确保设备在所选试验条件下正常运行,在试验过程中试验条件应保持恒定。

7.2.2 试样应达到规定的暴露期。应经常调换试样的位置,以减少试样暴露的不均匀性;调换试样的位置时,应保持试样初始固定时的取向。

7.2.3 取出试样作定期检查时,应注意不要触摸或破坏试样表面。检查后,试样应按原状放回试验箱,并保持试样初始固定时的取向。

7.3 辐照度测量

宜用外置辐照度仪进行测量,测量前应根据设备制造商说明书进行测量校准。

7.4 试验终止

若发生以下任一种情况,则可以终止试验:

——达到产品标准中规定的暴露时间或辐射能量;

——达到协商同意的暴露时间或辐射能量;

——试样性能变换满足某一规定值。

7.5 老化后性能变化和外观的测定

老化后的性能变化和外观测定按相关产品标准规定的测试方法进行。

8 试验报告

试验报告至少应包括以下内容:

8.1 试样描述

a) 试样及其来源的完整描述;

b) 试样制备方法的完整描述。

8.2 暴露试验的描述

a) 引用标准的名称和代号;

b) 试验设备的类型和型号;

c) 试验用光源、辐照度和滤光器;

d) 试验开始前滤光器和光源已被使用的小时数;

e) 暴露周期(黑标或黑板温度、相对湿度、光照及黑暗周期的时间、冷凝暴露、水喷淋的持续时间及水对试样喷淋位置等);

f) 试验总时间(按小时计的时间或辐照能 J/m^2 以及测试所用的通道)。

8.3 试验结果

a) 所有试验条件和试验方法的完整描述;

b) 试样老化前、后的性能变化和外观测试结果的完整描述。

8.4 试验日期

8.5 试验单位和试验人员

ICS 83.080
G 31

中华人民共和国国家标准

GB/T 29418—2012

塑木复合材料产品物理力学性能测试

Test methods for mechanical and physical properties of
wood-plastic composite product

2012-12-31 发布

2013-08-01 实施

中华人民共和国国家质量监督检验检疫总局
中国国家标准化管理委员会 发布

前　言

本标准按照 GB/T 1.1—2009 给出的规则起草。

本标准参考 ASTM D 7031-11《塑木复合材料制品的物理力学性能试验标准导则》(英文版)。

本标准由中国建筑材料联合会提出。

本标准由全国塑料制品标准化技术委员会(SAC/TC 48)归口。

本标准起草单位:南京聚锋新材料有限公司、南京林业大学、广州赫尔普复合材料科技有限公司、宜兴市华龙塑木新材料有限公司、湖州森宏环保木塑材料有限公司、深圳市格林美高新技术股份有限公司、东北林业大学、湖北高新明辉模具有限公司、江苏长力木塑科技有限公司、上海塑木园林景观有限公司。

本标准主要起草人:吴正元、李大纲、丁建生、杨英昌、朱方政、王清文、吴清林、吴俊杰、臧伟、汤晓斌、张翔、徐朝阳、刘志辉、陈永祥、顾文彪。

塑木复合材料产品物理力学性能测试

1 范围

本标准规定了塑木复合材料产品的弯曲、压缩、剪切强度、蠕变性能试验、握钉力、落锤冲击、密度、含水率、防滑性、耐磨性、线性热膨胀系数、吸水性、吸水厚度膨胀、耐冻融性、试验方法。

本标准适用于塑木复合材料产品,包括横截面为实心或空心、新料或回收料制成、结构用或非结构用产品的试验方法。

2 规范性引用文件

下列文件对于本文件的应用是必不可少的,凡是注日期的引用文件,仅注日期的版本适用于本文件。凡是不注日期的引用文件,其最新版本(包括所有的修改单)适用于本文本。

GB/T 1933—2009 木材密度测定方法

GB/T 2035 塑料术语及其定义

GB/T 14018 木材握钉力试验方法

GB/T 14019 木材防腐术语

GB/T 14153—2002 硬质塑料落锤冲击试验方法 通则

GB/T 17657—1999 人造板及饰面人造板理化性能试验方法

GB/T 18103—2000 实木复合地板

GB/T 24508—2009 木塑地板

3 术语和定义

GB/T 2035、GB/T 14019 界定的以及下列术语和定义适用于本文件。

3.1

塑木复合材料 wood-plastic composite;WPC

由木质或其他纤维素基材料和热塑性塑料经配混成型加工制成的复合材料,又称木塑复合材料(简称"塑木",又称"木塑")。

3.2

新料 virgin material

除制造时的需要,未经任何使用或处理的材料。

3.3

回收料 recycled material

使用过的材料或回收的材料,或两者兼具的材料。

3.4

宽度 width

垂直于长轴方向的较大尺寸。

3.5

厚度 thickness

垂直于长轴方向的较小尺寸。

3.6

L 方向 L-orientation

试样的长轴方向(见图 1)。

3.7

X 方向 X-orientation

试样的宽度方向,垂直于长轴方向(见图 1)。

3.8

Y 方向 Y-orientation

试样的厚度方向,垂直于长轴和宽度方向(见图 1)。

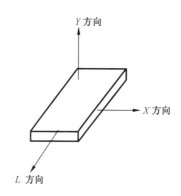

图 1 塑木复合材料产品的方向

4 性能试验

4.1 概述

本标准提供了热塑性塑木复合材料产品下述性能的试验方法,可根据需要选择适当的项目进行试验。

除非另有规定,试样尺寸按照外轮廓取值。

4.2 取样

4.2.1 试样应能代表待测产品的总体。

4.2.2 从实际生产中取样时,需考虑批次或班次的差异。

4.2.3 对于挤出产品,试样应从垂直于产品的长轴方向锯切,保留产品的原截面。当试样截面过大或不能满足试验方法要求时,则可根据试验方法中的要求切取试样块,尽量保留产品的原表面。

4.2.4 对于采用其他工艺生产的产品的取样方法可由当事者各方协商确定。

4.3 状态调节

4.3.1 除非另有规定,试样应在标准状态即温度 23 ℃±2 ℃、相对湿度 50%±10% 的条件下调节 72 h,并在同样环境下进行测试。

4.3.2 当试样要浸泡在水中时,试样应该在从水中移出后去除表面水分,30 min 内完成测试。

4.4 弯曲

见附录 A。

4.5 压缩

见附录 B。

4.6 剪切强度

4.6.1 平行于 L 方向的剪切强度(长轴剪切)

按 GB/T 17657—1999 中 4.16 的规定,使用剪切块试验方法来测定平行于 L 方向的剪切强度,测试应产生垂直于 L-X 和/或 L-Y 平面的剪切破坏。剪切面上的最小尺寸为 25 mm,总面积不小于 625 mm²。

对于非实心横截面的产品,截面积按剪切实际受力面积计算。

4.6.2 垂直于 L 方向的剪切强度

对于实心横截面的产品,按 GB/T 17657—1999 中 4.16 的规定,使用剪切块试验方法来测定垂直于 L 方向的剪切强度,试验应产生 X-Y 面上的剪切破坏。剪切面上的最小尺寸为 25 mm,总面积不小于 625 mm²。

注:对于非实心横截面的产品,本方法不适用。

4.7 蠕变恢复

见附录 C。

4.8 握钉力

4.8.1 螺钉握钉力

按 GB/T 17657—1999 中 4.10 的规定进行。

4.8.2 直钉握钉力

按 GB/T 14018 规定进行。

4.9 落锤冲击

按 GB/T 14153—2002 规定中异型材的测试方法进行。一般采用 A 法(通过法)进行测试。如需获得冲击破坏能量,则可采用 B 法(梯度法)。

4.10 密度

见附录 D。

4.11 含水率

见附录 E。

4.12 抗滑值

按 GB/T 24508—2009 中 6.5.16 的规定进行。

4.13 耐磨性

按 GB/T 18103—2000 中 6.3.6 的规定进行,试验转数为 1 000 转。

4.14 线性热膨胀系数

见附录 F。

4.15 吸水性

按 GB/T 17657—1999 中 4.6 的规定进行 24 h 吸水率测试,取样按 4.2 进行。

4.16 吸水厚度膨胀

按 GB/T 17657—1999 中 4.5 的规定进行,取样按 4.2 进行,浸泡时间为 24 h。

4.17 耐冻融性

见附录 G。

4.18 试验报告

试验报告应至少包括以下内容。

a) 本标准编号;

b) 试验项目名称;

c) 样品名称、来源、生产厂、生产批号等;

d) 试样形状和尺寸,取样位置、截面尺寸取值与面积计算方法;

e) 试样数量;

f) 试验结果,必要时给出各个试样的结果;

g) 试验日期;

h) 其他试验应说明的事项。

附　录　A
（规范性附录）
弯曲试验

A.1　原理

采用三分之一处加载、四点弯曲方式,以均匀速度加载至试样破坏,计算出弯曲强度。并在试样受力弯曲的比例极限应力范围内,按载荷与变形的关系,确定弯曲弹性模量。

A.2　试验设备

A.2.1　材料试验机,精确至 1%。

A.2.2　量具,精度 0.02 mm。

A.2.3　形变测量仪,精度 0.01 mm。

A.3　试样

A.3.1　试样尺寸

长度 $L=(16h+50)$ mm ± 2 mm, h 为施压方向的试样厚度。

A.3.2　试样数量

每组试样至少 5 件。

A.4　试验步骤

A.4.1　按 4.3 对试样进行状态调节。

A.4.2　沿试样长度方向测量三处的宽度和厚度,记录平均值,精确至 0.05 mm。

A.4.3　调节两支座跨距至试样公称厚度的 16 倍。

A.4.4　两点加载弯曲测试方法如图 A.1 所示。

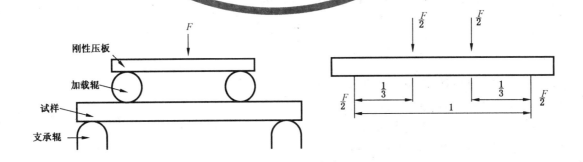

图 A.1　两点加载示意图

试验时加载辊轴线应与支承辊轴线平行,并与试样长轴中心线垂直,位于跨距的1/3处。加载辊和支承辊长度应大于试样宽度。通常加载辊、支承辊半径为12.7 mm±0.5 mm;若试验中加载辊、支承辊处发生明显裂纹或者压痕时,加载辊、支承辊半径可增至试样厚度的1.5倍。

以每分钟1%(±10%)的应变速率连续施载,此速度可按式(A.1)计算得到:

$$R = 0.001\,85 \times l^2/h \qquad\qquad\qquad (A.1)$$

式中:

R ——加载速度,单位为毫米每分钟(mm/min);

l ——试验跨距,单位为毫米(mm);

h ——试样厚度,单位为毫米(mm)。

A.4.5 匀速加载。同步记录载荷、形变测量仪测得的试样跨距中心的形变、破坏时最大载荷值。绘制载荷-形变曲线。

A.5 结果表示

A.5.1 弯曲破坏载荷

弯曲破坏载荷,即试样破坏时的最大载荷。当试样最大应变首次达到3%仍未断裂时,则认为此时的载荷为弯曲破坏载荷F。被测试样的弯曲破坏载荷为所有试样的均值。

A.5.2 弯曲强度

A.5.2.1 试样的弯曲强度按式(A.2)计算,精确至0.1 MPa。

$$\sigma = \frac{Fl}{bh^2} \qquad\qquad\qquad (A.2)$$

式中:

σ ——试样的弯曲强度,单位为兆帕(MPa);

F ——试样弯曲破坏载荷,单位为牛顿(N);

l ——两支座间距离,单位为毫米(mm);

b ——试样宽度,单位为毫米(mm);

h ——试样厚度,单位为毫米(mm)。

A.5.2.2 计算试样弯曲强度的算术平均值,精确至0.1 MPa。

A.5.3 弯曲弹性模量

A.5.3.1 弯曲弹性模量按式(A.3)计算,精确至10 MPa。

$$E = \frac{23l^3}{108bh^3} \cdot \frac{\Delta f}{\Delta s} \qquad\qquad\qquad (A.3)$$

式中:

E ——弯曲弹性模量,单位为兆帕(MPa);

l ——两支座间距离,单位为毫米(mm);

b ——试样宽度,单位为毫米(mm);

h ——试样厚度,单位为毫米(mm);

Δf ——在载荷-形变图中直线段内载荷的增加量,单位为牛顿(N);

Δs ——在Δf区间试样形变量,单位为毫米(mm)。

A.5.3.2 所测弯曲弹性模量为试样弹性模量的算术平均值,精确至10 MPa。

A.6 试验报告

试验报告应包含 4.18 的全部内容以及：

a) 试验跨距；

b) 加载速度；

c) 受载表面；

d) 破坏形式。

附 录 B

（规范性附录）

压缩试验

B.1 原理

在试样的端部表面,以恒定的速率施加平行或垂直 L 方向的载荷压缩试样,测定试样破裂、屈服或预先设定试样变形量的载荷。

B.2 试验设备

B.2.1 材料试验机,精确至 1%。

B.2.2 量具,精度 0.02 mm。

B.3 试样

B.3.1 试样尺寸

B.3.1.1 取样按 4.2 的规定进行,加工面要求光滑、平整、两表面平行,并与加载方向垂直。

B.3.1.2 平行于 L 方向压缩的试样:试样的长度为截面最小尺寸的 3.0~4.5 倍。

B.3.1.3 垂直于 L 方向压缩的试样:试样的长度为截面最小尺寸的 3 倍。

B.3.2 试样数目

每组试样至少 5 件。

B.4 试验步骤

B.4.1 按 4.3 的规定进行状态调节。

B.4.2 沿试样高度方向测量三处截面尺寸计算平均值。测量试样高度精确到 0.02 mm。

B.4.3 把试样放在两压板之间,试样中心线与两压板表面中心连线重合,确保压板与试样断面平行。调整试验机,使压板表面恰好与试样端面接触。

B.4.4 以 (5 ± 1) mm/min 速度进行试验。

B.4.5 当试样破裂、屈服或预先设定试样变形量时试验终止。记录试验终止时的载荷数值,单位为牛顿(N)。

注:预先设定试样变形量由供需双方商定。

B.5 结果表示

根据压缩破坏应力、压缩屈服应力或在规定应变时的压缩应力,按式(B.1)计算压缩强度,试样结果以算术平均值表示,取三位有效数字。

$$\sigma = \frac{F_c}{S} \quad\quad\quad\quad\quad\quad\quad\quad\text{··············(B.1)}$$

式中：

σ ——压缩破坏应力、压缩屈服应力和在规定应变时的压缩应力，单位为兆帕（MPa）；

F_c——试样破裂、屈服或达到预先设定试样变形量的载荷值，单位为牛顿（N）；

S ——试样的原始截面积，单位为平方毫米（mm²）。

B.6 试验报告

试验报告应包含4.18的全部内容以及：

a) 在试样上施加压力的方向；

b) 试验速度；

c) 试验终止时试样状态：试样破裂、屈服或达到预先设定试样变形量。

附　录　C
（规范性附录）
蠕变恢复试验

C.1　原理

按弯曲试验方法,确定试样在加载设定载荷后恢复变形的能力。

C.2　试验设备

C.2.1　弯曲蠕变试验机。

C.2.2　量具,精度0.02 mm。

C.2.3　形变测量仪,精度0.01 mm。

C.3　试样

C.3.1　试样尺寸

长度$L=(16h+50)$mm±2 mm,h为试样施载方向的厚度尺寸。

C.3.2　试样数量

每组试样至少5件。

C.4　试验步骤

测量试样加载前的跨距中点形变d_0;按照附录A规定的方式对试样施加设定载荷,保持24 h,测量中点形变d_1并卸去载荷;测量卸载24 h时中点形变d_2。测量精确至0.01 mm。设定载荷根据产品最终用途设定,例如弯曲破坏载荷除以安全系数2.5。

C.5　结果表示

试样的蠕变恢复率按式(C.1)计算,精确至1%。

$$D=\frac{(d_1-d_2)}{(d_1-d_0)}\times100 \quad\quad\quad\cdots\cdots\cdots\cdots\cdots\cdots\cdots\cdots\cdots（\text{C}.1）$$

式中:

D——蠕变恢复率,以百分数表示(%);

d_0——试样在加载前的中点形变,单位为毫米(mm);

d_1——试样在加载24 h时的中点形变,单位为毫米(mm);

d_2——试样在卸载24 h时的中点形变,单位为毫米(mm)。

试样蠕变恢复率为三个试样的蠕变恢复率的平均值,精确至1%。

C.6　试验报告

试验报告应包含4.18的全部内容。

附　录　D
（规范性附录）
密度试验

D.1　原理

测定试样的质量、体积，以求出试样的密度。

D.2　试验设备

D.2.1　量具，精度 0.02 mm。
D.2.2　衡器，感量 0.01 g。

D.3　试样

D.3.1　试样尺寸

长度 L＝100 mm±1 mm；宽度和厚度按实际尺寸。试样应在产品长度方向上截取。当产品截面太大，试验容器无法容纳，则可由当事方协商，确定截取的部位。

D.3.2　试样数量

每组试样至少 5 件。

D.4　试验步骤

D.4.1　概述

测量计算法适用于截面为正方形或矩形的实心产品；排水法适用于其他形状的塑木产品，正方形或矩形的实心产品也可用排水法。

D.4.2　测量计算法

D.4.2.1　试样按 4.3 进行状态调节。
D.4.2.2　称量每一试样质量，精确至 0.01 g。
D.4.2.3　测量试样对称位置的长度、宽度和厚度各两点，取算术平均值，精确至 0.02 mm。

每一个试样的密度按式（D.1）计算，精确至 0.01 g/cm³，

$$\rho = \frac{m}{L \times b \times h} \qquad\qquad \cdots\cdots\cdots\cdots\cdots\cdots\cdots（D.1）$$

式中：

ρ ——试样的密度，单位为克每立方厘米（g/cm³）；

m ——试样的质量，单位为克（g）；

L ——试样长度，单位为厘米（cm）；

b ——试样宽度，单位为厘米（cm）；

h ——试样厚度，单位为厘米（cm）。

D.4.3　排水法

按 GB/T 1933—2009 中第 7 章的规定进行。

D.5　试验报告

试验报告应包含 4.18 的全部内容。

附　录　E
（规范性附录）
含水率试验

E.1　原理

以试样干燥前后质量差与干燥后质量之比来表征试样的含水率。

E.2　试验设备

E.2.1　衡器,感量 0.01 g。
E.2.2　烘箱,应能保持在 103 ℃±2 ℃。
E.2.3　干燥器。

E.3　试样

E.3.1　试样尺寸

长度 $L=100$ mm±1 mm;宽度和厚度按实际尺寸。

E.3.2　试样数量

每组试样至少 5 件。

E.4　试验步骤

E.4.1　试样在干燥前进行称量,精确至 0.01 g。
E.4.2　试样在温度 103 ℃±2 ℃条件下干燥至质量恒定(前后相隔 2 h 两次称量所得的数值差小于 0.5%),干燥后的试样应立即置于干燥器内冷却后称量,精确至 0.01 g。

E.5　结果表示

试样的含水率按式(E.1)计算,精确至 0.1%。

$$H=\frac{m_u-m_0}{m_0}\times100 \quad\quad\quad\quad\quad\quad\cdots\cdots\cdots\cdots\cdots\cdots\cdots(\text{E.1})$$

式中:
H ——含水率,用百分率表示(%);
m_u ——干燥前的质量,单位为克(g);
m_0 ——干燥后的质量,单位为克(g)。
试验结果取全部试样含水率的算术平均值,精确至 0.1%。

E.6　试验报告

试验报告应包含 4.18 的全部内容。

附　录　F
（规范性附录）
线性热膨胀系数试验

F.1　原理

测量−30 ℃、23 ℃和60 ℃三种温度下试样的尺寸,计算得出−30 ℃～60 ℃间的平均线性热膨胀系数。

F.2　试验设备

F.2.1　高温试验箱,应能保持在60 ℃±2 ℃。
F.2.2　低温试验箱,应能保持在−30 ℃±2 ℃。
F.2.3　量具,精度0.02 mm。

F.3　试样

F.3.1　取样

按4.2的规定进行。要求两断面光滑、平整、平行(与试样长轴的垂直度偏差小于1/300),并在试样表面沿L方向划中心标线。

F.3.2　试样尺寸

长度$L=300$ mm±2 mm;宽度和厚度按实际尺寸。

F.3.3　试样数量

每组试样为10件。

F.4　试验步骤

F.4.1　在温度23 ℃±2 ℃、相对湿度50%±10%的条件下放置48 h,记录试验温度T_2。测量每个试样标线长度,计算算术平均值并记录为L_2。
F.4.2　将试样放入温度已稳定在−30 ℃±2 ℃的低温试验箱中48 h,记录试验温度T_1。然后从箱中逐个取出试样测量标线长度,每个试样取出后必须在1 min内完成测量。计算并记录试样标线长度的算术平均值L_1。
F.4.3　将试样放入温度已稳定在60 ℃±2 ℃的高温试验箱中48 h,记录试验温度T_3。然后从箱中逐个取出试样测量标线长度,每个试样取出后应在1 min内完成测量。计算并记录所有试样标线长度的算术平均值L_3。

F.5　结果计算

F.5.1　线性热膨胀系数计算如式(F.1)所示。

$$\alpha = \frac{1}{L_2} \cdot m \qquad\qquad \text{.............................} (\text{F.1})$$

式中：

α ——线性热膨胀系数，单位为每摄氏度($1/℃$)；

L_2——从 23 ℃±2 ℃环境下测得的标线长度，单位为毫米(mm)；

m ——用最小二乘法确定数据点(L_1,T_1)、(L_2,T_2)、(L_3,T_3)的斜率($\Delta L/\Delta T$)，计算如式(F.2)所示：

$$m = \frac{3(\sum L_i T_i) - (\sum L_i)(\sum T_i)}{3(\sum T_i^2) - (\sum T_i)^2}, i=1,2,3 \qquad \text{.....................} (\text{F.2})$$

式中：

L_i——在温度 T_i 试验后测得的标线长度，单位为毫米(mm)。

F.6 试验报告

试验报告应包含 4.18 的全部内容。

附　录　G
（规范性附录）
耐冻融性试验

G.1　原理

测定试样经过浸泡和低温后弯曲破坏载荷的保留率,确定试样抵抗冻融的能力。

G.2　仪器和工具

G.2.1　低温试验箱,应能保持在 $-30\ ℃\pm2\ ℃$。

G.2.2　材料试验机,精确至 1%。

G.2.3　形变测量仪,精度 $0.01\ mm$。

G.3　试样

G.3.1　试样尺寸

长度 $L=(16\ d+50)mm\pm2\ mm$,d 为试样施压方向的厚度尺寸。

G.3.2　试样数量

每组试样为 10 件。

G.4　试验步骤

G.4.1　用 5 个试样在室温下按附录 A 规定进行弯曲试验,测得弯曲破坏载荷,记录测试结果,计算算术平均值,记录为 F_1。

G.4.2　将另 5 个试样完全浸于室温水中 24 h,取出后去除表面水分,再把试样放在温度稳定在 $-30\ ℃\pm2\ ℃$ 的低温试验箱中 24 h,冷冻后,取出试样放入室温环境中 24 h,重复以上过程 3 次后按附录 A 规定测量试样的弯曲破坏载荷,计算算术平均值,记录为 F_2。

G.5　结果和表示

试样的弯曲破坏载荷保留率按式(G.1)计算。

$$B=(F_2/F_1)\times100 \quad\quad\cdots\cdots\cdots\cdots\cdots\cdots\cdots（\,G.1\,）$$

式中:

B ——弯曲破坏载荷保留率,%;

F_2 ——试样在试验后的平均弯曲破坏载荷,单位为牛顿(N);

F_1——试样在试验前的平均弯曲破坏载荷,单位为牛顿(N)。

G.6 试验报告

试验报告应包含 4.18 的全部内容。

ICS 83.120
Q 23

中华人民共和国国家标准

GB/T 30022—2013

纤维增强复合材料筋
基本力学性能试验方法

Test method for basic mechanical properties
of fiber reinforced polymer bar

2013-11-27 发布

2014-08-01 实施

中华人民共和国国家质量监督检验检疫总局
中国国家标准化管理委员会 发布

前　言

本标准按照 GB/T 1.1—2009 给出的规则起草。

本标准由中国建筑材料联合会提出。

本标准由全国纤维增强塑料标准化技术委员会土木工程用复合材料及纤维分技术委员会(SAC/TC 39/SC 1)归口。

本标准负责起草单位:深圳市海川实业股份有限公司、上海启鹏工程材料科技有限公司。

本标准参加起草单位:中国建筑第八工程局有限公司、郑州大学、深圳海川工程科技有限公司。

本标准主要起草人:李明、何唯平、赵欣平、张杰、王桂玲、高丹盈、赵军、马明磊、李品钰、吴辉生。

纤维增强复合材料筋
基本力学性能试验方法

1 范围

本标准规定了纤维增强复合材料筋基本力学性能试验的拉伸性能试验、剪切强度试验、粘结强度试验、试验结果和试验报告。

本标准适用于测定直径为 8 mm~32 mm 的纤维增强复合材料筋的拉伸性能、剪切强度和纤维增强复合材料筋与混凝土的粘结强度。

2 规范性引用文件

下列文件对于本文件的应用是必不可少的。凡是注日期的引用文件,仅注日期的版本适用于本文件。凡是不注日期的引用文件,其最新版本(包括所有的修改单)适用于本文件。

GB/T 1040.1 塑料 拉伸性能的测定 第1部分:总则

GB/T 1446 纤维增强塑料性能试验方法总则

GB/T 50081 普通混凝土力学性能试验方法标准

3 术语和定义

下列术语和定义适用于本文件。

3.1

纤维增强复合材料筋 fiber reinforced polymer bar

由玻璃纤维、碳纤维、芳纶纤维、玄武岩纤维等作为增强材料,与树脂基体采用适当的成型工艺所形成的棒状纤维增强复合材料制品。

4 拉伸性能试验

4.1 试样

4.1.1 试样和锚具如图 1 所示,试样总长度为 600 mm~1 300 mm。

单位为毫米

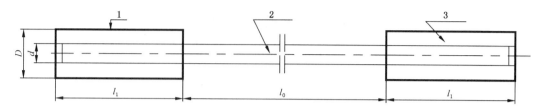

说明：

1 ——钢管；

2 ——试样；

3 ——锚具填充物；

d ——试样名义直径；

D ——钢管内径；

l_0 ——工作段长度，$l_0 = 20\ d \sim 30\ d$；

l_1 ——锚固长度，$l_1 = 150\ mm \sim 400\ mm$。

图 1　拉伸试样示意图

4.1.2　试样在制备过程中，应避免可能改变材料特性的外界条件，如加热、紫外线长时间辐照等，并确保不损伤试样。

4.1.3　锚具填充材料应确保在拉伸试验中试样不从锚具中拔出。填充材料可为环氧树脂、树脂和净砂浆混合物、水泥灌浆。

4.1.4　每组试样数量应不少于 5 个。

4.2　试验条件

试验环境条件按 GB/T 1446 的规定。

4.3　试验设备

4.3.1　试验机

按 GB/T 1446 的规定。

4.3.2　应变测量仪表

采用引伸计，引伸计按 GB/T 1040.1 的规定。

4.3.3　数据采集系统

系统应能以最小速度为每秒记录一次连续记录荷载、应变和位移。荷载、应变和位移分辨率分别应不大于 100 N、10×10^{-6} 和 0.001 mm。

4.4　试验步骤

4.4.1　试样外观检查按 GB/T 1446 的规定。

4.4.2　试样状态调节按 GB/T 1446 的规定。

4.4.3　用浸透丙酮或乙醇的布，分别擦净试样的端部和试验机上下夹头夹持面。

4.4.4　将试样固定在试验机器上，试样的纵轴应尽量与试验机上下夹头中心连线重合。

4.4.5　引伸计应平行于试样纵轴安装在试样的中部。

4.4.6　启动数据采集装置。

4.4.7 加载速度应控制在 100 MPa/min～500 MPa/min 范围内,保持均匀加载。若试验采用应变、位移控制方法,应变或位移增长速率应和前述应力加载速度换算后一致。

4.4.8 测量拉伸强度时,连续加载至试样破坏,记录最大荷载值及破坏形式。

4.4.9 当试样在锚固段内或锚具邻近处破坏以及拉伸时筋材从锚具中滑出的,应予作废。同批有效试样不足 5 个时,应从同批筋材中取样补做相应数量的试验。

4.5 计算

4.5.1 应力-应变曲线由数据采集系统获得。

4.5.2 拉伸强度按式(1)计算:

$$\sigma_b = \frac{F_b}{A} \qquad\qquad\qquad (1)$$

式中:

σ_b ——拉伸强度,单位为兆帕(MPa);

F_b ——最大荷载,单位为牛顿(N);

A ——试样的横截面面积,单位为平方毫米(mm²),横截面积测定试验见附录 A。

4.5.3 拉伸弹性模量按式(2)计算:

$$E_L = \frac{F_1 - F_2}{(\varepsilon_1 - \varepsilon_2)A} \qquad\qquad\qquad (2)$$

式中:

E_L ——拉伸弹性模量,单位为兆帕(MPa);

F_1 ——50％的最大荷载,单位为牛顿(N);

F_2 ——20％的最大荷载,单位为牛顿(N);

ε_1 ——50％最大荷载对应的应变;

ε_2 ——20％最大荷载对应的应变;

A 同公式(1)。

4.5.4 极限应变按式(3)计算:

$$\varepsilon_u = \frac{F_b}{E_L A} \qquad\qquad\qquad (3)$$

式中:

ε_u——极限应变;

F_b、A 同公式(1);

E_L 同公式(2)。

5 剪切强度试验

5.1 试样

5.1.1 试样尺寸

试样长度应不小于 300 mm。

5.1.2 数量

每组试样数量应不少于 5 个。

5.2 试验条件

5.2.1 试验环境

试验环境条件按 GB/T 1446 的规定。

5.2.2 试验设备

5.2.2.1 试验机按 GB/T 1446 的规定。

5.2.2.2 剪切夹具如图 2 所示,上、下刀片的刀口直径应与筋材直径相匹配。其中基座、上部刀片、下部刀片、连接板尺寸参见附录 B。

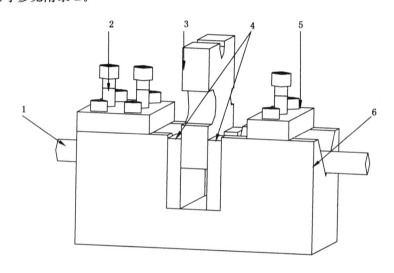

说明:

1——试样;

2——连接板;

3——上部刀片;

4——下部刀片;

5——连接板;

6——基座。

图 2 剪切夹具示意图

5.3 试验步骤

5.3.1 试样外观检查按 GB/T 1446 的规定。

5.3.2 试样状态调节按 GB/T 1446 的规定。

5.3.3 将试样固定在剪切夹具的中心,与上部加载装置接触,加载面与试样之间不应看见明显的缝隙。

5.3.4 对试样施加压缩荷载,加载速度控制在 30 MPa/min~60 MPa/min 范围内,均匀加载直到试样破坏,记录试样承受的最大荷载及破坏形式。

5.3.5 若没有出现两个完整剪切面的试样应予作废。同批有效试样不足 5 个时,应从同批筋材中取样补做相应数量的试验。

5.4 计算

剪切强度按式(4)计算,横截面积测定见附录 A。

$$\tau = \frac{F_b}{2A} \qquad \cdots\cdots\cdots\cdots\cdots\cdots\cdots(4)$$

式中：

τ ——剪切强度，单位为兆帕(MPa)；

F_b ——最大荷载，单位为牛顿(N)；

A ——试样横截面积，单位为平方毫米(mm²)。

6 粘结强度试验

6.1 试样

6.1.1 拔出试样形状及尺寸如图3所示，拔出试样制备见附录C。

单位为毫米

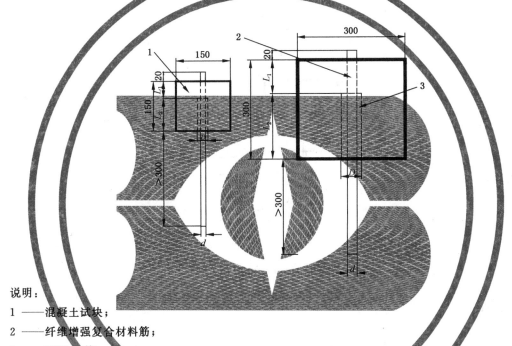

说明：

1 ——混凝土试块；

2 ——纤维增强复合材料筋；

3 ——PVC套管；

d ——纤维增强复合材料筋直径；

L_1 ——纤维增强复合材料筋埋入长度，$L_1=5d$，$L_1 \geq 50$ mm；

L_2 ——套管长度，$L_2 \geq 50$ mm；

D ——套管内径。

图 3 拔出试样示意图

6.1.2 不大于16 mm的纤维增强复合材料筋采用混凝土试块尺寸为150 mm×150 mm×150 mm；大于16 mm的纤维增强复合材料筋采用混凝土试块尺寸为300 mm×300 mm×300 mm。

6.1.3 每组拔出试样数量应不少于5个，并同时制作混凝土标准试件每组3个，用于测定混凝土实际抗压强度。

6.2 试验条件

6.2.1 试验环境

试验环境条件按GB/T 1446的规定。

6.2.2 试验设备

6.2.2.1 试验机

试验机按 GB/T 1446 的规定。

6.2.2.2 滑移测量装置

采用精度为 0.001 mm 的位移传感器。

6.2.2.3 试验工装

试验工装如图 4 所示。其中承压垫板的边长不应小于拔出试样的边长。

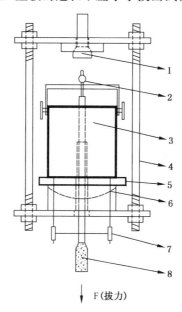

说明：
1——上部球铰；
2——位移传感器；
3——试样；
4——反力架；
5——承压垫板；
6——穿孔球铰；
7——位移计；
8——加载锚固端。

图 4 拔出试验装置示意图

6.3 试验步骤

6.3.1 试样应在标准养护室内进行养护,在试样龄期为 28 d 时进行试验。

6.3.2 从养护地点取出试样,试样外观检查按 GB/T 1446 的规定。

6.3.3 测量试样的直径,其测量精度按 GB/T 1446 的规定。

6.3.4 将试样套上中心有孔的垫板,然后装入已安装在中心拔出试验装置上的试验夹具,中心拔出试验装置的下夹头将试样加载端锚具夹牢。

6.3.5 安装和固定位移传感器,位移传感器端与纤维增强复合材料筋自由端面接触良好。

6.3.6 以不超过 20 kN/min 或 1 mm/min 的速度连续均匀加载,直至试件破坏。

6.3.7 凡出现以下情况之一的试样,其试验结果作废:

  a) 试样的混凝土强度不符合要求;

  b) 纤维增强复合材料筋与混凝土承压面不垂直,偏斜较大,致使试样提前劈裂破坏。

6.4 计算

6.4.1 纤维增强复合材料筋粘结强度实测值按式(5)计算:

$$\tau_u^0 = \frac{F_u^0}{\pi d L_1} \times \frac{F_{cu,k}}{\sigma_{cu}^0} \quad\quad\cdots\cdots\cdots\cdots\cdots\cdots(5)$$

式中:

τ_u^0 ——纤维增强复合材料筋粘结强度实测值,单位为兆帕(MPa);

F_u^0 ——纤维增强复合材料筋粘结破坏的最大荷载实测值,单位为牛顿(N);

d ——纤维增强复合材料筋的名义直径,单位为毫米(mm);

L_1 ——纤维增强复合材料筋的埋入长度,单位为毫米(mm);

$F_{cu,k}$——C30 混凝土的标准抗压强度,单位为兆帕(MPa);

σ_{cu}^0 ——试样龄期为 28 d 时混凝土标准试样的抗压强度实测值,单位为兆帕(MPa)。

7 试验结果

试验结果按 GB/T 1446 的规定。

8 试验报告

试验报告按 GB/T 1446 的规定。

GB/T 30022—2013

附　录　A
（规范性附录）
横截面积测定试验

A.1　试样

A.1.1　试样长度约为 150 mm。

A.1.2　切割试样时应尽量保证切割面垂直于试样的长度方向，应去除切割面上的毛刺。

A.1.3　每组试样数量应不少于 5 个。

A.2　试验条件

A.2.1　实验室环境

实验室环境条件按 GB/T 1446 的规定。

A.2.2　试验设备

A.2.2.1　量筒：最小单位刻度为 1 mL，其高度和直径能够完全容纳试样。

A.2.2.2　卡尺：精度不低于 0.1 mm。

A.3　试验步骤

A.3.1　试样在标准试验环境中至少放置 24 h。

A.3.2　用卡尺测量试样长度，每个试样测量 3 次，每次测量时旋转试样 120°，取 3 次测量结果的平均值作为试样的长度值 L_a。

A.3.3　量筒内注水至适当高度，读取注水容积 V_1，水的注入量应确保能够完全浸没试样且不会溢出。

A.3.4　将试样放入已注水的量筒内，读出放入试样后水的容积 V_2，放入试样时应注意避免试样的表面带入空气。

A.4　计算

试样的横截面积按式（A.1）计算：

$$A=\frac{V_2-V_1}{L_a}\times 1\,000 \qquad\qquad (A.1)$$

式中：
A——试样的横截面积，单位为平方毫米（mm²）；
V_1——注水体积，单位为毫升（mL）；
V_2——放入试样后，量筒内水的体积，单位为毫升（mL）；
L_a——试样的长度，单位为毫米（mm）。

250

附 录 B
（资料性附录）
剪 切 夹 具

基座尺寸见图 B.1,上、下部刀片尺寸见图 B.2,连接板尺寸见图 B.3。

单位为毫米

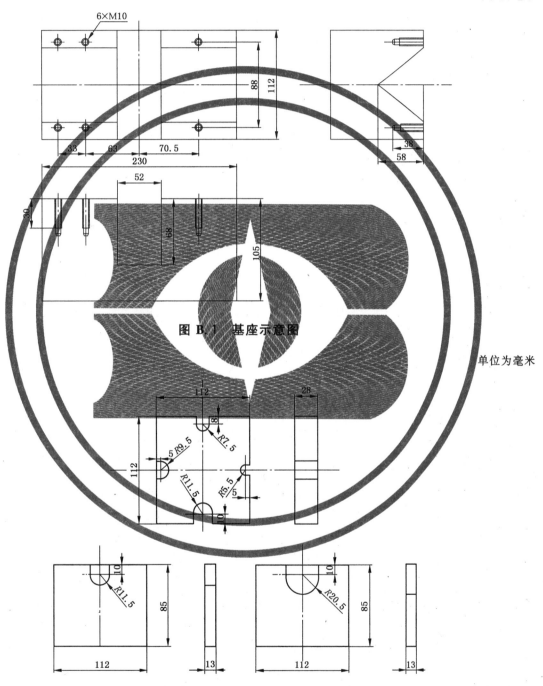

图 B.1 基座示意图

单位为毫米

图 B.2 上部刀片（上）和下部刀片（下）示意图

单位为毫米

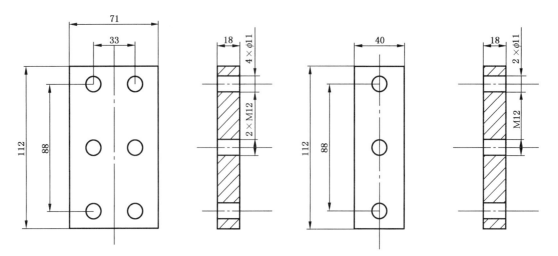

图 B.3　连接板示意图

附　录　C
（规范性附录）
拔出试样制备

C.1　材料

C.1.1　试样的混凝土应采用普通骨料,粗骨料最大颗粒粒径不大于 20 mm。

C.1.2　试样的混凝土强度等级为 C30,混凝土标准试样的抗压强度允许偏差应为±3 MPa。

C.2　试模

C.2.1　模板两端应预留纤维增强复合材料筋位置孔,孔洞处于模板的中心位置且其直径应稍大于纤维增强复合材料筋的直径。

C.2.2　纤维增强复合材料筋应与混凝土承压面垂直,并水平设置在模板内。纤维增强复合材料筋应放置在水平面上。

C.2.3　在混凝土中无粘结部分的纤维增强复合材料筋应套上硬质的光滑 PVC 套管,套管末端与纤维增强复合材料筋之间空隙应封闭,并不影响纤维增强复合材料筋在 PVC 套管内的移动。

C.2.4　纤维增强复合材料筋应居中放置。

C.2.5　纤维增强复合材料筋伸出混凝土试样表面的长度为 20 mm,加载端应根据垫板厚度、穿孔球铰高度及加载装置的夹具长度确定,但不宜小于 300 mm。

C.3　试件制作

C.3.1　混凝土标准试件制作按 GB/T 50081 的规定。

C.3.2　制作拔出试样的振捣方法与养护条件应与混凝土标准试样一致,试样应在钢模或不变形的试模中成型。

C.3.3　安装位移传感器的纤维增强复合材料筋端面应加工成垂直于纤维增强复合材料筋轴的平滑表面。

ICS 83.120
Q 23

中华人民共和国国家标准

GB/T 30968.1—2014

聚合物基复合材料层合板开孔/受载孔性能试验方法 第1部分：挤压性能试验方法

Test method for open-hole/loaded-hole of polymer matrix composite laminates—Part 1:Test method of bearing response

2014-07-24 发布

2015-01-01 实施

中华人民共和国国家质量监督检验检疫总局
中国国家标准化管理委员会 发布

前　言

GB/T 30968《聚合物基复合材料层合板开孔/受载孔性能试验方法》分为4部分：
——第1部分：挤压性能试验方法；
——第2部分：充填孔拉伸和压缩试验方法；
——第3部分：开孔拉伸强度试验方法；
——第4部分：开孔压缩强度试验方法。

本部分为GB/T 30968的第1部分。

本部分按照GB/T 1.1—2009给出的规则起草。

本部分由中国建筑材料联合会、中国航空工业集团公司提出。

本部分由全国纤维增强塑料标准化技术委员会（SAC/TC 39）、全国航空器标准化技术委员会（SAC/TC 435）归口。

本部分起草单位：中国飞机强度研究所、中国航空工业集团公司北京航空材料研究院。

本部分主要起草人：杨胜春、沈真、张子龙、肖娟、孙坚石、周建锋、张立鹏、王俭。

聚合物基复合材料层合板开孔/
受载孔性能试验方法
第1部分:挤压性能试验方法

1 范围

GB/T 30968 的本部分规定了聚合物基复合材料层合板挤压性能试验方法的试验设备、试样、试验步骤、计算和试验报告。

本部分适用于连续纤维增强聚合物基复合材料层合板挤压性能的测定。本标准的方法 A 适用于材料评价和比较,方法 B 和方法 C 适用于评价具体的连接构型和建立设计许用值数据。

2 规范性引用文件

下列文件对于本文件的应用是必不可少的。凡是注日期的引用文件,仅注日期的版本适用于本文件。凡是不注日期的引用文件,其最新版本(包括所有的修改单)适用于本文件。

GB/T 1446 纤维增强塑料性能试验方法总则

GB/T 3961 纤维增强塑料术语

3 术语和定义

GB/T 3961 界定的术语和定义适用于本文件。

3.1

挤压面积 **bearing area**

受载孔的直径与试样厚度的乘积。

3.2

孔径厚度比 **diameter to thickness ratio**

孔径与试样厚度之比,用尺寸的名义值或实际测量值确定。

3.3

端距比 **edge distance ratio**

孔中心到试样端部之间的距离与孔径之比,用尺寸的名义值或实际测量值确定。

3.4

宽度孔径比 **width to diameter ratio**

试样宽度与孔径之比,用尺寸的名义值或实际测量值确定。

3.5

挤压应变 **bearing strain**

挤压载荷方向挤压孔的变形与孔径之比。

3.6

挤压应力 **bearing stress**

单位挤压面积承受的挤压载荷。

3.7

挤压刚度　bearing chord stiffness

挤压应力/挤压应变曲线线性部分上两个指定的挤压应力或挤压应变点之间的连线的斜率。

3.8

挤压强度　bearing strength

挤压应力/应变曲线斜率出现明显变化时的挤压应力值。

3.9

条件挤压强度　offset bearing strength

过挤压应变轴上偏离零点的规定挤压应变值点,作平行于挤压应力/挤压应变曲线线性段的直线(弦线刚度线),该直线与挤压应力-挤压应变曲线交点所对应的挤压应力值。一般取2%偏离零点的挤压应变确定条件挤压强度。

3.10

极限挤压强度　ultimate bearing strength

试样承受最大载荷时的挤压应力值。

4　方法原理

对紧固件采用双剪(方法A)或单剪(方法B和方法C)方式施加载荷,使紧固件和层合板试样的孔表面接触,形成挤压面,进而测得层合板试样孔边的挤压性能。

5　试验设备

5.1　试验机与测试仪器

试验机和测试仪器应符合GB/T 1446的规定。

5.2　环境箱

环境箱的控制精度应满足试验要求,经计量检定合格,并在有效期内使用。

5.3　扭矩扳手

扭矩扳手的精度应满足试验要求,经计量检定合格,并在有效期内使用。

5.4　试验夹具

方法A(双剪法)的试验夹具见图1和图2,方法C(有夹具单剪法)的试验夹具见图3～图6。

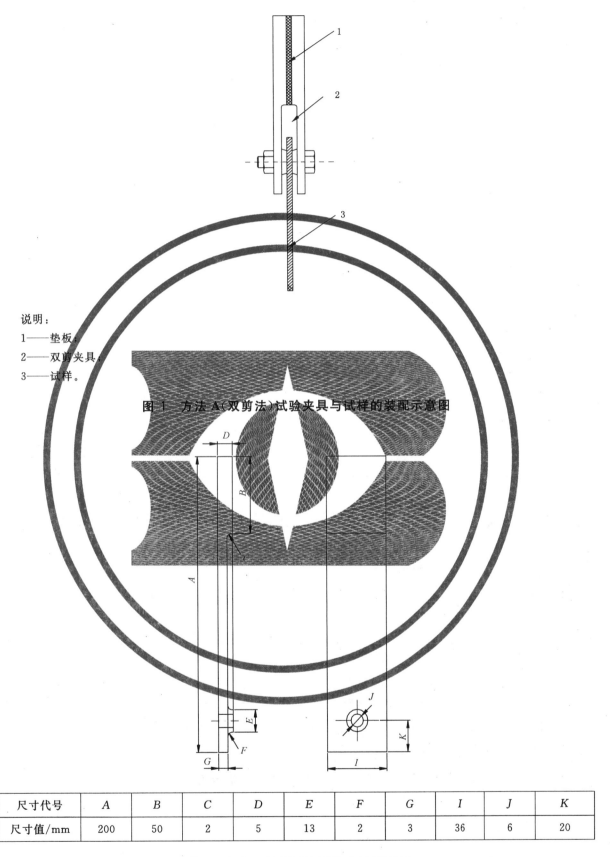

说明：
1——垫板；
2——双剪夹具；
3——试样。

图 1　方法 A（双剪法）试验夹具与试样的装配示意图

尺寸代号	A	B	C	D	E	F	G	I	J	K
尺寸值/mm	200	50	2	5	13	2	3	36	6	20

图 2　方法 A（双剪法）试验夹具示意图

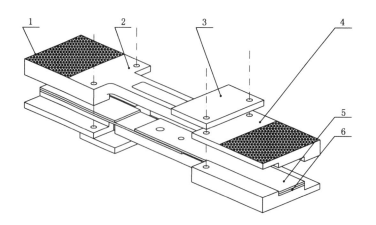

说明：

1——夹持面；

2——长夹板；

3——支持板；

4——短夹板；

5——试样；

6——垫板。

图 3　方法 C 试验夹具组合件示意图

单位为毫米

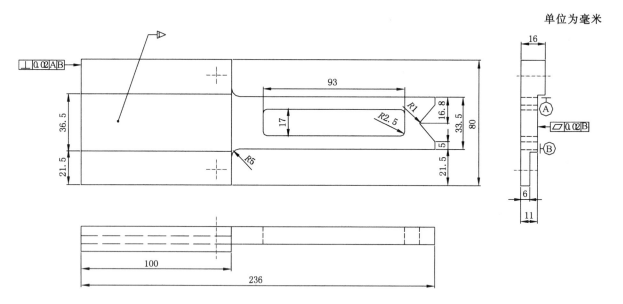

注 1：▷采用高速氧燃料（HVOF）工艺或电火花沉淀（ESD）进行热喷涂表面处理。

注 2：除标准以外，其余公差为±0.3 mm。

图 4　方法 C 试验夹具的长夹板示意图

单位为毫米

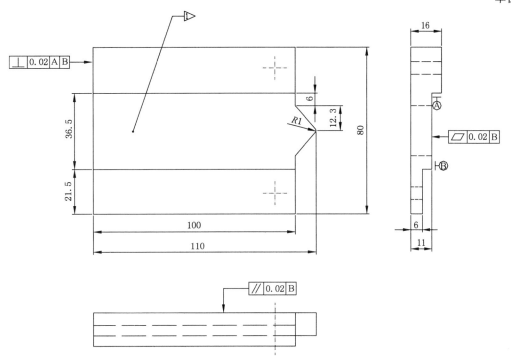

注1：▷采用高速氧燃料(HVOF)工艺或电火花沉淀(ESD)进行热喷涂表面处理。

注2：除标准以外，其余公差为±0.3 mm。

图 5   方法 C 试验夹具的短夹板示意图

单位为毫米

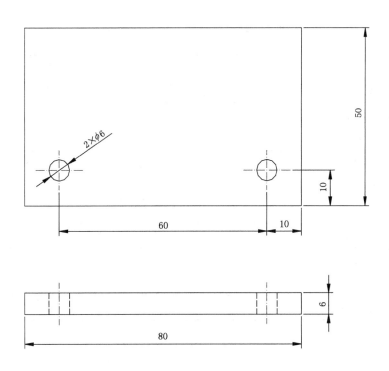

图 6   方法 C 试验夹具的支持板示意图

6 试样

6.1 铺层形式

试样为对称均衡的多向层合板。

6.2 试样形状与尺寸

6.2.1 方法A

方法A的试样形状与尺寸分别见图7和表1。

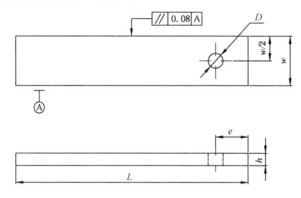

铺层方向公差为:相对于基准面Ⓐ小于±0.5°;机械加工边缘的粗糙度Ra值不超过3.2 μm。

图7 双剪法试样示意图

表1 双剪法试样几何尺寸要求

参数	要求
试样铺层形式	准各向同性
宽度孔径比(w/D)	6
端距孔径比(e/D)	3
厚度 h/mm	3～5
紧固件直径 d/mm	$6^{+0.00}_{-0.03}$
孔径 D/mm	$6^{+0.03}_{-0.00}$
长度 L/mm	135
宽度 w/mm	36±1
端距 e/mm	18±1
紧固件拧紧力矩/(N·m)	3±0.3

6.2.2 方法B

方法B的试样形状与尺寸分别见图8、图9、表2和表3。若双钉试样采用沉头紧固件,则试样的每一侧均应布置一个沉头。

6.2.3 方法 C

方法 C 的试样形状与尺寸分别见图 8、图 9、表 2 和表 3。若双钉试样采用沉头紧固件,则试样的每一侧均应布置一个沉头。

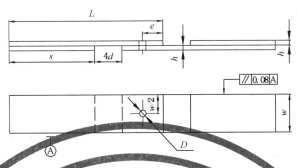

铺层方向公差为:相对于基准面Ⓐ小于±0.5°;机械加工边缘的粗糙度 Ra 值不超过 3.2 μm。

图 8　单剪、单紧固件试样示意图

表 2　单钉单剪试样几何尺寸要求

参数	要求	
	方法 B(无夹具)	方法 C(有夹具)
紧固件形状	凸头、沉头	凸头、沉头
宽度孔径比(w/D)	6	6
端距孔径比(e/D)	3	3
紧固件直径 d/mm	$6^{+0.00}_{-0.03}$	$6^{+0.00}_{-0.03}$
孔径 D/mm	$6^{+0.03}_{-0.00}$	$6^{+0.03}_{-0.00}$
厚度 h/mm	2~6	2~6
长度 L/mm	135	186
宽度 w/mm	36±1	36±1
端距 e/mm	18±1	18±1
垫板长度 s/mm	75	126
紧固件拧紧力矩/(N·m)	3±0.3	3±0.3

GB/T 30968.1—2014

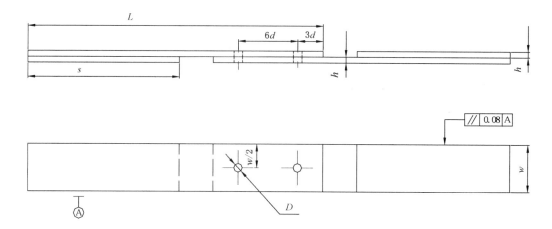

铺层方向公差为:相对于基准面Ⓐ小于±0.5°;机械加工边缘的粗糙度 Ra 值不超过 3.2 μm。

图 9　单剪、双紧固件试样示意图

表 3　双钉单剪试样几何尺寸要求

参数	试样标准尺寸	
	方法 B(无夹具)	方法 C(有夹具)
紧固件形状	凸头、沉头	凸头、沉头
宽度孔径比(w/D)	6	6
端距孔径比(e/D)	3	3
紧固件直径 d/mm	$6^{+0.00}_{-0.03}$	$6^{+0.00}_{-0.03}$
孔径 D/mm	$6^{+0.03}_{-0.00}$	$6^{+0.03}_{-0.00}$
厚度 h/mm	2～6	2～6
长度 L/mm	204	204
宽度 w/mm	36±1	36±1
端距 e/mm	18±1	18±1
垫板长度 s/mm	108	108
紧固件拧紧力矩/(N·m)	3±0.3	3±0.3

6.3　垫板材料

对于无试验夹具的单剪试样,推荐采用连续玻璃纤维增强的聚合物基$[\pm45]_{ns}$层合板。对于有试验夹具的单剪试样,垫板材料推荐采用与试样相同的材料制成。

6.4　胶粘剂

将垫板与试样粘接时,可采用能满足环境要求的高伸长率的(韧性的)胶粘剂。若采用试验夹具,则不需要将垫板与试样粘接。

6.5　试样制备

试样制备按 GB/T 1446 的规定。制孔时应避免孔周围的材料出现分层或其他损伤。

264

6.6 试样数量

每组有效试样应不少于5个。

7 试验条件

7.1 试验环境条件

7.1.1 实验室标准环境条件

实验室标准环境条件应满足 GB/T 1446 的规定。

7.1.2 非实验室标准环境条件

7.1.2.1 高温试验环境条件

首先将环境箱和试验夹具预热到规定的试验温度,然后将试样加热到规定的试验温度,并用与试样工作段直接接触的温度传感器加以校验。对干态试样,在试样达到试验温度后,保温 5 min~10 min 开始试验;对湿态试样,在试样达到试验温度后,保温 2 min~3 min 开始试验。试验中试样温度保持在规定试验温度的(3 ℃范围内。

7.1.2.2 低温(低于 0 ℃)试验环境条件

首先将环境箱和试验夹具冷却到规定的试验温度,然后将试样冷却到规定的试验温度,并用与试样工作段直接接触的温度传感器加以校验。在试样达到试验温度后,保温 5 min~10 min 开始试验。试验中试样温度保持在规定试验温度的±3 ℃范围内。

7.2 试样状态调节

7.2.1 干态试样状态调节

试验前,试样在实验室标准环境条件下至少放置 24 h。

7.2.2 湿态试样状态调节

试验前,应在规定的温度和湿度条件下使试样达到所要求的吸湿状态。推荐的温度和湿度条件如下:

a) 温度:70 ℃±3 ℃;
b) 相对湿度:85%±5%。

湿态试样状态调节结束后,应将试样用湿布包裹放入密封袋内,直到进行力学试验,试样在密封袋内的储存时间应不超过 14 d。

8 试验步骤

8.1 方法 A(双剪法)

8.1.1 试验前准备

8.1.1.1 按 GB/T 1446 的规定检查试样外观,对每个试样编号。
8.1.1.2 按 7.2 的规定对试样进行状态调节。

8.1.1.3 在最终的试样机械加工和状态调节后,测量孔附近的试样宽度 w、试样厚度 h、孔径 D、从孔边缘到试样侧边的最短距离 f 和孔边缘到试样端部的距离 g。试样厚度测量精确到 0.01 mm,其余尺寸测量精确到 0.02 mm。

8.1.2 试样安装

8.1.2.1 通过紧固件,将试样与双剪夹具装配在一起,用扭矩扳手将紧固件拧紧到所需的值。

8.1.2.2 将试样-夹具组合件夹持于试验机夹头中,并使试样中心线与试验机夹头中心线保持一致。

8.1.2.3 按照图10的要求安装引伸计。

8.1.3 试验

8.1.3.1 对于在实验室标准环境条件下进行的试验,按7.1.1的规定进行;而对于在非实验室标准环境条件下进行的试验,则按7.1.2的规定进行。

8.1.3.2 以 1 mm/min～2 mm/min 的加载速度对试样连续加载,直到试样破坏。连续测量并记录试样的载荷-孔位移曲线和失效模式。若出现过渡区域或单层的初始破坏,则记录该点的载荷和损伤模式。若试样破坏,则记录试样的失效模式、最大载荷及尽可能接近破坏瞬间的孔的位移。

8.1.3.3 失效模式的描述采用表4和图12所示的三字符式失效代码,其中复合失效模式用代码 M 和其后括号内每个相应失效形式的代码来表示,如对于同时出现局部挤压和劈裂失效模式的 $[45_i/0_j/-45_i/90_k]_{ns}$ 预浸带层合板,可用 M(BC)1I 表示其失效模式。

图 10 双剪挤压试验引伸计安装示意图

8.2 方法 B(无夹具单剪法)

8.2.1 试验前准备

8.2.1.1 按 GB/T 1446 的规定检查试样外观,对每个试样编号。

8.2.1.2 按7.2的规定对试样进行状态调节。

8.2.1.3 在最终的试样机械加工和状态调节后,测量孔附近的试样宽度 w、试样厚度 h、孔径 D、从孔边缘到试样侧边的最短距离 f 和孔边缘到试样端部的距离 g。试样厚度测量精确到 0.01 mm,其余尺寸测量精确到 0.02 mm。

8.2.2 试样安装

8.2.2.1 通过紧固件,将试样装配在一起,用扭矩扳手将紧固件拧紧到所需的值。

8.2.2.2 将试样夹持于试验机夹头中,并使试样的中心线与试验机夹头的中心线保持一致。

8.2.2.3 按照图11的要求安装引伸计。

8.2.3 试验

8.2.3.1 对于在实验室标准环境条件下进行的试验,按7.1.1的规定进行;而对于在非实验室标准环境条件下进行的试验,则按7.1.2的规定进行。

8.2.3.2 以1 mm/min~2 mm/min的加载速度对试样连续加载,直到试样破坏。连续测量并记录试样的载荷-孔位移曲线和失效模式。若出现过渡区域或单层的初始破坏,则记录该点的载荷和损伤模式。若试样破坏,则记录试样的失效模式、最大载荷及尽可能接近破坏瞬间的孔的位移。

8.2.3.3 失效模式的描述采用表4和图12所示的三字符式失效代码,其中复合失效模式用代码 M 和其后括号内每个相应失效形式的代码来表示,如对于同时出现局部挤压和劈裂失效模式的$[45_i/0_j/-45_i/90_k]_{ns}$预浸带层合板,可用M(BC)1I表示其失效模式。

a) 单钉单剪   b) 双钉单剪

图11 单剪挤压试验引伸计安装示意图

8.3 方法C(有夹具单剪法)

8.3.1 试验前准备

8.3.1.1 按GB/T 1446的规定检查试样外观,对每个试样编号。

8.3.1.2 按7.2的规定对试样进行状态调节。

8.3.1.3 在最终的试样机械加工和状态调节后,测量孔附近的试样宽度 w、试样厚度 h、孔径 D、从孔边缘到试样侧边的最短距离 f 和孔边缘到试样端部的距离 g。试样厚度测量精确到0.01 mm,其余尺寸测量精确到0.02 mm。

8.3.2 试样安装

8.3.2.1 通过紧固件,将试样装配在一起,用扭矩扳手将紧固件拧紧到所需的值。

8.3.2.2 将试样安装于试验夹具中,使试样两端与夹具两端平齐。夹具安装时,拧紧4个螺栓,使试样的位置保持不动,保证夹具的支撑板和长夹板之间以及试样工作段和夹具的长夹板之间的间隙均不大于0.10 mm,然后用扭矩扳手拧紧4个螺栓到7 N·m±0.5 N·m。

8.3.2.3 将试样-夹具组合件夹持于试验机夹头中,并使试样中心线与试验机夹头中心线保持一致。

8.3.2.4 按照图 11 的要求安装引伸计。

8.3.3 试验

8.3.3.1 对于在实验室标准环境条件下进行的试验,按 7.1.1 的规定进行;而对于在非实验室标准环境条件下进行的试验,则按 7.1.2 的规定进行。

8.3.3.2 以 1 mm/min～2 mm/min 的加载速度对试样连续加载,直到试样破坏。连续测量并记录试样的载荷-孔位移曲线和失效模式。若出现过渡区域或单层的初始破坏,则记录该点的载荷和损伤模式。若试样破坏,则记录试样的失效模式、最大载荷及尽可能接近破坏瞬间的孔的位移。

8.3.3.3 失效模式的描述采用表 4 和图 12 所示的三字符式失效代码,其中复合失效模式用代码 M 和其后括号内每个相应失效形式的代码来表示,如对于同时出现局部挤压和劈裂失效模式的 $[45_i/0_j/-45_i/90_k]_{ns}$ 预浸带层合板,可用 M(BC)1I 表示其失效模式。

表 4 挤压试验失效代码

第一个字符		第二个字符		第三个字符	
失效形式	代码	失效区域	代码	失效位置	代码
挤压	B	近端距孔	1	螺栓头一侧	B
横向净拉断	L	远端距孔	2	螺母一侧	N
剪出	S	两个孔	B	其他	O
劈裂	C	紧固件	F	—	—
撕脱	T	其他	O		
紧固件或销钉	F				
复合模式	M(xyz)				
其他	O				

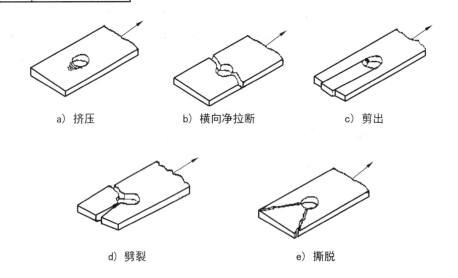

a) 挤压　　　　b) 横向净拉断　　　　c) 剪出

d) 劈裂　　　　e) 撕脱

图 12 挤压试验失效模式示意图

9 计算

9.1 挤压应力和极限挤压强度

挤压应力和极限挤压强度分别按式(1)和式(2)计算,结果保留 3 位有效数字:

$$\sigma_{br} = \frac{P}{kDh}$$ ....(1)

$$\sigma_{bru} = \frac{P_{max}}{kDh}$$ ....(2)

式中:

σ_{br} ——试样的挤压应力,单位为兆帕(MPa);

σ_{bru} ——试样的极限挤压强度,单位为兆帕(MPa);

P ——试样承受的载荷,单位为牛顿(N);

P_{max} ——试样承受的最大载荷,单位为牛顿(N);

k ——紧固件数量。

9.2 挤压应变

挤压应变按式(3)计算,结果保留 3 位有效数字:

$$\varepsilon_{br} = \frac{\delta}{KD}$$ ....(3)

式中:

ε_{br}——挤压应变,单位为毫米每毫米(mm/mm);

δ ——引伸计的位移,单位为毫米(mm);

K ——单剪-双剪系数,对于单剪试样,$K=2$;对于双剪试样,$K=1$。

9.3 挤压刚度

挤压刚度按式(4)计算,结果保留 3 位有效数字:

$$E_{br} = \frac{\Delta\sigma_{br}}{\Delta\varepsilon_{br}}$$ ....(4)

式中:

$\Delta\sigma_{br}$——挤压应力-挤压应变曲线中初始线性段的对应 $\Delta\varepsilon_{br}$ 的挤压应力增量,单位为兆帕(MPa);

$\Delta\varepsilon_{br}$——挤压应力-挤压应变曲线中初始线性段的挤压应变增量。

9.4 有效原点

弦线刚度直线与挤压应变轴的交点为有效原点,其目的是用于确定条件挤压强度和极限挤压强度。

9.5 极限挤压应变

基于新的有效原点,对挤压应力/挤压应变数据进行修正后,记录最大载荷时的挤压应变作为极限挤压应变,记录结果取三位有效数字。

9.6 条件挤压强度

基于新的有效原点,对挤压应力/挤压应变数据进行修正后,将弦线刚度线沿挤压应变轴从原点平移到指定的挤压应变的偏移量,确定该直线与挤压应力/挤压应变曲线的交点。该点的挤压应力值即为

条件挤压强度 $\sigma_{\mathrm{bru}\,e\%}$，见图 13。

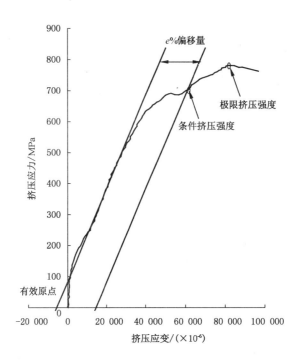

图 13　条件挤压强度确定方法示意图

9.7　初始峰值挤压强度

某些挤压试验会出现一个初始峰值挤压应力，随后有挤压应力的剧烈下降和其后的孔变形，使得条件挤压强度小于初始峰值挤压应力。在进一步的孔变形之后，若再继续加载到高于初始峰值的挤压应力水平，则除了条件和极限挤压强度之外，还应记录作为初始峰值挤压强度的初始峰值挤压应力。但是，若初始峰值挤压应力就是试样的极限挤压强度，则不需要报告初始峰值挤压强度和条件挤压强度。

9.8　统计

对于每一组试验，按 GB/T 1446 的规定计算每一种测量性能的算术平均值、标准差和离散系数。

10　试验报告

试验报告一般包括下列内容：
a)　试验项目名称、执行标准和方法；
b)　试验人员、试验时间和地点；
c)　试样来源及制备情况，材料（包括复合材料、紧固件和垫板）品种及规格；
d)　试样铺层形式、编号、形状和尺寸、外观质量及数量；
e)　试验温度、相对湿度、试样状态调节参数和结果；
f)　试验设备及仪器的型号、规格及计量情况；
g)　与本标准的不同之处，试验时出现的异常情况；
h)　试验结果，包括：
　　1)　紧固件的拧紧力矩；
　　2)　每个试样的最大载荷值或破坏载荷值；

3) 每个试样的极限挤压强度及样本的算术平均值、标准差和离散系数；

4) 每个试样的条件挤压强度及样本的算术平均值、标准差和离散系数；

5) 计算条件挤压强度的应变偏移量；

6) 每个试样的失效模式。

ICS 83.120
Q 23

中华人民共和国国家标准

GB/T 30968.2—2014

聚合物基复合材料层合板开孔/受载孔性能试验方法 第2部分：充填孔拉伸和压缩试验方法

Test method for open-hole/loaded-hole of polymer matrix composite laminates—
Part 2：Test method of filled-hole tension and compression

2014-07-24 发布　　　　　　　　　　　　　　2015-01-01 实施

中华人民共和国国家质量监督检验检疫总局
中国国家标准化管理委员会　发布

前　言

GB/T 30968《聚合物基复合材料层合板开孔/受载孔性能试验方法》分为四部分：
——第1部分：挤压性能试验方法；
——第2部分：充填孔拉伸和压缩试验方法；
——第3部分：开孔拉伸强度试验方法；
——第4部分：开孔压缩强度试验方法。
本部分为GB/T 30968的第2部分。

本标准按照GB/T 1.1—2009给出的规则起草。

本标准由中国建筑材料联合会、中国航空工业集团公司提出。

本标准由全国纤维增强塑料标准化技术委员会（SAC/TC 39）、全国航空器标准化技术委员会（SAC/TC 435）归口。

本标准起草单位：中国飞机强度研究所、中国航空工业集团公司北京航空材料研究院。

本标准主要起草人：魏宏艳、杨胜春、沈真、张子龙、李磊、谢佳卉、肖娟、王俭。

聚合物基复合材料层合板开孔/受载孔
性能试验方法　第2部分:充填孔拉伸和
压缩试验方法

1　范围

GB/T 30968 的本部分规定了聚合物基复合材料层合板充填孔拉伸和压缩试验方法的试验设备、试样、试验步骤、数据处理和试验报告。

本部分适用于连续纤维增强的聚合物基复合材料,且层合板相对于试验方向是对称和均衡的。

2　规范性引用文件

下列文件对于本文件的应用是必不可少的。凡是注日期的引用文件,仅注日期的版本适用于本文件。凡是不注日期的引用文件,其最新版本(包括所有的修改单)适用于本文件。

GB/T 1446　纤维增强塑料性能试验方法总则

GB/T 3961　纤维增强塑料术语

GB/T 30968.3　聚合物基复合材料层合板开孔/受载孔性能试验方法　第3部分:开孔拉伸强度试验方法

GB/T 30968.4　聚合物基复合材料层合板开孔/受载孔性能试验方法　第4部分:开孔压缩强度试验方法

3　术语和定义

GB/T 3961 界定的术语和定义适用于本文件。

4　方法原理

4.1　充填孔拉伸强度

采用 GB/T 30968.3,对中心孔带有紧配合紧固件或销钉的对称均衡层合板试样进行单轴拉伸试验,以获得充填孔拉伸强度数据,该数据可用于材料的研制、材料规范的制定和结构设计许用值的确定。

4.2　充填孔压缩强度

采用 GB/T 30968.4,对中心孔带有紧配合紧固件或销钉的对称均衡层合板进行单轴压缩试验,以获得充填孔压缩强度数据,该数据可用于材料的研制、材料规范的制定和结构设计许用值的确定。

5　试验设备

5.1　试验机与测试仪器

试验机和测试仪器应符合 GB/T 1446 的规定。

5.2 环境箱

环境箱的控制精度应满足试验要求,经计量检定合格,并在有效期内使用。

5.3 扭矩扳手

扭矩扳手的精度应满足试验要求,经计量检定合格,并在有效期内使用。

6 试样

6.1 铺层形式

试样应具有至少2个方向的纤维且对称均衡的铺层形式。层合板厚度要求如下:
a) 充填孔拉伸试样厚度为2 mm～4 mm,推荐厚度2.5 mm;
b) 充填孔压缩试样厚度为3 mm～5 mm,推荐厚度4 mm。

6.2 试样形状与尺寸

6.2.1 充填孔拉伸试样

充填孔拉伸试样形状与尺寸见图1和表1。机械加工边缘的粗糙度 Ra 值不超过3.2 μm。

6.2.2 充填孔压缩试样

充填孔压缩试样形状与尺寸见图2和表1。机械加工边缘的粗糙度 Ra 值不超过3.2 μm。

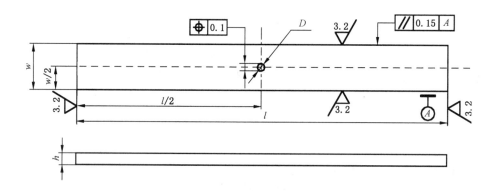

图 1 充填孔拉伸试样示意图

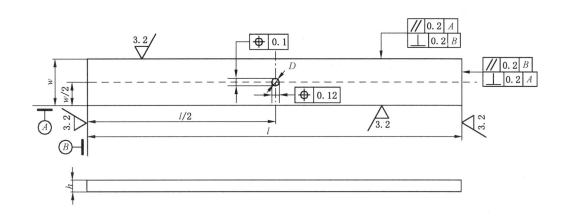

图 2　充填孔压缩试样示意图

表 1　试样几何尺寸

单位为毫米

试样类型	厚度 h	宽度 w	长度 l	孔径 D
充填孔拉伸	2～4	36±1	200～300	6±0.06
充填孔压缩	3～5	36±0.20	300	6±0.06

6.3　紧固件-孔间隙

紧固件公称直径为 6 mm。宽度孔径比一般为 6,紧固件的材料及配合方式由试验委托方提供。

6.4　试样制备

试样制备按 GB/T 1446 的规定。制孔时应避免孔周围的材料出现分层或其他损伤。

6.5　试样数量

每组有效试样应不少于 5 个。

7　试验条件

7.1　试验环境条件

7.1.1　实验室标准环境条件

实验室标准环境条件应满足 GB/T 1446 的规定。

7.1.2　非实验室标准环境条件

7.1.2.1　高温试验

首先将环境箱和试验夹具预热到规定的试验温度,然后将试样加热到规定的试验温度,并用与试样工作段直接接触的温度传感器加以校验。对干态试样,在试样达到试验温度后,保温 5 min～10 min 开始试验;对湿态试样,在试样达到试验温度后,保温 2 min～3 min 开始试验。试验中试样温度保持在规定试验温度的±3 ℃范围内。

7.1.2.2 低温(低于零度)试验

首先将环境箱和试验夹具冷却到规定的试验温度,然后将试样冷却到规定的试验温度,并用与试样工作段直接接触的温度传感器加以校验。在试样到达试验温度后,保温 5 min～10 min 开始试验。试验中试样温度保持在规定试验温度的±3 ℃范围内。

7.2 试样状态调节

7.2.1 干态试样状态调节

试验前,试样在实验室标准环境条件下至少放置 24 h。

7.2.2 湿态试样状态调节

试验前,应在规定的温度和湿度条件下使试样达到所要求的吸湿状态。推荐的温度和湿度条件如下:

    a) 温度:70 ℃±3 ℃;

    b) 相对湿度:85%±5%。

湿态试样状态调节结束后,应将试样用湿布包裹放入密封袋内,直到进行力学试验,试样在密封袋内的储存时间应不超过 14 d。

8 试验步骤

8.1 试验前准备

8.1.1 按 GB/T 1446 的规定检查试样外观,对每个试样编号。

8.1.2 按 7.2 的规定对试样进行状态调节。

8.1.3 在最终的试样机械加工和状态调节后,测量开孔处的试样宽度 w、试样厚度 h、孔径 D 和从孔边缘到试样最近一侧的距离 f,并测量、记录紧固件的几何尺寸。厚度测量精度为±0.01 mm,其余均为±0.02 mm。

8.1.4 通过紧固件或销钉对试样进行装配。若紧固件要求拧紧力矩,则采用扭矩扳手将紧固件拧紧到所需的值。

8.2 试验

8.2.1 充填孔拉伸试验按 GB/T 30968.3 进行。

8.2.2 充填孔压缩试验按 GB/T 30968.4 进行。

8.2.3 采用表 2 中的三字符式失效模式代码来描述这些失效模式,其中图 3 给出了充填孔拉伸试验的有效失效模式,图 4 和图 5 给出了充填孔压缩试验的有效失效模式。若失效位置不发生在紧固件孔处或不靠近紧固件孔处,则试样的试验数据是无效的。

表 2 失效模式代码

第一个字符		第二个字符		第三个字符	
破坏形状	代码	破坏区域	代码	破坏位置	代码
角形	A	工作段	G	中间,孔中心	M
横向	L	—	—	偏离孔中心	O
多模式	M(xyz)	—	—	偏离紧固件边缘	F

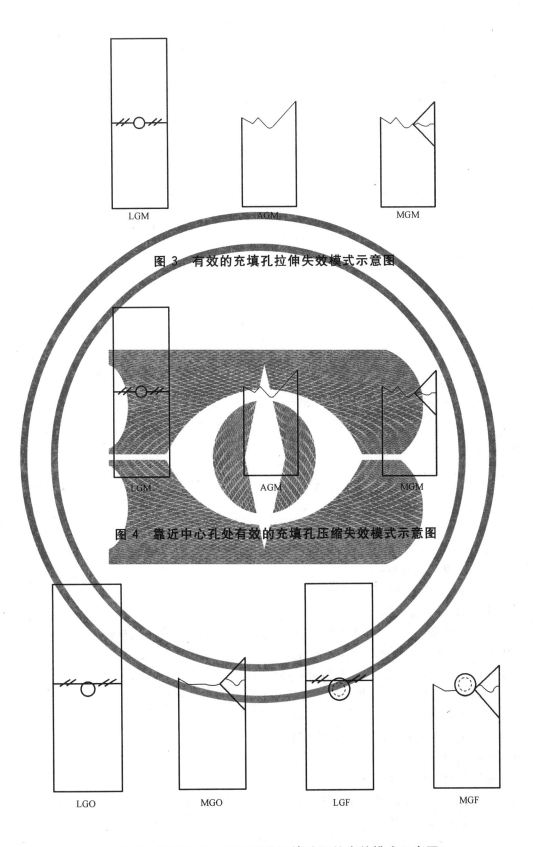

图 3　有效的充填孔拉伸失效模式示意图

图 4　靠近中心孔处有效的充填孔压缩失效模式示意图

图 5　偏离孔中心处有效的充填孔压缩失效模式示意图

9 计算

9.1 充填孔拉伸强度

充填孔拉伸强度按式(1)计算,结果保留 3 位有效数字:

$$\sigma_{fht} = \frac{P_{max}}{wh} \quad\quad\quad\quad\quad\quad\quad (1)$$

式中:

σ_{fht} ——充填孔拉伸强度,单位为兆帕(MPa);

P_{max}——破坏前试样承受的最大拉伸载荷,单位为牛顿(N);

w ——开孔处的试样宽度,单位为毫米(mm);

h ——开孔处的试样厚度平均值,单位为毫米(mm)。

9.2 充填孔压缩强度

充填孔压缩强度按式(2)计算,结果保留 3 位有效数字:

$$\sigma_{fhc} = \frac{P_{max}}{wh} \quad\quad\quad\quad\quad\quad\quad (2)$$

式中:

σ_{fhc} ——充填孔压缩强度,单位为兆帕(MPa);

P_{max}——破坏前试样承受的最大压缩载荷,单位为牛顿(N)。

9.3 统计

对于每一组试验,按 GB/T 1446 的规定计算每一种测量性能的算术平均值、标准差和离散系数。

10 试验报告

试验报告一般包括下列内容:

a) 试验项目名称、执行标准和方法;

b) 试验人员、试验时间和地点;

c) 试样来源及制备情况,材料(包括复合材料、紧固件和垫片)品种及规格;

d) 试样编号、形状和尺寸、外观质量及数量;

e) 试验温度、相对湿度、试样状态调节参数和结果;

f) 试验设备及仪器的型号、规格及计量情况;

g) 紧固件的拧紧力矩;

h) 与本标准的不同之处,试验时出现的异常情况;

i) 试验结果,包括:

    1) 每个试样的最大载荷值;

    2) 每个试样的充填孔拉伸或压缩强度及样本的算术平均值、标准差和离散系数;

    3) 每个试样的失效模式。

ICS 83.120
Q 23

中华人民共和国国家标准

GB/T 30968.3—2014

聚合物基复合材料层合板开孔/受载孔性能试验方法 第3部分：开孔拉伸强度试验方法

Test method for open-hole/loaded-hole of polymer matrix composite laminates—Part 3：Test method of open-hole tensile strength

2014-07-24 发布

2015-01-01 实施

中华人民共和国国家质量监督检验检疫总局
中国国家标准化管理委员会 发布

前　言

GB/T 30968《聚合物基复合材料层合板开孔/受载孔性能试验方法》分为四部分：
——第1部分：挤压性能试验方法；
——第2部分：充填孔拉伸和压缩试验方法；
——第3部分：开孔拉伸强度试验方法；
——第4部分：开孔压缩强度试验方法。

本部分为GB/T 30968的第3部分。

本部分按照GB/T 1.1—2009给出的规则起草。

本部分由中国建筑材料联合会、中国航空工业集团公司提出。

本部分由全国纤维增强塑料标准化技术委员会（SAC/TC 39）、全国航空器标准化技术委员会（SAC/TC 435）归口。

本标准起草单位：中国飞机强度研究所、中国航空工业集团公司北京航空材料研究院。

本标准主要起草人：李磊、魏宏艳、杨胜春、沈真、张子龙、陈新文、孙坚石、谢佳卉。

聚合物基复合材料层合板开孔/受载孔
性能试验方法　第3部分：开孔拉伸强度
试验方法

1　范围

GB/T 30968 的本部分规定了聚合物基复合材料层合板开孔拉伸强度试验方法的试验设备、试样、试验条件、试验步骤、计算和试验报告。

本部分适用于连续纤维(纤维、织物或纤维与织物混杂)增强聚合物基复合材料层合板开孔拉伸强度的测定。

2　规范性引用文件

下列文件对于本文件的应用是必不可少的。凡是注日期的引用文件，仅注日期的版本适用于本文件。凡是不注日期的引用文件，其最新版本(包括所有的修改单)适用于本文件。

GB/T 1446　纤维增强塑料性能试验方法总则

GB/T 3961　纤维增强塑料术语

3　术语和定义

GB/T 3961 界定的术语和定义适用于本文件。

4　方法原理

对含有一个中心孔的对称均衡层合板，通过夹持端夹持以摩擦力加载，进行单轴拉伸试验，在试样工作段形成拉力场，测试层合板开孔拉伸强度。

5　试验设备

5.1　试验机与测试仪器

试验机和测试仪器应符合 GB/T 1446 的规定。

5.2　环境箱

环境箱的控制精度应满足试验要求，经计量检定合格，并在有效期内使用。

6　试样

6.1　铺层形式

试样为对称均衡的多向层合板。

6.2 试样形状与尺寸

试样的形状与尺寸分别见图1和表1。

6.3 试样制备

试样制备按 GB/T 1446 的规定。制孔时应避免孔周围的材料出现分层或其他损伤。

6.4 试样数量

每组有效试样应不少于5个。

单位为毫米

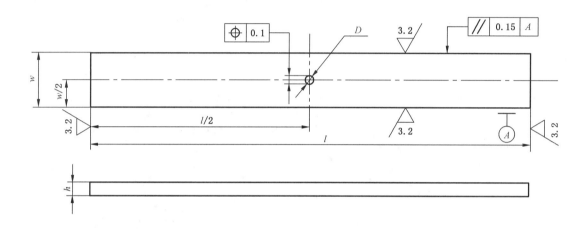

图 1 开孔拉伸试样示意图

表 1 试样尺寸

单位为毫米

宽度 w	厚度 h	长度 l	孔径 D
36±1	2~4(推荐2.5)	200~300	6±0.06

7 试验条件

7.1 试验环境条件

7.1.1 实验室标准环境条件

实验室标准环境条件按照 GB/T 1446 中的规定。

7.1.2 非实验室标准环境条件

7.1.2.1 高温试验环境条件

首先将环境箱和试验夹具预热到规定的试验温度,然后将试样加热到规定的试验温度,并用与试样工作段直接接触的温度传感器加以校验。对干态试样,在试样达到试验温度后,保温 5 min～10 min 开始试验;对湿态试样,在试样达到试验温度后,保温 2 min~3 min 开始试验。试验中试样温度保持在规定试验温度的±3 ℃范围内。

7.1.2.2 低温(低于零度)试验环境条件

首先将环境箱和试验夹具冷却到规定的试验温度,然后将试样冷却到规定的试验温度,并用与试样工作段直接接触的温度传感器加以校验。在试样达到试验温度后,保温 5 min~10 min 开始试验。试验中试样温度保持在规定试验温度的±3 ℃范围内。

7.2 试样状态调节

7.2.1 干态试样状态调节

试验前,试样在实验室标准环境条件下至少放置 24 h。

7.2.2 湿态试样状态调节

试验前,应在规定的温度和湿度条件下使试样达到所要求的吸湿状态。推荐的温度和湿度条件如下:

a) 温度:70 ℃±3 ℃;

b) 相对湿度:85%±5%。

湿态试样状态调节结束后,应将试样用湿布包裹放入密封袋内,直到进行力学试验,试样在密封袋内的储存时间应不超过 14 d。

8 试验步骤

8.1 试验前准备

8.1.1 按 GB/T 1446 的规定检查试样外观,对每个试样编号。

8.1.2 按 7.2 的规定对试样进行状态调节。

8.1.3 在最终的试样机械加工和状态调节后,测量开孔处的试样宽度 w、试样中心孔两侧厚度 h、孔径 D。试样厚度测量精确到 0.01 mm,其他尺寸测量精确到 0.02 mm。

8.2 试样安装

将试样夹持于试验机夹头中,使试样的中心线与试验机夹头的中心线保持一致。应采用合适的夹头夹持力,以保证试样在加载过程中不打滑且不对试样造成损伤。

8.3 试验

8.3.1 对于在实验室标准环境条件下进行的试验,按 7.1.1 的规定进行;而对于在非实验室标准环境条件下进行的试验,则按 7.1.2 的规定进行。

8.3.2 以 1 mm/min~2 mm/min 的加载速度对试样连续加载至破坏,记录试样最大载荷和失效模式。

8.3.3 失效模式的描述采用表 2 所示的三字符式失效代码,代码的第一个字符描述失效形式,第二个字符描述失效区域,最后一个字符描述失效部位。本标准规定不发生在孔边的失效模式是无效的,有效的失效模式见图 2,其失效代码仅限于∗GM,即第二个和第三个字符限于"工作段中间"。

表 2 失效模式代码

第一个字符		第二个字符		第三个字符	
失效形式	代码	失效区域	代码	失效部位	代码
角形	A	在夹持区内	I	下部	B
边缘分层	D	在夹持区处	A	上部	I
夹持区	G	离夹持区处 小于1倍宽度	W	左侧	L
横向	L	工作段	G	右侧	K
复合模式	M	多区域	M	中间	M
纵向劈裂	S	其他	O	其他	O
其他	O	—	—	—	—

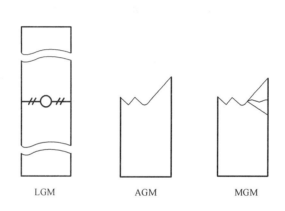

LGM   AGM   MGM

图 2 可接受的开孔拉伸失效模式示意图

9 计算

9.1 开孔拉伸强度

开孔拉伸强度按公式(1)计算,结果保留 3 位有效数字:

$$\sigma_{oht} = \frac{P_{max}}{w \times h} \qquad \cdots\cdots\cdots\cdots\cdots\cdots\cdots (1)$$

式中:

σ_{oht} ——开孔拉伸强度,单位为兆帕(MPa);

w ——试样宽度,单位为毫米(mm);

h ——试样厚度,单位为毫米(mm);

P_{max}——破坏前试样承受的最大载荷,单位为牛(N)。

9.2 统计

对于每一组试验,按照 GB/T 1446 的规定计算开孔拉伸强度的算术平均值、标准差和离散系数。

10 试验报告

试验报告一般包括下列内容：

a) 试验项目名称、执行标准号；

b) 试验人员、试验时间和地点；

c) 试样来源及制备情况，材料品种及规格；

d) 试样铺层形式、编号、形状和尺寸、外观质量及数量；

e) 试验温度、相对湿度、试样状态调节参数和结果；

f) 试验设备及仪器的型号、规格及计量情况；

g) 与本标准的不同之处，试验时出现的异常情况；

h) 试验结果，包括：

    1) 每个试样的最大载荷值；

    2) 每个试样的开孔拉伸强度及试样算术平均值、标准差和离散系数；

    3) 每个试样的失效模式。

ICS 83.120
Q 23

中华人民共和国国家标准

GB/T 30969—2014

聚合物基复合材料短梁剪切强度
试验方法

Test method for short-beam shear strength of polymer
matrix composite materials

2014-07-24 发布

2015-01-01 实施

中华人民共和国国家质量监督检验检疫总局
中国国家标准化管理委员会 发布

前　言

本标准按照 GB/T 1.1—2009 给出的规则起草。

本标准由中国建筑材料联合会、中国航空工业集团公司提出。

本标准由全国纤维增强塑料标准化技术委员会、全国航空器标准化技术委员会（SAC/TC 435）归口。

本标准起草单位：中国飞机强度研究所、中国航空工业集团公司北京航空材料研究院。

本标准主要起草人：谢佳卉、杨胜春、沈真、沈薇、李雪琴、孙坚石、周建锋、肖娟。

聚合物基复合材料短梁剪切强度
试验方法

1 范围

本标准规定了聚合物基复合材料短梁剪切强度试验方法的试验设备、试样、试验步骤、计算和试验报告。

本标准适用于连续纤维增强聚合物基复合材料短梁剪切强度的测定。

2 规范性引用文件

下列文件对于本文件的应用是必不可少的。凡是注日期的引用文件，仅注日期的版本适用于本文件。凡是不注日期的引用文件，其最新版本（包括所有的修改单）适用于本文件。

GB/T 1446 纤维增强塑料性能试验方法总则

GB/T 3961 纤维增强塑料术语

3 术语和定义

GB/T 3961 界定的术语和定义适用于本文件。

4 方法原理

采用小跨厚比三点弯曲法，获得试样的短梁剪切强度。

5 试验设备

5.1 试验机与测试仪器

试验机和测试仪器应符合 GB/T 1446 的规定。

5.2 加载头和支座

5.2.1 平板试样

试验夹具的加载头半径为 3 mm，2 个支座的半径为 1.5 mm，加载头和支座的长度至少应超出试样宽度 4 mm，硬度为 HRC 40～45，见图 1。

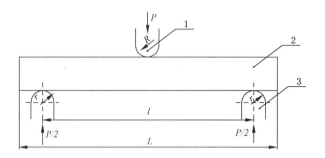

说明:

1 ——加载头;

2 ——试样;

3 ——支座;

R ——加载头半径,$R=3$ mm;

r ——支座半径,$r=1.5$ mm;

l ——跨距,$l=4h$;

L ——试样长度;

P ——压力。

图 1　平板试样加载示意图

5.2.2　曲板试样

试验夹具的加载头半径为 3 mm,支座采用 2 块平板,加载头和支座的长度至少应超出试样宽度 4 mm,硬度为 HRC40～45,见图2。

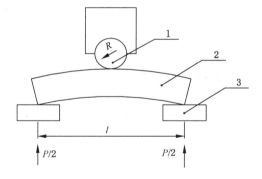

说明:

1 ——加载头;

2 ——试样;

3 ——支座;

R ——加载头半径,$R=3$ mm;

l ——跨距,$l=4h$;

P ——压力。

图 2　曲板试样加载示意图

5.3　环境箱

环境箱的控制精度应满足试验要求,经计量检定合格,并在有效期内使用。

6 试样

6.1 铺层形式

试样可采用0°单向板和多向对称均衡层合板,对多向层合板,沿长度方向的纤维含量应不少于10%。

6.2 试样形状与尺寸

6.2.1 平板试样

平板试样的形状见图3,试样的几何尺寸要求如下:

a) 试样厚度:$h = 2\ mm \sim 6\ mm$;

b) 试样宽度:$w = (2 \sim 3)h$;

c) 试样长度:$L = 5h + 10\ mm$。

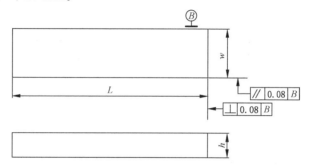

铺层方向相对于Ⓑ的公差为±0.5°。

图3 平板试样示意图

6.2.2 曲板试样

曲板试样的形状见图4,试样的几何尺寸要求如下:

a) 试样厚度:$h = 2\ mm \sim 6\ mm$;

b) 试样宽度:$w = (2 \sim 3)h$;

c) 试样长度(最小弦长):$L = 5h + 10\ mm$;

d) 圆心角:$\theta \leqslant 30°$;

e) 曲率半径:$R_s = L / 2\sin(\theta / 2) - h$。

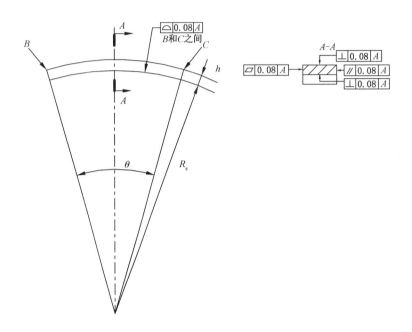

铺层方向相对于Ⓐ的公差为±0.5°。

图 4　曲板试样示意图

6.3　试样制备

试样制备按 GB/T 1446 的规定。

6.4　试样数量

每组有效试样应不少于 5 个。

7　试验条件

7.1　试验环境条件

7.1.1　实验室标准环境条件

实验室标准环境条件按 GB/T 1446 中的规定。

7.1.2　非实验室标准环境条件

7.1.2.1　高温试验环境条件

首先将环境箱和试验夹具预热到规定的试验温度,然后将试样加热到规定的试验温度,并用与试样工作段直接接触的温度传感器加以校验。对干态试样,在试样达到试验温度后,保温 5 min~10 min 开始试验;对湿态试样,在试样达到试验温度后,保温 2 min~3 min 开始试验。试验中试样温度保持在规定试验温度的±3 ℃范围内。

7.1.2.2 低温(低于零度)试验环境条件

首先将环境箱和试验夹具冷却到规定的试验温度,然后将试样冷却到规定的试验温度,并用与试样工作段直接接触的温度传感器加以校验。在试样达到试验温度后,保温 5 min~10 min 开始试验。试验中试样温度保持在规定试验温度的±3 ℃范围内。

7.2 试样状态调节

7.2.1 干态试样状态调节

试验前,试样在实验室标准环境条件下至少放置 24 h。

7.2.2 湿态试样状态调节

试验前,应在规定的温度和湿度条件下使试样达到所要求的吸湿状态。推荐的温度和湿度条件如下:

　　a)　温度:70 ℃±3 ℃;

　　b)　相对湿度:85%±5%。

湿态试样状态调节结束后,应将试样用湿布包裹放入密封袋内,直到进行力学试验,试样在密封袋内的储存时间应不超过 14 d。

8 试验步骤

8.1 试验前准备

8.1.1 按 GB/T 1446 的规定检查试样外观,对每个试样编号。

8.1.2 按 7.2 的规定对试样进行状态调节。

8.1.3 状态调节后,测量试样中心截面处的宽度和厚度,宽度测量精确到 0.02 mm,厚度测量精确到 0.01 mm。

8.2 试样安装

8.2.1 调整跨距,使支座跨厚比为 4,测量精确到 0.1 mm。

8.2.2 调整加载头和支座,使加载头和两侧支座的轴线相互平行,并与两侧支座等距,测量精确到 0.1 mm。

8.2.3 将试样居中置于试验夹具中,使试样光滑面置于支座上,见图 1 和图 2。将试样中心与加载头中心对齐,并使试样长轴与加载头和支座垂直。

8.3 试验

8.3.1 对于在实验室标准环境条件下进行的试验,按 7.1.1 的规定进行;而对于在非实验室标准环境条件下进行的试验,则按 7.1.2 的规定进行。

8.3.2 按 1 mm/min~2 mm/min 加载速度对试样连续加载,直到试样破坏或加载头的位移超过了试样的名义厚度时,停止试验。若试样破坏,则记录试样失效模式和最大载荷。

8.3.3 典型的失效模式见图 5。

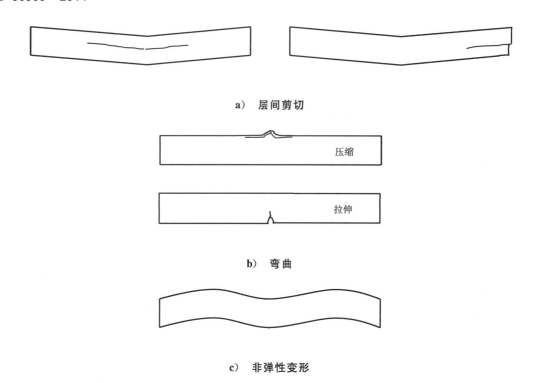

a) 层间剪切

b) 弯曲

c) 非弹性变形

图 5 典型失效模式示意图

9 计算

9.1 短梁剪切强度

短梁剪切强度按式(1)计算,结果保留 3 位有效数字:

$$\tau_{sbs} = \frac{3P_{max}}{4wh} \quad\quad\quad\quad\quad\quad (1)$$

式中:

τ_{sbs} ——短梁剪切强度,单位为兆帕(MPa);

P_{max}——破坏前试样承受的最大载荷,单位为牛(N);

w ——试样宽度,单位为毫米(mm);

h ——试样厚度,单位为毫米(mm)。

9.2 统计

对于每一组试验,按 GB/T 1446 的规定计算短梁剪切强度的算术平均值、标准差和离散系数。

10 试验报告

试验报告一般包括下列内容:

a) 试验项目名称和执行标准;

b) 试验人员、试验时间和地点;

c) 试样来源及制备情况,材料品种及规格;

d) 试样铺层方式、编号、形状和尺寸、外观质量及数量;

e) 试验温度、相对湿度、试样状态调节参数和结果；

f) 试验设备及仪器的型号、规格及计量情况；

g) 与本标准的不同之处，试验时出现的异常情况；

h) 试验结果，包括：

    1) 每个试样的最大载荷；

    2) 每个试样的短梁剪切强度及样本的算术平均值、标准差和离散系数；

    3) 每个试样的失效模式。

ICS 83.120
Q 23

中华人民共和国国家标准

GB/T 30970—2014

聚合物基复合材料剪切性能
V 型缺口梁试验方法

Test method for the shear properties of polymer matrix composite materials
by V-notched beam method

2014-07-24 发布

2015-01-01 实施

中华人民共和国国家质量监督检验检疫总局
中国国家标准化管理委员会　发 布

前　言

本标准按照 GB/T 1.1—2009 给出的规则起草。

本标准由中国建筑材料联合会、中国航空工业集团公司提出。

本标准由全国纤维增强塑料标准化技术委员会、全国航空器标准化技术委员会(SAC/TC 435)归口。

本标准起草单位:中国航空工业集团公司北京航空材料研究院、中国飞机强度研究所。

本标准主要起草人:张子龙、彭勃、李雪芹、沈真、陈新文、杨胜春、王海鹏。

聚合物基复合材料剪切性能
V型缺口梁试验方法

1 范围

本标准规定了纤维增强复合材料剪切性能V型缺口梁试验方法的试样、试验设备、试验条件、试验步骤、试验结果计算及试验报告等。

本标准适用于测定聚合物基复合材料的剪切模量、剪切强度及剪切应力-应变曲线。

2 规范性引用文件

下列文件对于本文件的应用是必不可少的。凡是注日期的引用文件,仅注日期的版本适用于本文件。凡是不注日期的引用文件,其最新版本(包括所有的修改单)适用于本文件。

GB/T 1446 纤维增强塑料性能试验方法总则

GB/T 3961 纤维增强塑料术语

3 术语和定义

GB/T 3961界定的以及下列术语和定义适用于本文件。

3.1

材料坐标系 material coordinate system

用来描述材料主轴坐标系的笛卡尔坐标系,用1,2和3轴来表示材料的主轴,见图1,其中1-2为面内,1-3和2-3为层间。

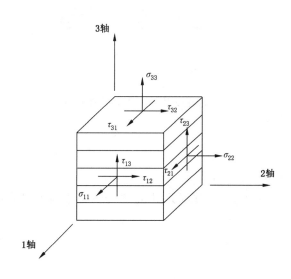

图1 材料坐标系

GB/T 30970—2014

4 方法原理

采用专用夹具对具有双V型缺口试样施加载荷,在试样缺口中心区形成剪切应力场,以测定材料的剪切性能。

5 试样

5.1 概述

试样铺层要求如下:

a) 单向纤维增强的 $[0]_{ns}$、$[90]_{ns}$、$[0/90]_{ns}$ 层合板;

b) 织物增强的层合板,其经纱方向与材料坐标系主轴方向一致。

5.2 试样形状和尺寸

试样的几何形状、尺寸、公差要求见图2,试样厚度尺寸应能确保装入卡具的凹槽中,推荐为 1 mm~4 mm。

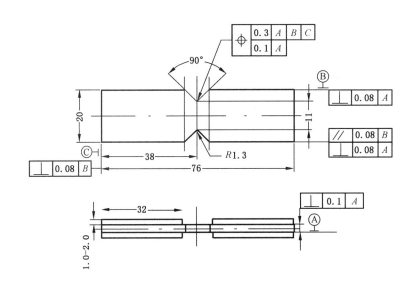

图 2　试样的几何形状和尺寸形位公差

5.3 试样制备

5.3.1 试样制备按GB/T 1446有关规定。

5.3.2 试样应沿材料坐标系的主轴方向切取,见图3。对于1-2平面剪切试验,推荐采用$[0/90]_{ns}$试样。

序号	试样铺层方式	坐标系	测试目标
1	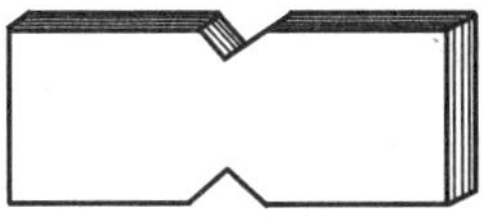	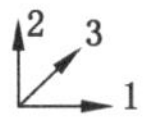 2 3 1	G_{12}
2	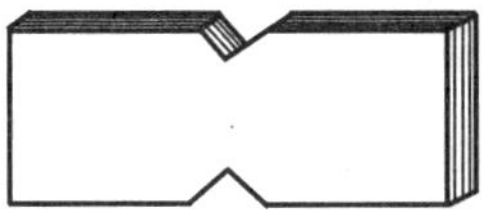	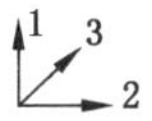 1 3 2	G_{21}
3	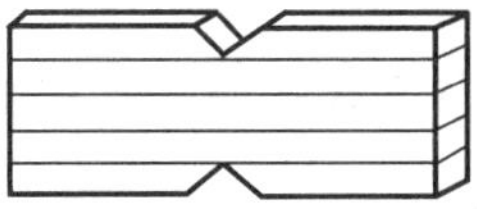	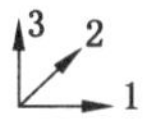 3 2 1	G_{13}
4		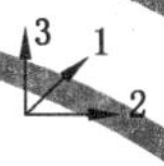 3 1 2	G_{23}
5	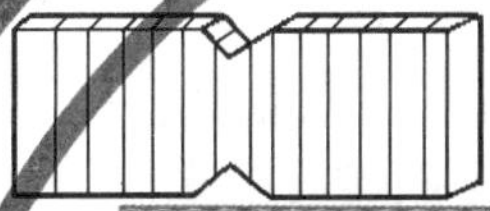	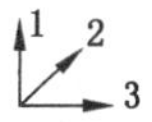 1 2 3	G_{31}
6	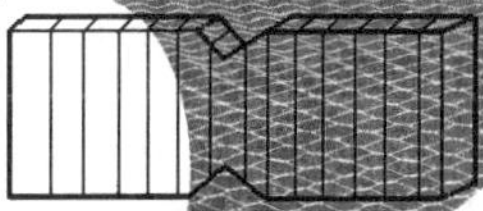	 2 1 3	G_{32}

图 3 取样方向示意图

5.4 加强片

加强片推荐采用[0/90]连续玻璃纤维或其机织物增强的复合材料层合板,也可采用铝合金板。加强片的厚度一般为 1.0 mm～2.0 mm。粘贴加强片时,试样表面处理应保证不损坏试样纤维。粘贴加强片所用胶粘剂应保证试验过程中加强片不脱落,胶粘剂固化温度应对试验材料的性能不产生影响。加强片粘贴完毕后,应对试样边缘进行修整,确保试样附合本标准的公差要求。若能够确认无加强片可得到合理的试验结果,也可以不贴加强片。

5.5 应变计粘贴

在试样缺口根部的中心区域粘贴应变计,见图 4。若考虑试样扭转,则应在试样两面对称粘贴应变计。应变计可以单片,也可以±45°组合式粘贴。应变计应变测量范围应满足 5% 剪应变测量要求。推荐每个单片丝栅长度为 1 mm。

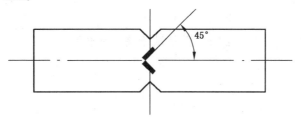

图 4 应变计粘贴位置示意图

5.6 试样数量

每组有效试样应不少于 5 个。

6 试验设备与装置

6.1 试验机

6.1.1 试验机按 GB/T 1446 的有关规定。

6.1.2 试验机应配备适合连接本标准中规定的试验装置的平台或者其他等效联接装置,上下联接部分的其中之一应具有可调节的球形支座。

6.2 试验夹具

剪切试验夹具示意图见图 5。

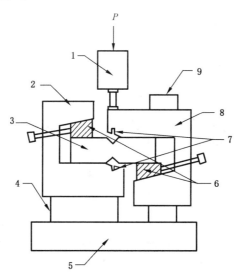

说明:
1——加载连杆;
2——下夹块;
3——试样;
4——下夹块支座;
5——底座;
6——可调节锁紧块;
7——对中销;
8——上夹块;
9——导向柱。

图 5 剪切试验夹具示意图

7 试验条件

7.1 试验环境条件

标准试验环境条件按 GB/T 1446 规定,若采用非标准试验环境条件,应记录并在试验报告中注明。

7.2 试验状态调节

按 GB/T 1446 规定进行试验状态调节。

7.3 试验加载速度

试验加载速度为 1 mm/min～2 mm/min。

8 试验步骤

8.1 按 GB/T 1446 规定检查试样外观检查。

8.2 按 GB/T 1446 规定进行试样状态调节。

8.3 将合格的试样编号,测量试样两 V 型缺口根部间的距离和试样厚度,测量精度按 GB/T 1446 规定。

8.4 若测量剪应变,则应在试验状态调节之前粘贴应变片。

8.5 调节载荷显示值零点,必要时,应考虑夹具重量的补偿。

8.6 试样装夹具时,将试样贴靠于夹具背面,调整试样左右位置,使试样的中截面与加载线重合,旋紧锁紧螺母,固定试样,松紧程度以试样不产生移动,又不会对试样产生夹紧效应为宜。

8.7 对试样预加载荷,然后卸至初载(约为破坏载荷的 5%～0%),调整仪器设备零点,预加载时,应保证试样不发生任何形式的损坏,一般不超过破坏载荷的 30%。

8.8 以规定的速率对试样加载。记录载荷-应变数据。若出现载荷下降的情况,则记录该点的载荷和对应的剪切应变值,并记录相应的损伤模式,若试样出现最终破坏,则记录破坏前的最大载荷以及破坏瞬间或尽可能接近破坏瞬间的载荷与应变。若剪应变达到 5% 仍未发生破坏,则忽略 5% 以后的数据,记录 5% 剪切应变时的载荷,作为剪切破坏载荷。

8.9 按图 6 所示典型的失效模式判断试样失效模式是否为有效失效模式,若发生无效的失效模式,应予作废,同批有效试样数量不足 5 个时,应另取试样补充或重做试验。

8.10 建议每一批或者每几批试样至少有一个试样背对背两面粘贴应变计,以评估扭转因素的影响。扭转影响率按式(3)计算。若扭转影响率值大于 3%,则认为试验存在扭转因素,应调整以消除这种扭转因素的影响,若无法消除,则应该采用正反两面粘贴应变计,以正反两面结果的平均值作为剪切模量的测量值。

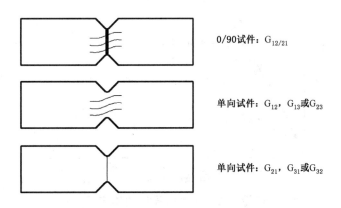

图 6 典型的失效模式示意图

9 计算

9.1 剪切强度按式(1)计算。

$$S = \frac{P^u}{bh} \quad \cdots\cdots\cdots\cdots\cdots\cdots\cdots\cdots\cdots\cdots\cdots\cdots（1）$$

式中：

S ——剪切强度,单位为兆帕(MPa);

P^u ——剪切破坏载荷或者剪应变等于5%时对应的载荷值,单位为牛顿(N);

b ——两缺口根部间的距离,单位为毫米(mm);

h ——试样的厚度,单位为毫米(mm)。

9.2 剪切模量 G_{XY} 按式(2)计算。

$$G_{XY} = \frac{\Delta P}{bh(|\Delta\varepsilon_{+45}| + |\Delta\varepsilon_{-45}|)} \times 10^3 \quad \cdots\cdots\cdots\cdots\cdots\cdots（2）$$

式中：

G_{XY} ——剪切模量,单位为吉帕(GPa);

ΔP ——载荷应力-应变曲线初始线性范围内的载荷增量,单位为牛顿(N);

$\Delta\varepsilon_{+45}$ ——与载荷增量向对应的+45°方向的应变增量,单位为毫米每毫米(mm/mm);

$\Delta\varepsilon_{-45}$ ——与载荷增量向对应的-45°方向的应变增量,单位为毫米每毫米(mm/mm)。

9.3 弦线剪切模量 G_{XY}^{chord} 按式(2)计算。计算弦线剪切模量时,在 $1\,500 \times 10^{-6}$ mm/mm～$2\,500 \times 10^{-6}$ mm/mm 范围内选取一个较低的应变作为计算起始点,剪应变增量取为 $4\,000 \times 10^{-6}$ mm/mm $\pm 200 \times 10^{-6}$ mm/mm,在该区间内用式(2)计算弦线剪切模量。采用弦线剪切模量计算时,应给出计算中使用的应变范围。

9.4 从剪应力-剪应变曲线中确定条件剪切强度的方法如图7所示,过剪应变轴上偏离原点指定的应变值的点,作平行于剪切应力/应变曲线线性段的直线(剪切模量线),该线与应力-应变曲线交点处对应的剪应力值,定义为相应条件应变下的条件剪切强度。若没有特别指定,推荐采用0.2%条件应变。

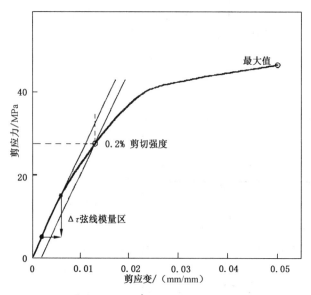

图 7 模量和 0.2%剪切强度的确定示意图

9.5 扭转影响率按式(3)计算。

$$C_N = \frac{G_a - G_b}{G_a + G_b} \times 100\% \quad \cdots\cdots\cdots\cdots\cdots\cdots\cdots\cdots\cdots\cdots\cdots\cdots\cdots (3)$$

式中：

C_N——扭转影响率，%；

G_a——由正面应变测量值计算得出的剪切模量，单位为吉帕(GPa)；

G_b——由反面应变测量值计算得出的剪切模量，单位为吉帕(GPa)。

9.6 按 GB/T 1446 中的有关规定，计算每一组试验测量性能的平均值、标准差和离散系数。

10 试验结果

试验结果按 GB/T 1446 规定。

11 试验报告

试验报告按 GB/T 1446 规定，试验报告一般应包括以下内容：

a) 试验项目名称和执行标准号；

b) 试验人员、试验时间和地点；

c) 试样来源及制备情况，材料品种及规格；

d) 试样铺层方式、编号、形状和尺寸、外观质量及数量；

e) 试验温度、相对湿度、试样状态调节参数和结果；

f) 试验设备及仪器的型号、规格及计量情况；

g) 与本标准的不同之处，试验时出现的异常情况；

h) 试验结果，包括：

　1) 每个试样的最大载荷值或破坏载荷值；

　2) 每个试样的剪切强度及样本的算术平均值、标准差和离散系数；

　3) 每个试样的极限剪应变及样本的算术平均值、标准差和离散系数，若到 5% 应变后对数据进行了删除，应注明；

　4) 弦线模量计算的应变范围，若使用了其他弹性模量的定义，则需记录所使用的方法以及模量计算所用的应变范围；

　5) 试样的剪切弹性模量及样本的算术平均值、标准差和离散系数；

　6) 条件剪切强度和对应的条件应变值以及样本的算术平均值、标准差和离散系数；

　7) 试样扭转百分比的评估结果；

　8) 每个试样的失效模式和位置。

ICS 83.120
Q 23

中华人民共和国国家标准

GB/T 32376—2015

纤维增强复合材料弹性常数测试方法

Elastic constants test method for fibre reinforced composites

2015-12-31 发布

2016-11-01 实施

中华人民共和国国家质量监督检验检疫总局
中国国家标准化管理委员会 发布

前　言

本标准按照 GB/T 1.1—2009 给出的规则起草。

本标准由中国建筑材料联合会提出。

本标准由全国纤维增强塑料标准化技术委员会(SAC/TC 39)归口。

本标准起草单位:中国兵器工业集团第五三研究所、北京玻璃钢研究设计院有限公司、常州天马集团有限公司。

本标准主要起草人:李树虎、张永侠、吕秀莲、秦贞明、李艳华、郑会保、陈以蔚、魏化震、彭刚。

纤维增强复合材料弹性常数测试方法

1 范围

本标准规定了纤维增强复合材料弹性常数测试的术语和定义、试验概述、试验方法和试验报告等。

本标准适用于单向纤维增强的$[0]_{ns}$、$[90]_{ns}$和$[0/90]_{ns}$聚合物基复合材料层合板、经纬织物增强的聚合物基复合材料层合板的弹性常数测试。所测弹性常数主要用于结构分析与设计,包括纵向、横向、法向的拉伸弹性模量(E_1、E_2、E_3)、泊松比(μ_{12}、μ_{13}、μ_{23})和剪切模量(G_{12}、G_{13}、G_{23})。

2 规范性引用文件

下列文件对于本文件的应用是必不可少的。凡是注日期的引用文件,仅注日期的版本适用于本文件。凡是不注日期的引用文件,其最新版本(包括所有的修改单)适用于本文件。

GB/T 1446 纤维增强塑料性能试验方法总则

GB/T 3354 定向纤维增强聚合物基复合材料拉伸性能试验方法

GB/T 3355 聚合物基复合材料纵横剪切试验方法

GB/T 3961 纤维增强塑料术语

GB/T 4944—2005 玻璃纤维增强塑料层合板层间拉伸强度试验方法

3 术语和定义

GB/T 3961界定的以及下列术语和定义适用于本文件。

3.1

材料坐标系 material coordinate system

用于描述纤维增强复合材料主轴方向和应力分量的笛卡尔坐标系(一般用1、2和3表示坐标轴),见图1。

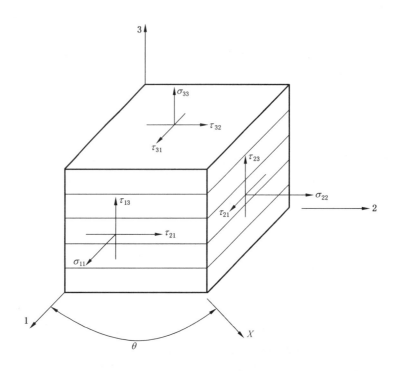

说明：

1 ——纤维纵向；

2 ——纤维横向；

3 ——层压方向或法向（厚度方向）；

X ——层压板参考轴；

θ ——纤维铺层方向角。

注1：纤维增强复合材料3个主轴方向的拉伸弹性模量相应的定义为 E_1、E_2、E_3。

注2：单轴应力在1轴方向作用时，引起2轴方向应变的泊松比定义为 μ_{12}；单轴应力在1轴方向作用时，引起3轴方向应变的泊松比定义为 μ_{13}；单轴应力在2轴方向作用时，引起3轴方向应变的泊松比定义为 μ_{23}。

注3：1-2平面的面内剪切模量定义为 G_{12}，1-3平面的层间剪切模量定义为 G_{13}，2-3平面的层间剪切模量定义为 G_{23}。

图 1　材料坐标系

4　试验概述

针对单向纤维或经纬织物增强的聚合物基复合材料层合板，通过纵向拉伸、横向拉伸、层间拉伸、面内剪切、层间剪切五种试验，测试包括纵向、横向、法向的拉伸弹性模量（E_1、E_2、E_3）、泊松比（μ_{12}、μ_{13}、μ_{23}）和剪切模量（G_{12}、G_{13}、G_{23}）共9个弹性常数。

5　试验方法

5.1　纵向拉伸试验

纵向拉伸试验所测试的弹性常数主要包括弹性模量 E_1 和泊松比 μ_{12}、μ_{13}，测试方法按 GB/T 3354 进行，另作如下规定：

　　a)　纵向拉伸试样为直条形、无加强片，长为（250.0±2.0）mm，宽为（25.0±0.5）mm，厚为（3.0±

0.3)mm。试样的长度方向和 1 轴方向一致,试样厚度方向和 3 轴方向一致。如图 2 所示。

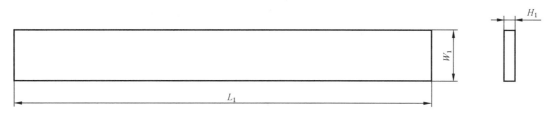

说明:

L_1——纵向拉伸试样长度;

W_1——纵向拉伸试样宽度;

H_1——纵向拉伸试样厚度。

图 2　纵向拉伸试样

b)　试样数量为两组,一组用于测试弹性模量 E_1 和泊松比 μ_{12},测试时在试样长度方向和宽度方向安装应变仪;另一组试样用于测试泊松比 μ_{13},测试时在试样长度方向和厚度方向安装应变仪。

c)　试验时,可在试件破坏前终止试验。

5.2　横向拉伸试验

横向拉伸试验所测试的弹性常数主要包括弹性模量 E_2 和泊松比 μ_{23},测试方法按 GB/T 3354 进行,另作如下规定:

a)　横向拉伸试样为直条形、无加强片,长为(250.0±2.0)mm,宽为(25.0±0.5)mm,厚为(3.0±0.3)mm。试样的长度方向和 2 轴方向一致,试样厚度方向和 3 轴方向一致,如图 3 所示。

b)　测试时在试样长度方向和厚度方向安装应变仪。

c)　试验时,可在试件破坏前终止试验。

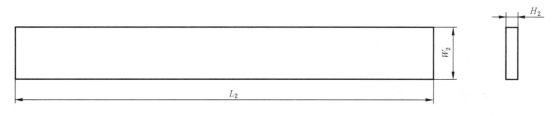

说明:

L_2——横向拉伸试样长度;

W_2——横向拉伸试样宽度;

H_2——横向拉伸试样厚度。

图 3　横向拉伸试样

5.3　层间拉伸试验

5.3.1　试验原理

将试样粘合到金属端面上,沿层合面垂直方向(法向)匀速拉伸,测量该过程中的应力和应变,确定层间拉伸弹性模量 E_3。

5.3.2 试样

5.3.2.1 试样采用正方形截面的柱形试样,截面边长为(15.0±0.1)mm,高为(19.0±0.3)mm(纤维层压方向或法向、厚度方向),形状、尺寸如图4所示。

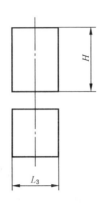

说明:

L_3——层间拉伸试样边长;

H ——层间拉伸试样高度。

图 4 层间拉伸试样

5.3.2.2 将试样制成 GB/T 4944—2005 规定的Ⅰ型组合件,如图5所示。

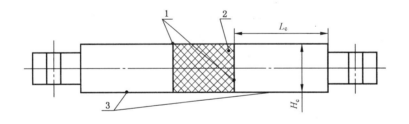

说明:

1 ——粘接剂层;

2 ——试样;

3 ——上、下金属连接块(钢或钛);

L_c——金属连接块长度;

H_c——金属连接块矩形边长。

图 5 层间拉伸试样组合件

金属连接块一般为不锈钢或钛合金,粘接端的矩形边长 D_c 为(15.0±0.1)mm;长度 L_c 不小于30.0 mm,连接块另一端的形状和尺寸应根据试验机确定。粘接面应保持平整无缺陷,并垂直于金属连接块的轴线。粘接剂的粘接强度应高于层间拉伸强度,建议采用环氧基粘接剂。粘结面的表面应用丙酮试剂进行清洁处理,固化条件如温度、压力、时间等均按粘接剂使用说明中的工艺规程进行。粘接剂及其固化条件不应改变层合板的性能。粘接面涂粘接剂时,应保证试样正确的粘合和精确地定位。

5.3.3 试验条件

5.3.3.1 试验环境条件按 GB/T 1446 的规定。

5.3.3.2 试样状态调节按 GB/T 1446 的规定。

5.3.3.3 试验设备按 GB/T 1446 的规定。

5.3.3.4 加载速度为 0.1 mm/min。

5.3.4 试验步骤

5.3.4.1 检查试样组合件的对中。

5.3.4.2 按 GB/T 1446 的规定对试样组合件进行状态调节。

5.3.4.3 测量试样尺寸,精确至 0.01 mm。

5.3.4.4 将试样组合件装入试验机夹具中,试样中心线应与试验机力轴重合。

5.3.4.5 安装应变测量装置。

5.3.4.6 按规定的加载速度对试样组合件施加均匀、连续载荷,同时绘制载荷-变形或应力-应变曲线。

5.3.4.7 可在试件破坏前终止试验。

5.3.4.8 同批有效试样不足五个时,应重做试验。

5.3.5 结果表示

5.3.5.1 层间拉伸应力按式(1)计算:

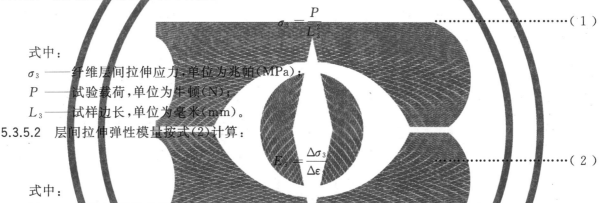

$$\sigma_3 = \frac{P}{L_3^2} \quad\quad\quad\quad\quad\quad\quad\quad\quad (1)$$

式中:

σ_3 ——纤维层间拉伸应力,单位为兆帕(MPa);

P ——试验载荷,单位为牛顿(N);

L_3 ——试样边长,单位为毫米(mm)。

5.3.5.2 层间拉伸弹性模量按式(2)计算:

$$E_3 = \frac{\Delta\sigma_3}{\Delta\varepsilon_3} \quad\quad\quad\quad\quad\quad\quad\quad\quad (2)$$

式中:

E_3 ——纤维层间拉伸弹性模量,单位为兆帕(MPa);

$\Delta\sigma_3$ ——与应变增量对应的层间拉伸应力增量,单位为兆帕(MPa);

$\Delta\varepsilon_3$ ——应力-应变曲线上初始直线段的层间拉伸应变增量。

注: 推荐应变增量的起始点为 500 $\mu\varepsilon$,终止点为 1 500 $\mu\varepsilon$;如果材料在 1 500 $\mu\varepsilon$ 应变以下失效,使用最大失效应变的 25% 和 50% 作为应变增量的起始点和终止点。

5.3.5.3 层间拉伸弹性模量计算结果取三位有效数字,计算平均值、标准偏差和离散系数。

5.4 面内剪切试验

面内剪切模量 G_{12} 的测试按 GB/T 3355 的规定进行。

5.5 层间剪切试验

5.5.1 试验原理

将双 V 型缺口的试样放入专用试验夹具并加载,测量该过程中的应力和应变,确定层间剪切模量 G_{13} 和 G_{23}。

5.5.2 试样

5.5.2.1 试样形状尺寸

试样为双 V 型缺口试样,长度为(76.0±1.0)mm,宽为(19.0±0.3)mm,厚度为(3.0±0.3)mm,形

状、尺寸见图6,试样的方向性见图7。

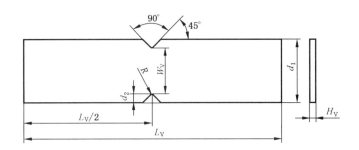

说明:

L_V ——层间剪切试样长度;

d_1 ——层间剪切试样宽度;

H_V ——层间剪切试样厚度;

W_V ——层间剪切试样剩余宽度,$W_V=(11.4\pm0.3)$mm;

d_2 ——层间剪切试样缺口深度,$d_2=(3.8\pm0.3)$mm;

R ——倒角半径,$R=(1.3\pm0.3)$mm。

图 6 层间剪切试样形状

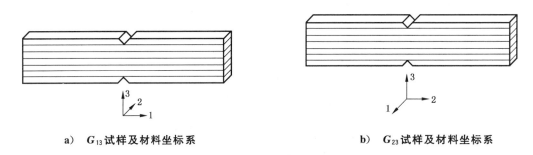

a)　G_{13}试样及材料坐标系　　　　　　　　b)　G_{23}试样及材料坐标系

图 7 层间剪切试样及材料坐标系

5.5.2.2 试样制备

试样从20 mm厚的层压板中切割,试样加工时应避免分层损伤。以下提供三种层压板的制备方法,优选前两种方法:

a) 在一次操作过程内将层压板共固化到最终的试板厚度;

b) 在试验段采用一块厚度大于14 mm的预固化层压板,并在每一侧对称粘贴一块附加的层压板,达到最终的试板厚度;

c) 使用均匀的薄的胶层,通过两次或多次操作将尽可能少的预固化层压板胶接在一起,达到最终的试板厚度。

5.5.2.3 试验夹具

试验夹具见图8,应确保试样的轴线与加载中心线一致。

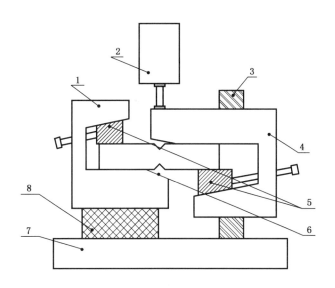

说明：

1——下支块；

2——试验机适配器；

3——轴承杆；

4——含线性轴承的上夹块；

5——调节块；

6——试样对中销；

7——底板；

8——下夹块支座。

图 8　层间剪切试验夹具

5.5.3　试验条件

5.5.3.1　试验环境条件按 GB/T 1446 的规定。

5.5.3.2　试样状态调节按 GB/T 1446 的规定。

5.5.3.3　试验设备按 GB/T 1446 的规定。

5.5.3.4　加载速度为 1 mm/min。

5.5.4　试验步骤

5.5.4.1　按 5.5.2.2 的规定制备和加工试样。

5.5.4.2　按 GB/T 1446 的规定检查试样。

5.5.4.3　按 GB/T 1446 的规定进行状态调节。

5.5.4.4　将试样编号，并测量工作段内任意三点的厚度和宽度，精确至 0.01 mm,取三次测量结果的算术平均值。

5.5.4.5　在试样上按图 9 方式粘贴应变片,推荐使用有效长度为 1.5 mm 的应变片。为了尽可能减少扭转的影响,应在试样的两个侧面对称粘贴应变片,取两个应变片的算术平均值作为测量应变。

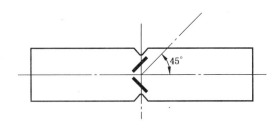

图 9　层间剪切试样应变片粘贴方式

5.5.4.6　将试样放入层间剪切试验夹具,使试样的轴线与加载中心线一致。

5.5.4.7　按 5.5.3.4 规定的速度对试样进行加载,绘制应力-应变曲线,计算层间剪切弹性模量。

5.5.4.8　可在试件破坏前终止试验。

5.5.4.9　同批有效试样不足 5 个时,应重做试验。

5.5.5　结果表示

5.5.5.1　层间剪切应力按式(3)、式(4)计算:

$$\tau_{13} = \frac{P_{13}}{W_{\mathrm{v}} H_{\mathrm{v}}} \quad\cdots\cdots\cdots\cdots\cdots\cdots\cdots\cdots\cdots\cdots\cdots(3)$$

$$\tau_{23} = \frac{P_{23}}{W_{\mathrm{v}} H_{\mathrm{v}}} \quad\cdots\cdots\cdots\cdots\cdots\cdots\cdots\cdots\cdots\cdots\cdots(4)$$

式中:

τ_{13}——1-3 平面的层间剪切应力,单位为兆帕(MPa);

τ_{23}——2-3 平面的层间剪切应力,单位为兆帕(MPa);

P_{13}——G_{13}试样的试验载荷,单位为牛顿(N);

P_{23}——G_{23}试样的试验载荷,单位为牛顿(N);

W_{v}——试样宽度,单位为毫米(mm);

H_{v}——试样厚度,单位为毫米(mm)。

5.5.5.2　层间剪切应变按式(5)、式(6)计算:

$$\gamma_{13} = |\varepsilon_{+45,13}| + |\varepsilon_{-45,13}| \quad\cdots\cdots\cdots\cdots\cdots\cdots\cdots\cdots\cdots(5)$$

$$\gamma_{23} = |\varepsilon_{+45,23}| + |\varepsilon_{-45,23}| \quad\cdots\cdots\cdots\cdots\cdots\cdots\cdots\cdots\cdots(6)$$

式中:

γ_{13}　——1-3 平面的层间剪切应变;

γ_{23}　——2-3 平面的层间剪切应变;

$\varepsilon_{+45,13}$——G_{13}试样的+45°方向应变;

$\varepsilon_{+45,23}$——G_{23}试样的+45°方向应变;

$\varepsilon_{-45,13}$——G_{13}试样的-45°方向应变;

$\varepsilon_{-45,23}$——G_{23}试样的-45°方向应变。

5.5.5.3　层间剪切弹性模量按式(7)、式(8)计算:

$$G_{13} = \frac{\Delta\tau_{13}}{\Delta\gamma_{13}} \quad\cdots\cdots\cdots\cdots\cdots\cdots\cdots\cdots\cdots\cdots\cdots(7)$$

$$G_{23} = \frac{\Delta\tau_{23}}{\Delta\gamma_{23}} \quad\cdots\cdots\cdots\cdots\cdots\cdots\cdots\cdots\cdots\cdots\cdots(8)$$

式中:

G_{13}——1-3 平面的层间剪切性模量,单位为兆帕(MPa);

G_{23} ——2-3 平面的层间剪切性模量,单位为兆帕(MPa);

$\Delta\tau_{13}$ ——G_{13}试样与应变增量对应的剪切应力增量,单位为兆帕(MPa);

$\Delta\tau_{23}$ ——G_{13}试样与应变增量对应的剪切应力增量,单位为兆帕(MPa);

$\Delta\gamma_{13}$ ——G_{13}试样对应的应力-应变曲线上初始直线段的层间剪切应变增量;

$\Delta\gamma_{23}$ ——G_{13}试样对应的应力-应变曲线上初始直线段的层间剪切应变增量。

注:推荐在 1 500 $\mu\varepsilon$~2 500 $\mu\varepsilon$ 应变范围内选取一个较低的点作为应变增量的起始点,使应变增加(4 000±200)$\mu\varepsilon$ 作为应变增量终止点。

5.5.5.4 层间剪切模量计算结果取三位有效数字,计算平均值、标准偏差和离散系数。

6 试验报告

试验报告的内容包括以下各项全部或部分:

a) 试验项目名称及执行标准号;

b) 试样来源及制备情况,材料品种及规格;

c) 试样编号、形状、尺寸、外观质量及数量;

d) 试验温度、相对湿度及试样状态调节;

e) 试验设备及仪器仪表的型号、量程及使用情况等;

f) 试验结果:

给出每个试样的性能值(必要时,给出每个试样的破坏情况)、算术平均值、标准差及离散系数;

g) 试验人员、日期及其他。

ICS 83.120
Q 23

中华人民共和国国家标准

GB/T 32377—2015

纤维增强复合材料动态冲击剪切性能
试验方法

Dynamic punch-shear properties test method for fibre reinforced composites

2015-12-31 发布

2016-11-01 实施

中华人民共和国国家质量监督检验检疫总局
中国国家标准化管理委员会 发布

前　言

本标准按照 GB/T 1.1—2009 给出的规则起草。

本标准由中国建筑材料联合会提出。

本标准由全国纤维增强塑料标准化技术委员会(SAC/TC 39)归口。

本标准起草单位:中国兵器工业集团第五三研究所、北京玻璃钢研究设计院有限公司、常州天马集团有限公司。

本标准主要起草人:冯家臣、彭刚、王绪财、郑会保、何平、王伟、段剑、吕秀莲、陈春晓。

纤维增强复合材料动态冲击剪切性能
试验方法

1 范围

本标准规定了纤维增强复合材料动态冲击剪切性能试验的术语和定义、试验原理、试验设备、试样、试验条件、试验步骤、数据计算与试验结果及试验报告。

本标准适用于纤维增强树脂基复合材料动态冲击剪切性能的测定,其他材料也可参照执行。

2 规范性引用文件

下列文件对于本文件的应用是必不可少的。凡是注日期的引用文件,仅注日期的版本适用于本文件。凡是不注日期的引用文件,其最新版本(包括所有的修改单)适用于本标准。

GB/T 1446 纤维增强塑料性能试验方法总则

3 术语和定义

下列术语和定义适用于本文件。

3.1

弹性纵波波速 elastic longitudinal wave velocity

弹性纵波在等截面的杆件中的传播速度。

3.2

动态冲击剪切应力 dynamic punch-shear stress

在冲击剪切过程中的任一时刻,剪切载荷与试样原始剪切面积的比值。

3.3

动态冲击剪切位移 dynamic punch-shear displacement

在冲击剪切过程中,与试样接触的输入杆端面与输出管端面的位移之差。

3.4

动态冲击剪切强度 dynamic punch-shear stress strength

在动态冲击剪切破坏过程中,试样的最大剪切应力。

4 试验原理

基于分段式一维霍普金森杆试验原理,打击杆以一定的速度打击输入杆,在输入杆中形成入射弹性压缩应力波并向前传播,对输入杆和输出管间的试样进行动态冲击加载,使试样沿厚度方向剪切破坏。由输入杆上的应变片测得弹性入射波、反射波,由输出管上的应变片测得弹性透射波,根据一维应力波理论,计算试样的动态冲击剪切应力和动态冲击剪切位移等。试验装置原理图如图1。

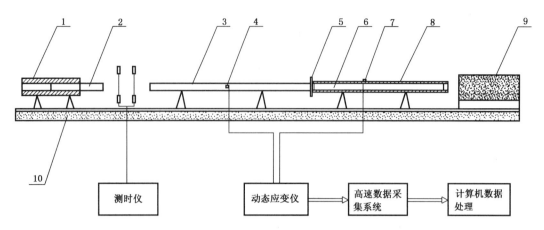

说明：
1 ——驱动装置；
2 ——打击杆；
3 ——输入杆；
4、7——应变片；
5 ——试样；
6 ——吸收杆；
8 ——输出管；
9 ——吸能装置；
10 ——支撑平台。

图 1　试验原理图

5　试验设备

5.1　打击杆、输入杆、吸收杆和输出管

5.1.1　打击杆、输入杆、吸收杆、输出管应采用相同的材料和相同的工艺加工而成，材料屈服强度应大于试样材料强度，一般选用高强度合金钢材料。

5.1.2　打击杆、输入杆、吸收杆直径相同，推荐使用直径 $\phi14.5$ mm 杆件进行试验，加工精度应符合图 2 要求。若选用其他直径的件杆，加工精度应符合相应的公差要求。

单位为毫米

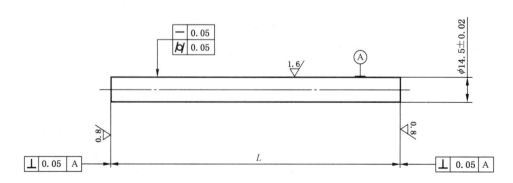

说明：

L——杆件的长度。

图 2　杆件的加工要求

5.1.3 输出管的环形截面积应与输入杆的圆形截面积相等,面积偏差应不大于1%,输出管的加工精度应符合图3要求,输出管内径应大于输入杆直径0.4 mm~0.6 mm。

单位为毫米

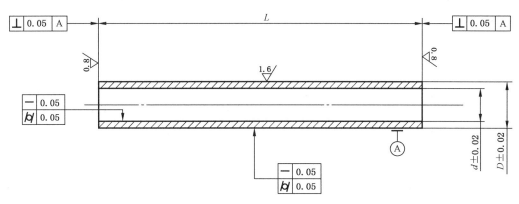

说明:

d——输出管的内径;

D——输出管的外径;

L——输出管的长度。

图3 输出管的加工要求

5.1.4 打击杆长度以200 mm~400 mm为宜,输入杆和输出管长度应不小于打击杆长度的3倍。

5.1.5 打击杆、输入杆、输出管在支撑平台上应保持水平,同轴误差应小于0.1 mm。

5.2 应变片

5.2.1 应变片一般采用箔式电阻应变片,应变片的敏感栅体标长应小于5 mm。如果应变信号较弱,应选用灵敏度系数更高的半导体应变片。

5.2.2 应变片沿输入杆和输出管轴向粘贴,按轴线中心对称粘贴两片,粘贴位置距离试样接触端应大于打击杆长度,两应变片轴向相对位置差小于0.1 mm。

5.3 动态应变仪

动态应变仪的频率响应应不小于1 MHz,动态应变仪与应变片连接的信号线应选用屏蔽线。

5.4 数据采集仪

数据采集仪的采样频率应大于10 MHz,数据采集通道应不少于两个,每个通道的记录长度应大于5 000个数据点,数据采集仪应能与计算机连接进行数据传输,由计算机对波形数据进行处理和计算。

5.5 测速系统

测速系统用测时仪的计时精度应小于1 μs,测速误差应小于0.5 m/s。

6 试样

6.1 试样可为方形试样或条形试样,输入杆直径为 φ14.5 mm 时,试样尺寸及加工精度要求如图4所示。采用其他直径的杆件试验时,方形试样的边长或条形试样的长度应大于输出管外径20 mm。

单位为毫米

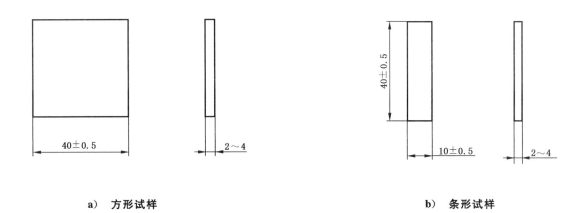

a) 方形试样   b) 条形试样

图 4　试样形状及尺寸

6.2 试样制备按 GB/T 1446 的规定。

6.3 试样数量按 GB/T 1446 的规定。

7　试验条件

7.1　试验环境条件

试验环境条件按 GB/T 1446 的规定。

7.2　打击杆速度

打击杆的速度应小于最大允许打击速度 v_{max}，v_{max} 由式(1)给出。

$$v_{max} = \frac{2\sigma_s}{\rho_0 v_0} \qquad\qquad\cdots\cdots\cdots\cdots\cdots\cdots\cdots\cdots\cdots\cdots(1)$$

式中：

v_{max}——最大允许打击速度,单位为米每秒（m/s）；

σ_s　——杆件材料的屈服应力,单位为帕（Pa）；

ρ_0　——杆件材料的密度,单位为千克每立方米（kg/m³）；

v_0　——杆件材料的弹性纵波波速,单位为米每秒（m/s）。

8　试验步骤

8.1 试样的外观检查按 GB/T 1446 的规定。

8.2 试样的状态调节按 GB/T 1446 的规定。

8.3 检查支撑平台和杆件的状态,杆件同轴应满足 5.1.5 的要求,输入杆与输出管的加载端应等间隙配合,置入输出管内的吸收杆端部与试样之间的间隙应为 3 mm～5 mm。吸能装置距输出管应不大于 100 mm。

8.4 检查各仪器的线路连接,依次打开测速系统、动态应变仪、数据采集仪和计算机电源,预热时间不少于 30 min。

8.5 测量试样的外形尺寸并编号记录。

8.6 设置动态应变仪和数据采集仪的工作参数,应使数据采集仪采集到完整的入射波、反射波和透射波以及入射波前的波形基线,波形基线长度应大于 200 个数据点。运行计算机数据处理软件,完成计算参数设置。

8.7 检查应变片及测试仪器的工作状态。

8.8 试样两端面涂凡士林等润滑脂层后,置于输入杆和输出管之间压紧,输入杆和输出管的端面与试样的两端面应紧密接触。

8.9 按打击杆发射速度,调节驱动气压,启动打击杆驱动装置,发射打击杆对试样进行冲击加载。

8.10 计算打击杆的打击速度,记录数据采集仪的波形试验数据,按 9.1 对试验数据进行计算。

8.11 每次试验后应检查应变片的工作状态,若出现异常,停止试验。

9 数据计算与试验结果

9.1 数据计算

9.1.1 波形基线

分别取入射波和透射波前的基线段 80% 数据点的平均值作为各自波形基线。

9.1.2 计算起始点

分别取入射波和透射波前沿与其基线的交点作为各自的计算起始点。

9.1.3 入射应变

入射应变 ε_I 按式(2)计算:

$$\varepsilon_I = \frac{U_I}{U_s} \cdot \frac{K_c}{K_s} \qquad (2)$$

式中:

ε_I ——入射应变,无量纲;

U_I ——入射波应变电压信号幅值,单位为伏特(V);

U_s ——应变仪单位应变对应的电压信号幅值,单位为伏特(V);

K_c ——应变仪对应变片灵敏度系数的设计值,无量纲;

K_s ——应变片动态灵敏度系数标定值,无量纲。

9.1.4 透射应变

透射应变 ε_T 按式(3)计算:

$$\varepsilon_T = \frac{U_T}{U_s} \cdot \frac{K_c}{K_s} \qquad (3)$$

式中:

ε_T ——透射应变,无量纲;

U_T ——透射波应变电压信号幅值,单位为伏特(V);

U_s、K_c、K_s 同式(2)。

9.1.5 方形试样动态冲击剪切应力

方形试样动态冲击剪切应力按式(4)计算:

$$\tau(t) = \frac{2A_0}{\pi(d_B + d)h} \cdot E\varepsilon_T(t) \quad\cdots\cdots\cdots\cdots\cdots\cdots\cdots\cdots(4)$$

式中：

τ ——动态冲击剪切应力，单位为帕（Pa）；

A_0——输入杆的截面面积，单位为平方米（m²）；

d_B——输入杆直径，单位为米（m）；

d ——输出管内径，单位为米（m）；

h ——试样厚度，单位为米（m）；

E ——杆件材料的弹性模量，单位为帕（Pa）；

t ——加载时间，单位为秒（s）；

ε_T 同式(3)。

9.1.6 条形试样动态冲击剪切应力

条形试样动态冲击剪切应力按式(5)计算：

$$\tau(t) = \frac{A_0}{(d_B + d)\sin^{-1}\left(\frac{2l}{d_B + d}\right)h} \cdot E\,\varepsilon_T(t) \quad\cdots\cdots\cdots\cdots\cdots\cdots\cdots(5)$$

式中：

τ ——动态冲击剪切应力，单位为帕（Pa）；

l ——条形试样的宽度，单位为米（m）；

A_0、d_B、d、h、E、t、ε_T 同式(4)。

9.1.7 动态冲击剪切位移

动态冲击剪切位移按式(6)计算：

$$s(t) = 2v_0 \int_0^t \left[\varepsilon_I(t) - \varepsilon_T(t)\right]\mathrm{d}t \quad\cdots\cdots\cdots\cdots\cdots\cdots\cdots(6)$$

式中：

s——动态冲击剪切位移，单位为米（m）；

v_0 同式(1)；

ε_I 同式(2)；

ε_T 同式(3)；

t 同式(4)。

9.2 试验结果

按 GB/T 1446 的规定。

10 试验报告

试验报告的内容至少包括以下内容：

a) 试验项目名称及执行标准号；

b) 试验设备名称及型号；

c) 试验的材料品种、来源、试样编号及尺寸；

d）试样的状态条件；

e）试样的动态冲击剪切强度和试样最大剪切应力时的剪切位移；

f）试样的剪切应力-位移曲线；

g）试验日期、试验人员。

ICS 83.120
Q 23

中华人民共和国国家标准

GB/T 32378—2015/ISO 10471:2003

玻璃纤维增强热固性塑料（GRP）管
湿态环境下长期极限弯曲应变和
长期极限相对环变形的测定

Glass-reinforced thermosetting plastics (GRP) pipes—
Determination of the long-term ultimate bending strain and the long-term
ultimate relative ring deflection under wet conditions

（ISO 10471:2003,IDT）

2015-12-31 发布

2016-11-01 实施

中华人民共和国国家质量监督检验检疫总局
中国国家标准化管理委员会 发布

前　言

本标准按照 GB/T 1.1—2009 给出的规则起草。

本标准使用翻译法等同采用 ISO 10471:2003《玻璃纤维增强热固性塑料(GRP)管　湿态环境下长期极限弯曲应变和长期极限相对环变形的测定》和 Amd.1:2010。

本标准做了下列编辑性修改:

——在 5.1、5.3、11.1、第 6 章和第 8 章中增加条款编号。

——纳入技术勘误的内容。

本标准由中国建筑材料联合会提出。

本标准由全国纤维增强塑料标准化技术委员会(SAC/TC 39)归口。

本标准负责起草单位:北京玻璃钢研究设计院有限公司、武汉理工大学、同济大学、浙江东方豪博管业有限公司、河北可耐特玻璃钢有限公司。

本标准主要起草人:张立晨、李桐、陈建中、周仕刚、苏跃辉、郜东河、杨节标。

玻璃纤维增强热固性塑料(GRP)管
湿态环境下长期极限弯曲应变和
长期极限相对环变形的测定

1 范围

本标准规定采用外推法测定玻璃纤维增强热固性塑料(GRP)管在湿态环境下的长期极限弯曲应变和长期极限相对环变形。

本标准给出了两种加载方式:一种是加载板,另一种是支撑梁。

注:当测试的径向相对变形不大于28%时,两种加载方式均可采用;当测试的相对径向变形大于28%时,加载时至少采用一个支撑梁。

本标准适用于薄壁玻璃纤维增强热固性树脂管及管件。

注:薄壁管是指外径与壁厚之比大于或等于10:1,该条件限制了管的内压,根据环向应力方程式,管道的设计内压大致上是静水压设计基准的20%,且与直径无关。

2 规范性引用文件

下列文件对于本文件的应用是必不可少的。凡是注日期的引用文件,仅注日期的版本适用于本文件。凡是不注日期的引用文件,其最新版本(包括所有的修改单)适用于本文件。

ISO 7685 塑料管道系统 玻璃纤维增强热固性塑料(GRP)管 初始环刚度的测定方法[Plastics piping systems—Glass-reinforced thermosetting plastics (GRP) pipes—Determination of initial specific ring stiffness]

ISO 10928:1997 塑料管道系统 玻璃纤维增强热固性塑料(GRP)管和管件 回归分析及其使用方法[Plastics piping systems—Glass-reinforced thermosetting plastics (GRP) pipes and fittings—Methods for regression analysis and their use]

3 术语和定义

下列术语和定义适用于本文件。

3.1

径向压缩力 vertical compressive force

F

施加在水平放置的管上,使管产生径向变形的力,单位为牛顿(N)。

3.2

平均直径 mean diameter

d_m

管的计算直径,单位为米(m),可由式(1)和式(2)求出:

$$d_m = d_i + e \quad \cdots\cdots\cdots\cdots\cdots\cdots\cdots\cdots (1)$$

$$d_m = d_e - e \quad \text{.........................(2)}$$

式中：

d_i——管道内径,单位为米(m);

d_e——管道外径,单位为米(m);

e ——管道壁厚,单位为米(m)。

3.3

径向变形 **vertical deflection**

y

在径向压缩力(见3.1)的作用下,水平放置的管在径向的直径变化量,单位为米(m)。

3.4

相对径向变形 **relative vertical deflection**

y/d_m

径向变形 y(见3.3)与管平均直径 d_m(见3.2)之比。

3.5

湿态环境下的极限径向变形 **ultimate vertical deflection under wet conditions**

$y_{u,wet}$

在湿态环境下,管发生失效时(见第4章)的径向变形 y,单位为米(m)。

3.6

湿态环境下的相对极限径向变形 **ultimate relative vertical deflection under wet conditions**

$y_{u,wet}/d_m$

在湿态环境下,极限径向变形 $y_{u,wet}$(见3.5)与管的平均直径 d_m(见3.2)之比。

3.7

湿态环境下的长期极限环变形 **long-term ultimate ring deflection under wet conditions**

$y_{u,wet,x}$

管在湿态环境下,按照指定的标准试验,预测在 x 时刻发生失效时的极限径向变形 $y_{u,wet}$(见3.5),单位为米(m)。

3.8

湿态环境下的长期极限相对环变形 **long-term ultimate relative ring deflection under wet conditions**

$y_{u,wet,x}/d_m$

在湿态环境下,管的长期极限环变形 $y_{u,wet,x}$(见3.7)与管道的平均直径 d_m(见3.2)之比。

3.9

失效 **failure**

管试样的结构发生损坏,致使没有能力承受载荷的现象。

3.10

失效时间 **time to failure**

t_u

从试验开始至发生失效所用的时间,单位为小时(h)。

3.11

环刚度 **specific ring stiffness**

S

管的物理特性,指在外载荷的作用下,单位长度的管抗环变形的能力,单位为牛顿每平方米(N/m²),见式(3):

334

$$S = \frac{E \times I}{d_m^3} \qquad \cdots\cdots\cdots\cdots (3)$$

式中：

E ——表观弹性模量，单位为牛顿每平方米（N/m²）；

I ——单位长度轴向面积的二次惯性矩，单位为四次方米每米（m⁴/m），见式（4）：

$$I = \frac{e^3}{12} \qquad \cdots\cdots\cdots\cdots (4)$$

3.12

初始环刚度 initial specific ring stiffness

S_0

按 ISO 7685 试验得到的管初始时期的环刚度，单位为牛顿每平方米（N/m²）。

3.13

应变因子 strain factor

D_g

径向变形值转化成应变值时的无量纲因子。

4 试验原理

一组特定长度的水平放置的管试样，通过加载板或支撑梁在管的整个长度上施加径向压缩力以达到期望的应变水平。

管道浸没在指定温度的水中直到失效（见 3.9），在此期间，保持管的径向压缩力恒定，记录试验时间，测量试样的径向变形。将失效时的相对径向变形［极限相对径向变形 $y_{u,wet}/d_m$（见 3.6）］，通过式（5）计算或通过应变-径向变形的校正曲线（见 10.3）转化成在失效时的弯曲应变（极限弯曲应变 $\varepsilon_{u,wet}$，用百分数表示）：

注：应变也可通过防水应变仪直接测量。

$$\varepsilon_{u,wet} = D_g \times \frac{e}{d_m} \times \frac{y_{u,wet}}{d_m} \times 100 \qquad \cdots\cdots\cdots\cdots (5)$$

式中：

D_g ——应变因子，可通过式（6）计算得出：

$$D_g = \frac{4.28}{\left(1 + \frac{y_{u,wet}}{2 \times d_m}\right)^2} \qquad \cdots\cdots\cdots\cdots (6)$$

式中：

$y_{u,wet}$ ——湿态环境下的极限径向变形，单位为米（m）；

d_m ——管道的平均直径，单位为米（m），见 3.2；

e ——管道的壁厚，单位为米（m）。

利用极限弯曲应变值和失效时间 t_u（见 3.10），按照标准 ISO 10928:1997 方法 A 即可获得在湿态环境下的长期极限弯曲应变 $\varepsilon_{u,wet,x}$。如要确定在湿态环境下的长期极限相对环变形 $y_{u,wet,x}/d_m$（见 3.8），则按式（7）计算：

$$\frac{y_{u,wet,x}}{d_m} = \frac{\varepsilon_{u,wet,x}}{D_g \times \frac{e}{d_m}} \qquad \cdots\cdots\cdots\cdots (7)$$

注：涉及的测试参数，如时间 x、试验温度、试样的长度和数量、破坏时间的分布以及试验水的 pH 值在相关标准中规定。

335

本标准的试验方法是确定和分析由于径向变形导致的弯曲应变,该试验方法容纳了试样与试样间的差异,时间和应变结果适用于管系列的分类。

5 试验装置

5.1 压缩加载机

5.1.1 加载机应包含有一个施加力的系统,能对两个平行作用面施加载荷,使浸没在水中水平放置的管试样受到无振动的径向压缩,并能在规定的测试期间内保持一个恒定的径向压缩力。

5.1.2 加载机的测力精度为±1%。

5.1.3 加载机应保证径向压缩力不受浮力和摩擦力的影响。

> 注:对于施加较大径向压缩力时,失效时间预测发生在100 h以内的试样,采用自动记录装置可精确记录破坏时间和径向变形。

5.2 力的作用面

5.2.1 总体设计

作用面应为符合5.2.2要求的一对加载板或符合5.2.3要求的一对支撑梁,或者是由一个加载板和一个支撑梁组成;如果径向压缩力引起的预计相对径向变形大于28%时,至少采用一个支撑梁作为作用面。作用面应与径向压缩力 F 垂直,径向压缩力 F 在作用面中心位置,如图1所示。与试样接触的两表面应平整、光滑和相互平行。

5.2.2 加载板

加载板的宽度至少为100 mm,长度至少等于试样的长度。加载板应具有足够的刚度,在试验过程中不会发生可见的弯曲或变形。

5.2.3 支撑梁

支撑梁宽度为15 mm~55 mm,长度至少等于试样的长度,同时应无锋利边沿(见图1)。支撑梁应具有足够的刚度,在试验过程中不会发生可见的弯曲或变形。

> 注:对试样的加载方式包括加载板或支撑梁,报告中需记录加载方式。当测试的径向相对变形不大于28%时,两种加载方式均可采用;当测试的相对径向变形大于28%时,加载时至少采用一个支撑梁。

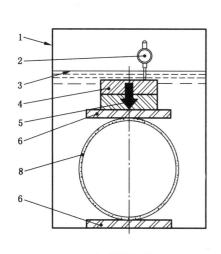 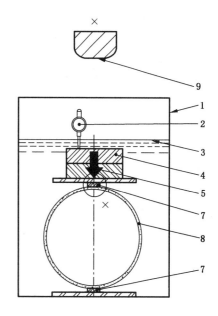

a) 加载板加载   b) 支撑梁加载

说明：

1——贮水器；

2——变形测量装置；

3——水位；

4——载荷；

5——径向压缩力 F 的作用方向；

6——加载板；

7——支撑梁；

8——试样；

9——支撑梁的作用面。

图 1　典型的测试布置

5.3　贮水器

5.3.1　贮水器有足够大的容积，能确保承受径向压缩力作用的试样完全浸没在水中，并能确保水温保持在规定的温度。

5.3.2　水位应能保持恒定，避免在试样受到径向压缩力作用时产生明显的波动。

5.4　尺寸测量器具

尺寸测量器具应满足如下条件：

a)　关键尺寸（长度、外径、壁厚）的测量精度应在±1.0 mm 以内；

b)　试验过程中，试样径向的变形测量精度应在最大值的±1.0% 以内。

注：选择试样直径变化量的测量器具时，应当考虑其所处的腐蚀环境具有对试样均匀、连续施加静水内压，能保证试样内的压力值保持在预先确定的静水内压值的±1% 以内。

6　试样

6.1　试样应为一个完整的管环，试样的长度 L 按有关标准确定，长度允许偏差为±5%。如果在有关标准中没有规定,则试样的长度取(300±15)mm。

6.2 试样的端部应光滑,在截取时应保证切割方向垂直于管道的轴向。试样的两端切割面可以进行封边处理。

6.3 在试样的外侧或内侧沿长度方向上,相隔180°画两条直线作为参考线。

7 试样数量

至少需要18个试样以获得失效时间分布。

8 试样外形尺寸的测定

8.1 长度

8.1.1 沿着每个试样的参考线测量长度,测量精度在±1.0%以内。同时确认试样长度是否满足第6章的要求,如果不满足,需要对试样进行修整或替换。

8.1.2 每个试样的长度需测量6次,计算出平均长度L,单位为米(m)。

8.2 壁厚

8.2.1 在每个试样两端的参考线位置测量壁厚,测量精度在±0.2 mm以内。

8.2.2 每个试样的壁厚需测量4次,计算出平均壁厚e,单位为米(m)。

8.3 平均直径

8.3.1 按照测量精度在±0.5 mm以内的要求,进行下述测量:
    a) 用内径测量尺在试样两参考线的中点处测量试样内直径d_i,单位为米(m);
    b) 用钢卷尺包覆试样测量外直径d_e,单位为米(m)。

8.3.2 采用8.2中试样的平均壁厚e和外直径、内直径中的一个,通过式(1)或式(2)计算得出平均直径d_m,单位为米(m)。

9 试验条件

试验条件需满足有关标准的规定。

10 试验步骤

10.1 每个试样的试验温度均需满足有关标准的规定。

10.2 为评估试样的均匀性,按照ISO 7685至少对6个试样,在参考线位置测试初始环刚度值S_0。S_0用于估算在一定时间内压缩试样到特定的径向变形所需的压缩力,并使试样的失效时间分布满足有关标准的规定。

10.3 当相对径向变形超过28%时,可能引起管环被压扁并导致测试结果的偏移。当相对径向变形接近28%时,为提高测量精确度,可用应变仪建立径向变形和应变的校对表。该校对技术适合所有的径向变形水平。如果建立该校对技术,则该组的所有试样均应使用相同方法进行校对。

10.4 将试样放置于试验装置中,与上、下加载板或支撑梁接触,两条参考线处在加载板或支撑梁的中心位置,同时保证试样与加载板或支撑梁充分接触,且加载板或支撑梁不向旁边倾斜;然后将该试验装置放置于贮水器中。

10.5 给贮水器注水直到试样完全浸没水中。

10.6 对试样施加径向压缩力 F，在 3 min 内加载至预定的径向变形，然后记录总的径向压缩力和相应径向变形，总的径向压缩力需包含上加载板或支撑梁及垫片的重量。

10.7 对试样保持恒定径向压缩力，在预定的时间间隔下测量和记录试验时间、试样的径向变形，数据可人工记录，也可用自动记录仪记录，其测量的精度见 5.4。当失效发生时，失效时间 t_u 和失效时的径向变形 $y_{u,wet}$ 按以下确定：

    a) 自动记录仪记录的失效时间和对应的径向变形；

    b) 或失效之前最后一次记录的时间和径向变形。

    注：在附录 A 的表 A.1 中给出了 lg(小时数)的值，可能对试验员选择记录时间间隔点有所帮助。

10.8 重复上述 10.2~10.7 的步骤，直到至少有 18 个试样在满足有关标准规定的失效时间分布条件下发生失效。如果其中有 16 个试样已经发生失效，但仍有 2 个试样在测试 10 000 h 后仍未发生失效，则这 2 个试样当前的试验时间和径向变形可包含于该组数据中，但需满足以下条件：失效时间的分布已满足相关标准要求，且有足够的数据用于外推计算。

10.9 将符合 10.7 和 10.8 规定的失效时的相对径向变形（极限相对径向变形 $y_{u,wet}/d_m$），通过式(5)或径向变形-应变校正曲线转化为失效时的弯曲应变（极限弯曲应变）$\varepsilon_{u,wet}$，用百分数表示将 HDB 或 PDB 乘以应用设计系数得到静水压设计应力（HDS）或静水压设计压力（HDP）。应用设计系数的选取应考虑以下条件：

    a) 考虑制造和试验参数，特别是尺寸、材料、铺层、制造工艺以及评定程序的正常变化；

    b) 考虑应用或使用，特别是安装、环境、温度、可能的危害、使用寿命以及所选择的可靠度。

    注：应用设计系数由设计工程师在充分评估使用条件和考虑具体工程特性后选取。

11 结果计算

11.1 外推应变数据以得到 x 年时的弯曲应变 $\varepsilon_{x,wet}$ 值

11.1.1 计算失效时间（用小时表示）和极限弯曲应变的对数值。

11.1.2 利用上述数据，参照 ISO 10928:1997 的方法 A，求得应变回归直线方程，然后用该方程外推计算出在湿态环境下 x 年时的长期极限弯曲应变的对数值 $lg(\varepsilon_{u,wet,x})$ 以及长期极限弯曲应变值 $\varepsilon_{u,wet,x}$，用百分数表示。

11.1.3 如果相关标准要求，可利用 10.9 获得的数据，画出 $lg(\varepsilon_{u,wet})-lg(t_u)$ 的回归线。

11.2 计算出在湿态环境下的长期极限相对环变形 $y_{u,wet,x}/d_m$

    将 11.1 的长期极限弯曲应变 $\varepsilon_{u,wet,x}$，按式(7)计算得出湿态环境下的长期极限相对环变形 $y_{u,wet,x}/d_m$，以百分数表示。

12 试验报告

试验报告应包含如下内容：

    a) 依据的本标准和相关标准；

    b) 测试管道的全部信息；

    c) 试样的数量；

    d) 每个试样的尺寸；

    e) 试样在管道中的具体位置；

    f) 试样的初始环刚度 S_0；

g) 试验的环境条件；

h) 所有试样的切割端是否封边；

i) 设备细节,包括:支撑梁和/或加载板,如果有支撑梁,还包括平面的宽度；

j) 水的温度和 pH 值；

k) 如果相关标准要求,给出极限弯曲应变-时间的曲线图；

l) 湿态环境下长期极限弯曲应变 $\varepsilon_{u,wet,x}$；

m) 如果要求,给出湿态环境下长期极限相对环变形 $y_{u,wet,x}/d_m$；

n) 试样测试后的状态；

o) 影响结果的任何因素；

p) 每个试样的测试日期和测试持续的时间,以小时为单位；

q) 每个试样的负载和初始应变的大小；

r) 每个试样失效时的径向变形和应变；

s) 任何可用的应变-径向变形校正曲线。

附 录 A

（资料性附录）

lg（小时数）的相等增量

表 A.1 揭示了 lg（小时数）值以 0.1 递增的试验时间间隔对应的分钟、小时和天数。这个信息的提供有助于对试样径向变形测量的时序安排。

表 A.1 包含有 lg（小时数）的相等增量的时间点

lg（小时数）	时间			lg（小时数）	时间		
	min	h	天数		min	h	天数
0.0	60	1	0.042	2.5	18 974	316	13.18
0.1	76	1.3	0.052	2.6	23 886	398	16.59
0.2	95	1.6	0.066	2.7	30 071	501	20.88
0.3	120	2.0	0.083	2.8	37 857	631	26.29
0.4	151	2.5	0.105	2.9	47 660	794	33.10
0.5	190	3.2	0.132	3.0	60 000	1 000	41.7
0.6	239	4.0	0.166	3.1	75 536	1 259	52.5
0.7	301	5.0	0.209	3.2	95 094	1 585	66.0
0.8	379	6.3	0.263	3.3	119 716	1 995	83.1
0.9	477	7.9	0.331	3.4	150 713	2 512	104.7
1.0	600	10	0.42	3.5	189 737	3 162	131.8
1.1	755	13	0.52	3.6	238 864	3 981	165.9
1.2	951	16	0.66	3.7	300 712	5 012	208.8
1.3	1 197	20	0.83	3.8	378 574	6 310	262.9
1.4	1 507	25	1.05	3.9	476 597	7 943	331.0
1.5	1 897	32	1.32	4.0	600 000	10 000	416.7
1.6	2 389	40	1.66	4.1	755 355	12 589	524.6
1.7	3 007	50	2.09	4.2	950 936	15 849	660.4
1.8	3 786	63	2.63	4.3	1 197 157	19 953	831.4
1.9	4 766	79	3.31	4.4	1 507 132	25 119	1 046.6
2.0	6 000	100	4.17	4.5	1 897 367	31 623	1 317.6
2.1	7 554	126	5.25	4.6	2 388 643	39 811	1 658.8
2.2	9 509	158	6.60	4.7	3 007 123	50 119	2 088.3
2.3	11 972	200	8.31	4.8	3 785 744	63 096	2 629.0
2.4	15 071	251	10.47	4.9	4 765 969	79 433	3 309.7

ICS 83.120
Q 23

中华人民共和国国家标准

GB/T 32493—2016

纤维增强复合材料抗弹性能试验方法
贯穿比吸能法

Test method of ballistic resistance for fibre reinforced composites—
Specific absorbed energy by perforation method

2016-02-24 发布

2017-01-01 实施

中华人民共和国国家质量监督检验检疫总局
中国国家标准化管理委员会 发布

前　　言

本标准按照 GB/T 1.1—2009 给出的规则起草。

本标准由中国建筑材料联合会提出。

本标准由全国纤维增强塑料标准化技术委员会(SAC/TC 39)归口。

本标准起草单位:中国兵器工业集团第五三研究所、北京玻璃钢研究设计院有限公司。

本标准主要起草人:王绪财、彭刚、冯家臣、郑会保、吕秀莲、彭兴财、王伟、刘原栋、陈春晓。

纤维增强复合材料抗弹性能试验方法
贯穿比吸能法

1 范围

本标准规定了用贯穿比吸能法测定纤维增强复合材料抗弹性能的术语和定义、试验原理、试验设备与条件、试验步骤、数据处理及试验报告等。

本标准适用于各种纤维增强树脂基复合材料抗碎片模拟弹贯穿性能的试验和评定。其他材料也可参照执行。

2 规范性引用文件

下列文件对于本文件的应用是必不可少的。凡是注日期的引用文件,仅注日期的版本适用于本文件。凡是不注日期的引用文件,其最新版本(包括所有的修改单)适用于本文件。

GB/T 308.1 滚动轴承 球 第1部分:钢球

GB/T 1446 纤维增强塑料性能试验方法总则

3 术语和定义

下列术语和定义适用于本文件。

3.1

靶板 target

用于弹道贯穿试验的各种纤维增强复合材料样品。

3.2

刚性弹体 rigid project

自身硬度远大于靶板硬度,侵彻靶板过程中不发生塑性变形或破坏的弹体。

3.3

弹托 sabot

在枪管内用于稳定推动弹体高速发射的轻质托架。

3.4

面密度 areal density

单位面积的靶板质量。

3.5

贯穿比吸能 specific absorbed energy

刚性弹体贯穿靶板的动能损耗与被贯穿靶板面密度的比值。

3.6

弹道线 ballistic line

弹体从枪口到靶板弹着点的飞行轨迹。

3.7

入射角 angle of incidence

弹体飞行方向与弹着点切平面法线的夹角。

3.8

入射速度 incident velocity

弹体的着靶速度。

3.9

残余速度 residual velocity

弹体贯穿靶板后在出射点处的速度。

3.10

测速点 velocity recording point

弹体速度的测定点,即弹道线上测速起始靶和终止靶的中点。

4 试验原理

分别测定刚性弹体贯穿靶板前的入射速度和贯穿靶板后的残余速度,以刚性弹体动能损耗作为靶板的贯穿吸能值。贯穿吸能值与靶板面密度的比值即为被测靶板的贯穿比吸能。

5 试验设备与条件

5.1 试验设备组成

试验测试设备一般由试验用弹、试验枪械、弹托拦截器、测速靶、计时仪和靶架等部分组成,试验装置示意图见图1。

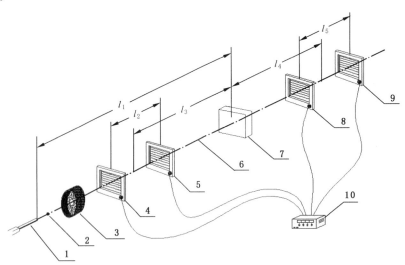

说明:

1——试验枪械;   6——弹道线; l_1——射击距离;

2——试验用弹;   7——靶板; l_2——前测速靶间距;

3——弹托拦截器;   8——后测速起始靶; l_3——前测速点到靶板距离;

4——前测速起始靶;   9——后测速终止靶; l_4——后测速点到靶板距离;

5——前测速终止靶;   10——计时仪; l_5——后测速靶间距。

图 1 试验装置布置示意图

5.2 试验用弹

试验用弹推荐选用 4.5 g 钢球,钢球材质应为高碳铬轴承钢,其相关技术要求应满足 GB/T 308.1 的规定。推荐选用的 4.5 g 钢球相关参数见表 1,也可根据需要选用满足 GB/T 308.1 要求的其他规格钢球。

表 1　4.5 g 钢球相关参数

质量 g	直径 mm	硬度 HRC
4.50±0.02	10.30±0.02	63±3

5.3 试验枪械

试验枪械应选用经鉴定合格或批准定型的标准弹道枪。根据试验用弹类型和发射速度要求,确定相匹配的弹道枪口径和型号。对于 4.5 g 钢球,推荐使用 12.7 mm 口径弹道枪进行发射。

5.4 弹托

弹托外径应与枪械口径相匹配。弹托在膛内应具有良好的闭气性,保持完整不破坏。弹托出枪口后应能与破片模拟弹平稳脱离,不影响弹体自由飞行。

5.5 弹托拦截器

5.5.1　弹托拦截器是用来拦截和收集飞行弹托的筒状钢结构体。拦截器的设计应既能满足高速飞行弹托的有效拦截和收集,又不影响破片模拟弹的通行。

5.5.2　弹托拦截器应置于试验枪械与测速靶起始靶之间,其中轴线应与弹道线一致。

5.6 测速靶

5.6.1　测速靶共需前、后两套,其中前测速靶置于靶板前侧,用于测定弹体在前测速点的速度;后测速靶置于靶板后侧,用于测定弹体在后测速点的速度。测速靶的触发屏应平行放置,并与弹道线垂直。

5.6.2　前测速起始靶与枪口距离不小于 2 000 mm。前后两套测速靶间距 l_2 和 l_5 均应不小于 1 000 mm,测量误差应不大于 0.1%。前测速点到靶板的距离 l_3 和后测速点到靶板的距离 l_4 推荐为 1.5 m～2.5 m,也可根据需要进行调整,但应在试验记录和试验报告中注明。

5.6.3　测速靶应按附录 A 规定每年进行比对校验。

5.7 计时仪

采用计时仪或计时采集卡,其计时精度应不大于 1 μs。

5.8 天平

天平用来称量发射药,称量精度应不大于 0.001 g。

5.9 靶架

5.9.1　靶架用来放置和固定靶板。靶架为钢结构框架,应具有良好刚性,弹道冲击下不发生塑性变形。

5.9.2　靶架应可进行入射角度调节和上下左右位置调节。

5.10 靶板

5.10.1 靶板应为厚度均匀的平面板状试样,有效面积不小于 250 mm×250 mm,厚度推荐为(10±0.2)mm。若对靶板尺寸有特殊要求,应在试验记录和试验报告中注明。

5.10.2 靶板数量可选用一块或多块,应能够获得 8 发有效贯穿数据。采用多块靶板试验时,靶板参数应一致。

5.11 射击距离

射击距离 l_1 为 5 m。如有特殊情况需调整射击距离,应在试验记录和试验报告中注明。

5.12 入射角

推荐入射角为 0°。如有特殊要求需调整入射角,应在试验记录和试验报告中注明。

5.13 弹速

5.13.1 弹速应遵循以下规定:

a) 弹速应能够使弹体贯穿靶板;

b) 弹速不应过大,以避免引起弹体塑性变形或破坏;

c) 弹体贯穿靶板后的残余速度不宜低于 300 m/s;

d) 同批次试验的弹速应一致,最大偏差应不大于弹速的 1.5%。

5.13.2 推荐射击弹速为 830 m/s。

5.14 靶板状态调节

5.14.1 靶板在试验前应按 GB/T 1446 规定进行状态调节,特殊状态处理应在试验记录和试验报告中注明。

5.14.2 靶板状态调节完成后,应在 30 min 内完成试验。

5.15 试验环境条件

室内环境。

6 试验步骤

6.1 预热

电子设备开机预热应不小于 30 min,试验枪械适应性射击预热应不少于 3 发。

6.2 弹药组装

6.2.1 选择与药筒、射击速度相匹配的发射药型号,用天平称取发射药装入药筒并适当固定后,将药筒与发射弹体组装成一体。

6.2.2 弹药组装应采用专用装具,组装状态应一致。

警告:1)弹药组装过程中严禁磕碰、挤压药筒底火部位。

2)弹药组装过程中应有防静电措施。

注:称装发射药的器皿、量具、辅助组装工具等的材质推荐采用紫铜。

6.3 弹速调节控制

通过调整发射药的装药量来调节和控制弹速。

6.4 弹着点位置确定

6.4.1 弹着点距靶板边缘的距离应不小于 75 mm,且弹着点之间的距离应满足靶板背面损伤区域不重合。

6.4.2 试验中可使用激光瞄准器指示并确定预设弹着点位置。

6.5 靶板夹持及布置

用夹具将靶板固定在靶架上,根据激光瞄准器的指示点调整靶板位置。

6.6 射击试验

6.6.1 按预设弹着点位置进行射击试验,记录试验结果(包括前测速点弹速 v_i 和后测速点弹速 v_r),按 6.7 判断射击结果的有效性。

6.6.2 调整靶板位置后继续射击试验,直至获得 8 发有效贯穿数据。

6.7 有效贯穿数据判据

有效贯穿应同时满足以下要求:

a) 弹体入射角偏差应不大于 5°。

b) 弹速应满足 5.13 的要求。

c) 弹着点位置应满足 6.4 的要求。

7 数据处理

7.1 速度换算

按附录 B 规定换算弹体的入射速度 v_i 和残余速度 v_r。

7.2 靶板贯穿吸能和贯穿比吸能的计算

7.2.1 靶板贯穿吸能 E_{ab} 按式(1)计算:

$$E_{ab} = m(v_i^2 - v_r^2)/2 \qquad \cdots\cdots\cdots\cdots\cdots\cdots(1)$$

式中:

E_{ab}——靶板贯穿吸能,单位为焦耳(J);

m ——弹体的质量,单位为千克(kg);

v_i ——弹体的入射速度,单位为米每秒(m/s);

v_r ——弹体的残余速度,单位为米每秒(m/s)。

7.2.2 靶板贯穿比吸能 E_p 按式(2)计算:

$$E_p = E_{ab}/\rho_A \qquad \cdots\cdots\cdots\cdots\cdots\cdots(2)$$

式中:

E_p ——靶板贯穿比吸能,单位为焦耳平方米每千克(J·m²/kg);

E_{ab}——靶板贯穿吸能,单位为焦耳(J);

ρ_A ——靶板面密度,单位为千克每平方米(kg/m²)。

8 试验报告

试验报告至少应包括以下内容:

a) 试验标准及委托方要求;

b) 靶板名称与结构描述、尺寸与重量;

c) 试验用弹;

d) 试验环境条件;

e) 靶板调节状态;

f) 全部有效测速点弹速;

g) 贯穿比吸能单值、算术平均值及标准偏差;

h) 试验日期、试验人员。

8   试验报告

附 录 A

（规范性附录）

测速靶射击比对校验方法

A.1 测速靶射击比对校验要求

A.1.1 测速靶射击比对校验应定期进行。测速系统出现异常时应及时进行校验。

A.1.2 比对校验采用两套测速靶测同一点弹速的方式。推荐射击 10 发为一组。

A.2 射击比对校验数据处理

A.2.1 系统误差计算

系统误差按式（A.1）计算：

$$\delta = \frac{\bar{v}_2 - \bar{v}_1}{\bar{v}_1} \times 100 \quad\quad\quad (A.1)$$

式中：

δ ——系统误差，%；

$\bar{v}_2$ ——被检系统测一组弹速的平均值，单位为米每秒（m/s）；

$\bar{v}_1$ ——比对系统测一组弹速的平均值，单位为米每秒（m/s）。

A.2.2 系统差值的误差计算

A.2.2.1 差值的标准偏差按式（A.2）计算：

$$s(\Delta v_i) = \sqrt{\frac{\sum(\overline{\Delta v} - \Delta v_i)^2}{n-1}} \quad\quad\quad (A.2)$$

式中：

$s(\Delta v_i)$ ——差值的标准偏差，单位为米每秒（m/s）；

Δv_i ——两套测速系统测得的单发速度差，单位为米每秒（m/s）；

$\overline{\Delta v}$ ——一组内单发差 Δv_i 的平均值，单位为米每秒（m/s）；

n ——一组试验发数。

A.2.2.2 系统差值的误差按式（A.3）计算：

$$s(\bar{v}_1) = \frac{s(\Delta v_i)}{\bar{v}_1} \times 100 \quad\quad\quad (A.3)$$

式中：

$s(\bar{v}_1)$ ——系统差值的误差，%；

$s(\Delta v_i)$ 同式（A.2）；

$\bar{v}_1$ 同式（A.1）。

A.3 射击比对校验合格判定

A.3.1 速度小于 600 m/s 时，如果该组测速平均差（$\bar{v}_2 - \bar{v}_1$）绝对值小于 1.8 m/s，且差值的标准偏差

$s(\Delta v_i)$小于 1.5 m/s,则判定测速系统校验合格。

A.3.2 速度大于或等于 600 m/s 时,如果系统误差 δ 不大于 0.3 %,且系统差值的误差 $s(\bar{v}_1)$不大于 0.25%,则判定测速系统校验合格。

A.4 记录校验结果

比对校验结果至少应包含以下内容:

a) 比对校验用弹;

b) 被检系统与比对系统测速屏间距;

c) 被检与比对系统测得一组射击的全部速度;

d) 速度小于 600 m/s 时一组测速的平均差和差值的标准偏差;

e) 速度大于或等于 600 m/s 时系统误差和系统差值的误差;

f) 比对校验判定结果;

g) 校验日期与校验人员。

附　录　B

（规范性附录）

入射速度和残余速度换算方法

B.1　入射速度换算

入射速度根据前测速点弹速按式（B.1）换算得到：

$$v_i = v_f e^{-al_3} \qquad\qquad\qquad\qquad\qquad (B.1)$$

式中：

v_i——入射速度，单位为米每秒（m/s）；

v_f——前测速点速度，单位为米每秒（m/s）；

α——弹速衰减系数，单位为每米（m^{-1}）；

l_3——前测速点到靶板的距离，单位为米（m）。

B.2　残余速度换算

残余速度根据后测速点弹速按式（B.2）换算得到：

$$v_r = v_b / e^{-al_4} \qquad\qquad\qquad\qquad\qquad (B.2)$$

式中：

v_r——残余速度，单位为米每秒（m/s）；

v_b——后测速点速度，单位为米每秒（m/s）；

α——弹速衰减系数，单位为每米（m^{-1}）；

l_4——后测速点到靶板的距离，单位为米（m）。

B.3　弹速衰减系数的确定

B.3.1　弹速衰减系数实验测定法

B.3.1.1　通过实弹射击，测定弹道线上不同位置两测速点的弹速，由式（B.3）计算得到弹体的实测衰减系数 α。

$$\alpha = \frac{\ln v_1 - \ln v_2}{X} \qquad\qquad\qquad\qquad (B.3)$$

式中：

α——弹速衰减系数，单位为每米（m^{-1}）；

v_1——第一测速点弹速，单位为米每秒（m/s）；

v_2——第二测速点弹速，单位为米每秒（m/s）；

X——两测速点之间距离，单位为米（m）。

B.3.1.2　弹速衰减系数的实验测定应按以下要求：

a)　在弹体飞行弹道线的不同位置布置两套或多套测速靶，测出不同位置的弹速，根据式（B.3）计算得到弹体的实测弹速衰减系数 α。

b)　为了获得准确的实测衰减系数，应采用多测速间距、多次射击测定的方法，以获得多个衰减系数测量单值 α_i，并根据统计方法剔出异常值，取其中不少于 5 个有效 α_i 单值的算术平均值作为对应弹体的实测弹速衰减系数 α。

B.3.2 弹速衰减系数计算法

B.3.2.1 弹速衰减系数 α 也可根据弹体参数由式(B.4)计算得到:

$$\alpha = c_x \rho s / 2m_f \qquad\qquad\qquad\qquad\qquad\qquad (\text{B.4})$$

式中:

α ——弹速衰减系数,单位为每米(m^{-1});

c_x ——气动阻力系数,无量纲;

ρ ——当地空气密度,单位为千克每立方米(kg/m^3);

s ——弹体迎风面积,单位为平方米(m^2);

m_f ——弹体质量,单位为千克(kg)。

B.3.2.2 弹体迎风面积 s 按式(B.5)计算得到:

$$s = \varphi \cdot m_f^{2/3} \qquad\qquad\qquad\qquad\qquad\qquad (\text{B.5})$$

式中:

s ——弹体迎风面积,单位为平方米(m^2);

φ ——弹体形状系数,取 $\varphi = 3.07 \times 10^{-3}\ \text{m}^2/\text{kg}^{2/3}$;

m_f ——弹体质量,单位为千克(kg)。

ICS 83.120
Q 23

中华人民共和国国家标准

GB/T 32497—2016

纤维增强复合材料抗破片模拟弹性能
试验方法　V50 法

Test method of ballistic resistance against fragment simulating projectiles for
fiber-reinforced composites—V50 method

2016-02-24 发布

2017-01-01 实施

中华人民共和国国家质量监督检验检疫总局
中国国家标准化管理委员会　发布

前　言

本标准按照 GB/T 1.1—2009 给出的规则起草。

本标准由中国建筑材料联合会提出。

本标准由全国纤维增强塑料标准化技术委员会(SAC/TC 39)归口。

本标准起草单位:中国兵器工业集团第五三研究所、北京玻璃钢研究设计院有限公司。

本标准主要起草人:彭刚、冯家臣、王绪财、郑会保、张力平、王伟、吕秀莲、李树虎、刘原栋。

纤维增强复合材料抗破片模拟弹性能
试验方法　V50 法

1　范围

本标准规定了用弹道极限 V50 法测定纤维增强复合材料抗破片模拟弹性能的术语和定义、试验原理、试验设备与技术条件、试验步骤、V50 评定与数据处理和试验报告等。

本标准适用于各种纤维增强树脂基复合材料抗破片模拟弹弹道极限 V50 的试验测试与评定。其他材料也可参照执行。

2　规范性引用文件

下列文件对于本文件的应用是必不可少的。凡是注日期的引用文件,仅注日期的版本适用于本文件。凡是不注日期的引用文件,其最新版本(包括所有的修改单)适用于本文件。

GB/T 308.1　滚动轴承　球　第 1 部分:钢球

GB/T 1446　纤维增强塑料性能试验方法总则

GB/T 3880.1　一般工业用铝及铝合金板、带材　第 1 部分:一般要求

GA 141　警用防弹衣

3　术语和定义

下列术语和定义适用于本文件。

3.1

破片模拟弹　fragment simulating projectile
用于弹道射击试验的弹体。

3.2

弹托　sabot
在枪管内用于稳定推动破片模拟弹高速发射的轻质托架。

3.3

验证板　witness plate
用来监测试样被弹体侵彻后损伤状态的铝合金薄板。

3.4

穿透　perforation
弹体冲击被测试样出现通透性穿孔,或/和试样背后出现弹体碎片,或/和验证板上有透光性穿孔的现象。

3.5

阻断　stop
任何不构成穿透的弹体冲击。

3.6

弹着点 shot point

弹体冲击试样穿孔或凹陷的中心点。

3.7

弹道极限 V50 ballistic limit V50

针对某一种破片模拟弹的射击,受试样品形成穿透概率为 50% 的着靶速度,用 V50 表示。

3.8

入射角 angle of incidence

弹体飞行方向与弹着点切平面法线的夹角。

3.9

有效命中 fair hit

弹体入射角偏差不大于 5°,弹着点间距不小于 8 倍弹径、距样品边缘不小于 75 mm、与相邻的弹着点不在同一束织物上,且弹着点与支撑靶架不发生重合的弹体冲击。

3.10

混合结果速度区 result cross velocity range

针对某种弹体的射击,试样存在阻断弹速高于穿透弹速的区域。

3.11

速度差 cross velocity

试样穿透的最低有效命中弹速与阻断的最高有效命中弹速差值的绝对值。

3.12

背衬材料 backing material

用于模拟人体躯干的材料。

3.13

测速点 velocity recording point

弹体速度的测定点,即测速靶起始触发屏与终止触发屏间弹道线的中点。

4 试验原理

破片模拟弹按设计或预估速度,以 0° 入射角对试样进行射击。通过调整发射装药量等技术手段调整射击速度,使试样在相同约束条件下产生"穿透"和"阻断"的结果,以获得的一组"穿透"和"阻断"结果相反、数量对等的有效命中射击速度值,将该组速度的算术平均值换算为着靶速度,即得到试样的弹道极限 V50。

5 试验设备与技术条件

5.1 试验设备组成

试验测试设备一般由试验枪械、测速靶、计时仪、靶架和弹托拦截器等主要部分组成,试验装置示意图见图 1。

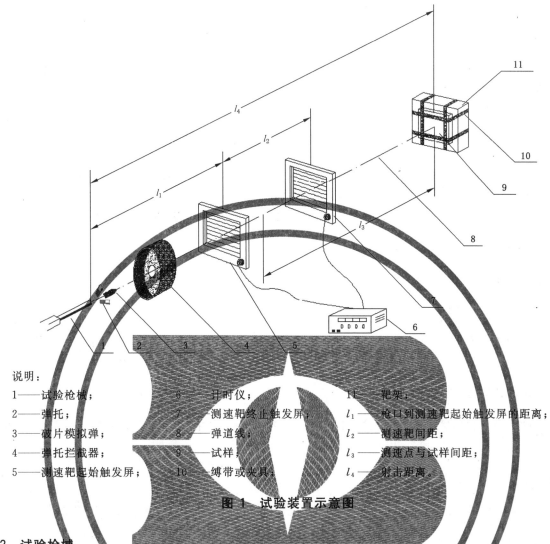

说明：
1——试验枪械；　　　　　6——计时仪；　　　　　　11——靶架；
2——弹托；　　　　　　　7——测速靶终止触发屏；　l_1——枪口到测速靶起始触发屏的距离；
3——破片模拟弹；　　　　8——弹道线；　　　　　　l_2——测速靶间距；
4——弹托拦截器；　　　　9——试样；　　　　　　　l_3——测速点与试样间距；
5——测速靶起始触发屏；　10——缚带或夹具；　　　　l_4——射击距离。

图 1　试验装置示意图

5.2　试验枪械

试验枪械应选择经鉴定合格或批准定型的标准弹道枪。根据试验弹种和发射速度要求，确定相匹配的弹道枪口径和型号。

5.3　测速靶

5.3.1　测速靶起始触发屏与枪口距离 l_1 不小于 2 000 mm。两测速靶触发屏距离 l_2 应不小于 1 000 mm，测量误差应不大于 0.1%。测速靶两触发屏应平行，且与射击弹道线垂直。

5.3.2　测速靶按附录 A 的规定每年进行比对校验。

5.4　计时仪

计时仪计时精度应不大于 1 μs。

注：若采用计时采集卡，其计时精度也应不大于 1 μs。

5.5　背衬材料

5.5.1　背衬材料应选用均匀一致的油质塑性胶泥，试验前应按 GA 141 的相关要求对背衬材料进行校验。

5.5.2　背衬材料采用箱体固定，箱体无盖无底，箱体内部填充背衬材料的尺寸应不小于 600 mm×

600 mm×100 mm。

5.6 靶架

5.6.1 靶架用来放置和固定试样、背衬材料、验证板等。靶架为钢结构框架,应具有良好的刚性,冲击下不易发生塑性变形。

5.6.2 靶架应可进行入射角度调节和上下左右位置调节。

5.7 弹托拦截器

5.7.1 弹托拦截器是用来拦截和收集飞行弹托的筒状钢结构体。拦截器的设计应既能满足高速飞行弹托的有效拦截和收集,又不影响破片模拟弹的通行。

5.7.2 弹托拦截器应置于试验枪械与测速靶起始屏之间,其中轴线应与弹体飞行弹道线一致。

5.8 试验用弹

5.8.1 破片模拟弹

5.8.1.1 球状破片模拟弹

球状破片模拟弹的材质应为高碳铬轴承钢,相关技术要求应满足 GB/T 308.1 的规定。常用球状破片模拟弹的型号、质量、尺寸、硬度等见附录 B。

5.8.1.2 柱状破片模拟弹

柱状破片模拟弹的材质应为 40CrNiMoA 合金结构钢。常用柱状破片模拟弹的型号、质量、尺寸、硬度等见附录 B。

5.8.1.3 立方体破片模拟弹

立方体破片模拟弹的材质应为 40CrNiMoA 合金结构钢。常用立方体破片模拟弹的型号、质量、尺寸、硬度等见附录 B。

5.8.2 发射弹托

发射弹托外径应与枪械口径相匹配。弹托在膛内应具有良好的闭气性,保持完整不破坏。出枪口后应能与破片模拟弹平稳脱离,不影响破片模拟弹的自由飞行。

5.8.3 发射弹体

发射弹体由破片模拟弹与相匹配的弹托组成。发射弹体的组合方式由破片模拟弹种类和射击速度确定。

5.9 发射药筒

发射药筒应根据发射弹体和发射速度选择。发射药筒应满足装药容积率最大化的要求。

5.10 天平

天平用来称量发射药,称量精度应不大于 0.001 g。

5.11 射击距离

射击距离 l_4 为 5 m～15 m,可根据射击速度及弹托的分离情况确定。

5.12 验证板

5.12.1 验证板应为符合 GB/T 3880.1 要求的 0.5 mm 厚 2024-T4 铝合金薄板。

5.12.2 对于平板试样,验证板标称尺寸应为 400 mm×400 mm,验证板与试样的距离应为 150 mm±10 mm。

5.12.3 对于曲面试样,验证板标称尺寸应为 110 mm×90 mm,验证板与试样弹着点位置的距离应为 51 mm±5 mm。

5.12.4 采用背衬材料支撑试样时不使用验证板。

5.13 试样尺寸

5.13.1 试样尺寸面积(长×宽)推荐为 400 mm×400 mm。

5.13.2 若试样尺寸面积达不到推荐尺寸要求,也可采用多个相同试样等效完成试验。

5.14 试样状态调节

5.14.1 试样在试验前应按 GB/T 1446 规定进行状态调节,特殊状态处理应在试验记录和试验报告中注明。

5.14.2 试样状态调节完成后,应在 30 min 内完成试验。

5.15 试验环境条件

室内环境。

6 试验步骤

6.1 预热

电子设备开机预热应不小于 30 min,试验枪械适应性射击预热应不少于 3 发。

6.2 试样布置

6.2.1 需与背衬材料联合布靶的试样,应采用 50 mm 宽的缚带将试样和背衬材料贴合紧固。

6.2.2 无需背衬材料的试验,则应采用缚带或夹具把试样牢固固定在靶架上,在试样后放置验证板。

6.3 弹药组装

6.3.1 选择与药筒、射击速度相匹配的发射药型号,用天平称取发射药装入药筒并适当固定后,将药筒与发射弹体组装成一体。

6.3.2 弹药组装应采用专用装具,弹体组装状态应一致。

警告:1) 弹药组装过程中严禁磕碰、挤压药筒底火部位。

2) 弹药组装过程中应有防静电措施。

注:称装发射药的器皿、量具、辅助组装工具等的材质推荐采用紫铜。

6.4 射击试验

射击试验程序按附录 C 进行。

6.5 试样整理

记录每一发射击试验结果,调整弹着点位置并整理试样,保持与前发射击时状态一致。

7 V50 评定与数据处理

7.1 V50 评定方法

7.1.1 两发评定

在有效命中射击中，未出现混合结果速度区，并在不大于 15 m/s 的速度差内已存在一发穿透和一发阻断，取这两发的测点弹速求算术平均值。

7.1.2 四发评定

在有效命中射击中，若速度差不大于 20 m/s，并在 20 m/s 的速度范围内已产生至少两发阻断和两发穿透的结果，取两发最高阻断速度和两发最低穿透速度的测点弹速（其中一发穿透应为最大值，一发阻断应为最小值）求算术平均值。

7.1.3 六发评定

在有效命中射击中，若出现速度差不大于 38 m/s，且在 38 m/s 的速度范围内已产生了至少 3 发阻断和 3 发穿透的结果，取 3 发最高阻断速度和 3 发最低穿透速度的至少 6 发结果相反、数量对等的测点弹速求算术平均值。

7.1.4 十发评定

在有效命中射击中，若出现速度差大于 38 m/s 而不大于 45 m/s，或不满足 6 发评定条件的情况，则在 45 m/s 的速度范围内，取 5 发最高阻断速度和 5 发最低穿透速度的至少 10 发结果相反、数量对等的测点弹速求算术平均值。

7.1.5 多发评定

在有效命中射击中，若出现了速度差大于 45 m/s 的现象，则需要获得不少于 6 发最高阻断速度和 6 发最低穿透速度的至少 12 发结果相反、数量对等的测点弹速求算术平均值。

7.2 数据处理

7.2.1 有效命中测点弹速平均值 $\bar{v}$

有效命中测点弹速平均值 $\bar{v}$ 按式(1)计算：

$$\bar{v} = \frac{\sum_{i=1}^{n} v_i}{n} \qquad\qquad\cdots\cdots\cdots\cdots\cdots(1)$$

式中：

$\bar{v}$ ——有效命中测点弹速平均值，单位为米每秒(m/s)；

v_i ——有效命中测点弹速，单位为米每秒(m/s)；

n ——有效发数。

注：按 7.1 选取的测点速度单值，若出现速度相同结果相同，则只取其中之一计算；若出现速度相同结果相异，则两发均应计算。

7.2.2 弹道极限 V50 值

按照附录 D，将 $\bar{v}$ 值代入 v_0 换算得到着靶速度 v_t，即为弹道极速 V50 值。

7.2.3 精度要求

测点速度单值保留两位小数，$\bar{v}$ 值保留一位小数，V50 值保留整数。

7.3 V50 评定方法的选择

V50 评定方法按以下规定：

a) 根据试验中出现混合结果速度区的大小，按 7.1 选择评定方法。

b) 对于织物、单向布等片层叠合复合材料，或柔性基纤维增强复合材料薄板等已知抗弹性能分散大的试样，不推荐四发以下评定 V50。

c) 对于尺寸和数量不能满足 5.13 要求的试样，可采用两发或四发评定 V50，但应在试验记录和报告中注明。

8 试验报告

试验报告应至少包含以下内容：

a) 试验标准及委托方要求；

b) 试样名称与结构描述、尺寸与重量；

c) 试验用弹；

d) 试验环境条件；

e) 试样调节状态；

f) 全部有效测点弹速数据；

g) 试样 V50 值、标准偏差；

h) 试验日期、试验人员。

附 录 A
（规范性附录）
测速靶射击比对校验方法

A.1 测速靶射击比对校验要求

A.1.1 测速靶射击比对校验应定期进行。测速系统出现异常时应及时进行校验。

A.1.2 比对校验采用两套测速靶测同一点弹速的方式。推荐射击 10 发为一组。

A.2 射击比对校验数据处理

A.2.1 系统误差计算

系统误差按式（A.1）计算：

$$\delta = \frac{\overline{v}_2 - \overline{v}_1}{\overline{v}_1} \times 100 \quad\quad\quad\quad\quad\quad (\text{A.1})$$

式中：

δ ——系统误差，%；

$\overline{v}_2$——被检系统测一组弹速的平均值，单位为米每秒（m/s）；

$\overline{v}_1$——比对系统测一组弹速的平均值，单位为米每秒（m/s）。

A.2.2 系统差值的误差计算

A.2.2.1 差值的标准偏差按式（A.2）计算：

$$s(\Delta v_i) = \sqrt{\frac{\sum (\Delta \overline{v} - \Delta v_i)^2}{n-1}} \quad\quad\quad\quad (\text{A.2})$$

式中：

$s(\Delta v_i)$——差值的标准偏差，单位为米每秒（m/s）；

Δv_i ——两套测速系统测得的单发速度差，单位为米每秒（m/s）；

$\Delta \overline{v}$ ——一组内单发差 Δv_i 的平均值，单位为米每秒（m/s）；

n ——一组试验发数。

A.2.2.2 系统差值的误差按式（A.3）计算：

$$s(\overline{v}_1) = \frac{s(\Delta v_i)}{\overline{v}_1} \times 100 \quad\quad\quad\quad\quad\quad (\text{A.3})$$

式中：

$s(\overline{v}_1)$——系统差值的误差，%；

$s(\Delta v_i)$同公式（A.2）；

$\overline{v}_1$ 同公式（A.1）。

A.3 射击比对校验合格判定

A.3.1 速度小于 600 m/s 时，如果该组测速平均差（$\overline{v}_2 - \overline{v}_1$）绝对值小于 1.8 m/s，且差值的标准偏差

$s(\Delta v_i)$小于 1.5 m/s,则判定测速系统校验合格。

A.3.2 速度大于或等于 600 m/s 时,如果系统误差 δ 不大于 0.3%,且系统差值的误差 $s(\bar{v}_1)$ 不大于 0.25%,则判定测速系统校验合格。

A.4 记录校验结果

比对校验结果至少应包含以下内容:

a) 比对校验用弹;

b) 被检系统与比对系统测速屏间距;

c) 被检与比对系统测得一组射击的全部速度;

d) 速度小于 600 m/s 时一组测速的平均差和差值的标准偏差;

e) 速度大于或等于 600 m/s 时系统误差和系统差值的误差;

f) 比对校验判定结果;

g) 校验日期与校验人员。

附　录　B

（规范性附录）

破片模拟弹及要求

B.1　球状破片模拟弹

球状破片模拟弹的要求见表 B.1。

表 B.1　球状破片模拟弹参数

型　号	质量 g	直径尺寸 mm	硬度 HRC
FSP-B1	1.03±0.01	6.35±0.02	63±3
FSP-B2	4.50±0.02	10.30±0.02	63±3

B.2　柱状破片模拟弹

B.2.1　柱状楔形破片模拟弹

B.2.1.1　柱状楔形破片模拟弹示意图见图 B.1。

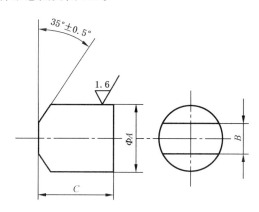

图 B.1　柱状楔形破片模拟弹示意图

B.2.1.2　柱状楔形破片模拟弹的要求见表 B.2。

表 B.2　柱状楔形破片模拟弹参数

型　号	质量 g	尺寸 A mm	尺寸 B mm	尺寸 C mm	硬度 HRC
FSP-C1	0.16±0.01	2.64±0.02	$1.27^{+0.0}_{-0.5}$	3.18	30±1
FSP-C2	0.33±0.01	3.60±0.02	$1.75^{+0.0}_{-0.5}$	4.31	30±1
FSP-C3	0.49±0.02	4.06±0.02	$2.03^{+0.0}_{-0.5}$	4.57	30±1

表 B.2（续）

型 号	质量 g	尺寸 A mm	尺寸 B mm	尺寸 C mm	硬度 HRC
FSP-C4	1.10±0.02	5.38±0.01	$2.54^{+0.0}_{-0.1}$	6.35	30±1
FSP-C5	2.85±0.03	$7.52^{+0.0}_{-0.03}$	$3.45^{+0.0}_{-0.25}$	8.64	30±1
FSP-C6	13.41±0.13	$12.57^{+0.0}_{-0.03}$	$5.69^{+0.0}_{-0.38}$	14.73	30±1
注：通过调整尺度 C 达到模拟弹的质量要求。					

B.2.2 柱状平头破片模拟弹

B.2.2.1 柱状平头破片模拟弹示意图见图 B.2。

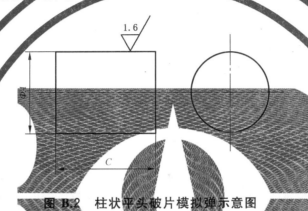

图 B.2 柱状平头破片模拟弹示意图

B.2.2.2 柱状平头破片模拟弹的要求见表 B.3。

表 B.3 柱状平头破片模拟弹参数

型 号	质量 g	直径 A mm	长度 C mm	硬度 HRC
FSP-Cy01	4.15±0.03	8.74±0.03	8.82	30±2
FSP-Cy02	2.83±0.03	7.49±0.04	8.19	30±2
FSP-Cy03	1.10±0.03	5.39±0.06	6.17	30±2
FSP-Cy04	0.49±0.03	4.06±0.14	4.78	30±2
FSP-Cy05	0.33±0.03	3.60±0.19	4.07	30±2
FSP-Cy06	0.24±0.03	3.25±0.22	3.64	30±2
FSP-Cy07	0.16±0.03	2.64±0.27	3.77	30±2
注：通过调整尺度 C 达到模拟弹的质量要求。				

B.3 立方体破片模拟弹

立方体破片模拟弹的要求见表 B.4。

表 B.4 立方体破片模拟弹参数

型 号	质量 g	边长 mm	表面粗糙度 μm	硬度 HRC
FSP-Cu01	4.15±0.03	8.09±0.02	1.6	30±2
FSP-Cu02	2.83±0.03	7.12±0.03	1.6	30±2
FSP-Cu03	1.10±0.03	5.20±0.04	1.6	30±2
FSP-Cu04	0.49±0.03	3.96±0.09	1.6	30±2
FSP-Cu05	0.33±0.03	3.46±0.12	1.6	30±2
FSP-Cu06	0.24±0.03	3.12±0.13	1.6	30±2
FSP-Cu07	0.16±0.03	2.74±0.15	1.6	30±2

附 录 C
（规范性附录）
射击试验程序

C.1 射击控速基本要求

射击应遵循以下原则：若阻断则增加装药量提高射击速度，若穿透则减少装药量降低射击速度，直至在规定的速度范围内获得相同数量的"阻断"和"穿透"试验结果。

C.2 首发射击要求

首发射击应按照试样 V50 预估值确定发射速度，并参照装药量和弹体速度的对应关系确定发射装药量。

C.3 射击试验控制程序

C.3.1 如果首发射击试样穿透（或阻断），第二发应在首发基础上减少（或增加）约 30 m/s 的速度射击，以得到一发阻断（或穿透）。如果前两发结果同为穿透（或阻断），第三发应继续降低（或增加）约 30 m/s 的速度继续射击；如果前两发的结果相反，第三发射击速度取首发与第二发射击速度的中值继续射击。
C.3.2 若第三发穿透（或阻断），则第四发需降低（或增加）约 30 m/s 的速度继续射击。
C.3.3 第五发的射击速度应根据第三、第四发的射击结果确定：
 a) 若第三、第四发均穿透，再降约 30 m/s 射击第五发；若第三发穿透、第四发阻断，则取第四发与其最近的阻断弹速的中值射第五发。
 b) 若第三发阻断、第四发穿透，取第四发与其最近的穿透弹速的中值射第五发；若第三、第四发均阻断，则再增加约 30 m/s 射击第五发。
C.3.4 第六发的射击速度应根据第三、第四和第五发的射击结果确定：
 a) 第三、第四发均穿透：若第五发穿透，则第五发弹速再降约 30 m/s 射击第六发；若第五发阻断，则取第四和第五发弹速的中值射击第六发。
 b) 第三发穿透、第四发阻断：若第五发穿透，取第四和第五发的弹速中值射击第六发；若第五发阻断，取第三和第五发的弹速中值射击第六发。
 c) 第三、第四发均阻断：若第五发穿透，取第四和第五发的弹速中值射击第六发；若第五发阻断，则第五发弹速再增加约 30 m/s 射击第六发。
 d) 第三发阻断、第四发穿透：若第五发穿透，取第三和第五发的弹速中值射击第六发；若第五发阻断，取第四和第五发的弹速中值射击第六发。
C.3.5 后续射击按 C.1 依此类推。

附　录　D

（规范性附录）

测点速度与着靶速度的换算方法

D.1　测点速度与着靶速度的换算

弹体测点速度到着靶速度的换算按式（D.1）进行：

$$v_t = v_0 e^{-ax} \qquad\qquad\qquad\qquad(D.1)$$

式中：

v_t ——着靶速度，单位为米每秒（m/s）；

v_0 ——靶前测点速度，单位为米每秒（m/s）；

α ——弹速衰减系数，单位为每米（m^{-1}）；

x ——测速点到着靶点距离，单位为米（m）。

D.2　弹速衰减系数的确定

D.2.1　弹速衰减系数实验测定法

D.2.1.1 通过实验室内射击，根据飞行弹道上一定距离两点弹速的实际测定值，由式（D.2）计算得到弹体的实测衰减系数 α。

$$\alpha = \frac{\ln v_1 - \ln v_2}{X} \qquad\qquad\qquad(D.2)$$

式中：

α ——弹速衰减系数，单位为每米（m^{-1}）；

v_1 ——前测速点弹体速度，单位为米每秒（m/s）；

v_2 ——后测速点弹体速度，单位为米每秒（m/s）；

X ——前测速点到后测速点的距离，单位为米（m）。

D.2.1.2 弹速衰减系数的实验测定应按以下要求：

a) 在弹体飞行弹道线的不同位置布置两套或多套测速靶，测出不同位置的弹速，根据式（D.2）计算得到弹体的实测衰减系数 α，即可作为该弹体着靶速度的换算参数。

b) 为了获得准确的实测衰减系数，应采用多测速间距、多次射击测定的方法，以获得多个衰减系数测量单值 α_i，并根据统计方法剔出异常值，取其中不少于 5 个有效 α_i 单值的算术平均值作为对应弹体的实测弹速衰减系数 α。

D.2.2　弹速衰减系数计算法

D.2.2.1 弹速衰减系数 α 也可根据弹体参数由式（D.3）计算得到：

$$\alpha = \frac{c_x \rho s}{2m_f} \qquad\qquad\qquad\qquad(D.3)$$

式中：

α ——弹速衰减系数，单位为每米（m^{-1}）；

c_x ——弹体飞行阻力系数，无量纲；

ρ ——当地空气密度，单位为千克每立方米（kg/m³）；

s ——弹体迎风面积,单位为平方米(m²);

m_f ——弹体质量,单位为千克(kg)。

D.2.2.2 弹体迎风面积 s 按式(D.4)计算:

$$s = \varphi \cdot m_f^{\frac{2}{3}}$$ ....(D.4)

式中:

s ——弹体迎风面积,单位为平方米(m²)

φ ——弹体形状系数,单位为平方米每三分之二次方千克(m²/kg^$\frac{2}{3}$);

m_f ——弹体质量,单位为千克(kg)。

部分钢质破片模拟弹的形状系数 φ 列于表 D.1。

表 D.1 弹体形状系数 φ 取值

破片形状	球形	立方体	柱状
φ	3.07×10^{-3}	3.09×10^{-3}	3.35×10^{-3}

ICS 77.040.99
H 22

中华人民共和国国家标准

GB/T 32498—2016

金属基复合材料　拉伸试验
室温试验方法

Metal matrix composites—Tensile testing—
Method of test at ambient temperature

2016-02-24 发布

2017-01-01 实施

中华人民共和国国家质量监督检验检疫总局
中国国家标准化管理委员会　发 布

前　言

本标准按照 GB/T 1.1—2009 给出的规则起草。

本标准由全国工程材料标准化工作组(SAC/SWG 3)提出并归口。

本标准起草单位:江苏省产品质量监督检验研究院、上海交通大学、徐州市产品质量监督检验中心。

本标准主要起草人:王燕、欧阳求保、姚强、王鲲、张获、宋锦柱、路通、王浩。

金属基复合材料 拉伸试验
室温试验方法

1 范围

本标准规定了金属基复合材料拉伸试验方法的术语和定义、符号和说明、原理、试验设备、试样、试验要求和试验报告。

本标准适用于颗粒增强金属基复合材料及短纤维增强金属基复合材料的室温拉伸试验。

2 规范性引用文件

下列文件对于本文件的应用是必不可少的。凡是注日期的引用文件,仅注日期的版本适用于本文件。凡是不注日期的引用文件,其最新版本(包括所有的修改单)适用于本文件。

GB/T 228.1—2010 金属材料 拉伸试验 第1部分:室温试验方法

GB/T 2975 钢及钢产品 力学性能试验取样位置和试样制备

GB/T 12160 单轴试验用引伸计的标定

GB/T 16825.1 静力单轴试验机的检验 第1部分:拉力和(或)压力试验机 测力系统的检验与校准

GB/T 22066 静力单轴试验机用计算机数据采集系统的评定

GB/T 22315 金属材料 弹性模量和泊松比试验方法

3 术语和定义

下列术语和定义适用于本文件。

3.1

金属基复合材料 metal matrix composites

以金属(如铝、镁、钛、镍等)或合金为基体,以颗粒、纤维、晶须等为增强体的复合材料。

3.2

标距 gauge length

L

测量伸长用的试样圆柱或棱柱部分的长度。

3.2.1

原始标距 original gauge length

L_0

室温下试验前试样的标距。

3.2.2

断后标距 final gauge length after fracture

L_u

将拉断后的试样两部分在断裂处对接在一起,使其轴线位于同一条直线上,测量试样的标距。

3.3

平行长度 parallel length

L_c

试样平行缩减部分的长度,对于未经机加工的试样即为两夹头间的距离。

3.4

伸长率 percentage elongation

原始标距的伸长与原始标距 L_0 的百分比。

3.4.1

断后伸长率 percentage elongation after fracture

A

试样拉断后标距的伸长($L_u - L_0$)与原始标距 L_0 的百分比。

3.5

引伸计标距 extensometer gauge length

L_e

用引伸计测量试样延伸时所使用引伸计起始标距长度。

3.6

延伸 extension

试验期间某一时刻引伸计标距 L_e 的增量。

3.6.1

最大力塑性延伸率 percentage plastic extension at maximum force

A_g

最大力时原始标距的塑性延伸与引伸计标距 L_e 的百分比。

3.6.2

最大力总延伸率 percentage total extension at maximum force

A_{gt}

最大力时原始标距的总延伸(弹性延伸加塑性延伸)与引伸计标距 L_e 的百分比。

3.6.3

断裂总延伸率 percentage total extension at fracture

A_t

断裂时原始标距的总延伸(弹性延伸加塑性延伸)与引伸计标距 L_e 的百分比。

3.7

试验速率 testing rate

试验期间单位时间应变的增加值。

3.7.1

应变速率 strain rate

e_{Le}

用引伸计标距 L_e 测量时单位时间的应变增加值。

3.7.2

平行长度应变速率的估计值 estimated strain rate over the parallel length

e_{Lc}

根据横梁位移速率和试样平行长度 L_c 计算的试样平行长度的应变单位时间内的增加值。

3.8

断面收缩率 percentage reduction of area

Z

断裂后试样横截面积的最大缩减量($S_0 - S_u$)与原始横截面积 S_0 的百分比。

3.9

应力　stress

试验期间任一时刻的力除以试样原始横截面积 S_0 得到的值。

3.9.1

抗拉强度　tensile strength

R_m

最大力 F_m 对应的应力。

3.9.2

规定塑性延伸强度　proof strength,plastic extension

R_p

塑性延伸率等于规定的引伸计标距 L_e 百分比时对应的应力,见图1。

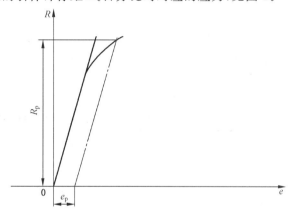

说明:

e　——延伸率;　　　　　　　　　　　　　　　R ——应力;

e_p ——规定的塑性延伸率;　　　　　　　　　　R_p——规定塑性延伸强度。

图 1　规定塑性延伸强度 R_p

3.9.3

规定总延伸强度　proof strength,total extension

R_t

总延伸率等于规定的引伸计标距 L_e 百分比时的应力,见图2。

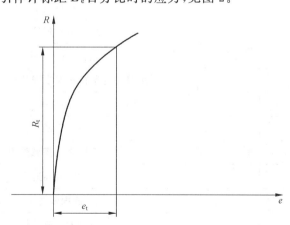

说明:

e　——延伸率;　　　　　　　　　　　　　　　R ——应力;

e_t ——规定总延伸率;　　　　　　　　　　　　R_t——规定总延伸强度。

图 2　规定总延伸强度 R_t

4 符号和说明

本标准使用的符号和相应的说明见表1。

表 1 符号和说明

符 号	单 位	说 明
A	%	断后伸长率
A_g	%	最大力 F_m 塑性延伸率
A_{gt}	%	最大力 F_m 总延伸率
A_t	%	断裂总延伸率
a_0	mm	矩形横截面试样原始厚度
b_0	mm	矩形横截面试样平行长度的原始宽度
C_v	—	离散系数
d_0	mm	圆形横截面试样平行长度的原始直径
d_u	mm	圆形横截面试样断裂后缩颈处最小直径
E	MPa	弹性模量
e_{Le}	s^{-1}	应变速率
e_{Lc}	s^{-1}	平行长度估计的应变速率
F_m	N	最大力
L_0	mm	原始标距
L_c	mm	平行长度
L_e	mm	引伸计标距
L_t	mm	试样总长度
L_u	mm	断后标距
R_m	MPa	抗拉强度
R_p	MPa	规定塑性延伸强度
R_t	MPa	规定总延伸强度
r	mm	夹持端与平行长度之间的过渡弧半径
s	—	标准差
S_0	mm^2	原始横截面积
S_u	mm^2	断后最小横截面积
V_c	$mm \cdot s^{-1}$	横梁分离速率
Z	%	断面收缩率
ΔL_m	mm	最大力总延伸
ΔL_f	mm	断裂总延伸
注：1 MPa＝1 N·mm^{-2}。		

5 原理

试验系用拉力拉伸试样,一般拉至断裂,测定一项或几项力学性能。

6 试验设备

6.1 试验机

试验机应满足 GB/T 22066,其测力系统应按照 GB/T 16825.1 进行校准,准确度应为 0.5 级。

6.2 引伸计

引伸计的准确度级别应符合 GB/T 12160 的要求,其准确度应为 1 级或优于 1 级。

7 试样

7.1 形状与尺寸

7.1.1 一般要求

试样的形状与尺寸取决于要被试验的金属基复合材料产品的形状与尺寸,其横截面可以为圆形或矩形。

通常从产品、压制坯或铸件切取样坯经机加工制成试样。但具有恒定横截面的产品(如棒材、铸造产品等)可以不经机加工而进行试验。

7.1.2 试样的形状

如试样的夹持端与平行长度的尺寸不相同,它们之间应以过渡弧连接,过渡弧的最小半径为:

a) 圆形横截面试样,$\geqslant 0.75d_0$;

b) 其他试样,$\geqslant 12$ mm。

一般机加工的圆形横截面试样其平行长度的直径一般不应小于 4 mm。

如相关产品标准有规定,具有恒定横截面的产品(如棒材、铸造产品等)可采用不经机加工的试样进行拉伸试验。

7.1.3 试样的尺寸

7.1.3.1 机加工试样的平行长度

平行长度 L_c 的要求如下:

a) 对于圆形截面试样 $L_c \geqslant L_0 + \dfrac{d_0}{2}$;

b) 对于其他形状试样 $L_c \geqslant L_0 + 1.5\sqrt{S_0}$。

对于仲裁试验,平行长度应为 $L_0 + 2d_0$ 或 $L_0 + 2\sqrt{S_0}$。

7.1.3.2 原始标距

7.1.3.2.1 比例试样

试样原始标距与横截面积有 $L_0 = k\sqrt{S_0}$ 的关系称为比例试样,比例系数 k 的值通常为 5.65,也可以取 11.3。原始标距应不小于 20 mm。

圆形横截面比例试样和矩形横截面比例试样优先采用表 2 和表 3 推荐的尺寸。

表 2　圆形横截面比例试样

d_0/mm	r/mm	$k=5.65$			$k=11.3$		
		L_0/mm	L_c/mm	试样编号	L_0/mm	L_c/mm	试样类型编号
25				R1			R01
20				R2			R02
15				R3			R03
10	$\geqslant 0.75d_0$	$5d_0$	$\geqslant L_0+d_0/2$ 仲裁试验: L_0+2d_0	R4	$10d_0$	$\geqslant L_0+d_0/2$ 仲裁试验: L_0+2d_0	R04
8				R5			R05
6				R6			R06
5				R7			R07
4				R8			R08

注 1：如相关产品标准无具体规定,优先采用 R2、R4 或 R7 试样。

注 2：试样总长度取决于夹持方法,原则上 $L_t > L_c + 4d_0$。

表 3　矩形横截面比例试样

b_0/mm	r/mm	$k=5.65$			$k=11.3$		
		L_0/mm	L_c/mm	试样编号	L_0/mm	L_c/mm	试样类型编号
12.5				P7			P07
15				P8			P08
20	$\geqslant 12$	$5.65\sqrt{S_0}$	$\geqslant L_0+1.5\sqrt{S_0}$ 仲裁试验: $L_0+2\sqrt{S_0}$	P9	$11.3\sqrt{S_0}$	$\geqslant L_0+1.5\sqrt{S_0}$ 仲裁试验: $L_0+2\sqrt{S_0}$	P09
25				P10			P010
30				P11			P011

注 1：如相关产品标准无具体规定,优先采用比例系数 $k=5.65$ 的比例试样。

注 2：当试样横截面积太小,以致采用比例系数 k 为 5.65 的值不能符合这一最小标距要求时,可以采用较高的值 (优先采用 11.3 的值)或采用非比例试样。

7.1.3.2.2　非比例试样

矩形横截面非比例试样尺寸见表 4。如果相关的产品标准有规定,允许使用非比例试样。平行长度不应小于 $L_0+b_0/2$,对于仲裁试样,平行长度应为 $L_c=L_0+2b_0$。原始标距 L_0 与原始横截面积 S_0 无关。

表 4　矩形横截面非比例试样

b_0/mm	r/mm	L_0/mm	L_c/mm	试样类型编号
12.5		50		P12
20		80	$\geqslant L_0 + 1.5\sqrt{S_0}$	P13
25	$\geqslant 20$	50	仲裁试验:	P14
38		50	$L_0 + 2\sqrt{S_0}$	P15
40		200		P16

7.1.4　试样类型

表 5 按产品的形状规定了试样的主要类型,也可按照相关产品标准规定其他试样类型。

表 5　试样的主要类型

单位为毫米

产品类型	
板材-扁材	线材-棒材
厚度 a_0	直径或边长
$a_0 \geqslant 3$	$\geqslant 4$

7.2　试样的制备

除非另有规定,试样应在成品上取样,按照相关产品标准或 GB/T 2975 的要求切取样坯和制备试样,如受成品尺寸等因素限制也可从随炉浇注的单铸试样上取样。单铸试样应为直径为 20 mm 的圆柱形样坯,经机加工后形成平行部分直径为 10 mm 的标准试样。表 6 给出了机加工试样的横向尺寸公差,四面机加工的矩形试样,其机加工面的表面粗糙度 Ra 应不大于 1.6 μm,相对两面机加工的矩形试样,其未加工面的的尺寸公差与形状公差也应符合加工面的公差要求。

表 6　试样横向尺寸公差

单位为毫米

名　　称	名义横向尺寸	尺寸公差	形状公差[a]
机加工的圆形横截面直径和四面机加工的矩形横截面试样横向尺寸	$\geqslant 3$ $\leqslant 6$	± 0.02	0.03
	> 6 $\leqslant 10$	± 0.03	0.04
	> 10 $\leqslant 18$	± 0.05	0.04
	> 18 $\leqslant 30$	± 0.10	0.05

表 6（续）   单位为毫米

名　　称	名义横向尺寸	尺寸公差	形状公差[a]
相对两面机加工的矩形横截面试样横向尺寸	≥3 ≤6	±0.02	0.03
	>6 ≤10	±0.03	0.04
	>10 ≤18	±0.05	0.06
	>18 ≤30	±0.10	0.12
	>30 ≤50	±0.15	0.15
[a] 沿着试样整个平行长度,规定横向尺寸测量值的最大最小之差。			

7.3 原始横截面积的测定

应在试样平行长度中心区域以足够的点数测量试样的相关尺寸。

原始横截面积 S_0 是平均横截面积,应根据测量的原始尺寸进行计算,测量每个尺寸应准确到 $±0.5\%$。

7.4 原始标距的标记

应用小标记、细划线或细墨线标记原始标记,为了使划线清晰可见,试验前可涂上一层染料。不得用引起过早断裂的缺口作标记。

7.5 试样数量

每组有效试样数量不小于 5 个。

8 试验要求

8.1 试验温度

除非另有规定,试验应在环境温度为 10 ℃～35 ℃条件下进行,对温度要求严格的试验,试验温度应为 23 ℃±5 ℃。

8.2 设定试验力零点

在试验加载链装配完成后,应在试样两端被夹持之前设定力测量系统的零点,并在试验期间保证力测量系统不变。

8.3 试样的夹持方法

应使用楔形夹头、螺纹夹头、平推夹头、套环夹具等合适的夹具夹持试样。
应尽力确保夹持的试样受轴向拉力的作用,尽量减小弯曲。

8.4 试验速率

8.4.1 总则

本试验可采用两种不同类型的应变速率控制：

a) 基于引伸计的反馈得到的应变速率 e_{Le}。在直至测定 R_p、R_t 的范围时，应按照规定的应变速率 e_{Le}，在这一范围需要做在试样上安装引伸计，以准确控制应变速率。对于不能进行应变速率控制的试验机也可采用根据平行长度估计的应变速率 e_{Lc}。

b) 根据平行长度估计的应变速率 e_{Lc}，即通过计算平行长度与相应的应变速率的乘积得到的横梁位移速率，见式（1）：

$$v_c = L_c \times e_{Lc} \quad\quad\quad\quad\quad\quad\quad\quad (1)$$

式中：

v_c ——横梁位移速率；

L_c ——平行长度；

e_{Lc} ——应变速率。

8.4.2 规定延伸强度 R_p、R_t 以及弹性模量 E 的试验速率

在测定 R_p、R_t 时，应变速率应在 $0.000\,05\,s^{-1}\sim0.000\,3\,s^{-1}$，并尽可能保持恒定，推荐采用应变速率 $0.000\,1\,s^{-1}$，相对误差±20%。如果试验机不能直接进行应变速率控制，可采用通过平行长度估计的应变速率 e_{Lc}。弹性模量 E 的测定按照 GB/T 22315 中静态法进行。

8.4.3 抗拉强度 R_m、断后伸长率 A、最大力下的总延伸率 A_{gt}、最大力下的塑性延伸率 A_g 和断面收缩率 Z 的试验速率

在规定延伸强度测定后，应变速率应不超过 $0.001\,s^{-1}$ 并保持恒定。推荐采用应变速率 $0.000\,5\,s^{-1}$，相对误差±20%。

8.5 试验方法

8.5.1 规定塑性延伸强度的测定

根据力-延伸曲线图测定规定塑性延伸强度 R_p，在曲线图上作一条与曲线的弹性直线段部分平行，且在延伸轴上与此直线段的距离等效于规定塑性延伸率。此平行线与曲线的交截点给出相应于所求规定塑性延伸强度的力，此力除以试样原始横截面积 S_0 得到规定的塑性延伸强度，见图1。

8.5.2 规定总延伸强度的测定

在力-延伸曲线图上，作一条平行于力轴并与该轴的距离等效于规定总延伸率的平行线，此平行线与曲线的交截点给出相应于规定总延伸强度的力，此力除以试样横截面积 S_0 得到规定总延伸强度 R_t。也可不绘制力-延伸曲线图而使用自动处理装置或自动测试系统测定规定总延伸强度，按照 GB/T 228.1—2010 附录 A 进行。

8.5.3 最大力塑性延伸率的测定

在用引伸计得到的力-延伸曲线图上从最大力时的总延伸率中扣除弹性延伸部分即得到最大力时的塑性延伸,将其除以引伸计标距得到最大力塑性延伸率。

最大力塑性延伸率 A_g 按式(2)计算:

$$A_g = \left(\frac{\Delta L_m}{L_e} - \frac{R_m}{m_E}\right) \times 100\% \qquad \cdots\cdots\cdots\cdots\cdots\cdots\cdots (2)$$

式中:

L_e ——引伸计标距;

m_E ——应力-延伸率曲线弹性部分的斜率;

R_m ——抗拉强度;

ΔL_m——最大力下的延伸。

8.5.4 最大力总延伸率的测定

在用引伸计得到的力-延伸曲线图上测定最大力总延伸,最大力总延伸率 A_{gt} 的计算见式(3):

$$A_{gt} = \frac{\Delta L_m}{L_e} \times 100\% \qquad \cdots\cdots\cdots\cdots\cdots\cdots\cdots (3)$$

式中:

L_e ——引伸计标距;

ΔL_m——最大力下的延伸。

8.5.5 断裂总延伸率的测定

在用引伸计得到的力-延伸曲线图上测定断裂总延伸,断裂总延伸率 A_t 按式(4)计算:

$$A_t = \frac{\Delta L_f}{L_e} \times 100\% \qquad \cdots\cdots\cdots\cdots\cdots\cdots\cdots (4)$$

式中:

L_e ——引伸计标距;

ΔL_f——断裂总延伸。

8.5.6 断后伸长率的测定

将试样断裂的部分牢固地对接在一起并使轴线处于同一直线上,测量试样的断后标距,断后伸长率 A 按式(5)计算:

$$A = \frac{L_u - L_0}{L_0} \times 100\% \qquad \cdots\cdots\cdots\cdots\cdots\cdots\cdots (5)$$

式中:

L_0——原始标距;

L_u——断后标距。

由于金属基复合材料延性较低,为提高测试结果的准确性,推荐采用如下方法:

试验前在平行长度的两端处做一很小的标记,使用调节到标距的分规,分别以标记为圆心划一圆弧。拉断后,将断裂的试样置于一装置上,保证断裂部位测量时能牢固地对接在一起。以最接近断裂的原圆心为圆心,以相同的半径划第二个圆弧。用工具显微镜或其他合适的仪器测量两个圆弧之间的距离即为断后伸长,精确到±0.02 mm。

8.5.7 断面收缩率的测定

将试样断裂的部分牢固地对接在一起并使轴线处于同一直线上,断裂后最小横截面积的测定应准确到±2%,断面收缩率 Z 按式(6)计算:

$$Z = \frac{S_0 - S_u}{S_0} \times 100\% \quad\quad\quad (6)$$

式中:
S_0——平行长度部分的原始横截面积;
S_u——断后最小横截面积。

8.6 试验结果

8.6.1 试验结果数值的修约

试验测定的性能结果数值应按照相关产品标准的要求进行修约。如未规定具体要求,应按照如下要求进行修约:
——强度性能值修约至 1 MPa;
——延伸率和断后伸长率修约至 0.1%;
——断面收缩率修约至 0.1%。

8.6.2 数据的处理

8.6.2.1 算术平均值

试样性能算术平均值按式(7)计算,保留 3 位有效数字。

$$\overline{X} = \frac{1}{n}\sum_{i=1}^{n} X_i \quad\quad\quad (7)$$

式中:
$\overline{X}$ ——算术平均值;
X_i ——某个试样的性能值;
n ——试样数。

8.6.2.2 标准差

标准差按式(8)计算,保留两位有效数字。

$$s = \sqrt{\frac{\sum_{i=1}^{n}(X_i - \overline{X})^2}{n-1}} \quad\quad\quad (8)$$

式中:
s ——标准差;
$\overline{X}$ ——算术平均值;
X_i——某个试样的性能值;
n ——试样数。

8.6.2.3 离散系数

离散系数按式(9)计算,保留两位有效数字。

$$C_v = \frac{s}{\overline{X}} \quad\quad\quad (9)$$

式中：

C_v ——离散系数；

s ——标准差；

$\overline{X}$ ——算术平均值。

9 试验报告

试验报告应至少包括以下信息,除非双方另有约定：

a) 材料名称、牌号、规格；

b) 试验条件信息；

c) 所采用的标准号；

d) 使用仪器的型号及编号；

e) 试样类型；

f) 试样的取样方向和位置；

g) 测定各参数试验速率范围；

h) 报告日期及报告编号；

i) 检测人员与审核人员签字。

ICS 59.100.99
W 04

中华人民共和国国家标准

GB/T 33613—2017

三维编织物及其树脂基复合材料拉伸
性能试验方法

Test method for tensile properties of
3D braided fabric and its polymer matrix composites

2017-05-12 发布

2017-12-01 实施

中华人民共和国国家质量监督检验检疫总局
中国国家标准化管理委员会 发布

前　言

本标准按照 GB/T 1.1—2009 给出的规则起草。

本标准由中国纺织工业联合会提出。

本标准由全国纺织品标准化技术委员会(SAC/TC 209)归口。

本标准起草单位:纺织工业标准化研究所、中纺标检验认证有限公司、天津工业大学、中国产业用纺织品行业协会。

本标准主要起草人:章辉、张一帆、陈利、吕静、韩玉茹、郑宇英、孙颖、张国利、李嘉禄、赵瑾瑜。

三维编织物及其树脂基复合材料拉伸
性能试验方法

1 范围

本标准规定了三维编织物及其树脂基复合材料拉伸性能的试验方法。
本标准适用于三维编织物及其树脂基复合材料。
本标准不适用于具有异型结构的三维编织物。

2 规范性引用文件

下列文件对于本文件的应用是必不可少的。凡是注日期的引用文件,仅注日期的版本适用于本文件。凡是不注日期的引用文件,其最新版本(包括所有的修改单)适用于本文件。
GB/T 1446—2005 纤维增强塑料性能试验方法总则

3 术语和定义

下列术语和定义适用于本文件。

3.1

三维编织物 3D braided fabrics
采用三维编织工艺,编织纱在空间四个方向上交错移动、相互交织,形成一个不分层的整体织物。

3.2

树脂基三维编织复合材料 3D braided polymer matrix composites
以有机聚合物为基体,三维编织物为增强体的复合材料。

3.3

编织单胞 braiding unit cell
三维编织物中最小的完整编织单元,如图1所示。

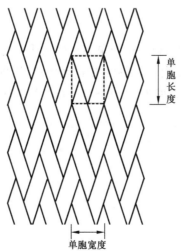

图 1 三维编织复合材料编织单胞

GB/T 33613—2017

3.4

单胞长度 length of unit cell

花节长度 braided pitch length

编织结构长度方向（编织成型方向）上相同取向的编织纱线间的间距，是一个编织机器循环所形成的织物长度，如图1所示。

3.5

单胞宽度 width of unit cell

花节宽度 braided pitch width

编织结构宽度方向上相同取向的编织纱线间的间距，如图1所示。

4 试验原理

沿试样长度方向匀速施加拉伸载荷直到试样断裂，记录拉伸过程中施加在试样上的载荷和试样伸长，测定断裂强力、拉伸应力、拉伸弹性模量、泊松比和断裂伸长率，并绘制应力-应变曲线。

5 试样及材料

5.1 试样制备

5.1.1 织物试样

将三维编织试样的两端头固化，两端的固化长度分别为(60±2)mm。试样可以单独编织，或从整块编织样品上裁剪得到。

5.1.2 复合材料试样

将三维编织试样整体树脂固化，试样可以单独模塑成型，不用切割；或从一块平板上通过机械加工得到。

注1：试样固化工艺可与有关方协议。推荐的固化工艺参见表A.1。

注2：具有异型结构的三维编织树脂基复合材料，可测试其随炉件。

5.2 试样型式和尺寸

试样型式和尺寸见图2。推荐的试样宽度与单胞宽度之比大于2∶1，对于按推荐的比例关系确定的试件宽度和相应标准给定的试件宽度，选取两者中的较大值，以确保在试件工作段内包含2个以上单胞。厚度应包含至少1个单胞，厚度通常为2 mm～5 mm。仲裁试样厚度为4 mm。

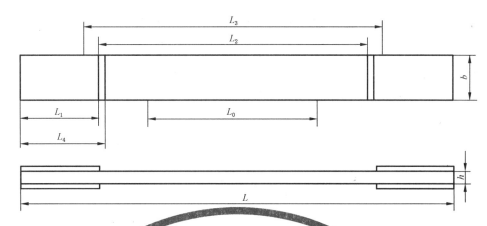

说明：

L ——试样长度，至少 250 mm；

L_0 ——标距，(100 ± 0.5) mm；

L_1 ——加强片长度，50 mm；

L_2 ——端部加强片间距，(150 ± 2) mm；

L_3 ——夹具间距，(170 ± 5) mm；

L_4 ——织物试样两端固化长度，(60 ± 2) mm；

b ——试样宽度，(25 ± 0.5) mm；

h ——试样厚度，2 mm～5 mm。

图 2 试样

5.3 试样数量

织物与复合材料应至少各取 5 个试样进行试验。

6 试验设备

6.1 试验机

试验机应符合 GB/T 1446—2005 第 5 章的规定。

6.2 夹具

采用自紧的楔形夹头，夹头面是粗糙的，带有锯齿状或十字形沟槽。夹具与试验机相连时，要确保试样受拉时对中。

6.3 加强片

6.3.1 使用材料应足够软，使得试验机的牙口能够压入并能咬住加强片。一般使用铝片或 0°/90°正交铺设的玻璃纤维织物/树脂形成的材料，且加强片纤维方向与试样的轴向成±45°，加强片厚度约为 2 mm。

6.3.2 加强片所用胶接剂应采用常温固化或温度低于被测试材料成型温度的高强、柔性胶接剂，应保证在试验过程中加强片不脱落。

6.4 应变测量装置

6.4.1 采用应变片或引伸仪测试方法，测试织物试样拉伸强力时不需要应变测量装置。

6.4.2 采用引伸仪测量时,应避免引伸仪在拉伸过程中产生滑移;在破坏之前应将引伸仪取下,避免引伸仪损坏。

6.4.3 采用应变片测量时,应变片的长度和宽度至少应等于最小单胞的长度和宽度,以保证测量可靠的平均应变值。试样两侧应变片应对称,应变片应尽量贴于试样的中心位置。为保证应变计牢固地粘在复合材料上,可以对粘贴区域轻轻打磨,同时注意打磨外层的树脂层,不要损伤纤维。

7 试验条件

7.1 试验标准环境条件

温度:(23±2)℃;相对湿度:(50±10)%。

7.2 加载速度

7.2.1 织物试样

测定织物试样拉伸断裂强力时,加载速度为 20 mm/min。

7.2.2 复合材料试样

测定复合材料拉伸弹性模量、泊松比、断裂伸长率和绘制应力-应变曲线时,加载速度一般为 2 mm/min;测定复合材料拉伸应力(拉伸屈服应力、拉伸断裂应力或者拉伸强度)时,常规试验中,加载速度为 5 mm/min。

8 试验步骤

8.1 织物试样

8.1.1 试验前,试样在试验标准环境条件下至少放置 16 h。

8.1.2 夹持试样,使试样的中心线与上、下夹具的对准中心线一致。

8.1.3 启动试验仪,连续加载直至试样破坏,记录断裂强力,单位为牛顿(N);如果需要,记录断裂伸长或断裂伸长率,单位为毫米(mm)或百分率(%)。

8.1.4 每组不少于 5 个试样,并保证同批有 5 个有效试样。若试样在夹钳中滑移,或在夹钳边缘25 mm以内断裂时,舍弃该试验结果并增加试样,继续试验直至获得要求数量的有效断裂试样。

8.2 复合材料试样

8.2.1 试验前,试样在试验标准环境条件下至少放置 24 h。

8.2.2 将试样进行编号、画线并测量试样工作段任意三处的宽度和厚度,取算术平均值,保留两位小数。

8.2.3 设定夹持隔距为 170 mm,加载速度按 7.2.2 设定。

8.2.4 夹持试样,使试样的中心线与上、下夹具的对准中心线一致。

8.2.5 在试样工作段安装测量变形的仪表。施加初载(约为破坏载荷的 5%),使试样保持伸直状态,保证整个系统处于正常工作状态。

8.2.6 测定拉伸应力时,连续加载直至试样破坏,记录试样的屈服载荷、破坏载荷或最大载荷及试样破坏的形式;测定拉伸弹性模量、泊松比、断裂伸长率时,连续加载,自动记录相应的载荷和应变。

8.2.7 绘制试样破坏前的载荷-应变曲线。

8.2.8 力学性能试样每组不少于 5 个,并保证同批有 5 个有效试样。若试样在夹钳中滑移,或在夹钳边缘 15 mm 以内断裂时,舍弃该试验结果并增加试样,继续试验直至获得要求数量的有效断裂试样。

9 计算结果与表达

9.1 织物试样

9.1.1 计算织物试样的断裂强力平均值,单位为牛顿(N),计算结果修约至 100 N。

9.1.2 如果需要,计算织物试样的断裂伸长率的平均值,以百分率表示,计算结果保留两位小数。

9.2 复合材料试样

9.2.1 拉伸应力(拉伸屈服应力、拉伸强度)按式(1)计算,取所有试样的平均值作为试验结果,结果保留两位小数。

$$\sigma_t = \frac{F}{b \times h} \quad \cdots\cdots\cdots\cdots\cdots\cdots\cdots\cdots (1)$$

式中:

σ_t ——拉伸应力(拉伸屈服应力、拉伸强度),单位为兆帕(MPa);

F ——屈服载荷、破坏载荷,单位为牛顿(N);

b ——试样宽度,单位为毫米(mm);

h ——试样厚度,单位为毫米(mm)。

9.2.2 试样断裂伸长率按式(2)计算,取所有试样的平均值作为试验结果,结果保留两位小数。

$$\varepsilon_t = \frac{\Delta L_b}{L_0} \times 100 \quad \cdots\cdots\cdots\cdots\cdots\cdots\cdots (2)$$

式中:

σ_t ——试样的断裂伸长率,%;

ΔL_b ——试样拉伸断裂时标距 L_0 的伸长量,单位为毫米(mm);

L_0 ——测量的标距,单位为毫米(mm)。

9.2.3 采用自动记录装置测试,对于给定的应变 $\varepsilon' = 0.0005$ 和 $\varepsilon'' = 0.0025$,拉伸弹性模量按式(3)计算,取所有试样的平均值作为试验结果,结果保留两位小数。

$$E_t = \frac{\sigma'' - \sigma'}{\varepsilon'' - \varepsilon'} \quad \cdots\cdots\cdots\cdots\cdots\cdots\cdots\cdots (3)$$

式中:

E_t ——拉伸弹性模量,单位为兆帕(MPa);

σ' ——应变 $\varepsilon' = 0.0005$ 时测得的拉伸应力值,单位为兆帕(MPa);

σ'' ——应变 $\varepsilon'' = 0.0025$ 时测得的拉伸应力值,单位为兆帕(MPa)。

注:如材料说明或技术说明中另有规定 $\sigma'\sigma''$ 可取其他值。

9.2.4 如果需要,泊松比按式(4)计算,取所有试样的平均值作为试验结果,结果保留两位小数。

$$\mu = -\frac{\varepsilon_2}{\varepsilon_1} \quad \cdots\cdots\cdots\cdots\cdots\cdots\cdots\cdots (4)$$

式中:

μ ——泊松比,取两位有效数字;

ε_1 ——与载荷增量 ΔF 对应的轴向应变;

ε_2 ——与载荷增量 ΔF 对应的横向应变。

9.2.5 绘制拉伸应力-应变曲线。

10 试验报告

试验报告包括以下内容：
a) 说明试验是按本标准进行的；
b) 样品描述；
c) 试验环境；
d) 主要试验参数（夹持隔距、加载速度和试样宽度等）；
e) 试样数量和试验结果，如果需要给出试样单值；
f) 任何偏离本标准的细节。

附　录　A

（资料性附录）

推荐固化工艺

本标准推荐的树脂固化工艺见表 A.1。

表 A.1　三维编织物树脂基复合材料推荐复合固化工艺参数

树脂体系				复合成型工艺	
树　脂	固化剂	促进剂	配　比	成型方法	固化温度/固化时间
环氧树脂 TDE86♯	甲基四氢苯酐	N,N 二甲基苄胺	100：85：1	树脂传递 模塑 （RTM）	130 ℃/2 h 150 ℃/1 h 160 ℃/6 h 180 ℃/1 h

ICS 83.120
Q 23

中华人民共和国国家标准

GB/T 34551—2017

玻璃纤维增强复合材料筋高温耐碱性
试验方法

Test method for alkali resistance of glass fiber reinforced polymer bars
in high temperature condition

2017-10-14 发布

2018-09-01 实施

中华人民共和国国家质量监督检验检疫总局
中国国家标准化管理委员会 发布

前　言

本标准按照 GB/T 1.1—2009 给出的规则起草。

本标准由中国建筑材料联合会提出。

本标准由全国纤维增强塑料标准化技术委员会(SAC/TC 39)归口。

本标准负责起草单位:深圳市海川实业股份有限公司、中建八局第一建设有限公司。

本标准参加起草单位:中国建筑第八工程局有限公司、郑州大学、贵州省交通规划勘察设计研究院股份有限公司、深圳市路桥建设集团有限公司、南京锋晖复合材料有限公司、深圳海川新材料科技股份有限公司、广东亚太新材料科技有限公司。

本标准主要起草人:李明、王桂玲、于科、马明磊、葛振刚、赵军、龙万学、王媛、沈锋、朱增余、罗国伟。

玻璃纤维增强复合材料筋高温耐碱性
试验方法

1 范围

本标准规定了玻璃纤维增强复合材料筋高温耐碱性试验的术语和定义、试验原理、试样、试验仪器、试验条件、试验步骤、计算以及试验报告等。

本标准适用于不持荷碱液浸泡状态和持荷碱液浸泡状态的高温耐碱性试验,其他纤维增强筋的高温耐碱性试验也可参照使用。

2 规范性引用文件

下列文件对于本文件的应用是必不可少的。凡是注日期的引用文件,仅注日期的版本适用于本文件。凡是不注日期的引用文件,其最新版本(包括所有的修改单)适用于本文件。

GB/T 1446 纤维增强塑料性能试验方法总则

GB/T 30022 纤维增强复合材料筋基本力学性能试验方法

3 术语和定义

下列术语和定义适用于本文件。

3.1

拉伸力保留率 tensile capacity retention

试样经碱溶液浸泡后和浸泡前的最大拉伸力的比值,用百分数表示。

4 试验原理

玻璃纤维增强复合材料筋试样在不持荷或持荷状态下浸泡在规定条件的碱性溶液中,经过规定时间测试试样的外观、质量和最大拉伸力的变化。

5 试样

5.1 试样外观

表面平整、色泽均匀,无气泡和纤维裸露。

5.2 试样尺寸

试样尺寸按 GB/T 30022 规定,试样切割部位宜采用与筋材相同的基体树脂封边,也可以采用环氧树脂或石蜡封边,仲裁试验应采用与筋材相同的基体树脂封边。

5.3 数量

试样数量应满足浸泡时间的要求,每组有效试样数量不少于 5 根。

GB/T 34551—2017

6 试验仪器

6.1 拉伸试验机

应符合 GB/T 1446 的规定。

6.2 应变测量仪表和引伸计

应符合 GB/T 1446 的规定。

6.3 天平

感量 0.1 g。

6.4 持荷试验装置

6.4.1 能持续稳定加载;可以持续显示拉力值,精度 10 N。

6.4.2 持荷试验装置参见附录 A。

6.5 恒温浸泡箱

6.5.1 大小和体积应足以将试样完全浸没在碱性溶液中。

6.5.2 箱体对碱性溶液应是惰性的,内胆宜采用不锈钢材料。

6.5.3 箱体应有密封装置,以防止碱性溶液中的水分蒸发而使浓度增大。

6.5.4 在试验期间能保持碱性溶液温度恒定,温度控制精度±3 ℃。

7 试验条件

7.1 试验介质

试验用的碱性溶液成分和 pH 值如下:

a) 溶液成分:1 L 去离子水中含 118.5 g $Ca(OH)_2$ 和 0.9 g NaOH 及 4.2 g KOH,以上 3 种化学物质为化学纯。实际制备溶液数量按照以上比例进行调制。

b) 溶液 pH 值介于 12.6～13.0 之间。

7.2 试验温度

60 ℃±3 ℃。

7.3 浸泡时间

7 d、15 d、30 d、60 d 和 90 d。如有需要,试样浸泡时间可延长。

7.4 试验环境

按照 GB/T 1446 的规定。

8 试验步骤

8.1 记录每个试样的编号。

8.2 目测试样的表面颜色、形状,然后将试样称重,并记录。

8.3 测试不少于 25 根试样的初始力学性能,并按照强度保证率不低于 95% 获得抗拉强度标准值。

8.4 当试样不持荷时,将试样水平放置于恒温浸泡箱中,试样应距离恒温浸泡箱底部 20 mm 以上,距离液面高度 20 mm 以上,且试样相互间隔应在 20 mm 以上。当试样持荷时,将试样穿过恒温浸泡箱体,两端置于夹紧和锁紧装置中,施加拉力。

8.5 当持荷状态下放置时,推荐的持荷水平为筋材抗拉强度标准值的 20%。

8.6 配置碱性溶液,注入恒温浸泡箱中,碱性溶液液面应完全浸没,然后加盖并密封。

8.7 加热至 60 ℃,开始计时。

8.8 pH 值测定按附录 B 进行,溶液的 pH 值应间隔 5 d 测量一次,若发现 pH 值未满足要求,应补充合适的碱性溶液并人工搅拌均匀以维持 pH 值为 12.6~13.0。

8.9 试验时应记录试样浸泡前后的液面位置,若取出试样时发现同条件下记录的液面位置发生显著变化,则应重新取样进行试验。

8.10 达到规定的浸泡时间,依次取出一组试样,用自来水将试样上残留的碱性溶液冲洗干净,擦干并放置 30 min。

8.11 观测试验后试样的表面颜色、形状等变化,然后将试样称重,并记录。

8.12 未经碱性溶液浸泡的试样在常温环境同时放置。

8.13 按 GB/T 30022 的规定制作拉伸试样,并进行拉伸测试,记录最大拉伸力。

8.14 当试样在锚固段内或锚具邻近处破坏以及拉伸时筋材从锚具中滑出的试样,应予作废。同批有效试样不足 5 个时,应从同批筋材中取样补做相应数量的试验。

8.15 试验中若发现试样分层、起泡、开裂等严重破坏现象,则试验终止,并记录终止时间。

9 计算

9.1 根据式(1)计算试样质量变化率:

$$M_c = \frac{m_1 - m_0}{m_0} \times 100\% \qquad \cdots\cdots\cdots\cdots\cdots\cdots(1)$$

式中:

M_c——质量变化率,%;

m_0——浸泡前试样的质量,单位为克(g);

m_1——浸泡 n 天后试样的质量,单位为克(g)。

9.2 根据式(2)计算拉伸力保留率,保留两位有效数字:

$$R_{et} = \frac{f}{F} \times 100\% \qquad \cdots\cdots\cdots\cdots\cdots\cdots(2)$$

式中:

R_{et}——拉伸力保留率,%;

f ——浸泡后的 5 个有效试样的最大拉伸力算术平均值,单位为牛(N);

F ——浸泡前的 5 个有效试样最大拉伸力算术平均值,单位为牛(N)。

10 试验报告

试验报告的内容包括以下各项全部或部分:

a) 执行本标准;

b) 样品制造厂商或注册商标等标识;

c) 生产商提供的纤维和树脂的类型；

d) 试样的名称、规格、编号；

e) 碱性溶液的组分、pH 值、温度；

f) 溶液监测调整情况；

g) 浸泡起止时间；

h) 试验温度和荷载；

i) 测试日期；

j) 试件的外观和质量变化；

k) 根据式(1)计算绘制的质量随时间变化的曲线；

l) 不同龄期试样浸泡前后的拉伸力,包括算术平均值和每根试样最大力值；

m) 根据式(2)计算绘制拉伸力保留率随时间变化曲线。

附　录　A
（资料性附录）
持荷加载试验装置

A.1　持荷加载试验装置

持荷加载试验装置示意图见图 A.1。

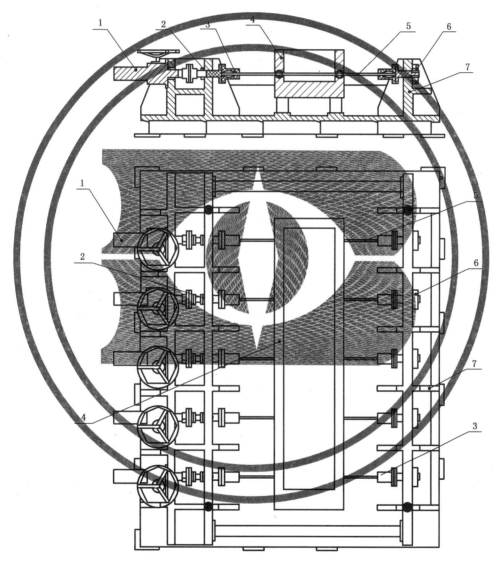

说明：

1——蜗轮蜗杆加载机构；　　　　　5——试样；

2——锁紧装置；　　　　　　　　　6——拉力传感器；

3——夹紧试样装置；　　　　　　　7——反力架。

4——恒温浸泡箱；

图 A.1　持荷加载试验装置示意图

GB/T 34551—2017

A.2 持荷加载试验装置的变形

持荷加载试验装置的恒温浸泡箱的箱体变形应不超过千分之一。

A.3 持荷加载试验装置的密封

持荷加载试验装置的恒温浸泡箱在试样穿过的部分应保证良好的密封,以防止浸泡溶液渗出。

附 录 B
（规范性附录）
pH 值测试方法

B.1 pH 试纸

B.1.1 广泛 pH 试纸,pH 值范围 1~14。
B.1.2 精密 pH 试纸,测量范围内的精度为 0.1 级。

B.2 试验步骤

B.2.1 将待测试的碱性溶液搅拌均匀后备用。
B.2.2 将广泛 pH 试纸折成"L"形,轻轻地放在碱性溶液的表面。
B.2.3 停留 1 min,让被测碱性溶液中的液体渗进试纸中,将试纸颜色与标准色板比较,确定被测溶液的 pH 值。
B.2.4 当需要精密的 pH 值测定时,可根据 B.2.3 初步做确定的 pH 值,选取范围适当的精密 pH 试纸,按上述步骤测试。

B.3 试验结果

碱性溶液 pH 值的有效测量值不少于 3 个,取算术平均值作为该溶液的 pH 值。

———————————

ICS 91.100.01
Q 10

中华人民共和国国家标准

GB/T 35463—2017

木塑复合材料及制品体积密度的
测定方法

Test method for bulk density of wood-plastic composites and products

2017-12-29 发布

2018-11-01 实施

中华人民共和国国家质量监督检验检疫总局
中国国家标准化管理委员会 发布

GB/T 35463—2017

前　言

本标准按照 GB/T 1.1—2009 给出的规则起草。

本标准由中国建筑材料联合会提出。

本标准由全国轻质与装饰装修建筑材料标准化技术委员会(SAC/TC 195)归口。

本标准主要起草单位:国家建筑装修材料质量监督检验中心、惠东美新塑木型材制品有限公司、东莞市百妥木新材料科技有限公司、河南省产品质量监督检验院、山东宜居新材料科技有限公司。

本标准参加起草单位:楚雄中信塑木新型材料有限公司、山东生力木塑服务有限公司。

本标准起草人:王建中、马亿珠、丁太春、殷柯柯、何赞文、林东融、盛光辉、李龙娇、杨明、张帆。

木塑复合材料及制品体积密度的测定方法

1 范围

本标准规定了测定木塑复合材料及其制品密度或体积密度测定方法的术语和定义、原理、仪器设备、试验步骤、结果计算和试验报告。

本标准适用于发泡和未发泡的木塑复合材料及其制品。

2 规范性引用文件

下列文件对于本文件的应用是必不可少的。凡是注日期的引用文件,仅注日期的版本适用于本文件。凡是不注日期的引用文件,其最新版本(包括所有的修改单)适用于本文件。

GB/T 2918—1998 塑料试样状态调节和试验的标准环境

3 术语和定义

下列术语和定义适用于本文件。

3.1

密度 density

在一定温度时试样的质量与其体积之比。

注:单位以 kg/m^3 或 g/cm^3 表示。

3.2

体积密度 bulk density

在一定温度下包含实体积、开口和密闭孔隙的状态下单位体积的质量。

注:单位以 kg/m^3 或 g/cm^3 表示。

4 原理

用分析天平测试试样在空气中的质量,然后把试样完全浸入水中测试其在水中质量,试样完全浸入水中时,其水中质量小于在空气中质量,质量的减少量与试样排开水的质量相等,排开水的体积等于试样的体积。试样在空气中的质量与试样的体积之比为试样的密度(体积密度)。

5 仪器设备

5.1 测试装置

主要由分析天平、浸渍容器和浸笼等组成,如图1所示。

GBT 35463—2017

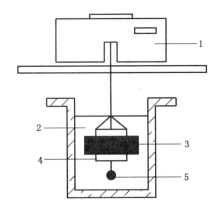

说明：

1——分析天平；

2——浸渍液；

3——被测试样；

4——浸笼；

5——重锤。

图 1　测试装置示意图

5.2　分析天平

精确到 1 mg。

5.3　浸渍容器

大口径烧杯或其他广口容器。

5.4　浸笼

包含试样固定器、金属丝(细尼龙丝)和重锤。细金属丝应防腐蚀,重锤应防腐蚀、表面光滑、形状规整,重锤的质量应能使试样和浸笼保持在浸渍液液面以下呈悬浮状态。

5.5　温度计

最小分度值 0.1 ℃,温度范围 0 ℃～40 ℃。

5.6　浸渍液

使用蒸馏水、去离子水或软化水。

6　试验步骤

6.1　试件

切割试样时应小心避免由于压力或者摩擦热的原因改变试件的密度,试件大小应能满足试验要求,试件和浸渍容器之间应有足够间隙,测试试件质量应大于 20 g。

测试体积密度时,如果试件截面为多孔空心或有孔洞的,截面切口处须密封处理。微气孔可采用石蜡密封,孔洞可用塑料胶带或锡纸密封。

测试前应除去试件表面杂质、灰尘等。

6.2 状态调节

测试前试样应按产品的相关标准要求进行状态调节。如果没有相关标准,则应按供需双方商定的方法对试样进行状态调节。

测试环境应符合 GB/T 2918—1998 的规定。

6.3 测定

6.3.1 测试前应对分析天平进行校准,并保持浸笼和重锤干燥。称量质量时,应在分析天平示数稳定后读取示数。试验过程中,浸渍液的温度应控制在 23 ℃±2 ℃的范围内。

6.3.2 无密封处理的试件先称量其在空气中的质量(m_1),精确到 1 mg。将试件固定在浸笼中,用细金属丝(尼龙丝)悬挂在装有浸渍液的浸渍容器中,浸笼应完全浸入水中,试件或浸笼不能接触浸渍容器,如有需要应使用重锤。消除附着在试件、金属丝和浸笼上的气泡,测定试件、金属丝、浸笼和重锤的质量(m_2),精确到 1 mg。测定同等条件下,浸入浸渍液中的金属丝、浸笼和重锤的质量(m_3)。

6.3.3 需密封处理的试件应先称量其密封前在空气中的质量(m_1),精确到 1 mg。将试件密封处理后测试质量(m_4),固定在浸笼中,用细金属丝(尼龙丝)悬挂在装有浸渍液的浸渍容器中,浸笼应完全浸入水中,试件或浸笼不能接触浸渍容器,如有需要应使用重锤。消除附着在试件、金属丝和浸笼上的气泡,测定密封后试件、金属丝、浸笼和重锤的质量(m_2),精确到 1 mg。取密封处理相同质量(m_4-m_1)的密封材料、金属丝,浸笼和重锤一起浸入浸渍液中测试其质量(m_3)。

7 结果计算

试件的密度或体积密度(ρ_s)按式(1)计算:

$$\rho_s = \frac{\rho_w \times m_1}{m_1 + m_3 - m_2} \quad\quad\quad\quad\quad\quad\quad (1)$$

式中:

ρ_s ——23 ℃时试件的密度或体积密度,单位为克每立方厘米(g/cm³);

ρ_w ——23 ℃时水的密度,单位为克每立方厘米(g/cm³);

m_1 ——试件在空气中的质量,单位为克(g);

m_2 ——试件、金属丝、浸笼和重锤在水中的总质量,单位为克(g);

m_3 ——金属丝、浸笼、重锤和密封材料在水中的总质量,单位为克(g)。

每个试样的密度,至少测试 3 个试件,结果为测试试件的平均值,保留到小数点后第三位。

8 试验报告

试验报告应包含以下信息和内容:

a) 试样的描述,如名称及制样方法等;

b) 试验日期、试验室温度,试样调节情况和测试时水的温度;

c) 单个试验结果,密度的算术平均值;

d) 多孔试样密封处理所用的材料及方法;

e) 任何偏离本标准程序的描述;

f) 本标准编号;

g) 试验结果等。

ICS 83.120
Q 23

中华人民共和国国家标准

GB/T 35465.2—2017

聚合物基复合材料疲劳性能测试方法
第2部分：线性或线性化应力寿命（*S-N*）
和应变寿命（*ε-N*）疲劳数据的统计分析

Test method for fatigue properties of polymer matrix composite materials—
Part 2：Statistical analysis of linear or linearized
stress-life（*S-N*）and strain-life（*ε-N*）fatigue data

2017-12-29 发布

2018-11-01 实施

中华人民共和国国家质量监督检验检疫总局
中国国家标准化管理委员会 发布

前　言

GB/T 35465《聚合物基复合材料疲劳性能测试方法》分为3个部分：
——第1部分：通则；
——第2部分：线性或线性化应力寿命(S-N)和应变寿命(ε-N)疲劳数据的统计分析；
——第3部分：拉-拉疲劳。

本部分为GB/T 35465的第2部分。

本部分按照GB/T 1.1—2009给出的规则起草。

本部分由中国建筑材料联合会提出。

本部分由全国纤维增强塑料标准化技术委员会(SAC/TC 39)归口。

本部分主要负责起草单位：北京玻钢院复合材料有限公司。

本部分参加起草单位：新疆金风科技股份有限公司、中材科技风电叶片股份有限公司、明阳智慧能源集团股份公司、泰山玻璃纤维有限公司、上海玻璃钢研究院有限公司、四川东树新材料有限公司、山东非金属材料研究所、德劳工业服务(上海)有限公司。

本部分主要起草人：彭兴财、李小明、高克强、王艳丽、刘利锋、姜侃、杨德旭、张旭、孙林、孙秀平。

聚合物基复合材料疲劳性能测试方法
第2部分:线性或线性化应力寿命($S\text{-}N$)
和应变寿命($\varepsilon\text{-}N$)疲劳数据的统计分析

1 范围

GB/T 35465 的本部分规定了线性或线性化应力寿命($S\text{-}N$)和应变寿命($\varepsilon\text{-}N$)疲劳数据统计分析的术语和定义、$S\text{-}N$ 和 $\varepsilon\text{-}N$ 曲线类型、试样、统计分析等。

本部分适用于在特定应力或应变区间内应力寿命($S\text{-}N$)和应变寿命($\varepsilon\text{-}N$)的关系近似于直线的统计分析。

本部分不推荐以下两种情况使用:

a) $S\text{-}N$ 和 $\varepsilon\text{-}N$ 曲线在测试区间外进行外推;

b) 在特定的应力或应变振幅下,用高于95%的置信水平进行疲劳寿命统计分析。

2 规范性引用文件

下列文件对于本文件的应用是必不可少的。凡是注日期的引用文件,仅注日期的版本适用于本文件。凡是不注日期的引用文件,其最新版本(包括所有的修改单)适用于本文件。

GB/T 35465.1 聚合物基复合材料疲劳性能测试方法 第1部分:通则

3 术语和定义

GB/T 35465.1 界定的以及下列术语和定义适用于本文件。

3.1

自变量 independent variable
选择和控制的变量,在 $S\text{-}N$ 或 $\varepsilon\text{-}N$ 曲线中,应力或应变为自变量,用 X 表示。

3.2

因变量 dependent variable
随自变量改变的变量,在 $S\text{-}N$ 曲线中,疲劳寿命或疲劳寿命的对数为因变量,用 Y 表示。

3.3

重复试验 replicate tests
在同一自变量下,随机选择同类试样,在不同测试设备上进行的试验。

3.4

未失效疲劳 run out
在规定循环次数内试验试样未发生失效。

注:未失效疲劳、试验中止和接近未失效疲劳的数据不适用于本部分的统计分析。

4 $S\text{-}N$ 和 $\varepsilon\text{-}N$ 曲线类型

4.1 $S\text{-}N$ 和 $\varepsilon\text{-}N$ 曲线的形状取决于材料和试验条件,线性或线性化的 $S\text{-}N$ 和 $\varepsilon\text{-}N$ 关系见式(1)、

式(2)，非等幅循环时，应确定用于分析的 S 或 ε 的有效（等效）值。

$$\lg N = A + B(S) \text{ 或 } \lg N = A + B(\varepsilon) \quad \cdots\cdots\cdots\cdots\cdots\cdots\cdots (1)$$

$$\lg N = A + B(\lg S) \text{ 或 } \lg N = A + B(\lg \varepsilon) \quad \cdots\cdots\cdots\cdots\cdots (2)$$

式中：

N ——疲劳寿命；

A、B ——系数，无量纲；

S、ε ——应力、应变，S、ε 按以下确定：

    a) 当给出应力（应变）比或最小循环应力（应变）值时，取等幅循环的应力（应变）最大值；

    b) 当给出平均应力（应变）值时，取等幅循环的振幅或应力（应变）最大值与最小值的差值。

4.2 在 $S\text{-}N$ 和 $\varepsilon\text{-}N$ 曲线中，疲劳寿命 N 为因变量（具有随机性），S 或 ε 为自变量（具有可选性或可控性）。绘制 $S\text{-}N$ 和 $\varepsilon\text{-}N$ 曲线时，纵坐标为 S 或 ε（自变量），横坐标为疲劳寿命（因变量），见图1。

> 注：在特定情况下，用于分析的自变量并非真正的控制变量。例如：在总应变可控的情况下，把应变的变化范围作为自变量用于低周疲劳数据的分析。

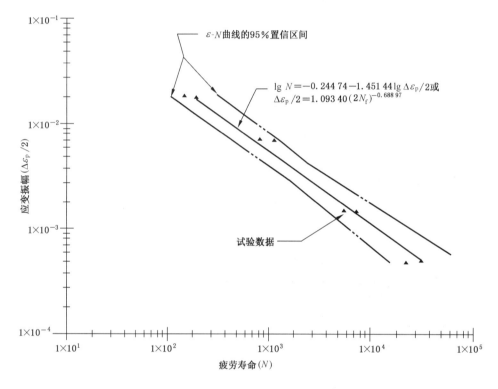

图1 给出的 $\varepsilon\text{-}N$ 曲线示意图

4.3 任何试验的疲劳寿命分布是未知的，为了简化分析，本部分假设疲劳寿命的对数是正态分布（即疲劳寿命是对数正态分布），且在自变量的整个变化范围内，疲劳寿命对数的方差是恒定的（$\lg N$ 的离散在低水平的 S 或 ε 以及高水平的 S 或 ε 情况下是相同的）。在分析中，$\lg N$ 作为因变量，用 Y 表示；$S(\varepsilon)$ 或 $\lg S(\lg \varepsilon)$ 作为自变量，用 X 表示。用式(3)代替式(1)和式(2)：

$$Y = A + BX \quad \cdots\cdots\cdots\cdots\cdots\cdots\cdots\cdots\cdots (3)$$

式(3)用于后续分析，如需更精确的描述，可用式(4)表示：

$$\mu_{Y|X} = A + BX \quad \cdots\cdots\cdots\cdots\cdots\cdots\cdots (4)$$

式中：

$\mu_{Y|X}$ ——Y 对 X 的期望值；

A、B ——系数，无量纲。

> 注：期望值用于检验线性模型的合理性，见6.4。

5 试样

5.1 取样

试样在被测材料中随机选取,并进行有计划的分组或随机分组,其目的如下:

a) 消除变量的潜在干扰因素(如实验室湿度);

b) 试验中可能出现设备故障。

5.2 试样数量

最少试样数量取决于试验类型,见表1。

表 1 最少试样数量

试验类型	最少试样数量/个
初步探索	6~12
研究和开发	6~12
获取设计许用值	12~24
可靠性试验	12~24

注:如果变异较大,需增加试样数量,否则将会获得宽的置信区间,见6.3。

5.3 重复性

重复率按式(5)计算,不同试验类型的最低重复率见表2。

$$R = \left(1 - \frac{l}{k}\right) \times 100 \qquad\qquad (5)$$

式中:

R ——重复率,%;

l ——不同应力或应变水平的总数;

k ——试验试样的总数。

表 2 最低重复率

试验类型	最低重复率/%
初步探索	17~33
研究和开发	33~50
获取设计许用值	50~75
可靠性试验	75~88

注1:重复率表明可以用总的被测试样的一部分来估算重复试验的变异性。

注2:合理的重复:假定在研究和开发试验中使用了10个试样。采用5个应力或应变水平,每一个水平测试2个试样,则试验项目包含50%的重复性。这个百分比的重复性适用于大多数研发应用。

注3:不合理重复:假定在试验中使用了8个不同的应力或应变水平,在其中两个水平分别测试2个试样,其他6个水平分别测试1个试样。重复率为20%,是不合理的。

6 统计分析

6.1 参数(A、B)的计算

统计分析应满足以下要求:

a) 疲劳寿命试样为随机取样(所有 Y_i 相互独立的);

b) 在 X 的整个区间未发生未失效疲劳或试验中止;

c) 用线性模型 $Y = A + BX$ 描述 $S\text{-}N$ 或 $\varepsilon\text{-}N$ 关系;

d) 疲劳寿命 N 的对数服从正态分布;

e) 对数正态分布的方差是恒定的。

对于符合上述要求的疲劳试验,A 和 B 的最大似然估计按式(6)和式(7)计算:

$$\hat{A} = \overline{Y} - \hat{B}\overline{X} \qquad\qquad\cdots\cdots\cdots\cdots\cdots\cdots\cdots (6)$$

$$\hat{B} = \frac{\sum_{i=1}^{k}(X_i - \overline{X})(Y_i - \overline{Y})}{\sum_{i=1}^{k}(X_i - \overline{X})^2} \qquad\qquad\cdots\cdots\cdots\cdots\cdots\cdots\cdots (7)$$

式中:

$\hat{A}$ ——A 的最大似然估计值,无量纲;

$\hat{B}$ ——B 的最大似然估计值,无量纲;

X_i ——S_i 或 ε_i,或者 $\lg S_i$ 或 $\lg \varepsilon_i$;

Y_i ——$\lg N_i$;

$\overline{Y}$ ——Y_i 的算术平均值,$\overline{Y} = \dfrac{1}{k}\sum_{i=1}^{k} Y_i$;

$\overline{X}$ ——X_i 的算术平均值,$\overline{X} = \dfrac{1}{k}\sum_{i=1}^{k} X_i$;

k ——试验试样的总数。

疲劳寿命对数的正态分布估计方差按式(8)计算:

$$\hat{\sigma}^2 = \frac{\sum_{i=1}^{k}(Y_i - \hat{Y})^2}{k-2} \qquad\qquad\cdots\cdots\cdots\cdots\cdots\cdots\cdots (8)$$

式中:

$\hat{\sigma}^2$ ——疲劳寿命对数的正态分布估计方差;

$\hat{Y}$ ——Y 的估计值;

k ——试验试样的总数;

Y_i ——$\lg N_i$。

在 $\hat{Y} = \hat{A} + \hat{B}X_i$ 中,分母用 $k-2$ 替代 k,从而使 $\hat{\sigma}^2$ 成为正态总体方差的 σ^2 的无偏差估计值。

6.2 参数 A 和 B 的置信区间

当满足 6.1 中 a)～e)的要求时,估计值 $\hat{A}$ 和 $\hat{B}$ 对各自的期望值 A 和 B 是正态分布的(不考虑样品总量 k)。式(9)给出了 A 的置信区间,式(10)给出了 B 的置信区间:

$$A_{ci} = \hat{A} \pm t_p \hat{\sigma}\left[\frac{1}{k} + \frac{\overline{X}^2}{\sum_{i=1}^{k}(X_i - \overline{X})^2}\right]^{1/2} \qquad\cdots\cdots\cdots\cdots\cdots\cdots\cdots (9)$$

$$B_{ci} = \hat{B} \pm t_p \hat{\sigma} \left[\sum_{i=1}^{k} (X_i - \overline{X})^2 \right]^{-1/2} \quad \cdots\cdots\cdots\cdots\cdots\cdots\cdots (10)$$

式中：

A_{ci}——A 的置信区间；

B_{ci}——B 的置信区间；

t_p ——t 分布值，从表3中查得，取 $n = k - 2$；

k ——试验试样的总数；

$\hat{A}$ ——A 的最大似然估计值，无量纲；

$\hat{B}$ ——B 的最大似然估计值，无量纲；

X_i ——S_i 或 ε_i，或者 $\lg S_i$ 或 $\lg \varepsilon_i$；

$\overline{X}$ ——X_i 的算术平均值，$\overline{X} = \dfrac{1}{k} \sum_{i=1}^{k} X_i$；

$\hat{\sigma}$ ——疲劳寿命对数的正态分布标准差。

注1：如果满足6.1中 a)~e)的要求时,则 A 和 B 的置信区间是准确的。当实际寿命分布和对数正态分布略有不同时[即当不满足6.1 d)时],由于 t 分布的稳健性,置信区间依然是准确的。

注2：在特定的应力或应变区间内,实际 S-N 或 ε-N 关系近似于一条直线,A 和 B 置信区间不推荐使用大于95％的置信水平。

表3 t_p 值

自由度 n	置信水平 P	
	90％	95％
4	2.131 8	2.776 4
5	2.015 0	2.570 6
6	1.943 2	2.446 9
7	1.894 6	2.364 6
8	1.859 5	2.306 0
9	1.833 1	2.262 2
10	1.812 5	2.228 1
11	1.795 9	2.201 0
12	1.782 3	2.178 8
13	1.770 9	2.160 4
14	1.761 3	2.144 8
15	1.753 0	2.131 5
16	1.745 9	2.119 9
17	1.739 6	2.109 8
18	1.734 1	2.100 9
19	1.729 1	2.093 0
20	1.724 7	2.086 0
21	1.720 7	2.079 6
22	1.717 1	2.073 9

式(10)置信区间的含义如下:

当取置信水平 $P=95\%$ 时,用表 3 中给出 t 分布值计算 B 的估计值,B 值有 95%概率落在计算区间内。应当强调,来自同种材料的不同试样,式(10)给出的区间,其宽度和位置是不一样的(对于较少的试样数量,这个变量特别明显)。对于给定的试样数量 k,当式(11)为最大值时,B 的置信区间宽度将最小。

$$S_{xx} = \sum_{i=1}^{k} (X_i - \overline{X})^2 \quad\cdots\cdots\cdots\cdots\cdots\cdots\cdots\cdots (11)$$

式中:

S_{xx}——相关平方和;

k ——试验试样的总数;

X_i ——S_i 或 ε_i,或者 $\lg S_i$ 或 $\lg \varepsilon_i$;

$\overline{X}$ ——X_i 的算术平均值,$\overline{X} = \dfrac{1}{k}\sum\limits_{i=1}^{k} X_i$ 。

应力(应变)水平是可选择的,可以运用适当的试验计划减小 B 置信区间的宽度。B 置信区间宽度的减小会妨碍线性统计检验,只有在能确认 $S\text{-}N$ 和 $\varepsilon\text{-}N$ 曲线是线性分布,且有类似经验时才能使用。

例如:对固定试样数量 k,在每一个极限水平 $X_{\min}$ 和 $X_{\max}$,分别按照 $\dfrac{1}{2}X_{\min}$ 和 $\dfrac{1}{2}X_{\max}$ 进行测试,这时区间的宽度将会最小化。

6.3 $S\text{-}N$ 和 $\varepsilon\text{-}N$ 曲线的置信区间

6.3.1 如果满足 6.1 中 a)~e)的要求时,$S\text{-}N$ 和 $\varepsilon\text{-}N$ 曲线的置信区间按式(12)计算:

$$CF_{ci} = \hat{A} + \hat{B}X \pm \sqrt{2F_p}\,\hat{\sigma}\left[\frac{1}{k} + \frac{(X - \overline{X})^2}{\sum\limits_{i=1}^{k}(X_i - \overline{X})^2}\right]^{\frac{1}{2}} \quad\cdots\cdots\cdots\cdots\cdots (12)$$

式中:

CF_{ci}——$S\text{-}N$ 和 $\varepsilon\text{-}N$ 曲线的置信区间;

F_p ——F 检验值,从表 4 中查得,取 $n_1=2$ 和 $n_2=k-2$;

k ——试验试样的总数;

$\hat{A}$ ——A 的最大似然估计值,无量纲;

$\hat{B}$ ——B 的最大似然估计值,无量纲;

X_i ——S_i 或 ε_i,或者 $\lg S_i$ 或 $\lg \varepsilon_i$;

$\overline{X}$ ——X_i 的算术平均值,$\overline{X} = \dfrac{1}{k}\sum\limits_{i=1}^{k} X_i$;

$\hat{\sigma}$ ——疲劳寿命对数的正态分布标准差。

6.3.2 附录 A 给出低周疲劳数据处理示例,并按式(12)计算 $\varepsilon\text{-}N$ 曲线的 95%置信区间,见图 1。

注:在特定应力或应变区间内,$S\text{-}N$ 和 $\varepsilon\text{-}N$ 曲线的关系近似于一条直线,不推荐使用大于 95%的置信水平。

表 4 F_{p} 值

自由度 n_2	置信水平	自由度 n_1			
		1	2	3	4
1	95%	161.45	199.50	215.71	224.58
	99%	4 052.2	4 999.5	5 403.3	5 624.6
2	95%	18.513	19.000	19.164	19.247
	99%	8.503	99.000	99.166	99.249
3	95%	10.128	9.552 1	9.276 6	9.117 2
	99%	34.116	30.817	29.457	28.710
4	95%	7.708 6	6.944 3	6.591 4	6.388 3
	99%	21.198	18.000	16.694	15.977
5	95%	6.607 9	5.786 1	5.409 5	5.192 2
	99%	16.258	13.274	12.060	11.392
6	95%	5.987 4	5.143 3	4.757 1	4.533 7
	99%	13.745	10.925	9.779 5	9.148 3
7	95%	5.591 4	4.737 4	4.346 8	4.120 3
	99%	12.246	9.546 6	8.451 3	7.846 7
8	95%	5.317 7	4.459 0	4.066 2	3.837 8
	99%	11.259	8.649 1	7.591 0	7.006 0
9	95%	5.117 4	4.256 5	3.862 6	3.633 1
	99%	10.561	8.021 5	6.991 9	6.422 1
10	95%	4.964 6	4.102 8	3.708 3	3.478 0
	99%	10.044	7.559 4	6.552 3	5.994 3
11	95%	4.844 3	3.982 3	3.587 4	3.356 7
	99%	9.646 0	7.205 7	6.216 7	5.668 3
12	95%	4.747 2	3.885 3	3.490 3	3.259 2
	99%	9.330 2	6.926 6	5.952 6	5.411 9
13	95%	4.667 2	3.805 6	3.410 5	3.179 1
	99%	9.073 8	6.701 0	5.739 4	5.205 3
14	95%	4.600 1	3.738 9	3.343 9	3.112 2
	99%	8.861 6	6.514 9	5.563 9	5.035 4
15	95%	4.543 1	3.682 3	3.287 4	3.055 6
	99%	8.683 1	6.358 9	5.417 0	4.893 2

6.4 检验线性模型的合理性

6.4.1 6.1~6.3 基于线性模型 $\mu_{YIX}=A+BX$ 成立,然后在 i 个应力(应变)水平下进行 j 次试验(其中

$i \geqslant 3, j \geqslant 2)$，根据表 4 的 F 分布进行线性检验统计。

6.4.2 假设疲劳试验在 l 个不同的应力（应变）水平下进行，并且对每一个水平可以观测 m_i 个 Y 值。在期望的显著性水平下（显著性水平为拒绝线性假设的概率），按式（13）的计算得到的线性检验值 F_p' 大于表 4 查得的 F_p 值时，线性假设（$\mu_{YIX} = A + BX$）不成立。在表 4 中查找的 F_p 值时，取 $n_1 = (l-2)$ 和 $n_2 = (k-l)$。

$$F_p' = \frac{\sum\limits_{i=1}^{l} m_i (\hat{Y}_i - \overline{Y}_i)^2 / (l-2)}{\sum\limits_{i=1}^{l} \sum\limits_{j=1}^{m_i} (Y_{ij} - \overline{Y}_i)^2 / (k-l)} \qquad\qquad\cdots\cdots\cdots\cdots\cdots\cdots (13)$$

式中：

F_p'——线性检验值；

m_i——每个应力（应变）水平下试验试样数量；

$\hat{Y}_i$——在第 i 个应力（应变）水平下，Y 的估计值；

$\overline{Y}_i$——在第 i 个应力（应变）水平下，Y 的算术平均值；

Y_{ij}——第 i 个应力（应变）水平进行第 j 次测试值；

l ——不同应力或应变水平的总数；

k ——试验试样的总数。

6.4.3 式（13）是对拟合直线平均值变化的比较，其分子为不同水平的均方差，分母为所有数据的均方差。如果线性模型不成立，推荐采用非线性模型，按式（14）进行分析。

$$Y = \mu_{YIX} A + BX + CX^2 \qquad\qquad\cdots\cdots\cdots\cdots\cdots\cdots (14)$$

注 1：本部分不推荐通过软件计算相关系数 r 值，或者判定系数 r^2，来确定线性模型的适用性。推荐使用 F 分布进行基于 6.4 假设的线性关系检验。

注 2：均方差是方差总和除以其统计自由度。

7 其他统计分析

当出现以下两种情况时，会导致相关的统计分析比本部分阐述的更复杂：

a) 在给定应力或应变幅度下，假设用韦伯分布描述疲劳寿命的分布时；

b) 当疲劳数据包括未失效疲劳或试验中止（或当寿命对数的方差随寿命的增加而显著增加）时。

注：若将未失效疲劳的数据用于统计分析，推荐采用最大似然方法。

附　录　A
（资料性附录）
数据处理示例

A.1　低周疲劳数据处理示例（线性模型）

A.1.1　低周疲劳（线性模型）的数据见表 A.1。

表 A.1　低周疲劳数据（线性模型）

塑料应变幅度 $\Delta\varepsilon_p/2$	疲劳寿命/次 N
0.016 36	168
0.016 09	200
0.006 75	1 000
0.006 82	1 180
0.001 79	4 730
0.001 60	8 035
0.001 65	5 254
0.000 53	28 617
0.000 54	32 650

A.1.2　以对数的形式表示表 A.1 的数据，见表 A.2。

表 A.2　低周疲劳数据（线性模型）的对数形式

自变量 $X_i=\lg(\Delta\varepsilon_{pi}/2)$	因变量 $Y_i=\lg N_i$
−1.786 22	2.225 31
−1.793 44	2.301 03
−2.170 70	3.000 00
−2.166 22	3.071 88
−2.747 15	3.674 86
−2.795 88	3.904 99
−2.782 52	3.720 49
−3.275 72	4.456 62
−3.267 61	4.513 88

A.1.3　通过式（6）和式（7）得到：

$$\hat{A}=-0.244\ 74 \quad \hat{B}=-1.451\ 44$$

以式(3)的形式表示为:

$$\lg \hat{N} = -0.244\ 74 - 1.451\ 44\lg \Delta\varepsilon_p/2$$

通过式(8)得到:

$$\hat{\sigma}^2 = 0.078\ 37/7 = 0.011\ 195 \quad \text{或} \quad \hat{\sigma} = 0.105\ 8$$

A.1.4 通过式(9),A 的 95% 置信区间为 $[-0.643\ 5, 0.154\ 0]$($t_p = 2.364\ 6$)。通过式(10),B 的 95% 置信区间为 $[-1.605\ 4, -1.297\ 4]$。

A.1.5 拟合直线和采用式(12)计算出来的 95% 置信区间绘制在图 1 中。

A.1.6 拟合直线可以转化为要求的形式,如下:

$$\lg N = -0.244\ 74 - 1.451\ 44\ \lg(\Delta\varepsilon_p/2)$$

$$\lg(\Delta\varepsilon_p/2) = -0.168\ 62 - 0.688\ 97\lg N$$

$$\Delta\varepsilon_p/2 = 0.678\ 23(N)^{-0.688\ 97}$$

以 $2\hat{N}_f$ 替代循环次数 N,如下:

$$\Delta\varepsilon_p/2 = 0.678\ 23\left(\frac{2\ \hat{N}_f}{2}\right)^{-0.688\ 97}$$

$$\Delta\varepsilon_p/2 = 0.678\ 23(1/2)^{-0.688\ 97}(2\hat{N}_f)^{-0.688\ 97}$$

$$\Delta\varepsilon_p/2 = 1.093\ 40(2\hat{N}_f)^{-0.688\ 97}$$

A.1.7 下列计算为低周疲劳数据(线性模型)处理的辅助计算:

$$\overline{X} = -2.531\ 72 \quad \overline{Y} = 3.429\ 90$$

$$\sum_{i=1}^{9}(X_i - X)^2 = 2.638\ 92$$

$$\sum_{i=1}^{9}(X_i - \overline{X})(Y_i - \overline{Y}) = -3.830\ 23$$

$$\hat{\sigma}_{\hat{A}} = \hat{\sigma}\left[\frac{1}{9} + \frac{(-2.531\ 72)^2}{2.638\ 92}\right]^{\frac{1}{2}} = 0.168\ 6$$

$$\hat{\sigma}_{\hat{B}} = \sigma[2.638\ 92]^{-\frac{1}{2}} = 0.065\ 13$$

A.1.8 在 95% 置信水平下进行线性检验。

A.1.9 忽略塑性应变振幅之间的微小差异,假设 $l=4$,$k=9$,查表 4 得到 $F_{0.95} = 5.79$,按式(13)计算得到 $F'_{0.95} = 3.62$,$F'_{0.95} < F_{0.95}$,接受线性模型。

A.1.10 式(13)中的分子$(F) = 0.053\ 2/2$,分母$(F) = 0.036\ 8/5$。

A.2 低周疲劳数据处理示例(非线性模型)

A.2.1 低周疲劳数据(非线性模型)见表 A.3。

表 A.3 低周疲劳数据(非线性模型)

塑料应变幅度	疲劳寿命/次
$\Delta\varepsilon_p/2$	N
0.016 4	153
0.016 4	153
0.006 9	563
0.006 9	694

表 A.3（续）

塑料应变幅度	疲劳寿命/次
$\Delta\varepsilon_p/2$	N
0.001 85	3 515
0.001 75	3 860
0.000 54	17 500
0.000 58	20 330
0.000 006	60 350
0.000 006	121 500

A.2.2 按式(13)计算得到 $F'_{0.95}=39.36$，查表 4($n_1=3$,$n_2=5$)得到 $F_{0.95}=5.41$,$F'_{0.95}>F_{0.95}$,线性模型在 95% 的置信水平下不可接受。因此不推荐用线性模型来估算 A 和 B,在分析时应采用非线性模型。

ICS 83.120
Q 23

中华人民共和国国家标准

GB/T 35465.3—2017
代替 GB/T 16779—2008

聚合物基复合材料疲劳性能测试方法
第 3 部分：拉-拉疲劳

Test method for fatigue properties of polymer matrix composite materials—
Part 3：Tension-tension fatigue

2017-12-29 发布

2018-11-01 实施

中华人民共和国国家质量监督检验检疫总局
中国国家标准化管理委员会 发布

前　言

GB/T 35465《聚合物基复合材料疲劳性能测试方法》分为 3 个部分：

——第 1 部分：通则；

——第 2 部分：线性或线性化应力寿命(S-N)和应变寿命(ε-N)疲劳数据的统计分析；

——第 3 部分：拉-拉疲劳。

本部分为 GB/T 35465 的第 3 部分。

本部分按照 GB/T 1.1—2009 给出的规则起草。

本部分代替 GB/T 16779—2008《纤维增强塑料层合板拉-拉疲劳性能试验方法》，与 GB/T 16779—2008 相比主要变化如下：

——标准名称由《纤维增强塑料层合板拉-拉疲劳性能试验方法》改为《聚合物基复合材料疲劳性能测试方法　第 3 部分：拉-拉疲劳》；

——修改了范围，由"拉-拉疲劳中值 S-N 曲线和条件疲劳极限"改为"恒定振幅和恒定频率循环加载条件下的拉-拉疲劳性能试验"(见第 1 章，2008 年版的第 1 章)；

——修改了规范性引用文件(见第 2 章，2008 版的第 2 章)；

——删除"条件疲劳极限"术语，其他术语按 GB/T 35465.1(见第 3 章，2008 年版的第 3 章)；

——修改了原理，增加应变控制的疲劳控制描述(见第 4 章，2008 年版的第 4 章)；

——修改了试验设备(见第 5 章，2008 年版的第 5 章)；

——修改了直条型试样尺寸，增加了四面加工型试样的形式和尺寸(见 6.1，2008 年版的 6.1)；

——修改试样制备和试样数量要求(见 6.2，2008 年版的 6.2 和 6.3)；

——修改了试验条件(见第 7 章，2008 年版的第 7 章)；

——修改增加试验详细操作步骤，包括对试验分级的主要要求、以应变为控制参数的要求和失效模式的记录(见第 8 章，2008 年版的第 8 章)；

——修改了结果处理方法，由按 HB/Z 112 计算改为按 GB/T 35465.2(见第 9 章，2008 年版的第 9 章)；

——修改了试验报告(见第 10 章，2008 年版的第 10 章)；

——增加了试验典型失效模式(见附录 A)。

本部分由中国建筑材料联合会提出。

本部分由全国纤维增强塑料标准化技术委员会(SAC/TC 39)归口。

本部分主要起草单位：北京玻钢院复合材料有限公司、上海玻璃钢研究院有限公司。

本部分参加起草单位：新疆金风科技股份有限公司、中材科技风电叶片股份有限公司、浙江恒石纤维基业有限公司、四川东树新材料有限公司、泰山玻璃纤维有限公司、明阳智慧能源集团股份公司、华东理工大学华昌聚合物有限公司、上纬(上海)精细化工有限公司、科思创聚合物(中国)有限公司、瀚森化工企业管理(上海)有限公司、德劳工业服务(上海)有限公司。

本部分主要起草人：张旭、彭兴财、高克强、刘宝锋、莫毓敏、肖毅、刘连学、刘朋、王洪荣、孙家艳、郝壮。

本部分所代替标准的历次版本发布情况为：

——GB/T 16779—1997、GB/T 16779—2008。

聚合物基复合材料疲劳性能测试方法
第3部分：拉-拉疲劳

1 范围

GB/T 35465 的本部分规定了聚合物基复合材料拉-拉疲劳性能测试方法的术语和定义、原理、试验设备、试样、状态调节和试验环境、试验步骤、试验结果及数据处理和试验报告等。

本部分适用于聚合物基复合材料在恒定振幅和恒定频率循环加载条件下的拉-拉疲劳性能试验。

2 规范性引用文件

下列文件对于本文件的应用是必不可少的。凡是注日期的引用文件，仅注日期的版本适用于本文件。凡是不注日期的引用文件，其最新版本（包括所有的修改单）适用于本文件。

GB/T 1447 纤维增强塑料拉伸性能试验方法

GB/T 3354 定向纤维增强聚合物基复合材料拉伸性能试验方法

GB/T 35465.1 聚合物基复合材料疲劳性能测试方法 第1部分：通则

GB/T 35465.2 聚合物基复合材料疲劳性能测试方法 第2部分：线性或线性化应力寿命（S-N）和应变寿命（ε-N）疲劳数据的统计分析

3 术语和定义

GB/T 1447、GB/T 3354 和 GB/T 35465.1 界定的以及下列术语和定义适用于本文件。

3.1

拉-拉疲劳 tension-tension fatigue

最大应力和最小应力均为拉伸应力时的疲劳。

4 原理

在不同的拉伸应力或应变水平下，以恒定的应力或应变振幅、应力比或应变比和频率对试样施加交变应力或应变，持续至试样失效，对试验结果进行分析处理，绘制应力寿命（S-N）或应变寿命（ε-N）曲线。

5 试验设备

5.1 试验设备应符合 GB/T 35465.1 的规定。

5.2 夹具和辅助设备应能保证试样在试验中不发生相对滑移。

5.3 尺寸测量工具应能精确至 0.01 mm。

6 试样

6.1 试样形状和尺寸

试样分为直条型和哑铃型,在特殊需求下,也可采用四面加工型试样。单向层合板采用直条型或四面加工型试样,其他层合板可采用直条型或哑铃型试样,模压短切毡等非层合板试样采用哑铃型试样。直条型试样的形状见图1,尺寸见表1;哑铃型试样形状和尺寸见图2;四面加工型试样形状和尺寸见图3。

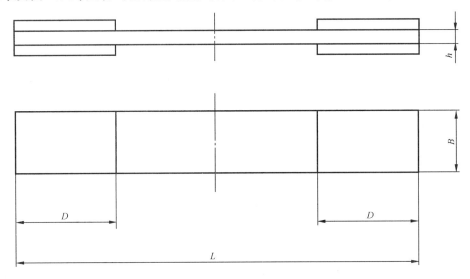

说明:
h ——试样厚度;
B ——试样宽度;
D ——加强片长度;
L ——试样长度。

图 1 直条形试样

表 1 直条型试样尺寸   单位为毫米

试样铺层	L	B	h	D(加强片)
单向 0°	250	12.5±0.1	1～3	50
其他	250	25±0.1	2～4	50

单位为毫米

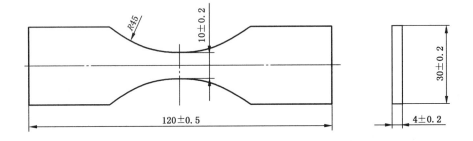

图 2 哑铃型试样

单位为毫米

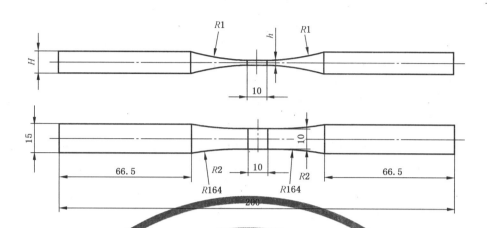

说明：

h ——工作段厚度,一般为保留一个或两个完整铺层的厚度(1 mm~2 mm);

H ——层板厚度,一般为 $4h$ 或 $5h$;

$R1$——厚度面弧度半径,一般为 103 mm;

$R2$——宽度面弧度半径,一般为 164 mm。

图 3　四面加工型试样

6.2　试样制备和试样数量

6.2.1　试样使用机械加工法制备,制备要求应符合 GB/T 35465.1 的规定。

6.2.2　试样数量应符合 GB/T 35465.1 的规定,推荐静态试验为 5 根有效试样,疲劳试验为 12 根有效试样。

7　状态调节和试验环境

试样的状态调节和试验环境按 GB/T 35465.1 的规定。

8　试验步骤

8.1　对试样进行外观检查,有缺陷、不符合尺寸或制备要求的试样,应予作废。

8.2　对试样编号,直条型试样测量工作段内任意三点的宽度和厚度,取算术平均值;哑铃型和四面加工型试样的宽度和厚度,测量最小截面部位 3 次后取算术平均值。

8.3　试样静态拉伸强度、拉伸弹性模量、失效应变的测定:直条型试样按 GB/T 3354 测定,哑铃型和四面加工型试样按 GB/T 1447 测定。

8.4　按试验要求选择波形和试验频率。试验波形一般为正弦波,试验频率推荐 1 Hz~25 Hz,若进行高频率试验时,频率不大于 60 Hz。

8.5　按试验目的确定应力比或应变比。应力比或应变比不宜小于 0.1。

8.6　测定 S-N 曲线(ε-N 曲线)时,按试验目的,至少选取 4 个应力或应变水平。一般按疲劳试验的最大应力或应变表征水平。选取应力或应变水平的方案如下:

　　a)　第一个水平以 10^4 循环次数为目标;

　　b)　第二个水平以 10^5 循环次数为目标;

　　c)　第三个水平以 5×10^5 循环次数为目标;

    d) 第四个水平以 $1×10^6$ 至 $2×10^6$ 循环次数为目标。

8.7 通常从第一个水平开始疲劳试验,若循环次数与预期差异较大,则逐量升高或降低应力或应变水平。玻璃纤维增强塑料推荐的疲劳水平为静态拉伸强度或静态拉伸失效应变的 75%、55%、40%、30%;碳纤维增强塑料推荐的疲劳水平为静态拉伸强度或静态拉伸失效应变的 80%、65%、55%、45%。若无特殊试验目的,各应力或应变水平应使用相同频率和应力或应变比。

8.8 夹持试样并使试样中心线与上下夹头的对准中心线一致。若进行应变控制,安装应变仪或其他应变测量装置,并在无载荷时对应变清零。

8.9 对试样加载直至试样失效或达到协定失效条件(如刚度下降 20%)。在试验过程中,监测试样表面温度,若试样温度变化超过 10 ℃,启用散热装置。若散热装置不能降低试样的温度,需重新选择试验频率。

    注:试样没有失效或未达到协定失效条件,此类数据不作为疲劳寿命。

8.10 试样失效后,应保护好试样断口。检查失效模式,特别注意加强片边缘或夹持部位产生的破坏。去除所有不可接受的试样并补充试验。典型的失效模式参见附录 A。

8.11 试验过程中随时检查设备状态,观察试样的变化,每水平至少记录一根试样的温度。

9 试验结果及数据处理

9.1 给出所有试样的疲劳寿命。

9.2 按 GB/T 35465.2 的规定进行数据处理,并绘制应力寿命(S-N)或应变寿命(ε-N)曲线。

10 试验报告

试验报告应符合 GB/T 35465.1 的规定。

附　录　A
（资料性附录）
典型失效模式

A.1　试样失效代码见表 A.1。

表 A.1　拉-拉疲劳试验试样失效代码

第一个字母		第二个字母		第三个字母	
失效形式	代码	失效区域	代码	失效部位	代码
角铺层破坏	A	夹持/加强片内部	I	固定端	B
边缘分层	D	夹持/加强片根部	A	主动端	T
夹持破坏或加强片脱落	G	距离夹持/加强片小于1倍宽度	W	左侧	L
横向	L			右侧	R
多模式	M(xyz)	工作段	G	中间	M
纵向劈裂	S	多处	M	—	
散丝	X	—			
其他	O				

A.2　可接受破坏和不可接受破坏的典型失效模式见图 A.1 所示。

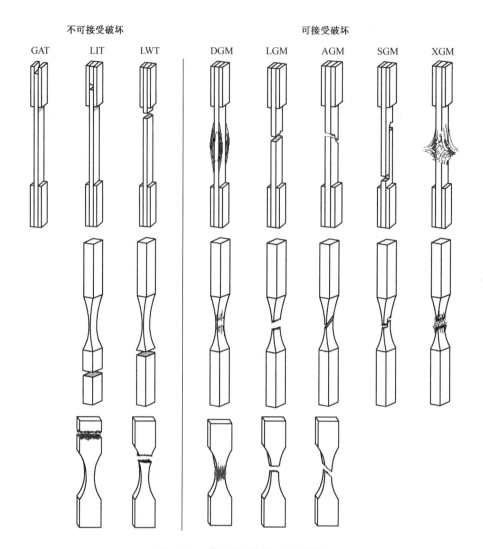

不可接受破坏　　　　　　　　　　　可接受破坏

图 A.1　典型失效模式示意图

ICS 83.120
Q 23

中华人民共和国国家标准

GB/T 38534—2020

定向纤维增强聚合物基复合材料
超低温拉伸性能试验方法

Test method for tensile properties of oriented fibre reinforced polymer
matrix composite materials at ultra-low temperature

2020-03-06 发布

2021-02-01 实施

国家市场监督管理总局
国家标准化管理委员会 发布

前　言

本标准按照 GB/T 1.1—2009 给出的规则起草。

本标准由中国建筑材料联合会提出。

本标准由全国纤维增强塑料标准化技术委员会(SAC/TC 39)归口。

本标准起草单位:中国科学院理化技术研究所、北京玻璃钢研究设计院有限公司。

本标准主要起草人:渠成兵、肖红梅、刘玉、付绍云、王占东。

定向纤维增强聚合物基复合材料
超低温拉伸性能试验方法

1 范围

本标准规定了定向纤维增强聚合物基复合材料超低温拉伸性能试验方法的试验设备、试样、试样状态调节、试验步骤、计算和试验报告。

本标准适用于温度在 $-196\ ℃\sim-269\ ℃$ 范围内,测定连续纤维(包括织物)增强聚合物基复合材料层合板的面内拉伸强度、拉伸弹性模量、泊松比、拉伸破坏应变。

2 规范性引用文件

下列文件对于本文件的应用是必不可少的。凡是注日期的引用文件,仅注日期的版本适用于本文件。凡是不注日期的引用文件,其最新版本(包括所有的修改单)适用于本文件。

GB/T 1446　纤维增强塑料性能试验方法总则

GB/T 3354　定向纤维增强聚合物基复合材料拉伸性能试验方法

3 方法原理

在 $-196\ ℃\sim-269\ ℃$ 环境下,对薄板长直条型试样,通过夹持端夹持,以摩擦力加载,在试样的工作段形成均匀拉力场,测试材料的拉伸强度、拉伸弹性模量、泊松比、拉伸破坏应变。

4 试验设备

4.1 试验机

试验机应符合 GB/T 1446 的规定。

4.2 夹具、拉杆、超低温恒温器框架

应使用具有高强度、韧性好及低导热性的材料制造夹具、拉杆、超低温恒温器框架,如奥氏体不锈钢、马氏体钢、锻造镍基高温合金以及钛合金等。

4.3 冷却装置

4.3.1 基本要求

冷却装置应能使试样冷却到规定温度,规定温度通过冷却介质(如液氦等)冷却获得或制冷装置(如制冷机)冷却获得。

4.3.2 超低温恒温器

4.3.2.1 超低温恒温器的框架应与试验机相匹配,并能容纳超低温恒温器。

4.3.2.2 超低温恒温器宜采用具有多层绝热结构的不锈钢真空杜瓦瓶,并能够保证试验区域温度偏差不超过±3 ℃。均温带的长度应不小于试样夹持端之间平行段的长度。

4.3.2.3 超低温恒温器应不影响拉伸力与试样几何轴线的同轴度。

4.3.3 辅助设备

超低温恒温器与冷却介质输液管应真空绝热。使用冷却介质冷却的,应配备包括冷却介质输液管、真空泵、冷却介质杜瓦瓶、氮气瓶等辅助设备;使用制冷机冷却的,应配备循环冷却水等辅助设备。

注:当操作冷却介质时,试验人员事先采取符合相关规定的安全防范措施,以避免造成人员伤害及对测试仪器、试样的损坏。

4.4 温度测量仪器

温度测量仪器由温度计和指示装置组成。其分辨力应等于或优于1 ℃,温度计应覆盖工作温度范围并定期校准。

4.5 低温应变测量装置

4.5.1 采用可在低温环境下使用的引伸计或其他低温应变测量装置测量应变,测量精度应符合GB/T 1446 的要求。

4.5.2 引伸计应定期在室温及实际试验温度使用下进行标定。引伸计低温下的标定参见附录 A。

4.5.3 在低温下使用应变片时,粘贴应变片的胶黏剂应与应变片、试样相匹配。

5 试样

5.1 形状和尺寸

试样形状见图1所示,试样尺寸见表1。

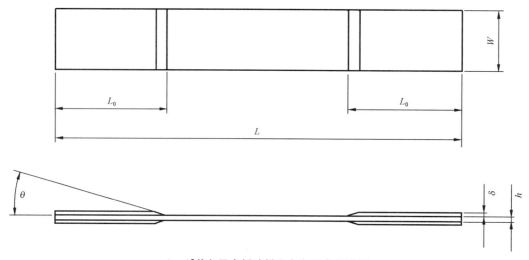

a) 0°单向层合板试样和多向层合板试样

图 1 试样示意图

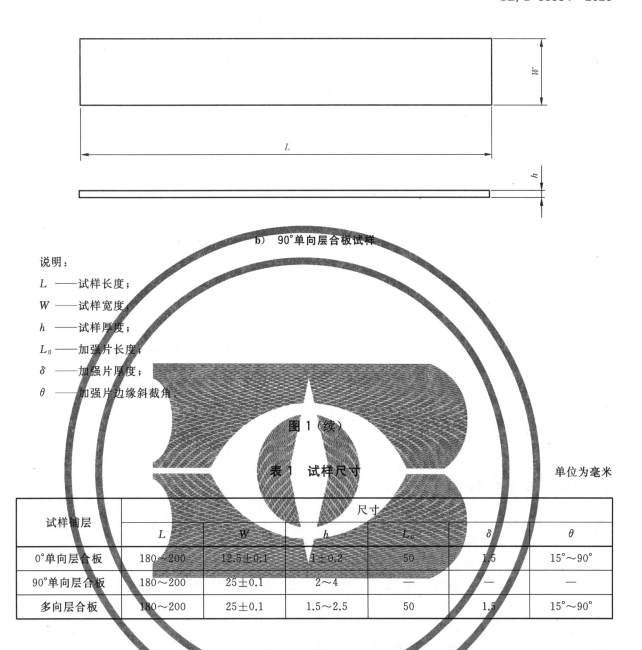

b) 90°单向层合板试样

说明：

L ——试样长度；

W ——试样宽度；

h ——试样厚度；

L_0 ——加强片长度；

δ ——加强片厚度；

θ ——加强片边缘斜截角。

图 1（续）

表 1 试样尺寸

单位为毫米

试样铺层	尺寸					
	L	W	h	L_0	δ	θ
0°单向层合板	180～200	12.5±0.1	1±0.2	50	1.5	15°～90°
90°单向层合板	180～200	25±0.1	2～4	—	—	—
多向层合板	180～200	25±0.1	1.5～2.5	50	1.5	15°～90°

5.2 加强片

加强片使用铝合金板或织物增强复合材料板。

5.3 胶黏剂

应选择具有较高韧性且低温剪切强度较大的胶黏剂粘贴加强片，胶粘剂固化温度不应高于层合板成型温度。

5.4 试样制备

按 GB/T 1446 的规定。

5.5 试样数量

每组有效试样应不少于 5 个。

6 试样状态调节

试验前,试样在温度为 23 ℃±2 ℃,相对湿度 50%±10% 的实验室至少放置 24 h。

7 试验步骤

7.1 试验前准备

按 GB/T 1446 的规定检查试样的外观,并对试样编号。测量并记录试样工作段 3 个不同截面的宽度和厚度,分别取算术平均值,测量精确到 0.01 mm。

7.2 试样安装

7.2.1 在超低温恒温器安装试样时,仪器的信号线应充分松弛。

7.2.2 试样中心线与夹具中心线及连接拉杆的中心线应保持一致。

7.2.3 试样安装完成后,应对试样进行预加载,并始终保持预加载荷不超过最大破坏载荷的 5%。

7.3 温度测量装置的安装

7.3.1 采用气态冷却介质或制冷机冷却时,应在试样工作段的两端及中间位置各安装一个测温点,并保持测温头与试样表面接触良好。

7.3.2 采用液态冷却介质冷却时,试样完全浸泡在冷却介质中,可在其中任意一点测量温度。

7.4 低温应变测量装置的安装

7.4.1 用一个或多个引伸计测量应变时,尽可能将引伸计安装在试样工作段长度的中间位置。

7.4.2 用应变片测量拉伸应变时,应采用温度补偿片法进行测量。

> 注:温度补偿片法是将电阻应变片贴在与试样材质相同但不参与变形的一块材料上,并与试样处于相同的温度条件下。将补偿片正确地连接在惠斯通桥路中即可消除温度变化所产生的影响。

7.5 冷却过程

7.5.1 在冷却前,应采用空气喷射器或热吹风机彻底干燥超低温恒温器。

7.5.2 安装超低温恒温器,进行试样冷却:

    a) 当采用沸点低于液氮的冷却介质冷却时,应先对超低温恒温器抽真空(相对真空度应小于 −0.097 MPa),再使用液氮对其进行预冷,随后排空液氮,最后向超低温恒温器中输入沸点低于液氮的冷却介质;

    b) 采用制冷机冷却时,超低温恒温器应保持真空状态(相对真空度应小于 −0.097 MPa)直至试验结束。

7.5.3 试样冷却到规定试验温度后,应保温一定时间:

    a) 冷却介质为液态时,保温时间不少于 10 min;

    b) 冷却介质为气态时,保温时间不少于 20 min;

    c) 制冷机冷却时,保温时间不少于 30 min。

7.5.4 冷却介质为气态或制冷机冷却时,规定的试验温度值与试样中间位置测量温度显示值之间允许的温度偏差不超过 ±2 ℃。试验过程中,试样工作段两端温度差的绝对值应不超过 3 ℃。

7.5.5 试验温度为−196 ℃或−269 ℃时,可将试样整体浸泡在液氮(−196 ℃)或液氦(−269 ℃)中冷却,获得所需的试验温度。

7.6 加载

7.6.1 试样达到试验温度时,将引伸计或应变片调零。当引伸计或应变片稳定后,以 1 mm/min～2 mm/min 的加载速度连续加载直至试样破坏,并记录试样的载荷-应变(或载荷-位移)曲线、最大载荷、破坏载荷以及破坏应变或可能接近破坏瞬间的应变。

7.6.2 试样破坏后的失效模式描述,按 GB/T 3354 的规定。试样在夹具内或端部破坏,应予以作废。

8 计算

8.1 拉伸强度

拉伸强度按式(1)计算,结果保留 3 位有效数字:

$$\sigma_t = \frac{P_{max}}{Wh} \quad\quad\quad\quad\quad\quad\quad\quad\quad (1)$$

式中:

σ_t ——拉伸强度,单位为兆帕(MPa);

P_{max} ——破坏前试样承受的最大载荷,单位为牛顿(N);

W ——试样宽度,单位为毫米(mm);

h ——试样厚度,单位为毫米(mm)。

8.2 拉伸弹性模量

90°试样拉伸模量在 0.000 5～0.001 5 的纵向应变范围内按式(2)或式(3)计算,其他试样拉伸弹性模量在 0.001～0.003 纵向应变范围内按式(2)或式(3)计算,结果保留 3 位有效数字:

$$E_t = \frac{\Delta P l}{Wh \Delta l} \quad\quad\quad\quad\quad\quad\quad\quad (2)$$

$$E_t = \frac{\Delta \sigma}{\Delta \varepsilon} \quad\quad\quad\quad\quad\quad\quad\quad\quad\quad (3)$$

式中:

E_t ——拉伸弹性模量,单位为兆帕(MPa);

l ——试样工作段内的引伸计标距,单位为毫米(mm);

ΔP ——载荷增量,单位为牛顿(N);

Δl ——与 ΔP 对应的引伸计标距长度内的变形增量,单位为毫米(mm);

$\Delta \sigma$ ——与 ΔP 对应的拉伸应力增量,单位为兆帕(MPa);

$\Delta \varepsilon$ ——与 ΔP 对应的应变增量,无量纲。

8.3 泊松比

泊松比在与拉伸弹性模量相同的应变范围内按式(4)计算,结果保留 3 位有效数字:

$$\mu_{12} = \frac{\Delta \varepsilon_{横}}{\Delta \varepsilon_{纵}} \quad\quad\quad\quad\quad\quad\quad\quad (4)$$

$$\varepsilon_{纵} = \frac{\Delta l_L}{l_L} \quad\quad\quad\quad\quad\quad\quad\quad\quad (5)$$

$$\varepsilon_{\text{横}} = \frac{\Delta l_{\text{T}}}{l_{\text{T}}} \quad\quad\quad \cdots\cdots\cdots\cdots\cdots\cdots\cdots\cdots (6)$$

式中：

μ_{12} ——泊松比；

$\Delta\varepsilon_{\text{纵}}$——对应载荷增量 ΔP 的纵向应变增量,见式(5),无量纲；

$\Delta\varepsilon_{\text{横}}$——对应载荷增量 ΔP 的横向应变增量,见式(6),无量纲；

l_{L} ——纵向引伸计的标距,单位为毫米(mm)；

l_{T} ——横向引伸计的标距,单位为毫米(mm)；

Δl_{L} ——对应 ΔP 纵向变形增量,单位为毫米(mm)；

Δl_{T} ——对应 ΔP 横向变形增量,单位为毫米(mm)。

8.4 拉伸破坏应变

由引伸计测量的纵向拉伸破坏应变按式(7)计算,结果保留 3 位有效数字：

$$\varepsilon_{\text{lt}} = \frac{\Delta l_{\text{b}}}{l} \quad\quad\quad \cdots\cdots\cdots\cdots\cdots\cdots\cdots (7)$$

式中：

ε_{lt} ——纵向拉伸破坏应变,无量纲；

Δl_{b} ——试样破坏时引伸计标距长度内的纵向变形量,单位为毫米(mm)。

8.5 试验结果

对于每一组试验,按照 GB/T 1446 的规定计算每一种测量性能的算术平均值、标准差和离散系数。

9 试验报告

试样报告一般包括以下全部或部分内容：

a) 试验项目的名称和执行标准；

b) 试验人员、试验时间和地点；

c) 试样的来源及制备情况,材料品种及规格；

d) 试样的铺层形式、编号、形状和尺寸、外观质量及数量；

e) 试验温度、实验室的相对湿度；

f) 试样的冷却方式、冷却时间；

g) 试验速率、测量应变的方式；

h) 试验仪器的型号；

i) 试样的失效破坏模式；

j) 试验结果。

附　录　A

（资料性附录）

引伸计低温下的标定

A.1　引伸计低温下的标定应使用标定器进行标定,并获得标定系数。标定器应具有长度测量装置(如一端配有一定长度套管组合结构的千分尺,其内层为垂直伸缩管,外层为固定套管),其允许误差应不大于引伸计允许误差的1/3,标定器测微计的最小分度值应不大于0.001 mm。

A.2　按规定标距将引伸计的两个刀片分别装卡在标定器的垂直伸缩管与固定套管上,然后将此端放置于实际试验使用温度环境中。

A.3　引伸计的引线按照规定的方式与应变仪连接,再将应变仪的工作状态调整到与试样在实际试验使用温度加载时的状态一致。

A.4　旋转标定器的测微计并通过垂直伸缩管给引伸计施加一给定位移,从应变仪上读出与给定位移相对应的引伸计应变,按式(A.1)确定引伸计的标定系数:

$$K = \frac{\Delta l}{l_0 \cdot \varepsilon_{仪}} \qquad\qquad\qquad\qquad (A.1)$$

式中:

K ——引伸计标定系数;

Δl ——测微计给定位移,单位为毫米(mm);

l_0 ——引伸计规定标距,单位为毫米(mm);

$\varepsilon_{仪}$ ——引伸计应变。

A.5　标定应做两组测试,采用分级施加位移的方法,每组测试至少应包括10个测试点,并且尽可能均匀分布在引伸计的整个标定范围内。

A.6　在引伸计损坏或修理后,应重新标定。

三、树脂复合材料

ICS 59.100.10
Q 36

中华人民共和国国家标准

GB/T 25043—2010

连续树脂基预浸料用多轴向经编增强材料

Multiaxial warp-knitted reinforcement for resin-matrix prepreg

2010-09-02 发布

2011-05-01 实施

中华人民共和国国家质量监督检验检疫总局
中国国家标准化管理委员会 发布

前　言

请注意本标准的某些内容可能涉及专利内容,本标准发布机构不应承担识别这些专利的责任。

本标准由中国建筑材料联合会提出。

本标准由全国玻璃纤维标准化技术委员会(SAC/TC 245)归口。

本标准负责起草单位:南京玻璃纤维研究设计院、常州市宏发纵横新材料科技有限公司、重庆国际复合材料有限公司、振石集团恒石纤维基业有限公司、泰山玻璃纤维有限公司、江苏九鼎新材料股份有限公司。

本标准主要起草人:师卓、何亚勤、刘黎明、谈昆仑、方允伟、郝郑涛。

连续树脂基预浸料用多轴向经编增强材料

1 范围

本标准规定了连续树脂基预浸料用多轴向经编增强材料的术语和定义、产品代号、要求、试验方法、检验规则、标志、包装、运输及贮存。

本标准适用于以玻璃纤维为主要原料,经有机纤维沿经向缝编而成的多轴向增强材料。该材料主要用于制作连续树脂基预浸料。

2 规范性引用文件

下列文件中的条款通过本标准的引用而成为本标准的条款。凡是注日期的引用文件,其随后所有的修改单(不包括勘误的内容)或修订版均不适用于本标准,然而,鼓励根据本标准达成协议的各方研究是否可使用这些文件的最新版本。凡是不注日期的引用文件,其最新版本适用于本标准。

GB/T 191 包装储运图示标志

GB/T 1549 纤维玻璃化学分析方法

GB/T 7689.3 增强材料 机织物试验方法 第 3 部分:宽度和长度的测定

GB/T 7689.5 增强材料 机织物试验方法 第 5 部分:玻璃纤维拉伸断裂强力和断裂伸长的测定

GB/T 9914.1 增强制品试验方法 第 1 部分:含水率的测定

GB/T 9914.2 增强制品试验方法 第 2 部分:玻璃纤维可燃物含量的测定

GB/T 9914.3 增强制品试验方法 第 3 部分:单位面积质量的测定

GB/T 17470—2007 玻璃纤维短切原丝毡和连续原丝毡

GB/T 18374 增强材料术语及定义

GB/T 25040—2010 玻璃纤维缝编织物

3 术语和定义

GB/T 18374 确立的以及下列术语和定义适用于本标准。

3.1

连续树脂基预浸料 resin-matrix prepreg

增强材料在连续的生产方式下由树脂系统浸渍后的一种用于制造复合材料的中间体。

3.2

经编增强材料 warp-knitted reinforcement

由玻璃纤维无捻粗纱为主要纤维形式层叠而成,并以一组或几组有机纤维沿经向编织成圈、相互串套而成的织物。按铺层方向可分为单向和多轴向经编增强材料。

4 产品代号

代号按 GB/T 25040—2010 中第 4 章的规定,在括号内中用字母 P 表示连续树脂基预浸料。

示例 1：由一层单位面积质量均为 600 g/m² ,排列角度为 90°的无碱玻璃纤维无捻粗纱构成的幅宽为 1 270 mm 的连续树脂基预浸料用单轴向经编增强材料代号为:E600,90°(P)-1270

示例 2：由两层单位面积质量均为 400 g/m² ,排列角度为 +45°和 -45°的无碱玻璃纤维无捻粗纱构成的幅宽为 1 270 mm 的连续树脂基预浸料用双轴向经编增强材料代号为:

2LF[E800,+45°,-45°](P)-1270

示例3：由三层单位面积质量均为300 g/m²，排列角度为0°、+45°和-45°的无碱玻璃纤维无捻粗纱与单位面积质量为50 g/m²的无碱玻璃纤维湿法毡构成的幅宽为1 270 mm的连续树脂基预浸料用三轴向经编增强材料代号为：

3LF[E900,0°,45°,-45°//EMW50](P)-1270

5 要求

5.1 碱金属氧化物含量

碱金属氧化物含量应不大于0.8%。

5.2 含水率

含水率应不大于0.10%。

5.3 可燃物含量

除非另有商定，可燃物含量应不大于3.0%。

5.4 树脂浸透速率

除非另有商定，树脂浸透速率应符合表1的规定。

表 1 树脂浸透速率

标称单位面积质量 /(g/m²)	树脂浸透速率 s，≤			
	单轴向	双轴向	三轴向	四轴向
≤1 000	40	50	80	150
>1 000	50	60	100	200

5.5 单位面积质量

单位面积质量应不超过表2的规定。

表 2 单位面积质量允许偏差

标称单位面积质量 /(g/m²)	单值允许偏差 /%	平均值允许偏差 /%
≤1 000	±8	±6
>1 000	±6	±5

5.6 拉伸断裂强力

典型规格经编增强材料的拉伸断裂强力应符合表3的规定。其他规格的拉伸断裂强力指标可由供需双方商定。

表 3 拉伸断裂强力

轴 向	典型规格产品代号	拉伸断裂强力 N/50 mm，≥			
		0°	+α°	90°	-α°
单轴向	E600,0°	8 500	—	—	—
双轴向	2LF[E600,+45°,-45°]	—	5 200	—	5 200
	2LF[E800,+45°,-45°]	—	5 500	—	5 500
三轴向	3LF[E900,0°,+45°,-45°]	6 800	4 100	—	4 100
	3LF[E1200,+60°,90°,-60°]	—	5 000	9 000	5 000
四轴向	4LF[E1500,0°,+45°,90°,-45°]	6 500	6 000	5 000	6 000

5.7 层合板力学性能

层合板力学性能应符合 GB/T 25040—2010 中 6.2.4 的规定。

5.8 幅宽

幅宽允差应不大于±5 mm。

5.9 长度

卷长不允许负偏差。

5.10 端面整齐度

卷装端面最高处与最低处的垂直距离不大于 10 mm。

5.11 外观

5.11.1 外观疵点的程度及分类见表4。

表 4 外观疵点程度及分类

疵点名称		疵点程度	疵点分类	
			主要疵点⊙	次要疵点△
结头		纱线打结	不允许	
缝编线断头		>1 次/m 或 1 次/m，>20 cm/次	⊙	
		1 次/m，≤20 cm/次		△
断经			不允许	
间隙	90°或 α°纱线	>5 mm，≤8 mm	⊙	
		>8 mm	不允许	
毛边		>8 mm	⊙	
		≤8 mm		△
杂物		废丝、杂质等	不允许	
破洞			不允许	
污渍		>1 处/卷 或 1 处/卷，>3 cm/处	不允许	
		1 处/卷，≤3 cm/处	⊙	

5.11.2 外观要求

5.11.2.1 凡临近的各类疵点应分别计算，疵点混在一起按主要疵点计。

5.11.2.2 四个次要疵点计为一个主要疵点，每百米长度主要疵点应不超过6个，不得有不允许出现的疵点。

6 试验方法

6.1 碱金属氧化物含量

按 GB/T 1549 的规定。

6.2 含水率

按 GB/T 9914.1 的规定。

6.3 可燃物含量

按 GB/T 9914.2 的规定。

6.4 树脂浸透速率

按 GB/T 17470—2007 附录 A 的规定。

6.5 单位面积质量

按 GB/T 9914.3 的规定。

6.6 拉伸断裂强力

按 GB/T 7689.5 的规定。

6.7 层合板力学性能

按 GB/T 25040—2010 中 7.5 的规定。

6.8 宽度和长度

按 GB/T 7689.3 的规定。

6.9 卷装端面整齐度

用精度为 1 mm 的钢直尺测量卷装端面最低处到端面最高处的垂直距离,测三组数据,取其最大值。

6.10 外观

在正常(光)照度,距离 0.5 m,目测和钢直尺检验。

7 检验规则

7.1 出厂检验和型式检验

7.1.1 出厂检验

产品出厂时,必须进行出厂检验,出厂检验项目包括含水率、可燃物含量、单位面积质量、宽度、长度、外观。

7.1.2 型式检验

有下列情况之一时,应进行型式检验:

a) 新产品投产时;

b) 原材料或生产工艺有较大改变时;

c) 停产时间超过三个月恢复生产时;

d) 正常生产时,每年至少进行一次;

e) 出厂检验结果与上次型式检验有较大差异时;

f) 供需双方合同有要求时。

型式检验应包括标准要求中全部检验项目。

7.2 检查批和抽样

7.2.1 检查批

同一批次原料、同一规格品种、同一生产工艺稳定连续生产的一定数量的单位产品为一检查批。

7.2.2 抽样

采用计数检验抽样方案,按表5的规定从检查批中随机抽取检验用样本。

表 5 计数检验的抽样与判定

批量范围	除5.1、5.6和5.7项目外的抽样与判定			碱金属氧化物含量、拉伸断裂强力和层合板力学性能抽样数
	样本大小	接收数 Ac	拒收数 Re	
I	II	III	IV	V
25	3	0	1	1
26~90	13	1	2	
91~150	20	2	3	
151~280	32	3	4	
281~500	50	5	6	
501~1 200	80	7	8	
1 201~3 200	125	10	11	2
3 201~10 000	200	14	15	

7.3 判定规则

7.3.1 外观、含水率、可燃物含量、树脂浸透速率、单位面积质量、长度、宽度、卷装端面整齐度采用计数检验,判定规则按表5的规定。

7.3.2 碱金属氧化物含量、拉伸断裂强力、层合板力学性能按表5中第Ⅴ栏所列的抽样数进行抽样,以样本测定结果平均值进行判定。

7.3.3 按7.3.1和7.3.2判定均为可接收的批为合格批,否则为不合格批。

8 标志、包装、运输、贮存

8.1 标志

8.1.1 产品标志应包括:

    a) 产品名称、产品代号、本标准号;

    b) 生产厂名称和地址;

    c) 生产日期(或批号);

    d) 质量(或卷长);

    e) 适用树脂。

8.1.2 产品标志应在包装上标明,或预先向用户提供有关资料。

8.2 包装

8.2.1 应紧密、整齐地卷绕在硬纸管上,使用防潮材料密封,妥善包装。确保在搬动、贮存和运输过程中避免损坏和受潮。

8.2.2 包装外表面应标明:

    a) 产品名称、产品代号、本标准号;

    b) 生产厂名称和地址;

    c) 生产日期(或批号);

    d) 质量(或卷长);

    e) 按GB/T 191规定的"怕雨"、"堆码层数极限"二种图示。

8.2.3 特殊包装由供需双方商定。

8.3 运输

应采用干燥遮篷工具运输,运输过程中应避免机械损伤、日光直射和受潮。

8.4 贮存

贮存应放置在干燥、通风的室内,避免阳光直射。堆码高度应符合要求。适宜的贮存条件为:温度10 ℃~35 ℃,相对湿度小于70%。贮存期为12个月。

ICS 83.120
Q 23

中华人民共和国国家标准

GB/T 26743—2011

结构工程用纤维增强复合材料筋

Fiber reinforced composite bars for civil engineering

2011-07-20 发布　　　　　　　　　　　　2012-03-01 实施

中华人民共和国国家质量监督检验检疫总局
中国国家标准化管理委员会　发布

前　言

本标准按照 GB/T 1.1—2009 给出的规则起草。

本标准由中国建筑材料联合会提出。

本标准由全国纤维增强塑料标准化技术委员会(SAC/TC 39)归口。

本标准起草单位:中冶建筑研究总院有限公司。

本标准参加起草单位:南京海拓复合材料公司、上海大学、中材科技股份有限公司、华侨大学。

本标准主要起草人:杨勇新、岳清瑞、包兆鼎、欧阳煜、戴方毕、黄奕辉、张学。

结构工程用纤维增强复合材料筋

1 范围

本标准规定了结构工程用纤维增强复合材料筋(以下简称复合材料筋)的术语和定义、分类、规格和标记、要求、试验方法、检验规则、标志、包装、运输与贮存等。

本标准适用于在土木工程结构中受力构件增强材料使用、直径 20 mm 以下的纤维增强复合材料筋。

2 术语和定义

下列术语和定义适用于本文件。

2.1

纤维增强复合材料筋 fiber reinforced composite bars

用连续纤维束按拉挤成型工艺生产的棒状纤维增强复合材料制品。

3 分类、规格和标记

3.1 分类

3.1.1 增强纤维种类

复合材料筋按增强纤维种类分为碳纤维复合材料筋(CFB)、玻璃纤维复合材料筋(GFB)和芳纶复合材料筋(AFB)。

3.1.2 表面状态

复合材料筋按表面状态分为光筋(P)、螺纹筋(S)及其他(O)。

3.2 规格

3.2.1 复合材料筋按公称直径可分为 6 mm、8 mm、10 mm、12 mm、14 mm、20 mm 等规格。

3.2.2 复合材料筋按长度可分为 2 m、4 m、6 m、10 m、20 m 等规格。

3.3 标记

复合材料筋按增强纤维种类代号、表面状态、公称直径和长度进行标记。

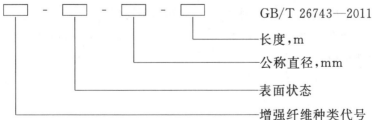

示例:长度 6 m,公称直径为 12 mm,按本标准生产的玻璃纤维复合材料螺纹筋标记为:

　　GFB-S-12-6　GB/T 26743—2011。

4 要求

4.1 外观

4.1.1 表面沾有石英砂的复合材料筋,石英砂应分布均匀,无其他可见夹杂物、无纤维外露和裂纹。

4.1.2 表面不沾有石英砂的复合材料筋,应无纤维外露,不应有断丝、松股和裂纹。

4.2 尺寸偏差

复合材料筋尺寸偏差应符合表1规定。

表 1 复合材料筋尺寸偏差 单位为毫米

项 目	长 度	直 径
允许偏差	+10 0	+0.5 0

4.3 拉伸性能

复合材料筋拉伸性能应符合表2规定。

表 2 复合材料筋拉伸性能

复合材料筋种类	拉伸强度 MPa	弹性模量 GPa	断裂伸长率 %
CFB	≥1 800	≥120	≥1.5
GFB	≥600	≥40	≥1.8
AFB	≥1 300	≥65	≥2.0

5 试验方法

5.1 外观

在正常(光)照度下,距离 0.5 m 对样品进行目测。

5.2 尺寸偏差

5.2.1 长度测量采用精度 1 mm 的尺,测量 3 次,取算术平均值。

5.2.2 直径测量采用精度 0.02 mm 的游标卡尺,任意取 3 个位置测量,取算术平均值。对于带肋的复合材料筋,应测其非肋截面。

5.3 拉伸性能

按附录 A 的规定进行。

6 检验规则

6.1 检验类型

检验类型分为出厂检验和型式检验。

6.1.1 出厂检验

每批产品进行外观、尺寸偏差和拉伸强度的检验。

6.1.2 型式检验

有下列情况之一时,应按第4章要求的全部项目进行型式检验:
a) 新产品或者老产品转厂生产的试制定型鉴定时;
b) 正式生产后,如材料、工艺有较大改变,可能影响产品性能时;
c) 正常生产每年不少于一次;
d) 停产一年以上恢复生产时;
e) 出厂检验结果与上次型式检验有较大差异时。

6.2 组批、抽样和判定规则

6.2.1 组批

以同一规格、同一种材料、同一生产工艺,稳定连续生产的500根为一批,不足此数量时,按一批计。

6.2.2 抽样

6.2.2.1 外观检验和尺寸偏差采取一次随机抽样,每批取样数量为5根。

6.2.2.2 拉伸性能采用二次随机抽样,样本数各为5根。

6.2.3 判定规则

6.2.3.1 采取一次抽样法时,所抽样本全部符合要求或仅有一个不符合要求时,则判该批为合格;否则判定该批不合格。

6.2.3.2 采取二次抽样法时,在第一次所抽样本中全部符合要求则判定该批为合格;如有2个或2个以上不符合要求,则判该批不合格。当有1个试样不符合要求时则进行第二次抽样,当两次抽样不符合要求的样本总数为1时则判该批合格,否则判定该批不合格。

7 标志、包装、运输和贮存

7.1 标志

产品包装上应清楚标明下列内容:
a) 制造企业名称、地址;
b) 产品名称、牌号和规格;
c) 产品标记、商标;
d) 生产日期、批号及保质期;
e) 产品的数量;
f) 贮存和运输注意事项。

7.2 包装

产品应用结实、柔软的包装材料包装。复合材料筋之间应绑扎紧密,防止相互撞击和摩擦。包装中应附有产品检验合格证,内容包括 6.1.1 中规定项目。

7.3 运输

运输车辆以及堆放处应有防雨、防潮设施。装卸时不可损伤包装,应避免撞击、油污、日光直射和雨淋、浸水。

7.4 贮存

复合材料筋应贮存在室内干燥通风处,防油污染,避免火种,隔离热源和化学腐蚀物品。

附 录 A

（规范性附录）

复合材料筋拉伸性能试验方法

A.1 范围

本试验方法规定了测定结构工程用纤维增强复合材料筋的拉伸性能，包括拉伸强度、拉伸弹性模量及断裂伸长率。

本试验方法适用于测试复合材料筋本身性能，不考虑锚固性能。因此，如发生锚具处破坏或滑移的筋材，将不被作为试验结果参考。试验结果仅依据筋材测试部分发生破坏的数据。

A.2 仪器

A.2.1 试验机

电子万能试验机，应满足以下要求：

a) 试样的最大拉伸荷载应在试验机加载能力的 15%～85%；

b) 试验机夹具之间的最小长度应符合试件的基本要求。

A.2.2 应变测试装置

用于测量筋材伸长的引伸计或应变片应能记录在计测范围内的所有变化。

A.2.3 数据采集系统

系统能连续记录荷载、应变和位移。荷载、应变和位移的分辨率分别应不大于 100 N、$10×10^{-6}$ 和 0.001 mm。

A.3 试件制备

A.3.1 试件选择

A.3.1.1 复合材料筋试件总长由测试部分和锚具部分组成。其中测试部分长度取 40 倍筋材公称直径。单侧锚具部分长度不小于 160 mm。锚具必须能够适合筋材的几何形状，并且能将荷载转递至测试部分。锚具应起到从试验机到筋材测试部分，只传递拉力而不传递扭矩和弯矩的作用。试件的几何尺寸示意图见图 A.1。

A.3.1.2 每组试件至少为 5 根，如果试验过程中试件发生在锚具附近处破坏或筋材从锚具中滑出，则必须从同一批筋材中补做相应数量的试件。

A.3.2 原始标距的标记和测量

引伸计或应变片应安装在试件的中部，距锚固端至少 8 倍试件公称直径。

A.4 试验条件

在温度(23±3)℃,相对湿度(50%±10%)的标准试验环境下制作试样、储存试样、调节试样和进行试验。

单位为毫米

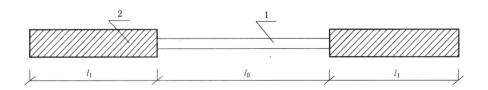

说明：

1 ——试样；

2 ——锚具；

l_0 ——测试部分长度；

l_1 ——锚具部分长度。

图 A.1　试件的几何尺寸示意图

A.5　试验方法

将试件安装到试验机上时,应尽量保证试件的纵轴和两端的锚具中心连线重合。数据采集系统应在试验开始前数秒钟启动。试验中应保持均匀加载,加载速率应控制在每分钟应力增加 100 MPa～500 MPa 之间。如果试验采用应变控制方法,应变增长速率应和前述应力增加速率换算后一致。试验加载至复合材料筋受拉破坏。应变测量至少进行到复合材料筋拉伸强度的 60% 的加载时刻。

A.6　试验结果处理

A.6.1　荷载(应力)-应变曲线由数据采集系统采集的数据得到。

A.6.2　拉伸强度按公式(A.1)计算,取每组试件的算术平均值,取三位有效数字。

$$f_u = \frac{F_u}{A} \quad\cdots\cdots\cdots\cdots\cdots\cdots\cdots (\text{A.1})$$

式中：

f_u ——拉伸强度,单位为兆帕(MPa)；

F_u ——拉伸弹性阶段的荷载最大值,单位为牛顿(N)；

A ——试件的横截面面积,单位为平方毫米(mm^2)。

A.6.3　拉伸弹性模量通过(20%～60%)F_u 之间的荷载-应变曲线确定,按公式(A.2)计算,取每组试件的算术平均值,取三位有效数字。

$$E = \frac{\Delta F}{\Delta \varepsilon \cdot A} \quad\cdots\cdots\cdots\cdots\cdots\cdots (\text{A.2})$$

式中：

E ——拉伸弹性模量,单位为兆帕(MPa)；

ΔF ——20%F_u 和 60%F_u 的荷载差值,单位为牛顿(N)；

$\Delta \varepsilon$ ——对应 20%F_u 和 60%F_u 的应变差值,无量纲；

A ——试件的横截面面积,单位为平方毫米(mm^2)。

A.6.4　断裂伸长率

当引伸计或应变片能测量到拉伸强度时的应变,则该应变为伸长率。如果引伸计或应变片不能测量到拉伸强度时的应变,则伸长率可通过拉伸强度和拉伸弹性模量按公式(A.3)计算,取每组试件的算术平均值,取三位有效数字。

$$\varepsilon_u = \frac{F_u}{E \cdot A} \qquad \cdots\cdots\cdots\cdots\cdots\cdots\cdots\cdots (\text{A.3})$$

式中:

ε_u ——断裂伸长率,%;

F_u ——拉伸弹性阶段的荷载最大值,单位为牛顿(N);

E ——拉伸弹性模量,单位为兆帕(MPa);

A ——试件的横截面面积,单位为平方毫米(mm^2)。

ICS 83.120
CCS Q 23

中华人民共和国国家标准

GB/T 26745—2021
代替 GB/T 26745—2011

土木工程结构用玄武岩纤维复合材料

Basalt fiber composites for civil engineering structures

2021-08-20 发布

2022-03-01 实施

国家市场监督管理总局
国家标准化管理委员会 发布

前　　言

本文件按照 GB/T 1.1—2020《标准化工作导则　第 1 部分:标准化文件的结构和起草规则》的规定起草。

本文件代替 GB/T 26745—2011《结构加固修复用玄武岩纤维复合材料》,与 GB/T 26745—2011 相比,除结构调整与编辑性修改外,主要技术变化如下:

a) 标准名称更改为"土木工程结构用玄武岩纤维复合材料";

b) 更改了范围,将玄武岩纤维复合材料的应用从结构加固修复扩大到结构增强(见第 1 章,2011 年版的第 1 章);

c) 更改了玄武岩纤维复合材料板和玄武岩纤维复合材料筋的产品分类(见 4.1,2011 年版的 4.1);

d) 更改了玄武岩纤维复合材料板和玄武岩纤维复合材料筋的产品规格(见 4.2,2011 年版的 4.2);

e) 更改了玄武岩纤维复合材料板和玄武岩纤维复合材料筋的产品标记(见 4.3,2011 年版的 4.3);

f) 更改了玄武岩纤维复合材料板的拉伸力学性能(见表 5,2011 年版的表 5);

g) 更改了玄武岩纤维复合材料筋的拉伸力学性能(见表 6,2011 年版的表 6);

h) 增加了玄武岩纤维复合材料筋的蠕变断裂应力的规定(见 5.5);

i) 增加了玄武岩纤维增强复合材料耐碱腐蚀性的规定(见 5.6);

j) 增加了玄武岩纤维复合材料筋的蠕变性能的规定和试验方法(见 6.5 和附录 B)。

本文件由中国建筑材料联合会提出。

本文件由全国纤维增强塑料标准化技术委员会(SAC/TC 39)归口。

本文件起草单位:浙江石金玄武岩纤维股份有限公司、东南大学、江苏绿材谷新材料科技发展有限公司、北京科技大学、中冶建筑研究总院有限公司、北京特希达科技有限公司、同济大学、哈尔滨工业大学、清华大学、香港理工大学深圳研究院、中国人民解放军陆军工程大学、苏交科集团股份有限公司、四川拜赛特高新科技有限公司。

本文件主要起草人:吴智深、汪昕、岳清瑞、薛伟辰、咸贵军、冯鹏、戴建国、李荣、魏星、张建东、李峰、陈兴芬、蒋剑彪、许加阳、刘军。

本文件于 2011 年首次发布,本次为第一次修订。

土木工程结构用玄武岩纤维复合材料

1 范围

本文件规定了土木工程结构用玄武岩纤维复合材料的分类、规格和标记，要求，试验方法，检验规则，标志、包装、运输与贮存。

本文件适用于土木工程结构加固修复及新建结构用玄武岩纤维复合材料。

2 规范性引用文件

下列文件中的内容通过文中的规范性引用而构成本文件必不可少的条款。其中，注日期的引用文件，仅该日期对应的版本适用于本文件；不注日期的引用文件，其最新版本（包括所有的修改单）适用于本文件。

GB/T 1463 纤维增强塑料密度和相对密度试验方法
GB/T 3354 定向纤维增强聚合物基复合材料拉伸性能试验方法
GB/T 9914.3 增强制品试验方法 第3部分：单位面积质量的测定
GB/T 21490—2008 结构加固修复用碳纤维片材
GB/T 30022 纤维增强复合材料筋基本力学性能试验方法
GB/T 34551 玻璃纤维增强复合材料筋高温耐碱性试验方法

3 术语和定义

下列术语和定义适用于本文件。

3.1

玄武岩纤维单向布 unidirectional basalt fiber sheet
由单向连续玄武岩纤维组成，未经树脂浸渍固化的布状玄武岩纤维制品。

3.2

玄武岩纤维增强复合材料板 basalt fiber-reinforced polymer plate
由玄武岩纤维及其织物组成，并经树脂浸渍固化的板状玄武岩纤维复合材料制品。

3.3

玄武岩纤维增强复合材料筋 basalt fiber-reinforced polymer bar
由连续玄武岩纤维束按拉挤成型工艺经配套树脂浸渍固化而成的棒状纤维增强复合材料制品。

注：表面光滑的成品为玄武岩纤维增强复合材料光圆筋，表面带连续螺旋状肋的成品为玄武岩纤维增强复合材料带肋筋。

3.4

玄武岩纤维单向布理论厚度 theoretical thickness of unidirectional basalt fiber sheet
实测的玄武岩纤维单向布的单位面积质量除以玄武岩纤维体积密度得到的值。

4 分类、规格和标记

4.1 分类

4.1.1 土木工程结构用玄武岩纤维复合材料按产品类型分为:玄武岩纤维单向布(代号 BF-US)、玄武岩纤维增强复合材料板(代号 BF-P)和玄武岩纤维增强复合材料筋(代号 BF-B)。

4.1.2 玄武岩纤维单向布按拉伸强度级别分为:2 000 MPa、1 500 MPa。

4.1.3 玄武岩纤维增强复合材料板按拉伸强度级别分为:1 300 MPa、1 000 MPa。

4.1.4 玄武岩纤维增强复合材料筋按拉伸强度级别分为:1 600 MPa、1 200 MPa 和 800 MPa。

4.1.5 玄武岩纤维增强复合材料筋按表面状态分为:光圆筋(代号 P)和带肋筋(代号 R)。

4.2 规格

4.2.1 玄武岩纤维单向布按单位面积质量分为 200 g/m²、300 g/m²、400 g/m²、500 g/m² 等规格,按宽度分为 300 mm、400 mm、500 mm 等规格。

4.2.2 玄武岩纤维增强复合材料板按宽度分为 20 mm、50 mm、80 mm、100 mm、120 mm 和 150 mm 等规格,厚度可以分为 1 mm、2 mm、3 mm、4 mm、5 mm、6 mm 等规格。

4.2.3 玄武岩纤维增强复合材料筋按公称直径分为 6 mm、8 mm、10 mm、12 mm、14 mm、16 mm、18 mm、20 mm 等规格。

4.3 标记

4.3.1 玄武岩纤维单向布按产品代号、拉伸强度级别、单位面积质量、宽度和本文件编号进行标记。

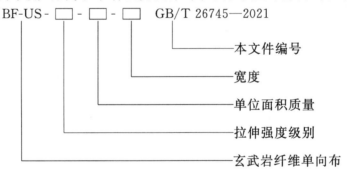

示例:

单位面积质量为 200 g/m²、宽度为 300 mm 的拉伸强度为 2 000 MPa 的玄武岩纤维单向布的标记如下:

BF-US-2000-200-300　GB/T 26745—2021。

4.3.2 玄武岩纤维增强复合材料板按产品代号、拉伸强度级别、宽度、厚度和本文件编号进行标记。

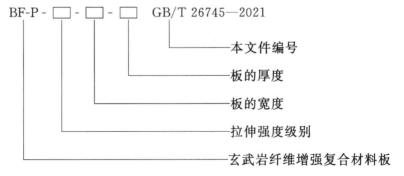

示例:

宽度为 200 mm、厚度为 2 mm 的拉伸强度为 1 300 MPa 的玄武岩纤维增强复合材料板的标记如下:

BF-P-1300-200-2　GB/T 26745—2021。

4.3.3 玄武岩纤维增强复合材料筋按产品代号、拉伸强度级别、表面状态、公称直径和本文件编号进行标记。

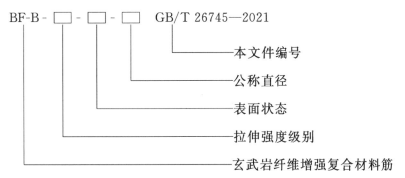

示例：

公称直径为 10 mm 的带肋的拉伸强度为 1 600 MPa 的玄武岩纤维增强复合材料筋的标记如下：

BF-B-1600-R-10 GB/T 26745—2021。

5 要求

5.1 外观

5.1.1 玄武岩纤维单向布

5.1.1.1 表面不应有污渍、油渍、杂物等缺陷。

5.1.1.2 外观疵点分为主要疵点和次要疵点，主要疵点记作⊙，次要疵点记作△，疵点程度及允许情况见表1。每个主要疵点计2分，每个次要疵点计1分，每100 m² 不应超过20分，且主要疵点不应超过3个。

表 1 外观疵点程度及分类

疵点名称		疵点程度	允许疵点
断经		1 根长度＜500 mm 或连续 2 根长度＜150 mm	△
		1 根长度≥500 mm 或连续 2 根长度≥150 mm	⊙
间隙	90°或 α 纱线	≥5 mm～＜8 mm	⊙
		≥8 mm	不准许
破边		＞10mm	⊙
污渍		宽度与长度之和＜50 mm	△
		宽度与长度之和≥50mm	⊙
油渍		—	不准许

5.1.2 玄武岩纤维增强复合材料板

表面平整干净，板边齐直，无纤维裸露、分层等缺陷。

5.1.3 玄武岩纤维增强复合材料筋

表面应无纤维外露,不应有松股和裂纹。

5.2 尺寸偏差

5.2.1 玄武岩纤维单向布的宽度偏差应为 0 mm～3 mm。

5.2.2 玄武岩纤维增强复合材料板的宽度偏差应为 0 mm～0.5 mm,厚度偏差为±5%。

5.2.3 玄武岩纤维增强复合材料筋的公称直径的允许偏差见表2和表3。

表 2 玄武岩纤维增强光圆复合材料筋的直径偏差

单位为毫米

公称直径	偏差
≥6～12	±0.3
≥12	±0.4

表 3 玄武岩纤维增强带肋复合材料筋的直径偏差

单位为毫米

公称直径	偏差
6	±0.3
>6～20	±0.4
≥20	±0.5

5.3 物理性能

5.3.1 玄武岩纤维单向布单位面积质量的允许偏差应为公称值的 0%～5%。

5.3.2 玄武岩纤维增强复合材料板的密度为 1.8 g/cm^3～2.1 g/cm^3。

5.3.3 玄武岩纤维增强复合材料筋的密度为 1.8 g/cm^3～2.1 g/cm^3。

5.4 力学性能

5.4.1 玄武岩纤维单向布力学性能应符合表4要求。

表 4 玄武岩纤维单向布力学性能

等级	拉伸强度 MPa	拉伸弹性模量 GPa	断裂伸长率 %
BF-US-2000	≥2 000	≥80	≥2.2
BF-US-1500	≥1 500	≥75	≥2.0

5.4.2 玄武岩纤维增强复合材料板力学性能应符合表5要求。

表5 玄武岩纤维增强复合材料板力学性能

等级	拉伸强度 MPa	拉伸弹性模量 GPa	断裂伸长率 %
BF-P-1300	≥1 300	≥55	≥2.3
BF-P-1000	≥1 000	≥45	≥2.0

5.4.3 玄武岩纤维增强复合材料筋力学性能应符合表6要求。

表6 玄武岩纤维增强复合材料筋力学性能

等级	拉伸强度 MPa	拉伸弹性模量 GPa	断裂伸长率 %
BF-B-1600	≥1 600	≥55	≥2.7
BF-B-1200	≥1 200	≥50	≥2.4
BF-B-800	≥800	≥45	≥2.0

5.5 蠕变断裂应力

玄武岩纤维增强复合材料筋的蠕变断裂应力为拉伸强度的0.5倍。

5.6 耐碱性

玄武岩纤维复合材料筋经过耐碱腐蚀性试验后的残余拉伸强度不应低于初始值的0.5倍。

6 试验方法

6.1 外观

在正常光照下,采用目测方法检验。

6.2 尺寸

6.2.1 对于玄武岩纤维单向布宽度的测量,采用精度0.5 mm的直尺或卷尺,任意测量3处,取算术平均值。

6.2.2 对于玄武岩纤维增强复合材料板宽度的测量,采用精度0.5 mm的直尺或卷尺,任意测量3处,取算术平均值;对于玄武岩纤维增强复合材料板厚度的测量,采用精度0.02 mm的游标卡尺,任意测量3处,取算术平均值。

6.2.3 对于玄武岩纤维增强复合材料筋直径的测量,采用精度0.02 mm的游标卡尺,任意测量3处,取算术平均值。对于玄武岩纤维增强复合材料带肋筋,应测其非肋截面。

6.3 物理性能

6.3.1 玄武岩纤维单向布单位面积质量

按 GB/T 9914.3 规定的方法进行测定。

6.3.2 玄武岩纤维增强复合材料板的密度

按 GB/T 1463 规定的方法进行测定。

6.3.3 玄武岩纤维增强复合材料筋的密度

按 GB/T 1463 规定的方法进行测定。

6.4 力学性能

6.4.1 玄武岩纤维单向布力学性能按 GB/T 3354 的规定进行测定。其中,试样宽度为 15 mm,玄武岩纤维单向布的截面面积取玄武岩纤维单向布理论厚度与试样宽度的乘积。玄武岩纤维单向布的试样制备按 GB/T 21490—2008 的附录 A,玄武岩纤维单向布理论厚度按附录 A 的规定进行计算。

6.4.2 玄武岩纤维增强复合材料板力学性能按 GB/T 3354 的规定进行测定。玄武岩纤维增强复合材料板的截面面积取试样实测厚度与宽度的乘积。

6.4.3 玄武岩纤维增强复合材料筋力学性能按 GB/T 30022 的规定进行测定。

6.5 蠕变断裂应力

玄武岩纤维增强复合材料筋蠕变断裂应力按附录 B 的规定进行测定。

6.6 耐碱性

耐碱性按 GB/T 34551 的规定测定,其中浸泡条件为不持荷高温耐碱试验,浸泡时间为 90 d。

7 检验规则

7.1 检验类型

7.1.1 出厂检验

每批产品按下列检验项目进行出厂检验。
a) 玄武岩纤维单向布检验项目为外观、尺寸偏差、单位面积质量和拉伸强度;
b) 玄武岩纤维增强复合材料板检验项目为外观、尺寸偏差和拉伸强度;
c) 玄武岩纤维增强复合材料筋检验项目为外观、尺寸偏差、密度和拉伸强度。

7.1.2 型式检验

在下列情况之一时,应按第 5 章所有要求进行型式检验。
a) 新产品或老产品转厂生产的试制定型鉴定时;
b) 正式生产后,如材料、工艺有较大改变,可能影响产品性能时;
c) 正常生产每 24 个月时;
d) 停产一年以上恢复生产时;

e) 出厂检验结果与上次型式检验有较大差异时。

7.2 组批、抽样和判定规则

7.2.1 组批

玄武岩纤维复合材料按照下列规则进行组批。

a) 玄武岩纤维单向布以 3 000 m² 为一批,不足此数量时,按一批计。

b) 玄武岩纤维增强复合材料板以 3 000 m 为一批,不足此数量时,按一批计。

c) 玄武岩纤维增强复合材料筋以同一厂家通过同一规格、同一种材料及生产工艺,稳定连续生产的 100 000 m 一批,不足此数量时,按一批计。

7.2.2 抽样

按照下列规则进行抽样:

a) 外观、尺寸偏差、玄武岩纤维单向布的单位面积质量和玄武岩纤维增强复合材料筋的公称直径和密度采用一次抽样,样本数量为 5 个;

b) 力学性能采用二次抽样,样本数量各为 5 个;

c) 对于蠕变断裂应力和耐碱性两项指标,采用一次抽样,随机抽取一种规格的产品进行测定。

7.2.3 判定规则

按照下列规则进行判定:

a) 采用一次抽样法时,所抽样本全部符合要求或仅有一个不符合要求时则判该批为合格,否则判定该批不合格;

b) 采用二次抽样法时,在第一次所抽样本全部符合要求则判定该批为合格,如有 2 个或 2 个以上不符合要求则判该批不合格;当有 1 个样本不符合要求时则进行第二次抽样,当二次抽样不符合要求的样本总数为 1 时,则判该批合格,否则判定该批不合格;

c) 对于蠕变断裂应力和耐碱性两项指标,所抽样本全部符合要求或仅有一个不符合要求时则判该批为合格,否则判定该批不合格。

8 标志、包装、运输与贮存

8.1 标志

产品包装上应清楚标明下列内容:

a) 制造企业名称、地址;

b) 产品名称、代号和规格;

c) 生产日期和批号;

d) 产品的数量;

e) 贮存和运输注意事项。

8.2 包装

8.2.1 玄武岩纤维单向布应在硬质卷芯上卷紧,卷芯直径宜不小于 76 mm,卷芯筒两端应超出玄武岩纤维单向布边缘 10 mm~15 mm,玄武岩纤维单向布卷外应有防潮、柔性的材料包装,包装内应附产品检验合格证。

8.2.2 玄武岩纤维增强复合材料板和玄武岩纤维增强复合材料筋包装由供需双方确定,以不造成折损为原则。包装上应特别注明"小心回弹"提示,包装内应附产品检验合格证。

8.3 运输

运输车辆以及堆放处应有防雨、防潮设施。装卸车时不应损伤包装,避免日光直射、雨淋和浸水。

8.4 贮存

8.4.1 室温下产品的贮存期为2年;产品应在室内贮存,室内干燥通风、避免暴晒、远离光源热源。

8.4.2 所有产品不应与化工腐蚀物品一起堆放。

附　录　A
（规范性）
玄武岩纤维单向布理论厚度的计算方法

A.1　概述

本附录规定了玄武岩纤维单向布厚度的一种计算方法。

A.2　计算方法

玄武岩纤维单向布理论厚度按式(A.1)计算。

$$t_{US}=\frac{M_u}{\rho_c}\times10^3 \quad\quad\quad\quad\quad\cdots\cdots\cdots\cdots\cdots\cdots\cdots\cdots\cdots（\text{A.1}）$$

式中：

t_{US} ——玄武岩纤维单向布理论厚度，单位为毫米(mm)；

M_u ——玄武岩纤维单向布单位面积质量，单位为克每平方米(g/m²)；

ρ_c ——玄武岩纤维体积密度，单位为克每立方米(g/m³)。

附　录　B
（规范性）
纤维增强复合材料筋蠕变断裂应力试验方法

B.1　概述

本附录规定了纤维增强复合材料筋蠕变断裂应力试验方法。

B.2　仪器

B.2.1　试验机

蠕变试验机或试验装置应满足以下要求：
——试样的最大拉伸荷载应在试验机加载能力的 15％～85％之间；
——试验机夹具之间的最小长度应符合试件的基本要求；
——能够提供稳定的恒定荷载；
——荷载和位移分辨率分别应不大于 100 N 和 0.001 mm。

B.2.2　应变测试装置

应变测试装置应满足以下要求：
——用于测量筋材伸长的引伸计或应变片应能记录在计测范围内的所有变化；
——应变分辨率应不大于 10×10^{-6}。

B.2.3　数据采集系统

荷载、应变和位移的采样频率应至少为每秒记录 2 次。

B.3　试件制备

B.3.1　试件选择

蠕变试验至少包含 4 个试验组，每个试验组有效试件应不少于 3 个，试件的相关要求与 GB/T 30022 中的拉伸试验一致。

B.3.2　原始标距的标记和测量

引伸计或应变片应安装在试件的中部，距锚固端至少 8 倍试件公称直径。

B.4　试验条件

试验条件与 GB/T 30022 的拉伸试验一致。

B.5　试验方法

B.5.1　蠕变试验的开始时间以试验荷载达到既定蠕变试验恒定荷载的时刻计算。

B.5.2　蠕变试验荷载应取试件极限荷载的 0.2 倍到 0.8 倍。

B.5.3　在荷载达到既定荷载前发生破坏的试件为无效试件，若连续 3 个试件出现该情况，则应考虑降低恒定荷载。

B.5.4　蠕变断裂时间为蠕变试验开始时间到试件破坏所经历的时间。为了最终形成蠕变断裂应力预测曲线,蠕变断裂试验应至少包含4种不同恒定荷载水平的试验组,蠕变断裂时间应分布在1 h～10 h,10 h～100 h,100 h～1 000 h和1 000 h以上,上述4个时间段内应至少各包含一个试验组。

B.5.5 试验最终形成的荷载水平-蠕变断裂时间曲线的回归系数应高于0.9。试验过程中应至少在下列时间点测量应变:1 min、3 min、6 min、9 min、15 min、30 min、45 min和1 h、1.5 h、2 h、4 h、10 h、24 h、48 h、72 h、96 h、120 h,此后至少每120 h测量一次。

B.6 试验结果处理

B.6.1 应变-时间曲线

应变-时间曲线由数据采集系统采集的数据得到。

B.6.2 荷载水平-蠕变断裂时间曲线

以试验中的恒定荷载水平(恒定荷载与拉伸极限荷载比值)为纵坐标,以蠕变断裂时间为横坐标(对数坐标)绘制曲线图,并用公式(B.1)的对数函数拟合该曲线。

$$Y_c = a - b \lg t \qquad\qquad\qquad (B.1)$$

式中:

Y_c ——蠕变恒定荷载与极限拉伸荷载比值;

t ——蠕变断裂时间,单位为小时(h);

a,b ——拟合系数,可按最小二乘法公式(B.2)和公式(B.3)进行计算。

$$b = \frac{\sum_{i=1}^{n}(x_i - \overline{x})(y_i - \overline{y})}{\sum_{i=1}^{n}(x_i - \overline{x})^2} \qquad\qquad (B.2)$$

$$a = \overline{y} - b\overline{x} \qquad\qquad\qquad (B.3)$$

式中:

n ——试件总数;

i ——试件序号,$i = 1, 2, \cdots, n$;

x ——$\lg t$;

y ——Y_c;

$\overline{x}, \overline{y}$ ——分别为各组x,y的算数平均值。

B.6.3 蠕变断裂应力

在荷载水平-蠕变断裂时间的拟合式中,取蠕变断裂时间为10^6 h,计算对应的蠕变断裂荷载F_r,并通过公式(B.4)计算蠕变断裂应力。

$$f_r = \frac{F_r}{A} \qquad\qquad\qquad (B.4)$$

式中:

f_r ——蠕变断裂应力,单位为兆帕(MPa);

F_r ——百万小时蠕变断裂荷载,单位为牛(N);

A ——试件截面积,单位为平方毫米(mm²)。

ICS 83.120
Q 23

中华人民共和国国家标准

GB/T 26747—2011

水处理装置用复合材料罐

Fiber reinforced plastics tanks for water treatment units

2011-07-20 发布

2012-03-01 实施

中华人民共和国国家质量监督检验检疫总局
中国国家标准化管理委员会 发布

前　　言

本标准按照 GB/T 1.1—2009 给出的规则起草。

本标准由中国建筑材料联合会提出。

本标准由全国纤维增强塑料标准化技术委员会(SAC/TC 39)归口。

本标准起草单位:北京滨特尔环保设备有限公司、北京玻璃钢研究设计院。

本标准主要起草人:史有好、汪曜。

水处理装置用复合材料罐

1 范围

本标准规定了水处理装置用复合材料罐(以下简称复合材料罐)的规格、分类和标记、结构和原材料、要求、试验方法、检验规则、标志、包装、运输、贮存。

本标准适用于工作压力不大于 1.05 MPa、使用温度(1~49)℃、水处理设备配套使用的玻璃纤维缠绕成型复合材料罐。

2 规范性引用文件

下列文件对于本文件的应用是必不可少的。凡是注日期的引用文件,仅注日期的版本适用于本文件。凡是不注日期的引用文件,其最新版本(包括所有的修改单)适用于本文件。

GB/T 191　包装储运图示标志

GB/T 1303.4　电气用热固性树脂工业硬质层压板　第 4 部分:环氧树脂硬质层压板

GB/T 2576　纤维增强塑料树脂不可溶分含量试验方法

GB/T 2577　玻璃纤维增强塑料树脂含量试验方法

GB/T 3854　增强塑料巴柯尔硬度试验方法

GB/T 8237　纤维增强塑料用液体不饱和聚酯树脂

GB/T 11115　聚乙烯(PE)树脂

GB/T 12670　聚丙烯(PP)树脂

GB/T 12672　丙烯腈-丁二烯-苯乙烯(ABS)树脂

GB/T 13657　双酚-A 型环氧树脂

GB/T 17219　生活饮用水输配水设备及防护材料的安全性评价标准

GB/T 17470　玻璃纤维短切原丝毡和连续原丝毡

GB/T 18369　玻璃纤维无捻粗纱

GB/T 18370　玻璃纤维无捻粗纱布

3 规格、分类和标记

3.1 规格

复合材料罐的规格按罐体的外径、高度和罐口内径确定。典型罐体的外径、高度和罐口内径分别见表 1、表 2 和表 3。

表 1　典型的罐体外径

罐体外径序列号	07	08	09	10	12	13	14	16	18
外径/mm	181	206	232	257	308	334	360	410	465
罐体外径序列号	20	21	24	30	36	40	48	60	72
外径/mm	510	545	612	765	918	1 020	1 224	1 530	1 836
注:其他罐体外径由供需双方协定。									

表 2 典型的罐体高度

罐体高度序列号	13	17	22	30	35	42	44
高度/mm	335	430	560	765	905	1 085	1 130
罐体高度序列号	48	52	54	65	72	87	94
高度/mm	1 233	1 342	1 390	1 670	1 850	2 200	2 400

注 1:罐体高度为复合材料罐的总高度。
注 2:其他罐体高度由供需双方协定。

表 3 典型的罐口内径

罐口内径序列号	2.5	4	6
罐口内径/mm	68.8	98.2	148.7

注:其他罐口内径由供需双方协定。

3.2 分类

复合材料罐体按照内衬材质分为以下三类:玻璃纤维增强塑料(FRP)内衬、ABS 塑料内衬、聚乙烯(PE)内衬。

3.3 标记

复合材料罐的标记方法如下:

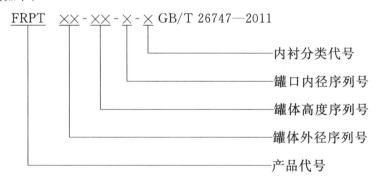

示例:表示外径为 257 mm,罐体高度为 905 mm,罐口内径为 68.8 mm,内衬材质为聚乙烯,按本标准生产的复合材料罐标记为:

FRPT10-35-2.5-PE GB/T 26747—2011

4 结构和原材料

4.1 结构

4.1.1 复合材料罐由罐体、底座及罐口构成,底座为圆筒形或圆锥形三脚结构。罐体结构及底座厚度和高度见图 A.1、图 A.2、图 A.3 及表 A.1、表 A.2、表 A.3。罐口螺纹要求见图 B.1。

4.1.2 罐体由内衬和玻璃钢强度层组成。

4.1.3 玻璃钢强度层以内压设计为基准,其厚度由直径、压力和安全系数等计算确定。

4.2 原材料

4.2.1 内衬可由玻璃钢、ABS 及聚乙烯制造。所使用的不饱和聚酯树脂应符合 GB/T 8237 的规定。短切原丝毡应符合 GB/T 17470 的规定。无碱玻璃纤维布应符合 GB/T 18370 的规定。聚乙烯应符合 GB/T 11115 的规定。ABS 应符合 GB/T 12672 的规定。用于饮用水的内衬的涉水性能应符合 GB/T 17219 的规定。

4.2.2 强度层用纤维缠绕成型。所使用的不饱和聚酯树脂应符合 GB/T 8237 的规定。环氧树脂应符合 GB/T 13657 的规定。无碱玻璃纤维纱应符合 GB/T 18369 的规定。

4.2.3 底座可由聚丙烯及玻璃钢制造。所使用的聚丙烯应符合 GB/T 12670 的规定。不饱和聚酯树脂应符合 GB/T 8237 的规定。短切原丝毡应符合 GB/T 17470 的规定。无碱玻璃纤维布应符合 GB/T 18370 的规定。

4.2.4 罐口采用环氧玻璃钢层压板或内衬本体材料制造,环氧玻璃钢层压板性能应符合 GB/T 1303.4 的规定。

5 要求

5.1 外观

罐体外表面应平整光滑,不应含有对使用性能有影响的龟裂、分层、针孔、杂质、贫胶区及气泡;罐口平面应无毛刺及其他明显缺陷。对罐口平面有特殊要求时由供需双方商定。

5.2 尺寸

5.2.1 罐体外径和罐体高度的偏差不应超过规定值的±1%。

5.2.2 罐体内衬和强度层最小厚度应符合附录 A 的规定。

5.2.3 罐口平面与罐体轴线的垂直度不应大于 1.5 mm。

5.2.4 罐口螺纹规格应符合附录 B 的规定。

5.3 树脂含量

罐体强度层树脂含量为 22%～30%。

5.4 树脂不可溶分含量

罐体强度层树脂不可溶分含量不应小于 90%。

5.5 巴柯尔硬度

不饱和聚酯树脂缠绕罐体外表面巴柯尔硬度不小于 40;环氧树脂缠绕罐体外表面巴柯尔硬度不小于 50。

5.6 水压渗漏

对罐体内施加 1.58 MPa 的静水压,保持 10 min,罐体应无渗漏。

5.7 循环水压疲劳

经(0～1.05)MPa、100 000 次循环水压疲劳,罐体应无渗漏。

5.8 水压失效压力

罐体的水压失效压力不应低于 4.20 MPa。

5.9 负压

罐体承受—0.016 7 MPa 的负压,保持 60 min,罐体应无损坏、压力示值应无变化。

5.10 卫生性能

用于饮用水的罐体卫生性能应符合 GB/T 17219 的要求。

6 试验方法

6.1 外观

目测检验。

6.2 尺寸

6.2.1 外径

用精度为 1 mm 的圈尺绕罐体一周测得周长,计算罐体外径,取小数点后一位;沿罐体直线段间隔均匀测量 5 点,取 5 次测量的算术平均值。

6.2.2 罐体高度

用精度为 1 mm 的圈尺沿罐体轴向均匀测量 5 个点,取 5 次测量的算术平均值。

6.2.3 罐口平面与罐体轴线的垂直度

用精度为 1 mm 的圈尺、钢板尺和直角尺检验。

6.2.4 内衬和强度层最小厚度

6.2.4.1 总壁厚

在罐体中部切取直径 50 mm 的圆形试样,用精度为 0.02 mm 的游标卡尺对切取的试样进行测量,测量 5 个点,测点均布,取最小值。

6.2.4.2 内衬厚度

去除试样的缠绕层,然后对内衬进行测量,测量 5 个点,测点均布,取最小值。

6.2.4.3 强度层厚度

强度层的厚度用测得的总壁厚减去内衬壁厚得出。

6.2.5 罐口螺纹

罐口螺纹用标准螺纹规检验。

6.3 树脂含量

从罐体中部开口处切取试样,树脂含量按 GB/T 2577 测定。

6.4 树脂不可溶分含量

从罐体中部开口处切取试样,树脂不可溶分含量按 GB/T 2576 测定。

6.5 巴柯尔硬度

在罐体中部测量按 GB/T 3854 规定。

6.6 水压渗漏

将复合材料罐充满水后排尽空气,与试验系统连接,用带有精度为 0.01 MPa 压力表的加压泵,加压至 1.58 MPa,保压 10 min,观察有无渗漏。

6.7 水压疲劳

将复合材料罐充满水后排尽空气,与试验系统连接。压力由零升至 1.05 MPa,再降到零为一次循环。罐外径 325 mm(含 325 mm)以下的,循环速率不大于 12 次/min;罐外径 325 mm 以上的,循环速率不大于 8 次/min。反复进行 100 000 次,记录疲劳循环次数、观察有无渗漏。

6.8 水压失效

将复合材料罐充满水后排尽空气,与试验系统连接。以不大于 1.5 MPa/s 的速率加压至罐体失效,记录失效压力和失效部位。

6.9 负压

将复合材料罐与试验系统连接,抽真空至 −0.016 7 MPa,保持 60 min,观察罐体有无损坏,负压表示值有无变化。

6.10 卫生性能

卫生性能测试按 GB/T 17219 要求进行。

7 检验规则

7.1 出厂检验

7.1.1 每个产品应进行外观、罐体外径及高度、罐口螺纹、罐口平面与罐体轴线的垂直度、巴柯尔硬度、水压渗漏检验。

7.1.2 所检项目全部合格则判该产品合格。外径、罐体高度、罐口平面与罐体轴线的垂直度、罐口螺纹或水压渗漏不合格,则判该产品不合格;外观不合格允许修补,修补后合格,则判该产品合格,否则判定该产品不合格。

7.2 型式检验

7.2.1 检验条件

有下列情况之一时,应对第 5 章规定的全部项目进行检验:

a) 正式投产后,如结构、材料、工艺有较大改变时;

b) 正常生产 12 个月后;

c) 产品停产 6 个月后,恢复生产时;

d) 出厂检验结果与上次型式检验有较大差异时。

7.2.2 抽样方案

同一规格、同一类型的每 2 000 个产品为一批,抽样 2 个,对其中一个进行检测,另一个作为备样。如果同批产品不足 2 000 个,也可定为一批。

7.2.3 判定规则

所检项目全部合格,判该批产品检验合格。如有不合格项,可对备样进行复检,复检仍不合格,判该批产品不合格。

8 标志、包装、运输、贮存

8.1 标志

8.1.1 在靠近罐体封头部位的圆柱段设置牢固的标志。

8.1.2 标志内容包括:标记、生产厂名、使用条件和制造日期等。

8.2 包装

8.2.1 包装应符合 GB/T 191 的规定,包装前应清除罐内积水,封堵进出水口,在易碰撞处包扎软质垫。

8.2.2 每个罐体应有产品合格证,使用说明。

8.3 运输

8.3.1 在装卸、运输过程中要防止碰撞、跌落和压伤。与装卸、运输工具易产生摩擦处应放置软质垫。

8.3.2 搬运过程应轻装轻卸,防止碰撞及机械损伤。

8.3.3 运输时要防火,最低运输温度不低于零下 27 ℃。

8.4 贮存

8.4.1 产品应立放,存放在清洁、干燥、通风的仓库内。

8.4.2 贮存时要防火,最低贮存温度不低于零下 27 ℃。

附　录　A

（规范性附录）

复合材料罐的结构和尺寸

A.1 外径序列号为07～20的复合材料罐结构如图 A.1 所示,其外径、罐体高度、罐体内衬和结构层最小厚度见表 A.1。

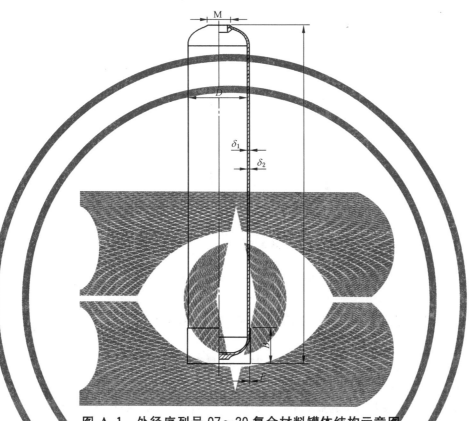

图 A.1　外径序列号07～20复合材料罐体结构示意图

表 A.1　外径序列号07～20复合材料罐体规格表

单位为毫米

外径序列号	外径 D	高度 A	底座 B	内衬最小厚度 δ_1	结构层最小厚度 δ_2	螺纹规格 M	底座厚度 F
07	181	—	110	2.0	1.8	2.5"-8NPSM	3
08	206	—	120	2.0	1.8	2.5"-8NPSM	3
09	232	—	138	2.0	1.8	2.5"-8NPSM	3
10	257	—	145	2.0	1.8	2.5"-8NPSM	3
12	308	—	190	3.0	1.8	2.5"-8NPSM	3
13	334	1 390	195	3.0	2.0	2.5"-8NPSM	3
14	360	1 670	200	3.0	2.2	2.5"-8NPSM	3
16	410	1 670	215	3.0	2.5	2.5"-8NSPM	3
18	465	1 670	120	4.0	3.7	4"-8UN	4
20	510	1 750	130	4.0	4.5	4"-8UN	5

A.2 外径序列号为 21～30 的复合材料罐结构如图 A.2 所示,其外径、罐体高度、罐体内衬和结构层最小厚度见表 A.2。

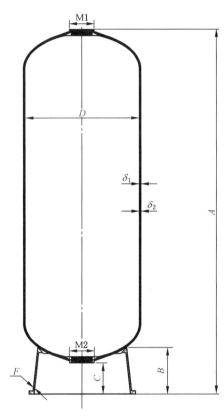

图 A.2 外径序列号 21～30 复合材料罐体结构示意图

表 A.2 外径序列号 21～30 复合材料罐体规格表
单位为毫米

外径序列号	外径 D	高度 A	底座 B	下口距地面高度 C	底座厚度 F	内衬最小厚度 δ_1	结构层最小厚度 δ_2	上口螺纹 M1	下口螺纹 M2
21	545	1 750	245	180	5	4.0	5.0	4"-8UN	4"-8UN
24	612	2 200	234	180	6	5.0	6.0	4"-8UN	6"-8UN
30	765	2 200	292	180	7	5.0	7.0	4"-8UN	6"-8UN

A.3 外径序列号为 36～72 的复合材料罐结构如图 A.3 所示,其外径、罐体高度、罐体内衬和结构层最小厚度见表 A.3。

单位为毫米

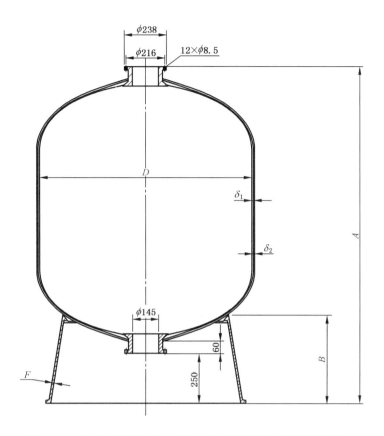

图 A.3 外径序列号 36～72 复合材料罐体结构示意图

表 A.3 外径序列号 36～72 复合材料罐体规格表 单位为毫米

外径序列号	外径 D	高度 A	底座 B	底座厚度 F	内衬最小厚度 δ_1	结构层最小厚度 δ_2
36	918	2 400	422	8	6.0	8.6
40	1 020	2 400	410	8	6.0	9.3
48	1 224	2 400	473	10	7.0	10.1
60	1 530	2 400	532	12	10.0	12.2
72	1 836	2 400	590	15	12.0	13.7

附　录　B

（规范性附录）

接口螺纹规格

B.1　复合材料罐体接口螺纹规格示意图如图 B.1 所示。

单位为毫米

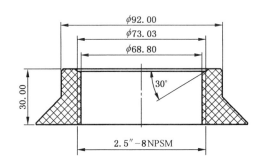

a）

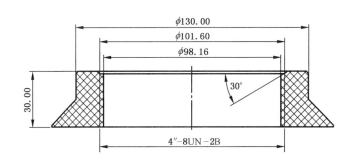

b）

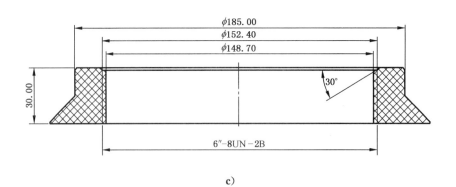

c）

图 B.1　罐体接口螺纹规格示意图

ICS 29.060.10
K 11

中华人民共和国国家标准

GB/T 29324—2012

架空导线用纤维增强树脂基复合材料芯棒

Fiber reinforced polymer matrix composite core for overhead electrical conductors

2012-12-31 发布

2013-06-01 实施

中华人民共和国国家质量监督检验检疫总局
中国国家标准化管理委员会 发布

前　言

本标准按照 GB/T 1.1—2009 给出的规则起草。

本标准由中国电器工业协会提出。

本标准由全国裸电线标准化技术委员会(SAC/TC 422)归口。

本标准负责起草单位：上海电缆研究所、远东复合技术有限公司。

本标准参加起草单位：中国电力科学研究院、广东电网公司、辽宁省电力有限公司、航天电工技术有限公司、特变电工山东鲁能泰山电缆有限公司、嘉兴宝盈通复合材料有限公司、邯郸市硅谷新材料有限公司、常州鸿泽澜线缆有限公司、西安超码复合材料公司、上海特缆电工科技有限公司。

本标准主要起草人：黄国飞、党朋、汪传斌、万建成、张春雷、杨长龙、孙泽强、臧德峰、尤泂、朱波、李哲塱、屈永强、孙萍、郑秋、周泽。

架空导线用纤维增强树脂基复合材料芯棒

1 范围

本标准规定了架空导线用纤维增强树脂基复合材料芯棒(以下简称复合芯棒)的术语、定义、规格、技术要求、试验方法、检验规则、包装、标志、运输和贮存。

本标准适用于架空导线的纤维增强树脂基复合材料加强芯。

2 规范性引用文件

下列文件对于本文件的应用是必不可少的。凡是注日期的引用文件,仅注日期的版本适用于本文件。凡是不注日期的引用文件,其最新版本(包括所有的修改单)适用于本文件。

GB/T 1446—2005 纤维增强塑料性能试验方法 总则

GB/T 1463—2005 纤维增强塑料密度和相对密度试验方法

GB/T 2572—2005 纤维增强塑料平均线膨胀系数试验方法

GB/T 6995.1—2008 电线电缆识别标志方法 第1部分:一般规定

GB/T 10125—1997 人造气氛腐蚀试验 盐雾试验

GB/T 16422.3—1997 塑料实验室光源暴露试验方法 第3部分:荧光紫外灯

GB/T 22315—2008 金属材料 弹性模量和泊松比试验方法

GB/T 22567—2008 电气绝缘材料 测定玻璃化转变温度的试验方法

JB/T 8137.2—1999 电线电缆交货盘 第2部分:全木结构交货盘

3 术语和定义

GB/T 22567—2008界定的及下列术语和定义适用于本文件。

3.1

复合材料 composite

由两种或两种以上的组分材料通过适当的制备工艺复合在一起的新材料,它既保留原组分材料的基本特性,又具有原单一组分材料所无法获得的更优异的特性。

3.2

纤维增强树脂基复合材料芯棒 fiber reinforced polymer matrix composite core

由一种或多种纤维与树脂材料复合在一起的圆形棒材。

3.3

直径 diameter

在同一圆截面且互相垂直的方向上两次测量值的平均值。

3.4

f值 value f

垂直于轴线的同一圆截面上测得的最大和最小直径之差。

3.5

强度等级 grade

复合芯棒按其抗拉强度分为"1"、"2"两种强度等级。

3.6

温度级别　level

复合芯棒按长期允许使用温度分为"A"、"B"两种温度级别。

3.7

玻璃化转变温度　glass transition temperature

T_g

发生玻璃化转变的温度范围内的中点处的温度。

注：通过观察某些特定的电气、力学、热学或其他物理性能发生明显变化时的温度。可以很容易地测定玻璃
化转变。另外，由于观察时所选取的性能及试验技术细节（例如加热速率、试验频率等），观察到的这个温
度可能会有明显差异。因此，观察到的 t 应认为仅是一种近似值，且仅对某一具体技术及试验条件有效。
［GB/T 22567—2008，定义 2.2］

3.8

动态机械分析　dynamic mechanical analysis，DMA

是一种测量在振动负荷或变形下，材料的储能模量和/或损失模量与温度、频率或时间或其组合的
关系。

［GB/T 22567—2008，定义 2.7］

4　产品命名及表示方法

复合芯棒命名用型号、规格表示，表示方法如下：

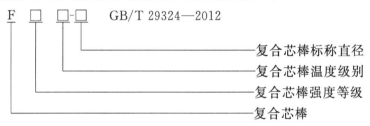

示例：标称直径为 8.00 mm，抗拉强度等级为 2 100 MPa，耐温级别为 160 ℃的复合芯棒表示为：
　　　F1B-8.00　GB/T 29324—2012

5　规格

复合芯棒推荐规格见表1。

表 1　复合芯棒推荐规格参数表

规格	标称直径 D mm
	5.00、5.50、6.00、6.50、7.00、7.50、8.00、8.50、9.00、9.50、10.00、10.50、11.00

6　技术要求

6.1　外观

复合芯棒表面应圆整、光洁、平滑、色泽一致，不得有与良好的工业产品不相称的任何缺陷（如凹凸、

竹节、银纹、裂纹、夹杂、树脂积瘤、孔洞、纤维裸露、划伤及磨损等）。

6.2 直径偏差及 *f* 值

复合芯棒的直径偏差、*f* 值应符合表 2 的规定。

表 2 复合芯棒直径偏差和 *f* 值

型 号	规格范围 mm	直径偏差 mm	*f* 值 mm
F1A、F1B、F2A、F2B	5.00≤d<8.00	±0.03	≤0.03
	8.00≤d≤11.00	±0.05	≤0.05
注：*f* 值应测量三个不同截面，且截面间隔距离不小于 100 mm，取最大值作为结果。			

6.3 抗拉强度

复合芯棒的抗拉强度应符合表 3 的规定。

表 3 复合芯棒的抗拉强度

等级	最小抗拉强度 MPa
1	2 100
2	2 400

6.4 长期允许使用温度

复合芯棒的长期允许使用温度应符合表 4 的规定。

表 4 复合芯棒的长期允许使用温度

级别	长期允许使用温度 ℃
A	120
B	160

6.5 线膨胀系数

复合芯棒在 40 ℃到长期允许使用温度区间内的平均线膨胀系数应不大于 2.0×10^{-6}（1/℃），理论计算复合芯棒平均线膨胀系数取值 2.0×10^{-6}（1/℃）。

6.6 密度

复合芯棒的密度应不大于 2.0 kg/dm³，单位长度质量理论计算复合芯棒密度取值 2.0 kg/dm³。

6.7 卷绕

复合芯棒应在 55 *D* 直径的筒体上以不大于 3 r/min 的卷绕速度卷绕 1 圈，芯棒应不开裂、不断裂。

6.8 扭转

完成卷绕试验后的复合芯棒应以 170 D 的长度试样以不大于 2 r/min 的扭转速度扭转 360°试验,其表层应不开裂,且扭转后的抗拉强度应符合表 3 的规定。

6.9 径向耐压性能

复合芯棒应承受不小于 30 kN 的压力,其端部应不开裂和脱皮。

6.10 玻璃化转变温度 DMA T_g

复合芯棒玻璃化转变温度 DMA T_g 应符合表 5 的规定。

表 5 复合芯棒的玻璃化转变温度 DMA T_g

级别	玻璃化转变温度 DMA T_g ℃ 不小于
A	150
B	190

6.11 高温抗拉强度

复合芯棒高温抗拉强度应不小于表 3 规定值的 95%。

6.12 弹性模量

复合芯棒的弹性模量应符合表 6 的规定。

表 6 复合芯棒的弹性模量

等级	弹性模量 GPa 不小于
1	110
2	120

6.13 耐荧光紫外老化

复合芯棒曝露 1 008 h 后,其表面应不发黏,无纤维裸露、裂纹和龟裂现象。

6.14 盐雾试验

复合芯棒在温度为 35 ℃±2 ℃,pH 值 6.5～7.2 之间的盐雾环境中保持 240 h,其表面不应出现腐蚀产物和缺陷。

6.15 长度及长度偏差

复合芯棒其单根交货长度应不小于 4 500 m,允许按购买方要求的最小长度交货,长度允许偏差为

$^{+0.5}_{0}$%。除非购买方与制造方预先订有协议,才允许以双方协议规定的长度交货。

6.16 接头

不允许为了延续单根复合芯棒制造长度而产生的任何形式的纤维接头。

复合芯棒成品不允许有任何形式的接头。

7 试验

7.1 试验地点

除非供需双方另有协议,例行试验(R)和抽样试验(S)均应在制造厂内进行。

当芯棒的纤维、树脂配方、制造工艺等发生变化时应重新开展型式试验(T),试验应在具有资质的第三方检测机构进行。

7.2 试验方法

7.2.1 外观

目视观察。

7.2.2 抗拉强度试验

取合适长度试样,两端做好端头,处理好的端头能牢固的固定在试验设备上,确保在轴向拉伸试验中试样不滑落,同时试样有效拉伸长度应不小于70D。试验中保证试样的纵轴线与拉伸的中线重合。拉伸速度应取为1 mm/min ~6 mm/min,仲裁试验拉伸速度应取为2 mm/min。每批次至少测试5组试样。

7.2.3 卷绕试验

取长度不少于200D的复合芯棒试样,试样应在55D直径的筒体上以不大于3 r/min的卷绕速度卷绕1圈,保持2 min,芯棒应不开裂、不断裂。每批次至少测试3组试样。试验方法应符合附录A。

7.2.4 扭转试验

完成卷绕试验后,截取经卷绕试验的170D长度复合芯棒,一端固定在试验设备旋转夹头中,另一端固定在试验设备定位夹头中,定位夹头加载40 kg砝码,试样以不大于2 r/min的扭转速度在导轮上完成360°的扭转,保持2 min,再将复合芯棒展直,其表层应不开裂,然后测试试样的抗拉强度。每批次至少测试3组试样。试验方法应符合附录B。

7.2.5 径向耐压试验

截取长度不小于100 mm的复合芯棒,以1 mm/min~2 mm/min加载速度平稳加载直至破坏,其他试验条件应符合GB/T 1446—2005的规定,记录最大压力值并目测试样端部开裂情况。每批次至少测试5组试样。

7.2.6 直径测量

复合芯棒直径测量应使用精度至少为0.002 mm的量具。直径应取在同一圆截面上互成直角位置上的两个读数的平均值,修约到两位小数,单位为毫米(mm)。

7.2.7 高温抗拉强度试验

复合芯棒应在试验温度符合表7规定的烘箱内静置400 h,并在试验温度符合表7规定的高温试验机试验箱内静置1 h后在高温下按7.2.2测试抗拉强度。每批次至少测试5组试样。

表 7 复合芯棒的高温抗拉强度试验温度

等级	高温抗拉强度试验温度 ℃
1	120±3
2	160±3

7.2.8 弹性模量试验

取合适长度试样,两端做好端头,处理好的端头能牢固的固定在试验设备上,确保在轴向拉伸试验中试样不滑落,同时试样有效拉伸长度应不小于70D。试验中保证试样的纵轴线与拉伸的中线重合。然后按GB/T 22315—2008中的5.5.1规定的方法测试弹性模量。

7.2.9 耐荧光紫外老化试验

按GB/T 16422.3—1997的规定进行试验,紫外波长为340 nm,强度为0.76 W/m²/nm,采用暴露方式1,其中每循环辐照暴露时间为4 h。复合芯棒暴露1 008 h后,目测表面质量。

7.2.10 密度

按GB/T 1463—2005规定的方法进行。

7.2.11 玻璃化转变温度 DMA T_g

按GB/T 22567—2008规定的方法进行试验,并按GB/T 22567—2008附录A规定的方法计算DMA T_g。

试样推荐尺寸为2 mm×D×60 mm,升温速率为5 K/min,频率为1 Hz。

7.2.12 线膨胀系数

按GB/T 2572—2005规定的方法对同一试样进行两次试验,第二次试验测试数据作为最终试验结果。

7.2.13 盐雾试验

按GB/T 10125—1997规定的方法进行试验。

8 检验规则

8.1 产品应由制造厂检验合格后方能出厂。每批出厂的产品应附有制造厂的产品质量检验合格证。

8.2 产品应按表8的规定进行检验。

表 8　复合芯棒的检验

序号	检验项目	本标准章条编号	检验规则	试验方法
1	外观	6.1	T,R	7.2.1
2	直径偏差及 f 值	6.2	T,S	7.2.6
3	抗拉强度	6.3	T,S	7.2.2
4	线膨胀系数	6.5	T	7.2.12
5	密度	6.6	T,S	7.2.10
6	卷绕	6.7	T,S	7.2.3
7	扭转	6.8	T,S	7.2.4
8	径向耐压性能	6.9	T,S	7.2.5
9	玻璃化转变温度 DMA T_g	6.10	T,S	7.2.11
10	高温抗拉强度	6.11	T,S	7.2.7
11	弹性模量	6.12	T	7.2.8
12	耐荧光紫外老化	6.13	T	7.2.9
13	盐雾试验	6.14	T	7.2.13

8.3　每批按 5% 抽样,但不少于 3 盘;批量较大时,不多于 10 盘。第一次试验结果有不合格时,应另取双倍数量的试样就不合格项目进行第二次试验,如仍有不合格时,应逐盘检查。

如果是大批量的成品,并且制造厂能证明该批成品达到或超过规定性能要求时,则在供需双方达成协议的情况下,试样数量可以减少至保证对每批复合芯棒达到足够的监测水平。

9　包装、标志、运输和贮存

9.1　线盘及包装

9.1.1　线盘应符合 JB/T 8137.2—1999 的规定,线盘的筒体直径应不小于 800 mm。

9.1.2　每个线盘上只绕一根复合芯棒。两端头应固定牢固,防止滑脱。

9.1.3　线盘外包装应能保护产品免受损伤。

9.2　标志

9.2.1　产地标志和识别

复合芯棒应具有制造厂名、产品型号、规格和计米长度的连续标志,并应符合 GB/T 6995.1—2008 的要求。

9.2.2　包装标志

每盘复合芯棒应附有标签,并标明:
a)　制造厂名、商标和厂址;
b)　产品名称、型号、规格;
c)　产品长度:m;
d)　皮重、毛重和净重:kg;

　　e)　产品批号；

　　f)　线盘旋转方向；

　　g)　制造日期：　年　月　日；

　　h)　本标准编号：GB/T 29324—2012。

9.3　运输和贮存

9.3.1　包装盘不应处于平放位置，且不得堆放。

9.3.2　盘装产品不得做长距离滚动，需短距离滚动时，应按线盘标示的旋转箭头方向滚动。

9.3.3　盘装产品不得遭受冲撞、挤压和其他任何机械损伤。

9.3.4　产品应放在干燥的环境中，避免放在潮湿且碱性的环境。

10　接收和拒收

10.1　若试样不符合本标准规定的任何一项要求，即可作为拒收该试样所代表的该批次成品的依据。

10.2　若任何一批复合芯棒因不符合 10.1 的规定而被拒收，则制造厂有权对该批所有各盘芯棒重新试验一次，并将其中合格的产品提交使用。

附　录　A
（规范性附录）
卷　绕　试　验

A.1　卷绕试验设备

复合芯棒的卷绕试验需专用卷绕设备进行试验。试验机应由复合芯棒导向装置、卷绕装置及安全防护装置组成，原理示意图见图 A.1。

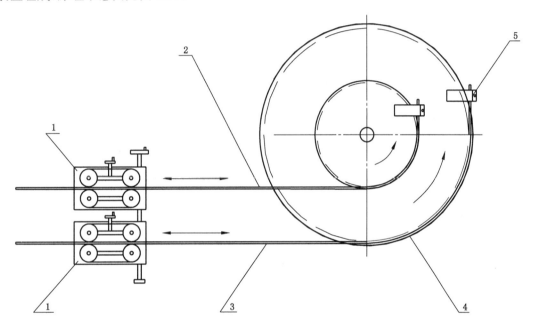

说明：

1——复合芯棒双向牵引装置；

2——Φ5.00 mm 复合芯棒试样；

3——Φ11.00 mm 复合芯棒试样；

4——卷绕盘；

5——复合芯棒固定装置。

图 A.1　卷绕试验机原理示意图

A.2　卷绕试验方法

1)　根据复合芯棒的尺寸，选择安装所需的卷绕盘；

2)　调整试样导向装置，使之与卷绕盘成切线方向；

3)　调节复合芯棒固定装置，使复合芯棒与卷绕盘外圆表面相切并压紧；

4)　启动试验机，使卷绕盘旋转，进行试样卷绕试验；

5)　当试样卷绕满一圈时，停止转动，保持 2 min 后使试样反向匀速退出至初始位置；

6)　取下试样，目视观察其表面质量。

A.3 卷绕盘直径

表 A.1 卷绕盘直径参数表

复合芯棒标称直径 mm	卷绕盘直径 mm
5.00	275.00
5.50	302.50
6.00	330.00
6.50	357.50
7.00	385.00
7.50	412.50
8.00	440.00
8.50	467.50
9.00	495.00
9.50	522.50
10.00	550.00
10.50	577.50
11.00	605.00
注：复合芯棒标称直径不为以上推荐规格时，且没有配套 55D 直径的卷绕盘时，应选取与其最接近且较小标称 直径的推荐规格对应的卷绕盘直径。例如标称直径为 Φ8.45 mm 的复合芯棒，应选取 Φ8.00 mm 的复合芯 棒对应的卷绕盘直径 Φ440.00 mm。	

附　录　B

（规范性附录）

扭　转　试　验

B.1　扭转试验设备

复合芯棒的扭转试验需专用扭转设备进行试验。试验机应由复合芯棒夹持装置、扭转装置及外加负荷装置组成,原理示意图见图 B.1。

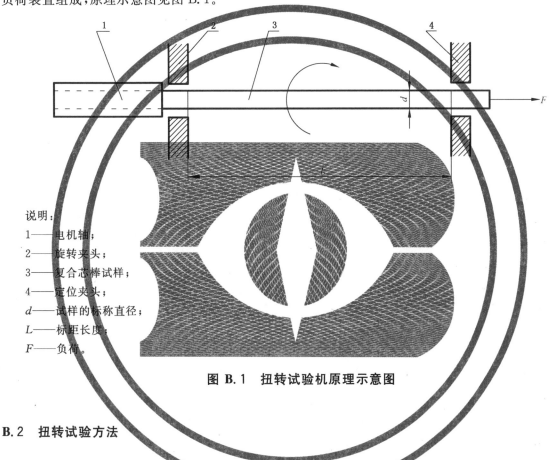

说明:

1——电机轴;

2——旋转夹头;

3——复合芯棒试样;

4——定位夹头;

d——试样的标称直径;

L——标距长度;

F——负荷。

图 B.1　扭转试验机原理示意图

B.2　扭转试验方法

扭转试验方法如下:

1)　根据复合芯棒的标称直径,确定试样的原始标距长度;

2)　调整定位夹头,使两夹头间的距离等于原始标距长度;

3)　在定位夹头上挂上规定负荷的砝码;

4)　安装试样,确保试样的轴线与夹具的轴线重合,旋紧夹具;

5)　启动试验机,进行扭转试验,试样扭转 360°后停止,保持 2 min,随后退扭到初始状态;

6)　取下试样,目视观察其表面质量并按 7.2.2 进行抗拉强度试验。

ICS 83.140
G 33

中华人民共和国国家标准

GB/T 29419—2012

塑木复合材料铺板性能等级
和护栏体系性能

Establishing performance ratings for wood-plastic composite
deck boards and guardrail system performance

2012-12-31 发布
2013-08-01 实施

中华人民共和国国家质量监督检验检疫总局
中国国家标准化管理委员会 发布

前　言

本标准按照 GB/T 1.1—2009 给出的规则起草。

本标准参考 ASTM D 7032-10a《塑木复合材料铺板和围栏体系(护栏或扶手)性能评估的标准规范》。

本标准由中国建筑材料联合会提出。

本标准由全国塑料制品标准化技术委员会(SAC/TC 48)归口。

本标准起草单位:南京聚锋新材料有限公司、江苏长力木塑科技有限公司、湖州美典新材料有限公司、湖州格林特木塑材料有限公司、湖州新远见木塑科技有限公司、南京金江塑业有限公司、南京林业大学、东北林业大学、天津海尔房地产开发有限公司、上海塑木园林景观有限公司。

本标准主要起草人:吴正元、李大纲、丁建生、杨英昌、朱方政、吴清林、王伟宏、陈永祥、施迎春、任利峰、彭勇先、刘定猛、邓巧云、李景文、顾文彪。

塑木复合材料铺板性能等级
和护栏体系性能

1 范围

本标准规定了塑木复合材料铺板和护栏体系的基本性能的术语和定义、要求、试验方法、标识和铺板性能等级的评估。

本标准适用于各种形状和规格实心或非实心的塑木铺板和护栏体系。

本标准未包括在使用过程中可能遇到的所有涉及安全的规定或要求。

注：例如建筑行业的相关强制性标准、防火燃烧性能的要求、耐生物破坏性的规定、有害物质含量的限制等。

2 规范性引用文件

下列文件对于本文件的应用是必不可少的。凡是注日期的引用文件，仅注日期的版本适用于本文件。凡是不注日期的引用文件，其最新版本(包括所有的修改单)适用于本文件。

GB/T 2035—2008 塑料术语及其定义

GB/T 16422.3—1997 塑料实验室光源暴露试验方法 第3部分：荧光紫外灯

GB/T 17657—1999 人造板及饰面人造板理化性能试验方法

GB/T 24508—2009 木塑地板

GB/T 29418—2012 塑木复合材料产品物理力学性能测试

3 术语和定义

GB/T 2035—2008、GB/T 29418—2012界定的以及下列术语和定义适用于本文件。

3.1
塑木复合材料 wood-plastic composite；WPC

由木质或其他纤维素基材料和热塑性塑料经配混成型加工制成的复合材料，又称木塑复合材料(简称"塑木"，又称"木塑")。

3.2
铺板 deck board

室内外铺设在龙骨上的地板或楼梯板。

3.3
护栏体系 guardrail system

有一定刚度和安全度的栏隔设施，由立柱、屏障部、扶手(或上横杠)组成。护栏体系的典型部件如图1所示。

3.3.1
立柱 post

承受载荷的垂直支撑。

3.3.2

屏障部　barrier

立柱间具有承载能力的组件,该组件可以由栏杆(或栏板)、上横杠、下横杠等构件的组成(见图1)。

3.3.3

扶手　handrail

作防护或支撑用的手扶顶部横杠(见图1)。

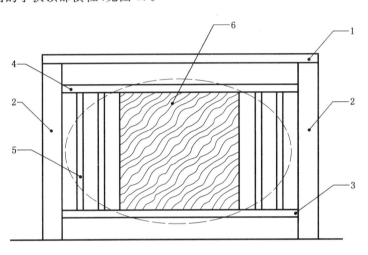

图 1　护栏体系的典型结构图

说明:

1——扶手;

2——立柱;

3——横杠;

4——上横杠;

5——栏杆;

6——栏板。

虚线所圈部分为屏障部。

3.4

四分之一处加载　quarter-point loading

弯曲试验中在试样的两个点上施加载荷,每一施载点处于距离支撑点1/4跨距位置的一种方法。

3.5

指定跨距　desired span

根据产品使用要求指定的弯曲试验跨距值。

3.6

修正系数 β　adjustment factor β

用以修正温湿度、冻融、紫外光等对塑木铺板或护栏弯曲性能综合影响的系数。

4　铺板性能等级的评估

4.1　概述

通过弯曲试验和修正系数 β,评估铺板的跨距/承载能力(L/C),作为铺板的性能等级。即铺板安装跨距为 L(毫米,mm)时的实际安全承载能力为 C(千牛/每平方米,kN/m^2)。

4.2 修正系数 β 的确定

确定方法见附录 A。

4.3 跨距/承载能力(L/C)的评估方法

在指定跨距 L 条件下进行弯曲试验,试验方法按 GB/T 29418—2012 中附录 A 进行。

承载能力 C(千牛/平方米,kN/m²)按式(1)计算:

$$C = (F \times \beta)/(2.5 \times b \times L) \quad\quad\quad\quad\quad\quad\quad\quad\quad\quad (1)$$

式中:

F ——弯曲破坏载荷,单位为千牛(kN);

β ——修正系数;

b ——铺板宽度,单位为米(m);

L ——指定跨距,单位为米(m)。

4.4 性能等级结果表示

铺板性能等级表示为 L/C。即铺板安装跨距为 L(毫米,mm)时的实际安全承载能力为 C(千牛/平方米,kN/m²)。例如,铺板性能等级(L/C)为 400/5 时,表示地板垂直于龙骨安装时,龙骨中心间距不得超过 400 mm,承载不超过 5 kN/m²。

5 要求

5.1 铺板

铺板的基本性能要求见表1。

表 1 铺板基本性能要求

项 目		单 位	要 求
弯曲破坏载荷 F		N	$\geqslant 2.5 \times b \times L \times C/\beta$
蠕变恢复		—	$\geqslant 75\%$
握螺钉力		N	$\geqslant 800$
抗滑值		—	$\geqslant 35$
楼梯踏板集中加载	($1\,335/\beta$)N 载荷下的挠度	mm	$\leqslant 3.1$
	($3\,338/\beta$)N 载荷	—	不应有破坏及可见裂纹

5.2 护栏体系

护栏体系的基本性能要求见表2。

表 2 护栏体系基本性能要求

项 目			要 求
屏障部承载		—	不应有破坏及任何组件的明显脱离和可见裂隙
均布载荷a		—	不应有破坏及任何组件的明显脱离和可见裂隙
集中载荷	(2 250/β)N 载荷	—	不应有破坏及任何组件的明显脱离和可见裂隙
	(900/β)N 上横杠形变量	mm	$\leqslant h_1/24 + l/96$b
	(900/β)N 立柱形变量	mm	$\leqslant h_2/12$c
扶手集中载荷		—	不应有破坏及任何组件的明显脱离和可见裂隙

> a 对于防护要求不高,如单层住宅用的护栏和扶手不需进行均布载荷试验。
>
> b h_1 为有效横杠高度是从横杠上表面到地面的距离,单位为毫米(mm);l 为竖直支撑间横杠有效长度,单位为毫米(mm)。
>
> c h_2 为有效立柱高度(垂直支撑),是从立柱顶部至第一个支撑点或支撑梁第一个联结点的距离,单位为毫米(mm)。

6 试验方法

6.1 取样

6.1.1 铺板

对于挤出产品,试样应从垂直于制品的长度方向锯切,保留制品的原截面。当试样截面过大或不能满足试验方法要求时,则可根据试验方法中的要求切取试样块,尽量保留产品的原表面。

注:对于采用其他工艺生产的产品的取样方法可由当事者各方协商确定。

6.1.2 护栏体系

应测试 3 个完整的护栏体系试样。护栏体系试样应包括两根立柱,立柱间所有组件和相关的连接,立柱间距不等时取最大间距的护栏进行试验。试样应尽量为原始状态,如有其他处理,应在报告中说明。

6.2 状态调节

6.2.1 在标准状态即温度 23 ℃±2 ℃、相对湿度 50%±10% 的条件下调节 72 h,并在同样环境下进行测试。

6.2.2 当试样浸泡在水中或放置在高湿环境中取出时,试样应该在移出后去除表面水分,30 min 内完成测试。

6.3 铺板试验方法

6.3.1 弯曲破坏载荷

按 GB/T 29418—2012 中附录 A 进行弯曲试验,跨距为指定跨距。

6.3.2 蠕变恢复

按 GB/T 29418—2012 中附录 C 进行。

6.3.3 握螺钉力

按 GB/T 17657—1999 中 4.10 的规定进行。

6.3.4 抗滑值

按 GB/T 24508—2009 中 6.5.16 的规定进行。

6.3.5 楼梯踏板集中加载

试样数量为 3 个。

将试样两端固定在安装框架上。安装跨距为指定跨距。

在跨距中心线紧靠试样边缘处以(10～20)mm/min 的速度在 2 580 mm² ± 50 mm² 面积上施加载荷,记录集中载荷到达($1 335/\beta$)N 时的挠度,并计算平均值。当集中载荷到达($3 338/\beta$)N 时观察试样是否出现裂纹和破坏。

6.4 护栏体系试验方法

6.4.1 屏障部承载

在试样屏障部的最薄弱处如屏障部的中心点、截面尺寸最小杆件及其连接点处,使用 0.1 m² 的刚性压板向垂直屏障部方向施加($600/\beta$)N 的载荷,保载 60 s。

6.4.2 均布载荷

在试样的扶手(或上横杠)距两立柱四分之一的两点处,分别在水平和垂直方向上缓慢的施加($1 800/\beta$)N/m 的载荷,保载 60 s。

6.4.3 集中载荷

在试样立柱间上横杠的中点、扶手(或上横杠)与立柱连接处、单独立柱的顶部缓慢的施加($2 250/\beta$)N 的水平方向载荷。当施加的载荷达到($900/\beta$)N 时,应记录承载处的上横杠和立柱的形变。

6.4.4 扶手集中载荷

在扶手中点的水平和垂直方向上分别缓慢的施加($2 250/\beta$)N 集中载荷,保载 60 s。

7 产品标识

产品应有本标准代号、厂名、厂址、产品名称、规格型号、生产日期、商标及修正系数 β 等标识。

铺板产品还应有 L/C 值。

附　录　A
（规范性附录）
修正系数的确定方法

A.1　修正系数

A.1.1　修正系数确定

修正系数 β 的计算见式（A.1）：

$$\beta = \beta_a \times \beta_b \times \beta_c \quad\quad\quad\quad\quad\quad\quad\quad（A.1）$$

式中：

β_a——温度与湿度修正系数；

β_b——耐光老化性修正系数；

β_c——耐冻融性修正系数。

具体修正系数的确定方法见表 A.1。

表 A.1　修正系数确定方法

项　　目	确定方法
温度与湿度修正系数 β_a	对于铺板，β_a 为温度试验弯曲破坏载荷保留值与湿度试验弯曲破坏载荷保留值之间的较小值
	对于护栏体系，温度与湿度试验弯曲破坏载荷保留值最小值小于 0.75 时 β_a 为弯曲破坏载荷保留值＋0.25，弯曲破坏载荷保留值最小值不小于 0.75 时 β_a 为 1
耐光老化性修正系数 β_b	耐光老化性试验弯曲破坏载荷保留值小于 0.9 时 β_b＝弯曲破坏载荷保留值＋0.1，弯曲破坏载荷保留值不小于 0.9 时 β_b 为 1
耐冻融性修正系数 β_c	耐冻融性试验弯曲破坏载荷保留值小于 0.9 时 β_c＝弯曲破坏载荷保留值＋0.1，弯曲破坏载荷保留值不小于 0.9 时 β_c 为 1

A.1.2　温度与湿度修正系数的确定

A.1.2.1　在 −30 ℃±2 ℃条件下放置 24 h 后进行试验，试验应在 10 min 内完成。弯曲试验应在指定跨距下使试样破坏。弯曲破坏载荷按 GB/T 29418—2012 中附录 A 测试，分别测试至少 5 个经低温放置的试样和对比样，并分别计算平均弯曲破坏载荷。弯曲破坏载荷保留值为低温后弯曲破坏载荷与对比样弯曲破坏载荷的比值。

A.1.2.2　在 60 ℃±2 ℃条件下放置 24 h 后进行试验，试验应在 10 min 内完成。弯曲试验应在指定跨距下使试样破坏。弯曲破坏载荷按 GB/T 29418—2012 中附录 A 测试，分别测试至少 5 个经高温放置的试样和对比样，并分别计算平均弯曲破坏载荷。弯曲破坏载荷保留值为高温后弯曲破坏载荷与对比样弯曲破坏载荷的比值。

A.1.2.3　在常温下将试样在水容器中放置 24 h 后进行试验。弯曲试验应在指定跨距下使试样破坏。弯曲破坏载荷按 GB/T 29418—2012 中附录 A 测试，分别测试至少 5 个经浸水的试样和对比样，并分别计算平均弯曲破坏载荷。弯曲破坏载荷保留值为浸水后弯曲破坏载荷与对比样弯曲破坏载荷的比值。

A.1.3 耐光老化性修正系数的确定

按 GB/T 16422.3—1997 进行耐光老化性试验,按 GB/T 29418—2012《塑木复合材料产品物理力学性能测试》中附录 A 进行弯曲试验,分别测试至少 5 个经辐射和未经辐射的试样。弯曲试验应使受到辐射的表面处于拉伸状态。记录测试结果,并分别计算平均弯曲破坏载荷。弯曲破坏载荷保留值为试验后弯曲破坏载荷与对比样弯曲破坏载荷的比值。

A.1.4 耐冻融性试验

试验方法按 GB/T 29418—2012 中 4.18 进行,按 GB/T 29418—2012 中附录 A 进行弯曲试验。分别测试至少 5 个经冻融试验的试样和对比样,并分别计算平均弯曲破坏载荷。弯曲破坏载荷保留值为冻融试验后弯曲破坏载荷与对比样弯曲破坏载荷的比值。

A.2 铺板修正系数确定举例

A.2.1 例 1

(1) 温度弯曲破坏载荷保留值=0.78,性能下降了 22%。
(2) 湿度弯曲破坏载荷保留值=0.85,性能下降了 15%。
(3) 耐光老化性弯曲破坏载荷保留值=0.92,性能下降 8%。
(4) 耐冻融性弯曲破坏载荷保留值=0.96,性能下降 4%。

因为 0.78 是(1)和(2)弯曲破坏载荷保留值的较小值,因此 β_a=0.78。(3)和(4)都大于 0.9,因此 β_b 和 β_c 均为 1。

所以铺板最终修正系数 $\beta = \beta_a \times \beta_b \times \beta_c = 0.78$。

A.2.2 例 2

(1) 温度弯曲破坏载荷保留值=0.78,性能下降了 22%。
(2) 湿度弯曲破坏载荷保留值=0.85,性能下降了 15%。
(3) 耐光老化性弯曲破坏载荷保留值=0.86,因为小于 0.9,因此 β_b=0.86+0.1=0.96。
(4) 耐冻融性弯曲破坏载荷保留值=0.88,因此 β_c=0.88+0.1=0.98。

因为 0.78 是(1)和(2)弯曲破坏载荷保留值的较小值,因此 β_a=0.78。

所以铺板最终修正系数 $\beta = \beta_a \times \beta_b \times \beta_c = 0.78 \times 0.96 \times 0.98 = 0.73$。

ICS 83.120
Q 23

中华人民共和国国家标准

GB/T 29552—2013

纤维增强复合材料桥板

Fibre reinforced plastics composites bridge decks

2013-07-19 发布　　　　　　　　　　　　2014-03-01 实施

中华人民共和国国家质量监督检验检疫总局
中国国家标准化管理委员会　发布

前　言

本标准按照 GB/T 1.1—2009 给出的规则起草。

本标准由中国建筑材料联合会提出。

本标准由全国纤维增强塑料标准化技术委员会(SAC/TC 39)归口。

本标准负责起草单位:北京玻钢院复合材料有限公司、清华大学、中冶建筑研究总院有限公司。

本标准参加起草单位:南京斯贝尔复合材料有限责任公司、江苏恒神纤维材料有限公司、华东理工大学华昌聚合物有限公司、株洲时代新材料科技股份有限公司。

本标准主要起草人:薛忠民、冯鹏、杨勇新、覃兆平、岳清瑞、张为军、郑毅、杨德兴、史有好、雷浩、田野。

纤维增强复合材料桥板

1 范围

本标准规定了纤维增强复合材料桥板(以下简称 FRP 桥板)的术语和定义、分类和标记、原材料、要求、试验方法、检验规则、标志、包装、运输和贮存等。

本标准适用于拉挤工艺成型的人行桥、车行桥梁或栈桥的玻璃纤维增强复合材料桥板,其他纤维复合材料桥板可参照使用。

2 规范性引用文件

下列文件对于本文件的应用是必不可少的。凡是注日期的引用文件,仅注日期的版本适用于本文件。凡是不注日期的引用文件,其最新版本(包括所有的修改单)适用于本文件。

GB/T 1446 纤维增强塑料性能试验方法总则

GB/T 1447 纤维增强塑料拉伸性能试验方法

GB/T 1448 纤维增强塑料压缩性能试验方法

GB/T 1449 纤维增强塑料弯曲性能试验方法

GB/T 1451 纤维增强塑料简支梁式冲击韧性试验方法

GB/T 2576 纤维增强塑料树脂不可溶分含量试验方法

GB/T 2577 玻璃纤维增强塑料树脂含量试验方法

GB/T 3854 增强塑料巴柯尔硬度试验方法

3 术语和定义

下列术语和定义适用于本文件。

3.1

纤维增强复合材料桥板 fiber reinforced plastics composites bridge decks

在桥梁中用于直接承受桥面荷载,由纤维与树脂复合而成的板状制品。

3.2

桥板有效宽度 bridge decks effective width

垂直于跨度方向,桥板两侧腹板外边缘间的水平距离。当腹板与桥板表面不垂直时,取水平距离的最小值。

3.3

桥板高度 bridge decks height

桥板上下表面的垂直距离。

3.4

计算跨度 effective span

桥板两端支点之间的最小距离,当支座为平台支撑时,取平台内边缘距离。

3.5

剪压极限承载力 punching shear capacity

桥板在支撑点附近处受局部荷载作用,发生剪切破坏或局部承压破坏时的载荷值。

4 分类和标记

4.1 分类

4.1.1 按可承受的荷载等级分为人行级、车行Ⅰ级和车行Ⅱ级,分别以 P、T1、T2 表示。

4.1.2 按有效宽度分为 300 mm、600 mm、900 mm 和 1 200 mm 等规格,其他规格可由供需双方协商确定。

4.2 标记

FRP 桥板按可承受的荷载等级、有效宽度、计算跨度和本标准号进行标记。

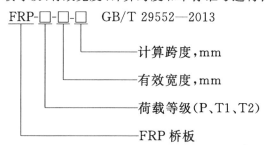

FRP-□-□-□ GB/T 29552—2013

计算跨度,mm
有效宽度,mm
荷载等级(P、T1、T2)
FRP 桥板

示例:车行Ⅰ级、有效宽度为 900 mm、计算跨度为 4 000 mm 的,按本标准生产的 FRP 桥板标记为:FRP-T1-900-4000 GB/T 29552—2013。

5 原材料

5.1 增强材料应采用玻璃纤维无捻粗纱及玻璃纤维制品,并应符合相关标准的规定。

5.2 基体树脂应采用环氧树脂或乙烯基树脂,并符合相关标准的规定。

6 要求

6.1 外观

FRP 桥板表面应顺滑平直,表面无裂纹、气泡、毛刺、皱褶、纤维裸露、分层、断裂等。

6.2 尺寸

6.2.1 FRP 桥板任意点的壁厚均不得小于设计厚度,上表面壁厚设计值不得小于 4 mm,其他壁厚设计值不得小于 3 mm。

6.2.2 FRP 桥板面积不大于 4 m² 时,尺寸偏差应符合表 1 规定;FRP 桥板面积大于 4 m² 时,尺寸偏差由供需双方协商确定。

表 1 FRP 桥板尺寸偏差要求

单位为毫米

项目	偏差
高度	−0.1～+0.5
有效宽度	−1.0～+3.0
长度	−5.0～+20

6.3 FRP 桥板材料性能

FRP 桥板材料性能应符合表 2 规定。

表 2 FRP 桥板材料性能

项目	指标	
树脂含量 %	25～35	
树脂不可溶分含量 %	≥90	
冲击韧性 kJ/m²	≥200	
巴柯尔硬度	≥45	
拉伸强度 MPa	≥250(纵向)	≥55(横向)
拉伸弹性模量 GPa	≥25(纵向)	≥7(横向)
压缩强度 MPa	≥200(纵向)	≥60(横向)
压缩弹性模量 GPa	≥25(纵向)	≥7(横向)
弯曲强度 MPa	≥230(纵向)	≥55(横向)
弯曲弹性模量 GPa	≥25(纵向)	≥7(横向)
湿态弯曲强度 MPa	≥100(纵向)	≥30(横向)
注1：表中项目各种弹性模量使用平均值，强度为具有95%保证率的标准值。		
注2：使用环境不超过60℃时，湿态弯曲强度不作要求。		

6.4 FRP 桥板的标准检验荷载

FRP 桥板的标准检验荷载应符合表 3 规定。

表 3 FRP 桥板标准检验荷载

FRP 桥板级别	弯曲荷载 P_b N	剪压荷载 P_s N
人行级 P	$2.5 \times B \times L_0$	$20 \times B$
车行Ⅰ级 T1	计算跨度 $L_0 \leqslant 3\,600$ mm 时，取 70 000 和 $100 \times B$ 两者的较大值	70 000
	计算跨度 $L_0 > 3\,600$ mm 时，取 $70 \times L_0 / 3\,600$ 和 $100 \times B \times L_0 / 3\,600$ 两者的较大值	
车行Ⅱ级 T2	计算跨度 $L_0 \leqslant 3\,600$ mm 时，取 50 000 和 $75 \times B$ 两者的较大值	70 000
	计算跨度 $L_0 > 3\,600$ mm 时，取 $50 \times L_0 / 3\,600$ 和 $75 \times B \times L_0 / 3\,600$ 两者的较大值	

注：B 为有效宽度，单位为毫米；L_0 为计算跨度，单位为毫米。

6.5 FRP 桥板承载力、变形和疲劳性能

FRP 桥板的承载力、变形和疲劳性能应满足表 4 规定。

表 4 FRP 桥板承载力、变形和疲劳性能

项目	要求
弯曲极限承载力	不小于 3 倍的弯曲标准检验荷载
剪压极限承载力	不小于 4 倍的剪压标准检验荷载
变形	在 1 倍弯曲标准检验荷载下，最大挠度不超过 1/600 跨度
持荷挠度	在 1.5 倍弯曲标准检验荷载下，持荷 72 h 后挠度增加量不应超过初始挠度的 5%
疲劳性能	200 万次疲劳加载后，在 1 倍弯曲标准检验荷载下的挠度增加量不应超过初始挠度的 15%

7 试验方法

7.1 外观

在正常（光）照度下，目测。

7.2 尺寸

7.2.1 壁厚采用精度 0.02 mm 的量具，在每一壁上任意测量 3 处。

7.2.2 长度和有效宽度采用精度 1 mm 的量具，在长度、宽度方向任意测量 3 处，取 3 次测量结果的算术平均值。

7.2.3 高度采用精度 0.02 mm 的量具，在同一截面任意测量 3 处，取 3 次测量结果的算术平均值。

7.3 材料性能

7.3.1 树脂含量

FRP 桥板上取样,测试按 GB/T 2577 进行。

7.3.2 树脂不可溶分含量

FRP 桥板上取样,测试按 GB/T 2576 进行。

7.3.3 冲击韧性

沿 FRP 桥板纵向切取试样,试样无缺口,测试按 GB/T 1451 进行。

7.3.4 巴柯尔硬度

在 FRP 桥板表面,按 GB/T 3854 的规定进行测试。

7.3.5 拉伸强度和拉伸弹性模量

分别沿 FRP 桥板的纵向和横向切取试样,测试按 GB/T 1447 进行。

7.3.6 压缩强度和压缩弹性模量

分别沿 FRP 桥板的纵向和横向切取试样,测试按 GB/T 1448 进行。

7.3.7 弯曲强度和弯曲弹性模量

分别沿 FRP 桥板的纵向和横向切取试样,测试按 GB/T 1449 进行。

7.3.8 湿态弯曲强度

分别沿 FRP 桥板的纵向和横向切取试样,试样在温度为 98 ℃±2 ℃的蒸馏水中浸泡 72 h 后取出,立即按 GB/T 1449 的规定进行测试。

7.4 承载力、变形和疲劳性能

7.4.1 弯曲极限承载力、变形、持荷挠度和疲劳性能按附录 A 进行测试。

7.4.2 剪压极限承载力按附录 B 进行测试。

8 检验规则

8.1 出厂检验

8.1.1 检验项目

每批产品均应进行外观、尺寸和材料性能检验。

8.1.2 组批

以相同规格、相同材料、相同工艺,稳定连续生产的 200 块为一批(不足 200 块时也作一批)。

8.1.3 检验方案

8.1.3.1 每块 FRP 桥板均应进行外观的检验。

8.1.3.2 尺寸检验采用一次随机抽样,每批随机抽取不低于 5 m² 的整数块 FRP 桥板进行检验,且样本数量不小于 2 块。

8.1.3.3 FRP 桥板材料性能采用二次随机抽样,每批随机抽取不低于 5 m² FRP 桥板进行检验,且样本数量不小于 2 块。

8.1.4 判定规则

8.1.4.1 外观应达到相应的要求,则判该 FRP 桥板合格,否则判该 FRP 桥板不合格。

8.1.4.2 采用一次抽样时,如果有 1 项及 1 项以上项目不符合要求,则判该批产品不合格。

8.1.4.3 采用二次抽样时,第一次所抽样本全部符合要求则判该批产品合格;如果有 2 项及 2 项以上不符合要求,则判该批产品不合格。当有一项不符合要求时,进行第二次抽样,如第二次抽样全部项目合格,判该批产品合格,否则判该批产品不合格。

8.2 型式检验

8.2.1 检验条件

有以下情况之一时应进行型式检验:
a) 正式投产前的试制定型检验;
b) 正式投产后,如材料、工艺有较大改变;
c) 正式生产后,每生产 1 000 块;
d) 连续停产半年以上后恢复生产;
e) 出厂检验结果与上次型式检验有较大差异。

8.2.2 检验项目

第 6 章规定的所有项目。

8.2.3 判定规则

所检项目全部合格判型式检验合格,否则判型式检验不合格。

9 标志、包装、运输和贮存

9.1 标志

产品包装上应清楚标明下列内容:
a) 产品标记;
b) 制造企业名称、地址;
c) 生产日期、批号;
d) 出厂产品每批应附有合格证,合格证内容应包括:编号、生产日期和批号,产品规格,检验结果,制造商的名称、地址及检验人员签章。

9.2 包装

FRP 桥板运输前应用草垫等软物垫衬,并用绳子拴紧扎牢。

9.3 运输

FRP 桥板运输时应用绳子拴紧扎牢。运输和装卸时不可损伤包装,应避免撞击磕碰,并应避免日光直射和雨淋、浸水。

9.4 贮存

FRP 桥板应贮存在干燥、通风、地面平整的室内,不应在上面堆压重物,并应远离热源、火源。

附 录 A
(规范性附录)
FRP 桥板弯曲试验方法

A.1 范围

本附录规定了 FRP 桥板弯曲试验的试验原理、试件、试验设备、试验环境条件和试验步骤。

本附录适用于 FRP 桥板的弯曲极限承载力测试、变形要求测试、持荷挠度测试和疲劳加载试验等，其他有关构件弯曲性能的试验也可参照本附录进行。

A.2 试验原理

采用无约束支撑，以恒定的加载速度在试样中部施加载荷使试样破坏或达到预定的载荷值。支撑和加载方式如图 A.1 所示。

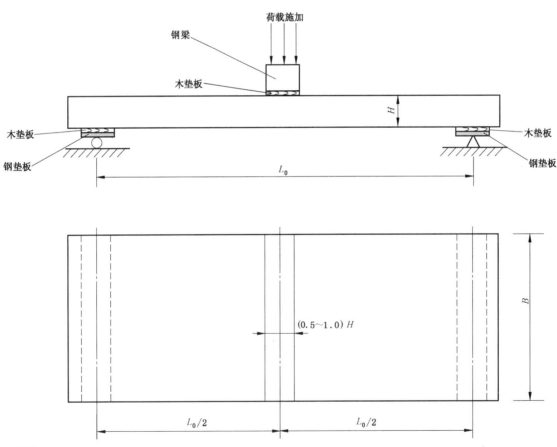

说明：

H —— 高度；

B —— 有效宽度；

L_0 —— 计算跨度。

图 A.1 支撑和加载示意图

A.3 试件

A.3.1 试件应从批量生产的产品中随机选取,试件长度应大于计算跨度 L_0,试件宽度 B 不应小于 600 mm。若小于 600 mm 应该将若干长度相等的桥板进行横向拼接以达到测试要求。

A.3.2 试件数量为 2 个。

A.4 试验设备

A.4.1 试验机

能够连续稳定地的对试件施加载荷,最大加载能力应为破坏荷载的 2 倍～4 倍,载荷量测精度不应低于 0.5 kN。

A.4.2 加载压头

应有足够的强度和刚度,加载垫板上应设置刚度足够大的分配钢梁。

A.4.3 位移计

位移计量程根据试件性能确定,精度不小于 0.1 mm。

A.4.4 支座

两端支座应有足够的强度和刚度,一端为滚轴支承,另一端为可转动的固定支承。滚动轴和转动轴应设置在支承钢垫板的下面并垂直于桥板的长度方向,并能保证桥板端部的自由转动或移动。支座中心间距为计算跨度 L_0,加载点中心到两端支座中心的距离相等。支座距试件端部距离为 0.5 倍～1.0 倍桥板厚度,垫板尺寸应不小于试件宽度。

A.5 试验环境条件

试验环境条件按 GB/T 1446 的规定。

A.6 试验步骤

A.6.1 在跨中和四等分点处放置三个位移计,指针保证竖直。

A.6.2 试验开始前应对 FRP 桥板试件进行预压,排除试验装置中的松弛变形,同时检查试验系统是否正常。

A.6.3 当进行弯曲极限承载力测试时,采用连续加荷的方式,加载速度应控制在 10 kN/min～20 kN/min 范围内,也可以采用无冲击影响的逐级加载方式,直至试件丧失承载力或试件最大变形超过 $0.02L_0$。

A.6.4 当进行变形测试时,以 10 kN/min～20 kN/min 的速度加载至 1 倍弯曲标准检验荷载,保持该荷载 5 min 后,读取三个位移计的挠度值。

A.6.5 当进行持荷挠度测试时,以 10 kN/min～20 kN/min 的速度加载至 1.5 倍弯曲标准检验荷载,保持该荷载 5 min 后测量最大挠度,保持该荷载 72 h 后,再测量同一位置的挠度。

A.6.6 当进行疲劳性能测试时,采用载荷幅值为 $0.3 P_b$～$1.0 P_b$,疲劳 200 万次后,按 A.6.1～A.6.4 进行 1 倍弯曲标准检验荷载挠度试验。

附　录　B
（规范性附录）
FRP 桥板剪压试验方法

B.1　范围

本附录规定了 FRP 桥板剪压试验的试验原理、试件、试验设备、试验环境条件和试验步骤。

本附录适用于 FRP 桥板的剪压极限承载力等测试,其他有关构件剪压性能的试验也可参照本附录进行。

B.2　试验原理

采用无约束支撑,以恒定的加载速度在试样中部施加载荷使试样破坏或达到预定的载荷值。支撑和加载如图 B.1 所示。

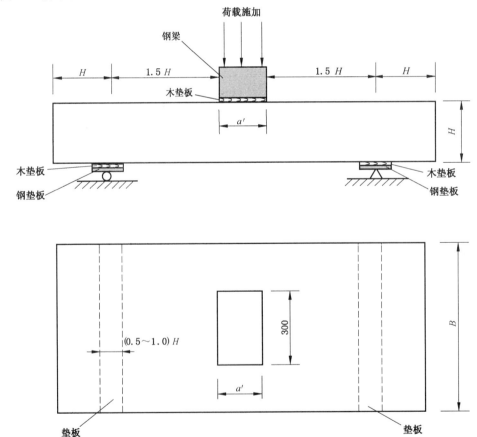

说明:

B——有效宽度;

H——高度;

a'——加载宽度。a' 为 H 和 200 mm 两者的较小值。

图 B.1　支撑和加载示意图

B.3 试件

B.3.1 试件应从批量生产的产品中随机选取,试件长度不小于 $5H$,试件宽度 B 不应小于 600 mm。若小于 600 mm 应该将若干长度相等的桥板进行横向拼接以达到测试要求。

B.3.2 试件数量为 2 个。

B.4 试验设备

B.4.1 试验机

能够连续稳定地的对试件施加载荷,最大加载能力应为破坏荷载的 2 倍～4 倍,载荷量测精度不应低于 0.5 kN。

B.4.2 加载压头

应有足够的强度和刚度,加载垫板上应设置刚度足够大的分配钢梁。

B.4.3 支座

两端支座应有足够的强度和刚度,一端为滚轴支承,另一端为可转动的固定支承。滚动轴和转动轴应设置在支承钢垫板的下面并垂直于桥板的长度方向,并能保证桥板端部的自由转动或移动。

B.5 试验环境条件

试验环境条件按 GB/T 1416 的规定。

B.6 试验步骤

B.6.1 试验开始前应对桥板试件进行预压。排除试验装置中的松弛变形,同时检查试验系统是否正常。

B.6.2 以 10 kN/min～20 kN/min 的速度对试件连续加载,也可以采用无冲击影响的逐级加载方式,直至试件丧失承载力。以最大载荷值或破坏载荷值作为剪压极限承载力。

ICS 83.120
Q 23

中华人民共和国国家标准

GB/T 29553—2013

风力发电复合材料整流罩

Spinner cover of composites for wind power

2013-07-19 发布

2014-03-01 实施

中华人民共和国国家质量监督检验检疫总局
中国国家标准化管理委员会 发布

前　言

本标准按照 GB/T 1.1—2009 给出的规则起草。

本标准由中国建筑材料联合会提出。

本标准由全国纤维增强塑料标准化技术委员会(SAC/TC 39)归口。

本标准负责起草单位:伯龙三维复合材料有限公司、北京玻璃钢研究设计院有限公司。

本标准参加起草单位:广东明阳风电产业集团有限公司、优利康达(天津)科技有限公司、江苏九鼎新材料股份有限公司、东方汽轮机有限公司、新疆永昌新材料科技股份有限公司、山东双一集团有限公司、上海玻璃钢研究院有限公司。

本标准主要起草人:胡秀东、吴伯明、贺志远、张海雁、张作朝。

风力发电复合材料整流罩

1 范围

本标准规定了风力发电复合材料整流罩(以下简称整流罩)的术语和定义、分类、结构和标记、一般要求、要求、试验方法、检验规则、标志、运输、储存、安装、维护和保养。

本标准适用于采用真空导入、手糊等成型工艺制作,用于保护风力发电机轮毂的复合材料罩体。

2 规范性引用文件

下列文件对于本文件的应用是必不可少的。凡是注日期的引用文件,仅注日期的版本适用于本文件。凡是不注日期的引用文件,其最新版本(包括所有的修改单)适用于本文件。

GB/T 1447　纤维增强塑料拉伸性能试验方法

GB/T 1449　纤维增强塑料弯曲性能试验方法

GB/T 1451　纤维增强塑料简支梁式冲击韧性试验方法

GB/T 1591　低合金高强度结构钢

GB/T 1804—2000　一般公差　未注公差的线性和角度尺寸的公差

GB/T 2576　纤维增强塑料树脂不可溶分含量试验方法

GB/T 2577　玻璃纤维增强塑料树脂含量试验方法

GB/T 3854　增强塑料巴柯尔硬度试验方法

GB/T 8237　纤维增强塑料用液体不饱和聚酯树脂

GB/T 13912　金属覆盖层　钢铁制件热浸镀锌层技术要求及试验方法

GB/T 17470　玻璃纤维短切原丝毡和连续原丝毡

GB/T 18370　玻璃纤维无捻粗纱布

GB/T 18684　锌铬涂层技术条件

3 术语和定义

下列术语和定义适用于本文件。

3.1

整流罩　spinner cover
轮毂罩

用真空导入、手糊成型工艺制作的复合材料部件,与其他附件按一定结构形式组装而成,用于保护风力发电机轮毂的罩体。

4 分类、结构和标记

4.1 分类

4.1.1　按风力发电主机功率分为 0.75 MW、0.85 MW、1.0 MW、1.25 MW、1.5 MW、2.0 MW、2.5 MW、3.0 MW、3.6 MW、5.0 MW、8.0 MW 等。

4.1.2 按使用地域分为海上型、内陆型,分别以 O、L 表示。

4.1.3 按使用地域环境温度分为低温型、常温型,分别以 LT、GT 表示;低温型环境温度为－40 ℃～＋50 ℃,常温型环境温度为－20 ℃～＋50 ℃。

4.2 结构

整流罩结构见图1。

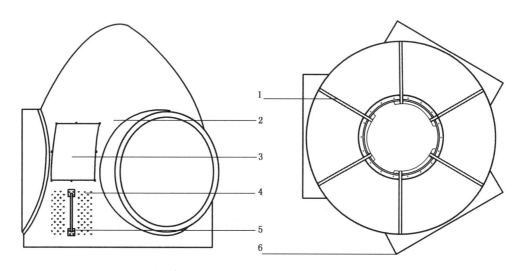

说明:
1——固定环;
2——整流罩壳体;
3——检修门;
4——防滑带;
5——扶手;
6——叶片口防雨环。

图 1 整流罩结构示意图

4.3 标记

整流罩按照风力发电主机功率、使用地域、使用地域环境温度和本标准号进行标记。

示例:表示风力发电主机功率为 1.5 MW,内陆和低温型使用,按 GB/T 29553—2013 生产的整流罩标记为:
ZLZ-1.5-L-LT　GB/T 29553—2013

5 一般要求

5.1 设计

整流罩设计时应考虑以下因素:

a) 使用地域的极限风速；

b) 风机运行过程中所受的各类载荷；

c) 防雷、防雨、防尘、通风散热等功能；

d) 检修时的安全；

e) 使用地域，海上型机舱罩所用的原材料和附件材料的防腐性能需与使用环境相匹配；

f) 使用地域环境温度，低温型机舱罩宜采取保温措施。

5.2 原材料

5.2.1 胶衣

应使用间苯型或性能更优的胶衣树脂，胶衣树脂应耐腐蚀和抗紫外光老化，其浇铸体力学性能应满足以下要求：

a) 拉伸强度≥40 MPa；

b) 拉伸断裂伸长率≥2.5%。

5.2.2 树脂

所使用的不饱和聚酯树脂应符合 GB/T 8237 的规定，其他树脂应符合相应标准的规定。

5.2.3 颜料

应使用无机颜料或耐老化的有机颜料。

5.2.4 增强材料

玻璃纤维应使用E-玻璃纤维，玻璃纤维无捻粗纱布应符合GB/T 18370的规定，玻璃纤维毡应符合GB/T 17470的规定，其他增强材料应符合相应标准的规定。

5.3 附件材料

5.3.1 密封材料

推荐使用三元乙丙橡胶或氯丁橡胶，橡胶的邵氏 A 硬度不小于 55。

5.3.2 金属件

a) 尺寸偏差应符合设计规定，设计未规定的按GB/T 1804—2000中的"粗糙c"级执行；

b) 外露金属件应进行热浸镀锌或达克罗处理，热浸镀锌应符合GB/T 13912规定，达克罗处理应符合 GB/T 18684 规定，不锈钢金属件应符合设计要求；

c) 低温型整流罩所用结构金属件，在−40 ℃时，其夏比(V 型)冲击试验的冲击吸收能量应符合GB/T 1591 的规定。

6 要求

6.1 外观

6.1.1 外表面

整流罩外表面应光滑平整、色泽均匀，不得有对使用有影响的气泡、起皱、裂纹等缺陷。

6.1.2 内表面

整流罩内表面清洁,无玻璃纤维外露、毛刺、分层和贫胶。

6.2 尺寸偏差

6.2.1 尺寸偏差应符合设计要求。未注厚度偏差应符合表1的规定;未注线性尺寸偏差应符合表2的规定。

6.2.2 装配后同一法兰面,最大缝隙和最小缝隙的差值不应大于4 mm。

表 1 未注厚度偏差
单位为毫米

厚度	$d \leqslant 5$	$5 < d \leqslant 10$	$d > 10$
偏差	$0 \sim +1.0$	$-0.5 \sim +1.0$	$-1.0 \sim +2.0$
注:d 为厚度。			

表 2 未注线性尺寸偏差
单位为毫米

线性尺寸	偏差
$l \leqslant 30$	± 2.0
$30 < l \leqslant 120$	± 3.0
$120 < l \leqslant 400$	± 4.0
$400 < l \leqslant 1\,000$	± 6.0
$1\,000 < l \leqslant 2\,000$	± 8.0
$2\,000 < l \leqslant 4\,000$	± 10.0
$4\,000 < l \leqslant 8\,000$	± 15.0
$l > 8\,000$	± 20.0
注:l 为线性尺寸。	

6.3 罩体复合材料性能

罩体复合材料性能应满足用户指定要求;若用户未指定,应符合表3规定。

表 3 罩体复合材料性能

项目	成型工艺	
	真空导入	手糊
树脂含量/%	$30 \sim 40$	$45 \sim 60$
树脂不可溶分含量/%	$\geqslant 85$	$\geqslant 80$
拉伸强度/MPa	$\geqslant 240$	$\geqslant 160$
拉伸弹性模量/GPa	$\geqslant 10$	$\geqslant 8$
断裂伸长率/%	$\geqslant 1.4$	$\geqslant 1.0$

表 3（续）

项目	成型工艺	
	真空导入	手糊
弯曲强度/MPa	≥280	≥180
弯曲弹性模量/GPa	≥10	≥8
冲击韧性/(kJ/m²)	≥200	≥150
巴柯尔硬度	≥45	≥40
注：真空导入不包含 L-RTM 工艺。		

6.4 密封性能

整流罩装配密封后，其连接密封处应无漏水和渗水。

6.5 吊装点强度

按 7.5 试验后，吊装点及其周围应无损坏。

7 试验方法

7.1 外观

检验前将表面灰尘及污染物清除干净，在正常光照下目测整流罩内、外表面。

7.2 尺寸偏差

7.2.1 厚度

如复合材料部件有开口的，在开口处用精度 0.02 mm 的游标卡尺进行检验；如复合材料部件没有开口，则任选一处，用精度不低于 0.5 mm 的测厚仪进行检验，或钻孔，在钻孔处用精度 0.02 mm 的游标卡尺进行检验。

7.2.2 线性尺寸

用精度 1 mm 的量具，对设计的安装尺寸进行检验。

7.2.3 同一法兰面缝隙

用精度为 0.02 mm 的游标卡尺，在同一法兰面上，测量最大和最小缝隙处的间距。

7.3 罩体复合材料性能

7.3.1 试样

从通风口切取的板材加工试样，或采用随炉试样，试样不含胶衣层。

7.3.2 性能测试

7.3.2.1 树脂含量按 GB/T 2577 测定；

7.3.2.2 树脂不可溶分含量按 GB/T 2576 测定；

7.3.2.3 拉伸强度、拉伸弹性模量和断裂伸长率按 GB/T 1447 测定；

7.3.2.4 弯曲强度和弯曲弹性模量按 GB/T 1449 测定；

7.3.2.5 冲击韧性按 GB/T 1451 测定，冲击方向垂直布层；

7.3.2.6 巴柯尔硬度按 GB/T 3854 测定。

7.4 密封性能

以 5 L/min～10 L/min 的水流量往整流罩连接密封处淋水 3 min～5 min，观察整流罩连接密封处有无漏水和渗水。

7.5 吊装点强度

用起吊设备将整流罩上罩吊离地面 0.5 m，以约 50 mm/s 的速度反复移动 15 min，观察吊装点及其周围有无损坏。

8 检验规则

8.1 出厂检验

8.1.1 检验项目

每台整流罩均应进行外观、尺寸偏差和巴柯尔硬度检验。

8.1.2 判定规则

如外观、尺寸偏差和巴柯尔硬度符合要求，判产品合格。如外观不符合要求，允许修补，修补后合格，判产品合格，否则判产品不合格；如巴柯尔硬度不符合要求，放置 15 d 后再次检验，如仍不符合要求，判定产品不合格。

8.2 型式检验

8.2.1 检验条件

有以下情况之一时应进行型式检验：
a) 新产品投产或老产品转厂生产的首件产品；
b) 主要原材料及工艺有较大改变时；
c) 正常生产每 100 台应进行一次型式检验，如 1 年生产量不足 100 台，则每年进行一次；
d) 停产 1 年以上恢复生产时；
e) 出厂检验结果与上次型式检验有较大差异时。

8.2.2 检验项目

第 6 章规定的所有项目。

8.2.3 判定规则

所检项目全部合格判型式检验合格，否则判型式检验不合格。

9 标志、运输、储存、安装、维护和保养

9.1 标志

整流罩内醒目位置固定标牌,标牌推荐采用铝材质。标志应包括下列内容:

a) 制造商名称(或商标);

b) 产品标记;

c) 产品图号;

d) 产品重量、外形尺寸;

e) 批号及产品编号;

f) 生产日期。

9.2 运输

运输时宜采用专用运输支架,防止整流罩及配套部件的磕碰、滑移。必要时,采取防压、防挤、防变形、防尘、防雨等保护措施。

9.3 储存

整流罩可露天存放,但应远离热源、火源,并保持储存环境干净。必要时,采取防变形的措施。

9.4 安装

整流罩体应配套安装,安装时避免磕碰。

9.5 维护和保养

整流罩体各法兰连接处、与风力发电机轮毂的连接区域是薄弱环节,应每隔6个月～12个月检查一次,检查内容包括螺栓松动、金属件锈蚀、罩体裂纹或损坏,如有发生,应及时更换或维修处理。

———————————

ICS 83.120
Q 23

中华人民共和国国家标准

GB/T 29760—2013

风力发电复合材料机舱罩

Nacelle cover of composites for wind power

2013-09-18 发布　　　　　　　　　　　　　　　　2014-06-01 实施

中华人民共和国国家质量监督检验检疫总局
中国国家标准化管理委员会　发布

前　言

本标准按照 GB/T 1.1—2009 给出的规则起草。

本标准由中国建筑材料联合会提出。

本标准由全国纤维增强塑料标准化技术委员会(SAC/TC 39)归口。

本标准负责起草单位:伯龙三维复合材料有限公司、北京玻璃钢研究设计院有限公司。

本标准参加起草单位:广东明阳风电产业集团有限公司、优利康达(天津)科技有限公司、江苏九鼎新材料股份有限公司、东方汽轮机有限公司、新疆永昌新材料科技股份有限公司、山东双一集团有限公司、上海玻璃钢研究院有限公司。

本标准主要起草人:胡秀东、吴伯明、贺志远、张海雁、张作朝。

风力发电复合材料机舱罩

1 范围

本标准规定了风力发电复合材料机舱罩(以下简称机舱罩)的术语和定义、分类、结构和标记、一般要求、要求、试验方法、检验规则、标志、运输、储存、安装、维护和保养。

本标准适用于采用真空导入、手糊等成型工艺制作,用于保护并网型风力发电主机的复合材料机舱罩。

2 规范性引用文件

下列文件对于本文件的应用是必不可少的。凡是注日期的引用文件,仅注日期的版本适用于本文件。凡是不注日期的引用文件,其最新版本(包括所有的修改单)适用于本文件。

GB/T 1447 纤维增强塑料拉伸性能试验方法

GB/T 1449 纤维增强塑料弯曲性能试验方法

GB/T 1451 纤维增强塑料简支梁式冲击韧性试验方法

GB/T 1591 低合金高强度结构钢

GB/T 1804—2000 一般公差 未注公差的线性和角度尺寸的公差

GB/T 2576 纤维增强塑料树脂不可溶分含量试验方法

GB/T 2577 玻璃纤维增强塑料树脂含量试验方法

GB/T 3854 增强塑料巴柯尔硬度试验方法

GB 7000.2 灯具 第2-22部分:特殊要求 应急照明灯具

GB/T 8237 纤维增强塑料用液体不饱和聚酯树脂

GB 8624—2006 建筑材料及制品燃烧性能分级

GB/T 13912 金属覆盖层 钢铁制件热浸镀锌层技术要求及试验方法

GB/T 17470 玻璃纤维短切原丝毡和连续原丝毡

GB/T 18370 玻璃纤维无捻粗纱布

GB/T 18684 锌铬涂层 技术条件

ISO 14567 防止从高处坠落的个人防护装置 单点锚定设备(Personal protective equipment for protection against falls from a height—Single-point anchor devices)

3 术语和定义

下列术语和定义适用于本文件。

3.1

机舱罩 nacelle cover

用真空导入、手糊等成型工艺制作的复合材料部件,与其他附件按一定结构形式组装而成,用于保护风力发电主机的罩体。

4 分类、结构和标记

4.1 分类

4.1.1 按风力发电主机功率分为 0.75 MW、0.85 MW、1.0 MW、1.25 MW、1.5 MW、2.0 MW、2.5 MW、3.0 MW、3.6 MW、5.0 MW、8.0 MW 等。

4.1.2 按使用地域分为海上型、内陆型,分别以 O、L 表示。

4.1.3 按使用地域环境温度分为低温型、常温型,分别以 LT、GT 表示;低温型环境温度为-40 ℃～+50 ℃,常温型环境温度为-20 ℃～+50 ℃。

4.2 结构

机舱罩结构见图1。

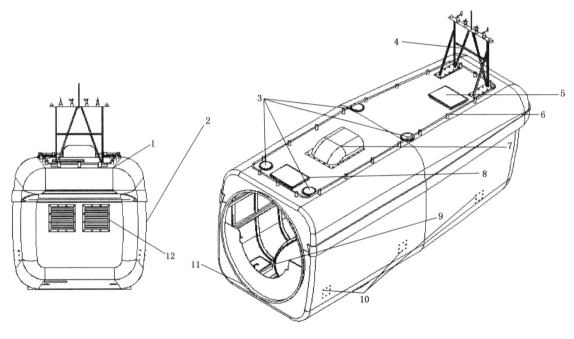

说明:

1——上罩;   7——顶部通风盖;

2——下罩;   8——前部天窗;

3——吊装点;   9——塔筒口;

4——测风架;   10——机舱罩连接架;

5——尾部天窗;   11——前部防雨环;

6——护栏;   12——百叶窗。

图 1 机舱罩结构示意图

4.3 标记

机舱罩按照风力发电主机功率、使用地域、使用地域环境温度和本标准号进行标记。

JCZ-□-□-□　GB/T 29760—2013
└── 使用地域环境温度
└── 使用地域
└── 发电主机功率
└── 机舱罩

示例:表示风力发电主机功率为 1.5 MW,内陆和低温型使用,按 GB/T 29760—2013 生产的机舱罩标记为:JCZ-1.5-L-LT　GB/T 29760—2013。

5　一般要求

5.1　设计

机舱罩设计时应考虑以下因素:
a)　使用地域的极限风速;
b)　风机运行过程中所受的各类载荷;
c)　防雷、防雨、防尘、通风散热等功能;
d)　检修时的安全;
e)　使用地域,海上型机舱罩所用的原材料和附件材料的防腐性能需与使用环境相匹配;
f)　使用地域环境温度,低温型机舱罩宜采取保温措施。

5.2　原材料

5.2.1　胶衣

应使用间苯型或性能更优的胶衣树脂,胶衣树脂应耐腐蚀和抗紫外光老化,其浇铸体力学性能应满足以下要求:
a)　拉伸强度≥40 MPa;
b)　拉伸断裂伸长率≥2.5%。

5.2.2　树脂

所使用的不饱和聚酯树脂应符合 GB/T 8237 的规定,其他树脂应符合相应标准的规定。

5.2.3　颜料

应使用无机颜料或耐老化的有机颜料。

5.2.4　增强材料

玻璃纤维应使用 E-玻璃纤维,玻璃纤维无捻粗纱布应符合 GB/T 18370 的规定,玻璃纤维毡应符合 GB/T 17470 的规定,其他增强材料应符合相应标准的规定。

5.3　附件材料

5.3.1　天窗

所用的透光材料,其承载性能与机舱罩相匹配,推荐使用聚碳酸酯。

5.3.2　密封材料

推荐使用三元乙丙橡胶或氯丁橡胶,橡胶的邵氏 A 硬度不小于 55。

5.3.3 金属件

a) 尺寸偏差应符合设计规定,设计未规定的按 GB/T 1804—2000 中的"粗糙 c"级执行;

b) 外露金属件应进行热浸镀锌或达克罗处理,热浸镀锌应符合 GB/T 13912 规定,达克罗处理应符合 GB/T 18684 规定;

c) 低温型机舱罩所用结构金属件,在 −40 ℃时,其夏比(Ⅴ型)冲击试验的冲击吸收能量应符合 GB/T 1591 的规定。

5.3.4 照明灯及避雷导线

照明灯应符合 GB 7000.2 要求,避雷导线应满足设计规定。

5.3.5 隔音材料

隔音材料应符合相应标准的规定,当用户对机舱罩隔音材料有阻燃要求时,其燃烧性能应满足 GB 8624—2006中的"B1"级要求。

6 要求

6.1 外观

6.1.1 外表面

机舱罩外表面应光滑平整、色泽均匀、不得有对使用有影响的气泡、起皱、裂纹等缺陷。

6.1.2 内表面

机舱罩内表面清洁,无玻璃纤维外露、毛刺、分层和贫胶。

6.2 尺寸偏差

6.2.1 尺寸偏差应符合设计要求。未注厚度偏差应符合表 1 的规定;未注线性尺寸偏差应符合表 2 的规定。

6.2.2 装配后同一法兰面,最大缝隙和最小缝隙的差值不应大于 4 mm。

表 1 未注厚度偏差　　单位为毫米

厚度	$d \leqslant 5$	$5 < d \leqslant 10$	$d > 10$
偏差	0～+1.0	−0.5～+1.0	−1.0～+2.0
注:d 为厚度。			

表 2 未注线性尺寸偏差　　单位为毫米

线性尺寸	偏差
$l \leqslant 30$	±2.0
$30 < l \leqslant 120$	±3.0
$120 < l \leqslant 400$	±4.0

表 2（续）

单位为毫米

线性尺寸	偏差
400＜l≤1 000	±6.0
1 000＜l≤2 000	±8.0
2 000＜l≤4 000	±10.0
4 000＜l≤8 000	±15.0
l＞8 000	±20.0
注：l为线性尺寸。	

6.3 罩体复合材料性能

罩体复合材料性能应满足用户指定要求；若用户未指定，应符合表3规定。

表 3 罩体复合材料性能

项目	成型工艺	
	真空导入	手糊
树脂含量/%	30～40	45～60
树脂不可溶分含量/%	≥85	≥80
拉伸强度/MPa	≥240	≥160
拉伸弹性模量/GPa	≥10	≥8
断裂伸长率/%	≥1.4	≥1.0
弯曲强度/MPa	≥280	≥180
弯曲弹性模量/GPa	≥10	≥8
冲击韧性/(kJ/m²)	≥200	≥150
巴柯尔硬度	≥45	≥40
注：真空导入不包含 L-RTM 工艺。		

6.4 密封性能

机舱罩装配密封后应无漏水和渗水。

6.5 集中载荷

机舱罩顶面任意 200 mm×200 mm 的面积上，承受 1.5 kN 的集中载荷，机舱罩不得有损坏，且最大变形不超过机舱罩宽度的 1/200。

6.6 均布载荷

机舱罩顶面承受 3 kN/m² 的均布载荷，机舱罩不得有损坏。

6.7 吊装点强度

按 7.7 试验后,吊装点及其周围应无损坏。

6.8 安全带锁固点强度

安全带锁固点经拉伸、坠落试验后,锁固点及其周围应无损坏。

7 试验方法

7.1 外观

检验前将表面灰尘及污染物清除干净,在正常光照下目测机舱罩内、外表面。

7.2 尺寸偏差

7.2.1 厚度

如复合材料部件有开口的,在开口处用精度 0.02 mm 的游标卡尺进行检验;如复合材料部件没有开口,则任选一处,用精度不低于 0.5 mm 的测厚仪进行检验,或钻孔,在钻孔处用精度 0.02 mm 的游标卡尺进行检验。

7.2.2 线性尺寸

用精度 1 mm 的量具,对设计的安装尺寸进行检验。

7.2.3 同一法兰面缝隙

用精度为 0.02 mm 的游标卡尺,在同一法兰面上,测量最大和最小缝隙处的间距。

7.3 罩体复合材料性能

7.3.1 试样

从天窗、通风口切取的板材加工试样,或采用随炉试样,试样不含胶衣层。

7.3.2 性能测试

7.3.2.1 树脂含量按 GB/T 2577 测定。

7.3.2.2 树脂不可溶分含量按 GB/T 2576 测定。

7.3.2.3 拉伸强度、拉伸弹性模量和断裂伸长率按 GB/T 1447 测定。

7.3.2.4 弯曲强度和弯曲弹性模量按 GB/T 1449 测定。

7.3.2.5 冲击韧性按 GB/T 1451 测定,冲击方向垂直布层。

7.3.2.6 巴柯尔硬度按 GB/T 3854 测定。

7.4 密封性能

采用图 2 所示的喷水装置,按机舱罩顶部投影面积,以 0.75 L/(min·m²)的淋水密度,在距离机舱罩顶面不小于 1 000 mm 处向机舱罩淋水,连续淋水 30 min,观察机舱罩内有无漏水和渗水。

单位为毫米

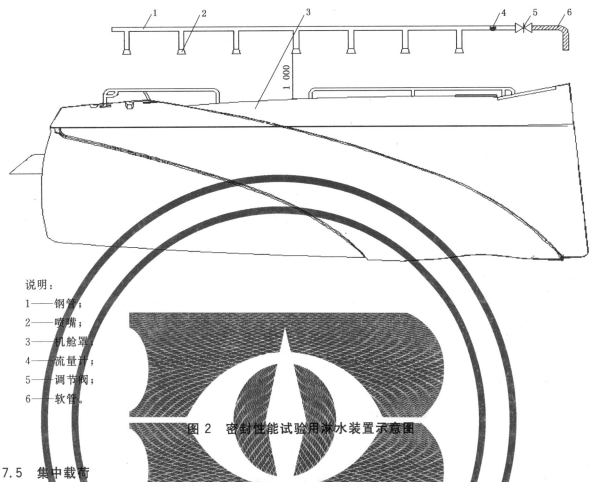

说明：
1——钢管；
2——喷嘴；
3——机舱罩；
4——流量计；
5——调节阀；
6——软管。

图 2 密封性能试验用淋水装置示意图

7.5 集中载荷

7.5.1 在机舱罩顶面无加强的部位任意选出 3 处。

7.5.2 用精度 1 mm 的量具测量所选部位机舱罩顶面与底面的距离，记为"h_1"；测量加载部位机舱罩横截面宽度，记为"w"。

7.5.3 在所选部位放置 200 mm×200 mm 的方形硬质橡胶块，然后在橡胶块上放置重量为 150 kg 的铅块，观察机舱罩有无损坏。静置第 5 min 时，在与 7.5.2 相同的测点上，用精度 1 mm 的量具再次测量机舱罩顶面与底面的距离，记为 h_2。

7.5.4 计算变形值(h_1-h_2)，比较(h_1-h_2)和"$w/200$"。

7.5.5 对所选出的其他 2 处，重复 7.5.2~7.5.4 进行试验。

7.6 均布载荷

在机舱罩顶部均匀铺放砂袋，使砂袋总重量与机舱罩顶部投影面积的比为 3 kN/m²，静置 30 min 后，观察机舱罩有无损坏。

7.7 吊装点强度

7.7.1 用起吊设备将机舱罩上罩吊离地面 0.5 m，以约 50 mm/s 的速度反复移动 15 min，观察吊装点及其周围有无损坏。

7.7.2 当设计要求用吊装点进行整体吊装时，用起吊设备将机舱罩整体吊离地面 0.5 m，以约 50 mm/s 的速度反复移动 15 min，观察吊装点及其周围有无损坏。

7.8 安全带锁固点强度

7.8.1 在安全带锁固点安装平面的4个不同方向及法线方向分别施加20 kN的拉伸载荷,观察安全带锁固点及周边有无损坏。

7.8.2 安全带锁固点的1.0 kN动态坠落载荷试验按ISO 14567执行。

8 检验规则

8.1 出厂检验

8.1.1 检验项目

每台机舱罩均应进行外观、尺寸偏差和巴柯尔硬度检验。

8.1.2 判定规则

如外观、尺寸偏差和巴柯尔硬度符合要求,判产品合格。如外观不符合要求,允许修补,修补后合格,判产品合格,否则判产品不合格;如巴柯尔硬度不符合要求,放置15天后再次检验,如仍不符合要求,判定产品不合格。

8.2 型式检验

8.2.1 检验条件

有以下情况之一时应进行型式检验:
a) 新产品投产或老产品转厂生产的首件产品;
b) 主要原材料及工艺有较大改变时;
c) 正常生产每100台应进行一次型式检验,如1年生产量不足100台,则每年进行一次;
d) 停产1年以上恢复生产时;
e) 出厂检验结果与上次型式检验有较大差异时。

8.2.2 检验项目

第6章规定的所有项目。

8.2.3 判定规则

所检项目全部合格判型式检验合格,否则判型式检验不合格。

9 标志、运输、储存、安装、维护和保养

9.1 标志

机舱罩内醒目位置固定标牌,标牌推荐采用铝材质。标志应包括下列内容:
a) 制造商名称(或商标);
b) 产品标记;
c) 产品图号;
d) 产品重量、外形尺寸;
e) 批号及产品编号;

f) 生产日期。

9.2 运输

运输时宜采用专用运输支架,防止机舱罩及配套部件的磕碰、滑移。必要时,采取防压、防挤、防变形、防尘、防雨等保护措施。

9.3 储存

机舱罩可露天存放,但应远离热源、火源,并保持储存环境干净。必要时,采取防变形的措施。

9.4 安装

机舱罩体应配套安装,安装时避免磕碰。

9.5 维护和保养

机舱罩体各法兰连接处、与风力发电主机的连接区域是薄弱环节,应每隔6～12个月检查一次,检查内容包括螺栓松动、金属件锈蚀、罩体裂纹或损坏,如有发生,应及时更换或维修处理。

ICS 77.150.10
H 61

中华人民共和国国家标准

GB/T 30599—2014

原位颗粒增强 ZL101A 合金基复合材料

In situ particulate reinforced ZL101A alloy matrix composites

2014-06-09 发布

2014-12-01 实施

中华人民共和国国家质量监督检验检疫总局
中国国家标准化管理委员会 发布

前　言

本标准按照 GB/T 1.1—2009 给出的规则起草。

本标准由全国工程材料标准化工作组(SAC/SWG 3)提出并归口。

本标准起草单位:江苏大学、江苏中联铝业有限公司、江苏省产品质量监督检验研究院、大亚科技股份有限公司、江苏中欧材料研究院有限公司、江苏省铝基复合材料工程技术研究中心。

本标准主要起草人:赵玉涛、陈刚、谢建林、朱宇宏、姚强、王燕 、陈诚、颜金华、张钊、蒋宇梅、张振亚、张松利、贾志宏、李桂荣、王宏明、焦雷。

原位颗粒增强 ZL101A 合金基复合材料

1 范围

本标准规定以 ZL101A 合金为基体材料的复合材料的术语和定义、标记、技术要求、检验方法、检验规则及标志、包装、运输、贮存。

本标准适用于采用熔体反应合成方法制备的以 ZL101A 合金为基体,以原位生成的 Al_2O_3、ZrB_2、Al_3Zr、TiB_2、Al_3Ti 等颗粒中的一种或几种为增强体的原位颗粒增强铝基复合材料。

2 规范性引用文件

下列文件对于本文件的应用是必不可少的。凡是注日期的引用文件,仅注日期的版本适用于本文件。凡是不注日期的引用文件,其最新版本(包括所有的修改单)适用于本文件。

GB/T 228.1—2010 金属材料 拉伸试验 第 1 部分:室温试验方法(ISO 6892-1:2009,MOD)

GB/T 229—2007 金属材料 夏比摆锤冲击试验方法(ISO 148-1:2006,MOD)

GB/T 231.1—2009 金属材料 布氏硬度试验 第 1 部分:试验方法(ISO 6506-1:2005,MOD)

GB/T 2828.1—2012 计数抽样检验程序 第 1 部分:按接收质量限(AQL)检索的逐批检验抽样计划(ISO 2859-1:1999,IDT)

GB/T 2975—1998 钢及钢产品 力学性能试验取样位置及试样制备(eqv ISO 377:1997)

GB/T 13298—1991 金属显微组织检验方法

GB/T 22315—2008 金属材料 弹性模量和泊松比试验方法

3 术语和定义

下列术语和定义适用于本文件。

3.1

原位颗粒增强 ZL101A 合金基复合材料 in situ particulate reinforced ZL101A alloy matrix composites

采用原位颗粒增强的以 ZL101A 合金为基体的铝基复合材料。

3.2

原位颗粒增强 in situ particulate reinforced

通过从复合材料基体中原位生成或者生长的颗粒实现材料的增强。

3.3

颗粒平均尺寸 average particulate size

增强颗粒的粒径平均值,采用金相分析软件通过平均截线法获得,其范围是微米(1 μm～10 μm)、亚微米(100 nm～1 μm)和纳米(10 nm～100 nm)。

3.4

颗粒类型 particulate type

原位增强颗粒的种类,包括金属氧化物、金属硼化物、金属碳化物以及金属间化合物等。

4 标记

产品按增强颗粒平均尺寸、颗粒类型标记,标记为□△/ZL101A-Y。

其中,□为 Al_2O_3、ZrB_2、Al_3Zr、TiB_2、Al_3Ti 等增强颗粒中的一种或几种;△为 mp、sp、np 之一,分别表示颗粒平均尺寸在微米、亚微米和纳米范围;Y 表示原位颗粒增强。

示例 1:

原位微米 Al_2O_3 颗粒增强 ZL101A 合金基复合材料标记为 $Al_2O_{3\,mp}$/ZL101A-Y。

示例 2:

原位纳米(ZrB_2＋Al_3Zr)颗粒增强 ZL101A 合金基复合材料标记为(ZrB_2＋Al_3Zr)$_{np}$/ZL101A-Y。

5 技术要求

5.1 外观

铸态或者热处理态(T6 态)的原位颗粒增强 ZL101A 合金基复合材料表面色泽均匀一致,无肉眼可见针孔、夹杂物。表面颜色由供需双方协商确定。

5.2 显微组织

在光学显微镜或扫描电镜下观察原位颗粒增强 ZL101A 合金基复合材料中的增强颗粒在基体上应分布均匀、无明显团聚。

5.3 室温性能

原位颗粒增强 ZL101A 合金基复合材料(T6 态)的室温性能应符合表 1 规定的技术指标要求。

表 1 原位颗粒增强 ZL101A 合金基复合材料技术指标要求

布氏硬度 HB	室温抗拉强度 R_m/MPa	室温断后伸长率 A/%	拉伸杨氏模量 E_t/GPa	夏比 U 型冲击吸收能量(20 ℃) KU_2/J
≥110	≥320	≥4.0	≥80	≥5.0

6 检验方法

6.1 外观

在自然条件下进行,如在灯光下进行检验,可采用 2 支 40 W 加罩日光灯做光源,光源距检验台面 150 cm～180 cm,目视检验。

6.2 显微组织

在光学显微镜或扫描电镜下对复合材料中增强颗粒在基体上的分布进行观察。其中,试样制备、试样研磨、试样的浸蚀、显微组织检验、显微照相及试验记录等按 GB/T 13298—1991 规定进行。

6.3 布氏硬度

按 GB/T 231.1—2009 规定进行。

6.4 室温拉伸性能

随炉浇注的试棒按 GB/T 2975—1998 制备成圆截面拉伸试样,室温拉伸试验按 GB/T 228.1—

2010 规定进行。拉伸杨氏模量按 GB/T 22315—2008 中规定的拉伸杨氏模量的图解法计算获得。

6.5 室温冲击性能

按 GB/T 229—2007 规定进行。

7 检验规则

7.1 检验分类

按检验类型分为出厂检验和型式检验。

7.2 出厂检验

7.2.1 出厂检验项目为 5.1 规定的外观和 5.3 规定的布氏硬度。

7.2.2 外观和布氏硬度检验按 GB/T 2828.1—2012 采用正常检验一次抽样方案,取特殊检查水平 S-1,接收质量限 AQL=1.5,抽样方案应符合表 2 的规定。

7.3 型式检验

7.3.1 型式检验为第 5 章要求项目的全部内容。按 7.2.2 规定对外观和布氏硬度进行检验,在检验合格的样品中随机抽取足够的样品,进行显微组织、室温抗拉强度、室温断后伸长率、拉伸杨氏模量和冲击性能项目的检验。

7.3.2 一般情况下,每 3 个月至少 1 次,若有以下情况,应进行型式检验:

    a) 新产品或老产品转厂生产的试制定型鉴定;
    b) 正式生产后,若原料、配方、工艺有重大改变,可能影响产品性能时;
    c) 因任何原因停产半年以上恢复生产时;
    d) 出厂检验结果与上次型式检验结果有较大差异时;
    e) 质量监督机构提出进行型式检验时。

7.4 判定规则

7.4.1 外观和布氏硬度项目分别符合 5.1 和 5.3 规定时判该批产品外观、布氏硬度合格,否则判定该批产品不合格。

7.4.2 各项试验结果均符合 5.1～5.3 规定,则判定该批产品合格。

7.4.3 显微组织、室温抗拉强度、室温断后伸长率、拉伸杨氏模量和冲击性能项目中,若有两项或两项以上不符合 5.2 和 5.3 规定,则判定该批产品不合格。若仅一项不符合规定,允许重新抽样对单项复检,结果符合相应规定时判定该批产品合格,否则判定为不合格。

表 2 抽样方案

单位:件

批量 N	样本量 n	接收数 Ac	拒收数 Re
2～50	2	2	0
51～500	3	3	1
501～3 500	5	5	2
>3 500	8	8	3

8 标志、包装、运输、贮存

8.1 标志

产品或其包装上应包括：
a) 产品标记；
b) 商标或生产厂家标志；
c) 生产日期。

8.2 包装

产品可按供需双方商定的形式包装。

8.3 运输

运输时，不同标记产品应分别堆放，防止日晒、雨淋及碰撞。

8.4 贮存

贮存时应防止日晒、雨淋，避免接触腐蚀性物质。

ICS 83.120
Q 23

中华人民共和国国家标准

GB/T 31539—2015

结构用纤维增强复合材料拉挤型材

Pultruded fiber reinforced polymer composites structural profiles

2015-05-15 发布

2016-02-01 实施

中华人民共和国国家质量监督检验检疫总局
中国国家标准化管理委员会 发布

前　言

本标准按照 GB/T 1.1—2009 给出的规则起草。

本标准由中国建筑材料联合会提出。

本标准由全国纤维增强塑料标准化技术委员会(SAC/TC 39)归口。

本标准负责起草单位:清华大学、北京玻钢院复合材料有限公司、中冶建筑研究总院有限公司。

本标准参加起草单位:株洲时代新材料科技股份有限公司、南京斯贝尔复合材料有限责任公司、大连理工大学、重庆国际复合材料有限公司、南通久盛新材料科技有限公司、南通美固复合材料有限公司、南通明康复合材料有限公司、金陵帝斯曼树脂有限公司、南京建辉复合材料有限公司。

本标准主要起草人:冯鹏、覃兆平、杨勇新、刘国祥、王言磊、任司南、黎伟捷、田野、丁尚宗。

结构用纤维增强复合材料拉挤型材

1 范围

本标准规定了结构用纤维增强复合材料拉挤型材的分类、代号和标记、原材料、要求、试验方法、检验规则、标志、包装、运输和贮存。

本标准适用于建筑、桥梁、电力、化工等行业中用于承力结构,以玻璃纤维为增强材料的纤维增强复合材料拉挤型材(以下简称为 FRP 型材),采用其他纤维增强的拉挤型材可参照使用。

2 规范性引用文件

下列文件对于本文件的应用是必不可少的。凡是注日期的引用文件,仅注日期的版本适用于本文件。凡是不注日期的引用文件,其最新版本(包括所有的修改单)适用于本文件。

GB/T 1408.1 绝缘材料电气强度试验方法 第1部分:工频下试验

GB/T 1446 纤维增强塑料性能试验方法总则

GB/T 1447 纤维增强塑料拉伸性能试验方法

GB/T 1448 纤维增强塑料压缩性能试验方法

GB/T 1449 纤维增强塑料弯曲性能试验方法

GB/T 1450.1 纤维增强塑料层间剪切强度试验方法

GB/T 1462 纤维增强塑料吸水性试验方法

GB/T 2408 塑料 燃烧性能的测定 水平法和垂直法

GB/T 2573 玻璃纤维增强塑料老化性能试验方法

GB/T 2576 纤维增强塑料树脂不可溶分含量试验方法

GB/T 2577 玻璃纤维增强塑料树脂含量试验方法

GB/T 3139 纤维增强塑料导热系数试验方法

GB/T 3854 增强塑料巴柯尔硬度试验方法

GB/T 3961 纤维增强塑料术语

GB/T 8924 纤维增强塑料燃烧性能试验方法 氧指数法

GB/T 16422.3—1997 塑料实验室光源暴露试验方法 第3部分:荧光紫外灯

GB/T 22567—2008 电气绝缘材料 测定玻璃化转变温度的试验方法

GB/T 30968.1 聚合物基复合材料层合板开孔/受载孔性能试验方法 第1部分:挤压性能试验方法

GB/T 50082 普通混凝土长期性能和耐久性能试验方法标准

3 术语和定义

GB/T 3961 界定的以及下列术语和定义适用于本文件。

3.1

结构用纤维增强复合材料拉挤型材 pultruded fiber reinforced polymer composites structural profile

采用拉挤工艺生产,具有恒定截面形状,作为承力结构部件的纤维增强复合材料产品。

3.2

纵向　longitudinal direction

在 FRP 型材中,与拉挤成型的牵拉方向相同的方向。

3.3

横向　transverse direction

在有积层结构的 FRP 型材中,与纵向垂直且与积层面平行的方向;在无积层结构的 FRP 型材中,
与纵向垂直的方向。

4　分类、代号和标记

4.1　分类

4.1.1　FRP 型材按照截面形状分为直边型(包括工字形、槽形、矩形管、角形、宽翼缘工字形和方棒)、圆
型(包括圆管和圆棒)和异型。直边型 FRP 型材截面形状及尺寸符号见图 1 所示,圆型 FRP 型材截面
形状及尺寸符号见图 2 所示。

单位为毫米

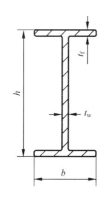

a）　工字形 FRP 型材

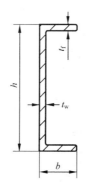

b）　槽形 FRP 型材

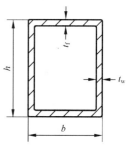

c）　FRP 矩形管

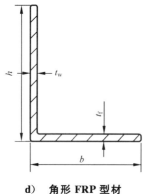

d）　角形 FRP 型材

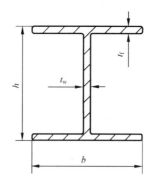

e）　宽翼缘工字形 FRP 型材($b \geqslant h$)

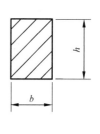

f）　FRP 方棒

说明:

h ——截面高度;

b ——截面宽度/翼缘宽度;

t_w——腹板厚度;

t_f——翼缘厚度。

图 1　直边型 FRP 型材

单位为毫米

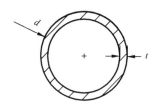

a) FRP 圆管   b) FRP 圆棒

说明：

d ——外径；

t ——壁厚。

图 2 圆型 FRP 型材

4.1.2 FRP 型材根据力学性能要求分为 M30、M23 和 M17 三个等级。

4.1.3 FRP 型材根据通过的耐久性能检验项目,分为耐水、耐碱、耐紫外线、耐冻融循环和组合型。

4.2 代号

4.2.1 FRP 型材截面形状代号

I——工字形；

W——宽翼缘工字形；

C——槽形；

L——角形；

B——矩形管；

Bs——方棒；

O——圆管；

Os——圆棒；

Y——异型。

4.2.2 FRP 型材耐久性能代号

S——耐水；

J——耐碱；

Z——耐紫外；

D——耐冻融循环。

当通过两项或两项以上耐久性能检验时,采用组合代号。如:通过耐水和耐碱性能检验,其代号为 SJ。

4.3 标记

直边型 FRP 型材的标记方法如下：

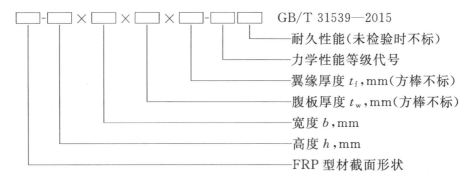

圆型 FRP 型材的标记方法如下:

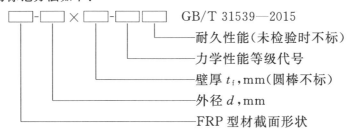

异型 FRP 型材的标记方法如下:

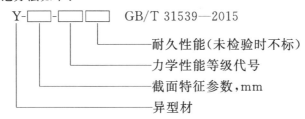

示例 1:截面高 150 mm、宽 40 mm、腹板厚 4 mm、翼缘厚度 5.5 mm,力学性能等级为 M23,执行本标准的槽形 FRP 型材,标记为:

C-150×40×4×5.5-M23 GB/T 31539—2015。

示例 2:高 200 mm、宽 100 mm、腹板和翼缘厚度均为 10 mm,力学性能等级为 M30,分别通过耐水性能检验和紫外线耐久性能检验,执行本标准的工字形 FRP 型材,标记为:

I-200×100×10×10-M30 SZ GB/T 31539—2015。

5 原材料

5.1 增强材料应采用无碱玻璃纤维及其制品,所用的增强材料应符合相关标准的规定。

5.2 基体树脂应采用环氧树脂、乙烯基酯树脂、不饱和聚酯树脂、酚醛树脂或聚氨酯树脂等,所用的基体树脂应符合相关标准的规定。

6 要求

6.1 外观

FRP 型材表面应光洁平整、颜色均匀,应无裂纹、气泡、毛刺、纤维裸露、纤维浸润不良等缺陷;切割面应平齐,无分层。

6.2 尺寸和尺寸偏差

6.2.1 除有特殊要求外,FRP 型材横截面上任一壁厚应不小于 3.0 mm;有耐久性能要求的产品,任一壁厚应不小于 5.0 mm。

6.2.2 FRP 型材尺寸偏差应符合表1,外形允许偏差应符合表2的规定。

表 1 FRP 型材尺寸允许偏差

单位为毫米

项目	设计尺寸	允许偏差
高度(h)、宽度(b)与外径(d)	<40.0	±0.2
	40.0~150.0	±0.5%h ±0.5%b ±0.5%d
	>150.0	±0.8
壁厚(t_1)	3.0~5.0	±0.2
	5.0~10.0	±0.3
	>10.0	±0.4
壁厚(t_2)	<5.0	±10.0%t_2
	≥5.0	±0.5

表 2 FRP 型材外形允许偏差

单位为毫米

项目	允许偏差
外缘斜度（T） 	$\pm 2.0\% b_1$
腹板挠曲（f） 	$0.5\% h_0$
直线度（F） 	$0.2\% l$

6.3 物理性能

FRP 型材物理性能应符合表 3 的规定。

表 3　FRP 型材物理性能要求

序号	项目	要求
1	巴柯尔硬度	≥50
2	纤维体积含量/%	≥40
3	树脂不可溶分含量/%	≥90
4	吸水率/%	≤0.6
5	玻璃化转变温度/℃	≥80

6.4 力学性能

FRP 型材力学性能应符合表 4 的规定。

表 4　FRP 型材力学性能要求

序号	项目	要求		
		M30 级	M23 级	M17 级
1	纵向拉伸强度/MPa	≥400	≥300	≥200
2	横向拉伸强度/MPa	≥45	≥55	≥45
3	纵向拉伸弹性模量/GPa	≥30	≥23	≥17
4	横向拉伸弹性模量/GPa	≥7	≥7	≥5
5	纵向压缩强度/MPa	≥300	≥250	≥200
6	横向压缩强度/MPa	≥70	≥70	≥70
7	纵向压缩弹性模量/GPa	≥25	≥20	≥15
8	横向压缩弹性模量/GPa	≥7	≥7	≥5
9	纵向弯曲强度/MPa	≥400	≥300	≥200
10	横向弯曲强度/MPa	≥80	≥100	≥70
11	层间剪切强度/MPa	≥28	≥25	≥20
12	纵向螺栓挤压强度/MPa	≥180	≥150	≥100
13	横向螺栓挤压强度/MPa	≥120	≥100	≥70
14	螺钉拔出承载力/kN	≥$kt/3$	≥$kt/3$	≥$kt/3$

注 1：表中各种弹性模量使用平均值,强度与承载力为具有 95% 保证率的标准值(平均值−1.645×标准差)。
注 2：螺钉拔出承载力中,t 为试件厚度,单位为 mm;k 为系数,$k=1$ kN/mm。

6.5 全截面压缩性能

FRP 型材的全截面压缩极限承载力与横截面积之比应大于纵向压缩强度的 0.85 倍。

6.6 耐久性能

有耐久性能要求的 FRP 型材,进行相应耐久试验后,纵向拉伸强度、横向拉伸强度、纵向压缩强度和横向压缩强度的保留率均应不小于 85%。耐久检验项目为:

a) 耐水性能;
b) 耐碱性能;
c) 紫外线耐久性能;
d) 冻融循环耐久性能。

6.7 功能性

有功能性要求的 FRP 型材,应达到设计规定的功能性指标要求,包括:氧指数、垂直燃烧、水平燃烧、工频电气强度、导热系数等。

7 试验方法

7.1 外观

在正常(光)照度下,距离 0.5 m,目测和钢直尺检验。

7.2 尺寸和尺寸偏差

7.2.1 FRP 型材宽、高尺寸测量采用精度不低于 0.1 mm 的游标卡尺,在 FRP 型材两端截面测量,每截面测 3 次,均匀选点。

7.2.2 FRP 型材板件厚度采用精度不低于 0.02 mm 的游标卡尺,在 FRP 型材两端截面测量,每截面测 3 次,均匀选点。

7.2.3 FRP 型材外缘斜度以及腹板挠曲,采用精度不低于 0.02 mm 的游标卡尺,在 FRP 型材两端截面测量,每截面测 3 次,均匀选点。

7.2.4 FRP 型材直线度采用水准仪进行测量,测量长度 l 应不小于 1 m。

7.2.5 尺寸偏差结果取最大值。

7.3 物理性能

7.3.1 试件应从 FRP 型材的翼缘和腹板上切取。

7.3.2 巴柯尔硬度按 GB/T 3854 进行测定。

7.3.3 纤维体积含量按 GB/T 2577 进行测定。

7.3.4 树脂不可溶分含量按 GB/T 2576 进行测定。

7.3.5 吸水率按 GB/T 1462 进行测定。

7.3.6 玻璃化转变温度按 GB/T 22567—2008 方法 C 进行测定。

7.4 力学性能

7.4.1 试件应从 FRP 型材的翼缘和腹板上全厚度切取,当 FRP 型材不能满足试件尺寸时,应从随炉平板上取样。

7.4.2 拉伸强度和拉伸弹性模量按 GB/T 1447 进行测定。

7.4.3 压缩强度和压缩弹性模量按 GB/T 1448 进行测定。

7.4.4 弯曲强度和弯曲弹性模量按 GB/T 1449 进行测定。

7.4.5 层间剪切强度按 GB/T 1450.1 进行测定。试件沿 FRP 型材纵向切取。

7.4.6 螺栓挤压强度按 GB/T 30968.1 进行测定,并满足以下要求:

 a) 当试件厚度 $t \leqslant 4$ mm 时,试件端距 l 为 36 mm,宽度 b 为 36 mm,孔径 d 为 6 mm;当试件厚度 $t > 4$ mm 时,试件端距 l、宽度 b 以及孔径 d 应满足 $d/t = 1.5$,且 $b/d = l/d = 6$;

 b) 试件与销钉间不施加紧固力。

7.4.7 螺钉拔出承载力按附录 A 进行测定。

7.5 全截面压缩性能

按附录 B 进行测定。

7.6 耐久性能

7.6.1 试件应从 FRP 型材的翼缘和腹板上全厚度切取,当 FRP 型材不能满足试件尺寸时,应从随炉平板上取样。试件包括耐久性试件与初始性能试件。耐久性试件与初始性能试件应在同一 FRP 型材或随炉平板上取样。取样完成后,初始性能试件应以不影响待测性能的方式妥善保存。

7.6.2 耐水性能试验按 GB/T 2573 进行,浸泡温度为 (80 ± 2)℃,浸泡周期为 1 000 h。耐久性试验完成后,耐久性试件与初始性能试件按 7.4 分别进行纵向拉伸强度、横向拉伸强度、纵向压缩强度和横向压缩强度测试,并计算强度保留率。

7.6.3 耐碱性能浸泡温度为 (23 ± 2)℃,浸泡周期为 1 000 h,碱溶液采用饱和氢氧化钙[Ca(OH)$_2$]溶液,保持试验期间碱溶液 pH > 11,其他试验条件见 GB/T 2573 耐水性能。耐久性试验完成后,耐久性试件与初始性能试件按 7.4 分别进行纵向拉伸强度、横向拉伸强度、纵向压缩强度和横向压缩强度测试,并计算强度保留率。

7.6.4 紫外线耐久性能试验按 GB/T 16422.3—1997 进行,采用暴露方式 1,第一阶段紫外线暴露 8 h;第二阶段冷凝暴露 4 h。周期为 1 000 h,或循环不少于 84 次。耐久性试验完成后,耐久性试件与初始性能试件按 7.4 分别进行纵向拉伸强度、横向拉伸强度、纵向压缩强度和横向压缩强度测试,并计算强度保留率。

7.6.5 冻融循环耐久性能试验见 GB/T 50082 混凝土快冻试验进行,循环 100 次。耐久性试验完成后,耐久性试件与初始性能试件按 7.4 分别进行纵向拉伸强度、横向拉伸强度、纵向压缩强度和横向压缩强度测试,并计算强度保留率。

7.7 功能性

7.7.1 氧指数按 GB/T 8924 进行测定。

7.7.2 垂直燃烧级别按 GB/T 2408 进行测定。

7.7.3 水平燃烧级别按 GB/T 2408 进行测定。

7.7.4 工频电气强度按 GB/T 1408.1 进行测定。

7.7.5 导热系数按 GB/T 3139 进行测定。

8 检验规则

8.1 检验分类

检验分为出厂检验和型式检验。

8.2 出厂检验

8.2.1 检验项目

每批产品均应进行外观、尺寸、尺寸偏差、巴柯尔硬度、纤维体积含量、纵向拉伸强度、纵向拉伸弹性模量、横向压缩强度、纵向弯曲强度、全截面压缩性能的检验。

8.2.2 检验方案

8.2.2.1 以相同规格、相同材料、相同工艺、相同设备,稳定连续生产达到5 t或3 000 m为一批,不足此数时视为一批。

8.2.2.2 每件均应进行外观的检验。

8.2.2.3 尺寸及尺寸偏差检验采用一次抽样,每批随机抽取不少于2件进行检验。

8.2.2.4 巴柯尔硬度、纤维体积含量、纵向拉伸强度、纵向拉伸弹性模量、横向压缩强度、纵向弯曲强度、全截面压缩性能检验采用两次抽样,每批随机抽取不少于3件产品进行检验。

8.2.3 判定规则

8.2.3.1 外观达到6.1的要求,则判定该FRP型材合格,否则判定该FRP型材不合格。

8.2.3.2 采用一次抽样时,如果有1项及1项以上项目不符合6.2的要求,则判该批产品不合格。

8.2.3.3 采用二次抽样时,第一次所抽样本全部符合6.3～6.5中相应要求则判该批产品合格;如果有2项及2项以上不符合要求,则判该批产品不合格。当有一项不符合要求时,进行第二次抽样,如第二抽样全部项目合格,判该批产品合格,否则判该批产品不合格。

8.3 型式检验

8.3.1 检验条件

有下列情况之一时应进行型式检验:
a) 正式投产前的试制定型检验;
b) 正式投产后,如材料、工艺、设备有较大改变;
c) 正常生产2年;
d) 连续停产半年及以上后恢复生产;
e) 出厂检验结果与上次型式检验有较大差异。

8.3.2 检验项目

8.3.2.1 检验项目包括6.1～6.5中全部项目。

8.3.2.2 有耐久性标识的产品应进行6.6中相应耐久性能项目检验。

8.3.2.3 根据设计要求进行6.7中项目检验。

8.3.3 判定规则

所检项目全部合格判型式检验合格,否则判型式检验不合格。

9 标志、包装、运输和贮存

9.1 标志

产品包装上应清楚标明下列内容:
a) 产品名称、标记;
b) 制造企业名称、地址;
c) 生产日期、批号。

9.2 包装

9.2.1 出厂产品每批应附有合格证,合格证内容包括:编号、生产日期和批号,产品规格,检验结果,制造商的名称、地址,检验人员签章。

9.2.2 运输前应用纸板、气泡膜、软木等软物垫衬,并拴紧扎牢。

9.3 运输

运输时应用纸板、气泡膜、软木等软物垫衬,并用绳子拴紧扎牢。运输车辆以及堆放处应有防雨、防潮设施。装卸车时不应损伤包装,应避免磕碰、雨淋、浸水。

9.4 贮存

贮存场地应干燥、通风、地面平整。贮存时不应在产品上堆压重物,应避免雨淋以及阳光直射,远离热源、火源。

附 录 A

（规范性附录）

FRP型材螺钉拔出承载力试验方法

A.1 范围

本附录规定了螺钉拔出承载力试验的试验原理、试件、试验设备、试验环境条件和试验步骤。

本附录适用于螺钉拔出承载力测试。

A.2 试验原理

试件为中央开一圆形销孔的正方形FRP板，将其放置在组合夹具之中，对耳叉施加单轴拉伸荷载，使FRP板受到螺钉传递的局部荷载，直至复合材料试件、螺钉或两者都发生破坏为止。试件尺寸与夹持装置见图A.1所示。

单位为毫米

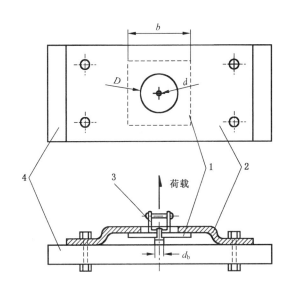

说明：

b——试件边长；   1——FRP板试件；

d——销孔直径；   2——夹具顶板；

D——间隙孔直径；   3——耳叉；

d_b——螺钉帽直径；   4——夹具底板。

图 A.1 试件尺寸示意图

A.3 试件

A.3.1 试件应从批量生产的产品中随机选取，每批试件数量不少于5个。每批试件应包含腹板处试件和翼缘处试件。当FRP型材外形不能满足试件尺寸时，应从随炉平板上取样。

A.3.2 试件厚度 $t \leqslant 4$ mm时，试件边长 b 为80 mm，销孔直径 d 为6 mm，螺钉帽直径 d_o 为12 mm；

当试件厚度 $t>4$ mm 时,试件的边长与打孔尺寸由试件厚度决定,应满足 $b/t=20,d/t=1.5,d_0/t=3$。试件打孔直径误差应控制在 ±0.2 mm 之内。试件打孔位置在之间中心。

A.3.3 试件切取应满足 GB/T 1446 规定。

A.4 试验设备

A.4.1 试验机应符合 GB/T 1446 规定。

A.4.2 夹具顶板和顶板之间应能够用螺栓紧固,且应有足够的刚度和强度,在试验过程中不破坏,不发生过大的变形。夹具顶板上有一间隙孔,以便耳叉与销杆伸出。当试件厚度 $t\leqslant4$ mm 时,间隙孔直径 D 为 50 mm;当试件厚度 $t>4$ mm 时,间隙孔直径由试件厚度决定,应满足 $D/t=12.5$。

A.4.3 螺钉与销杆应有足够的刚度和强度,在试验过程中不破坏,不发生过大的变形。当试件厚度 $t\leqslant4$ mm 时,d_b 为 12 mm;当试件厚度 $t>4$ mm 时,应满足 $d_b/t=3$。

A.4.4 耳叉应能在两个正交方向自由旋转,调整荷载垂直于试件平面,且应有足够的强度。

A.5 试验环境条件

按 GB/T 1446 的规定。

A.6 试验步骤

A.6.1 用符合精度要求的量具测量试件截面几何尺寸,每组数据测量 3 次,取算术平均值。

A.6.2 安装试件,将试件销孔与夹具顶板间隙孔对中,不应对螺钉施加紧固力。

A.6.3 试验开始前应对试件进行预拉,排除试验装置中的松弛变形,同时检查试验系统是否正常。

A.6.4 试验采用连续加荷的方式,加载速度应控制在 (1 ± 0.2) mm/min,对试样加载直至最大载荷,并且载荷从最大载荷下降30%为止。在作用载荷第一次明显下降(大于10%)以前,载荷-位移曲线上观察到的第一个峰值载荷定义为结构的破坏载荷 P_u。

A.6.5 非螺钉压挤而造成试件损坏的测试结果无效,包括销杆、螺钉出现不可恢复的损坏,试件在开孔远端损坏,耳叉损坏等。记录出现无效结果的总数及样品型号,同批有效试样不足 5 个时,应在同批次产品中重新随机选取试件进行试验。

A.7 结果计算与报告

A.7.1 同型试件测得螺钉挤压强度变异系数不应超过 15%,否则应视为无效结果,对试验过程进行检查后,重新随机抽取一组 5 个试件进行试验,直至得到有效的试验数据。

A.7.2 试验报告中应包含以下内容:

    a) 试件、销杆和螺钉的尺寸;

    b) 各个试件的破坏荷载、破坏荷载的平均值以及标准差。

附 录 B
（规范性附录）
FRP 型材全截面压缩性能试验方法

B.1 范围

本附录规定了 FRP 型材全截面受压试验的试验原理、试件、试验设备、试验环境条件和试验步骤。
本附录适用于全截面压缩性能测试。

B.2 试验原理

以恒定的加载速度对试件逐级施加轴压力，直至试件破坏或达到预定的变形值。

B.3 试件

B.3.1 试件应从批量生产的产品中随机选取，每批试件数量为 5 个。

B.3.2 进行 FRP 型材全截面压缩试验时，应控制试件长度 L_0 保证试件不发生失稳。根据长细比以及试件长度与板件最小壁厚的比值（以下简称长厚比）控制试件长度：

    a) 长细比为 3；
    b) 有自由边板件的长厚比为 5，无自由边板件的长厚比为 8；
    c) 非双轴对称的异型截面试件的长厚比为 5；
    d) 试件长度为上述长细比以及长厚比控制的最小长度。

B.3.3 试件上下端面应平行，且与试件中心线垂直。不平行度应小于试件高度的 0.1%。

B.4 试验设备

B.4.1 试验机应符合 GB/T 1446 规定。

B.4.2 试验机的加载头应平整、光滑，并具有可调整上下压板平行度的球形支座。当试验机压头尺寸小于试件截面尺寸时，应使用具有足够强度和刚度、表面平整、光滑、尺寸不小于试件截面尺寸的钢垫，使试样全截面均匀受压。

B.5 试验环境条件

按 GB/T 1446 的规定。

B.6 试验步骤

B.6.1 用符合精度要求的量具测量试件截面几何尺寸，计算试件截面积 A。每组数据测量 3 次，取算术平均值。

B.6.2 试验开始前应对试件进行预压，排除试验装置中的松弛变形，同时检查试验系统是否正常、试件是否保持竖直。

B.6.3 当进行全截面受压极限承载力测试时,采用连续加荷的方式,加载速度应控制在 10 kN/min～20 kN/min 或 1 mm/min～2 mm/min 范围内,也可以采用无冲击影响的逐级加载方式,直至试件丧失承载力或试件最大变形超过 $0.05L_0$,极限压力记为 P_u。

B.6.4 若试件发生失稳本次试验无效,应在同批次产品中随机选取 5 个试件,按照如下规则减小试件高度:

    a) 长细比为 2;

    b) 有自由边板件的长厚比为 3,无自由边板件的长厚比为 5;

    c) 非双轴对称的异型截面试件的长厚比为 3;

    d) 试件长度为上述长细比以及长厚比控制的最小长度。

B.7 结果计算与报告

B.7.1 FRP 型材全截面压缩极限承载力与截面积之比按照 (P_u/A) 计算,单位为兆帕(MPa),A 为试件实测净截面积,单位为平方毫米(mm^2);P_u 为试件实测极限承载力,单位为牛顿(N)。

B.7.2 同型试件测得全截面压缩性能离散系数不应超过 15%,否则应视为无效的结果,对试验过程进行检查后,重新随机抽取一组 5 个试件进行试验。

B.7.3 试验报告中应包含以下内容:

    a) 各个试件的尺寸和实测截面积;

    b) 各个试件的长细比和长厚比;

    c) 各个试件的失效荷载;

    d) 试件全截面压缩极限承载力与截面积之比的平均值、标准差以及离散系数。

ICS 29.060.10
K 11

中华人民共和国国家标准

GB/T 32502—2016

复合材料芯架空导线

Overhead electrical stranded conductors composite core supported/reinforced

2016-02-24 发布

2016-09-01 实施

中华人民共和国国家质量监督检验检疫总局
中国国家标准化管理委员会 发 布

前　言

本标准按照 GB/T 1.1—2009 给出的规则起草。

本标准由中国电器工业协会提出。

本标准由全国裸电线标准化技术委员会(SAC/TC 422)归口。

本标准负责起草单位:上海电缆研究所、远东复合技术有限公司。

本标准参加起草单位:中国电力科学研究院、国网辽宁省电力有限公司、中复碳芯电缆科技有限公司、河南科信电缆有限公司、江苏新鸿联电缆科技有限公司、邯郸市硅谷新材料有限公司、广东电网有限公司、南方电网科学研究院有限责任公司。

本标准主要起草人:黄国飞、党朋、汪传斌、徐静、万建成、杨长龙、田超凯、李现春、李哲罂、齐保军、周华敏、刘磊。

复合材料芯架空导线

1 范围

本标准规定了复合材料芯架空导线(以下简称复合芯导线)的产品分类、技术要求、试验方法、检验规则、标志、包装。

本标准适用于架空电力线路用复合材料芯架空导线。

2 规范性引用文件

下列文件对于本文件的应用是必不可少的。凡是注日期的引用文件,仅注日期的版本适用于本文件。凡是不注日期的引用文件,其最新版本(包括所有的修改单)适用于本文件。

GB/T 1173 铸造铝合金

GB/T 1179—2008 圆线同心绞架空导线

GB/T 1220 不锈钢棒

GB/T 2314 电力金具通用技术条件

GB/T 3048.2—2007 电线电缆电性能试验方法 第2部分:金属材料电阻率试验

GB/T 3048.4—2007 电线电缆电性能试验方法 第4部分:导体直流电阻试验

GB/T 3190 变形铝及铝合金化学成分

GB/T 4437.1 铝及铝合金热挤压管 第1部分:无缝圆管

GB/T 4909.2—2009 裸电线试验方法 第2部分:尺寸测量

GB/T 4909.3—2009 裸电线试验方法 第3部分:拉力试验

GB/T 6892 一般工业用铝及铝合金挤压型材

GB/T 6893 铝及铝合金拉(轧)制无缝管

GB/T 20878 不锈钢和耐热钢 牌号及化学成分

GB/T 22077—2008 架空导线蠕变试验方法

GB/T 29324—2012 架空导线用纤维增强树脂基复合材料芯棒

GB/T 29325—2012 架空导线用软铝型线

GB/T 30551—2014 架空绞线用耐热铝合金线

JB/T 8137.1 电线电缆交货盘 第1部分:一般规定

JB/T 8137.4 电线电缆交货盘 第4部分:型钢复合结构交货盘

3 术语和定义

GB/T 1179—2008界定的及下列术语和定义适用于本文件。

3.1

复合材料芯架空导线 overhead electrical stranded conductors composite core supported /reinforced

由铝(或铝合金)线与复合材料芯同心绞合而成的导线。

3.1.1

复合材料芯软铝型线绞线 the formed annealed aluminium conductors composite core supported

由软铝型线与纤维增强树脂基复合材料芯棒同心绞合而成的绞线。

3.1.2

复合材料芯耐热铝合金绞线 the thermal-resistant aluminium conductors composite core reinforced

由耐热铝合金线与纤维增强树脂基复合材料芯棒同心绞合而成的绞线。

3.1.3

复合材料芯耐热铝合金型线绞线 the formed thermal-resistant aluminium conductors composite core reinforced

由耐热铝合金型线与纤维增强树脂基复合材料芯棒同心绞合而成的绞线。

3.2

绞向 direction of lay

一层单线离开观察者运动的绞合方向。右向为顺时针方向,左向为逆时针方向。另一种定义:右向即当绞线垂直放置时,单线符合英文字母 Z 中间部分的方向;左向即当绞线垂直放置时,单线符合英文字母 S 中间部分的方向。

3.3

等效单线直径 equivalent wire diameter

与已定相同材料和状态的型线具有相同截面积、质量及电阻的圆单线的直径。

3.4

填充系数 fill ratio

面积 1 与(面积 2－面积 3)之比——此处,面积 1 是导线铝部分的横截面积,面积 2 是以导线外径为直径的圆的理论计算面积,面积 3 是导线中以芯棒的外径为直径的圆的理论计算面积。

3.5

型线 formed wire

具有不变横截面且非圆形的金属线。

3.6

圆线 round wire

具有规定圆截面的金属线。

3.7

节距 lay length

在绞线中单独的一根单线形成一个完整螺旋的轴向长度。

3.8

节径比 lay ratio

在绞线中节距与该层的外径之比。

3.9

批 lot

在同样生产条件下,由同一制造厂生产的一批导线。

注:一批可由部分或全部购货数量组成。

3.10

标称值 nominal

一个可测性能的名义值或标志值,用以标志导线或其组成部分并给定公差。

注:标称值应为指标值。

4 产品命名及表示方法

复合材料芯软铝型线绞线产品用型号、规格和本标准编号表示,表示方法如下:

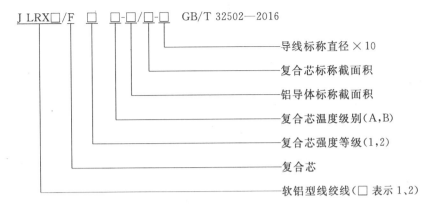

示例：复合材料芯标称截面为 50 mm²、长期允许使用温度 160 ℃,抗拉强度为 2 100 MPa,铝导体标称截面积为 450 mm²(铝导体单线为梯形),导线直径为 26.2 mm 的复合芯软铝型线绞线表示为：

JLRX1/F1B-450/50-262   GB/T 32502—2016

复合材料芯耐热铝合金绞线产品用型号、规格和本标准编号表示,表示方法如下：

示例：复合材料芯标称截面为 50 mm²、长期允许使用温度 150 ℃,抗拉强度为 2 100 MPa,铝合金导体标称截面积为 300 mm²,铝合金根数为 24 根的复合材料芯耐热铝合金绞线表示为：

JNRLH1/F1B-300/50-24/1   GB/T 32502—2016

复合材料芯耐热铝合金型线绞线产品用型号、规格和本标准编号表示,表示方法如下：

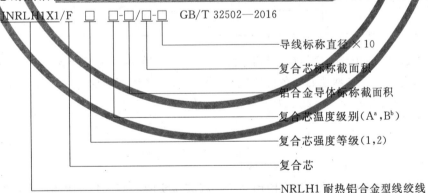

示例：复合材料芯标称截面为 50 mm²、长期允许使用温度 150 ℃,抗拉强度为 2 100 MPa,铝合金导体标称截面积为 300 mm²(铝合金导体单线为梯形),导线直径为 21.9 mm 的复合材料芯耐热铝合金型线绞线表示为：

JNRLH1X1/F1B-300/50-219   GB/T 32502—2016

^a 对于 JNRLH1/F1A、JNRLH1/F2A 复合材料芯耐热铝合金绞线和 JNRLH1X1/F1A、JNRLH1X1/F2A 复合材料芯耐热铝合金型线绞线的最高长期允许运行温度为 120 ℃;

^b 对于 JNRLH1/F1B、JNRLH1/F2B 复合材料芯耐热铝合金绞线和 JNRLH1X1/F1B、JNRLH1X1/F2B 复合材料芯耐热铝合金型线绞线的最高长期允许运行温度为 150 ℃。

5 绞合导线要求

5.1 材料

复合芯导线应由铝(或铝合金)线和纤维增强树脂基复合材料芯棒同心绞制而成,绞合前的所有软铝型线应符合 GB/T 29325—2012 的规定,NRLH1 耐热铝合金线应符合 GB/T 30551—2014 的规定,纤维增强树脂基复合材料芯棒应符合 GB/T 29324—2012 的规定。

5.2 复合芯导线尺寸

附录 D 列出了作为指导的复合芯导线规格尺寸一览表,并推荐新设计的导线的规格尺寸从中优先选择。本标准未包括的规格尺寸和结构,可以根据供需双方的协议进行设计和提供,并符合本标准的有关要求。

5.3 表面质量

复合芯导线表面不应有肉眼(或正常校正视力)可见的缺陷,例如明显的划痕、压痕等,并不应有与良好的商品不相称的任何缺陷。

5.4 绞制

5.4.1 复合芯导线的所有单线应同心绞合。

5.4.2 相邻层绞向应相反。除非用户在订货时另有特别说明,最外层绞向应为"右向"。

5.4.3 每层单线应均匀紧密地绞合在纤维增强树脂基复合材料芯或内绞层上。

5.4.4 复合芯导线的绞合节径比应符合表 1 的规定。

表 1 复合芯导线绞合节径比

结构元件	绞 层	节径比(倍)
铝绞层	外 层	10~14
	其他绞层	10~16

5.4.5 对于有多层结构的绞线,任何层的节径比应不大于其相邻内层的节径比。

5.4.6 绞合后所有单线应自然地处于各自的位置,当切断时,各线端应保持在原位或容易用手复位。

5.4.7 绞制前,构成绞线的所有单线的温度应基本一致。

5.5 接头

5.5.1 绞制过程中,复合芯不应有任何形式的接头。

5.5.2 每根制造长度的复合芯导线不应使用多于一根有接头的如第5.1所述的成品单线。

5.5.3 绞制过程中不应有为了要达到要求的复合芯导线长度而制作的单线接头。

5.5.4 在绞制过程中,单线若意外断裂,只要这种断裂既不是由单线内在缺陷,也不是因为使用短长度单线所致,则单线允许有接头。接头应与原单线的几何形状一致,即接头应修光,使其形状与母体线的形状相同,而且不应弯折。单线的接头数应不超过表 2 的规定值。在同一根单线上或整根复合芯导线中,任何两个接头间的距离应不小于 15 m。对于软铝型线,接头宜采用电阻对焊,也可以采用冷镦焊或冷压焊及其他认可的方法制作;对于耐热铝合金线,接头宜采用冷压焊及其他认可的方法制作。这些接头的制作应与良好的生产工艺一致。

5.5.5 软铝型线接头抗拉强度应符合 60 MPa～95 MPa 的要求,NRLH1 耐热铝合金线接头抗拉强度应不小于 130 MPa,制造厂应证明上述焊接方法能达到规定的抗拉强度要求。

表 2 允许的接头数

铝绞层数目	制造长度允许的接头数	铝绞层数目	制造长度允许的接头数
1	2	3	4
2	3	4	5

5.6 线密度——单位长度质量

5.6.1 各种规格尺寸和绞合结构的复合芯导线单位长度质量规定于附录 D 的表中,采用 20 ℃时铝(或铝合金)密度 2.703 g/dm³、复合芯密度 2.00 g/dm³、表 3 规定的绞合增量及以铝(或铝合金)和复合芯的理论截面积进行计算。

5.6.2 以 5.4.4 和 5.4.5 规定的平均节径比绞制而引起的质量和电阻绞合常数应在表 3 中选取。

表 3 因绞合引起的标准增量

铝线层数	型线 增量(增加)/%	圆线 增量(增加)/%
2	2.0	1.90(18 根)
		2.04(22 根)
		2.08(24 根)
		2.16(26 根)
		2.23(30 根)
3	2.5	2.23(45 根)
		2.24(48 根)
		2.33(54 根)
4	3.0	—

注 1:这些增量系采用各相应的铝绞层的节径比计算。
注 2:每层单线的节径比都没有严格的规定,故这些增量是典型的修约值。

5.7 直流电阻

5.7.1 软铝 20 ℃时的电阻率取 0.027 37 Ω·mm²/m 和表 3 规定的标准增量来近似计算直流电阻。

5.7.2 NRLH1 耐热铝合金的电阻率取 0.028 735 Ω·mm²/m 和表 3 规定的标准增量来近似计算直流电阻。

5.7.3 附录 D 的表 D.1、表 D.2 中 20 ℃时直流电阻值为计算值。

5.8 复合芯导线的拉断力

复合芯软铝型线绞线的额定拉断力应为软铝计算截面积与其最小抗拉强度乘积的 96% 和复合芯计算截面积与其最小抗拉强度的乘积之和。

复合芯耐热铝合金绞线的额定拉断力应为耐热铝合金计算截面积与其最小抗拉强度的乘积和复合

芯计算截面积与其最小抗拉强度乘积的 75% 之和。

5.9　迁移点温度

复合芯导线的设计使用温度较高,因此在线路设计时应考虑迁移点温度前后导线性能参数(弹性模量、线膨胀系数等)的变化。如需要时,可以通过试验获取具体数值。

5.10　交货长度及长度偏差

允许以双方协议规定的任何长度交货,长度允许偏差为(0,+0.5%)。

5.11　需方应提供的资料

在咨询或订货时,需方应提供如附录 A 的资料。

6　试验及试验方法

6.1　试验分类

6.1.1　型式试验

型式试验用于检验复合芯导线的主要性能,其性能主要取决于复合芯导线的设计。对新设计的复合芯导线或新工艺制造的复合材料芯导线,试验只做一次,当复合芯导线设计或制造工艺改变后,需重做试验。

型式试验只能在符合所有有关抽样试验要求的复合芯导线上进行。

型式试验应在具有资质的第三方检测机构进行。

6.1.2　抽样试验

抽样试验用于保证复合芯导线质量及符合本标准的要求。除非供需双方另有协议,抽样试验应在制造厂内进行。

6.2　试验要求

6.2.1　型式试验

复合芯导线的型式试验包括以下项目:
a) 铝(或铝合金)单线的接头;
b) 应力-应变;
c) 常温拉断力;
d) 高温拉断力;
e) 20 ℃时的直流电阻;
f) 蠕变;
g) 高温蠕变;
h) 过滑轮试验。

6.2.2　抽样试验

复合芯导线的抽样试验包括以下项目:
a) 绞制前的单线:
　　应符合相应单线的标准。

b) 复合芯导线：
 ——截面积；
 ——外径；
 ——线密度；
 ——表面质量；
 ——节径比及绞向；
 ——绞制后的单线。

6.3 试样数量

6.2.2 规定的试验用试样应从 10% 成盘复合芯导线的外端随机选取。

6.4 试验长度

6.4.1 试验用的各铝(或铝合金)线、复合芯线应在绞制前选取,并按 5.1 进行试验。

6.4.2 当要求进行绞制后铝(或铝合金)线的试验时,应从成盘或成圈绞线的外端切取 1.5 m 的样品。

6.4.3 复合芯导线拉断力试验和应力-应变试验所需的样品长度至少应为复合芯导线直径的 400 倍,且不少于 10 m。本标准的样品长度是为了保证应力-应变曲线具有良好的精确度而所需的最小长度。如果制造厂能用有效的、可比的试验结果证明使用较短的样品长度也能得出同样精确的结果,并使需方满意,那么允许使用较短长度的样品。

6.5 试验方法

6.5.1 型式试验

6.5.1.1 铝单线的接头

制造厂应通过向需方提供最近的试验结果或进行必要的试验,来证明用于焊接铝单线的方法能使铝(或铝合金)单线达到 5.5.5 规定的抗拉强度的要求。

6.5.1.2 应力-应变曲线

若供需双方在订货时达成协议,应力-应变试验应按附录 B 规定的方法在复合芯导线上进行。

6.5.1.3 常温拉断力

当要求进行复合芯导线的拉断力试验时,应能承受不小于按 5.8 规定计算的额定拉断力的 95%,而且复合芯导线未出现破断。

复合芯导线的拉断力应通过拉伸固定在精度至少为 ±1% 的拉力试验机上的复合芯导线上进行测量,负荷的增加速度推荐按照 B.6.8 的规定。为便于试验,复合芯导线试样的两端应制作适当的端头。试验期间复合芯导线的拉断力应是复合芯导线的复合芯或铝(或铝合金)线一根(或多根)单线发生断裂时的负荷来确定。如果单线或复合芯的断裂发生在距离端头 1 cm 以内,并且拉断力小于规定的拉断力要求时,则可重复试验,最多可试验 3 次。

6.5.1.4 高温拉断力

复合芯导线采用通电加热至导线最高允许运行温度,当导线温度达到允许最高运行温度时,恒温保持 1 h,温度偏差控制在 ±3 ℃ 以内,然后在高温下进行拉断力试验。复合芯导线高温下应能承受不小于额定拉断力 85% 的拉力。拉伸试验按 6.5.1.3 的规定进行。

6.5.1.5 直流电阻

试验方法按 GB/T 3048.4—2007 的规定进行。

6.5.1.6 蠕变

当要求时,蠕变试验应按 GB/T 22077—2008 进行试验,试验张力推荐采用 15%RTS、25%RTS、35%RTS(或 40%RTS),亦可根据供需双方协议商定。

6.5.1.7 高温蠕变

当要求时,蠕变试验应按 GB/T 22077—2008 进行试验,试验温度应为导线最高允许运行温度,温度偏差控制在±2 ℃以内,试验张力推荐采用 15%RTS、25%RTS、35%RTS(或 40%RTS),亦可根据供需双方协议商定。

6.5.1.8 过滑轮试验

若供需双方在订货时达成协议,过滑轮试验应按附录 C 规定的方法在复合芯导线上进行。

6.5.2 抽样试验

6.5.2.1 截面积

6.5.2.1.1 复合芯导线铝(或铝合金)线部分的截面积应取组成复合芯导线的所有铝(或铝合金)线截面积之和,芯线的截面积按 6.5.2.1.3 测得的直径进行计算,铝(或铝合金)单线截面积按 6.5.2.1.4 测量的直径(或截面积)进行计算。

6.5.2.1.2 在任一样品中,截面积偏差应不大于计算值的±2%,并且也应不大于任何 4 个测量值的平均值的±1.5%,这 4 个测量值是在样品上随意选取的最小间距为 20 cm 的位置上测得的。

6.5.2.1.3 复合芯的直径应使用精度至少为 0.002 mm 量具测量。直径应为三次直径测量的值的平均值,测量方法按 GB/T 4909.2—2009 的规定测量,测量到小数第三位,修约到二位小数。

6.5.2.1.4 圆线的直径应使用精度至少为 0.002 mm 量具测量,直径应为三次直径测量的值的平均值,测量方法按 GB/T 4909.2—2009 的规定测量;型线的面积和等效单线直径应按规定的质量、长度和密度采用称重法进行测量。测量到小数第三位,修约到二位小数。

6.5.2.2 复合芯导线直径

复合芯导线直径应在绞线机上的并线模与牵引轮之间测量。

测量应使用可读到 0.01 mm 的量具。直径应取在同一圆周上互成直角的位置上的两个读数的平均值,并修约到两位小数(单位 mm)。

复合芯导线直径偏差为:

直径大于或等于 10.0 mm 时为±1%D。

注:D 为导线标称直径。

6.5.2.3 线密度——单位长度质量

复合芯导线的单位长度质量应使用精度为±0.1%的仪器测量。

复合芯导线单位长度质量偏差应分别不大于附录 D 中表 D.1、表 D.2、表 D.3 列出的标称值的±2%。

6.5.2.4 单线的抗拉强度

单线的抗拉强度试验应从绞线上选取的单线上进行,试样应校直,操作时不得拉伸或碰伤试样。

单线截面积应按 6.5.2.1.4 规定的直径测量方法测定,然后将校直的单线装在合适的拉力试验机上,应按 GB/T 4909.3—2009 规定的方法进行测量。

对于软铝型线,试验结果应符合 GB/T 29325—2012 规定的 60 MPa～95 MPa 的要求。对于耐热铝合金线,试验结果应符合 GB/T 30551—2014 规定的绞前抗拉强度的 95%(5% 的损失量是由于绞制过程中单线的加工和扭转造成的)。

6.5.2.5 单线的电阻率

电阻率应从绞线上选取的单线上测量,试样应用手工校直,应按 GB/T 3048.2—2007 规定的方法进行测量。试验结果应符合相应单线标准的要求。

6.5.2.6 表面质量

目视观察,表面质量应符合 5.3 的规定。

6.5.2.7 节径比和绞向

实测值应符合 5.4 的要求。另外应注意每层的绞向,也应符合 5.4 的要求。

6.6 检验

6.6.1 除非供需双方在订货时达成协议,抽样试验应在制造厂内进行,型式试验应在具有资质的第三方检测机构进行。

6.6.2 装运前,当需方要求检查的时候,制造厂应在收到需方通知后 10 天内完成所有试验,需方应在制造厂接受或拒收产品。如果当时制造厂里没有需方代表在为期 10 天内进行试验,则制造厂自己完成本标准规定的试验,将试验结果提交需方,制造厂应提供试验结果的正式文本,然后需方根据这些试验结果接受或拒收产品。

6.7 接收或拒收

试样不符合本标准的任一要求均应认为该试样为代表的这批产品不合格,可拒收。如果任一批次产品因此被拒收,制造厂有权对该批产品中的每盘导线仅再进行一次试验,并对其中符合要求的产品交货。

7 标志和包装

7.1 标志

每盘复合芯导线的线盘外侧应标明:
a) 制造厂名称;
b) 复合芯导线型号及规格;
c) 制造长度(m);
d) 毛重及净重(kg);
e) 装运、旋转方向或放线标志;
f) 运输时线盘不能平放的标记;
g) 制造日期;

h) 本标准编号；

i) 其他必要的说明。

7.2 包装

复合芯导线应有适当的包装，以防止在正常的装卸运输和储存中发生损伤。

复合芯导线应成盘交货，最外一层与侧板边缘的距离应不小于 50 mm，并妥善包装。也可根据合同要求进行包装。复合芯导线的两端应紧固。盘底端头应固定牢固。盘面端头应紧固在铁木盘侧板上。除另有规定外，导线交货盘为型钢复合结构，并符合 JB/T 8137.1 和 JB/T 8137.4 的规定。导线交货盘的筒体直径不应小于 40 倍导线外径。

8 合格证

如果购买方有要求，制造方应提供产品合格证书，上面应列出对所有试样进行的所有试验的结果。

附　录　A
（规范性附录）
需方提供的资料

在咨询或订货时,需方应提供下述要求:

a)　复合芯导线数量;

b)　复合芯导线型号、规格号、截面积和绞制结构;

c)　每盘复合芯导线的长度及其偏差,适用工程的短样长度;

d)　包装的种类、尺寸及包装方法;

e)　特殊的包装要求,线盘孔径及当复合芯导线架设有特别要求时,复合芯导线内端锚固的可用性
　　（若需要）;

f)　护板要求(若需要);

g)　是否要求检验及检验地点;

h)　是否要求在绞合后的单线上进行试验;

i)　是否要求在绞合前的单线上所做的接头进行试验;

j)　是否要求进行复合芯导线应力-应变试验;

k)　是否要求进行复合芯导线常温拉断力试验;

l)　是否要求进行复合芯导线高温拉断力试验;

m)　是否要求进行复合芯导线 20 ℃时的直流电阻试验;

n)　是否要求进行复合芯导线蠕变试验;

o)　绞向,如不需此项资料,外层绞向应为右向。

附 录 B

（规范性附录）

应力-应变试验方法

B.1 试验长度

根据 5.4.3 所规定的导线长度进行试验,以获到典型的应力-应变曲线。

B.2 试验温度

记录试验温度,试验期间的温度变化应不大于±2 ℃,温度读数应在每个测量周期的开始和结束时读取。

B.3 试样制备

B.3.1 制备试样时应非常小心,因为复合芯导线的复合芯和铝绞层之间小至 1 mm 的相对位移也会导致测得的应力-应变曲线发生明显变化,试样制备步骤见 B.3.2～B.3.7。

B.3.2 试样从线盘上取下之前,在距离导线末端 5 m±1 m 处安装一螺栓紧固夹头,在夹头上施加足够的压力以防止导线中单线的相对位移。

B.3.3 从线盘上放出预定长度的导线并在距离第 1 个夹头规定长度的地方装上另一个螺栓紧固夹头,包上胶布带然后在距离该夹头恰好足够安装端部装置的地方切断导线。

B.3.4 在送到试验室的途中,试样应适当加以保护以防损伤,成圈或成盘试样的直径应至少是导线直径的 50 倍。

B.3.5 应力-应变试验应使用需方认可的端部装置,例如压接,在制作端头装置之前,单线应不松散,清洗或涂油脂。

B.3.6 在试样端头制备期间,应小心不损伤任何单线。

B.3.7 安装端部装置时应不引起单线的任何松动,因为这会改变导线的应力-应变曲线。

B.4 要求（仅适用于压接端头）

复合芯导线耐张线夹和接续管技术要求应符合附录 E 的要求。当对复合芯导线采用楔形耐张线夹时,应选用合适的楔形线夹和铝套管,并采用反向压接工艺,保证压接后的导线铝层不松股起灯笼,拉伸时不滑脱,能承受导线实际综合拉断力的 95% 以上。

B.5 试验装置

B.5.1 整个长度试样应置于一槽中,然后调节槽的高度使导线在张力条件下不致抬高 10 mm 以上,这一高度应通过测量而非拉伸导线确定。

B.5.2 试验期间,用一根分度为 0.1 mm 的卡尺来监控指示标距的夹头与端头套筒口之间的距离,以保证经过 85% 负荷周期卸载到初负荷后,与试验前的间距相比应不大于 1 mm(试验期间该值变化可能大于 1 mm)。

B.5.3 导线的应变应通过测量导线标距两端的位移来确定。标距板应装在将导线中单线紧固在一起的螺栓夹头上。可使用带刻度盘的测板或位移传感器,并小心地将测板装在与导线垂直的位置。试验过程中导线由于导线的扭转和抬高以及测板向一侧移动而引起的读数总误差应不大于0.3 mm。

> 注1:松股可能引起绞合的单线迅速向外隆起几毫米,作为弹性应变的结果,隆起在较大拉力下会消失,而且当拉力释放后,隆起会重新出现。
> 注2:在较大拉力下出现的噪声说明绞层间有相对位移或者铝在复合芯棒上滑动,这是因为螺栓夹头夹得不够紧螺栓夹头松动的结果,松动向试验段移动时,测板也随之移动并导致测得的应变小于实际应变。

B.6 导线的试验负荷

B.6.1 初负荷为2%RTS(额定抗拉力)用来拉直导线,拉直后去除负荷,然后在无拉力条件下安装应变仪。

B.6.2 对于不连续的应力-应变数据记录,每隔2.5%RTS取一应变读数,以kN为单位,修约间隔为1的值。

B.6.3 施加到30%RTS的负荷,保持0.5 h,试验期间,在5、10、15和30 min后读取读数,卸载到初负荷。

B.6.4 重新施加到50%RTS的负荷,保持1 h,在5、10、15、30、45和60 min后读取读数,卸载到初负荷。

B.6.5 重新施加到70%RTS的负荷,保持1 h,在5、10、15、30、45和60 min后读取读数,卸载到初负荷。

B.6.6 重新施加到85%RTS的负荷,保持1 h,在5、10、15、30、45和60 min后读取读数,卸载到初负荷。

B.6.7 在第四次施加负荷后,再施加拉力,均匀增加直至达到实际拉断力,在负荷达到85%RTS前,仍如前所述的同样间隔读取拉力和伸长读数。

B.6.8 试验期间负荷的增长速率应均匀,达到30%RTS的时间应不小于1 min,也不大于2 min,整个试验期间应保持相同的负荷增长速率。

> 注:如使用楔形终端夹头进行试验,去除负荷可能使楔形夹头的握力松动,因此在这种情况下,在设置应变仪为零期间应保持2%RTS的初负荷。

B.7 应力-应变曲线

在30%RTS、50%RTS、70%RTS和85%RTS负荷条件下,相应于0.5 h和1 h之间各点试验结果绘制出一组典型曲线,即应力-应变曲线。为了得到典型的曲线,应去除曲线下端由于压接终端存在的松动导致的铝线向试验段扩展而引起的变化。调整典型的应力-应变曲线使之通过零点,从实验室得到的应力-应变曲线和典型的应力-应变曲线均应提交买方。

附 录 C

（规范性附录）

过滑轮试验方法

C.1 样品的选择

试样应从线盘上距离端头不少于 20 m 的位置上截取。在截取和制备过程中，试样不能受损伤。试样从线盘上截断以前，在样品两个端头应至少安装三个卡箍，防止导线层间滑移。

两个端头的之间的最小试样长度应不小于 12 m。图 C.1 为过滑轮试验的典型布置。

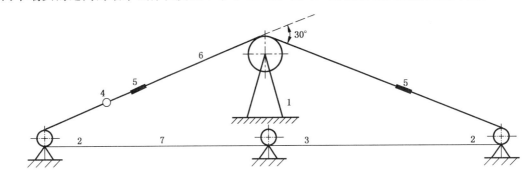

说明：

1——滑车；

2——支座滑轮(位置可调节)；

3——牵引机；

4——测力计；

5——网套；

6——被测试绞线；

7——连接钢丝绳。

图 C.1 过滑轮试验典型布置图

C.2 样品的制备

试验样品端头可采用网套或线夹压接。

C.3 试验条件

C.3.1 试验角度

一般为 30°±2°，如图 C.1 所示，亦可根据供需双方协议商定。

C.3.2 试验负荷

一般为导线额定拉断力的 20%，亦可根据供需双方协议商定。试验负荷的精度应为 ±1% 或 ±120 N，依最高值而定，并应选择精度高的那个负荷持续整个试验过程。

C.3.3　循环次数

循环次数一般为 20 次(正向和反向各记一次),亦可根据供需双方协议商定。

C.3.4　滑轮槽底直径

滑轮槽底直径应不大于导线外径的 20 倍,亦可根据供需双方协议商定。

C.4　试验步骤

滑轮试验机应该按照规定循环次数移动通过至少 6 m 导线试验长度。在整个试验过程中保持张力变化在 2%以内。

C.5　试验判据

C.5.1　外观和结构

过滑轮后的导线外观无明显损伤,结构无明显变化。

C.5.2　绞线性能

过滑轮后绞线进行 6.5.1.3 的绞线拉断力试验,其结果应不小于按照 5.8 规定计算的额定拉断力的 95%。

附　录　D

（资料性附录）

推荐的复合芯导线的尺寸及性能

推荐的复合芯导线的尺寸及性能见表 D.1～D.3。

表 D.1　复合材料芯软铝型线绞线的推荐尺寸、结构及性能

标称截面 铝/复合芯	计算面积 mm²			绞线结构		直径 mm		线密度 kg/km	计算拉断力 kN		20 ℃直流 电阻 Ω/km
	铝	复合芯	总计	层数	铝线 根数	复合芯	绞线		F1A F1B	F2A F2B	
150/20	150.0	19.6	169.6	2	15	5.00	15.3	452.8	49.87	55.76	0.186 1
185/25	185.0	23.8	208.8	2	16	5.50	16.9	557.6	60.55	67.68	0.150 9
185/30	185.0	28.3	213.3	2	16	6.00	17.1	566.6	70.03	78.51	0.150 9
240/30	240.0	28.3	268.3	2	16	6.00	19.2	718.2	73.20	81.68	0.116 3
240/40	240.0	38.5	278.5	2	16	7.00	19.5	738.7	94.64	106.2	0.116 3
300/30	300.0	28.3	328.3	2	16	6.00	21.2	883.7	76.66	85.14	0.093 1
300/35	300.0	33.2	333.2	2	16	6.50	21.4	893.5	86.96	96.92	0.093 1
300/40	300.0	38.5	338.5	2	16	7.00	21.5	904.1	98.10	109.6	0.093 1
300/50	300.0	50.3	350.3	2	16	8.00	21.9	927.6	122.8	137.9	0.093 1
400/35	400.0	33.2	433.2	2	19	6.50	24.4	1 169.2	92.72	102.7	0.069 8
400/40	400.0	38.5	438.5	2	19	7.00	24.5	1 179.8	103.9	115.4	0.069 8
400/45	400.0	44.2	444.2	2	19	7.50	24.7	1 191.2	115.8	129.1	0.069 8
400/50	400.0	50.3	450.3	2	19	8.00	24.9	1 203.4	128.6	143.7	0.069 8
450/45	450.0	44.2	494.2	2	21	7.50	26.1	1 329.0	118.7	131.9	0.062 0
450/50	450.0	50.3	500.3	2	21	8.00	26.2	1 341.2	131.5	146.6	0.062 0
450/55	450.0	56.7	506.7	2	21	8.50	26.4	1 354.2	145.1	162.1	0.062 0
500/40	500.0	38.5	538.5	3	36	7.00	27.2	1 455.5	109.6	121.2	0.055 8
500/45	500.0	44.2	544.2	3	36	7.50	27.4	1 466.9	121.6	134.8	0.055 8
500/50	500.0	50.3	550.3	3	36	8.00	27.5	1 479.1	134.4	149.4	0.055 8
500/55	500.0	56.7	556.7	3	36	8.50	27.6	1 492.0	148.0	165.0	0.055 8
500/65	500.0	63.6	563.6	3	36	9.00	27.8	1 505.8	162.4	181.5	0.055 8
570/65	570.0	63.6	633.6	3	36	9.00	29.5	1 698.8	166.4	185.5	0.049 2
570/70	570.0	70.9	640.9	3	36	9.50	29.7	1 713.3	181.7	203.0	0.049 2
630/45	630.0	44.2	674.2	3	36	7.50	30.5	1 825.3	129.1	142.3	0.044 5
630/55	630.0	56.7	686.7	3	36	8.50	30.7	1 850.4	155.5	172.5	0.044 5
630/65	630.0	63.6	693.6	3	36	9.00	30.9	1 864.2	169.9	189.0	0.044 5
710/55	710.0	56.7	766.7	3	36	8.50	32.5	2 071.0	160.1	177.1	0.039 5
710/70	710.0	70.9	780.9	3	36	9.50	32.8	2 099.3	189.7	211.0	0.039 5
800/65	800.0	63.6	863.6	3	36	9.00	34.5	2 332.9	179.7	198.8	0.035 1
800/80	800.0	78.5	878.5	3	36	10.00	34.7	2 362.7	211.0	234.6	0.035 1
800/95	800.0	95.0	895.0	3	36	11.00	35.0	2 395.7	245.7	274.2	0.035 1

注：计算型线绞线的外径时，填充系数取0.92。

表 D.2　复合材料芯耐热铝合金绞线的推荐尺寸、结构及性能

标称截面 铝/复合芯	计算面积 mm²			绞线结构		直径 mm		线密度 kg/km	计算拉断力 kN		20 ℃直流电阻 Ω/km
	铝	复合芯	总计	铝线根数	铝合金单线直径 mm	复合芯	绞线		F1A F1B	F2A F2B	
150/35	148.86	33.18	182.0	26	2.70	6.50	17.30	477.4	76.97	84.44	0.197 2
185/35	187.03	33.18	220.2	24	3.15	6.50	19.10	582.4	82.56	90.03	0.156 8
185/40	181.34	38.48	219.8	26	2.98	7.00	18.92	577.7	89.99	98.65	0.161 9
185/55	184.73	56.75	241.5	30	2.80	8.50	19.70	623.9	120.0	132.8	0.159 0
240/50	238.84	50.27	289.1	26	3.42	8.00	21.68	760.1	117.9	129.2	0.122 9
240/70	241.27	70.88	312.2	30	3.20	9.50	22.30	808.5	150.7	166.7	0.121 8
300/35	306.21	33.18	339.4	48	2.85	6.50	23.60	912.6	103.1	110.6	0.095 9
300/50	300.09	50.27	350.4	24	3.99	8.00	23.96	928.5	126.9	138.2	0.097 7
300/65	299.54	63.62	363.2	26	3.83	9.00	24.32	954.4	147.8	162.1	0.098 0
400/45	390.88	44.18	435.1	48	3.22	7.50	26.82	1 168.6	132.9	142.8	0.075 2
400/65	399.72	63.62	463.3	54	3.07	9.00	27.42	1 232.9	165.0	179.3	0.073 6
400/80	398.94	78.54	477.5	26	4.42	10.00	27.68	1 258.7	187.1	204.8	0.073 6
500/45	497.01	44.18	541.2	45	3.75	7.50	30.00	1 461.7	150.1	160.0	0.059 1
500/55	488.58	56.75	545.3	48	3.60	8.50	30.10	1 463.7	168.5	181.3	0.060 1
500/80	501.88	78.54	580.4	54	3.44	10.00	30.64	1 545.3	205.0	222.7	0.058 6
630/55	623.45	56.75	680.2	45	4.20	8.50	33.70	1 836.3	188.5	201.3	0.047 1

表 D.3　复合材料芯耐热铝合金型线绞线的推荐尺寸、结构及性能

标称截面 铝/复合芯	计算面积 mm²			绞线结构		直径 mm		线密度 kg/km	计算拉断力 kN		20 ℃直流电阻 Ω/km
	铝	复合芯	总计	层数	铝线根数	复合芯	绞线		F1A F1B	F2A F2B	
150/20	150.0	19.6	169.6	2	15	5.00	15.3	452.8	55.23	59.64	0.195 4
185/20	185.0	19.6	204.6	2	16	5.00	16.8	549.3	60.34	64.76	0.158 4
185/25	185.0	23.8	208.8	2	16	5.50	16.9	557.6	66.83	72.18	0.158 4
185/30	185.0	28.3	213.3	2	16	6.00	17.1	566.6	73.95	80.31	0.158 4
240/25	240.0	23.8	263.8	2	16	5.50	19.0	709.2	75.58	80.93	0.122 1
240/30	240.0	28.3	268.3	2	16	6.00	19.2	718.2	82.69	89.05	0.122 1
240/40	240.0	38.5	278.5	2	16	7.00	19.5	738.7	98.77	107.4	0.122 1
300/30	300.0	28.3	328.3	2	16	6.00	21.2	883.7	92.23	98.59	0.097 7
300/35	300.0	33.2	333.2	2	16	6.50	21.4	893.5	99.96	107.4	0.097 7
300/40	300.0	38.5	338.5	2	16	7.00	21.5	904.1	108.3	117.0	0.097 7

表 D.3（续）

标称截面 铝/复合芯	计算面积 mm²			绞线结构		直径 mm		线密度 kg/km	计算拉断力 kN		20 ℃直流 电阻 Ω/km
	铝	复合芯	总计	层数	铝线 根数	复合芯	绞线		F1A F1B	F2A F2B	
300/50	300.0	50.3	350.3	2	16	8.00	21.9	927.6	126.9	138.2	0.097 7
400/35	400.0	33.2	433.2	2	19	6.50	24.4	1 169.2	115.9	123.3	0.073 3
400/40	400.0	38.5	438.5	2	19	7.00	24.5	1 179.8	124.2	132.9	0.073 3
400/45	400.0	44.2	444.2	2	19	7.50	24.7	1 191.2	133.2	143.1	0.073 3
400/50	400.0	50.3	450.3	2	19	8.00	24.9	1 203.4	142.8	154.1	0.073 3
450/45	450.0	44.2	494.2	2	21	7.50	26.1	1 329.0	141.1	151.1	0.065 1
450/50	450.0	50.3	500.3	2	21	8.00	26.2	1 341.2	150.7	162.0	0.065 1
450/55	450.0	56.7	506.7	2	21	8.50	26.4	1 354.2	160.9	173.7	0.065 1
500/40	500.0	38.5	538.5	3	36	7.00	27.2	1 455.5	140.1	148.8	0.058 6
500/45	500.0	44.2	544.2	3	36	7.50	27.4	1 466.9	149.1	159.0	0.058 6
500/50	500.0	50.3	550.3	3	36	8.00	27.5	1 479.1	158.7	170.0	0.058 6
500/55	500.0	56.7	556.7	3	36	8.50	27.6	1 492.0	168.9	181.6	0.058 6
500/65	500.0	63.6	563.6	3	36	9.00	27.8	1 505.8	179.7	194.0	0.058 6
570/65	570.0	63.6	633.6	3	36	9.00	29.5	1 698.8	190.8	205.1	0.051 7
570/70	570.0	70.9	640.9	3	36	9.50	29.7	1 713.3	202.3	218.2	0.049 2
630/45	630.0	44.2	674.2	3	36	7.50	30.5	1 825.3	169.8	179.7	0.044 5
630/55	630.0	56.7	686.7	3	36	8.50	30.7	1 850.4	189.5	202.3	0.044 5
630/65	630.0	63.6	693.6	3	36	9.00	30.9	1 864.2	200.4	214.7	0.044 5
710/55	710.0	56.7	766.7	3	36	8.50	32.5	2 071.0	202.3	215.0	0.039 5
710/70	710.0	70.9	780.9	3	36	9.50	32.8	2 099.3	224.5	240.5	0.039 5
800/65	800.0	63.6	863.6	3	36	9.00	34.5	2 332.9	227.4	241.7	0.035 1
800/80	800.0	78.5	878.5	3	36	10.00	34.7	2 362.7	250.9	268.6	0.035 1
800/95	800.0	95.0	895.0	3	36	11.00	35.0	2 395.7	276.9	298.3	0.035 1

注：计算型线绞线的外径时，填充系数取 0.92。

附 录 E

（资料性附录）

复合芯导线耐张线夹和接续管技术要求

E.1 产品命名及表示方法

E.1.1 代号

　　N——耐张线夹

　　J——接续管

　　Y——液压型

E.1.2 表示方法

　　产品表示方法用金具代号、导线型号、导线规格来表示。

　　示例1:型号为JLRX1/F1A,规格为450/50的复合材料芯软铝型线绞线的耐张线夹表示为:NY-JLRX1/F1A-450/50;接续管表示为:JY-JLRX1/F1A-450/50。

　　示例2:型号为JNRLH1/F1B,规格为450/50的复合材料芯耐热铝合金绞线的耐张线夹表示为:NY-NRLH1/F1B-450/50;接续管表示为:JY-NRLH1/F1B-450/50。

E.2 产品结构及主要尺寸参数

E.2.1 复合芯导线耐张线夹

　　复合芯导线耐张线夹示意图及主要参数见图E.1和表E.1。

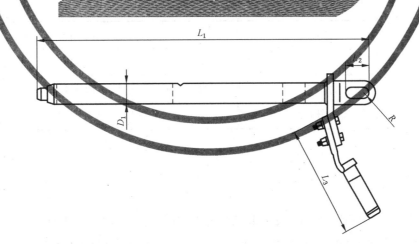

图 E.1　复合芯导线耐张线夹

表 E.1 复合芯导线耐张线夹的主要参数

复合芯棒标称直径 d mm	弹性夹芯内孔偏差 mm	产品主要尺寸及公差/mm				
		L_1	L_2	L_3	D_1	R
5≤d≤5.5	±0.05	630~885	45~64	240~370	36~50	12~15
5.5<d≤7	±0.05	730~885	50~65	270~370	45~50	12~15
7<d≤9	±0.06	730~900	55~74	310~370	48~64	12~15
9<d≤11	±0.06	800~900	73~95	370~390	60~65	15~18

E.2.2 复合芯导线接续管

复合芯导线接续管示意图及主要参数见图 E.2 和表 E.2。

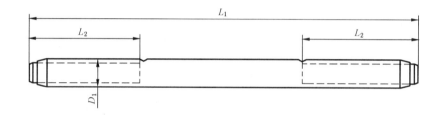

图 E.2 复合芯导线接续管

表 E.2 复合芯导线接续管的主要参数

复合芯棒标称直径 d mm	弹性夹芯内孔偏差/mm	产品主要尺寸及公差/mm		
		L_1	L_2	D_1
5≤d≤5.5	±0.05	780~1 000	170~230	36~50
5.5<d≤7	±0.05	780~1 250	210~300	45~50
7<d≤9	±0.06	780~1 300	210~300	48~65
9<d≤11	±0.06	980~1 400	230~360	60~65

E.3 技术要求

E.3.1 金具的连接尺寸应保证与其所连接金具的配合性,并使所有的配合件达到可任意互配使用。

E.3.2 金具电气性能应满足 GB/T 2314 的要求。能在 180 ℃高温时长期平稳运行。

E.3.3 金具的握力强度应满足 GB/T 2314 的要求。在常温时的握力强度应不低于导线计算拉断力的 95%,高温时的握力强度应不低于导线计算拉断力 85%。同时保持导线相对金具未出现滑移现象,并且导线未出现断股或破坏现象。

E.3.4 金具应避免应力过于集中,宜采用楔形金具连接。

E.4 材料及工艺

E.4.1 耐张线夹钢锚采用的材质及工艺应满足设计图样和需方的要求,布氏硬度不应大于 HB156,屈服强度不低于 540 MPa。优先采用奥氏体或马氏体不锈钢,按 GB/T 20878 的规定执行。用制造铝合金制造的耐张线夹及配件按 GB/T 1173 的规定执行。

E.4.2 金具核心件夹套、夹芯均采用高强度不锈钢或 Y1Cr18Ni9,应符合 GB/T 20878 或 GB/T 1220 的规定。夹芯宜采用四等分分槽结构,保证均匀收缩。

E.4.3 金具铝件部分采用的铝和铝合金材料化学成分应符合 GB/T 3190 的规定,采用牌号不低于 1050A 的铝材制造。

E.4.4 金具采用的铝及铝合金热挤压管应符合 GB/T 4437.1 的规定。

E.4.5 金具采用的铝及铝合金的其他型材应符合 GB/T 6892 或 GB/T 6893 的规定。

E.4.6 材料的其他要求均应满足 GB/T 2314 的要求。

ICS 83.120
Q 23

中华人民共和国国家标准

GB/T 34182—2017

复合材料电缆支架

Composite cable bracket

2017-09-07 发布　　　　　　　　　　　2018-08-01 实施

中华人民共和国国家质量监督检验检疫总局
中国国家标准化管理委员会　　发布

前　言

本标准按照 GB/T 1.1—2009 给出的规则起草。

本标准由中国建筑材料联合会提出。

本标准由全国纤维增强塑料标准化技术委员会(SAC/TC 39)归口。

本标准起草单位:北京玻璃钢研究设计院有限公司、华缘新材料股份有限公司、宁波市轨道交通集团有限公司、常州天创复合材料有限公司、华威博奥电力设备有限公司、重庆杰友电气材料有限公司、重庆展帆电力工程勘察设计咨询有限公司。

本标准主要起草人:杨德旭、钟斌、赵勤、沈晓斌、朱学东、张海雁、李爱军、彭涛、刘朋。

复合材料电缆支架

1 范围

本标准规定了复合材料电缆支架的分类和标记、原材料、要求、试验方法、检验规则、标志、包装、运输和贮存。

本标准适用于片状模塑料(SMC)、团状模塑料(BMC)模压成型的复合材料电缆支架,采用其他原材料和工艺成型的复合材料电缆支架(以下简称电缆支架)可参照采用。

2 规范性引用文件

下列文件对于本文件的应用是必不可少的。凡是注日期的引用文件,仅注日期的版本适用于本文件。凡是不注日期的引用文件,其最新版本(包括所有的修改单)适用于本文件。

GB/T 1408.1 绝缘材料 电气强度试验方法 第1部分:工频下试验

GB/T 1446 纤维增强塑料性能试验方法总则

GB/T 1449 纤维增强塑料弯曲性能试验方法

GB/T 1451 纤维增强塑料简支梁式冲击韧性试验方法

GB/T 2408 塑料 燃烧性能的测定 水平法和垂直法

GB/T 2573—2008 玻璃纤维增强塑料老化性能试验方法

GB/T 2576 纤维增强塑料树脂不可溶分含量试验方法

GB/T 3854 增强塑料巴柯尔硬度试验方法

GB/T 3857 玻璃纤维增强热固性塑料耐化学介质性能试验方法

GB 8624—2012 建筑材料及制品燃烧性能分级

GB/T 8627 建筑材料燃烧或分解的烟密度试验方法

GB/T 8924 纤维增强塑料燃烧性能试验方法 氧指数法

GB/T 10064 测定固体绝缘材料绝缘电阻的试验方法

GB/T 16422.2—2014 塑料 实验室光源暴露试验方法 第2部分:氙弧灯

3 分类和标记

3.1 分类

3.1.1 按照单件制品的托臂数量分为单臂式和多臂式,分别以字母 S 和 M 表示。单臂式电缆支架常见结构型式如图1所示,多臂式电缆支架常见结构型式如图2所示。

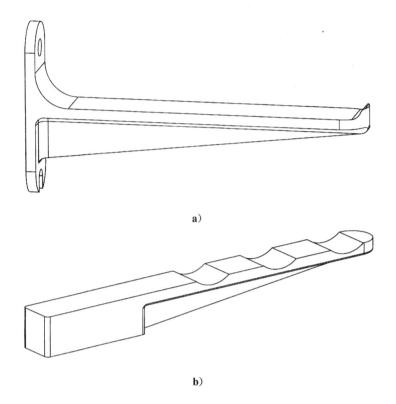

a)

b)

图 1 单臂式电缆支架结构示意图

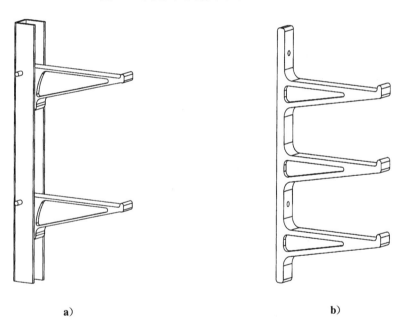

a)   b)

注1：架设10 kV以上电缆的多臂式电缆支架，托臂不宜超过4层。

注2：托臂若设预留孔，预留孔宜一次成型。

图 2 多臂式电缆支架结构示意图

3.1.2 电缆支架按单个托臂所能承受的垂直载荷，分为1级、2级、3级、4级、5级。

3.1.3 电缆支架按其是否耐受光老化，分为耐光老化型和非耐光老化型，耐光老化型以字母 L 表示。

3.2 标记

按照托臂数量、载荷等级、耐光老化类型及本标准编号进行标记。

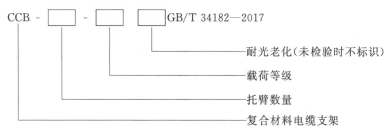

示例：托臂数量为多臂式、载荷等级为3级、耐光老化型，执行本标准的电缆支架标记为：
CCB-M-3 L GB/T 34182—2017。

4 原材料

原材料应采用以无碱玻璃纤维为增强材料的片状模塑料或团状模塑料。

5 要求

5.1 外观

电缆支架的表面应平整光滑、色泽均匀，无起皱、裂纹、分层、纤维裸露等缺陷。

5.2 尺寸

电缆支架的托臂长度、定位孔距、截面尺寸等应符合设计要求。

5.3 物理机械性能

电缆支架的物理机械性能应满足表1的规定。

表 1 电缆支架的物理机械性能要求

序号	项目	要求	
		SMC	BMC
1	弯曲强度	≥170 MPa	≥70 MPa
2	弯曲弹性模量	≥10 GPa	≥7 GPa
3	冲击韧性	≥60 kJ/m²	≥35 kJ/m²
4	巴柯尔硬度	≥50	
5	树脂不可溶分含量	≥90%	
6	工频电气强度	≥12.0 kV/mm	
7	绝缘电阻	≥1.0×10¹³ Ω	

5.4 阻燃性能

电缆支架的阻燃性能应符合 GB 8624—2012 中电线电缆套管 B₁ 级要求，具体性能指标见表2。

GB/T 34182—2017

表 2 电缆支架的阻燃性能要求

序号	项目	要求
1	氧指数	≥32%
2	垂直燃烧	V-0 级
3	烟密度等级(SDR)	≤75

5.5 承载性能

电缆支架按实际安装情况固定,托臂中心部位承受表 3 中的垂直载荷和横向载荷,电缆支架应无开裂、贯通性裂纹、断裂。3 级及以上的支架托臂端部承受 1.5 kN 的检修载荷,电缆支架应无开裂、贯通性裂纹、断裂。

表 3 电缆支架的载荷要求

序号	项目	要求				
		1 级	2 级	3 级	4 级	5 级
1	垂直载荷	1 kN	2 kN	3 kN	4 kN	5 kN
2	横向载荷	0.5 kN		1 kN		

5.6 耐化学介质性能

5.6.1 耐酸性能

在给定酸性溶液中经规定时间浸泡后,试样表面不应出现皱纹、起泡、开裂、被溶解等现象。其弯曲弹性模量保留率应不低于 80%。

5.6.2 耐碱性能

在给定碱性溶液中经规定时间浸泡后,试样表面不应出现皱纹、起泡、开裂、被溶解等现象。其弯曲弹性模量保留率应不低于 70%。

5.7 耐水性能

经规定时间试验后,试样表面不应出现皱纹、起泡、开裂、被溶解等现象。其弯曲弹性模量保留率应不低于 80%。

5.8 耐光老化性能

耐光老化型电缆支架,经氙灯人工加速老化试验后,试样无变色、龟裂、粉化等明显老化现象,其弯曲弹性模量保留率应不低于 80%。

6 试验方法

6.1 外观

在正常(光)照度下,目测检验。

6.2 尺寸

用精度 1 mm 的钢卷尺测量。

6.3 物理机械性能

6.3.1 巴柯尔硬度、树脂不可溶分含量试样从电缆支架上切取,其余性能试样取自同一批次原材料成型的随炉试样。

6.3.2 弯曲强度和弯曲弹性模量按 GB/T 1449 进行测定。

6.3.3 冲击韧性按 GB/T 1451 进行测定。

6.3.4 巴柯尔硬度按 GB/T 3854 进行测定。

6.3.5 树脂不可溶分含量按 GB/T 2576 进行测定。

6.3.6 工频电气强度按 GB/T 1408.1 进行测定。

6.3.7 绝缘电阻按 GB/T 10064 进行测定。

6.4 阻燃性能

6.4.1 试样取自同一批次原材料成型的随炉试样。

6.4.2 氧指数按 GB/T 8924 进行测定。

6.4.3 垂直燃烧按 GB/T 2408 进行测定。

6.4.4 烟密度按 GB/T 8627 进行测定。

6.5 承载性能

按附录 A 进行测定。

6.6 耐化学介质性能

6.6.1 耐酸性能

按 GB/T 3857 规定的方法进行,试样取自同一批次原材料成型的随炉试样,试验介质为 5% 的盐酸溶液,试验温度为 (23 ± 5)℃。浸泡 168 h 后,目测试样外观,测试弯曲弹性模量,计算弯曲弹性模量保留率。

6.6.2 耐碱性能

按 GB/T 3857 规定的方法进行,试样取自同一批次原材料成型的随炉试样,试验介质为 10% 的氢氧化钠溶液,试验温度为 (23 ± 5)℃。浸泡 168 h 后,目测试样外观,测试弯曲弹性模量,计算弯曲弹性模量保留率。

6.7 耐水性能

按 GB/T 2573—2008 中 4.4 规定的方法进行,试样取自同一批次原材料成型的随炉试样,试验介质为蒸馏水或去离子水,试验温度为 (60 ± 2)℃。浸泡 168 h 后,目测试样外观,测试弯曲弹性模量,计算弯曲弹性模量保留率。

6.8 耐光老化性能

按照 GB/T 16422.2—2014 规定执行,试样取自同一批次原材料成型的随炉试样,辐射光源过滤方式采用方法 A。经总辐照能量不小于 7.0×10^3 MJ/m² 光老化试验后,目测试样外观,测试弯曲弹性模量,计算弯曲弹性模量保留率按 GB/T 1446 的规定。

7 检验规则

7.1 检验类型

产品检验分为出厂检验和型式检验。

7.2 出厂检验

7.2.1 检验项目

出厂检验项目包括外观、尺寸、巴柯尔硬度和承载性能。

7.2.2 检验方案

7.2.2.1 以相同规格、相同材料、相同工艺,稳定连续生产达到 1 000 件为 1 批,不足此数时视为一批。

7.2.2.2 外观逐件检验。

7.2.2.3 尺寸和巴柯尔硬度采用一次抽样,每批随机抽取 3 件产品进行检验。

7.2.2.4 承载性能采用一次抽样,每批随机抽取 6 件产品进行检验,其中 3 件产品用于垂直承载试验,3 件产品用于横向承载试验。

7.2.3 判定规则

7.2.3.1 外观达到 5.1 的要求,判定该产品合格,否则判定该产品不合格。

7.2.3.2 尺寸达到 5.2 的要求,巴柯尔硬度达到 5.3 的要求,判定该批产品合格,否则判定该批产品不合格。

7.2.3.3 承载性能达到 5.5 的要求,判定该批产品合格,否则判定该批产品不合格。

7.3 型式检验

7.3.1 检验条件

有下列情况之一时应进行型式检验:

a) 正式投产前的试制定型检验;

b) 正式投产后,如材料、工艺、设备有较大改变;

c) 正常生产 1 年;

d) 连续停产半年及以上后恢复生产;

e) 出厂检验结果与上次型式检验有较大差异。

7.3.2 检验项目

7.3.2.1 检验项目包括 5.1~5.7 的全部项目。

7.3.2.2 有 L 标识的产品,应进行 5.8 项目检验。

7.3.3 判定规则

所检项目全部合格判型式检验合格,否则判型式检验不合格。

8 标志、包装、运输和贮存

8.1 标志

每件产品上应清楚标明下列内容：
a) 产品标记；
b) 制造商代号或商标。

8.2 包装

8.2.1 对于多臂式电缆支架,考虑支架形状,长度,结构和重量等因素,以 2 个~5 个支架为单元打包固定,码放整齐,避免雨水及灰尘污染。对于单臂式电缆支架,整齐码放在包装箱内。

8.2.2 出厂产品每批应附有合格证,合格证内容包括:产品标记、检验结果、出厂日期、制造商名称、检验人员签章。

8.2.3 每批产品应提供使用说明书,使用说明书中应给出电缆支架的极限使用条件、施工方法和注意事项。

8.3 运输

运输时,不得受剧烈的撞击、摩擦和重压。

8.4 贮存

贮存场地应平整,堆放应整齐,远离热源、火源,避免阳光直晒。

复合材料电缆支架承载性能试验方法

A.1 范围

本附录规定了电缆支架承载性能试验的试件、试验设备、试验环境、试验方法。

本附录适用于电缆支架承载性能的测试。

A.2 试件

垂直承载和横向承载试件的数量各 3 件。

A.3 试验设备

试验设备应能施加恒定载荷,载荷误差不大于±2%。

A.4 试验环境

按 GB/T 1446 规定。

A.5 试验方法

A.5.1 电缆支架垂直承载试验

A.5.1.1 用钢板尺或钢卷尺测量支架托臂的中点,做出标记,按电缆支架实际安装方式进行固定。

A.5.1.2 对于单臂式电缆支架,在托臂中点部位施加相应等级对应的集中载荷,保持 10 min,观察电缆支架有无开裂、贯通性裂纹、断裂,试件加载方式如图 A.1 a)所示;对于 3 级及以上的支架,卸掉中点部位集中载荷后在托臂端部(力作用点距离端部 50 mm)施加 1.5 kN 的检修载荷,保持 10 min,观察电缆支架有无开裂、贯通性裂纹、断裂,试件加载方式如图 A.1 b)所示。

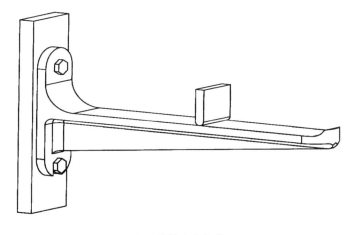

a) 单臂中心加载

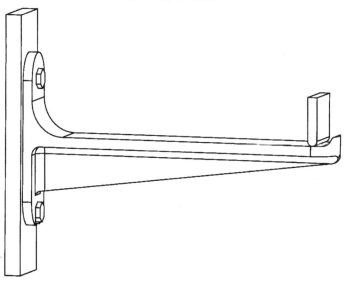

b) 单臂端部加载

图 A.1 单臂式电缆支架垂直承载加载示意图

A.5.1.3 对于多臂式电缆支架,对相邻两紧固螺栓之间的所有托臂均应进行试验,在各托臂上同时施加相应等级对应的集中载荷,保持 10 min,观察电缆支架有无开裂、贯通性裂纹、断裂,试件加载方式如图 A.2 a)所示;对于 3 级及以上的支架,还应逐一对各支架托臂端部(力作用点距离端部 50 mm)施加 1.5 kN 的检修载荷,保持 10 min,在施加检修载荷前应卸掉该托臂中点部位的集中载荷,其他各托臂保持集中载荷不变,观察电缆支架有无开裂、贯通性裂纹、断裂,试件加载方式如图 A.2 b)所示。

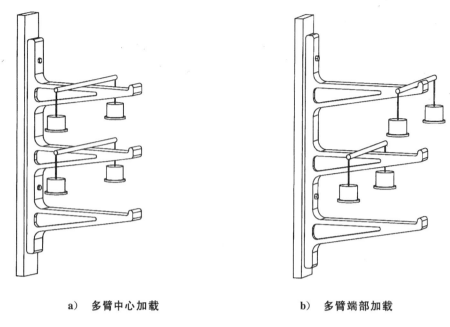

a) 多臂中心加载   b) 多臂端部加载

图 A.2 多臂式电缆支架垂直承载加载示意图

A.5.2 电缆支架横向承载试验

A.5.2.1 用钢板尺或钢卷尺测量支架悬臂的中点,做出标记。与垂直承载试验相比,将电缆支架扭转 90°进行固定,托臂侧面保持水平。

A.5.2.2 对于单臂式电缆支架,在托臂侧面中点部位施加相应等级对应的集中载荷,保持 10 min,观察 电缆支架有无开裂、贯通性裂纹、断裂。对于多臂式电缆支架,任选一臂进行试验。试件加载方式如图 A.3 所示。

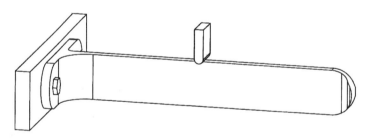

图 A.3 电缆支架横向承载加载示意图

ICS 83.120
Q 23

中华人民共和国国家标准

GB/T 35156—2017

结构用纤维增强复合材料拉索

Fiber reinforced polymer composites structural cables

2017-12-29 发布

2018-11-01 实施

中华人民共和国国家质量监督检验检疫总局
中国国家标准化管理委员会 发布

GB/T 35156—2017

前　言

本标准按照 GB/T 1.1—2009 给出的规则起草。

本标准由中国建筑材料联合会提出。

本标准由全国纤维增强塑料标准化技术委员会(SAC/TC 39)归口。

本标准负责起草单位:清华大学、中冶建筑研究总院有限公司、东南大学。

本标准参加起草单位:中国人民解放军陆军工程兵技术装备研究所、法尔胜泓昇集团有限公司、南京诺尔泰复合材料制造有限公司、重庆达力索缆科技有限公司、南京锋晖复合材料有限公司、江苏恒神股份有限公司。

本标准主要起草人:冯鹏、杨勇新、吴智深、汪昕、艾鹏程、朱万旭、黎伟捷、张继文。

结构用纤维增强复合材料拉索

1 范围

本标准规定了结构用纤维增强复合材料拉索的术语和定义、分类、代号和标记、材料和制作、要求、试验方法、检验规则、标志、包装、运输和贮存等。

本标准适用于桥梁、建筑等结构中承受拉力的纤维增强复合材料拉索,其他结构用的纤维增强复合材料拉索可参照使用。

2 规范性引用文件

下列文件对于本文件的应用是必不可少的。凡是注日期的引用文件,仅注日期的版本适用于本文件。凡是不注日期的引用文件,其最新版本(包括所有的修改单)适用于本文件。

GB/T 1446　纤维增强塑料性能试验方法总则

GB/T 1447　纤维增强塑料拉伸性能试验方法

GB/T 1462　纤维增强塑料吸水性试验方法

GB/T 2576　纤维增强塑料树脂不可溶分含量试验方法

GB/T 3961　纤维增强塑料术语

GB/T 14370　预应力筋用锚具、夹具和连接器

GB/T 21490　结构加固修复用碳纤维片材

GB/T 22567　电气绝缘材料 测定玻璃化转变温度的试验方法

GB/T 26743　结构工程用纤维增强复合材料筋

CJ/T 297　桥梁缆索用高密度聚乙烯护套料

JG/T 330—2011　建筑工程用索

3 术语和定义

GB/T 3961 和 JG/T 330—2011 界定的以及下列术语和定义适用于本文件,为了便于使用,以下重复列出了 JG/T 330—2011 的一些术语和定义。

3.1

纤维增强复合材料拉索 fiber reinforced polymer composites structural cable

由纤维增强复合材料索体、配套锚具和外包保护层组成的在工程结构中承受拉力的构件。

3.2

索体 cable body

拉索中由纤维增强复合材料细棒、薄板、绞线或拉杆构成的线形受力体。

3.3

纤维增强复合材料平行棒索 cable of parallel fiber reinforced polymer bars

索体由若干根平行的纤维增强复合材料细棒组成的拉索。

3.4

纤维增强复合材料平行板索 cable of parallel fiber reinforced polymer plates

索体由若干片平行的纤维增强复合材料薄板组成的拉索。

3.5

纤维增强复合材料绞线索 cable of fiber reinforced polymer strands

索体由若干根纤维增强复合材料细棒经扭绞形成的拉索。

3.6

纤维增强复合材料拉杆索 cable of fiber reinforced polymer tie rod

索体由单根恒定截面的纤维增强复合材料拉杆组成的拉索。

3.7

锚具 anchorage

索体端部用于锚固和保持索力且将索力传递给结构的锚固及连接装置。

[JG/T 330—2011,定义 3.1.8]

3.8

公称破断力 nominal breaking load

索体有效横截面积乘以索材抗拉强度标准值所得结果。

4 分类、代号和标记

4.1 分类和代号

4.1.1 根据索体中采用的纤维类型,分为碳纤维复材索(CF)、玄武岩纤维复材索(BF)、玻璃纤维复材索(GF)和混杂纤维复材索(HF)。

4.1.2 根据索体的形式分为平行棒索(BC)、平行板索(PC)、绞线索(SC)、拉杆索(TC),其结构形式见图1。

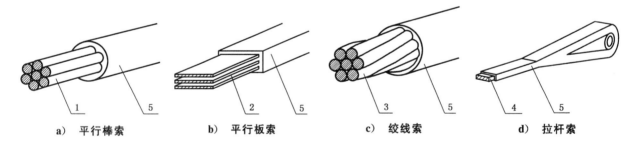

|a) 平行棒索|b) 平行板索|c) 绞线索|d) 拉杆索|

说明:

1——纤维增强复合材料细棒;

2——纤维增强复合材料薄板;

3——纤维增强复合材料绞线;

4——纤维增强复合材料拉杆;

5——外包层。

图 1 索体形式示意图

4.1.3 根据锚具与结构的连接形式,锚具分为耳板式(EM)和支承式(ZM),其结构形式见图2。

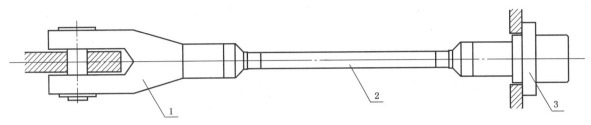

说明：
1——耳板式锚具；
2——索体；
3——支承式锚具。

图2 锚具形式示意图

4.2 标记

索体与锚具配套使用，形成拉索。两端可采用相同的锚具形式，也可以采用不同的锚具形式。拉索按纤维类型、索体形式、公称破断力、索体有效截面积、拉索长度、锚具形式和本标准号进行标记。

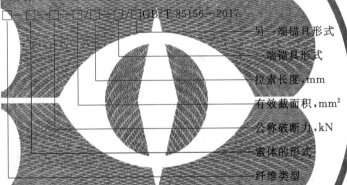

□□-□□-□□□□-□□□/□□□-□□/□□ GB/T 35156—2017

另一端锚具形式
一端锚具形式
拉索长度，mm
有效截面积，mm²
公称破断力，kN
索体的形式
纤维类型

示例1：碳纤维复合材料平行板索，公称破断力为1 100 kN，索体有效截面积为500 mm²，拉索长度105 mm，一端为耳板式锚具，另一端为支承式锚具，标记为：

CF-PC-1100-500/105-EM/ZM GB/T 35156—2017。

示例2：玄武岩纤维复合材料拉杆索，公称破断力为2 000 kN，索体有效截面积为1 020 mm²，拉索长度1 500 mm，两端均为耳板式锚具，标记为：

BF-TC-2000-1020/1500-EM/EM GB/T 35156—2017。

5 材料和制作

5.1 索体与锚具所使用的材料应符合设计要求。

5.2 索体的增强材料和基体材料应符合相关标准的规定。

5.3 锚具的原材料应符合GB/T 14370的规定。

5.4 平行棒索中的细棒应符合GB/T 26743的规定。

5.5 平行板索中的薄板应采用碳纤维增强复合材料，并符合GB/T 21490的规定。

5.6 制作拉索时，应将索体进行预张拉后方可进行组装，预张拉方法参见附录A。

5.7 索体和锚具组装后应进行外包保护，外包保护包括护层和护套，护层推荐采用高密度聚乙烯（HDPE）；护套可采用高密度聚乙烯管材或有防护涂层的金属管材。当采用高密度聚乙烯时，其材料性能应满足CJ/T 297的规定。

6 要求

6.1 外观

6.1.1 外包保护前的索体应顺直、无扭曲,其表面应光洁平整,应无裂纹、气泡、毛刺、纤维裸露、纤维浸润不良等缺陷。外包保护后的索体,其表面应齐整致密、无破损、无缺漏。

6.1.2 锚具表面不得有白点、裂纹、飞边、压痕、划伤和缩孔等缺陷。

6.2 长度偏差和尺寸

6.2.1 拉索结构如图 3 所示,长度偏差应符合表 1 的规定。

6.2.2 索体有效截面积、锚具尺寸和保护层厚度应符合设计图样规定,锚具螺纹应能自由旋合。

单位为米

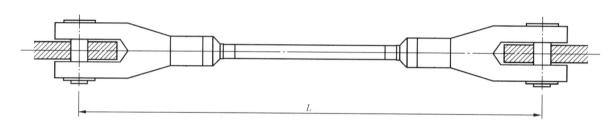

a) 两端为耳板式锚具

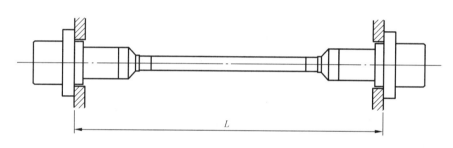

b) 两端为支承式锚具

说明:
L——拉索长度。

图 3 拉索结构示意图

表 1 拉索长度偏差要求

单位为米

形式	长度	允许偏差
BC、PC、SC	$L \leqslant 50$	±0.015
	$50 < L \leqslant 100$	±0.020
	$100 < L$	±L/5 000
TC	$L \leqslant 5$	±0.005
	$5 < L \leqslant 10$	±0.010
	$10 < L$	±0.020

6.3 索体的材料性能

6.3.1 索体复合材料的物理性能应符合表2的规定。

表2 索体复合材料物理性能

项目	要求
树脂不可溶分含量	≥90％
吸水率	≤0.5％
玻璃化转变温度	≥100℃

6.3.2 索体复合材料的力学性能应符合表3的规定。

表3 索体复合材料力学性能

项目	索体用复合材料	材料	要求
纵向拉伸弹性模量 GPa	细棒、薄板、拉杆	CF	≥120
		BF、GF	≥50
	绞线	CF	≥90
纵向拉伸强度标准值 MPa	细棒、薄板、拉杆	CF	≥2100
		BF	≥800
		GF	≥600
	绞线	CF	≥1 500
横向拉伸强度 MPa	薄板	CF	≥90

6.4 索体弹性模量

碳纤维平行棒索、碳纤维平行板索和碳纤维拉杆索的弹性模量应不低于110 GPa,碳纤维绞线索的弹性模量应不低于80 GPa,其他纤维拉索的弹性模量应不低于45 GPa。

6.5 拉索性能

6.5.1 锚具回缩

拉索应进行超张拉,超张拉荷载应取1.25倍设计索力,且不低于公称破断力的40％,超张拉时的锚具回缩应小于5 mm且不大于锚具长度的2％,超张拉后锚具无损坏,其残余变形率不大于0.2％。

6.5.2 静载性能

拉索的静载极限荷载应不小于索体公称破断力的95％,且最大力下拉索的伸长率应不大于1.5％,加载过程中锚具无损坏。

6.5.3 动载性能

有动载要求的拉索应满足循环次数为200万次的疲劳性能试验。在有抗震要求的结构中使用,拉索应满足循环次数为50次的周期荷载试验。疲劳性能试验或周期荷载试验后,索体及锚具均不应发生破断。

7 试验方法

7.1 外观

在正常(光)照度下,距离 0.5m 目测。

7.2 长度偏差和尺寸

长度偏差、索体有效截面积、锚具尺寸、外包保护层厚度按照 JG/T 330—2011 规定检验。

7.3 索体的材料性能

7.3.1 试件切取应满足 GB/T 1446 规定。

7.3.2 树脂不可溶分含量按 GB/T 2576 进行测定。

7.3.3 吸水率按 GB/T 1462 进行测定。

7.3.4 玻璃化转变温度按 GB/T 22567 进行测定。

7.3.5 纤维增强复合材料细棒纵向拉伸强度标准值和纵向拉伸弹性模量按 GB/T 26743 进行测定。

7.3.6 纤维增强复合材料薄板、纤维增强复合材料拉杆纵向拉伸强度标准值和纵向拉伸弹性模量、纤维增强复合材料薄板横向拉伸强度按 GB/T 1447 进行测定。纤维增强复合材料拉杆可取标准同炉试样进行测定。

7.3.7 纤维增强复合材料绞线纵向拉伸强度标准值和纵向拉伸弹性模量按 GB/T 26743 进行测定。

注:强度标准值等于强度平均值减去 1.645 倍强度均方差。

7.4 索体弹性模量

索体的弹性模量按 JG/T 330—2011 进行测定。

7.5 拉索性能

7.5.1 拉索的锚具回缩按 JG/T 330—2011 进行测定。

7.5.2 拉索的静载极限荷载按 JG/T 330—2011 进行测定。

7.5.3 拉索的疲劳性能试验和周期荷载试验按 JG/T 330—2011 进行。

8 检验规则

8.1 检验分类

检验分为出厂检验和型式检验。

8.2 出厂检验

8.2.1 检验项目

出厂检验项目见表 4。

表 4　检验项目

序号	检验项目	抽样规定	出厂检验			型式检验		
			平行棒索、平行板索	绞线索	拉杆索	平行棒索、平行板索	绞线索	拉杆索
1	外观	每根	√	√	√	√	√	√
2	长度偏差和尺寸	每根	√	√	√	√	√	√
3	索体材料物理性能	每批	√	√	√	√	√	√
4	索体材料力学性能	每批	√		√	√	√	√
5	索体弹性模量	每批	√	√	√	√	√	√
6	锚具回缩	每根		√	√	√	√	√
7	拉索静载性能	每批	√	√	√	√	√	√
8	拉索动载性能	每批	—	—	—	√	√	√
注:"—"为非检验项目,"√"为检验项目。								

8.2.2　组批和抽样

以相同规格、相同材料、相同工艺、相同设备,稳定连续生产的 100 根拉索或累计长度 2 000 m 为一批,一个工程不足此数时也视为一批。每批抽取 2 根拉索,1 根用于索体材料物理性能和索体材料力学性能检验;1 根用于索体弹性模量、锚具回缩和拉索静载性能检验。

8.2.3　判定规则

外观、长度偏差和尺寸、锚具回缩均符合要求,判该产品合格,否则判该产品不合格。索体材料物理性能、索体材料力学性能、索体弹性模量和拉索静载性能均符合要求,判该批产品合格;如一项不合格项目时,应加倍抽取拉索对该项目进行复验,如全部合格,判该批产品合格,否则判该批产品不合格。

8.3　型式检验

8.3.1　检验条件

有下列情况之一时应进行型式检验:
a)　新产品或产品转厂生产的试制定型鉴定;
b)　正式生产后,如结构、材料、工艺有较大改变,可能影响产品性能时;
c)　定期或积累一定产量后,每两年进行一次检验;
d)　产品长期停产后,恢复生产时;
e)　出厂检验结果与上次型式检验有较大差异时。

8.3.2　检验项目

型式检验项目应符合表 4 的规定。

8.3.3　组批和抽样

以相同规格、相同材料、相同工艺、相同设备,稳定连续生产的 100 根拉索或累计长度 2 000 m 为一批,一个工程不足此数时也视为一批。每批抽取不少于 3 根拉索,其中疲劳性能试验和周期荷载试验至少各 1 根。

8.3.4 判定规则

所检项目全部合格判型式检验合格,否则判型式检验不合格。

9 标志、包装、运输、贮存

9.1 标志

9.1.1 在每件产品的两端锚具处,应标明该拉索编号和产品标记。

9.1.2 每件产品均应附合格证、质量保证书和产品使用说明书。合格证上注明:制造厂名和厂址、生产日期、产品编号、产品标记和产品标准号。

9.2 包装

9.2.1 成盘包装

规格较大或长度较长的产品可采用成盘包裹,索盘筒径应不小于 50 倍的拉索外径,拉索整齐卷绕于索盘上,两端锚具牢固地固定于索盘上,但应便于拆卸。索盘的最大外形尺寸应满足相应运输(车船及交通)条件的要求。

9.2.2 成圈包装

产品以脱胎成圈的形式包装运输,其盘绕内径应不小于 50 倍拉索外径,并且不小于 1.6 m。最大外形尺寸应满足相应的运输条件。

9.2.3 直条包装

拉杆索应采用直条包装,当长度超过运输工具尺寸时,可将锚具与索体拆分,索体部分采用直条包装,锚具、连接件等装箱运输。

9.2.4 其他要求

拉索应采用不损伤其表面质量且阻燃的材料缠包保护,并盘卷整齐,捆扎结实。两端锚具用塑料套加麻布包裹两层进行固定和防护,以防潮防水。

9.3 运输与贮存

9.3.1 在运输和装卸过程中,应防止碰伤索体及锚具,并应防潮防雨。

9.3.2 产品可贮存在一般条件室内仓库中,室内存放时,室内应干燥通风,并避免日光直射和受潮;露天存放则应置于遮篷中,用支撑板垫起,且应防潮防雨,远离热源火源。

9.3.3 成圈产品应水平堆放贮存,重叠堆放时逐层间应加支撑垫板,堆放时应注意锚具不可压伤拉索护层。避免锈蚀、沾污、遭受机械损伤和散失。

附　录　A
（资料性附录）
复合材料拉索预张拉

A.1　范围

本附录规定了复合材料拉索预张拉的步骤。
本附录适用于复合材料拉索的预张拉和制作。

A.2　预张拉步骤

A.2.1　纤维增强复合材料平行棒索、纤维增强复合材料平行板索和采用组装式锚具的纤维增强复合材料拉杆索按照预张拉、外包保护和锚具连接等主要程序制作。预张拉荷载不小于公称破断力的40%，预张次数不小于3次，每次预张拉持荷时间不小于60 min。

A.2.2　纤维增强复合材料绞线索按照扭绞、外包保护和锚具连接等主要程序制作。成型后再进行预张拉和外包保护。预张拉荷载不小于公称破断力的40%，预张次数不小于3次，每次预张拉持荷时间不小于60 min。

A.2.3　采用一体式锚具的纤维增强复合材料拉索，锚具与索体同时成型制作，成型后再进行预张拉和外包保护。预张拉荷载不小于公称破断力的40%，预张次数不小于3次，每次预张拉持荷时间不小于60 min。

ICS 83.120
Q 23

中华人民共和国国家标准

GB/T 37897—2019/ISO 15310:1999

纤维增强塑料复合材料
平板扭曲法测定面内剪切模量

Fibre-reinforced plastic composites—Determination of the in-plane
shear modulus by the plate twist method

(ISO 15310:1999,IDT)

2019-08-30 发布

2020-07-01 实施

国家市场监督管理总局
中国国家标准化管理委员会　发 布

前　言

本标准按照 GB/T 1.1—2009 给出的规则起草。

本标准使用翻译法等同采用 ISO 15310:1999《纤维增强塑料复合材料　平板扭曲法测定面内剪切模量》。

与本标准中规范性引用的国际文件有一致性对应关系的我国文件如下：

——GB/T 27797(所有部分)　纤维增强塑料　试验板制备方法[ISO 1268(所有部分)]；

——GB/T 17200—2008　橡胶和塑料拉力、压力和弯曲试验机(恒速驱动)技术规范(ISO 5893:2002,IDT)。

本标准由中国建筑材料联合会提出。

本标准由全国纤维增强塑料标准化技术委员会(SAC/TC 39)归口。

本标准起草单位:内蒙古航天红岗机械有限公司、西北工业大学。

本标准主要起草人:严科飞、张程煜、祁发强、王锴、谢德有。

纤维增强塑料复合材料
平板扭曲法测定面内剪切模量

1 范围

1.1 本标准规定了采用标准平板试样测试纤维增强复合材料面内剪切模量(G_{12})的试验方法。当应用于各向同性材料,剪切模量的测试和方向无关。

1.2 本标准用于测试试样的面内剪切模量,不能用于测试剪切强度。它是采用试样板对角线的两个点作为支撑点,另一条对角线的两个点作为加载点,加载点随试验机横梁的位移同步移动。

1.3 本标准适用于纤维增强热固性复合材料和纤维增强热塑性复合材料。

由于在弯曲条件下产生的剪切变形,对于不同纤维形式和/或不同方向的铺层材料,整个截面上材料层必须均匀分布,使材料在厚度方向上接近均质材料。

材料的坐标系按 3.8 的规定。

注:本标准可应用于聚合物或其他材料(包括金属,陶瓷和金属基或陶瓷基复合材料)。

对于使用单向织物制备的材料,采用多向增强试样(0°/90°/±45°)获得的剪切模量和单向或正交铺层(0°/90°)增强试样获得的剪切模量不同。

1.4 本标准的试样可直接成型至规定尺寸,可从板材上或制品的平整区域机加试样。

1.5 本标准规定了较优的试样尺寸。采用其他尺寸试样或不同条件下制备的试样测试的试验结果不能进行对比。试验速率和试样状态等因素也影响试验结果。因此,当需要对比试验数据时,这些因素应严格控制,并进行记录。

注:剪切应力-应变响应在高应变水平下是非线性的。本试验方法在低应变区域测定剪切模量,不适用于高应变。

2 规范性引用文件

下列文件对于本文件的应用是必不可少的。凡是注日期的引用文件,仅注日期的版本适用于本文件。凡是不注日期的引用文件,其最新版本(包括所有的修改单)适用于本文件。

ISO 291:1997 塑料 状态调节和试验的标准环境(Plastics—Standard atmospheres for conditioning and testing)

ISO 1268:1974 塑料 试验用玻璃纤维增强、树脂胶粘、低压层板或板条的制备(Plastics—Preparation of glass fibre reinforced, resin bonded, low-pressure laminated plates or panels for test purposes)

ISO 2602:1980 测试结果的统计解释 平均值的估计 置信区间(Statistical interpretation of test results—Estimation of the mean—Confidence interval)

ISO 2818:1994 塑料 用机械加工法制备试样(Plastics—Preparation of test specimens by machining)

ISO 5893:1993 橡胶和塑料拉力、压力和弯曲试验机(恒速驱动)技术规范[Rubber and plastics test equipment—Tensile, flexural and compression types (constant rate of traverse)—Description]

3 术语和定义

下列术语和定义适用于本文件。

3.1

板变形　plate deflection

W

加载点相对支撑点移动的距离,单位为毫米(mm)。

注:板变形通常由两个加载点的横梁位移测量。

3.2

剪切弹性模量　modulus of elasticity in shear

面内剪切模量　in-plane shear modulus

G_{12}

方向不同于纤维增强材料方向上的剪切模量,用 GPa 表示。在板变形为 $0.1h \sim 0.3h$ 间测试,h 为板材厚度(见 3.7)。

3.3

试验速率　speed of testing

加载点相对于支撑点移动速率,单位为毫米每分(mm/min)。

3.4

跨距　span

S

两个支撑点间的距离 S_1 和两个加载点间的距离 S_2 的平均值(如图3),单位为毫米(mm)。

3.5

对角线长度　diagonal length

D

平板两个对角间的距离,单位为毫米(mm)。按式(1)计算:

$$D = (a'^2 + a''^2)^{\frac{1}{2}} \qquad\qquad\cdots\cdots\cdots\cdots\cdots\cdots\cdots(1)$$

3.6

试样宽度　specimen widths

a', a''

试样每个方向的平均宽度(如图2),单位为毫米(mm)。

3.7

试样厚度　specimen thickness

h

试样平均厚度,单位为毫米(mm)。

3.8

试样坐标系　specimen coordinate axes

定义的材料坐标系见图1。

与主纤维平行的方向定义为"1"方向,垂直于"1"方向且在纤维平面内定义为"2"方向。"1"方向称为 0 度(0°)或者纵向,"2"方向称为 90 度(90°)或者横向。类似的定义可应用于纤维铺层材料和方向,如制品制备过程相关方向(例如长度)的情况。

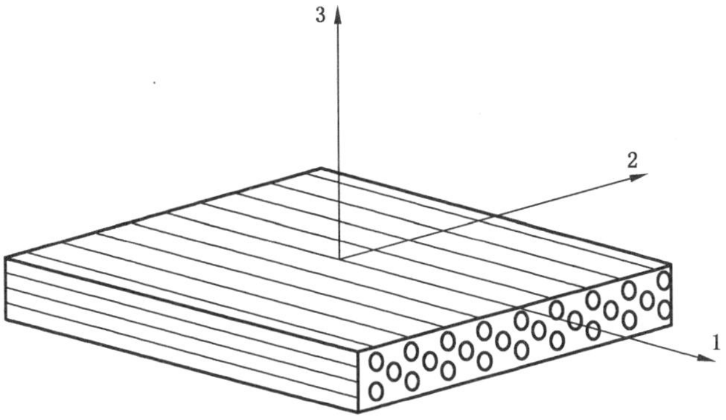

图 1　纤维增强材料坐标系

4　试验原理

试样支撑于试样板对角线两角的附近位置的两个支撑点上，在另一个对角线上的两个加载点上以恒定的速率加载(如图 2)，直至试样变形值达到预定值。在这个过程中，测量加载点的载荷/位移曲线。

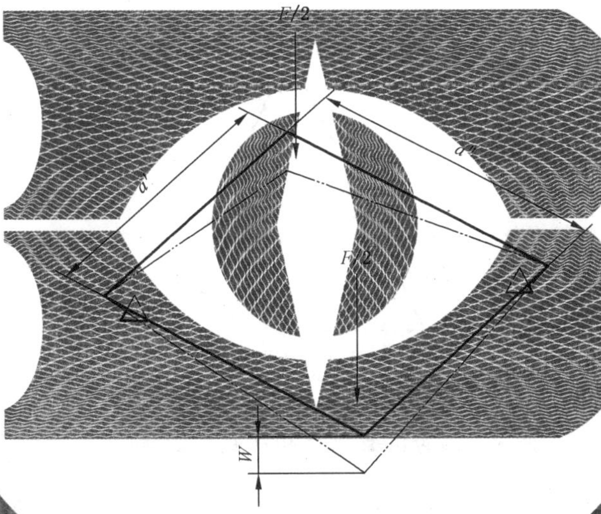

图 2　试验原理

5　试验装置

5.1　试验机

5.1.1　通则

试验机应符合 ISO 5893，具体要求见 5.1.2～5.1.4。

5.1.2　试验速率

试验机应能保持(1±0.2)mm/min 的速率。

5.1.3　夹具和加载点

图 3 中标示了两个支撑点和两个加载点。要求支撑点和加载点位置误差在 0.5 mm 内。

试验加载过程中,支撑点和加载点安装在刚性横梁上,与弯曲试验中的支承辊相似,横梁相互垂直。当试验机工作时,由于加载点与刚性梁连接,相对支撑点,两个加载点同步位移。

注:图4为较优的支撑点和加载点装置图。

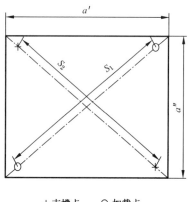

+支撑点   ○加载点

图 3   支撑点和加载点位置

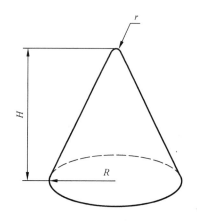

图 4   推荐的支撑点和加载点装置图

支撑点和加载点的半径 r 应为(2.0±0.2)mm,如图4所示。推荐圆锥的高度 H 为 20 mm,底部半径 R 为 10 mm。

5.1.4   载荷和变形测量值

力和变形的测量误差不应超过满量程的 2%(见 ISO 5893)。

注:当采用横梁的位移测量板的变形时,应对挠度值进行修正(修正应考虑所有附加的挠度,如试验机的位移,支撑梁的挠度,传感器的位移以及局部压痕)。

5.2   尺寸测量工具

5.2.1   千分尺或类似量具

精确至 0.01 mm,用于测量试样厚度 h。

5.2.2   游标卡尺或类似量具

精确至 0.1 mm,用于测量试样跨距 S 和试样宽度。

6 试样

6.1 形状和尺寸

试样为正方形,且表面平整。

6.1.1 标准试样

标准试样尺寸见表1。对于任何一组试验,试样厚度的偏离值不应超过平均值的5%,宽度的偏离值不应超过平均值的1%。

表 1 标准试样尺寸

单位为毫米

材料	试样宽度 a'、a''	厚度 h
非连续,毡,织物,多向增强	150±1.5	4±0.5
单向布增强	150±1.5	2±0.5

6.1.2 其他试样

如果试样厚度不能满足6.1.1给出的标准范围,试样的宽度应满足 $a'=a''\geqslant 35h$。

注:选择上述比值,是为了全厚度剪切模量不对测量的面内剪切模量产生严重影响。当材料的结构在厚度方向上是均质的,可以通过机械加工减薄。但试样不推荐进行机械加工。

6.2 试样制备

试样按照ISO 1268或其他指定或双方协商的制备方法(机械加工可参照ISO 2818)制备试样,也可从制品平整区取样。

6.3 试样检查

试样应平整无翘曲,试样表面和边缘应不受划痕、凹坑、麻点和飞边等影响。对试样几何特性目视观察,并通过游标卡尺对试样直角等进行测量,检查试样是否满足这些要求。不应使用任何有明显不符合要求的试样进行试验,或者在试验前对其加工至规定的形状和尺寸。

7 试样数量

至少5个试样。

注:如果需要更高的测试精度,试样数量应多于5个。可以通过95%置信区间来评估这一点(参见ISO 2602)。

8 状态调节

按指定的标准进行状态调节。若是没有相关的状态调节要求,则选择ISO 291中最适合的条件进行状态调节,除非有关各方另有协议,例如在高温下或低温下进行试验。

9 试验步骤

9.1 按指定的试验环境进行试验。若是没有相关的试验环境要求,则选择ISO 291中最适合的条件进行试验,除非有关各方另有协议,例如在高温下或低温下进行试验。

9.2 测量每个试样宽度,精确至 0.5 mm,沿试样边测试 3 个位置,然后计算每个方向的平均值(a' 和 a'')。

9.3 试验的跨距 S 为 $0.95D$,D 在 3.5 中定义。

9.4 调节支撑点和加载点跨距至 S,精确至 0.5 mm。

9.5 测量试样厚度 h,精确至 0.02 mm,在试样每个边的中点,离边缘 25 mm 位置处测量,计算平均值。废除厚度超出平均厚度 5% 的试样,随即选择其他试样替代。

9.6 设置加载速率为 (1 ± 0.2) mm/min。

9.7 将试样对称放置在两个支撑点上,并调整加载点和试样接触。

9.8 加载点的偏离不大于 $0.5h$。

9.9 在试验过程中,记录变形和相应的载荷,如果有条件,采用自动记录系统记录载荷/变形曲线。

9.10 采用同样的方法测试其余试样。

10 结果计算

10.1 面内剪切模量计算

用载荷 F_1 和 F_2 及对应的变形 W_1 和 W_2 计算面内剪切模量,如图 5 所示。

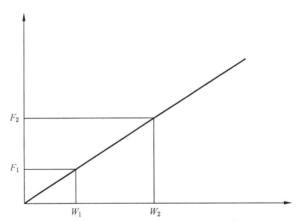

图 5 载荷/位移曲线

对于标准试样,按式(2)计算面内剪切模量:

$$G_{12} = \frac{3}{4} \times \frac{\Delta \times a' \times a'' \times K}{1\,000h^3} \quad\quad\quad\quad\quad (2)$$

式中的 Δ 按式(3)计算:

$$\Delta = \frac{F_2 - F_1}{W_2 - W_1} \quad\quad\quad\quad\quad (3)$$

式中:

G_{12} ——面内剪切模量,单位为吉帕(GPa),对于各向同性材料等于 G;

W_1、W_2 ——变形,单位为毫米(mm),($W_1=0.1h$,$W_2=0.3h$);

F_1、F_2 ——与 W_1 和 W_2 相对应的载荷,单位为牛(N);

a'、a'' ——试样每个方向上的平均宽度,单位为毫米(mm);

h ——试样平均厚度,单位为毫米(mm);

K ——几何修正因子,$K=0.822$。

注：对于跨距和对角线长度比之大于 0.95 时，$K=3r^2-2r-2(1-r)^2\ln(1-r)$。$r=S/D$，$S$ 为测量的平均跨距，D 为对角线长度。

10.2 数据统计

根据 ISO 2602 中给出的程序计算测试结果的算术平均值，并在需要时计算平均值的标准差和 95％置信区间。

10.3 有效数字

3 个有效数字。

11 准确性

在有效试验方法下进行的材料试验和准确性，参见附录 A。

12 试验报告

试验报告包含以下信息：

a) 依据本标准；

b) 试样完整信息，包括类型、来源、制造数据、供应商的代码、组成等；

c) 试样的形状和尺寸；

d) 试样调节和试验环境；

e) 试样数量；

f) 跨距 S；

g) 试验速率；

h) 试验机型号、精确度等级（见 ISO 5893）；

i) 如果需要，每个试验结果；

j) 试验结果的平均值；

k) 95％置信区间内的平均值；

l) 试验日期。

附　录　A
（资料性附录）
准　确　度

测试了如下材料：

材料 1　单向玻璃纤维增强环氧

材料 2　SMC（玻璃纤维/毡/聚酯）

材料 3　玻璃纤维布增强环氧

材料 4　短切纤维增强聚酯

材料 5　注射玻璃纤维增强尼龙

材料 6　单向碳纤维增强环氧

表 A.1　重复性、再现性和平均剪切模量

材料	重复性条件		再现性		平均值 GPa
	s_r	r	s_R	R	
1	0.164	0.459	0.302	0.846	5.85
2	0.137	0.385	0.184	0.516	4.30
3	0.106	0.296	0.307	0.859	4.39
4	0.096	0.269	0.098	0.274	1.78
5	0.061	0.171	0.165	0.461	1.16
6	0.200	0.559	0.309	0.865	5.17

表 A.2　重复性和再现性与平均值的比值

材料	与平均值的比值			
	重复性条件		再现性条件	
	s_r	r	s_r	r
1	2.80	7.84	5.41	14.4
2	3.19	8.96	4.29	12.0
3	2.42	6.75	7.00	19.6
4	5.38	15.1	5.50	15.4
5	5.28	14.8	14.27	39.8
6	3.87	10.8	5.98	16.7

参 考 文 献

[1] NIMMO,W.,and SIMS,G.D.,"Plate Twist Round Robin Validation Exercise",NPL Report DMM(A)156,1995.

[2] Definitions of precision terms are given in ISO 5725-1:1994,Accuracy (trueness and precision) of measurement methods and results—Part 1:General principles and definitions.

ICS 79.100
B 70

中华人民共和国林业行业标准

LY/T 2565—2015

竹 塑 复 合 材 料

Bamboo plastic composite

2015-10-19 发布

2016-01-01 实施

国家林业局 发布

前　言

本标准按照 GB/T 1.1—2009 给出的规则起草。

请注意本文件的某些内容可能涉及专利,本文件的发布机构不承担识别这些专利的责任。

本标准由全国林业生物质材料标准化技术委员会(SAC/TC 416)提出并归口。

本标准起草单位:北京林业大学、安徽森泰塑木新材料有限公司、广德县林业局。

本标准主要起草人:张双保、方明刚、唐道远、唐圣卫、宋伟、张勇、王斌、王翠翠、王丹丹、侯国君、翁琴、于争争、孙斌、李雪菲、赵方、徐正东、张亚卓、赵瑞龙、冯明智、王永波、曹阳、韦文榜、程海涛、朱明昊。

竹 塑 复 合 材 料

1 范围

本标准规定了竹塑复合材料的术语和定义、要求、检验方法、检验规则、标识、包装、运输和贮存。
本标准适用于以挤出成型工艺制成的室外用实心平板竹塑复合材料。

2 规范性引用文件

下列文件对于本文件的应用是必不可少的。凡是注日期的引用文件,仅注日期的版本适用于本文件。凡是不注日期的引用文件,其最新版本(包括所有的修改单)适用于本文件。

GB/T 1634.2—2004 塑料 负荷变形温度的测定 第2部分:塑料、硬橡胶和长纤维增强复合材料

GB/T 2828.1—2012 计数抽样检验程序 第1部分:按接收质量限(AQL)检索的逐批检验抽样计划

GB/T 7921—2008 均匀色空间和色差公式

GB/T 17657—2013 人造板及饰面人造板理化性能试验方法

GB/T 18102—2007 浸渍纸层压木质地板

GB/T 18103—2000 实木复合地板

GB/T 18259—2009 人造板及其表面装饰术语

GB/T 24508—2009 木塑地板

3 术语和定义

GB/T 18259—2009界定的以及下列术语和定义适用于本文件。

3.1

竹塑复合材料 bamboo plastic composite
以竹粉或竹纤维为原料,与热塑性塑料按挤出成型工艺加工成的复合材料(竹材含量>50%)。

4 要求

4.1 规格尺寸

竹塑复合材料规格尺寸应符合表1规定,其他也可由供需双方商定。

表 1 竹塑复合材料规格尺寸要求

项目	单位	要求
长度 l	mm	当 $l \leqslant 2\,000$ 时,偏差 $\leqslant \pm 2.5$ 当 $2\,000 < l \leqslant 4\,500$ 时,偏差 $\leqslant \pm 4.0$ 当 $l > 4\,500$ 时,偏差 $\leqslant \pm 6.0$

表 1（续）

项目	单位	要求
宽度 w	mm	当 $w \leqslant 200$ 时,偏差$\leqslant \pm 1.0$ 当 $200 < w \leqslant 400$ 时,偏差$\leqslant \pm 1.5$ 当 $w > 400$ 时,偏差$\leqslant \pm 2.0$
厚度 h	mm	当 $h \leqslant 20$ 时,偏差$\leqslant \pm 0.5$ 当 $20 < h \leqslant 40$ 时,偏差$\leqslant \pm 0.8$ 当 $h > 40$ 时,偏差$\leqslant \pm 1.0$
直角度	mm	$\leqslant 0.5$
边缘不直度	mm/m	$\leqslant 1.5$
翘曲度	%	横向$\leqslant 0.15$,纵向$\leqslant 1.50$

4.2 外观质量

竹塑复合材料外观质量应符合表 2 规定,其他也可由供需双方商定。

表 2 竹塑复合材料外观质量要求

项目	要求
鼓包和鼓泡	外表面不允许,内腔距端面 20 cm 以内不允许
开裂	切口、端面、内外表面不允许
斑点	暴露在外时,最大尺寸不允许> 2 mm
色差	同一批次产品任意两块之间$\leqslant 5$ NBS
分层	内部不允许
崩边	正面不允许

4.3 物理力学性能

竹塑复合材料物理力学性能应符合表 3 规定。

表 3 竹塑复合材料物理力学性能要求

项目	单位	指标
负荷变形温度	℃	$\geqslant 110$
密度	g/cm³	$\leqslant 1.38$
含水率	%	$\leqslant 2.0$
静曲强度	MPa	$\geqslant 25.0$
弹性模量	MPa	$\geqslant 2\ 200$
冲击韧性	kJ/m²	$\geqslant 8.0$
抗冲击	mm	$\leqslant 12$
表面耐磨	g/100 r	$\leqslant 0.08$

表3（续）

项目	单位	指标
吸水率	%	≤2.0
耐冷热循环	%	表面外观无龟裂、无鼓泡 长度变化≤0.5 宽度变化≤1.0 厚度变化≤3.0 整体吸水率≤5.0
抗冻融性	%	弯曲破坏载荷保留率≥80
抗滑值	—	≥35
蠕变恢复率	%	≥75

5 检验方法

5.1 规格尺寸

5.1.1 长度、宽度、厚度

按 GB/T 18103—2000 中 6.1.2.1～6.1.2.3 规定进行。

5.1.2 直角度

按 GB/T 18103—2000 中 6.1.2.4 规定进行。

5.1.3 边缘不直度

按 GB/T 18103—2000 中 6.1.2.5 规定进行。

5.1.4 翘曲度

按 GB/T 18103—2000 中 6.1.2.6 规定进行。

5.2 外观质量

5.2.1 鼓包和鼓泡

目测板材外表面和内腔确定,目测内腔时用手电筒辅助照明。

5.2.2 开裂

目测板材切口端面确定。

5.2.3 斑点

将板材表面打磨后,用游标卡尺测量斑点最大尺寸。

5.2.4 色差

按 GB/T 7921—2008 规定进行。

5.3 物理力学性能

5.3.1 12 项物理力学性能

随机取样,按实心平板进行表观检测。

试件不需平衡处理,若有要求也可进行。

试件制备参见表 4。

表 4 竹塑复合材料物理力学性能试件

序号	检验项目	试件尺寸/mm	备注
1	负荷变形温度	120.0×10.0×4.0	在同一块板的左段取 1 个、中段取 1 个、右段取 1 个
2	密度	100.0×100.0×板厚	在同一块板的左段取 2 个、中段取 1 个、右段取 2 个; 取样位置距板材长边20.0 mm、宽边20.0 mm
3	含水率	100.0×板宽×板厚	在同一块板的中段取 2 个; 板宽大于100.0 mm,取100.0 mm
4	静曲强度弹性模量	(20 h＋50.0)×50.0×板厚	在同一块板的左段取 1 个、中段取 1 个、右段取 1 个; (20 h＋50.0)小于150.0 mm,取150.0 mm。 (20 h＋50.0)大于1 050.0 mm,取1 050.0 mm
5	冲击韧性	100.0×10.0×板厚	在同一块板的左段取 2 个、中段取 1 个、右段取 2 个; 取样位置距板材长边20.0 mm、宽边20.0 mm
6	抗冲击	300.0×板宽×板厚	在同一块板的中段取 2 个; 板宽大于180.0 mm,取180.0 mm
7	表面耐磨	100.0×100.0×板厚	在同一块板的中段取 1 个
8	吸水率	50.0×50.0×板厚	在同一块板的左段取 1 个、中段取 1 个、右段取 1 个
9	耐冷热循环	180.0×板宽×板厚	在同一块板的左段取 1 个、中段取 1 个、右段取 1 个; 板宽大于180.0 mm,取180.0 mm
10	抗冻融性	(14 h＋50.0)×板宽×板厚	在同一块板的左段取 1 个、中段取 2 个、右段取 1 个; 板宽大于180.0 mm,取180.0 mm
11	抗滑值	1 000.0×板宽×板厚	在同一块板的中段取 2 个; 板宽大于180.0 mm,取180.0 mm
12	蠕变恢复率	(14 h＋50.0)×板宽×板厚	在同一块板的左段取 1 个、中段取 1 个、右段取 1 个; 板宽大于180.0 mm,取180.0 mm
试件尺寸允许偏差为±0.5。 h——试件公称厚度。			

5.3.2 负荷变形温度

按 GB/T 1634.2—2004 规定进行,施加的弯曲应力采用 A 法,即 1.80 MPa。

按图 1 取样。

单位为毫米

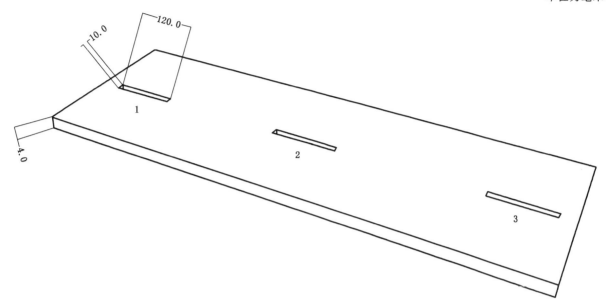

图 1 负荷变形温度检验取样图

5.3.3 密度

按 GB/T 17657—2013 中 4.2 规定进行。

按图 2 取样。

单位为毫米

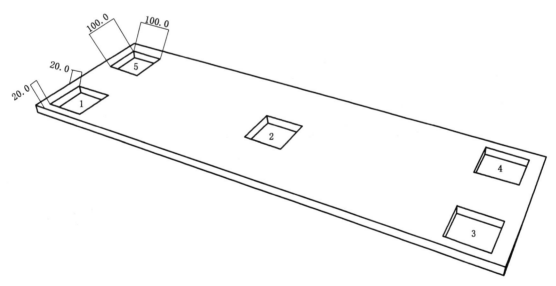

图 2 密度检验取样图

5.3.4 含水率

按 GB/T 17657—2013 中 4.3 规定进行。

按图 3 取样。

单位为毫米

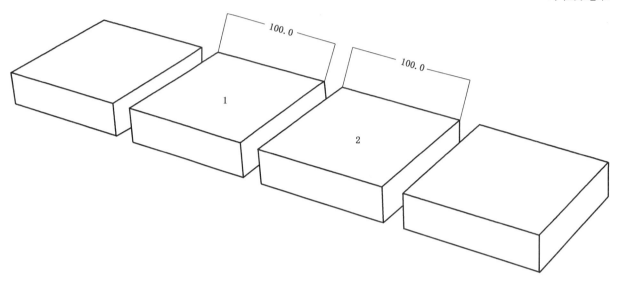

图 3　含水率检验取样图

5.3.5 静曲强度和弹性模量

按 GB/T 17657—2013 中 4.7 规定进行。

按图 4 取样。

单位为毫米

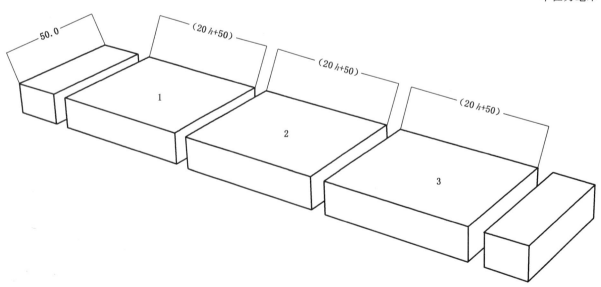

图 4　静曲强度和弹性模量检验取样图

5.3.6 冲击韧性

按 GB/T 17657—2013 中 4.22 规定进行。

按图 5 取样。

单位为毫米

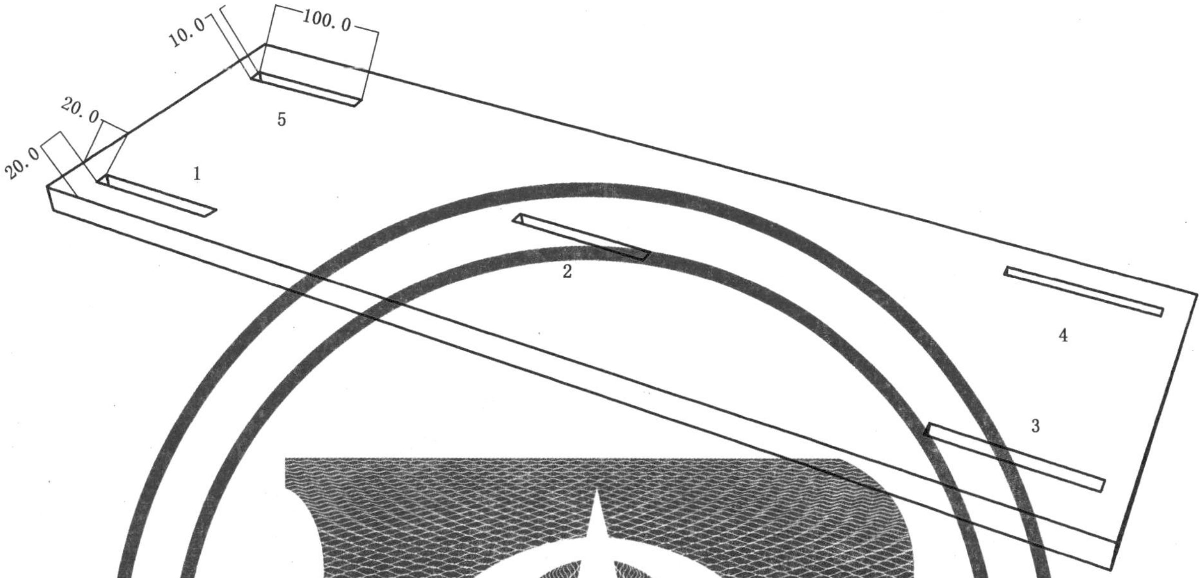

图 5 冲击韧性检验取样图

5.3.7 抗冲击

按 GB/T 18102—2007 中 6.3.16 规定进行。

按图 6 取样。

单位为毫米

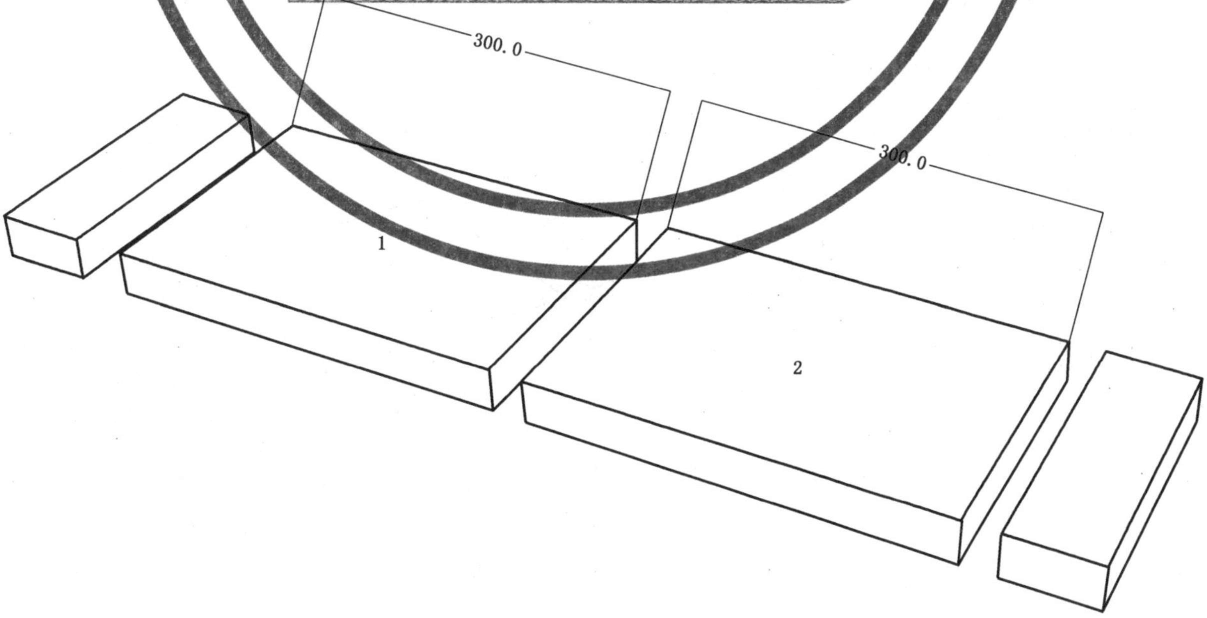

图 6 抗冲击检验取样图

5.3.8 表面耐磨

按 GB/T 18103—2000 中 6.3.6 规定进行。

按图 7 取样。

单位为毫米

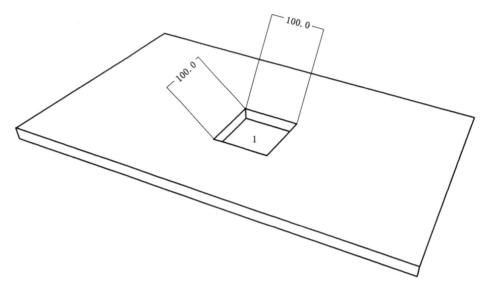

图 7 表面耐磨检验取样图

5.3.9 吸水率

按 GB/T 24508—2009 中 6.5.5 规定进行。

按图 8 取样。

单位为毫米

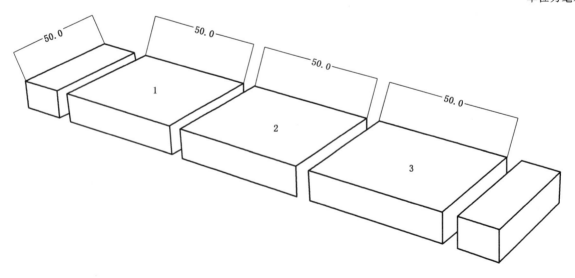

图 8 吸水率检验取样图

5.3.10 耐冷热循环

按 GB/T 24508—2009 中 6.5.9 规定进行。

按图 9 取样。

定义(60±5)℃水煮 12 h 后(−35±5)℃冷冻 24 h 为 1 个冷热循环,测试共包含 5 个循环,水煮环节使用的仪器是水槽。

按 5.3.9 规定测量试件的整体吸水率。

单位为毫米

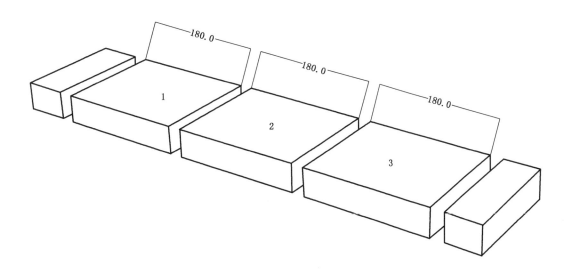

图 9 耐冷热循环检验取样图

5.3.11 抗冻融性

按 GB/T 24508—2009 中 6.5.10 规定进行。

按图 10 取样。

单位为毫米

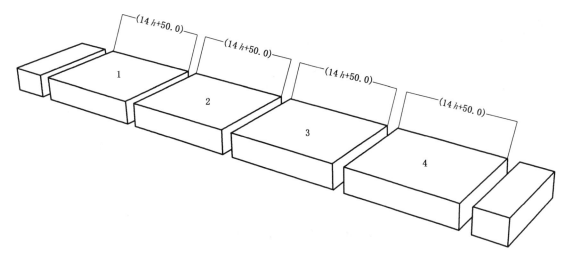

图 10 抗冻融性检验取样图

5.3.12 抗滑值

按 GB/T 24508—2009 中 6.5.16 规定进行。

按图 11 取样。

单位为毫米

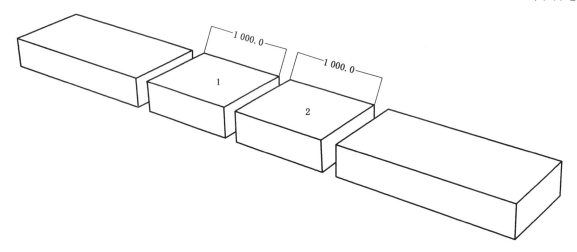

图 11 抗滑值检验取样图

5.3.13 蠕变恢复率

按 GB/T 24508—2009 中 6.5.17 规定进行。

按图 12 取样。

单位为毫米

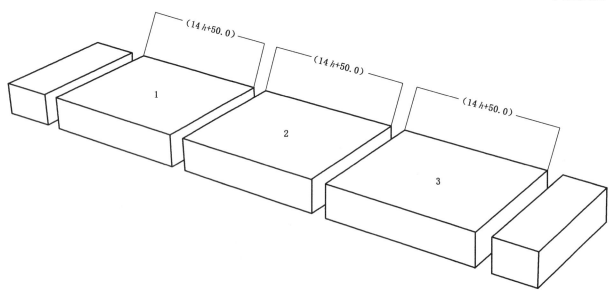

图 12 蠕变恢复率检验取样图

6 检验规则

6.1 检验类别

6.1.1 出厂检验

包括规格尺寸、外观质量、典型物理力学性能(密度、静曲强度和弹性模量、冲击韧性)、标识、包装。

6.1.2 型式检验

包括出厂检验和要求中的全部项目,出现下列情况之一时进行:

a) 正常生产时每年不少于一次;

b) 原辅材料及生产工艺发生较大改变时;

c) 停产3个月以上,恢复生产时;

d) 质量监督机构提出要求时。

6.2 组批原则

同一班次、同一规格、同一类产品为一批。

6.3 抽样与判定

6.3.1 总则

在同批产品中按规定抽取试样,并逐一检验,试样按块计数。

6.3.2 规格尺寸

采用 GB/T 2828.1—2012 中的正常检验二次抽样方案,检验水平为I,接收质量限 AQL=6.5。

按表5的规定,检验样本 n_1,不合格品数 $d_1 \leqslant Ac_1$ 时接收,$d_1 \geqslant Re_1$ 时拒收。

若 $Ac_1 < d_1 < Re_1$,检验样本 n_2,前后两个样本中不合格品数 $d_1 + d_2 \leqslant Ac_2$ 时接收,$\geqslant Re_2$ 时拒收。

表5 规格尺寸抽样方案及判定原则

单位为块

批量范围 N	样本大小		第一判定数		第二判定数	
	$n_1 = n_2$	$\sum n$	接收 Ac_1	拒收 Re_1	接收 Ac_2	拒收 Re_2
≤150	5	10	0	2	1	2
151~280	8	16	0	3	3	4
281~500	13	26	1	3	4	5
501~1 200	20	40	2	5	6	7

6.3.3 外观质量

采用 GB/T 2828.1 中的正常检验二次抽样方案,检验水平为Ⅱ,接收质量限 AQL=4.0。

按表6的规定,检验样本 n_1,不合格品数 $d_1 \leqslant Ac_1$ 时接收,$d_1 \geqslant Re_1$ 时拒收。

若 $Ac_1 < d_1 < Re_1$,检验样本 n_2,前后两个样本中不合格品数 $d_1 + d_2 \leqslant Ac_2$ 时接收,$\geqslant Re_2$ 时拒收。

表 6　外观质量抽样方案及判定原则　　　　　　　　　　　　　　单位为块

批量范围 N	样本大小		第一判定数		第二判定数	
	$n_1 = n_2$	$\sum n$	接收 Ac_1	拒收 Re_1	接收 Ac_2	拒收 Re_2
≤150	13	26	0	3	3	4
151～280	20	40	1	3	4	5
281～500	32	64	2	5	6	7
501～1 200	50	100	3	6	9	10

6.3.4　物理力学性能

抽样方案见表 7,任意 12 块试样组成一组。每一试件全部性能均达到标准规定要求,该批产品物理力学性能判为合格,否则判为不合格。

初检样本检验结果有某项指标不合格时,允许进行复检一次。在同批产品中加倍抽取样品对不合格项进行复检;复检后全部合格,判为合格;若仍有不合格项,判为不合格。

表 7　物理力学性能抽样方案　　　　　　　　　　　　　　单位为块

提交检查批的成品板数量	初检抽样数	复检抽样数
≤1 000	12	24
≥1 001	24	48
注:如样品规格小,按以上方案抽取的样品不能满足试验要求时,可适当增加抽样数量。		

注:受检样品为生产线上的出货成品,长度要求为 3 000 mm,送样到实验室后按项尺寸要求制备试件,每项检验使用一块。

6.4　综合判定

当规定的检验结果全部达到要求时,该批产品合格,否则不合格。

6.5　检验报告

检验报告内容应包括:

a)　检验依据的标准、检验类别和检验项目;

b)　检验结果及其结论;

c)　检验过程中出现的各种异常情况以及有必要说明的问题。

7　标识、包装、运输和贮存

7.1　标识

产品上应标明厂家名称、地址、产品名称、执行标准、规格、型号。

7.2 包装

包装上应标明厂家名称、地址、产品名称、执行标准、规格、型号。

7.3 运输和贮存

分类标记,平整堆放,防潮防火,避免人为损伤。

四、不饱和聚酯树脂复合材料

ICS 29.035.01
K 15

中华人民共和国国家标准

GB/T 1303.7—2009/IEC 60893-3-5:2003

电气用热固性树脂工业硬质层压板
第 7 部分：聚酯树脂硬质层压板

Industrial rigid laminated sheets based on thermosetting resins for electrical purposes—Part 7：Requirements for rigid laminated sheets based on polyester resins

(IEC 60893-3-5:2003,Insulating materials—Industrial rigid laminated sheets based on thermosetting resins for electrical purposes—Part 3：Specifications for individual materials—Sheet 5：Requirements for rigid laminated sheets based on polyester resins,IDT)

2009-06-10 发布

2009-12-01 实施

中华人民共和国国家质量监督检验检疫总局
中国国家标准化管理委员会 发 布

前　言

GB/T 1303《电气用热固性树脂工业硬质层压板》，分为以下几个部分：

——第1部分：定义、名称和一般要求；

——第2部分：试验方法；

——第3部分：工业硬质层压板型号；

——第4部分：环氧树脂硬质层压板；

——第5部分：三聚氰胺树脂硬质层压板；

——第6部分：酚醛树脂硬质层压板；

——第7部分：聚酯树脂硬质层压板；

——第8部分：有机硅树脂硬质层压板；

——第9部分：聚酰亚胺树脂硬质层压板；

——第10部分：双马来酰亚胺树脂硬质层压板；

——第11部分：聚酰胺酰亚胺树脂硬质层压板；

……

本部分是 GB/T 1303 的第7部分。

本部分等同采用 IEC 60893-3-5：2003（第2版）《电气用热固性树脂工业硬质层压板　第3部分：单项材料规范　第5篇：对聚酯树脂硬质层压板的要求》（英文版）。

为便于使用对 IEC 60893-3-5：2003 进行了下述编辑性修改：

a)　删除了 IEC 60893-3-5：2003 中的"前言"和"引言"，将引言内容编入本部分的"前言"中；

b)　对第1章"范围"进行了修改，删除了有关材料符合性说明，增加了适用范围；

c)　删除第3章的尺寸标注内容；

d)　将"要求"一章按"外观"、"尺寸"、"平直度"、"性能要求"分条编写，将"供货要求"单独列为一章编写，同时对 IEC 60893-3-5：2003 中表5进行了修改，将备注内容列入表注；将表5中试验方法章条列入第5章"试验方法"重新编写，并增加了切割板条的测试方法及总则；

e)　删除了 IEC 60893-3-5：2003 的参考文献。

本部分由中国电器工业协会提出。

本部分由全国绝缘材料标准化技术委员会（SAC/TC 51）归口。

本部分主要起草单位：北京新福润达绝缘材料有限责任公司、四川东材科技集团股份有限公司、西安西电电工材料有限责任公司、国家绝缘材料工程技术研究中心、桂林电器科学研究所。

本部分起草人：刘琦焕、赵平、杜超云、刘锋、罗传勇。

本部分为首次制定。

电气用热固性树脂工业硬质层压板
第7部分:聚酯树脂硬质层压板

1 范围

GB/T 1303 的本部分规定了以聚酯树脂为粘合剂的硬质层压板的分类与命名、要求、试验方法及供货要求。

本部分适用于以玻璃毡为基材,以聚酯树脂为粘合剂经热压而成的聚酯树脂硬质层压板。

2 规范性引用文件

下列文件中的条款通过 GB/T 1303 的本部分的引用而成为本部分的条款。凡是注日期的引用文件,其随后所有的修改单(不包括勘误的内容)或修订版均不适用于本部分,然而,鼓励根据本部分达成协议的各方研究是否可使用这些文件的最新版本。凡是不注日期的引用文件,其最新版本适用于本部分。

GB/T 1303.1—2009 电气用热固性树脂工业硬质层压板 第1部分:定义、名称和一般要求(IEC 60893-1:2004,IDT)

GB/T 1303.2—2009 电气用热固性树脂工业硬质层压板 第2部分:试验方法(IEC 60893-2:2003,MOD)

3 命名与分类

3.1 命名

按树脂和增强材料及板材特性进行命名。

示例:

```
UP  GM  201
              └── 特性系列号
          └────── 玻璃毡补强
      └────────── 不饱和聚酯树脂
```

3.2 分类

层压板型号见表1。

表 1 不饱和聚酯树脂工业硬质层压板型号

层压板型号			用途和性能[a]
树脂	增强材料	系列号	
UP	GM	201	机械和电气用。高湿度下电气性能良好,中温下机械性能良好
		202	机械和电气用。类似 UP GM201,但阻燃性好
		203	机械和电气用。类似 UP GM202,但提高了耐电弧和耐电痕化
		204	机械和电气用。室温下机械性能良好,高温下机械性能良好
		205	机械和电气性能用。类似 UP GM204 型,但阻燃性好

[a] 不应根据表1中得出:某一具体型号的层压板一定不适用于未被列出的用途,或者特定的层压板一定适用于所述大范围内的各种用途。

4 要求

4.1 外观

应符合 GB/T 1303.1—2009 中 5.1 规定。

4.2 尺寸

4.2.1 层压板原板宽度、长度的允许偏差应符合表2的规定。

表 2 宽度和长度的允许偏差　　　　　单位为毫米

宽度和长度	允许偏差
450～1 000	±15
>1 000～2 600	±25

4.2.2 厚度

层压板标称厚度及允许偏差见表3。

表 3 标称厚度及允许偏差　　　　　单位为毫米

标称厚度	允许偏差(所有型号)
0.8	±0.23
1.0	±0.23
1.2	±0.23
1.5	±0.25
2.0	±0.25
2.5	±0.30
3.0	±0.35
4.0	±0.40
5.0	±0.55
6.0	±0.60
8.0	±0.70
10.0	±0.80
12.0	±0.90
14.0	±1.00
16.0	±1.10
20.0	±1.30
25.0	±1.40
30.0	±1.45
35.0	±1.50
40.0	±1.55
45.0	±1.65
50.0	±1.75
60.0	±1.90
70.0	±2.00
80.0	±2.20
90.0	±2.35
100.0	±2.50

注1：对于标称厚度不在本表所列的优选厚度时,其允许偏差应采用最接近的优选标称厚度的偏差。

注2：其他偏差要求可由供需双方商定。

4.2.3 层压板切割板条宽度及偏差

层压板切割板条的宽度及允许偏差见表4。

表 4 层压板切割板条的宽度允许偏差（均为负偏差）　　单位为毫米

标称厚度 d	标称宽度（所有型号）					
	3＜b≤50	50＜b≤100	100＜b≤160	160＜b≤300	300＜b≤500	500＜b≤600
0.8	0.5	0.5	0.5	0.6	1.0	1.0
1.0	0.5	0.5	0.5	0.6	1.0	1.0
1.2	0.5	0.5	0.5	1.0	1.2	1.2
1.5	0.5	0.5	0.5	1.0	1.2	1.2
2.0	0.5	0.5	0.5	1.0	1.2	1.5
2.5	0.5	1.0	1.0	1.5	2.0	2.5
3.0	0.5	1.0	1.0	1.5	2.0	2.5
4.0	0.5	2.0	2.0	3.0	4.0	5.0
5.0	0.5	2.0	2.0	3.0	4.0	5.0

注：表中所列宽度的偏差均为单向的负偏差，其他偏差可由供需双方商定。

4.3 平直度

表 5 平直度　　单位为毫米

厚度 d	直尺长度	
	1 000	500
3＜d≤6	≤10	≤2.5
6＜d≤8	≤8	≤2.0
8＜d	≤6	≤1.5

4.4 性能要求

性能要求见表6规定。

表 6 性能要求

序号	性能		单位	要求				
				UP GM 201	UP GM 202	UP GM 203	UP GM 204	UP GM 205
1	弯曲强度	常态	MPa	≥130	≥130	≥130	≥250	≥250
		130 ℃±2 ℃		—	≥65	≥65	—	—
		150 ℃±2 ℃		—	—	—	≥125	≥125
2	平行层向简支梁冲击强度		kJ/m²	≥40	≥40	≥40	≥50	≥50
3	平行层向悬臂梁冲击强度		kJ/m²	≥35	≥35	≥35	≥44	≥44
4	垂直层向电气强度（90 ℃±2 ℃油中）		kV/mm	见表7				
5	平行层向击穿电压（90 ℃±2 ℃油中）		kV	≥35	≥35	≥35	≥35	≥35
6	浸水后绝缘电阻		MΩ	≥5.0×10²	≥5.0×10²	≥5.0×10²	≥5.0×10²	≥5.0×10²
7	耐电痕化指数（PTI）		—	≥500	≥500	≥500	≥500	≥500

表 6（续）

序号	性　　能	单位	要　　求				
			UP GM 201	UP GM 202	UP GM 203	UP GM 204	UP GM 205
8	耐电痕化和蚀损	级	—	—	1B2.5	—	—
9	燃烧性	级	—	V-0	V-0	—	V-0
10	吸水性	mg	见表 8				

注 1：对所有 UP GM 型号，切自未经修边的板的外缘 13 mm 的板条不要求符合本部分的规定。

注 2："—"表示无此要求。

注 3：平行层向简支梁冲击强度和平行层向悬臂梁冲击强度，两者之一满足要求即可。

注 4：燃烧性试验主要用于监控层压板生产的一致性，所测结果并不全面代表材料实际使用过程中的潜在的着火危险性。

表 7　垂直层向电气强度
（1 min 耐压或 20 s 逐级升压试验）
单位为千伏每毫米

型号	测得的试样厚度平均值 mm								
	1.5	1.8	2.0	2.2	2.4	2.5	2.6	2.8	3.0
UP GM201	12.0	11.0	10.5	10.0	9.6	9.4	9.2	9.0	9.0
UP GM202	12.0	11.0	10.5	10.0	9.6	9.4	9.2	9.0	9.0
UP GM203	12.0	11.0	10.5	10.0	9.6	9.4	9.2	9.0	9.0
UP GM204	12.0	11.0	10.5	10.0	9.6	9.4	9.2	9.0	9.0
UP GM205	12.0	11.0	10.5	10.0	9.6	9.4	9.2	9.0	9.0

注 1：两种试验任取其一。满足两者中任何一个要求应视其垂直层向电气强度（90 ℃油中）符合要求。

注 2：如果测得的试样厚度算术平均值介于表中所示两种厚度之间，则其极限值应由内插法求得。如果测得的试样厚度算术平均值低于给出极限值的最小厚度，则电气强度极限值取相应最小厚度的值。如果标称厚度为 3 mm 而测得的厚度算术平均值超过 3 mm，则取 3 mm 电气强度值。

表 8　吸水性极限值
单位为毫克

型号	测得的试样厚度平均值 mm																	
	0.8	1.0	1.2	1.5	2.0	2.5	3.0	4.0	5.0	6.0	8.0	10.0	12.0	14.0	16.0	20.0	25.0	22.5[2]
UP GM201				43	47	51	55	63	69	76	89	101	112	124	135	157	185	200
UP GM202				43	47	51	55	63	69	76	89	101	112	124	135	157	185	200
UP GM203				43	47	51	55	63	69	76	89	101	112	124	135	157	185	200
UP GM204				43	47	51	55	63	69	76	89	101	112	124	135	157	185	200
UP GM205				43	47	51	55	63	69	76	89	101	112	124	135	157	185	200

注 1：如果测得的试样厚度算术平均值介于表中所示两种厚度之间，则其极限值应由内插法求得。如果测得的试样厚度算术平均值低于给出极限值的最小厚度，则其吸水性极限值取相应最小厚度的值。如果标称厚度为 25 mm 而测得的厚度算术平均值超过 25 mm，则取 25 mm 的吸水性。

注 2：标称厚度大于 25 mm 的板应从单面机加工至（22.5±0.3）mm，并且加工面应光滑。

5 试验方法

5.1 总则

试验分出厂检验和型式试验。出厂检验为 4.1、4.2、4.3 及 4.4 表 6 中的"弯曲强度(常态)"和"垂直层向电气强度",型式试验为全部性能项目。

5.2 外观

目测检查。

5.3 尺寸

5.3.1 厚度

按 GB/T 1303.2—2009 中 4.1 规定。

5.3.2 宽度及长度

用分度为 0.5 mm 的直尺或量具至少测量三处,并报告其平均值。

5.4 平直度

按 GB/T 1303.2—2009 中 4.2 规定。

5.5 弯曲强度

适用于试验的板材标称厚度为大于或等于 1.5 mm,按 GB/T 1303.2—2009 中 5.1 规定,高温试验时,试样应在高温试验箱内在规定温度下处理 30 min 后,在该规定温度下进行试验。

5.6 平行层向简支梁冲击强度

适用于试验的板材标称厚度为大于或等于 3.0 mm,按 GB/T 1303.2—2009 中 5.4.2 规定。

5.7 平行层向悬臂梁冲击强度

适用于试验的板材标称厚度为大于或等于 5.0 mm,按 GB/T 1303.2—2009 中 5.4.3 规定。

5.8 垂直层向电气强度

适用于试验的板材标称厚度为小于或等于 3.0 mm,按 GB/T 1303.2—2009 中 6.1.3.1 规定,试验报告应报告试验方式。

5.9 平行层向击穿电压

适用于试验的板材标称厚度为大于 3.0 mm,按 GB/T 1303.2—2009 中 6.1.3.2 规定,试验应报告电极类型。

5.10 浸水后绝缘电阻

按 GB/T 1303.2—2009 中 6.3 规定。

5.11 耐电痕化指数(PTI)

适用于试验的板材标称厚度大于或等于 3.0 mm,按 GB/T 1303.2—2009 中 6.4 规定。

5.12 耐电痕化和蚀损

按 GB/T 1303.2—2009 中 6.5 规定。

5.13 燃烧性

适用于试验的板材标称厚度等于 3.0 mm,按 GB/T 1303.2—2009 中 7.2 规定。

5.14 吸水性

按 GB/T 1303.2—2009 中 8.2 规定。

6 供货要求

应符合 GB/T 1303.1—2009 中 5.4 的规定。

ICS 83.120
Q 23

中华人民共和国国家标准

GB/T 14206—2015
代替 GB/T 14206—2005

玻璃纤维增强聚酯连续板

Glass fiber reinforced polyester continuous panels

2015-12-31 发布

2016-11-01 实施

中华人民共和国国家质量监督检验检疫总局
中国国家标准化管理委员会 发布

前　言

本标准按照 GB/T 1.1—2009 给出的规则起草。

本标准代替 GB/T 14206—2005《玻璃纤维增强聚酯波纹板》。本标准与 GB/T 14206—2005 相比，主要技术变化如下：

——标准名称更改为"玻璃纤维增强聚酯连续板"；

——产品分类中增加了强度等级，删除了成型方法分类类型（见 3.1，2005 年版的 3.1）；

——修改了标记方式（见 3.2，2005 年版的 3.2）；

——将"不允许有直径大于 4 mm 的气泡"的外观要求，修改为"不允许有直径大于 2 mm 的气泡"（见 5.1，2005 年版的 4.3）；

——删除了手糊型板的有关要求（见 2005 年版的 4.4、4.6、表7）；

——增加了平板尺寸偏差要求（见 5.2）；

——增加了拉伸强度、拉伸弹性模量和巴柯尔硬度要求（见 5.3 和 5.4）；

——删除了连续板的树脂含量要求（见 2005 年版的 4.4）；

——增加了对胶衣透光型连续板的透光率要求（见 5.8）；

——修改了冲击性能试样尺寸（见 6.7.1，2005 年版的 4.7）；

——修改出厂检验的检验项目和判定规则（见 7.1，2005 年版的 6.1）；

——修改了型式检验条件（见 7.2.1，2005 年版的 6.2.1）。

本标准由中国建筑材料联合会提出。

本标准由全国纤维增强塑料标准化技术委员会（SAC/TC 39）归口。

本标准主要起草单位：秦皇岛耀华玻璃钢股份公司、北京玻璃钢研究设计院有限公司、南京费隆复合材料有限责任公司、昆山纵横复合材料有限公司、唐山润峰复合材料有限公司、苏州多凯复合材料有限公司。

本标准主要起草人：付秀君、李立民、周剑峰、汪浩然、冯志远、刘强、周连斌。

本标准历次版本发布情况为：

——GB/T 14206—1993、GB/T 14206—2005。

玻璃纤维增强聚酯连续板

1 范围

本标准规定了玻璃纤维增强聚酯连续板的分类和标记、原材料、要求、试验方法、检验规则、标志、运输、贮存与安装。

本标准适用于以玻璃纤维无捻粗纱及其制品、不饱和聚酯树脂为主要原材料,采用连续制板工艺生产的玻璃纤维增强聚酯连续板(以下简称"连续板")。

2 规范性引用文件

下列文件对于本文件的应用是必不可少的。凡是注日期的引用文件,仅注日期的版本适用于本文件。凡是不注日期的引用文件,其最新版本(包括所有的修改单)适用于本文件。

GB/T 1447 纤维增强塑料拉伸性能试验方法

GB/T 2576 纤维增强塑料树脂不可溶分含量试验方法

GB/T 3854 增强塑料巴柯尔硬度试验方法

GB/T 8237 纤维增强塑料用液体不饱和聚酯树脂

GB/T 8924 纤维增强塑料燃烧性能试验方法 氧指数法

GB/T 17470 玻璃纤维短切原丝毡和连续原丝毡

GB/T 18369 玻璃纤维无捻粗纱

GB/T 18370 玻璃纤维无捻粗纱布

JC/T 782 玻璃纤维增强塑料透光率试验方法

3 分类和标记

3.1 分类

3.1.1 连续板按截面形状分为平板、正弦波连续板、梯形波连续板,分别用P、Z、T表示。正弦波连续板如图1所示,梯形波连续板如图2所示。

3.1.2 连续板按透光性能分为透光型、不透光型;透光型分为普通透光型、阻燃透光型和胶衣透光型,分别用PT、ZT、JT表示。

3.1.3 连续板按阻燃性能分为阻燃型、非阻燃型;阻燃型分为阻燃1级和阻燃2级,分别用F1和F2表示。

3.1.4 连续板按强度等级分为强度1级和强度2级,分别用Q1、Q2表示。

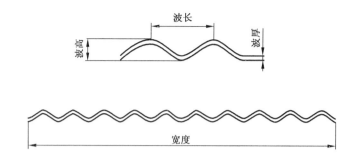

图 1 正弦波连续板

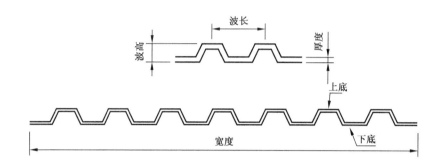

图 2 梯形波连续板

3.2 标记

连续板按截面形状、公称厚度、透光性能、阻燃性能、强度等级和本标准号进行标记。

示例1:公称厚度为1 mm,普通透光型,阻燃1级,强度1级,按本标准生产的平板标记为:

　　P-1-PT-F1-Q1　GB/T 14206—2015

示例2:公称厚度为1 mm,胶衣透光型,非阻燃型,强度2级,按本标准生产的正弦波连续板标记为:

　　Z-1-JT-Q2　GB/T 14206—2015。

4 原材料

4.1 增强材料采用无碱玻璃纤维无捻粗纱、无碱玻璃纤维无捻粗纱布或无碱玻璃纤维短切原丝毡。无碱玻璃纤维无捻粗纱应符合 GB/T 18369 的规定,无碱玻璃纤维无捻粗纱布应符合 GB/T 18370 的规定,无碱玻璃纤维短切原丝毡应符合 GB/T 17470 的规定。

4.2 基体树脂采用不饱和聚酯树脂,不饱和聚酯树脂应符合 GB/T 8237 的规定。

5 要求

5.1 外观

连续板表面应无明显皱纹,色泽均匀;板边齐、直。不允许有直径大于 2 mm 的气泡、雾状团密集区、穿透性针孔、露丝、断裂、分层等缺陷。

5.2 尺寸偏差

连续板尺寸由设计确定,尺寸偏差应符合表 1 的规定。

表 1　连续板尺寸偏差

单位为毫米

类型	长度	宽度	厚度	波高	波长	上底	下底
正弦波连续板	+20 −5	+25 −5	+0.2 0	+2 −2	+2 −2	—	—
梯形波连续板	+20 −5	+20 −5	+0.2 −0.1	+2 −2	+3 −2	+2 −2	+3 −3
平板	+20 −5	+10 −5	+0.2 −0.1	—	—	—	—

5.3 拉伸强度及拉伸弹性模量

连续板的拉伸强度、拉伸弹性模量应不低于表 2 的规定。

表 2　连续板拉伸强度及拉伸弹性模量

类型	拉伸强度/MPa	拉伸弹性模量/GPa
强度 1 级	130	8.0
强度 2 级	80	6.0

5.4 巴柯尔硬度

连续板的巴柯尔硬度应不低于 35。

5.5 树脂不可溶分含量

连续板的树脂不可溶分含量应不低于 82%。

5.6 弯曲挠度

正弦波连续板的弯曲允许挠度应不大于表 3 的规定。

表 3　正弦波连续板允许挠度

单位为毫米

公称厚度	允许挠度
0.5	50
0.7	40

表 3（续） 　　　　　　　　　　　　　　　　单位为毫米

公称厚度	允许挠度
0.8	36
0.9	34
1.0	30
1.2	24
1.5	22
1.6	18
2.0	15
2.5	12

5.7 冲击性能

连续板经冲击强度试验后,不应有断裂或贯穿的孔洞。

5.8 透光性能

透光型连续板可见光透光率应不低于表 4 的规定。

表 4　透光型连续板透光率要求

厚度/mm	普通透光型/%	阻燃透光型/%	胶衣透光型/%
0.5	82	78	78
0.7	82	78	78
0.8	80	76	76
0.9	80	76	76
1.0	80	76	76
1.2	77	73	73
1.5	75	70	70
1.6	75	70	70
2.0	64	60	60
2.5	60	55	55

5.9 阻燃性能

阻燃型连续板氧指数应不低于表 5 的规定。

表 5　阻燃型连续板氧指数要求

类型	氧指数/%
阻燃 1 级	30
阻燃 2 级	26

6 试验方法

6.1 外观

目测及用精度为 0.5 mm 的量具检验。

6.2 尺寸偏差

6.2.1 长度

6.2.1.1 正弦波连续板或梯形波连续板用精度为 1 mm 的量具,在第 2 波、第 5 波、第 8 波波峰处测量长度,波峰少于 8 个时任取 3 个波峰处测量,取算术平均值。

6.2.1.2 平板用精度为 1 mm 的量具,在距离两端大于 100 mm 任意 3 处测量长度,取算术平均值。

6.2.2 宽度

用精度为 1 mm 的量具,在距离连续板两端大于 100 mm 任意 3 处测量宽度,取算术平均值。

6.2.3 厚度

6.2.3.1 正弦波连续板或梯形波连续板用精度为 0.02 mm 的游标卡尺,在第 2 波、第 5 波、第 8 波波峰处测量厚度,波峰少于 8 个时任取 3 个波峰处测量,取算术平均值。

6.2.3.2 平板用精度为 0.02 mm 的游标卡尺,在距离两端大于 100 mm 任意 3 处测量厚度,取算术平均值。

6.2.4 波长

正弦波连续板或梯形波连续板用精度为 1 mm 的量具,测量两端的第 1 个波峰到最后 1 个波峰的距离,取算术平均值,再除以此距离间的波数。

6.2.5 波高

正弦波连续板或梯形波连续板用精度为 0.02 mm 的游标卡尺,在两端的第 2 波、第 5 波、第 8 波波峰处测量波高,波峰少于 8 个时任取 3 个波峰处测量,取算术平均值。

6.2.6 上底

梯形波连续板用精度为 0.02 mm 的游标卡尺,任取 3 个波峰测量的上底宽度,取算术平均值。

6.2.7 下底

梯形波连续板用精度为 0.02 mm 的游标卡尺,任取 3 个波谷测量的下底宽度,取算术平均值。

6.3 巴柯尔硬度

连续板的巴柯尔硬度按 GB/T 3854 测定。

6.4 拉伸强度及拉伸弹性模量

连续板的拉伸强度及拉伸弹性模量按 GB/T 1447 测定。

6.5 树脂不可溶分含量

连续板的树脂不可溶分含量按 GB/T 2576 测定。

6.6 弯曲挠度

6.6.1 试样

以原张正弦波连续板作为试样;长度超过 4 000 mm 时,试样长度为 4 000 mm。

6.6.2 试验环境条件

一般在室温条件下进行;仲裁试验时,试验室温度为(23±2)℃,相对湿度为 40%~60%。

6.6.3 试验步骤

采用 3 点加载方法,试验装置见图 3。试验跨距为 800 mm,试验载荷按式(1)计算。载荷分三级均匀施加,测其最大挠度。

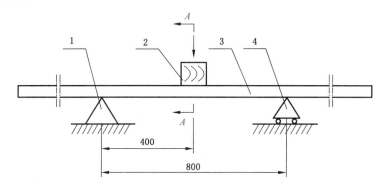

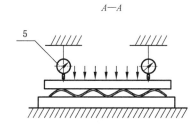

说明:

1——固定支座;

2——加载木块[75 mm×75 mm×(b+10)mm];

3——试样;

4——自由支座;

5——百分表。

注:b 为连续板的宽度。

图 3 连续板弯曲试验装置示意图

$$P = \frac{Wb}{B} \qquad\qquad \cdots\cdots\cdots\cdots\cdots\cdots\cdots\cdots\cdots\cdots\cdots\cdots (1)$$

式中：

P ——试验载荷,单位为牛顿(N);

W ——标准试验载荷,取 $W=392$ N;

b ——连续板宽度,单位为毫米(mm);

B ——标准试样板宽度,取 $B=740$ mm。

6.7 冲击性能

6.7.1 试样

以原张连续板作为试样;长度超过 4 000 mm,试样长度为 4 000 mm。

6.7.2 试验环境条件

试验环境条件按 6.6.2 的规定。

6.7.3 试验程序

按弯曲挠度试验的支撑方法,在试样的中上方用质量为 1 kg 的钢球,距正弦波连续板、梯形波连续板波峰顶点 1 500 mm 或距平板上表面 1 500 mm 的高度自由落下,观察试样有无断裂或贯穿的孔洞。

6.8 透光性能

连续板的透光率按 JC/T 782 测定。

6.9 阻燃性能

连续板的氧指数按 GB/T 8924 测定。

7 检验规则

7.1 出厂检验

7.1.1 检验项目

每批产品均应进行外观、尺寸偏差和巴柯尔硬度的检验,对透光型连续板还应进行透光率的检验。

7.1.2 检验方案

7.1.2.1 以相同材料、相同工艺、相同类型连续生产的800 m² 连续板为一批,不足800 m² 时也作为一批。

7.1.2.2 外观、尺寸偏差、巴柯尔硬度采用一次抽样法,每批随机抽样数量为6张。

7.1.2.3 透光率采用一次抽样法,每批随机抽样数量为3张。

7.1.3 判定规则

所抽样本全部符合 5.1、5.2、5.4 和 5.8 的要求时,判该批合格;否则判该批不合格。

7.2 型式检验

7.2.1 检验条件

有下列情况之一时应进行型式检验：

a) 正式投产前的试制定型检验；

b) 正式生产后，如材料、工艺有较大改变；

c) 正常生产时，连续板每生产 200 000 m²；

d) 连续半年以上停产后恢复生产；

e) 出厂检验结果与上次型式检验有较大差异。

7.2.2 检验项目

检验项目包括第 5 章全部项目。

7.2.3 检验方案

7.2.3.1 外观、尺寸偏差、巴柯尔硬度检验数量为 6 张。

7.2.3.2 拉伸强度及拉伸弹性模量、树脂不可溶分含量、弯曲挠度、冲击性能、透光率和阻燃性检验数量为 3 张。

7.2.4 判定规则

所检项目全部合格判型式检验合格，否则判型式检验不合格。

8 标志、运输、贮存与安装

8.1 标志

8.1.1 连续板应在包装上清楚标明下列内容：

a) 产品名称、标记；

b) 制造企业名称、地址；

c) 生产日期、批号。

8.1.2 合格证

出厂产品每批应附有合格证，合格证内容包括：编号、生产日期和批号，产品规格，检验结果，制造商的名称、地址，检验人员签章。

8.2 运输

运输时应用草垫等软物垫衬，并用绳子拴紧扎牢。运输车辆以及堆放处应有防雨、防潮设施。装卸时不应损坏包装，应避免日光直射、雨淋和浸水。

8.3 贮存

贮存时应水平放置在干燥、通风、地面平整的室内，不允许在产品上堆压重物，应远离热源、火源。需竖放时，应有保证产品不变形的措施。

8.4 安装

8.4.1 在安装具有保护层的连续板时,应使保护层处在接受阳光的一面。

8.4.2 根据实际情况,在连续板长度方向应加设檩条时,檩条最大间距应为 3 000 mm。

8.4.3 安装时可用螺钉或螺栓固定,最大间距 300 mm,同时应使用橡胶垫片和金属弧形垫片、垫衬,必要时,应加密封胶泥。两张连续板在宽度方向搭接至少应有一个波。

8.4.4 安装时不应接触明火,应避免撞击磕碰。

ICS 29.035.01
K 15

中华人民共和国国家标准

GB/T 15022.4—2009

电气绝缘用树脂基活性复合物
第 4 部分：不饱和聚酯为基的浸渍树脂

Resin based reactive compounds used for electrical insulation—
Part 4：Unsaturated polyester based impregnating resins

（IEC 60455-3-5：2006，Resin based reactive compounds used for
electrical insulation—Part 3：Specifications for individual materials—
Sheet 5：Unsaturated polyester based impregnating resins，MOD）

2009-06-10 发布

2009-12-01 实施

中华人民共和国国家质量监督检验检疫总局
中国国家标准化管理委员会 发布

前　言

GB/T 15022《电气绝缘用树脂基活性复合物》由下列部分组成:

——第1部分:定义及一般要求;

——第2部分:试验方法;

——第3部分:环氧树脂复合物;

——第4部分:不饱和聚酯为基的浸渍树脂;

……

本部分为 GB/T 15022 的第4部分。

本部分修改采用 IEC 60455-3-5:2006《电气绝缘用树脂基活性复合物　第3部分:单项材料规范第5篇:不饱和聚酯浸渍树脂》(英文版)。

考虑到我国国情,在采用 IEC 60455-3-5:2006 时,本部分做了下列技术性修改:

a)　增加了规范性引用文件 GB/T 11026(所有部分);

b)　将 IEC 60455-3-5:2006 表2中由供需双方商定的"胶化时间"性能改为本部分的要求;

c)　将5.3中"……结果应在其标称值的±10%以内。"改为"结果应不低于供需双方的商定值。";

d)　第5章中增加了"电气强度(常态油中)"、"粘结强度(常态)"的要求。

为便于使用,本部分与 IEC 60455-3-5:2006 相比还做了下列编辑性修改:

a)　删除了 IEC 60455-3-5:2006 的前言、引言及参考文献;

b)　按 GB/T 1.1 修改 IEC 60455-3-5:2006 的第1章"范围"中的表述,并删除了有关用户如何选择材料的说明;

c)　"规范性引用文件"中的引用标准,凡是有与 IEC(或 ISO)标准对应的国家标准均用国家标准替代;

d)　删除了 IEC 60455-3-5:2006 的5.1"闪点"中适用于国际标准的表述及5.8"耐溶剂蒸气性"中适用于国际标准的条注。

本部分的附录A为规范性附录。

本部分由中国电器工业协会提出。

本部分由全国绝缘材料标准化技术委员会(SAC/TC 51)归口。

本部分负责起草单位:桂林电器科学研究所。

本部分参加起草单位:苏州巨峰绝缘材料有限公司、浙江荣泰科技企业有限公司、四川东材科技集团股份有限公司、吴江市太湖绝缘材料厂、广州市宝力达电气材料有限公司、西安西电电工材料有限责任公司、国家绝缘材料工程技术研究中心。

本部分主要起草人:马林泉、汝国兴、张志浩、赵平、张春琪、周树东、刘洪斌、杨远华。

本部分为首次制定。

电气绝缘用树脂基活性复合物
第4部分：不饱和聚酯为基的浸渍树脂

1 范围

GB/T 15022 的本部分规定了不饱和聚酯为基的浸渍树脂的通用要求。

本部分适用于不饱和聚酯为基的浸渍树脂。

2 规范性引用文件

下列文件中的条款通过 GB/T 15022 的本部分的引用而成为本部分的条款。凡是注日期的引用文件，其随后所有的修改单(不包括勘误的内容)或修订版均不适用于本部分，然而，鼓励根据本部分达成协议的各方研究是否可使用这些文件的最新版本。凡是不注日期的引用文件，其最新版本适用于本部分。

GB/T 1981.2—2009 电气绝缘用漆 第2部分：试验方法(IEC 60464-2:2001,MOD)

GB/T 6109.5—2008 漆包圆绕组线 第5部分：180级聚酯亚胺漆包铜圆线(IEC 60317-8:1997,IDT)

GB/T 6109.11—2008 漆包圆绕组线 第11部分：155级聚酰胺复合直焊聚氨酯漆包铜圆线(IEC 60317-21:2000,IDT)

GB/T 11026.1—2003 电气绝缘材料 耐热性 第1部分：老化程序和试验结果的评定(IEC 60216-1:2001,IDT)

GB/T 11026.2—2000 确定电气绝缘材料耐热性的导则 第2部分：试验判断标准的选择(IEC 60216-2:1990,IDT)

GB/T 11026.4—1999 确定电气绝缘材料耐热性的导则 第4部分：老化烘箱 单室烘箱(IEC 60216-4-1:1990,IDT)

GB/T 11028—1999 测定浸渍剂对漆包线基材粘结强度的试验方法(eqv IEC 61033:1991)

GB/T 15022.1—2009 电气绝缘用树脂基活性复合物 第1部分：定义及一般要求(IEC 60455-1:1998,IDT)

GB/T 15022.2—2007 电气绝缘用树脂基活性复合物 第2部分：试验方法(IEC 60455-2:1998,MOD)

IEC 60172:1987 测定漆包绕组线温度指数的试验方法

3 术语和定义

本部分采用 GB/T 15022.1—2009 确立的术语和定义：

3.1

具有低挥发性有机物的不饱和聚酯 unsaturated polyester with low emissions of volatile organic components

一种在聚合物链中具有碳-碳不饱和键的聚酯树脂，其随后可与或不必与共聚物单体发生交联，在固化过程中释放出的挥发性有机物(VOC)低于 3%。

4 分类

本部分按表 1 对树脂进行分类。

5 要求

在一次交货中的所有材料除了应符合 GB/T 15022.1—2009 的要求外,还应符合本部分规定的要求。

本部分不包括列入表2的性能要求。若需附加规定这些性能要求,需经由供需双方商定。若无另行规定,所有试验均应按 GB/T 15022.2—2007 进行。

表 1 树脂分类

类　　型	规定性能水平所对应的温度/℃
130	130
155	155
180	180
200	200
注:被规定的这些温度下的性能,在表2中用角注予以识别。	

表 2 有要求时,需经由供需双方商定的性能

固化前的活性复合物性能	固化后的活性复合物性能
软化温度	粘结强度[a]
灰分含量	热导率
填料含量	玻璃化转变温度
氯含量	吸水性
水分含量	液体化学品的影响
羟基值	耐霉菌生长
酸值	损耗因数和相对电容率[a]
双键数	击穿电压和电气强度[a]
适用期	耐电痕化指数(PTI)
放热温升	
收缩率	
[a] 在表1所示的高温条件下。	

5.1 闪点

按 GB/T 15022.2—2007 的 4.1 测定反应复合物的闪点,结果应不低于供需双方的商定值。

5.2 密度

按 GB/T 15022.2—2007 的 4.2 测定反应复合物的密度,结果应在其标称值的±2%以内。在订购合同中应说明该标称值。

5.3 黏度

按 GB/T 15022.2—2007 的 4.3 测定反应复合物的黏度,结果应不低于供需双方的商定值。

对具有低排放挥发性有机化合物(VOC)的不饱和聚酯,应在供需双方商定的产品的应用温度范围采用合适的装置进行测定,结果应不低于供需双方的商定值。

5.4 厚层固化及固化中的挥发分

应采用附录 A 中规定的方法。测定三次并报告三次测定值。结果应为:S1、U1、I4.2 均匀。

对具有低排放挥发性有机物(VOC)的不饱和聚酯,在固化过程中释放出的挥发性有机物(VOC)应低于3%。

5.5 凝胶时间

按 GB/T 15022.2—2007 的 4.11.1 测定反应复合物的凝胶时间,试验温度由供需双方商定,结果

应在供需双方商定的范围内。

5.6　活性复合物对漆包线的影响

　　按 GB/T 1981.2—2009 测定活性复合物对漆包线的影响,选用 Φ(0.8～1.0)mm 的符合 GB/T 6109.5—2008 的 180 级漆包圆绕组线,结果应不低于铅笔硬度 H,浸渍时间和温度由供需双方商定。

5.7　温度指数

　　树脂的温度指数应按 GB/T 11026.1—2003、GB/T 11026.2—2000 和 GB/T 11026.4—1999 进行测定,并应根据由供需双方商定的下述三个试验判断标准:

　　粘结强度,按 GB/T 11028—1999 中的方法 B,终点判断标准为 22 N,以符合 GB/T 6109.5—2008 或 GB/T 6109.11—2008、等级不低于 180 级的漆包绕组线作底材;

　　耐电压,按 IEC 60172,以符合 GB/T 6109.5—2008 或 GB/T 6109.11—2008、等级不低于 180 级的漆包绕组线作底材;

　　击穿电压,按 GB/T 15022.2—2007 的 5.6.3,试样是以符合 GB/T 1981.2—2009 的玻璃织物作底材,终点判断标准为 3 kV;

　　试样按供需双方商定的固化温度和固化时间进行固化。

　　对所选取的任何试验判断标准,其温度指数应不低于表 3 所规定的值。

表 3　最小的温度指数

类　　型	温度指数
130	130
155	155
180	180
200	200

　　本试验是一种定期的一致性检验,除非制造厂在该材料的组成或生产方法上发生显著变化,否则不需要重复进行本试验。

5.8　耐溶剂蒸气性

　　按 GB/T 1981.2—2009 测定固化后复合物的耐溶剂蒸气性,结果应是在附着、剥落、起泡、滴流方面无变化以及不发粘。试样按供需双方商定的固化温度和固化时间进行固化。

5.9　浸水对体积电阻率的影响

　　按 GB/T 15022.2—2007 的 5.6.1 测定固化后复合物的体积电阻率,其浸水前的体积电阻率应不低于 1.0×10^{10} Ωm,浸水后的体积电阻率应不低于 1.0×10^{7} Ωm。试样按供需双方商定的固化温度和固化时间进行固化。

5.10　电气强度(常态油中)

　　按 GB/T 15022.2—2007 的 5.6.3,采用 20 s 逐级升压方式测定固化后复合物的电气强度(常态油中),结果应不低于 15 kV/mm。试样按供需双方商定的固化温度和固化时间进行固化。

5.11　粘结强度(常态)

　　按 GB/T 11028—1999 中的方法 B 测定粘结强度,以符合 GB/T 6109.5—2008 或 GB/T 6109.11—2008、等级不低于 180 级的漆包绕组线作底材,结果应不低于 100 N。试样按供需双方商定的固化温度和固化时间进行固化。

附 录 A

（规范性附录）

厚层固化及固化中的挥发物

本试验用于对固化后浸渍树脂材料的考核。厚层固化通过固化后试样内部、上表面及下表面的状况来表示。测定固化过程中的挥发物也可通过本方法。

A.1 设备

采用下列设备：

——平直而光滑的方形铝箔，其厚度为 0.1 mm～0.15 mm，边长为(95±1)mm；

——一个由金属或任何其他合适的固体材料制成的模具，边长为(45±1)mm，高为(25±1)mm；

——具有强制空气循环的烘箱，换气速率至少为 8 次/h，烘箱应为专门用于固化或干燥试样的型号；

——精度为 0.01 g 的天平。

A.2 试样

充分清洁铝箔，用模具将其制成边长为 45 mm 的方形盒子，然后将其放在温度为(110±5)℃下干燥(10±1)min，冷却并保存于干燥器中。

取出方形盒子精确称重至 0.01 g(m_1)，并用方形盒子称取(10±0.1)g 的树脂样品，精确至 0.01 g(m_2)。

试样按供需双方商定的固化温度和固化时间进行固化，固化后将试样放入干燥器中冷却至室温，然后精确称重至 0.01 g(m_3)。紧接着将铝箔除去。

A.3 程序

A.3.1 样品等级

样品应根据其固化后上面、底面及内部的状况进行评价，用目视检查其外观和粘性，用下列表 A.1、表 A.2 和表 A.3 中的符号表示。

A.3.2 挥发物应按下列公式计算：

$$E = 100 \times [(m_2 - m_3)/(m_2 - m_1)]$$

表 A.1 上面状况

状 况	符 号
光滑	S1
皱纹	S2

表 A.2 底面状况

状 况	符 号
不粘	U1
粘	U2

表 A.3 内部状况

状　况	符　号	
坚硬	I1.×	
硬如角质,可机加工	I2.×	
皮革状	I3.×	
橡胶状	I4.×	
凝胶状	I6.×	
液体	I7.×	
试样含有		×
无气泡		1
气泡不多于五个		2
气泡多于五个		3

对试样内部的状况,应附加说明中间部分是均匀或是不均匀。

注:为了说明机械性能,可能需要用手指弯曲试样或用小刀把试样切开。

ICS 83.120
Q 23

中华人民共和国国家标准

GB/T 15568—2008
代替 GB/T 15568—1995

通用型片状模塑料(SMC)

Sheet molding compound (SMC) for general purposes

2008-06-30 发布

2009-04-01 实施

中华人民共和国国家质量监督检验检疫总局
中国国家标准化管理委员会 发布

前　言

本标准对应于 BS 5734:Part 5:1990《用于电器和其他用途的聚酯模塑料　第 5 部分:机械型 SMC 片材标准》,与 BS 5734:Part 5:1990 的一致性程度为非等效。

本标准代替 GB/T 15568—1995《通用型片状模塑料(SMC)》。

本标准与 GB/T 15568—1995 相比主要变化如下:

——增加了术语和定义(见第 3 章);

——修改了产品分类,增加了性能分类中的按收缩性能分类和按燃烧性能分类(GB/T 15568—1995 中的第 3 章,本标准的第 4 章);

——将玻璃纤维含量允许偏差从±4%修改为±3%(GB/T 15568—1995 中的 4.2,本标准的 5.2);

——将单位面积质量允许偏差从±12%修改为±7%(GB/T 15568—1995 中的 4.3.1,本标准的 5.3);

——删除了单位面积质量分布允许偏差(GB/T 15568—1995 中的 4.3.2);

——增加了燃烧性能要求(见 5.4.3);

——修改了出厂检验和型式检验的抽样方案及判定准则(GB/T 15568—1995 中的 6.2、6.3,本标准的 7.1.2、7.2.3);

——包装方式中增加了箱式包装(GB/T 15568—1995 中的 7.2.1,本标准的 8.2.1);

——对储存条件的储存温度和储存期进行了修改(GB/T 15568—1995 中的 7.4,本标准的 8.4);

——对纤维含量的计算公式进行了修改(GB/T 15568—1995 中的附录 A,本标准的附录 A);

——对单位面积质量偏差表示方式进行了修改,去掉了质量分布偏差的计算公式(GB/T 15568—1995 中的附录 B,本标准的附录 B);

——对模塑收缩率试验的试样尺寸进行了修改(GB/T 15568—1995 中的附录 C,本标准的附录 C)。

本标准的附录 A、附录 B 和附录 C 均为规范性附录。

本标准由中国建筑材料联合会提出。

本标准由全国纤维增强塑料标准化技术委员会归口。

本标准起草单位:北京玻钢院复合材料有限公司、北京汽车玻璃钢制品有限公司、常州华日新材有限公司、哈尔滨玻璃钢研究院。

本标准起草人:陈强、张荣琪、高红梅、李文仿、汪照军、付金存、郑学森、李军、丁新静。

本标准所代替标准的历次版本发布情况为:

——GB/T 15568—1995。

通用型片状模塑料(SMC)

1 范围

本标准规定了通用型片状模塑料(以下简称 SMC)的分类标记、要求、试验方法、检验规则及标志、包装、运输、贮存等。

本标准适用于玻璃纤维增强不饱和聚酯树脂的通用型片状模塑料。

2 规范性引用文件

下列文件中的条款通过本标准的引用而成为本标准的条款。凡是注日期的引用文件,其随后所有的修改单(不包括勘误的内容)或修订版均不适用于本标准,然而,鼓励根据本标准达成协议的各方研究是否可使用这些文件的最新版本。凡是不注日期的引用文件,其最新版本适用于本标准。

GB/T 1446 纤维增强塑料性能试验方法总则

GB/T 1449 纤维增强塑料弯曲性能试验方法

GB/T 1451 纤维增强塑料简支梁式冲击韧性试验方法

GB/T 4609 塑料燃烧性能试验方法

GB/T 8924 纤维增强塑料燃烧性能试验方法 氧指数法

3 术语和定义

下列术语和定义适用于本标准。

3.1

片状模塑料 sheet molding compound(SMC)

一种由可增稠的树脂、短切(和/或连续的)玻璃纤维增强材料、填料、助剂等材料组成,上下两面覆盖承载薄膜的片状复合物。

3.2

通用片状模塑料 Sheet molding compound(SMC)for general purposes

一种以不饱和聚酯树脂和玻璃纤维为主要原材料的 SMC。

4 分类及标记

4.1 分类

按力学性能将 SMC 分为 3 类:M_1 型、M_2 型、M_3 型。

按收缩性能将 SMC 分为 4 类:S_1 型、S_2 型、S_3 型、S_4 型。

按燃烧性能将 SMC 分为 4 类:F_1 型、F_2 型、F_3 型、F_4 型。

4.2 标记

产品按力学性能、收缩性能、燃烧性能、SMC 代号和本标准号进行标记。

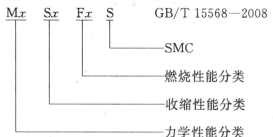

683

示例:力学性能为 M_1 型,收缩性能为 S_2 型,燃烧性能为 F_3 型,按照 GB/T 15568—2008 生产的 SMC 标记为:
$M_1 S_2 F_3 S$ GB/T 15568—2008。

5 要求

5.1 外观质量

外观应平整、颜色均匀、纤维浸渍良好、无杂质,覆盖薄膜无破损。

5.2 玻璃纤维含量允许偏差

SMC 玻璃纤维含量允许偏差为±3%。

5.3 单位面积质量允许偏差

SMC 的单位面积质量允许偏差为±7%。

5.4 性能分类

5.4.1 力学性能

SMC 的模塑试样,其力学性能应符合表 1 的要求。

表 1 力学性能

分 类	项 目		
	弯曲强度/MPa	弯曲模量/GPa	冲击韧性/(kJ/m²)
M_1 型	≥170	≥10.0	≥60
M_2 型	≥135	≥8.0	≥45
M_3 型	≥100	≥7.0	≥35

5.4.2 收缩性能

SMC 的模塑试样,其收缩性能应符合表 2 的要求。

表 2 收缩性能

分 类	收缩率/%
S_1 型(零收缩)	<0
S_2 型(低轮廓)	0～0.05
S_3 型(低收缩)	>0.05～0.1
S_4 型(普 通)	>0.1～0.2

5.4.3 燃烧性能

SMC 的模塑试样,其燃烧性能应符合表 3 的要求。

表 3 燃烧性能

分 类	项 目	
	燃烧等级	氧指数/%
F_1 型	FV-0	≥36
F2 型	FV-1	≥32
F_3 型	FV-2	≥28
F_4 型	HB	≥20

6 试验方法

6.1 取样方式

除 5.1 外,测试取样时,在片材的宽度方向距边缘 40 mm 以上、长度方向距端头 40 mm 以上切取。

6.2 外观检验

目测。

6.3 玻璃纤维含量

按附录 A 测试。

6.4 单位面积质量

按附录 B 测试。

6.5 力学性能

6.5.1 试样制备按 SMC 生产厂家提供的模塑成型工艺条件和 GB/T 1446 的规定进行。

6.5.2 弯曲强度和弯曲模量按 GB/T 1449 测试。

6.5.3 冲击韧性按 GB/T 1451 测试。

6.6 模塑收缩率

按附录 C 测试。

6.7 燃烧性能

6.7.1 燃烧等级按 GB/T 4609 测试。

6.7.2 氧指数按 GB/T 8924 测试。

7 检验规则

7.1 出厂检验

7.1.1 检验项目

出厂检验项目为外观质量、玻璃纤维含量允许偏差、单位面积质量允许偏差。

7.1.2 抽样方案

以相同配方,相同生产工艺,单班连续生产的 10 t SMC 料为一批,小于 10 t 以一批计,每批随机抽取一个样本进行检验。

7.1.3 判定准则

若检验项目全部合格则判该批为合格,若有不合格项,则对不合格项进行加倍检验。如仍不合格,则判该批不合格。

7.2 型式检验

7.2.1 检验条件

有下列情况之一时,应进行型式检验:

a) 原材料或生产工艺有较大改变,可能影响产品性能时;
b) 每生产满一年时;
c) 停产一年以上,恢复生产时;
d) 出厂检验结果与上次型式检验有较大差异时;
e) 质量监督机构提出型式检验要求时;
f) 客户提出要求时。

7.2.2 检验项目

第 5 章的全部内容。

7.2.3 抽样方案

以相同配方,相同生产工艺,单班连续生产的 10 t SMC 料为一批,小于 10 t 以一批计,每批随机抽取一个样本进行检验。

7.2.4 判定准则

若检验项目全部合格则判该批为合格,若有不合格项,则对不合格项进行加倍检验。如仍不合格,则判该批不合格。

8 标志、包装、运输、贮存

8.1 标志

产品的包装上必须附有合格证,合格证上应含有以下内容:

a) 产品标记;

b) 生产厂家和商标;

c) 种类和颜色;

d) 批号;

e) 生产日期;

f) 玻璃纤维含量;

g) 单位面积质量;

h) 毛重、净重;

i) 贮存期。

8.2 包装

8.2.1 产品可采用卷式包装,每卷都应卷在结实的空心管上,亦可采用箱式包装。

8.2.2 包装应用不渗透苯乙烯的薄膜包裹,用薄膜包裹后密封以防透气。薄膜材料可以是玻璃纸、镀铝膜等。

8.2.3 当采用卷式包装时,可用木箱、纸箱或其他包装物进行外包装,外包装上需有防潮、防晒标志。

8.2.4 每批产品内要附有产品合格证及产品使用说明书。产品使用说明书包括下述内容:

a) 种类;

b) 性能指标;

c) 成型工艺条件;

d) 贮存条件,储存条件要根据包装不同,规定码放层数。

8.3 运输

运输中应采取遮篷或密闭等手段避免日晒、受热、受潮和污染,避免包装损坏。

8.4 贮存

应贮存在阴凉、通风、干燥的室内,远离热源、火种、避免受潮和污染,保持包装的完好。SMC的贮存条件及贮存期,根据生产厂家的要求而定。

附　录　A
（规范性附录）
SMC 纤维含量试验方法

A.1　仪器和试剂

A.1.1　仪器

A.1.1.1　分析天平,感量 0.1 mg。

A.1.1.2　箱式电阻炉,额定温度 800 ℃,控温精度±20 ℃。

A.1.1.3　电热鼓风恒温干燥箱,额定温度 200 ℃,控温精度±2 ℃。

A.1.1.4　滤网,180 目。

A.1.1.5　抽尘装置(含抽尘罩与抽风机)。

A.1.1.6　玻璃烧杯,大于 200 mL。

A.1.1.7　瓷坩埚,30 mL 或 40 mL。

A.1.1.8　干燥器。

A.1.2　试剂

A.1.2.1　10%盐酸(HCl)溶液,化学纯。

A.1.2.2　丙酮,化学纯。

A.2　取样

取增稠好的 SMC 片材,沿 SMC 片材宽度方向(离边缘 40 mm),等距离切取 50 mm×50 mm 试样五个。

A.3　试验步骤

A.3.1　将坩埚置于(600±5)℃的箱式电阻炉中灼烧,恒定其质量,使坩埚在干燥器中冷却至室温,称其质量,精确至 0.1 mg,记为 m_1。

A.3.2　揭去试样两面薄膜,依次放入灼烧恒重的瓷坩埚内,迅速称量试样质量,精确至 0.1 mg,记为 m_2。

A.3.3　将盛有试样的瓷坩埚放入(600±5)℃的箱式电阻炉内灼烧 3 h。

A.3.4　取出放有试样的瓷坩埚,放入干燥器中冷却至室温。

A.3.5　往烧杯中加入 10%的 HCl 溶液 100 mL,洗涤试样,用 180 目金属过滤网过滤后,再用丙酮洗涤三次,将试样放入恒重的器皿(m_3)中,在室温下晾干。

A.3.6　将盛有试样的器皿放入(110±2)℃的烘箱中烘 1.5 h。

A.3.7　取出盛有试样的坩埚,置于干燥器内冷却至室温,称取质量,精确至 0.1 mg,记为 m_4。

注 1：试样在移送过程中,切勿用手触摸试样,谨防试样受损失。

注 2：在加热阶段,试样不得接触炉壁。

A.4　试验结果的计算

玻璃纤维含量(质量分数)按式(A.1)计算,数值以%表示：

$$GF = \frac{m_4 - m_3}{m_2 - m_1} \times 100 \qquad\qquad\cdots\cdots\cdots\cdots\cdots\cdots\cdots (A.1)$$

式中：

GF——玻璃纤维含量，%；

m_4——灼烧恒重的器皿与经灼烧、洗涤、干燥后的试样的总质量，单位为克(g)；

m_3——灼烧恒重的器皿的质量，单位为克(g)；

m_2——灼烧恒重的坩锅与灼烧前试样的总质量，单位为克(g)；

m_1——灼烧恒重的坩锅质量，单位为克(g)。

A.5　试验结果

按 GB/T 1446 的规定进行。

A.6　试验报告

按 GB/T 1446 的规定进行。

附 录 B

（规范性附录）

SMC 单位面积质量试验方法

B.1 仪器和工器具

B.1.1 分析天平,感量 1 g。

B.1.2 样板长(300～400)mm,宽(250～300)mm(或相当尺寸),厚(3～5)mm。

B.1.3 小刀或其他刀具。

B.2 试验方法

B.2.1 片材幅宽大于 830 mm 时,以片材长度的平行方向为长边,以片材宽度的平行方向为短边,在一条与片材宽度方向的平行线上用样板切取试样 3 块,揭开薄膜后称量,精确到 1 g,记为 m。

B.2.2 片材幅宽等于或小于 830 mm 时,试样宽度取片材宽度的四分之一。以片材长度的平行方向为长边,以片材宽度的平行方向为短边,在一条与片材宽度方向的平行线上用样板切取试样 3 块,揭开薄膜称量,精确到 1 g,记为 m。

B.3 计算

SMC 的单位面积质量按式(B.1)计算:

$$M = \frac{m}{a \times b} \times 1\,000 \quad\quad\quad \cdots\cdots\cdots\cdots\cdots\cdots\cdots\cdots\cdots\cdots\cdots\cdots(B.1)$$

式中:

M——单位面积质量,单位为千克每平方米(kg/m²);

m——试样质量,单位为克(g);

a——试样长,单位为毫米(mm);

b——试样宽,单位为毫米(mm)。

B.4 试验结果

按 GB/T 1446 的规定进行。

B.5 试验报告

按 GB/T 1446 的规定进行。

附 录 C

（规范性附录）

SMC 模塑收缩率试验方法

C.1 设备和工器具

C.1.1 测量工具:游标卡尺或其他测量工具,精度至 0.02 mm。

C.1.2 压机:能满足 SMC 成型工艺条件的压机。

C.1.3 模具:能满足试样尺寸要求和模压成型工艺要求的金属模具。

C.2 试样

C.2.1 试样尺寸

试样尺寸如图 C.1 所示。

C.2.2 试样制备方法

按生产厂家提供的成型工艺条件进行模压成型。

单位为毫米

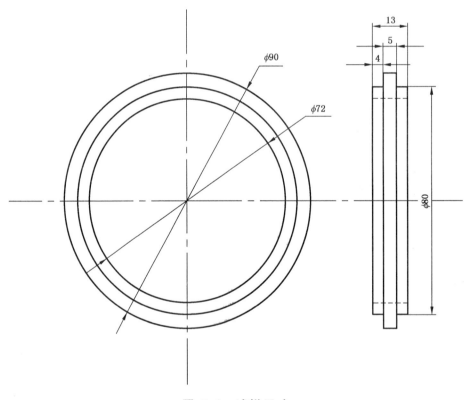

图 C.1 试样尺寸

C.3 试验步骤

C.3.1 测量模腔的内径,在(23±2)℃下测量模腔内径,精确至 0.02 mm,记为 L_0。

注1: 如无恒温条件,可在室温下测量。

注2: 除直接测量外,还可用冷模铅试样,通过测量铅试样的尺寸来获得模腔的内径尺寸。

C.3.2 按成型工艺条件模压试样。

C.3.3　将脱模后的试样放在玻璃钢或石棉板上,待试样降至室温后,将试样放在干燥器中存放48 h。

C.3.4　测量试样直径,精确至0.02 mm,记为L_1。

C.4　计算

模塑收缩率按式(C.1)计算:

$$MS = \frac{L_0 - L_1}{L_0} \times 100 \quad\text{……………………………}(\text{C.1})$$

式中:

MS——模塑收缩率,%;

L_0——模具模腔的内径,单位为毫米(mm);

L_1——试样的直径,单位为毫米(mm)。

C.5　试验结果

按GB/T 1446的规定进行。

C.6　试验报告

按GB/T 1446的规定进行。

ICS 47.020.05
U 27

中华人民共和国国家标准

GB/T 16167—2009
代替 GB/T 16167—1996

救生艇壳体玻璃纤维增强塑料层合板
技术条件

Technical conditions of lifeboat glass fiber reinforced plastics laminate

2009-03-23 发布

2009-11-01 实施

中华人民共和国国家质量监督检验检疫总局
中国国家标准化管理委员会 发布

前　言

本标准代替 GB/T 16167—1996《救生艇壳体玻璃纤维增强塑料层合板技术条件》。

本标准与 GB/T 16167—1996 相比,主要有下列变化:

——取消了布层结构层合板;

——修改了层合板力学性能指标;

——增加了层合板固化后的板厚计算公式。

本标准由中国船舶工业集团公司提出。

本标准由全国船舶舾装标准化技术委员会救生设备分技术委员会(SAC/TC 129/SC 1)归口。

本标准起草单位:广州广船国际股份有限公司。

本标准主要起草人:蒋炳成、杨健辉。

本标准所代替标准的历次版本发布情况为:

——GB/T 16167—1996。

救生艇壳体玻璃纤维增强塑料层合板技术条件

1 范围

本标准规定了救生艇壳体玻璃纤维增强塑料层合板(以下简称层合板)的原材料、铺层结构、成型工艺和层板力学特性及其试验方法。

本标准适用于各类救生艇和救助艇壳体用的玻璃钢层合板。

2 规范性引用文件

下列文件中的条款通过本标准的引用而成为本标准的条款。凡是注日期的引用文件,其随后所有的修改单(不包括勘误的内容)或修订版均不适用于本标准,然而,鼓励根据本标准达成协议的各方研究是否可使用这些文件的最新版本。凡是不注日期的引用文件,其最新版本适用于本标准。

GB/T 1447 纤维增强塑料拉伸性能试验方法(GB/T 1447—2005,ISO 527-4:1997,NEQ)

GB/T 1448 纤维增强塑料压缩性能试验方法

GB/T 1449 纤维增强塑料弯曲性能试验方法(GB/T 1449—2005,ISO 14125:1998,NEQ)

GB/T 1450.1 纤维增强塑料层间剪切强度试验方法

GB/T 3355 纤维增强塑料纵横剪切试验方法

GB/T 3854 增强塑料巴柯尔硬度试验方法

GB/T 8924 纤维增强塑料燃烧性能试验方法 氧指数法

3 要求

3.1 一般要求

3.1.1 层合板的主要原材料(如树脂系和增强材料)应经主管机关认可,未经认可的原材料需经检验合格并经主管机关同意后方可使用。

3.1.2 本标准规定的层合板是用不饱和聚酯树脂与交替铺设的短切玻璃纤维毡和玻璃粗纱布增强材料制成的玻璃钢层合板。

3.2 原材料

3.2.1 树脂系

3.2.1.1 层合板所用树脂系包括胶衣树脂和船用阻燃型不饱和聚酯树脂。各类树脂应有良好的耐水性和抗老化性。

3.2.1.2 应按出厂说明书的规定,施工前在不饱和聚酯树脂中加入引发剂和促进剂,并制成浇铸体试样,当试样硬度达到巴氏硬度40以上,在自然环境中放置24 h后,测定其物理和力学性能,并应符合表1的要求。

表 1 物理和力学性能

项 目	要 求
热变形温度(在1.8 N/mm² 载荷下测定)	≥65 ℃
基层树脂的极限延伸率(20 ℃时)	≥2%
拉伸模量	≥2 000 N/mm²
拉伸强度	≥50 N/mm²
冲击韧性	≥0.4 J/m²

3.2.1.3 施工前应对胶衣树脂进行吸水性试验。将 50 mm×50 mm×4 mm 的试样置于温度为(23±2)℃的水中,经 30 天后取出擦干,测定试样吸水前后的重量,其重量差应不大于 0.5%。胶衣树脂在 20 ℃时的极限延伸率应不小于 3%,同时应比一起使用的浸润树脂的极限延伸率大 1%。

3.2.1.4 不应使用超过贮存期限(有效期限)的树脂。

3.2.2 颜料

3.2.2.1 颜料的类型应不影响树脂固化。

3.2.2.2 颜料的用量应不超过树脂制造厂推荐的达到满意色深所需的量,且任何情况下均不应超过配方中树脂重量的 5%。

3.2.2.3 层合树脂(不饱和聚酯树脂)不宜加入颜料。

3.2.3 填料

阻燃剂中不应使用碳酸钙或类似的碱性填料。

3.2.4 阻燃剂

3.2.4.1 当要求阻燃性能时,应首选反应型阻燃剂。

3.2.4.2 当采用添加型阻燃剂时,在树脂中加入的阻燃添加物,其型号和用量应按制造厂的建议,且不应明显改变树脂的黏度。

3.2.4.3 阻燃剂的用量不应超过树脂重量的 20%。

3.2.5 玻璃纤维增强材

3.2.5.1 玻璃纤维增强材应选用经主管机关认可的玻璃纤维。

3.2.5.2 材料应无瑕疵、变色、杂质、受潮、霉变、碎屑等缺陷。

3.2.5.3 玻璃纤维的浸润性,应保证纤维和树脂之间的界面形成化学键。

3.2.5.4 玻璃纤维织物在敷制过程中应不起毛、不断头。

3.3 布毡结构铺层

3.3.1 由短切玻璃纤维毡和玻璃纤维无捻粗纱布交替用不饱和聚酯树脂铺敷成型的层合板,其铺层设计见表2。

表 2 铺层设计

层合板厚度/mm	胶衣层数	表面毡层数(40 g/m² 或 50 g/m²)	铺层设计
4.0	1~2	1	M300＋(M300＋R400)×2＋M300
4.5		1~2	(M300＋R400)×3＋M300
5.0			(M300＋R400)×2＋M300＋R800＋M300
5.5			M300＋R400＋(M300＋R800)×2＋M300
6.0			(M300＋R800)×3＋M300
7.0			M300×2＋R400＋(M300＋R800)×2＋M300×2
8.0			(M300＋R800)×4＋M300
9.0			(M300＋R800)×4＋M300＋R400＋M300
10.0			M300＋(M300＋R800)×4＋M300＋R400＋M300
注：M 为短切毡,R 为玻璃布;M300 表示 300 g/m² 的短切毡,R400 表示 400 g/m² 的玻璃布,以此类推。			

3.3.2 层合板厚度计算方法有下列两种：

    a) 经验数据估算法：对于固化后的树脂与毡的铺层按 100 g/m² 的薄层板的平均厚度为 0.25 mm 计算；对于固化后的树脂与粗纱布铺层，按 100 g/m² 的薄层板的平均厚度为 0.13 mm 计算。该平均厚度用于设计计算，实际施工中层合板的厚度允许在平均厚度±15%范围内变动。

    b) 经验公式计算法：按公式(1)计算。

$$t = G\left[\frac{1}{\rho_1} + \left(\frac{1-K}{K}\right)\frac{1}{\rho_2}\right]/1\,000 \quad\cdots\cdots\cdots\cdots\cdots(1)$$

式中：

t——铺层每层厚度的数值，单位为毫米（mm）；

G——单位面积纤维织物重量的数值，单位为克每平方米（g/m²）；

K——铺层中纤维重量比，%；

ρ_1——纤维的密度，单位为克每立方厘米（g/cm³）；

ρ_2——树脂的密度，单位为克每立方厘米（g/cm³）。

3.3.3 玻璃钢层合板的厚度应符合强度和刚度的要求，且不应小于 4 mm。

3.4 铺层成型工艺

3.4.1 模具

3.4.1.1 模具应有加强和支撑以保持其整体形状和光顺的线型。

3.4.1.2 用于建造模具的材料应不影响树脂的固化。

3.4.1.3 模具应使用专用模具胶衣树脂制成。

3.4.2 层合

3.4.2.1 在上脱模剂之前，模具应充分清洁、干燥，并使之具有温度为 15 ℃～32 ℃和相对湿度不大于 75%的工场条件。脱模剂对胶衣树脂应无不良影响。

3.4.2.2 胶衣树脂由刷子、滚子或喷涂工具涂敷成厚度为 0.4 mm～0.6 mm 的均匀薄层。

3.4.2.3 每一层都应按认可的顺序和方向铺敷增强材料，并充分浸透树脂和滚压到所需的玻璃纤维含量。层合板(不包括胶衣)的玻璃纤维含量按公式(2)计算。

$$Ge = 2.56/[(3\,072T/W)+1.36] \quad\cdots\cdots\cdots\cdots\cdots(2)$$

式中：

Ge——层合板(不包括胶衣)的玻璃纤维含量；

T——测得的层合板厚度(不包括胶衣)的数值，单位为毫米（mm）；

W——层合板中全部玻璃增强材的重量的数值，单位为克每平方米（g/m²）。

3.4.2.4 当层合中断而使暴露的树脂凝胶时，以后在该面积上铺敷的第一层增强材，应为短切玻璃纤维型的材料。

3.4.2.5 增强材的布置应使整个层板保持强度的连续性；增强材的接头应为搭接，搭接宽度应不小于 50 mm，相邻两搭接层的中心线间隔应不小于 100 mm。

3.4.3 脱模和固化

3.4.3.1 敷层结束后，脱模前应在模具中停留一段时间，使树脂固化达巴氏硬度 40 以上。这段时间应随树脂的类型和层合板的结构而异，但不应小于 12 h，或按树脂厂规定的时间。

3.4.3.2 脱模时，艇体应给予加强和支承，以减少变形。

3.4.3.3 层合板的巴氏硬度未达到树脂厂规定的值时，不应移出成型间，以使层合板在合适的温度和湿度环境中继续固化达到要求。

3.5 层合板主要性能及试验方法

层合板的主要性能及试验方法见表3。

表 3 层合板性能及试验方法

序号	项 目	性能指标	试验方法
1	拉伸强度	≥80 N/mm²	GB/T 1447 纤维增强塑料拉伸性能试验方法
2	拉伸模量	≥5 000 N/mm²	
3	弯曲强度	≥125 N/mm²	GB/T 1449 纤维增强塑料弯曲性能试验方法
4	弯曲模量	≥5 000 N/mm²	
5	压缩强度	≥80 N/mm²	GB/T 1448 纤维增强塑料压缩性能试验方法
6	压缩模量	≥5 000 N/mm²	
7	剪切强度	≥55 N/mm²	GB/T 3355 纤维增强塑料纵横剪切试验方法
8	剪切模量	≥2 500 N/mm²	
9	层间剪切强度	≥6.9 N/mm²	GB/T 1450.1 纤维增强塑料层间剪切强度试验方法
10	巴氏硬度	≥40	GB/T 3854 增强塑料巴柯尔硬度试验方法
11	氧指数	>27	GB/T 8924 纤维增强塑料燃烧性能试验方法 氧指数法

ICS 47.080
U 37

中华人民共和国国家标准

GB/T 19314.1—2003/ISO 12215-1:2000

小艇 艇体结构和构件尺寸 第 1 部分：
材料:热固性树脂、玻璃纤维增强
塑料、基准层合板

Small craft—Hull construction and scantlings—Part 1:
Materials:Thermosetting resins,glass-fibre
reinforcement,reference laminate

（ISO 12215-1:2000,IDT）

2003-09-29 发布　　　　　　　　　　　　　2004-04-01 实施

中 华 人 民 共 和 国
国家质量监督检验检疫总局　发 布

前　言

GB/T 19314《小艇　艇体结构和构件尺寸》分为六部分：

——第 1 部分：材料：热固性树脂、玻璃纤维增强材料、基准层合板；

——第 2 部分：材料：夹层结构用芯材、埋置材料；

——第 3 部分：材料：钢、铝合金、木材、其他材料；

——第 4 部分：材料：车间和制造；

——第 5 部分：材料：设计压力、许用应力、构件尺寸的确定；

——第 6 部分：材料：结构布置和细则。

本部分为 GB/T 19314 的第 1 部分。

本部分等同采用 ISO 12215-1:2000《小艇　艇体结构和构件尺寸　第 1 部分：材料：热固性树脂、玻璃纤维增强塑料、基准层合板》(英文版)。

为便于使用，本部分做了下列编辑性修改：

a)　'ISO 12215 的这一部分'一词改为'本部分'；

b)　用小数点'.'代替作为小数点的逗号','；

c)　删除国际标准的前言；

d)　在"规范性引用文件"中，虽 ISO 1887:1995 已被等效采用为 GB/T 19914.2—2001，ISO 4901:1985 已被等效采用为 GB/T 15928—1995，但考虑到本标准为等同采用国际标准，故不能用不是等同于国际标准的国家标准替代。

本部分由中国船舶工业集团公司提出。

本部分由中国船舶工业第七〇八研究所归口。

本部分起草单位：中国船舶工业第七〇八研究所。

本部分主要起草人：林德辉、曹明法。

小艇 艇体结构和构件尺寸 第1部分：材料:热固性树脂、玻璃纤维增强塑料、基准层合板

1 范围

GB/T 19314的本部分适用于建造按ISO 8666其艇体长度(L_H)不大于24 m小艇所用的热固性树脂和玻璃纤维增强塑料。本部分对玻璃纤维增强塑料和树脂基体以及由此制成的层合板的材料性能，规定了最低要求。

只要其他材料满足基准层合板的最低要求和性能,本部分也可适用。

注:制定本部分的根本理由是为了协调现有标准和推荐规程中对于作用于艇体的载荷和小艇尺度的规定,过去由于这些标准和规程差别太大,因而限制了小艇在世界范围内的可接受性。

2 规范性引用文件

下列文件中的条款通过GB/T 19314的本部分的引用而成为本部分的条款。凡是注日期的引用文件,其随后所有的修改单(不包括勘误的内容)或修订版均不适用于本部分,然而,鼓励根据本部分达成协议的各方研究是否可使用这些文件的最新版本。凡是不注日期的引用文件,其最新版本适用于本部分。

GB/T 7690.1—2001 增强材料 纱线试验方法 第1部分:线密度的测定(idt ISO 1889:1997)

GB/T 9341—2000 塑料弯曲性能试验方法(idt ISO 178:1993)

GB/T 9914.1—2001 增强制品试验方法 第1部分:含水率的测定(idt ISO 3344:1997)

GB/T 9914.3—2001 增强制品试验方法 第3部分:单位面积质量的测定(idt ISO 3374:2000)

ISO 62:1999 塑料 吸水性的测定

ISO 75-1:1993 塑料 负荷下挠曲温度的测定 第1部分:一般试验方法

ISO 75-2:1993 塑料 负荷下挠曲温度的测定 第2部分:塑料和硬质橡胶

ISO 527-1 塑料 拉伸性能的测定 第1部分:一般原则

ISO 527-4 塑料 拉伸性能的测定 第4部分:各向同性和各向异性纤维增强塑料复合材料的试验条件

ISO 1675:1985 塑料 液体树脂 比重瓶法测定密度

ISO 1887:1995 玻璃纤维织物 易燃物质含量的测定

ISO 2078:1993 玻璃纤维 纱线 命名

ISO 2535:1997 塑料 不饱和聚酯树脂 25℃胶凝时间的测定

ISO 2555:1989 塑料 液状或乳状或弥散状树脂 用落球式黏度计测定表观黏度

ISO 2811-1:1997 色漆和清漆 密度的测定 第1部分:比重瓶法

ISO 2884-1:1999 色漆和清漆 用旋转黏度计测定黏度 第1部分:高剪切速率的锥形和板式黏度计

ISO 3521:1997 塑料 不饱和聚酯和环氧树脂 总体积收缩率的测定

ISO 4901:1985 以不饱和聚酯树脂为基体的增强塑料 残留苯乙烯单体含量的测定

ISO 8666:[1]　　艇　主要参数

ISO 14130:1997　纤维增强塑料复合材料　用短梁法测定表观层间剪切强度

EN 59:1977　璃纤维增强塑料　用巴柯尔压痕仪测定硬度

DIN 16945:1989　树脂、固化剂、促进剂和催化树脂的试验

ASTM D4255　合材料层合板的面内剪切性能试验

3　术语和定义

本部分采用以下术语和定义。

3.1

增强塑料　reinforcement

被牢固地粘接至某一树脂中,以达到提高强度、刚度和抗冲击能力的一种强力惰性材料,通常为纤维。

注:增强纤维通常有以下几种形式:
——短切原丝毡,由切短的原丝无定向随机分布,并用粘合剂粘合而成;
——连续原丝毡,由原丝无定向随机分布,并用不溶于苯乙烯的粘结剂粘合而成;
——无捻粗纱,平行原丝(多股原丝无捻粗纱)或平行单丝(直接无捻粗纱)不经捻而合并的集束体;
——无捻粗纱织物,由无捻粗纱织成的织物;
——多向无捻粗纱织物,由无捻粗纱在两个或多个方向交叉编织而成;
——单向无捻粗纱织物,由无捻粗纱在一个方向铺放而成;
——布,由有捻纱编织的机织物。

3.2

树脂　resin

活性合成材料。它在初始阶段为液体,在固化中转变成固体。

注:树脂用于如下不同形式:
——作为层合板成型面的凝胶涂层,以形成光滑、柔韧和耐水的表面;
——作为层合板增强纤维的基体材料;
——作为无凝胶涂层表面的面层,以获得柔韧、耐水和不剥落的表面;
——作为填料和腻子的基体材料。

3.3

层合板　laminate

由树脂与纤维或其他增强材料依次多层粘结而成的复合材料。

4　小艇材料的性能要求

4.1　增强纤维

4.1.1　用作本部分基准材料的增强塑料应为符合 ISO 2078:1993 要求的 E 玻璃纤维。如果其他类型的玻璃纤维能满足或超过 E 玻璃纤维的最低性能要求,且其层合板本身能具有相等或更高的力学性能,则可采用。

4.1.2　玻璃纤维的表面处理剂和粘结剂应与所用的基体材料相容。

4.1.3　只要其性能适合于预定用途,可采用非玻璃材料制成的纤维。

纤维增强塑料的制造厂应以书面形式声明:
——交货时材料符合 4.1 的要求及表1中适用的规定;
——交货时材料的实际容差符合表1规定。

---

[1] 正在出版中。

制造厂还应提供下列书面资料：

——适用的粘结剂和粘结过程；

——该材料与层合板中所用的其他材料的相容性和/或不相容性(若已知)。

——与贮存有关的专门要求；

——与使用有关的专门要求。

艇制造厂应将这些资料与为小艇建立的文件一起保存。

表 1 玻璃纤维增强材料的性能

特　　性	试验方法	要　　求
交货时的含水率(最大值)/(%)		
无捻粗纱	GB/T 9914.1—2001	0.2
短切原丝毡		0.5
织物		0.2
单位质量对标称值的容差/(%)		
无捻粗纱(长度)	GB/T 7690.1—2001	−5～+10
短切原丝毡(面积)	GB/T 9914.3—2001	−5～+10
无捻粗纱织物(面积)	GB/T 9914.3—2001	−5～+10
燃烧损失量(最大值)相对于标称值/(%)	ISO 1887:1995	+20
注：除玻璃纤维以外的材料，测定含水率和质量(包括容差)应采用等效的方法。		

4.2 树脂

4.2.1 性能

液态的凝胶涂层、面层树脂和层合树脂的性能应符合表 2 的有关规定。

表 2 液体树脂的性能

性　　能	试验方法	要　　求 制造厂规定标称值的 容差[a]/(%)
黏度	(1) 落球式黏度计法(ISO 2555:1989)或 (2) 锥形和板式黏度计法(ISO 2884-1:1999)	±20
单体含量	ISO 4901:1985	±5
凝胶时间(规定活性剂和引发剂以及各自的百分数，并规定环境温度)	ISO 2535:1997	±20
密度	ISO 1675:1997 或 ISO 2811-1:1997	±5
矿物含量(仅对层合树脂)	DIN 16945:1989[b]	±5

　　[a] 以百分数(%)表示的容差应理解为规定的百分数范围。

　　[b] ISO 标准在制定中。

4.2.2 凝胶涂层树脂

凝胶涂层树脂在固化后应满足表 3 中 A 型的要求。

对于特殊用途，为获得诸如伸长率和/或减少吸水性等优良性能，用作凝胶涂层和表面涂层的树脂允许对表 3 中 A 型树脂要求的最低性能有所偏差。

4.2.3 面层树脂

就物理性能而言，面层树脂的配方应考虑预定的特殊用途，且应满足 A 型、B 型或 C 型树脂的有关

要求,例如:

    ——适用于露天;

    ——适用于含油的舱底水;

    ——仅用于不剥落的表面;

    ——适用于做油漆。

4.2.4 层合树脂

层合树脂,包括允许数量的填料和其他添加剂的树脂掺和物,在固化后应满足表 3 规定的有关要求。

表 3 固化后树脂的性能

(50℃下经 24 h 后固化处理后)

性　　能	试验方法	要　　求		
		树脂类型		
		A	B[a]	C[a]
极限拉伸强度(最小值)/MPa	ISO 527-1 ISO 527-4	55	45	
断裂伸长率(最小值)/(%)	ISO 527-1 ISO 527-4	2.5	1.5	1.2
极限弯曲强度(最小值)/MPa	ISO 178:1993	100	80	
弯曲模量(最小值)/MPa	ISO 178:1993	2 700		
热变形温度(最小值)/℃	ISO 75-1,ISO 75-2:1993 方法 A	60		53
吸水性(最大值)/mg	ISO 62[b]:1999	80	100	100
总的体积收缩	ISO 3521:1997	制造厂规定的标称值+5%		
巴柯尔硬度[c](934-1 压痕仪)(最小值)	EN 59:1977	35	35	35

此要求不适用于采用填料和腻子配方的树脂。

以百分数(%)表示的容差应理解为规定的百分数范围。

   [a] 对于确定所要求的构件尺寸的不同用途而言,对 B 型和 C 型层合树脂的要求是最低要求。

   [b] 试样:50 mm$^{+1}_{0}$ mm×50 mm$^{+1}_{0}$ mm×4 mm$^{+0.2}_{0}$ mm。蒸馏水。在 23℃下暴露 28 d。

   [c] 树脂参数可与这些值略有不同,但最小值应达到 30,且可由制造厂确定其适当的固化状态。

4.2.5 填料、添加剂

填料和/或添加剂的数量和类型应能在树脂制造厂规定的凝胶时间之内使增强纤维能充分浸湿。

4.2.6 催化剂、促进剂

催化剂和促进剂的使用应按树脂制造厂的规定或建议。

4.2.7 说明

树脂制造厂应以书面形式说明材料交货时符合 4.2 中表 2 和表 3 由制造厂规定的 A 型、B 型和 C 型树脂的有关要求。

如果制造厂要求免除表 3 的要求,即这些要求不适用于采用填料和腻子配方的树脂,则其应说明该树脂能达到的力学性能,并应提供有关该树脂预定用途的资料。

树脂、催化剂、促进剂、填料或用于层合板的其他材料的制造商应各自提供以下书面信息:

    ——所提供的材料与此层合板中所用的其他材料的相容性和不相容性(若已知);

    ——材料的贮存期;

——与贮存有关的专门要求；

——与使用有关的专门要求。

小艇制造厂应将这些资料与为小艇建立的文件一起保存。

4.3 基准层合板

4.3.1 应通过任何制造工艺达到表4中所列的基准层合板的力学性能。

4.3.2 树脂制造厂应以书面形式声明其产品能满足表4规定的力学性能。

树脂制造厂应提供基准层合板制造过程中所用的其他材料(如:催化剂、促进剂、填料、添加剂等)的详细资料。

表 4 基准层合板的最低力学性能[a]

特　　　性	试验方法	要　　　求[b] MPa
极限拉伸强度	ISO 527-1,ISO 527-4	80
拉伸模量	ISO 527-1,ISO 527-4	6 350
极限弯曲强度	ISO 178:1993	135
弯曲模量	ISO 178:1993	5 200
面内剪切	ASTM D4255	50
表观层间剪切强度(短梁剪切)	ISO 14130:1997	15

[a] 基准层合板应由玻璃纤维短切原丝毡和树脂组成,玻璃纤维含量按已完全固化层合板的重量计不超过30%。

[b] 应经最高为50℃最多24 h的后固化工艺后再测量试验数据。

ICS 29.035.20
K 15

中华人民共和国国家标准

GB/T 23641—2018
代替 GB/T 23641—2009

电气用纤维增强不饱和聚酯模塑料
（SMC/BMC）

Fiber reinforced unsaturated polyester moulding
compounds(SMC and BMC) for electrical purposes

2018-06-07 发布

2019-01-01 实施

国家市场监督管理总局
中国国家标准化管理委员会 发布

前　言

本标准按照 GB/T 1.1—2009 给出的规则起草。

请注意本文件的某些内容可能涉及专利。本文件的发布机构不承担识别这些专利的责任。

本标准代替 GB/T 23641—2009《电气用纤维增强不饱和聚酯模塑料（SMC/BMC）》。本标准与 GB/T 23641—2009 相比，除编辑性修改外主要技术变化如下：

——增加了缩略语（见第 4 章）；

——修改了分类命名（见第 5 章，2009 年版的第 4 章）；

——按修改后的分类命名方法、纤维含量、阻燃特性等调整了 SMC 和 BMC 性能要求表中的内容，产品型号由 16 个 SMC、10 个 BMC 调整为 13 个 SMC、10 个 BMC，型号对比见资料性附录 B（见第 6 章，2009 年版的第 5 章）；

——在性能要求中删除了多个型号的耐电痕化指标（见第 6 章，2009 年版的第 5 章）；

——修改了压制模塑制样工艺条件（见第 7 章，2009 年版的第 6 章）；

——修改了测定压缩弹性模量和压缩强度、线性热膨胀系数的方法标准（见第 7 章，2009 年版的第 7 章）；

——增加了对机械性能标准试样推荐从 300 mm×300 mm 的压制模塑板中仿形雕刻而成的规定（见第 7 章）；

——将试样制备列入试验方法中进行规定（见 7.1，2009 年版的第 6 章）；

——将检验规则作为单独章节进行规定（见第 8 章，2009 年版的 8.1）。

本标准由中国电器工业协会提出。

本标准由全国绝缘材料标准化技术委员会（SAC/TC 51）归口。

本标准起草单位：桂林电器科学研究院有限公司、浙江省乐清树脂厂、无锡新宏泰电器科技股份有限公司、四川东材科技集团股份有限公司、浙江南方塑胶制造有限公司、无锡帝安斯电气科技有限公司、河南东海复合材料有限公司、浙江四达新材料股份有限公司、陕西泰普瑞电工绝缘技术有限公司、北京福润德复合材料有限责任公司、新昌县路凡新材料科技有限公司、华缘新材料股份有限公司、浙江天顺玻璃钢有限公司、金陵力联思树脂有限公司、宁波奇乐电气集团有限公司、上海昭和高分子有限公司、温州金通成套电器有限公司、江苏澳明威环保新材料有限公司、乐清市中力树脂制品有限公司、乐清市华东树脂电器厂、乐清市万兴塑胶材料有限公司、宏晓复合材料有限公司、浙江伯特利树脂制品有限公司、郎溪易莱电气有限公司、达得利电力设备有限公司、乐清市东方电工材料厂、华威博奥电力设备有限公司、中铝中州新材料科技有限公司、浙江洛普电气有限公司、普晓电气科技有限公司、普优新能源科技有限公司、扬州润友复合材料有限公司、广东百汇达新材料有限公司、中安达电气科技股份有限公司。

本标准主要起草人：张波、马林泉、周雨力、孙宇、徐贤开、夏宏伟、李先德、陈永水、王井武、张晋、范仕杰、吴亚民、马长山、邹玉萍、张文武、王益枢、祖向阳、冯嘉明、于华、施炳飞、谢泽新、林平、林文光、余锡建、周益新、陈炳新、高建新、王晓、林时成、朱学东、李志刚、蔡子超、林智、王建化、邢超群、卫福海、林柏阳。

本标准所代替标准的历次版本发布情况为：

——GB/T 23641—2009。

电气用纤维增强不饱和聚酯模塑料
（SMC/BMC）

1 范围

本标准规定了电气用纤维增强不饱和聚酯片状模塑料（SMC）和块状模塑料（BMC）的分类与命名、要求、试验方法、检验规则、包装、标志、运输和贮存。

本标准适用于以不饱和聚酯树脂和环氧乙烯基酯树脂为基体，以玻璃纤维为增强材料制成的电气用纤维增强片状模塑料（SMC）和块状模塑料（BMC）。

2 规范性引用文件

下列文件对于本文件的应用是必不可少的。凡是注日期的引用文件，仅注日期的版本适用于本文件。凡是不注日期的引用文件，其最新版本（包括所有的修改单）适用于本文件。

GB/T 1033.1—2008 塑料 非泡沫塑料密度的测定 第1部分：浸渍法、液体比重瓶法和滴定法

GB/T 1034—2008 塑料 吸水性的测定

GB/T 1036 塑料 −30 ℃～30 ℃线膨胀系数的测定 石英膨胀计法

GB/T 1040.1 塑料 拉伸性能的测定 第1部分：总则

GB/T 1040.2 塑料 拉伸性能的测定 第2部分：模塑和挤塑塑料的试验条件

GB/T 1040.4 塑料 拉伸性能的测定 第4部分：各向同性和正交各向异性纤维增强复合材料的试验条件

GB/T 1043.1—2008 塑料 简支梁冲击性能的测定 第1部分：非仪器化冲击试验

GB/T 1408.1 绝缘材料 电气强度试验方法 第1部分：工频下试验

GB/T 1409 测量电气绝缘材料在工频、音频、高频（包括米波波长在内）下电容率和介质损耗因数的推荐方法

GB/T 1410 固体绝缘材料体积电阻率和表面电阻率试验方法

GB/T 1411 干固体绝缘材料 耐高电压、小电流电弧放电的试验

GB/T 1447 纤维增强塑料拉伸性能试验方法

GB/T 1448 纤维增强塑料压缩性能试验方法

GB/T 1449 纤维增强塑料弯曲性能试验方法

GB/T 1634.2—2004 塑料 负荷变形温度的测定 第2部分：塑料、硬橡胶和长纤维增强复合材料

GB/T 2406.2 塑料 用氧指数法测定燃烧行为 第2部分：室温试验

GB/T 2407 塑料 硬质塑料小试样与炽热棒接触时燃烧特性的测定

GB 2536—2011 电工流体 变压器和开关用的未使用过的矿物绝缘油

GB/T 2547 塑料 取样方法

GB/T 2577—2005 玻璃纤维增强塑料树脂含量试验方法

GB/T 4207—2012 固体绝缘材料耐电痕化指数和相比电痕化指数的测定方法

GB/T 5169.12 电工电子产品着火危险试验 第12部分：灼热丝/热丝基本试验方法 材料的灼热丝可燃性指数（GWFI）试验方法

GB/T 5169.16　电工电子产品着火危险试验　第 16 部分:试验火焰 50 W 水平与垂直火焰试验方法

GB/T 5471—2008　塑料　热固性塑料试样的压塑

GB/T 6553—2014　严酷环境条件下使用的电气绝缘材料　评定耐电痕化和蚀损的试验方法

GB/T 10064　测定固体绝缘材料绝缘电阻的试验方法

GB/T 11026.1　电气绝缘材料　耐热性　第 1 部分:老化程序和试验结果的评价

GB/T 27797.8—2011　纤维增强塑料　试验板制备方法　第 8 部分:SMC 及 BMC 模塑

GB/T 27797.10　纤维增强塑料　试验板制备方法　第 10 部分:BMC 和其他长纤维模塑料注射模塑　一般原理和通用试样模塑

GB/T 27797.11　纤维增强塑料　试验板制备方法　第 11 部分:BMC 和其他长纤维模塑料注射模塑　小方片

ISO 2577　塑料　热固性模塑料　收缩率的测定(Plastics—Thermosetting moulding materials—Determination of shrinkage)

ISO 11667:1997　纤维增强塑料　模塑料和预浸料　树脂、增强纤维和矿物质填料含量的测定溶解法(Fibre-reinforced plastics—Moulding compounds and prepregs—Determination of resin, rein-forced-fibre and mineral-filler content—Dissolution methods)

3　术语和定义

下列术语和定义适用于本文件。

3.1

片状模塑料　sheet moulding compound;SMC

热固性模塑料,片状。

3.2

块状模塑料　bulk moulding compound;BMC

热固性模塑料,块状。

4　缩略语

下述缩略语适用于本文件。

UP-SMC 或 UP-BMC:以不饱和聚酯树脂为基体制成的纤维增强热固性模塑料(Unsaturated Pol-yester resin—Sheet Moulding Compound or Unsaturated Polyester resin—Bulk Moulding Compound)

VE-SMC 或 VE-BMC:以环氧乙烯基酯树脂为基体制成的纤维增强热固性模塑料(Epoxy Vinyl Ester resin—Sheet Moulding Compound or Epoxy Vinyl Ester resin—Bulk Moulding Compound)

5　分类与命名

5.1　总则

分类命名是基于配方基体树脂的英文缩写、模塑料的形状描述代码、纤维百分含量加配方顺序号三部分构成一个完整的型号进行的(见表 1),各部分之间用"—"隔开。

注:新旧版本产品型号对照参见附录 B 的表 B.1。

表 1　纤维增强模塑料(SMC 和 BMC)分类命名方法

基体树脂英文缩写	形状描述代码	额定纤维百分含量/%	配方顺序号
UP 或 VE	SMC 或 BMC	10,15,20,……	a,b,c,……

5.2　示例

示例 1：
UP-SMC-25a

  ——25% 额定纤维含量、a 号配方
  ——片状模塑料
  ——不饱和聚酯树脂

示例 2：
UP-BMC-20b

  ——20% 额定纤维含量、b 号配方
  ——块状模塑料
  ——不饱和聚酯树脂

示例 3：
VE-SMC-30a

  ——30% 额定纤维含量、a 号配方
  ——片状模塑料
  ——乙烯基酯树脂

6　要求

6.1　总则

6.1.1　片状模塑料、块状模塑料和成型后的标准试样应分别符合表 2、表 3、表 4、表 5 和表 6 中所列的性能要求,其中带"＊"者(共 21 项)为必需满足的性能要求,其余为可供选择的性能要求。

6.1.2　本标准对塑料流动特性和工艺特性无特别的规定。但对于某些应用场合,为便于使用,应在合同中规定这方面相关的特性,例如固化时间、放热峰和流动性等,其试验方法及试验条件由供需双方商定。

  注：从制成品中切取的试样,由于受模具结构、压制工艺条件、取样工具、取样部位等因素影响,一些性能或许达不到表 2、表 3、表 4、表 5 和表 6 中所规定的要求。

6.2　再生材料的使用

  所有的配方可包含再生的材料。值得注意的是当再生材料含量超过 10% 时,一些性能或许会发生变化。

6.3　外观

  成型后的标准试样应表面平整、光滑、色泽均匀,无气泡和裂纹。

6.4　性能要求

6.4.1　片状模塑料(SMC)

  不同额定纤维含量和工艺的片状模塑料(SMC)的性能分别应符合表 2、表 3、表 4 的要求。

表 2 SMC 性能要求

性　能		单位	要　求			
			UP-SMC-20a	UP-SMC-20b	UP-SMC-25a	UP-SMC-25b
1 机械性能						
1.1 拉伸弹性模量*		MPa	≥8 500	≥8 500	≥10 000	≥9 000
1.2 拉伸断裂应力*		MPa	≥50	≥50	≥60	≥55
1.3 断裂拉伸应变*		%	≥1.8	≥1.8	≥2.0	≥2.0
1.4 压缩弹性模量		MPa	≥9 000	≥9 000	≥9 500	≥9 000
1.5 压缩强度		MPa	≥160	≥160	≥170	≥160
1.6 弯曲弹性模量*		MPa	≥9 000	≥9 000	≥10 000	≥9 500
1.7 弯曲强度*		MPa	≥150	≥150	≥180	≥160
1.8 简支梁冲击强度（无缺口）*		kJ/m²	≥60	≥60	≥75	≥70
2 热性能						
2.1 负荷变形温度（T_f 1.8）*		℃	≥240	≥240	≥240	≥240
2.2 线性热膨胀系数*		10^{-6}/K	≤30	≤30	≤30	≤30
2.3 温度指数（TI）*		—	≥130	≥130	≥130	≥130
3 电性能						
3.1 电气强度（常态油中）*		kV/mm	≥21	≥21	≥22	≥22
3.2 相对电容率（100 Hz）*		—	≤4.8	≤4.8	≤4.8	≤4.8
3.3 介质损耗因数（100 Hz）*		—	≤0.02	≤0.02	≤0.02	≤0.02
3.4 绝缘电阻*	常态	Ω	≥1.0×10¹³	≥1.0×10¹³	≥1.0×10¹³	≥1.0×10¹³
	浸水后		≥1.0×10¹²	≥1.0×10¹²	≥1.0×10¹²	≥1.0×10¹²
3.5 体积电阻率*		Ω·m	≥1.0×10¹¹	≥1.0×10¹¹	≥1.0×10¹²	≥1.0×10¹²
3.6 表面电阻率*		Ω	≥1.0×10¹²	≥1.0×10¹²	≥1.0×10¹²	≥1.0×10¹²
3.7 耐电痕化指数（PTI）*		—	≥600	≥600	≥600	≥600
3.8 耐电痕化		级	—	—	不低于 1A 2.5	不低于 1A 3.0
3.9 耐电弧*		s	≥180	≥180	≥180	≥180
4 可燃性和燃烧特性						
4.1 燃烧性*		级	不次于 V0	不次于 HB40	不次于 V0	不次于 V0
4.2 炽热棒燃烧试验*		—	燃烧时间小于 80 s	—	燃烧时间小于 80 s	燃烧时间小于 60 s

表 2（续）

性　能	单位	要　求			
		UP-SMC-20a	UP-SMC-20b	UP-SMC-25a	UP-SMC-25b
4.3 氧指数	%	≥31	≥22	≥31	≥32
4.4 灼热丝可燃性指数 （GWFI）	℃	GWFI：≥960/3.0	GWFI：≥850/3.0	GWFI：≥960/3.0	GWFI：≥960/3.0
5 理化性能					
5.1 密度*	g/cm³	1.60～2.00	1.60～2.00	1.60～2.00	1.60～2.00
5.2 模塑收缩率*	%	≤0.15	≤0.15	≤0.15	≤0.06
5.3 吸水性	%	≤0.2	≤0.2	≤0.2	≤0.2
6 流变和工艺特性					
6.1 玻璃纤维含量*	%	20.0±2.5	20.0±2.5	25.0±2.5	25.0±2.5
7 附注					
7.1 特征		阻燃	非阻燃、普通	阻燃、高强度	阻燃、高耐电痕化

表 3　SMC 性能要求

性　能	单位	要　求			
		UP-SMC-25c	UP-SMC-25d	UP-SMC-30a	UP-SMC-30b
1 机械性能					
1.1 拉伸弹性模量*	MPa	≥9 000	≥9 500	≥9 500	≥9 500
1.2 拉伸断裂应力*	MPa	≥55	≥55	≥65	≥65
1.3 断裂拉伸应变*	%	≥2.0	≥2.0	≥2.0	≥2.0
1.4 压缩弹性模量	MPa	≥9 500	≥9 500	≥10 000	≥10 000
1.5 压缩强度	MPa	≥160	≥160	≥160	≥160
1.6 弯曲弹性模量*	MPa	≥9 500	≥9 500	≥10 000	≥10 000
1.7 弯曲强度*	MPa	≥170	≥170	≥180	≥180
1.8 简支梁冲击强度 （无缺口）*	kJ/m²	≥70	≥70	≥80	≥80
2 热性能					
2.1 负荷变形温度 （T_f1.8）*	℃	≥240	≥240	≥240	≥240
2.2 线性热膨胀系数*	10^{-6}/K	≤30	≤30	≤30	≤30
2.3 温度指数（TI）*	—	≥130	≥130	≥130	≥130
3 电性能					
3.1 电气强度（常态油中）*	kV/mm	≥21	≥21	≥20	≥20
3.2 相对电容（100 Hz）*	—	≤4.8	≤4.8	≤4.8	≤4.8

表 3（续）

性　能		单位	要　求			
			UP-SMC-25c	UP-SMC-25d	UP-SMC-30a	UP-SMC-30b
3.3 介质损耗因数 (100 Hz)*		—	≤0.02	≤0.02	≤0.02	≤0.02
3.4 绝缘电阻*	常态	Ω	≥$1.0×10^{13}$	≥$1.0×10^{13}$	≥$1.0×10^{13}$	≥$1.0×10^{13}$
	浸水后		≥$1.0×10^{12}$	≥$1.0×10^{12}$	≥$1.0×10^{12}$	≥$1.0×10^{12}$
3.5 体积电阻率*		Ω·m	≥$1.0×10^{12}$	≥$1.0×10^{12}$	≥$1.0×10^{12}$	≥$1.0×10^{12}$
3.6 表面电阻率*		Ω	≥$1.0×10^{12}$	≥$1.0×10^{12}$	≥$1.0×10^{12}$	≥$1.0×10^{12}$
3.7 耐电痕化指数(PTI)*		—	≥600	≥600	≥600	≥600
3.8 耐电痕化		级	—	—	—	—
3.9 耐电弧*		s	≥180	≥180	≥180	≥180
4 可燃性和燃烧特性						
4.1 燃烧性*		级	不次于 V0	不次于 HB40	不次于 V0	不次于 HB40
4.2 炽热棒燃烧试验*		—	燃烧时间小于 80 s	—	燃烧时间小于 80 s	—
4.3 氧指数		%	≥31	≥22	≥31	≥22
4.4 灼热丝可燃性指数 (GWFI)		℃	GWFI：≥960/3.0	GWFI：≥850/3.0	GWFI：≥960/3.0	GWFI：≥850/3.0
5 理化性能						
5.1 密度*		g/cm³	1.60～2.00	1.60～2.00	1.60～2.00	1.60～2.00
5.2 模塑收缩率*		%	≤0.14	≤0.12	≤0.10	≤0.10
5.3 吸水性		%	≤0.2	—	—	—
6 流变和工艺特性						
6.1 玻璃纤维含量*		%	25.0±2.5	25.0±2.5	30.0±2.5	30.0±2.5
7 附注						
7.1 特征			阻燃	非阻燃、普通	阻燃	非阻燃、普通

表 4　SMC 性能要求

性　能	单位	要　求				
		UP-SMC-30c	UP-SMC-35a	VE-SMC-25a	VE-SMC-50a	VE-SMC-50b
1 机械性能						
1.1 拉伸弹性模量*	MPa	≥9 500	≥18 000(纵向)	≥9 500	≥13 000	≥25 000(纵向)
1.2 拉伸断裂应力*	MPa	≥65	≥200(纵向)	≥80	≥160	≥320(纵向)
1.3 断裂拉伸应变*	%	≥2.0	≥2.0(纵向)	≥1.4	≥1.8	≥1.8(纵向)
1.4 压缩弹性模量	MPa	≥10 000	≥16 000(纵向)	≥9 500	≥12 000	≥21 000(纵向)
1.5 压缩强度	MPa	≥160	≥280(纵向)	≥150	≥250	≥450(纵向)

表4（续）

性　能	单位	要　求				
		UP-SMC-30c	UP-SMC-35a	VE-SMC-25a	VE-SMC-50a	VE-SMC-50b
1.6 弯曲弹性模量*	MPa	≥9 500	≥18 000（纵向）	≥9 500	≥12 000	≥24 000（纵向）
1.7 弯曲强度	MPa	≥170	≥220（纵向）	≥160	≥280	≥450（纵向）
1.8 简支梁冲击强度(无缺口)*	kJ/m²	≥75	≥180（纵向）	≥80	≥150	≥280（纵向）
2 热性能						
2.1 负荷变形温度（T_f1.8)*	℃	≥240	≥240	≥240	≥220	≥220
2.2 线性热膨胀系数*	10^{-6}/K	≤30	≤30（纵向）	≤30	≤30	≤30（纵向）
2.3 温度指数(TI)*	—	≥130	≥130	≥155	≥155	≥155
3 电性能						
3.1 电气强度(常态油中)*	kV/mm	—	≥20	≥20	≥18	≥18
3.2 相对电容率(100 Hz)*	—	—	≤4.8	≤5.0	≤5.0	≤5.0
3.3 介质损耗因数(100 Hz)*	—	—	≤0.02	≤0.02	≤0.02	≤0.02
3.4 绝缘电阻* 常态	Ω	1.0×10^6～1.0×10^9	≥1.0×10^{13}	≥1.0×10^{13}	≥1.0×10^{13}	≥1.0×10^{13}
3.4 绝缘电阻* 浸水后		—	≥1.0×10^{12}	≥1.0×10^{12}	≥1.0×10^{12}	≥1.0×10^{12}
3.5 体积电阻率*	Ω·m	1.0×10^9～1.0×10^9	≥1.0×10^{12}	≥1.0×10^{12}	≥1.0×10^{12}	≥1.0×10^{12}
3.6 表面电阻率*	Ω	1.0×10^7～1.0×10^{10}	≥1.0×10^{12}	≥1.0×10^{12}	≥1.0×10^{12}	≥1.0×10^{12}
3.7 耐电痕化指数(PTI)*	—	—	≥600	≥600	≥600	≥600
3.8 耐电痕化	级	—	—	—	—	—
3.9 耐电弧*	s	—	≥180	≥180	≥180	≥180
4 可燃性和燃烧特性						
4.1 燃烧性*	级	不次于 V0	不次于 HB40	不次于 HB40	不次于 HB40	不次于 HB40
4.2 炽热棒燃烧试验*	—	燃烧时间小于80 s	—	—	—	—
4.3 氧指数	%	≥31	≥22	≥22	≥23	≥24
4.4 灼热丝可燃性指数(GWFI)	℃	GWFI：≥960/3.0	GWFI：≥850/3.0	GWFI：≥850/3.0	GWFI：≥850/3.0	GWFI：≥850/3.0

表 4（续）

性　能	单位	要　　求				
		UP-SMC-30c	UP-SMC-35a	VE-SMC-25a	VE-SMC-50a	VE-SMC-50b
5 理化性能						
5.1 密度*	g/cm³	1.60～2.00	1.60～2.00	1.60～2.00	1.60～2.00	1.60～2.00
5.2 模塑收缩率	%	≤0.14	≤−0.03	≤−0.05	≤0.03	≤−0.03
5.3 吸水性	%	≤0.2	≤0.2	≤0.2	≤0.2	≤0.2
6 流变和工艺特性						
6.1 玻璃纤维含量*	%	30±2.5	35±2.5	25±2.5	50±2.5	50±2.5
7 附注						
7.1 特征		阻燃、半导电	非阻燃、连续纤维	非阻燃、普通	非阻燃、普通	非阻燃、连续纤维

6.4.2 块状模塑料（BMC）

不同额定纤维含量和工艺的块状模塑料（SMC）的性能分别应符合表 5、表 6 的要求。

表 5　BMC 性能要求

性　能	单位	要　　求				
		UP-BMC-10a	UP-BMC-10b	UP-BMC-15a	UP-BMC-15b	UP-BMC-20a
1 机械性能						
1.1 拉伸弹性模量*	MPa	≥9 000	≥9 000	≥11 000	≥11 000	≥12 000
1.2 拉伸断裂应力*	MPa	≥18	≥20	≥22	≥25	≥25
1.3 断裂拉伸应变*	%	≥0.3	≥0.4	≥0.4	≥0.5	≥0.4
1.4 压缩弹性模量	MPa	≥9 000	≥10 000	≥10 000	≥10 000	≥10 000
1.5 压缩强度	MPa	≥85	≥90	≥100	≥120	≥120
1.6 弯曲弹性模量*	MPa	≥7 000	≥7 000	≥8 000	≥9 000	≥9 000
1.7 弯曲强度*	MPa	≥55	≥60	≥85	≥90	≥90
1.8 简支梁冲击强度（无缺口）*	kJ/m²	≥10	≥10	≥25	≥25	≥25
2 热性能						
2.1 负荷变形温度（T_f1.8）*	℃	≥220	≥220	≥220	≥220	≥220
2.2 线性热膨胀系数*	10⁻⁶/K	≤30	≤30	≤30	≤30	≤30
2.3 温度指数（TI）*	—	≥130	≥130	≥130	≥130	≥130
3 电性能						
3.1 电气强度（常态油中）*	kV/mm	≥20	≥20	≥20	≥20	≥20
3.2 相对电容率（100 Hz）*	—	≤4.8	≤4.8	≤4.8	≤4.8	≤4.8
3.3 介质损耗因数（100 Hz）*	—	≤0.02	≤0.02	≤0.02	≤0.02	≤0.02

表 5（续）

性 能		单位	要　求				
			UP-BMC-10a	UP-BMC-10b	UP-BMC-15a	UP-BMC-15b	UP-BMC-20a
3.4 绝缘电阻*	常态	Ω	$\geqslant 1.0 \times 10^{13}$	$\geqslant 1.0 \times 10^{13}$	$\geqslant 1.0 \times 10^{13}$	$\geqslant 1.0 \times 10^{13}$	$\geqslant 1.0 \times 10^{13}$
	浸水后		$\geqslant 1.0 \times 10^{12}$	$\geqslant 1.0 \times 10^{12}$	$\geqslant 1.0 \times 10^{12}$	$\geqslant 1.0 \times 10^{12}$	$\geqslant 1.0 \times 10^{12}$
3.5 体积电阻率*		Ω·m	$\geqslant 1.0 \times 10^{11}$	$\geqslant 1.0 \times 10^{11}$	$\geqslant 1.0 \times 10^{11}$	$\geqslant 1.0 \times 10^{11}$	$\geqslant 1.0 \times 10^{12}$
3.6 表面电阻率*		Ω	$\geqslant 1.0 \times 10^{12}$	$\geqslant 1.0 \times 10^{12}$	$\geqslant 1.0 \times 10^{12}$	$\geqslant 1.0 \times 10^{12}$	$\geqslant 1.0 \times 10^{12}$
3.7 耐电痕化指数（PTI）*		—	$\geqslant 600$	$\geqslant 600$	$\geqslant 600$	$\geqslant 600$	$\geqslant 600$
3.8 耐电痕化		级	—	—	—	—	不低于 1A 2.5
3.9 耐电弧*		s	$\geqslant 180$	$\geqslant 180$	$\geqslant 180$	$\geqslant 180$	$\geqslant 180$
4 燃性和燃烧特性							
4.1 燃烧性*		级	不次于 V0	不次于 HB40	不次于 V0	不次于 HB40	不次于 V0
4.2 炽热棒燃烧试验*		—	燃烧时间小于 80 s	—	燃烧时间小于 80 s	—	燃烧时间小于 80 s
4.3 氧指数		%	$\geqslant 32$	$\geqslant 22$	$\geqslant 32$	$\geqslant 22$	$\geqslant 40$
4.4 灼热丝可燃性指数（GWFI）		℃	GWFI：$\geqslant 960/3.0$	GWFI：$\geqslant 850/3.0$	GWFI：$\geqslant 850/3.0$	GWFI：$\geqslant 850/3.0$	GWFI：$\geqslant 850/3.0$
5 理化性能							
5.1 密度*		g/cm³	1.70～2.10	1.70～2.10	1.70～2.10	1.70～2.10	1.70～2.10
5.2 模塑收缩率*		%	$\leqslant 0.10$	$\leqslant 0.15$	$\leqslant 0.15$	$\leqslant 0.15$	$\leqslant 0.15$
5.3 吸水性		%	$\leqslant 0.2$	$\leqslant 0.2$	$\leqslant 0.2$	$\leqslant 0.2$	$\leqslant 0.2$
6 流变和工艺特性							
6.1 玻璃纤维含量*		%	10.0 ± 2.5	10.0 ± 2.5	15.0 ± 2.5	15.0 ± 2.5	20.0 ± 2.5
7 附注							
7.1 特征			阻燃、塑封	非阻燃、普通	阻燃	非阻燃、普通	阻燃

表 6　BMC 性能要求

性 能	单位	要　求				
		UP-BMC-20b	UP-BMC-25a	UP-BMC-25b	UP-BMC-25c	VE-BMC-25a
1 机械性能						
1.1 拉伸弹性模量*	MPa	$\geqslant 12\,000$	$\geqslant 12\,500$	$\geqslant 12\,500$	$\geqslant 12\,500$	$\geqslant 11\,000$
1.2 拉伸断裂应力*	MPa	$\geqslant 30$	$\geqslant 30$	$\geqslant 30$	$\geqslant 25$	$\geqslant 30$
1.3 断裂拉伸应变*	%	$\geqslant 0.5$	$\geqslant 0.5$	$\geqslant 0.5$	$\geqslant 0.5$	$\geqslant 0.4$
1.4 压缩模量	MPa	$\geqslant 10\,000$	$\geqslant 10\,000$	$\geqslant 10\,500$	$\geqslant 10\,500$	$\geqslant 9\,000$
1.5 压缩强度	MPa	$\geqslant 140$	$\geqslant 120$	$\geqslant 140$	$\geqslant 120$	$\geqslant 100$
1.6 弯曲弹性模量*	MPa	$\geqslant 10\,000$	$\geqslant 10\,000$	$\geqslant 10\,500$	$\geqslant 9\,500$	$\geqslant 9\,500$

表 6（续）

性　能		单位	要　求				
			UP-BMC-20b	UP-BMC-25a	UP-BMC-25b	UP-BMC-25c	VE-BMC-25a
1.7 弯曲强度*		MPa	≥100	≥90	≥100	≥90	≥155
1.8 简支梁冲击强度(无缺口)*		kJ/m²	≥30	≥30	≥35	≥20	≥40
2 热性能							
2.1 负荷变形温度 ($T_f1.8$)*		℃	≥220	≥220	≥220	≥220	≥200
2.2 线性热膨胀系数*		10^{-6}/K	≤30	≤30	≤30	≤30	≤30
2.3 温度指数(TI)*		—	≥130	≥130	≥130	≥130	≥155
3 电性能							
3.1 电气强度(常态油中)*		kV/mm	≥20	≥22	≥22	—	≥20
3.2 相对电容率(100 Hz)*		—	≤4.8	≤4.5	≤4.5	—	≤4.5
3.3 介质损耗因数(100 Hz)*		—	≤0.02	≤0.02	≤0.02	—	≤0.02
3.4 绝缘电阻*	常态	Ω	≥1.0×10^{13}	≥1.0×10^{13}	≥1.0×10^{14}	1.0×10^6～1.0×10^9	≥1.0×10^{13}
	浸水后		≥1.0×10^{12}	≥1.0×10^{12}	≥1.0×10^{13}	—	≥1.0×10^{12}
3.5 体积电阻率*		Ω·m	≥1.0×10^{12}	≥1.0×10^{12}	≥1.0×10^{12}	1.0×10^6～1.0×10^9	≥1.0×10^{13}
3.6 表面电阻率*		Ω	≥1.0×10^{12}	≥1.0×10^{12}	≥1.0×10^{12}	1.0×10^7～1.0×10^{10}	≥1.0×10^{14}
3.7 耐电痕化指数(PTI)*		—	≥600	≥600	≥600	—	≥600
3.8 耐电痕化		级	—	不低于1A 2.5	—	—	—
3.9 耐电弧*		s	≥180	≥180	≥180	—	≥180
4 可燃性和燃烧性							
4.1 燃烧性*		级	不次于 HB40	不次于 V0	不次于 HB40	不次于 V0	不次于 HB40
4.2 炽热棒燃烧试验*		—	—	燃烧时间小于 80 s	—	燃烧时间小于 80 s	—
4.3 氧指数		%	≥22	≥38	≥22	≥30	≥22
4.4 灼热丝可燃性指数 (GWFI)		℃	GWFI：≥850/3.0	GWFI：≥960/3.0	GWFI：≥850/3.0	GWFI：≥850/3.0	GWFI：≥850/3.0
5 理化性能							
5.1 密度*		g/cm³	1.70～2.10	1.70～2.10	1.70～2.10	1.70～2.10	1.70～2.10
5.2 模塑收缩率*		%	≤0.15	≤0.14	≤0.14	≤0.14	≤−0.03
5.3 吸水性		%	≤0.2	≤0.2	≤0.2	≤0.2	≤0.2
6 流变和工艺特性							
6.1 玻璃纤维含量*		%	20.0±2.5	25.0±2.5	25.0±2.5	25.0±2.5	25.0±2.5
7 附注							
7.1 特征			非阻燃、普通	阻燃	非阻燃、普通	阻燃、半导电	非阻燃、普通

7 试验方法

7.1 试样制备

7.1.1 取样

无论采取何种制样工艺(注射模塑或压制模塑),同批试样均应采用相同的工艺条件。对于SMC,制样前先从片卷中取出一整幅宽的片段,然后每边切除 5 cm 作为样品;对于BMC,从一个生产批次中取出具有代表性的样品。取出的材料样品应立即装入合适的袋中以防止在制样前与制样时吸潮和苯乙烯挥发。

7.1.2 材料样品的预处置

对于注射模塑,材料样品在成型加工前通常不需要预处置,若需要,应按制造商的说明进行。

对于压制模塑,材料样品在成型加工前先按 GB/T 27797.8—2011 的规定恒温至(23±2)℃,然后进行装料准备。对于SMC,推荐按100%模具表面覆盖来准备装模叠层,至少不低于90%;对于BMC,在一个平整的托盘上手工预成形至尽可能与模腔尺寸相同的平铺层。

7.1.3 注射模塑

注射模塑试样的制备应按 GB/T 27797.10 和 GB/T 27797.11 的规定,制备工艺条件宜按表7进行,并应确保所有试样均匀地、完全地固化。吸水性、绝缘电阻等测定所需的试样按附录A直接注射模塑制得。

表 7　注射模塑试样制备工艺条件

成型温度 ℃	平均注射速率 mm/s	固化时间 s
130～170	50～150	a

a 可根据SMC和BMC的固化特性的函数关系,选择固化时间,试验证明:当采用相同时间制备相同厚度样品时,其试验结果大体相同。

7.1.4 压制模塑

压制模塑试板的制备应按 GB/T 27797.8—2011 中方法 A 的规定,推荐的试板长 300 mm、宽 300 mm、厚 2 mm、3 mm、4 mm 和 6 mm,推荐采用可移动底板顶出的模具,并用垫片调整试板厚度,推荐的制备工艺条件见表8。

表 8　压制模塑试板制备工艺条件

成型温度 ℃	成型压力 MPa	固化时间 s
130～170	8.0～10.0	每毫米厚20～60a

a 可根据SMC或BMC的预处理条件,固化特性函数关系来选择固化时间,并确保所有试样均匀地、完全地固化。试验证明:当采用相同时间压制相同厚度样品时,其试验结果大体相同。

各项性能测定所需的试样推荐采用数控仿形雕刻机、直径 4 mm 的 4 刃平底铣刀从上述按 GB/T 27797.8—2011 中方法 A 规定制备的试板中制取,制取时应避开试板四周距边缘 20 mm 的区域,推荐铣刀平移速度为 150 mm/min～300 mm/min(具体速度可根据试板的硬度调整),铣刀自转速度为 20 000 r/min;吸水性、绝缘电阻等测定所需的试样也可以按 GB/T 5471—2008 的规定直接压制模塑制得,见附录 A。

7.2 试样预处理、条件处理及试验条件

7.2.1 试样预处理

除非另有规定,试样应在(23±2)℃,相对湿度(50±5)%的环境条件下处理 24 h。

7.2.2 条件处理

浸水处理应在(23±1)℃蒸馏水中处理 24 h。

7.2.3 试验条件

除非另有规定,试验应在(23±2)℃,相对湿度(50±5)%的环境条件下进行,其他规定见附录 A。

7.3 机械性能

7.3.1 拉伸弹性模量、拉伸断裂应力及断裂拉伸应变

按 GB/T 1040.1、GB/T 1040.2、GB/T 1040.4 的规定,或按 GB/T 1447 的规定,采用长(250±1)mm、宽(25±0.2)mm、厚(4±0.2)mm 的条状试样。应优先选用 GB/T 1447。

7.3.2 压缩弹性模量和压缩强度

按 GB/T 1448 的规定。

7.3.3 弯曲弹性模量及弯曲强度

按 GB/T 1449 的规定。

7.3.4 简支梁冲击强度

按 GB/T 1043.1—2008 的规定进行无缺口贯层(f)冲击试验(即试样侧立)。

7.4 热性能

7.4.1 负荷变形温度

按 GB/T 1634.2—2004 的规定进行 A 法平放试验。

7.4.2 线性热膨胀系数

按 GB/T 1036 的规定,采用长(50±1)mm、宽(12.5±0.2)mm、厚(4.0±0.2)mm 的条状试样,测定温度为 23 ℃～55 ℃。

7.4.3 温度指数

按 GB/T 11026.1 的规定。其中,评定性能为弯曲强度,终点判定标准为弯曲强度降至起始值的 50%。

7.5 电性能

7.5.1 电气强度

按 GB/T 1408.1 的规定。其中,试验在符合 GB 2536—2011 要求的常温变压器油介质中进行,升压方式为快速升压(2 kV/s),电极为 Φ20 mm 的球形电极。

7.5.2 100 Hz 电容率和介质损耗因数

按 GB/T 1409 的规定。其中,电极为三电极系统,试验电压为 AC 1 000 V。

7.5.3 绝缘电阻

按 GB/T 10064 的规定。其中,电极为锥销电极,试验电压为 DC 500 V,电化时间为 1 min。此外,对于浸水后试验,试样应在(23±1)℃蒸馏水中浸水 24 h,并在取出后的 5 min 内完成试验。

7.5.4 表面电阻率和体积电阻率

按 GB/T 1410 的规定。其中,试验电压为 DC 500 V,电化时间为 1 min。

7.5.5 耐电痕化指数(PTI)

按 GB/T 4207—2012 的规定。其中,试验用污染液为 A 液。

7.5.6 耐电痕化

按 GB/T 6553—2014 中方法 1:恒定电痕化电压法及试验终点判断标准 A 的规定进行。

7.5.7 耐电弧

按 GB/T 1411 的规定。

7.6 可燃性和燃烧性

7.6.1 燃烧性

按 GB/T 5169.16 的规定进行水平或垂直燃烧试验。

7.6.2 炽热棒燃烧试验

按 GB/T 2407 的规定。

7.6.3 氧指数

按 GB/T 2406.2 的规定。

7.6.4 灼热丝可燃性指数(GWFI)

按 GB/T 5169.12 的规定。

7.7 理化性能

7.7.1 密度

按 GB/T 1033.1—2008 中 A 法的规定。

7.7.2 模塑收缩率

按 ISO 2577 的规定。

7.7.3 吸水性

按 GB/T 1034—2008 中方法 1 的规定。其中,试验结果以%表示。

7.8 流变和工艺特性

7.8.1 玻璃纤维含量

按 GB/T 2577—2005 附录 B 或 ISO 11667:1997 的规定。若采用 GB/T 2577—2005 附录 B 煅烧法时,试样为成型后的模塑件,其质量不小于 20 g。若采用 ISO 11667:1997 溶解法时,试样为成型前的模塑料。

8 检验规则

8.1 出厂检验

出厂检验的项目为:"弯曲强度""简支梁冲击强度(无缺口)""电气强度(常态油中)""燃烧性""密度""模塑收缩率"六项。如经供需双方协商一致,可增加或减少出厂检验项目。

8.2 型式检验

型式检验的项目为:性能要求中除温度指数外的其余 21 项带"＊"者为型式检验项目。有下列情况之一时,应进行型式检验:
——新产品或老产品转厂生产的试制定型鉴定;
——原材料或生产工艺有较大改变,可能影响产品性能时;
——停产半年以上恢复生产时;
——出厂检验结果与上次型式检验有较大差异时;
——上级质量监督机构或客户提出进行型式检验的要求时。

8.3 取样与组批

8.3.1 正常生产时,对于 SMC,由同一配方、相同生产工艺连续生产的 SMC 料卷为一批;对于 BMC,由同一配方、相同生产工艺生产的小于或等于 5 t BMC 为一批。

8.3.2 取样按 GB/T 2547 的规定,其中,样本的抽取采用系统抽样法,取出的样品进行混合试验。

8.4 合格判定

全部检验项目合格方可判定批合格。若有不合格项目则加倍抽样,全部检验项目检验合格仍可判定批合格,否则整批为不合格。

9 包装、标志、运输和贮存

9.1 包装

9.1.1 片状模塑料(SMC)

将 SMC 每一层用塑料薄膜隔开,并用塑料袋封装(防止苯乙烯挥发),再用硬质纸箱或纸桶或编织袋包装。每件包装重量应由供需双方商定。

9.1.2 块状模塑料(BMC)

将 BMC 用塑料袋封装(以防苯乙烯挥发),再用硬质纸箱或纸桶或编织袋包装。每件包装重量应小于 50 kg。

9.2 标志

在材料的外包装上应有下列标志：
——制造商名称和商标；
——产品名称和型号；
——产品标准号；
——每件包装的净重；
——"小心轻放""防潮""防热""勿压"等标志；
——贮存条件及贮存期说明。

9.3 运输

在运输过程中应避免受潮、受热、挤压和其他机械损伤。

9.4 贮存

纤维增强模塑料(SMC 和 BMC)贮存在温度低于 25 ℃(低温固化的模塑料除外)的干燥、洁净环境中。贮存期为自生产之日起三个月,若贮存期超过三个月则进行重新检验(不包括温度指数),合格者仍可使用。

附　录　A
（规范性附录）
性能和试验条件

性能和试验条件见表 A.1。

表 A.1　性能和试验条件

性能		代 号	试样类型 mm	成型工艺	试验条件及补充说明
1 机械性能					
1.1	拉伸（弹性）模量	E_t	哑铃状 1B 型（仿形雕刻）或 板条 250×25×4（仿形雕刻）	压制	GB/T 1040,试验速度 5 mm/min 或 GB/T 1447,试验速度 5 mm/min
1.2	拉伸断裂应力	σ_B			
1.3	断裂拉伸应变	ε_B			
1.4	压缩（弹性）模量		20×10×4（仿形雕刻）或 ϕ12×45（直接模塑）	压制/注射	试验速度 2 mm/min
1.5	压缩强度		12×10×4（仿形雕刻）或 ϕ12×30（直接模塑）	压制/注射	试验速度 5 mm/min
1.6	弯曲（弹性）模量	E_f	≥80×15×4（仿形雕刻）	压制	试验速度 2 mm/min
1.7	弯曲强度	σ_{fM}			试验速度 10 mm/min
1.8	简支梁冲击强度	a_{cu}	≥80×10×4（仿形雕刻）	压制	试样侧立（冲击方向平行于试样厚度方向）
2 热性能					
2.1	负荷变形温度	$T_f1.8$	≥80×10×4（仿形雕刻）	压制	最大表面应力 1.8 MPa,试样平放
2.2	线性热膨胀系数	a_0	50×12.5×4（仿形雕刻）	压制	记录 23 ℃～55 ℃范围的割线值
2.3	温度指数	TI	≥80×10×4（仿形雕刻）	压制	试验速度 2 mm/min
3 电气性能					
3.1	电气强度	E_s	≥60×≥60×2（仿形雕刻）	压制	采用 20 mm 直径球形电极,浸入符合 GB 2536—2011 要求的变压器油中,升压速度 2 kV/s
3.2	相对电容率	ε_r100	≥60×≥60×2（仿形雕刻）	压制	三电极系统,1 000 V 下测
3.3	介质损耗因数	$\tan\delta100$			
3.4	绝缘电阻	$R_{25}d$	50×75×4（直接模塑或仿形雕刻）	压制/注射	施加电压 500 V,1 min 后测　干燥状态
3.5		$R_{25}w$			浸入 23 ℃水中 24 h

表 A.1（续）

	性能	代 号	试样类型 mm	成型 工艺	试验条件及补充说明
3.6	体积电阻率	ρ_v	≥60×≥60×2（仿形雕刻）	压制	三电极系统，施加电压 500 V， 1 min 后测
3.7	表面电阻率	ρ_s			
3.8	耐电痕化指数	PTI	≥15×≥15×4（仿形雕刻）	压制	采用 A 溶液
3.9	耐电痕化		120×50×6（仿形雕刻或直接 模塑）	压制/注射	试样表面用 400 目砂纸打磨
3.10	耐电弧		≥60×≥60×2（仿形雕刻）	压制	
4 燃烧性					
4.1	燃烧特性	$B_{50/3.0}$	125×13×3（仿形雕刻）	压制	施加 50 W 火焰 · 记录某一分级：V- 0、V-1、V-2、HB 或 无法分级
4.2		$B_{50/×.×}$	厚度为×.×的试样		
4.3	炽热棒燃烧试验	BH	120×10×4（仿形雕刻）	压制	BH 方法
4.4	氧指数	O/23	80×10×4（仿形雕刻）	压制	采用方法 A；顶部表面点火
4.5	灼热丝可燃性指数		≥60×≥60×3（仿形雕刻）	压制	850 ℃，960 ℃
5 其他性能					
5.1	吸水性	W_w24	60×60×1～2（直接模塑或仿 形雕刻）	压制/注射	浸入 23 ℃水中 24 h
5.2	密度	ρ_m	≥10×≥10×4（仿形雕刻）	压制	采用 A 法
6 流变和工艺特性					
6.1	模塑收缩率	S_{Mo}	按 GB/T 5471—2008 直接模 塑制备的 120×120×4 的 E4 型试样	压制	互相垂直的两个方向的平 均值
6.2	玻璃纤维含量（煅烧 法）		成型后的模塑件，试样至少 20 g	压制/注射	
6.3	玻璃纤维含量（溶解 法）		成型前的模塑料		

附　录　B

（资料性附录）

新旧版本产品型号对照

新旧版本产品型号对照见表 B.1。

表 B.1　新旧版本产品型号对照表

SMC		BMC	
GB/T 23641—2018	GB/T 23641—2009	GB/T 23641—2018	GB/T 23641—2009
UP-SMC-20a(阻燃)	—	UP-BMC-10a(阻燃)	—
UP-SMC-20b(非阻燃、普通)	UP-SMC,GF20,G,标准	UP-BMC-10b(非阻燃)	UP-BMC,GF10,G,标准
UP-SMC-25a(阻燃、高强度)	UP-SMC,GF25,Q,LS,E3	UP-BMC-15a(阻燃)	—
UP-SMC-25b(阻燃、高耐电痕化)	UP-SMC,GF25,Q,LP,高阻燃	UP-BMC-15b(非阻燃)	UP-BMC,GF15,G,标准
UP-SMC-25c(阻燃)	UP-SMC,GF25,G,LS,E,FR	UP-BMC-20a(阻燃)	UP-BMC,GF20,G,LS,E,FR,M
UP-SMC-25d(非阻燃、普通)	UP-SMC,GF25,G,标准,E	UP-BMC-20b(非阻燃)	UP-BMC,GF20,G,标准,E
UP-SMC-30a(阻燃)	UP-SMC,GF30,Q,LS,E,FR	UP-BMC-25a(阻燃)	UP-BMC,GF25,G,LS,C,M
UP-SMC-30b(非阻燃、普通)	—	UP-BMC-25b(非阻燃)	UP-BMC,GF25,G,LS,C2
UP-SMC-30c(阻燃、半导电)	UP-SMC,GF30,Q,LS,FR,E4	UP-BMC-25c(阻燃、半导电)	UP-BMC,GF25,G,LS,FR,E4
UP-SMC-35a(非阻燃、连续纤维)	UP-SMC,GF35,Q,LS,M,UD	VE-BMC-25a(非阻燃)	VE-BMC,GF25,G,LS,M
VE-SMC-25a(非阻燃、普通)	VE-SMC,GF25,Q,LS,M,T		
VE-SMC-50a(非阻燃、普通)	VE-SMC,GF50,Q,LS,M,T		
VE-SMC-50b(非阻燃、普通)	VE-SMC,GF50,Q,LS,M,T,UD		

ICS 83.120
Q 23

中华人民共和国国家标准

GB/T 27799—2011

载货汽车用复合材料覆盖件

Fabric reinforce plastic cover panel of trucks

2011-12-30 发布
2012-08-01 实施

中华人民共和国国家质量监督检验检疫总局
中国国家标准化管理委员会 发布

前　言

本标准按照 GB/T 1.1—2009 给出的规则起草。

本标准由中国建筑材料联合会提出。

本标准由全国纤维增强塑料标准化技术委员会(SAC/TC 39)归口。

本标准起草单位:北京中材汽车复合材料有限公司。

本标准参加起草单位:中国重型汽车集团有限公司、北汽福田汽车股份有限公司工程研究院、第一一汽车集团技术中心、东风汽车有限公司商用车公司、陕西重汽汽车有限公司汽车工程研究院、安徽华菱汽车股份有限公司、江阴协统汽车附件有限公司、常州华日新材有限公司、德州中南复合材料有限公司、德州中远复合材料有限公司、重庆益鑫复合材料有限公司、衡水宇腾汽车零部件有限公司。

本标准主要起草人:王晶、赵铮、高红梅、张荣琪、杜志花、李卫中、冯子旺、李帮山、王少军。

载货汽车用复合材料覆盖件

1 范围

本标准规定了载货汽车(包括货车及半挂牵引车)用复合材料覆盖件的术语和定义、分类与标记、主要原材料、要求、试验方法、检验规则和标志、包装运输、贮存等要求。

本标准适用于以玻璃纤维为增强材料,以不饱和聚酯树脂为基体,以手糊、喷射、树脂传递模塑成型(RTM)、片状模塑料(SMC)模压成型等工艺加工而成的复合材料汽车覆盖件。

2 规范性引用文件

下列文件对于本文件的应用是必不可少的。凡是注日期的引用文件,仅所注日期的版本适用于本文件。凡是不注日期的引用文件,其最新版本(包括所有的修改单)适用于本文件。

GB/T 1447 纤维增强塑料拉伸性能试验方法

GB/T 1449 纤维增强塑料弯曲性能试验方法

GB/T 1451 纤维增强塑料简支梁式冲击韧性 试验方法

GB/T 1462 纤维增强塑料吸水性试验方法

GB/T 1463 纤维增强塑料密度和相对密度试验方法

GB/T 1634.2 塑料 负荷变形温度的测定 第2部分:塑料、硬橡胶和长纤维增强复合材料

GB/T 2572 纤维增强塑料平均线膨胀系数试验方法

GB/T 3512 硫化橡胶或热塑性橡胶热空气加速老化和耐热试验

GB/T 3854 增强塑料巴柯尔硬度试验方法

GB/T 3857 玻璃纤维增强热固性塑料耐化学介质性能试验方法

GB/T 4780—2000 汽车车身术语

GB/T 8237—2005 纤维增强塑料用液体不饱和聚酯树脂

GB/T 15568—2008 通用型片状模塑料(SMC)

GB/T 17470—2007 玻璃纤维短切原丝毡和连续原丝毡

GB/T 18369—2008 玻璃纤维无捻粗纱

GB/T 18370—2001 玻璃纤维无捻粗纱布

3 术语和定义

GB/T 4780—2000 界定的以及下列术语和定义适用于本文件。

3.1

导风罩 air director

车身前部位于散热器面罩左右两侧引导气流的部件。

3.2

导流罩 wind deflector

驾驶室顶部,为了减小风阻而设立的部件。

3.3

顶盖　roof panel

驾驶室顶部覆盖件。

3.4

电瓶箱体　battery box

放置电瓶的箱体。

4　分类和标记

4.1　分类

4.1.1　按产品承受载荷的情况将产品分为两类:中等载荷Ⅰ型、高等载荷Ⅱ型。

4.1.2　中等载荷部件是仅承受本身负荷及风载、不承受其他外界载荷的载货汽车用复合材料部件。中等载荷的产品包括:车门内护板、导风罩、导流罩、侧护板、挡泥板、扰流板、翼子板等。

4.1.3　高等载荷部件是除承受本身负荷及风载外,还需承受其他外界载荷的载货车用复合材料部件。高等载荷的产品包括:散热器面罩、电瓶箱体、保险杠。

4.2　标记

产品按基体材料和增强材料、纤维质量含量、载荷等级、生产工艺进行标记。

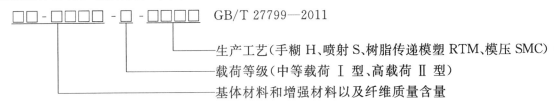

示例:表示以玻璃纤维增强材料含量为33%的不饱和聚酯树脂材料、产品类型为中等载荷,选用SMC模压成型工艺,执行GB/T 27799—2011的复合材料覆盖件标记为:

UP-GF33-Ⅰ-SMC　GB/T 27799—2011

5　主要原材料

5.1　基体材料

不饱和聚酯树脂的性能指标应满足GB/T 8237—2005的规定。对于其他要求的树脂性能指标应满足下列规定:

a)　对于有耐热性能要求的产品,树脂性能指标应满足GB/T 8237—2005中HE型的规定;

b)　对于有耐化学性能要求的产品,树脂性能指标应满足GB/T 8237—2005中CM型的规定。

5.2　增强材料

无碱玻璃纤维及其制品,有关性能应符合GB/T 18369—2008、GB/T 18370—2001及GB/T 17470—2007的规定。

5.3　片状模塑料(SMC)

片状模塑料(SMC)应不低于GB/T 15568—2008中M_2型及S_3型的规定。

6 要求

6.1 外观质量

产品的底漆外观质量应符合表1的规定。

表 1 外观质量要求

缺陷名称	允许值		
	Ⅰ级表面	Ⅱ级表面	Ⅲ级表面
气泡	不允许	0.15 m² 内允许有一个 1.0 mm² 以下的气泡	每个气泡小于 2.0 mm²，或者每 0.02 m² 面积内少于 5 个气泡
针孔	0.15 m² 面积内不多于 1 个针孔	每 0.02 m² 面积内不多于 1 个针孔	每 0.01 m² 面积内不多于 1 个针孔
剥离、龟裂	不允许	不允许	长度小于 5 mm
FRP 裂纹	不允许	不允许	长度小于 5 mm
鼓包	不允许	表面发生的鼓包小于 5 mm²	表面发生的鼓包小于 5 mm²
异物	每个小于 0.3 mm²，每 0.15 m² 面积内不多于 1 个	每个小于 0.5 mm²，每 0.15 m² 面积内不多于 1 个	每个小于 1.0 mm²，每 0.02 m² 面积内不多于 1 个
划痕	不允许	不允许	不应有损伤纤维划痕
凹坑	凹坑高度小于 0.1 mm	凹坑高度小于 0.3 mm	凹坑高度小于 0.5 mm
收缩痕	不允许	不明显	不明显
注：Ⅰ级表面是经常看见的面；Ⅱ级表面是不经常看见的面；Ⅲ级表面是非可见面。			

6.2 关键尺寸要求

关键尺寸应符合产品设计图样。

6.3 物理性能要求

物理性能应符合表2的规定。

表 2 物理性能要求

性能		分类	
		Ⅰ型	Ⅱ型
拉伸强度/MPa		≥50	≥65
拉伸弹性模量/GPa		≥5.5	≥6.5
弯曲强度/MPa		≥120	≥150
弯曲弹性模量/GPa		≥7	≥7.2
冲击韧性/(kJ/m²)	+25 ℃	≥60	≥70
	−40 ℃	≥60	≥70

表 2（续）

性能		分类	
		Ⅰ型	Ⅱ型
吸水率/%		≤0.5	
线膨胀系数/(10⁻⁶/℃)		≤40	
热变形温度(跨度 100 mm、弯曲应力 0.45 MPa)/℃		≥200	
巴柯尔硬度	SMC工艺	≥45	
	其他工艺	≥35	
密度/(g/cm³)	SMC工艺	1.40~1.90	
	其他工艺	1.40~1.80	

6.4 耐久性能

耐久性应符合表 3 的规定。

表 3 耐久性能要求

耐久性内容		性能	要求
热老化 (150 ℃下放置 168 h)		拉伸强度变化/%	性能下降不大于 10
		弯曲强度变化/%	
冷凝水试验 (室温下放置 240 h)		拉伸强度变化/%	性能下降不大于 10
		弯曲强度变化/%	
冷热交变试验		拉伸强度变化/%	性能下降不大于 10
		弯曲强度变化/%	
耐腐蚀性能 (室温下放置 48 h)	ASTM IRM902 油	拉伸强度变化/%	性能下降不大于 10
		弯曲强度变化/%	
耐腐蚀性能 (室温下放置 48 h)	25％硫酸	拉伸强度变化/%	性能下降不大于 10
		弯曲强度变化/%	
	DOT 3 制动液	拉伸强度变化/%	性能下降不大于 10
		弯曲强度变化/%	
	甲醇	拉伸强度变化/%	性能下降不大于 10
		弯曲强度变化/%	

6.5 落球冲击

试验后,产品表面应无可见裂纹。

6.6 散热器面罩疲劳性能

表面及承载点试验后,应无明显损坏

7 试验方法

7.1 外观质量

在照明均匀,照度不小于 800 lx,距离产品表面 300 mm~500 mm 左右,垂直于产品进行目测,应避免在垂直日光下检验。

游标卡尺精度为 0.02 mm。

7.2 关键尺寸测量

测量仪器的精度应高于测量尺寸公差带的 1/10 倍。

7.3 物理性能

7.3.1 拉伸强度和拉伸弹性模量

拉伸强度和拉伸弹性模量按 GB/T 1447 的规定。

7.3.2 弯曲强度和弯曲弹性模量

弯曲强度和弯曲弹性模量按 GB/T 1449 的规定。

7.3.3 冲击韧性

冲击韧性按 GB/T 1451 的规定。

7.3.4 密度

密度按 GB/T 1463 的规定。

7.3.5 吸水率

吸水率按 GB/T 1462 的规定。

7.3.6 平均线膨胀系数

平均线膨胀系数按 GB/T 2572 的规定。

7.3.7 热变形温度

热变形温度按 GB/T 1634.2 的规定。

7.3.8 巴柯尔硬度

巴柯尔硬度按 GB/T 3854 的规定。

7.4 耐久性能

7.4.1 热老化性能

热老化试样处理方式参照 GB/T 3512 的规定,试样在 150 ℃下放置 168 h。按 GB/T 1447 的规定测定拉伸强度;按 GB/T 1449 的规定测定弯曲强度,与初始的拉伸强度和弯曲强度进行比较,计算出变化率。

7.4.2 冷凝水性能

冷凝水性能试样处理方式按 GB/T 3857 的规定,试样在室温下处置 240 h。按 GB/T 1447 的规定测定拉伸强度;按 GB/T 1449 的规定测定弯曲强度,与初始的拉伸强度和弯曲强度进行比较,计算出变化率。

7.4.3 冷热交变性能

冷热交变性能按附录 A 的规定。

7.4.4 耐腐蚀性能

耐腐蚀性能试样处理方式按 GB/T 3857 的规定,试样在室温下放置 48 h。按 GB/T 1447 的规定测定拉伸强度;按 GB/T 1449 的规定测定弯曲强度,与初始的拉伸强度和弯曲强度进行比较,计算出变化率。

7.5 落球冲击

将质量为 500 g 的钢球调整到高度为 700 mm,将产品放置平整,使钢球自由下落,冲击产品,观察其损伤程度及表面状态。

7.6 散热器面罩疲劳性能

散热器面罩疲劳性能按附录 B 的规定。

注 1:初始的拉伸强度和弯曲强度是试样未经过任何处理而直接按 GB/T 1447 和 GB/T 1449 的规定测定的拉伸强度和弯曲强度。

注 2:本标准所涉及的试样为随炉试体板上取样,也可以在产品上取样。产品取样时应在垂直于压制方向的平面上取样,同时注意取样位置距离产品边缘 50 mm 以上,避开取样部位背面的加强筋。

8 检验规则

8.1 出厂检验

8.1.1 检验项目

出厂检验项目包括外观质量、关键尺寸、巴柯尔硬度以及落球冲击。

8.1.2 抽样规则

8.1.2.1 每件产品出厂前应进行外观质量检验;

8.1.2.2 以相同原材料,相同配方,相同生产工艺,连续生产的 500 件产品为一批(小于 500 件的也以一批计),随机抽取 5 件样本,进行关键尺寸、巴柯尔硬度及落球冲击检验。

8.1.3 判定规则

当外观质量、关键尺寸、巴柯尔硬度以及落球冲击均符合要求时,判该批合格;否则判该批产品不合格。

8.2 型式检验

8.2.1 检验条件

有下列情况之一时应进行型式检验:

——新产品或老产品转厂的试制定型鉴定；

——正常生产后，如产品结构、材料、工艺等有较大改变，可能影响产品性能时；

——正常生产时，每生产一年时；

——产品停产一年以上，恢复生产时；

——质量监督机构提出型式检验要求时。

8.2.2 检验项目

型式检验包括第 6 章的全部项目。

8.2.3 抽样规则

当需要进行型式检验时，以临近生产产品批中抽取 1 组进行测试；当无法从产品上取样时，制作随炉试样进行测试。

8.2.4 判定规则

当型式检验满足第 6 章的要求时，判型式检验合格；否则判型式检验不合格。

9 标志、包装、运输、贮存

9.1 标志

9.1.1 产品上应有可追溯性的永久性标识。

9.1.2 外包装箱上应注明以下内容：产品名称、规格、数量、生产日期、贮存期、执行标准、厂名和厂址、产品存放搬运要求等。

9.2 包装

产品的包装应保证产品的表面不受到损伤。

9.3 运输

产品运输过程严防雨淋、曝晒和撞击等。

9.4 贮存

产品应存放在干燥、通风的库房内。

附　录　A
（规范性附录）
冷热交变试验方法

A.1　仪器

A.1.1　烘箱,额定温度不低于 200 ℃,控温精度±2 ℃。

A.1.2　低温箱,额定温度不高于−50 ℃,控温精度±2 ℃。

A.2　试样

试样按 GB/T 1447 以及 GB/T 1449 的规定,常温测试试样和冷热交变试样各 1 组。

A.3　试验步骤

A.3.1　按 GB/T 1447 以及 GB/T 1449 的规定进行拉伸强度和弯曲强度常温测试,测得数据 x_0。

A.3.2　将烘箱的温度升至 100 ℃±2 ℃,低温箱温度降至−50 ℃±2 ℃。

A.3.3　将试样放入烘箱中放置 5.5 h。

A.3.4　取出试样,室温放置 0.5 h。

A.3.5　将试样放入低温箱中放置 3.5 h。

A.3.6　取出试样,室温放置 0.5 h。

A.3.7　重复 A.3.2～A.3.6 的操作,共进行 3 个周期。

A.3.8　将冷热循环完成的试样按 GB/T 1447 以及 GB/T 1449 的规定进行拉伸强度和弯曲强度的测试,测得数据 x_a。

A.4　试验结果

性能变化率按公式(A.1)计算:

$$p = \frac{x_a - x_0}{x_0} \times 100 \qquad\cdots\cdots\cdots\cdots\cdots\cdots\cdots\cdots (A.1)$$

式中:

p ——性能变化率,%;

x_a ——试样冷热交变后的性能测试值;

x_0 ——试样冷热交变前的性能测试值。

附 录 B
（规范性附录）
散热器面罩疲劳性能试验方法

B.1 仪器

驾驶室或相当于驾驶室的台架。

B.2 试样

成品件的散热器面罩。

B.3 试验步骤

B.3.1 将散热器面罩按要求在驾驶室（或相当于驾驶室的台架）上安装好。作用在面罩上的力的作用点位置为：在行驶方向上，汽车纵向中心线两侧对称位置 500 mm 左右。

B.3.2 连续使散热器面罩开启、闭合 3 200 次（应达到正常使用的开合程度）。

B.3.3 开启、闭合的周期小于 30 s。

B.4 试验结果

观察其表面或承载点是否有损伤。

ICS 29.035.20
K 15

中华人民共和国国家标准

GB/T 31135—2014

电气用纤维增强不饱和聚酯粉状模塑料(UP-PMC)

Fiber reinforced unsaturated polyester powder moulding compounds(UP-PMC) for electrical purposes

2014-09-03 发布

2015-02-01 实施

中华人民共和国国家质量监督检验检疫总局
中国国家标准化管理委员会 发布

前　言

本标准按照 GB/T 1.1—2009 给出的规则起草。

本标准参考 ISO 14530-1:1999《塑料　不饱和聚酯粉状模塑料(UP-PMCs) 第 1 部分:分类系统与基础》;ISO 14530-2:1999《塑料　不饱和聚酯粉状模塑料(UP-PMCs) 第 2 部分:试样制备和性能测定》;ISO 14530-3:1999《塑料　不饱和聚酯粉状模塑料(UP-PMCs) 第 3 部分:对选定模塑料的要求》。

本标准在编写格式及技术内容方面均与 ISO 14530 系列标准有所不同,主要差异如下:

——将 ISO 14530 系列标准各部分的"规范性引用文件"一章中所列部分已转化为我国国家标准的相关国际标准直接引用相应的国家标准,部分已有新版本的国际标准经核对改用新版国际标准,并增加引用 GB/T 1033.1—2008、GB/T 2547—2008 等国家标准;

——将 ISO 14530-2 中的表 3"性能和试验条件"进行了重新编辑,并将其作为规范性附录 A;

——增加了外观、温度指数(TI)、耐电弧性、电气强度、燃烧性和密度的要求;

——删除了负荷变形温度($T_{ff,8.0}$)的要求;

——修改了部分性能的要求值;

——增加了对检验、包装、标志、运输和贮存的要求。

本标准由中国电器工业协会提出。

本标准由全国绝缘材料标准化技术委员会(SAC/TC 51)归口。

本标准主要起草单位:桂林电器科学研究院有限公司、桂林金格电工电子材料科技有限公司、无锡新宏泰电器有限责任公司。

本标准主要起草人:马林泉、张波、王明军、罗传勇、武红敏、刘建文、罗风良、夏宏伟、冯伟祖。

电气用纤维增强不饱和聚酯粉状
模塑料(UP-PMC)

1 范围

本标准规定了电气用纤维增强不饱和聚酯粉状模塑料(UP-PMC)的产品分类命名、性能要求、试验方法、检验、标志、包装、运输和贮存。

本标准适用于以不饱和聚酯树脂为基体,以纤维为增强材料制成的电气用纤维增强粉状模塑料(UP-PMC)。

2 规范性引用文件

下列文件对于本文件的应用是必不可少的。凡是注日期的引用文件,仅注日期的版本适用于本文件。凡是不注日期的引用文件,其最新版本(包括所有的修改单)适用于本文件。

GB/T 1033.1—2008 塑料 非泡沫塑料密度的测定 第1部分:浸渍法、液体比重瓶法和滴定法

GB/T 1034—2008 塑料 吸水性的测定

GB/T 1040.1—2006 塑料 拉伸性能的测定 第1部分:总则

GB/T 1040.2—2006 塑料 拉伸性能的测定 第2部分:模塑和挤塑塑料的试验条件

GB/T 1043.1—2008 塑料 简支梁冲击性能的测定 第1部分:非仪器化冲击试验

GB/T 1408.1—2006 绝缘材料电气强度试验方法 第1部分:工频下试验

GB/T 1409—2006 测量电气绝缘材料在工频、音频、高频(包括米波波长在内)下电容率和介质损耗因数的推荐方法

GB/T 1410—2006 固体绝缘材料体积电阻率和表面电阻率试验方法

GB/T 1411—2002 干固体绝缘材料 耐高电压、小电流电弧放电的试验

GB/T 1634.2—2004 塑料 负荷变形温度的测定 第2部分:塑料、硬橡胶和长纤维增强复合材料

GB/T 1844.1—2008 塑料 符号和缩略语 第1部分:基础聚合物及其特征性能

GB/T 1844.2—2008 塑料 符号和缩略语 第2部分:填充及增强材料

GB/T 2547—2008 塑料 取样方法

GB/T 2918—1998 塑料试样状态调节和试验的标准环境

GB/T 4207—2012 固体绝缘材料耐电痕化指数和相比电痕化指数的测定方法

GB/T 5169.16—2008 电工电子产品着火危险试验 第16部分:50 W水平与垂直火焰试验方法

GB/T 5471—2008 塑料 热固性塑料试样的压塑

GB/T 9341—2008 塑料 弯曲性能的测定

GB/T 11026.1—2003 电气绝缘材料 耐热性 第1部分:老化程序和试验结果的评价

ISO 2577:2007 塑料 热固性模塑料 收缩率的测定(Plastics—Thermosetting moulding materials—Determination of shrinkage)

ISO 2818:1994 塑料 机加工试样的制备(Plastics—Preparation of test specimens by machining)

ISO 3167:2002 塑料 多用途试样(Plastics—Multipurpose test specimens)

ISO 10724-1:1998 塑料 粉状热固性模塑料(PMCs)注塑试样 第1部分:总则和多用途试样

{Plastics—Injection moulding of test specimens of thermosetting powder moulding compounds (PMCs)—Part 1：General principles and moulding of multipurpose test specimens}

ISO 10724-2：1998 塑料 粉状热固性模塑料(PMCs)注塑试样 第2部分：小方板{Plastics—Injection moulding of test specimens of thermosetting powder moulding compounds(PMCs)—Part 2：Small plates}

ISO 15062：1999 塑料 用转矩流变仪测定热固性材料的热流动和固化行为(Plastics—Determination of the thermal-flow and cure behaviour of thermosetting materials by torque rheometry)

IEC 60296：2003 电工流体 变压器和开关用的未使用过的矿物绝缘油(Specification for unused mineral insulating oils for transformers and switchgear)

IEC 60707：1981 测定固体电气绝缘材料暴露在引燃源后燃烧性能的试验方法(methods of test for the determination of the flammability of solid electrical insulating materials when exposed to an igniting source)

3 术语和定义

下述定义适用于本文件。

3.1

粉状模塑料 powder moulding compound；PMC

能够自由流过加工机械进料系统的粉末、颗粒或磨碎料，以及通常不被认为是粉末的小片状模塑料。

粉状模塑料的缩写为PMC。

3.2

UP-PMC

以不饱和聚酯树脂为基的、既可注塑也可压塑的粉状模塑料的缩写。

3.3

热流动 thermal flow

表征已塑化的热固性模塑料填充到模具型腔中时流动特性的参数，且按ISO 15062：1999测定的最小转矩 M_B 可作为热流动的一个量化值。

4 分类命名

4.1 总则

分类命名是基于纤维增强不饱和聚酯粉状模塑料的形状描述、组成、加工方法、典型性能或特殊性能进行的(见表1)，并按上述顺序以字母代码组合而成，其中描述码与代码组1之间加"—"，其他各代码组之间加"，"。

表 1 纤维增强不饱和聚酯粉状模塑料(UP-PMC)分类命名方法

描述代码 (PMC)	代码组1 (组成代码)	代码组2 (加工方法代码)	代码组3 (典型性能或特殊性能代码)

4.2 代码组1(组成代码)

共由4项组成，分别按下述顺序标识。

第1项:符合 GB/T 1844.1—2008 规定的基体树脂代号标识,即 UP。

第2项:符合 GB/T 1844.2—2008 规定的增强材料和/或填料的种类代号标识(见表2)。

第3项:符合 GB/T 1844.2—2008 规定的增强材料和/或填料的形状代号标识(见表2)。

第4项:符合表2规定的增强材料和/或填料标称质量分数标识(见表2)。

混合材料和/或混合形状可通过用"+"将相关的代码组合在一起并整体放入括弧中来标识,例如由20%玻璃纤维(GF)和20%矿物粉(MD)的混合组成可标识为 GF20+MD20 或(GF+MD)20。

表 2 填料/增强材料的种类、形状、质量分数代码

填料/增强材料的种类		填料/增强材料的形状		质量分数 w,%	
		B	珠状,球状,球体	05	$w<7.5$
C	碳	C	片状,切片	10	$7.5 \leqslant w<12.5$
D	三水合氧化铝	D	微粉,粉末	15	$12.5 \leqslant w<17.5$
E	黏土			20	$17.5 \leqslant w<22.5$
		F	纤维	25	$22.5 \leqslant w<27.5$
G	玻璃	G	磨碎物	30	$27.5 \leqslant w<32.5$
K	碳酸钙			35	$32.5 \leqslant w<37.5$
L	纤维素			40	$37.5 \leqslant w<42.5$
M	矿物,金属			45	$42.5 \leqslant w<47.5$
N	天然有机物(棉、麻)			50	$47.5 \leqslant w<52.5$
P	云母			55	$52.5 \leqslant w<57.5$
Q	硅石,二氧化硅			60	$57.5 \leqslant w<62.5$
R	聚芳基酰胺			65	$62.5 \leqslant w<67.5$
S	合成有机物	S	鳞状,薄片	70	$67.5 \leqslant w<72.5$
T	滑石			75	$72.5 \leqslant w<77.5$
W	木			80	$77.5 \leqslant w<82.5$
X	未规定	X	未规定	85	$82.5 \leqslant w<87.5$
Z	其他	Z	其他	90	$87.5 \leqslant w<92.5$
				95	$92.5 \leqslant w<97.5$

4.3 代码组2(加工方法代码)

见表3,例如压塑用 Q 表示,注塑用 M 表示,无指定模塑方法用 X 表示。

表 3 推荐的加工方法代码

G	通用	T	传递模塑
M	注塑	X	未指定
Q	压塑	Z	其他

4.4 代码组3(典型性能或特殊性能代码)

共由2项组成,分别按下述顺序标识。

第1项:典型性能或特殊性能代码(见表4),若典型性能或特殊性能多于一个时,各代码之间加"、"。

第2项:温度指数,如130、155等。

第1项与第2项按之间加"/"。

表4 典型性能或特殊性能代码

E	电气性能	T	耐温
FR	阻燃	X	未指定
M	机械性能	Z	其他
R	含再生材料		

4.5 示例

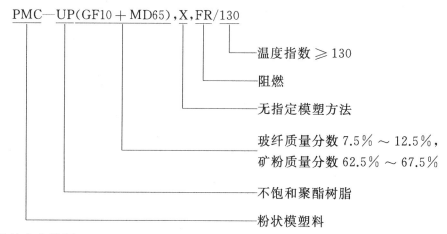

PMC—UP(GF10+MD65),X,FR/130

- 温度指数≥130
- 阻燃
- 无指定模塑方法
- 玻纤质量分数7.5%～12.5%,矿粉质量分数62.5%～67.5%
- 不饱和聚酯树脂
- 粉状模塑料

用于标签的命名缩写:UP(GF10+MD65)

5 要求

5.1 性能值

符合本标准的纤维增强不饱和聚酯粉状模塑料应符合表5所列的性能要求。

表5给出的性能值是由一组试样的个别测定值经计算得出的平均值,其中各项机械性能的个别测定值与平均值的偏差不应大于10%,负荷变形温度的个别测定值与平均值的偏差不应大于5℃。

在流变性能和加工性能方面无特别的限定。不过,合适的流变性能和加工性能对使用好一种模塑料而言是必不可少的。这些性能所用的试验方法和试验条件由相关方商定。

另外,对于某些应用场合,提供其他性能方面的信息,例如固化时间、粒子尺寸和水分含量等,可能是有用的。如果这样,这些性能和试验方法以及所用的试验条件应由相关方商定。

表 5　UP-PMC 性能要求

性能	单位	加工方法	要求		
			(GF10＋MD60)～(GF20＋MD50)	(GF10＋MD65),X,F～(GF20＋MD55),X,F	(LD10＋MD50)～(LD30＋MD40)
1　机械性能					
1.1　断裂拉伸应力	MPa	Q	≥20	≥20	≥15
		M	≥45	≥45	≥35
1.2　弯曲强度	MPa	Q	≥60	≥60	≥60
		M	≥80	≥80	≥80
1.3　简支梁无缺口冲击强度	kJ/m²	Q	≥5.0	≥5.0	≥4.5
		M	≥7.5	≥7.5	≥5.0
1.4　简支梁缺口冲击强度	kJ/m²	Q	≥1.5	≥1.5	≥1.0
		M	≥2.5	≥2.5	≥1.0
2　热性能					
2.1　负荷变形温度($T_{ff,1.8}$)	℃	Q/M	≥220	≥220	≥110
2.2　温度指数(TI)	—	Q/M	待定	待定	待定
3　电气性能					
3.1　电气强度(常态油中)	kV/mm	Q/M	≥18	≥19	≥17
3.2　介质损耗因数(100 Hz)	—	Q/M	≤0.03	≤0.03	—
3.3　表面电阻率	Ω	Q/M	≥1.0×10¹³	≥1.0×10¹³	≥1.0×10¹⁰
3.4　体积电阻率	Ω·m	Q/M	≥1.0×10¹²	≥1.0×10¹²	≥1.0×10⁹
3.5　相比电痕化指数(CTI)	—	Q/M	≥600	≥600	≥600
3.6　耐电弧性	s	Q/M	≥180	≥180	≥180
4　燃烧性能					
4.1　燃烧性	级	Q/M	不次于 HB 40	不次于 V-0	不次于 V-1
4.2　炽热棒燃烧试验	级	Q/M	不次于 BH2-95	不次于 BH2-10	不次于 BH2-30
5　理化性能					
5.1　密度	g/cm³	Q/M	1.80～2.10	1.80～2.10	1.75～2.05
5.2　模塑收缩率	%	Q/M	相关方商定		
5.3　吸水性(浸水 24 h 后)	%	Q/M	≤0.3	≤0.3	≤1.2

5.2　填料/增强材料的类型和含量

应与第 4 章规定的分类命名相一致。

5.3　外观

成型后的标准试样应表面平整、光滑、色泽均匀,无气泡、砂眼和裂纹。

6 试样制备

6.1 总则

应采用相同的方法(注塑或压塑)和相同的工艺条件来制备试样。

每个试验方法宜采用的试样制备方法见附录 A。

纤维增强不饱和聚酯粉状模塑料使用前应始终储存在防潮容器中。

加有填料和增强材料的不饱和聚酯粉状模塑料的水分含量应以模塑料总质量的百分数表示。

6.2 材料的预处理

对于注塑,材料样品在成型前通常不需要预处理,若需预处理应遵循制造商的建议。

对于压塑,材料样品在成型前允许按 GB/T 5471—2008 中的有关规定进行预处理。

6.3 注塑

注塑试样制备应按 ISO 10724-1:1998 和/或 ISO 10724-2:1998 的规定进行,工艺条件见表 6。

工艺条件可在表 6 中规定的范围内选择,只要选择的工艺条件相同即可,但在具体操作时注塑温度、固化时间都应当是一个定值而不是一个范围。

固化时间作为被试纤维增强不饱和聚酯粉状模塑料(UP-PMC)固化特性和预处理类型的一个功能参数可被选择,只要由任何一种型号的纤维增强不饱和聚酯粉状模塑料(UP-PMC)注塑而得的所有相同厚度的试样其固化时间是相同的即可。所选的固化时间应确保所有试样尽可能均匀、完全的固化。

注:对具有高度热流动的 UP-PMC,可能会出现下列状况:具有预期质量的某些模塑物注塑是可行的,但试样(例如 ISO 3167:2002 A 型多用途试样或 ISO 10724-2:1998 D1/D2 小方板试样)注塑是不可行的。在此情况下,并且仅在此情况下,推荐按 GB/T 5471—2008 压塑该试样,或先压塑成 GB/T 5471—2008 E 型板(120 mm × 120 mm×厚度),然后按 ISO 2818:1994 机加工成该试样。

表 6 注塑工艺条件

PMC 类型	熔融温度 ℃	注塑温度 ℃	平均注射速率 mm/s	固化时间 s
注塑 UP-PMC	100～110	160～180	50～150	见 6.3

6.4 压塑

压塑试样制备应按 GB/T 5471—2008 规定进行,工艺条件见表 7。

工艺条件可在表 7 中规定的范围内选择,只要选择的工艺条件相同即可,但在具体操作时压塑温度、固化时间都应当是一个定值而不是一个范围。

固化时间作为被试纤维增强不饱和聚酯粉状模塑料(UP-PMC)固化特性和预处理类型的一个功能参数可被选择,只要由任何一种型号的纤维增强不饱和聚酯粉状模塑料(UP-PMC)压塑而得的所有相同厚度的试样其固化时间是相同的即可。所选的固化时间应确保所有试样尽可能均匀、完全的固化。

性能测定所需的试样应按 ISO 2818:1994 从压塑板中机加工而得,或应按 GB/T 5471—2008 压塑成 ISO 3167:2002 A 型多用途试样。

表 7 压塑工艺条件

PMC 类型	压塑温度 ℃	压塑压力 MPa	固化时间 s
压塑 UP-PMC	155～175	10～30	每毫米厚 20～60

7 试验方法

7.1 试样条件处理

除非另有规定,在对表 5 所列性能进行测定前试样应按下述方法进行条件处理。

7.1.1 方法 1

试样按 GB/T 2918—1998 在(23±2)℃、相对湿度(50±5)%的条件下处理至少 16 h。这是通行的方法,适用于所有未规定采用方法 2 的情况。表 A.1 中未明确提到方法 1。

7.1.2 方法 2

试样先在室温蒸馏水中处理 24 h,然后按 GB/T 2918—1998 在(23±2)℃、相对湿度(50±5)%的条件下处理 2 h。

7.2 试验条件

除非另有规定,所有试验均应在(23±2)℃,相对湿度(50±5)%的标准试验室环境条件下进行。

7.3 断裂拉伸应力

应按 GB/T 1040.1—2006、GB/T 1040.2—2006 规定测定,采用 ISO 3167:2002 A 型多用途试样或从 GB/T 5471—2008 E 型板中制取试样,试验速度 5 mm/min。

7.4 弯曲强度

应按 GB/T 9341—2008 规定测定,试验速度 2 mm/min。

7.5 简支梁无缺口冲击强度

应按 GB/T 1043.1—2008 规定进行侧向冲击(即试样平放)试验。

7.6 简支梁缺口冲击强度

应按 GB/T 1043.1—2008 规定进行侧向冲击(即试样平放)试验,试样上的 V 形缺口由机加工而成,缺口底部半径 $r=0.25$ mm(即加工成 A 型缺口)。

7.7 负荷变形温度($T_{\mathrm{ff,1.8}}$)

应按 GB/T 1634.2—2004 规定进行 A 法(即使用 1.80 MPa 弯曲应力)平放试验。

7.8 温度指数(TI)

应按 GB/T 11026.1—2003 规定测定。其中,评定性能为弯曲强度,终点判定标准为弯曲强度降至起始值的 50%。

7.9 电气强度

应按 GB/T 1048.1—2006 规定测定。其中,试验在常态变压器油中进行,升压方式为快速升压(2 kV/s),电极为 φ20 mm 的球形电极。

7.10 介质损耗因数(100 Hz)

应按 GB/T 1409—2006 规定测定。其中,电极为三电极系统,试验电压为 AC 1 000 V。

7.11 表面电阻率和体积电阻率

应按 GB/T 1410—2006 规定测定。其中,电极为三电极系统,试验电压均为 DC 500 V,电化时间为 1 min。

7.12 相比电痕化指数(CTI)

应按 GB/T 4207—2012 规定测定。其中,试验用污染液为 A 液。

7.13 耐电弧性

应按 GB/T 1411—2002 规定测定。

7.14 燃烧性

应按 GB/T 5169.16—2008 规定进行水平或垂直燃烧试验。

7.15 炽热棒燃烧试验

应按 IEC 60707:1981 中 BH 法的规定测定。

7.16 密度

应按 GB/T 1033.1—2008 中 A 法的规定测定。

7.17 模塑收缩率

应按 ISO 2577:2007 规定测定。其中,压塑的试样尺寸为 120 mm×15 mm×10 mm,注塑的试样尺寸为 60 mm×60 mm×2 mm。

7.18 吸水性(浸水 24 h 后)

应按 GB/T 1034—2008 中方法 1 的规定测定。

8 检验、包装、标志、运输和贮存

8.1 检验

8.1.1 出厂检验和型式检验的规定

8.1.1.1 本标准表 5 中 1.2"弯曲强度"、1.3"简支梁冲击强度"、3.1"电气强度(常态油中)"、3.5"相比电痕化指数(CTI)"、4.1"燃烧性"、5.1"密度"、5.2"模塑收缩率"共 7 项为出厂检验项目,若经相关方商定,可增加或减少出厂检验项目。

8.1.1.2 本标准表5中除2.3"温度指数(TI)"外的其余16项为型式检验项目。有下列情况之一时,应进行型式检验:

a) 新产品或老产品转厂生产的试制定型鉴定;

b) 原材料或生产工艺有较大改变,可能影响产品性能时;

c) 停产半年以上恢复生产时;

d) 出厂检验结果与上次型式检验有较大差异时;

e) 上级质量监督机构或客户提出进行型式检验的要求时。

8.1.2 取样与批的规定

8.1.2.1 正常生产时,由同一配方、相同生产工艺生产的小于或等于5 t UP-PMC为一批。

8.1.2.2 取样按GB/T 2547—2008的规定。其中,样本的抽取采用系统抽样法,取出的样品进行混合试验。

8.1.3 合格判定

全部检验项目合格方可判定批合格。若有不合格项目则加倍抽样,全部检验项目检验合格仍可判定批合格,否则整批为不合格。

8.2 包装

纤维增强不饱和聚酯粉状模塑料(UP-PMC)用塑料内袋封装,再用编织袋、纸箱或其他外包装。每件包装重量应小于50 kg。

8.3 标志

在材料的外包装上应至少有下列标志:

a) 制造商名称和商标;

b) 产品名称和型号;

c) 产品标准号;

d) 每件包装的净重;

e) "小心轻放"、"防潮"、"防热"、"勿压"等标志;

f) 贮存条件及贮存期说明。

8.4 运输

纤维增强不饱和聚酯粉状模塑料(UP-PMC)在运输过程中应避免受潮、受热、挤压和其他机械损伤。

8.5 贮存

通常纤维增强不饱和聚酯粉状模塑料(UP-PMC)贮存在温度低于35 ℃的干燥、洁净环境中。贮存期为自生产之日起12个月,若贮存期超过12个月则按本标准进行型式检验,合格者仍可使用。

附 录 A
（规范性附录）
性能和试验条件

性能和试验条件如表 A.1 所示。

表 A.1 性能和试验条件

序号	性能	代号	试样类型 （尺寸单位为毫米，mm）	成型 工艺	试验条件及 补充说明
1	机械性能				
1.1	断裂拉伸应力	σ_B	哑铃状 1A 型（直接模塑）或哑铃状 1B 型（从按 GB/T 5471—2008 制备的 120×120×4 的 E4 型试样中制取）	Q/M	GB/T 1040.1—2006， GB/T 1040.2—2006， 试验速度 5 mm/min
1.2	弯曲强度	σ_{fM}	≥80×10×4	Q/M	GB/T 9341—2008， 试验速度 2 mm/min
1.3	简支梁无缺口冲击强度	a_{cU}	≥80×10×4	Q/M	GB/T 1043.1—2008，试样平放（冲击方向平行于试样宽度方向）
1.4	简支梁缺口冲击强度	a_{cA}	≥80×10×4，机加工出的 V 形缺口底圆半径 r = 0.25	Q/M	GB/T 1043.1—2008，试样平放（冲击方向平行于试样宽度方向）
2	热性能				
2.1	负荷变形温度 （$T_{ff,1.8}$）	$T_{ff,1.8}$	≥80×10×4	Q/M	GB/T 1634.2—2004 中 A 法，最大表面应力 1.8 MPa，试样平放
2.2	温度指数	TI	≥80×10×4	Q/M	GB/T 11026.1—2003， GB/T 9341—2008，试验速度 2 mm/min
3	电气性能				
3.1	电气强度	E_s	≥60×60×1 或 ≥60×60×2	Q/M	GB/T 1048.1—2006，采用 20 mm 直径球形电极，浸入符合 IEC 60296:2003 要求的变压器油中，升压速度 2 kV/s
3.2	介质损耗因数 （100 Hz）	$\tan\delta 100$	≥60×60×1 或 ≥60×60×2	Q/M	GB/T 1409—2006，修正电极边缘效应
3.3	表面电阻率	ρ_s	≥60×60×1 或 ≥60×60×2	Q/M	GB/T 1410—2006，三电极系统，施加电压 500 V，1 min 后测
3.4	体积电阻率	ρ_v			
3.5	相比电痕化指数	CTI	≥15×15×4（从按 GB/T 5471—2008 制备的 120×120×4 的 E4 型试样中制取或从按 ISO 3167:2002 制备的 A 型试样中制取）	Q/M	GB/T 4207—2012，采用 A 溶液

表 A.1（续）

序号	性能	代号	试样类型 （尺寸单位为毫米,mm）	成型 工艺	试验条件及 补充说明
3.6	耐电弧性		≥60×60×2	Q/M	GB/T 1411—2002
4	燃烧性能				
4.1	燃烧性	$B_{50/3.0}$	125×13×3	Q	GB/T 5169.16—2008,施加 50 W火焰,记录某一分级:V-0、 V-1、V-2、HB、HB40、HB75 或 无法分级
		$B_{50/x.x}$	厚度为 $x.x$ 的试样		
4.2	炽热棒燃烧试验	BH	120×10×4（从按 GB/T 5471— 2008 制备的 120×120×4 的 E4 型试样中制取或从按 ISO 3167: 2002 制备的 A 型试样中制取）	Q/M	IEC 60707:1981 中 BH 法
5	理化性能				
5.1	密度	ρ_b	≥10×10×4（从按 GB/T 5471— 2008 制备的 120×120×4 的 E4 型试样中制取）或采用按 ISO 3167:2002 制备的 A 型试样的中 间部分	Q/M	GB/T 1033.1—2008 中 A 法
5.2	模塑收缩率	S_{M}	120×15×10 按 ISO 17024-2:1998 制备的 60×60×2 的 D2 型试样	Q M	ISO 2577:2007 ISO 2577:2007,互相垂直的 两个方向的平均值
5.3	吸水性	$W_{w,24}$	按 ISO 17024-2:1998 制备的 60×60×1 的 D1 型或 60×60×2 的 D2 型试样	Q/M	GB/T 1034—2008 中方法 1,浸 入 23 ℃水中 24 h

五、环氧树脂复合材料

ICS 29.035.99
K 15

中华人民共和国国家标准

GB/T 1303.4—2009
代替 GB/T 1303.1—1998

电气用热固性树脂工业硬质层压板
第 4 部分：环氧树脂硬质层压板

Industrial rigid laminated sheets based on
thermosetting resins for electrical purposes—
Part 4：Requirements for rigid laminated sheets based on epoxy resins

(IEC 60893-3-2：2003，Insulating materials—Industrial rigid
laminated sheets based on thermosetting resins for electrical purposes—
Part 3：Specifications for individual materials—
Sheet 2：Requirements for rigid laminated sheets based on epoxy resins，MOD)

2009-06-10 发布

2009-12-01 实施

中华人民共和国国家质量监督检验检疫总局
中国国家标准化管理委员会 发布

前　言

GB/T 1303《电气用热固性树脂工业硬质层压板》包含下列几个部分：

——第 1 部分：定义、分类和一般要求；

——第 2 部分：试验方法；

——第 3 部分：工业硬质层压板型号；

——第 4 部分：环氧树脂硬质层压板；

——第 5 部分：三聚氰胺树脂硬质层压板；

——第 6 部分：酚醛树脂硬质层压板；

——第 7 部分：聚酯树脂硬质层压板；

——第 8 部分：有机硅树脂硬质层压板；

——第 9 部分：聚酰亚胺树脂硬质层压板；

——第 10 部分：双马来酰亚胺树脂硬质层压板；

——第 11 部分：聚酰胺酰亚胺树脂硬质层压板；

……

本部分为 GB/T 1303 的第 4 部分。

本部分修改采用 IEC 60893-3-2：2003《电气用热固性树脂工业硬质层压板　第 3 部分：单项材料规范　第 2 篇：对环氧树脂硬质层压板的要求》(英文版)。

本部分与 IEC 60893-3-2：2003 的差异如下：

a) 删除了 IEC 60893-3-2：2003 中的"前言"和"引言"，将引言内容编入本部分的"前言"中；

b) 对第 1 章"范围"进行了修改，删除了有关材料符合性说明，增加了适用范围；

c) 删除了第 3 章名称举例中的尺寸标注内容；

d) 根据国内实际需要，增补了层压板原板宽度和长度的允许偏差性能要求；EP GC 型增补了"表观弯曲弹性模量"、"垂直层向压缩强度"、"平行层向剪切强度"、"拉伸强度"、"工频介质损耗因数"、"工频介电常数"、"1 MHz 下介质损耗因数"、"1 MHz 下介电常数"和"密度"性能要求。有关技术性差异在它们所涉及的条款的页边空白处用垂直单线标识；

e) 将"要求"一章按"外观"、"尺寸"、"平直度"、"性能要求"分条编写，将"供货要求"单独列为一章编写，同时将 IEC 60893-3-2：2003 中表 5 进行了修改，将备注内容列入表注；将表 5 中试验方法章条放入第 5 章"试验方法"重新编写，并增加了板条的测试方法及总则；

f) 删除了 IEC 60893-3-2：2003 的参考文献。

本部分代替 GB/T 1303.1—1998《环氧玻璃布层压板》。

本部分与 GB/T 1303.1—1998 的区别如下：

a) 本部分在"前言"中列出了有关电气用热固性树脂工业硬质层压板标准系列组成部分；

b) 在第 3 章"分类"增加了有关层压板的"名称构成"、"树脂类型"和"补强材料类型"的详细规定；并详细地增加了环氧树脂工业硬质层压板的所有型号，而不仅仅针对 EPGC 201 型；

c) 对厚度公差按不同型号进行了明细规定；

d) 增加了 50 mm 以上标称厚度层压板的公差要求；

e) 增加了"燃烧性"性能要求；

f) 删除了 GB/T 1303.1—1998 中对"试验方法"一章的分述，将相应章条编号列入本部分表 5"性能要求"中。

本部分由中国电器工业协会提出。

本部分由全国绝缘材料标准化技术委员会(SAC/TC 51)归口。

本部分主要起草单位:西安西电电工材料有限责任公司、东材科技集团股份有限公司、北京新福润达绝缘材料有限责任公司、桂林电器科学研究所。

本部分起草人:杜超云、赵平、刘琦焕、罗传勇。

本部分所代替标准的历次版本发布情况为:

——GB/T 1303—1977,GB/T 1303.1—1998。

电气用热固性树脂工业硬质层压板
第4部分:环氧树脂硬质层压板

1 范围

GB/T 1303 的本部分规定了以电气用环氧树脂和不同补强材料制成的工业硬质层压板的分类和要求。

本部分适用于电气用环氧树脂和不同补强材料制成的工业硬质层压板。其用途和特性见表1。

2 规范性引用文件

下列文件中的条款通过本 GB/T 1303 的本部分的引用而成为本部分的条款。凡是注日期的引用文件,其随后所有的修改单(不包括勘误的内容)或修订版均不适用于本部分,然而,鼓励根据本部分达成协议的各方研究是否可使用这些文件的最新版本。凡是不注日期的引用文件,其最新版本适用于本部分。

GB/T 1303.1—2009 电气用热固性树脂工业硬质层压板 第1部分:定义、命名和一般要求(IEC 60893-1:2004,IDT)

GB/T 1303.2—2009 电气用热固性树脂工业硬质层压板 第2部分:试验方法(IEC 60893-2:2003,MOD)

3 分类

本部分所涉及的层压板按所用的树脂和补强材料的不同以及板特性的不同可划分为多种型号。各种层压板的名称构成如下:

——GB 标准号;

——代表树脂的第一个双字母缩写;

——代表增强材料的第二个双字母缩写;

——系列号;

名称举例:EP GC 201 型工业硬质层压板,名称为:GB/T 1303 EP GC 201。

下列缩写适用于本部分:

树脂类型	补强材料类型
EP 环氧	CC (纺织)棉布
	CP 纤维素纸
	GC (纺织)玻璃布
	GM 玻璃毡
	PC 纺织聚酯纤维布

环氧树脂工业硬质层压板的型号见表1。

GB/T 1303.4—2009

表 1 环氧树脂工业硬质层压板的型号

层压板型号			用途与特性
树脂	增强材料	系列号[a]	
EP	CC	301	机械和电气用。耐电痕化、耐磨、耐化学品性能好
	CP	201	电气用。高湿下电气性能稳定性好,低燃烧性
	GC	201	机械、电气及电子用。中温下机械强度极高,高温下电气性能稳定性好
		202	类似于 EP GC 201 型。低燃烧性
		203	类似于 EP GC 201 型。高温下机械强度高
		204	类似于 EP GC 203 型。低燃烧性
		205	类似于 EP GC 203 型,但采用粗布
		306	类似于 EP GC 203 型,但改进了电痕化指数
		307	类似于 EP GC 205 型,但改进了电痕化指数
		308	类似于 EP GC 203 型,但改进了耐热性
	GM	201	机械和电气用。中温下机械强度极高,高湿下电气性能稳定性好
		202	类似于 EP GM 201 型。低燃烧性
		203	类似于 EP GM 201 型。高温下机械强度高
		204	类似于 EP GM 203 型。低燃烧性
		305	类似于 EP GM 203 型,但改进了热稳定性
		306	类似于 EP GM 305 型,但改进了电痕化指数
	PC	301	电气和机械用。耐 SF_6 性能好

注:不应根据表 1 中得出:某一具体型号的层压板一定不适用于未被列出的用途,或者特定的层压板一定适用于所述大范围内的各种用途。

[a] 200 系列的型号名称按 ISO 1642 规定,而 300 系列的型号名称是后加的。

4 要求

4.1 外观

应符合 GB/T 1303.1—2009 中 5.1 的规定。

4.2 尺寸

4.2.1 层压板的原板宽度、长度的允许偏差应符合表 2 的规定。

表 2 宽度、长度的允许偏差　　　　　　　　　　　　　　　　　单位为毫米

宽度和长度	允许偏差
450～1 000 ＞1 000～2 600	±15 ±25

4.2.2 标称厚度及允许偏差

层压板的标称厚度及偏差见表 3。

表 3 标称厚度及偏差　　　　　　　　　　　　　　　　　　　　单位为毫米

标称厚度	偏差（所有型号）					
	EP CC 301	EP CP 201	EP GC 201、202 203、204 306、308	EP GC 205、307	EP GM 201、202 203、204 305、306	EP PC 301
0.4	—	±0.07	±0.10	—	—	—
0.5	—	±0.08	±0.12	—	—	—
0.6	—	±0.09	±0.13	—	—	—
0.8	±0.16	±0.10	±0.16	—	—	—
1.0	±0.18	±0.12	±0.18	—	—	—
1.2	±0.19	±0.14	±0.20	—	—	±0.21
1.5	±0.19	±0.16	±0.24	—	±0.30	±0.24
2.0	±0.22	±0.19	±0.28	—	±0.35	±0.28
2.5	±0.24	±0.22	±0.33	—	±0.40	±0.33
3.0	±0.30	±0.25	±0.37	±0.50	±0.45	±0.37
4.0	±0.34	±0.30	±0.45	±0.60	±0.50	±0.45
5.0	±0.39	±0.34	±0.52	±0.70	±0.55	±0.52
对 6 mm 及以上厚的 EP GC 205、307 板均为正偏差						
6.0	±0.44	±0.37	±0.60	1.60	±0.60	±0.60
8.0	±0.52	±0.47	±0.72	1.90	±0.70	±0.72
10.0	±0.60	—	±0.82	2.20	±0.80	±0.82
12.0	±0.68	—	±0.94	2.40	±0.90	±0.94
14.0	±0.74	—	±1.02	2.60	±1.00	±1.02
16.0	±0.80	—	±1.12	2.80	±1.10	±1.12
20.0	±0.93	—	±1.30	3.00	±1.30	±1.30
25.0	±1.08	—	±1.50	3.50	±1.40	±1.50
30.0	±1.22	—	±1.70	4.00	±1.45	±1.70
35.0	±1.34	—	±1.95	4.40	±1.50	±1.95
40.0	±1.47	—	±2.10	4.80	±1.55	±2.10
45.0	±1.60	—	±2.30	5.10	±1.65	±2.30
50.0	±1.74	—	±2.45	5.40	±1.75	±2.45
60.0	±2.02	—	—	5.80	±1.90	—
70.0	±2.32	—	—	6.20	±2.00	—
80.0	±2.62	—	—	6.60	±2.20	—
90.0	±2.92	—	—	6.80	±2.35	—
100.0	±3.22	—	—	7.00	±2.50	—

注：对于标称厚度不在本表所列的优选厚度时，其偏差应采用最接近的优选标称厚度的偏差。
其他偏差要求可由供需双方商定。

4.2.3 层压板切割板条宽度及偏差

层压板切割板条的宽度及偏差见表4。

表4 切割板条的宽度偏差（均为负偏差） 单位为毫米

标称厚度 d	标称宽度（所有型号）					
	$3<b\leqslant 50$	$50<b\leqslant 100$	$100<b\leqslant 160$	$160<b\leqslant 300$	$300<b\leqslant 500$	$500<b\leqslant 600$
0.4	0.5	0.5	0.5	0.6	1.0	1.5
0.5	0.5	0.5	0.5	0.6	1.0	1.5
0.6	0.5	0.5	0.5	0.6	1.0	1.5
0.8	0.5	0.5	0.5	0.6	1.0	1.0
1.0	0.5	0.5	0.5	0.6	1.0	1.0
1.2	0.5	0.5	0.5	1.0	1.2	1.2
1.5	0.5	0.5	0.5	1.0	1.2	1.2
2.0	0.5	0.5	0.5	1.0	1.2	1.5
2.5	0.5	1.0	1.0	1.5	2.0	2.5
3.0	0.5	1.0	1.0	1.5	2.0	2.5
4.0	0.5	2.0	2.0	3.0	4.0	5.0
5.0	0.5	2.0	2.0	3.0	4.0	5.0
注：通常上表中所列切割板条宽度的偏差均为单向的负偏差。其他偏差可由供需双方商定。						

4.3 平直度

层压板的平直度要求见表5。

表5 平直度 单位为毫米

厚度 d	直尺长度	
	1 000	500
$3<d\leqslant 6$	10	2.5
$6<d\leqslant 8$	8	2.0
$8<d$	6	1.5

4.4 性能要求

层压板的性能要求见表6。

表 6 性能要求

性　能	单位	要求（型号） EP CC 301	EP CP 201	EP GC 201	EP GC 202	EP GC 203	EP GC 204	EP GC 205	EP GC 306
垂直层向弯曲强度 常态下	MPa	≥135	≥110	≥340	≥340	≥340	≥340	≥340	≥340
150 ℃±3 ℃		—	—	≥340	≥340	—	≥170	≥170	≥170
表观弯曲弹性模量	MPa	—	—	≥24 000	—	—	—	—	—
垂直层向压缩强度	MPa	—	—	≥350	—	—	—	—	—
平行层向冲击强度（简支梁法）	kJ/m²	≥3.5	—	≥33	≥33	≥33	≥33	≥50	≥33
平行层向冲击强度（悬臂梁法）	kJ/m²	≥6.5	—	≥34	≥34	≥34	≥34	≥54	≥35
平行层向剪切强度	MPa			≥30					
拉伸强度	MPa			≥300					
垂直层向电气强度（90 ℃油中）	kV/mm	≥35		≥35	见表7		≥35		
平行层向击穿电压（90 ℃油中）	kV		≥40	≥35					
介电常数（50 Hz）				≤5.5					
介电常数（1 MHz）				≤5.5					
介质损耗因数（50 Hz）				≤0.04					
介质损耗因数（1 MHz）				≤0.04					
浸水后绝缘电阻	MΩ	≥1×10⁵	≥1×10⁵	≥5×10⁴	≥5×10⁴	≥5×10⁴	≥5×10⁴	≥1×10⁴	≥5×10⁴
耐电痕化指数（PTI）	级			≥200					
长期耐热性				≥180					
密度	g/cm³		≥2.0						
燃烧性		—		V-0	V-0		V-0		—
吸水性	mg			见表8					

注："表观弯曲弹性模量"、"垂直层向压缩强度"、"平行层向剪切强度"、"拉伸强度"、"工频介质损耗因数"、"1 MHz 下介质损耗因数"、"工频介电常数"、"1 MHz 下介电常数"、"密度"为特殊性能要求，由供需双方商定。
垂直层向弯曲强度（150 ℃±3 ℃）在 150 ℃±3 ℃/1 h 处理后在 150 ℃±3 ℃测定。
平行层向冲击强度（简支梁法）和平行层向冲击强度（悬臂梁法）任选一项达到要求即可。
介电常数（50 Hz）和介电常数（1 MHz）任选一项要求即可。
介质损耗因数（50 Hz）和介质损耗因数（1 MHz）任选一项要求即可。

表 6（续）

性能		单位	要求 型号								
			EP GC 307	EP GC 308	EP GM 201	EP GM 202	EP GM 203	EP GM 204	EP GM 305	EP GM 306	EP PC 301
弯曲强度	常态下	MPa	≥340	≥340	≥320	≥320	≥320	≥320	≥320	≥320	≥110
	150 ℃±3 ℃		≥170	≥170	—	—	≥160	≥160	≥160	≥160	—
平行层向简支梁冲击强度		kJ/m²	≥50	≥33	≥50	≥50	≥50	≥50	≥50	≥50	≥130
平行层向悬臂梁冲击强度		kJ/m²	≥55	≥35	≥55	≥55	≥55	≥55	≥55	≥55	≥145
垂直层向电气强度（90 ℃油中）		kV/mm	见表 7								
平行层向击穿电压（90 ℃油中）		kV	≥35	≥20	≥35	≥35	≥35	≥35	≥35	≥35	≥55
浸水后绝缘电阻		MΩ	1×10^4	5×10^4	5×10^3	5×10^3	5×10^3	5×10^3	5×10^3	5×10^3	1×10^2
耐电痕化指数		—	500	—	—	—	—	—	—	500	—
长期耐热性		—	—	180	—	—	—	—	180	180	—
燃烧性		级	—	—	—	V-0	—	V-0	—	—	—
吸水性		mg	见表 8								

注：弯曲强度（150 ℃±3 ℃）在 150 ℃±3 ℃/1 h 处理后在 150 ℃±3 ℃测定。

平行层向冲击强度（简支梁法）和平行层向冲击强度（悬臂梁法）任选一项达到要求即可。

表 7 垂直层向电气强度(90 ℃油中)
(1 min 耐压试验或 20 s 逐级升压试验)

单位为千伏每毫米

测得的试样厚度平均值
mm

型号	0.4	0.5	0.6	0.7	0.8	0.9	1.0	1.2	1.4	1.5	1.8	2.0	2.2	2.4	2.5	2.6	2.8	3.0
EP CC 301	—	—	—	—	10.0	9.6	9.2	8.6	8.2	8.0	7.4	7.1	6.8	6.5	6.4	6.2	5.6	5.0
EP CP 201	19.0	18.2	17.6	17.1	16.6	16.2	15.8	15.2	14.7	14.5	13.9	13.6	13.4	13.3	13.3	13.2	13.0	13.0
EP GC 201	16.9	16.1	15.6	15.2	14.8	14.5	14.2	13.7	13.2	13.0	12.2	11.8	11.4	11.1	10.9	10.8	10.5	10.2
EP GC 202	16.9	16.1	15.6	15.2	14.8	14.5	14.2	13.7	13.2	13.0	12.2	11.8	11.4	11.1	10.9	10.8	10.5	10.2
EP GC 203	16.9	16.1	15.6	15.2	14.8	14.5	14.2	13.7	13.2	13.0	12.2	11.8	11.4	11.1	10.9	10.8	10.5	10.2
EP GC 204	16.9	16.1	15.6	15.2	14.8	14.5	14.2	13.7	13.2	13.0	12.2	11.8	11.4	11.1	10.9	10.8	10.5	10.2
EP GC 205	—	—	—	—	—	—	—	—	—	—	—	—	—	—	—	—	—	9.0
EP GC 306	16.9	16.1	15.6	15.2	14.8	14.5	14.2	13.7	13.2	13.0	12.2	11.8	11.4	11.1	10.9	10.8	10.5	10.2
EP GC 307	—	—	—	—	—	—	—	—	—	—	—	—	—	—	—	—	—	9.0
EP GC 308	16.9	16.1	15.6	15.2	14.8	14.5	14.2	13.7	13.2	13.0	12.2	11.8	11.4	11.1	10.9	10.8	10.5	10.2
EP GM 201	—	—	—	—	—	—	—	—	12.3	12.0	11.0	10.5	10.0	9.8	9.6	9.4	9.2	9.0
EP GM 202	—	—	—	—	—	—	—	—	12.3	12.0	11.0	10.5	10.0	9.8	9.6	9.4	9.2	9.0
EP GM 203	—	—	—	—	—	—	—	—	12.3	12.0	11.0	10.5	10.0	9.8	9.6	9.4	9.2	9.0
EP GM 204	—	—	—	—	—	—	—	—	12.3	12.0	11.0	10.5	10.0	9.8	9.6	9.4	9.2	9.0
EP GM 305	—	—	—	—	—	—	—	—	12.3	12.0	11.0	10.5	10.0	9.8	9.6	9.4	9.2	9.0
EP GM 306	—	—	—	—	—	—	—	—	12.3	12.0	11.0	10.5	10.0	9.8	9.6	9.4	9.2	9.0
EP PC 301	—	—	—	—	—	—	—	13.7	13.2	13.0	12.2	11.8	11.4	11.1	10.9	10.8	10.5	10.2

注：垂直层向电气强度(90 ℃油中)和 1 min 耐压试验或 20 s 逐级升压试验两者试验任取其一。对满足两者要求的应视其垂直层向电气强度(90 ℃油中)符合要求。

如果测得的试样厚度算术平均值介于表中所示两种厚度之间，则其极限值应由内插法求得。如果测得的试样厚度算术平均值低于给出极限值的最小厚度，则电气强度极限值取相应最小厚度的值。如果标称厚度为 3 mm 而测得的厚度算术平均值超过 3 mm，则取 3 mm 厚度的极限值。

表 8 吸水性极限值

单位为毫克

型 号	测得的试样厚度平均值 mm																											
	0.4	0.5	0.6	0.8	1.0	1.2	1.5	2.0	2.5	3.0	4.0	5.0	6.0	8.0	10.0	12.0	14.0	16.0	20.0	25.0	22.5
EP CC 301	—	—	—	67	69	71	76	—	—	—	—	—	—	—	—	—	—	—	—	—	—
EP CP 201	30	31	31	33	35	37	41	45	50	55	60	68	76	90	—	—	—	—	—	—	—
EP GC 201	17	17	17	18	18	18	19	20	21	22	23	25	27	31	34	38	41	46	52	61	73
EP GC 202	17	17	17	18	18	18	19	20	21	22	23	25	27	31	34	38	41	46	52	61	73
EP GC 203	17	17	17	18	18	18	19	20	21	22	23	25	27	31	34	38	41	46	52	61	73
EP GC 204	17	17	17	18	18	18	19	20	21	22	23	25	27	31	34	38	41	46	52	61	73
EP GC 205	—	—	—	—	—	—	—	—	—	—	—	—	—	—	—	—	—	—	—	—	—
EP GC 306	17	17	17	18	18	18	19	20	21	22	23	25	27	31	34	38	41	46	52	61	73
EP GC 307	17	17	17	18	18	—	—	—	—	—	—	25	27	31	34	38	41	46	52	61	73
EP GC 308	17	17	17	18	18	18	19	20	21	22	23	25	27	31	34	38	41	46	52	61	73
EP GM 201	—	—	—	—	—	—	25	26	27	28	29	31	33	35	40	44	48	55	60	70	90
EP GM 202	—	—	—	—	—	—	25	26	27	28	29	31	33	35	40	44	48	55	60	70	90
EP GM 203	—	—	—	—	—	—	25	26	27	28	29	31	33	35	40	44	48	55	60	70	90
EP GM 204	—	—	—	—	—	—	25	26	27	28	29	31	33	35	40	44	48	55	60	70	90
EP GM 305	—	—	—	—	—	—	25	26	27	28	29	31	33	35	40	44	48	55	60	70	90
EP GM 306	—	—	—	—	—	—	25	26	27	28	29	31	33	35	40	44	48	55	60	70	90
EP PC 301	—	—	—	—	—	130	135	140	145	150	160	170	180	200	220	240	260	280	320	370	440

注：如果测得的试样厚度算术平均值介于表中所示两种厚度之间，则其极限值由内插法求得。如果测得的厚度算术平均值低于给出极限值的那个最小厚度，则其吸水性极限值取相应最小厚度的那个值。如果标称厚度为25 mm而测得的厚度平均值超过25 mm，则取25 mm厚度的那个极限值。

标称厚度大于25 mm的板应单面机加工至22.5 mm±0.3 mm，并且加工面应光滑。

5 试验方法

5.1 总则

试验分出厂检验和型式试验。出厂检验为 4.1、4.2、4.3 及 4.4 表 6 中的"弯曲强度"和"垂直层向电气强度",型式试验为全部性能项目。

5.2 外观

目测检查。

5.3 尺寸

5.3.1 厚度

按 GB/T 1303.2—2009 中 4.1 的规定。

5.3.2 宽度及长度

用分度为 0.5 mm 的直尺或量具至少测量三处,并报告其平均值。

5.4 平直度

按 GB/T 1303.2—2009 中 4.2 的规定。

5.5 弯曲强度

适用于试验的板材标称厚度为大于或等于 1.5 mm,按 GB/T 1303.2—2009 中 5.1 的规定,高温试验时,试样应在高温试验箱内在规定温度下处理 1 h 后,在该规定温度下进行试验。

5.6 表观弯曲弹性模量

适用于试验的板材标称厚度为大于或等于 1.5 mm,按 GB/T 1303.2—2009 中 5.2 的规定,高温试验时,试样应在高温试验箱内在规定温度下处理 1 h 后,在该规定温度下进行试验。

5.7 垂直层向压缩强度

适用于试验的板材标称厚度为大于或等于 5.0 mm,按 GB/T 1303.2—2009 中 5.3 的规定。

5.8 平行层向剪切强度

适用于试验的板材标称厚度为大于或等于 5.0 mm,按 GB/T 1303.2—2009 中 5.5 的规定。

5.9 拉伸强度

适用于试验的板材标称厚度为大于或等于 1.5 mm,按 GB/T 1303.2—2009 中 5.6 的规定。

5.10 冲击强度

5.10.1 平行层向简支梁冲击强度

适用于试验的板材标称厚度为大于或等于 5.0 mm,按 GB/T 1303.2—2009 中 5.4.2 的规定。

5.10.2 平行层向悬臂梁冲击强度

适用于试验的板材标称厚度为大于或等于 5.0 mm,按 GB/T 1303.2—2009 中 5.4.3 的规定。

5.11 垂直层向电气强度

适用于试验的板材标称厚度为小于或等于 3.0 mm,按 GB/T 1303.2—2009 中 6.1.3.1 的规定,试验报告应报告试验方式。

5.12 平行层向击穿电压

适用于试验的板材标称厚度为大于 3.0 mm,按 GB/T 1303.2—2009 中 6.1.3.2 的规定,试验报告应报告电极的类型。

5.13 工频介质损耗因数

适用于试验的板材标称厚度为小于或等于 3.0 mm,按 GB/T 1303.2—2009 中 6.2 的规定。

5.14 工频介电常数

适用于试验的板材标称厚度为小于或等于 3.0 mm,按 GB/T 1303.2—2009 中 6.2 的规定。

5.15 1 MHz 下介质损耗因数

适用于试验的板材标称厚度为小于或等于 3.0 mm,按 GB/T 1303.2—2009 中 6.2 的规定。

GB/T 1303.4—2009

5.16 1 MHz 下介电常数

适用于试验的板材标称厚度为小于或等于 3.0 mm,按 GB/T 1303.2—2009 中 6.2 的规定。

5.17 浸水后绝缘电阻

按 GB/T 1303.2—2009 中 6.3 的规定。

5.18 耐电痕化指数(PTI)

适用于试验的板材标称厚度大于或等于 3.0 mm,按 GB/T 1303.2—2009 中 6.4 的规定。

5.19 密度

按 GB/T 1303.2—2009 中 8.1 的规定。

5.20 燃烧性

适用于试验的板材标称厚度等于 3.0 mm,按 GB/T 1303.2—2009 中 7.2 的规定。

5.21 吸水性

按 GB/T 1303.2—2009 中 8.2 的规定。

6 供货要求

应符合 GB/T 1303.1—2009 中 5.4 的规定。

ICS 29.035.99
K 15

中华人民共和国国家标准

GB/T 15022.3—2011/IEC 60455-3-1:2003

电气绝缘用树脂基活性复合物
第 3 部分：无填料环氧树脂复合物

Resin based reactive compounds used for electrical insulation—
Part 3：Unfilled epoxy resinous compounds

（IEC 60455-3-1:2003,Resin based reactive compounds used for electrical
insulation—Part 3:Specifications for individual materials—
Sheet 1:Unfilled epoxy resinous compounds,IDT）

2011-12-30 发布　　　　　　　　　　　　　　2012-05-01 实施

中华人民共和国国家质量监督检验检疫总局
中国国家标准化管理委员会　　发布

前　言

GB/T 15022《电气绝缘用树脂基活性复合物》由下列几个部分组成：

——第1部分：定义及一般要求；

——第2部分：试验方法；

——第3部分：无填料的环氧树脂复合物；

——第4部分：不饱和聚酯浸渍树脂；

——第5部分：石英填料的环氧树脂复合物；

……

本部分为GB/T 15022的第3部分。

本部分按照GB/T 1.1—2009给出的规则起草。

本部分采用翻译法等同采用IEC 60455-3-1:2003《电气绝缘用树脂基活性复合物　第3部分：单项材料规范　第1篇：无填料环氧树脂复合物》。

与本部分中规范性引用的国际文件有一致性对应关系的我国文件如下：

——GB/T 15022.2—2007　电气绝缘用树脂基反应复合物　第2部分：试验方法(IEC 60455-2: 1998,MOD)。

请注意本文件的某些内容可能涉及专利。本文件的发布机构不承担识别这些专利的责任。

本部分由中国电器工业协会提出。

本部分由全国绝缘材料标准化技术委员会(SAC/TC 51)归口。

本部分起草单位：浙江荣泰科技企业有限公司、四川东材科技集团股份有限公司、苏州巨峰绝缘系统股份有限公司、广州市宝力达电气材料有限公司、西安西电电工材料有限责任公司、上海同立电工材料有限公司、桂林电子科技大学、桂林电器科学研究院。

本部分主要起草人：戴培邦、阎雪梅、于龙英、张志浩、唐安斌、夏宇、金正东、杜超云、卜一民。

电气绝缘用树脂基活性复合物
第3部分:无填料环氧树脂复合物

1 范围

GB/T 15022 的本部分规定了 EP-U-1 至 EP-U-7 型的无填料的环氧树脂复合物固化后的要求。
本部分适用于 EP-U-1 至 EP-U-7 型的无填料的环氧树脂复合物。

2 规范性引用文件

下列文件对于本文件的应用是必不可少的。凡是注日期的引用文件,仅注日期的版本适用于本文件。凡是不注日期的引用文件,其最新版本(包括所有的修改单)适用于本文件。

ISO 11359-2:1999 塑料 热力学分析(TMA) 第 2 部分:线性热膨胀系数和玻璃化转变温度的测定(Plastics—Thermomechanical analysis (TMA)—Part 2:Determination of coefficient of linear thermal expansion and glass transition temperature)

IEC 60455-2:1998 电气绝缘用树脂基反应复合物 第 2 部分:试验方法(Resin based reactive compounds used for electrical insulation—Part 2:Methods of test)

3 要求

对固化后无填料的环氧树脂复合物的要求见表 2。如果没有其他规定,要求在(23±2)℃下测试。

4 特殊要求

无填料环氧树脂复合物固化前的要求见表 1。

表 1 无填料环氧树脂复合物固化前的要求

性 能	IEC 60455-2:1998 试验方法的章条号
密度	5.2
黏度	5.3
环氧当量	5.9
贮存期	5.4
适用期	5.16
放热温升	5.18.2

表 2 无填料的环氧树脂复合物固化后的性能要求

性能		IEC 60455-2:1998 章、条号	单位	要 求						
				EP-U-1	EP-U-2	EP-U-3	EP-U-4	EP-U-5	EP-U-6	EP-U-7
密度		5.2	g/cm³	1.1～1.3	1.15～1.25					
弯曲强度(三点法)		6.3.3	MPa	≥50	≥80	≥100	≥115	≥90	≥80	
拉伸强度[a]		6.3.1	MPa	50					30	
冲击强度,无缺口		6.3.4.1	kJ/m²	≥7	≥8	≥12	≥15	≥12	≥10	
线性膨胀系数 (23 ℃～55 ℃范围)		ISO 11359-2:1999	10⁻⁶/K	≤80	≤80	≤100	≤100	≤100	≤125	
玻璃化转变温度		6.4.4.1	℃	待定						待定
负荷变形温度		6.4.2.2	℃	≥160	≥135	≥120	≥100	≥75	≥45	
燃烧性		6.4.5	—	破坏长度不限制				破坏长度<95 mm		
吸水性		6.5.1 (方法1)	%	≤0.3	≤0.3	≤0.3	≤0.5	≤0.5	≤0.5	
体积电阻率(非浸水)		6.6.1	Ω·m	≥1×10¹²						
介质损耗因数	23 ℃,48 Hz～62 Hz	6.6.2	—	≤0.01				≤0.02		
	23 ℃,1 MHz		—	待定						
	温度[b], 48 Hz～62 Hz		—	≤0.10	≤0.25	≤0.25	≤0.20	≤0.20	≤0.15	
相对介电常数	23 ℃,48 Hz～62 Hz	6.6.2	—	≤5						待定
	温度[b], 48 Hz～62 Hz		—	≤6						
电气强度[c]		6.6.3	kV/mm	≥15						
耐电痕化指数(PTI)		6.6.4	—	≥300						待定
温度指数(弯曲强度至起始值的50%[d])		6.4.7	—	≥140	≥130	≥120	≥100	≥90	≥80	
温度指数(失重率)		6.4.7	—	待定						

[a] 对EP-U-1至EP-U-5型,采用适合于刚性材料的方法;对EP-U-6和EP-U-7型,采用适合于弹性材料的方法。

[b] 测定损耗因数及介电常数的温度如下:EP-U-1:160 ℃;EP-U-2:135 ℃;EP-U-3:125 ℃;EP-U-4:100 ℃;EP-U-5:75 ℃;EP-U-6:45 ℃。

[c] 试样厚度为3 mm,并具有足够大的面积,以防止闪络。

[d] 列出的温度指数值为最低值,因而有可能超过。不应把温度指数值看作代表材料的类别特征或负荷变形温度特征。

ICS 29.035.99
K 15

中华人民共和国国家标准

GB/T 15022.5—2011

电气绝缘用树脂基活性复合物
第 5 部分：石英填料环氧树脂复合物

Resin based reactive compounds used for electrical insulation—
Part 5：Quartz filled epoxy resinous compounds

（IEC 60455-3-2：2003，Resin based reactive compounds used for electrical
insulation—Part 3：Specifications for individual materials—
Sheet 2：Quartz filled epoxy resinous compounds，MOD）

2011-12-30 发布

2012-05-01 实施

中华人民共和国国家质量监督检验检疫总局
中国国家标准化管理委员会 发布

前　言

GB/T 15022《电气绝缘用树脂基活性复合物》由下列部分组成：
——第1部分:定义及一般要求;
——第2部分:试验方法;
——第3部分:无填料的环氧树脂复合物;
——第4部分:不饱和聚酯浸渍树脂;
——第5部分:石英填料的环氧树脂复合物;
……
本部分为 GB/T 15022 的第5部分。

本部分按照 GB/T 1.1—2009 给出的规则起草。

本部分采用重新起草法修改采用 IEC 60455-3-2:2003《电气绝缘用树脂基活性复合物　第3部分:单项材料规范　第2篇:石英填料的环氧树脂复合物》。

本部分与 IEC 60455-3-2:2003 的有关技术性差异在它们所涉及的条款的页边空白处用垂直单线标识。具体技术差异如下:
——IEC 60455-3-2:2003 中石英填料环氧树脂复合物的石英填料含量为45%～65%,根据国内需要,本部分改为石英填料环氧树脂复合物的石英填料含量为45%～68%;
——IEC 60455-3-2:2003 的表2中密度值的要求为1.7 g/cm³～1.9 g/cm³,本部分改为1.7 g/cm³～2.0 g/cm³。

请注意本文件的某些内容可能涉及专利。本文件的发布机构不承担识别这些专利的责任。

本部分由中国电器工业协会提出。

本部分由全国绝缘材料标准化技术委员会(SAC/TC 51)归口。

本部分起草单位:浙江荣泰科技企业有限公司、四川东材科技集团股份有限公司、广州市宝力达电气材料有限公司、西安西电电工材料有限责任公司、桂林电子科技大学、桂林电器科学研究院。

本部分主要起草人:戴培邦、阎雪梅、曹万荣、马庆柯、杜超云、金正东。

电气绝缘用树脂基活性复合物
第5部分:石英填料环氧树脂复合物

1 范围

GB/T 15022 的本部分规定了 EP-F-1 至 EP-F-7 型含石英填料的环氧树脂复合物固化后的要求。其他不含石英填料的复合物将另有规定。

本部分适用于 EP-F-1 至 EP-F-7 型含石英填料的环氧树脂复合物。

2 规范性引用文件

下列文件对于本文件的应用是必不可少的。凡是注日期的引用文件,仅注日期的版本适用于本文件。凡是不注日期的引用文件,其最新版本(包括所有的修改单)适用于本文件。

GB/T 15022.2—2007 电气绝缘用树脂基反应复合物 第2部分:试验方法(IEC 60455-2:1998,MOD)

ISO 11359-2:1999 塑料 热力学分析(TMA) 第2部分:线性热膨胀系数和玻璃化转变温度的测定(Plastics—Thermomechanical analysis (TMA)—Part 2:Determination of coefficient of linear thermal expansion and glass transition temperature)

3 要求

对固化后石英填料的环氧树脂复合物要求见表2。如果没有其他规定,要求在(23±2)℃下测得。

注1:如果属于含石英填料以外的其他材料,也可用附表列出。

符合本部分的石英填料环氧树脂复合物的石英填料含量为:45%~68%。

注2:对应用于较低或较高温度条件下的材料,可以要求增补试验项目,以确定其适用性。

4 特殊要求

当在订购合同中包括有表1和表2中任何一种特殊性能,则应采用表1和表2规定的试验方法。

表 1 含石英填料环氧树脂复合物固化前的要求

性 能	GB/T 15022.2—2007 中的章、条号
黏度	4.3
环氧当量	4.9
贮存期	4.4
适用期	4.13
放热温升	4.15
总收缩率	4.18

表 2 含石英填料的环氧树脂复合物固化后的要求

性　　能		GB/T 15022.2—2007 中的章、条号	单位	要　　求						
				EP-F-1	EP-F-2	EP-F-3	EP-F-4	EP-F-5	EP-F-6	EP-F-7
密度		4.2	g/cm³	1.7～2.0						
弯曲强度(三点法)		5.3.3	MPa	≥60	≥80	≥90	≥110	≥90	≥60	待定
拉伸强度		5.3.1	MPa	≥40	≥50				≥30	
冲击强度,无缺口,平面向下		5.3.4	kJ/m²	≥3	≥4	≥6	≥7	≥8	≥8	
玻璃化转变温度		5.4.2.1	℃	待定						
负荷变形温度		5.4.2.2	℃	≥160	≥135	≥125	≥100	≥75	≥45	
可燃性		5.4.3		FH2						
吸水性		5.5.1(方法1)	%	≤0.3	≤0.3	≤0.3	≤0.3	≤0.4	≤1.5	—
体积电阻率(非浸水)		5.6.1	Ω·m	≥1×10¹²						
介质损耗因数	23 ℃,48 Hz～62 Hz	5.6.2	—	≤0.02						
	23 ℃,1 MHz		—	≤0.35						
	温度[a],48 Hz～62 Hz		—	≤0.20						
相对介电常数	23 ℃,48 Hz～62 Hz	5.6.2	—	≤5						
	温度[a],48 Hz～62 Hz		—	≤6						
电气强度[b]		5.6.3	kV/mm	≥10						
耐电痕化指数		5.6.4	—	≥400					≥300	待定
温度指数(弯曲强度至初始值50%[c])		5.4.4	—	≥140	≥130	≥130	≥120	≥105	≥90	
温度指数,(失重率)		5.4.4	—	待定						

[a] 测定介质损耗因数及相对介电常数的温度如下:EP-F-1:160 ℃,EP-F-2:135 ℃,EP-F-3:125 ℃,EP-F-4:100℃, EP-F-5:75 ℃,EP-F-6:45 ℃。

[b] 试样厚度应为 3 mm,并具有足够大的面积,以防止发生闪络。

[c] 列出的温度指数值为最低值,因而有可能超过。不应把温度指数值看作代表材料的类别特征或负荷变形温度的特征。

ICS 29.035.99
K 15

中华人民共和国国家标准

GB/T 15022.6—2014

电气绝缘用树脂基活性复合物
第 6 部分：核电站 1E 级配电变压器绝缘
用环氧浇注树脂

Resin based reactive compounds used for electrical insulation—
Part 6：Epoxy casting resinous compounds use for class 1E distribution
transformer in nuclear power generating stations

2014-12-05 发布   2015-05-01 实施

中华人民共和国国家质量监督检验检疫总局
中国国家标准化管理委员会   发 布

前　言

GB/T 15022《电气绝缘用树脂基活性复合物》由下列部分组成：

——第 1 部分：定义及一般要求；

——第 2 部分：试验方法；

——第 3 部分：无填料的环氧树脂复合物；

——第 4 部分：不饱和聚酯为基的浸渍树脂；

——第 5 部分：石英填料的环氧树脂复合物；

——第 6 部分：核电站 1E 级配电变压器绝缘用环氧浇注树脂；

……

本部分为 GB/T 15022 的第 6 部分。

本部分按照 GB/T 1.1—2009 给出的规则起草。

请注意本文件的某些内容可能涉及专利。本文件的发布机构不承担识别这些专利的责任。

本部分由中国电器工业协会提出。

本部分由全国绝缘材料标准化技术委员会(SAC/TC 51)归口。

本部分起草单位：北京倚天凌云科技股份有限公司、苏州太湖电工新材料股份有限公司、桂林电器科学研究院有限公司。

本部分主要起草人：吴海峰、马林泉、宋玉侠、罗传勇、张春琪。

电气绝缘用树脂基活性复合物
第6部分：核电站1E级配电变压器绝缘
用环氧浇注树脂

1 范围

GB/T 15022的本部分规定了核电站1E级配电变压器绝缘用环氧浇注树脂的要求、试验方法、检验规则及包装、标志、贮存和运输。

本部分适用于核电站1E级配电变压器绝缘用环氧浇注树脂。

注：该树脂为高纯度环氧树脂、新型改性固化剂、促进剂、填料和色浆组成的热固化浇注树脂，分甲、乙组分包装。

2 规范性引用文件

下列文件对于本文件的应用是必不可少的。凡是注日期的引用文件，仅注日期的版本适用于本文件。凡是不注日期的引用文件，其最新版本（包括所有的修改单）适用于本文件。

GB/T 1036—2008 塑料 −30 ℃~30 ℃线膨胀系数的测定 石英膨胀计法

GB/T 15022.2—2007 电气绝缘用树脂基活性复合物 第2部分：试验方法

GB/T 15223—2008 塑料 液体树脂用比重瓶法测定密度

GB/T 29313—2012 电气绝缘材料热传导性能试验方法

ISO 2577:2007 塑料 热固性模塑料 收缩率的测定(Plastics—Thermosetting moulding materials—Determination of shrinkage)

3 要求

一次交货的所有产品应符合本部分表1中规定的要求。

表 1 核电站1E级配电变压器绝缘用环氧浇注树脂的要求

序号	性 能		单位	要 求	
				甲组分	乙组分
1	外观		—	红色均匀液体	灰白色均匀液体
2	密度		g/cm³	1.62~1.70	1.63~1.73
3	黏度	25 ℃±2 ℃	mPa·s	25 000~35 000	2 500~4 000
		80 ℃±2 ℃		1 000~2 000	250~1 000
甲乙组分混合(1:1)固化后性能					
4	拉伸强度		MPa	≥75	
5	弯曲强度		MPa	≥130	
6	冲击强度(简支梁,无缺口)		kJ/m²	≥12	

表 1（续）

序号	性　能	单位	要　求	
			甲组分	乙组分
7	玻璃化转变温度	℃	85～95	
8	负荷变形温度	℃	≥100	
9	线性膨胀系数(23 ℃～55 ℃范围)	10^{-6}/K	≤55	
10	导热系数(50 ℃)	W/(m·K)	≥0.35	
11	固化后收缩率	%	≤1.0	
12	可燃性	—	FV0	
13	吸水性	%	≤0.5	
14	表面电阻率(常态)	Ω	≥1.0×10^{14}	
15	体积电阻率(常态)	Ω·m	≥1.0×10^{12}	
16	介质损耗因数(50 Hz,常态)	—	≤0.01	
17	介质损耗因数(1 MHz,常态)	—	≤1.5×10^{-2}	
18	相对介电常数(50 Hz,常态)	—	≤5.0	
19	工频电气强度(常态)	MV/m	≥25	
20	温度指数	—	≥130	
注：试样制备条件:(90 ℃±2 ℃)/4 h+(110 ℃±2 ℃)/3 h+(130 ℃±2 ℃)/6 h。				

4　试验方法

4.1　外观

采用目测法测定。

4.2　密度

按 GB/T 15223—2008 的规定测定。

4.3　黏度

按 GB/T 15022.2—2007 中 4.3 的规定测定,其中黏度计为旋转黏度计。

4.4　拉伸强度

按 GB/T 15022.2—2007 中 5.3.1 的规定测定。

4.5　弯曲强度

按 GB/T 15022.2—2007 中 5.3.3 的规定测定。

4.6　冲击强度

按 GB/T 15022.2—2007 中 5.3.4 的规定测定。

4.7 玻璃化转变温度

按 GB/T 15022.2—2007 中 5.4.2.1 的规定测定。

4.8 负荷变形温度

按 GB/T 15022.2—2007 中 5.4.2.2 的规定测定。

4.9 线性膨胀系数

按 GB/T 1036—2008 的规定测定,试样数量为 3 个,尺寸:长度为 50 mm,宽度为 4 mm,高度为 10 mm。

4.10 导热系数

按 GB/T 29313—2012 的规定测定,试样数量为 3 个,尺寸:直径为 $\Phi50$ mm,长度为 3 mm。

4.11 固化后收缩率

按 ISO 2577:2007 的规定测定。

4.12 可燃性

按 GB/T 15022.2—2007 中 5.4.3 的规定测定。

4.13 吸水性

按 GB/T 15022.2—2007 中 5.5.1 方法 1 的规定测定。

4.14 表面电阻率和体积电阻率

按 GB/T 15022.2—2007 中 5.6.1 的规定测定,其中试样制备:(90 ℃±2 ℃)/4 h+(110 ℃±2 ℃)/3 h+(130 ℃±2 ℃)/6 h,试样厚度为 1.0 mm±0.1 mm。

4.15 介质损耗因数和介电常数

按 GB/T 15022.2—2007 中 5.6.2 的规定测定,其中试样制备同 4.14,试样厚度为 1.0 mm±0.1 mm。

4.16 工频电气强度

按 GB/T 15022.2—2007 中 5.6.3 的规定测定,其中试样制备同 4.14,试样厚度为 1.0 mm±0.1 mm。

4.17 温度指数

按 GB/T 15022.2—2007 中 5.4.4 的规定测定,其中终点判断标准为弯曲强度降至初始值的 50%。

5 检验规则

5.1 每批树脂均应进行出厂检验或型式检验。

5.2 用相同的原材料、工艺和设备系统连续生产的树脂为一批。每批树脂应进行出厂检验,出厂检验项目为表 1 中第 1 项、第 2 项、第 3 项。

5.3 型式检验项目为表 1 中第 1 项～第 19 项,每年至少进行一次,第 20 项为产品鉴定项目。有下列情况之一时,一般应进行型式检验:

a) 生产设备、材料、工艺条件有较大改变,可能影响产品性能时;

b) 产品长期停产后,恢复生产时;

c) 出厂检验结果与上次型式检验有较大差异时;

d) 质量监督机构提出进行型式检验要求时。

5.4 试样应从一批树脂中不少于包装桶总数5%的桶中抽取。若批量较小,试样应从至少3个包装桶中抽取,若包装桶总数少于3桶,则应从每桶中抽取。抽取前应先将选中的包装桶内的树脂搅拌均匀,然后从中各取出500 g,并对取出的树脂进行充分混合,之后再从中取出所需数量的树脂装在洁净干燥的磨口瓶中作为试样。试样应在室温下保持4 h后方可进行试验。

5.5 若有任何一项试验结果不符合要求,则应从该批树脂另外5%的桶中按5.4重新取样进行该项检验,若结果仍不符合要求,则判定该批树脂为不合格品。

5.6 每批产品均应附有产品检验合格证。在用户有要求时,制造厂应提供型式检验报告。

6 包装、标志、贮存和运输

6.1 树脂应装在洁净而干燥的铁桶或塑料桶中,并密封好。容器的优先容积为:5 L、10 L、20 L、25 L和200 L。

6.2 桶上应标明:制造厂名称、产品型号及名称、制造日期或批号、毛重及净重以及"小心轻放"等字样和图示标识。

6.3 树脂应存放在清洁、干燥、通风良好、温度低于25 ℃的库房中。

6.4 树脂贮存在原密封容器中,从出厂之日起贮存期为在25 ℃下为3个月。若贮存期超过3个月则需进行型式检验,合格者仍可使用。

6.5 运输时应装载在有篷的车船中,不得靠近火源、暖气及受日光直射。

ICS 29.035.99
K 15

中华人民共和国国家标准

GB/T 15022.7—2017

电气绝缘用树脂基活性复合物
第 7 部分：环氧酸酐真空压力浸渍（VPI）
树脂

Resin based reactive compounds used for electrical insulation—
Part 7:Epoxy-anhydride vacuum pressure impregnation（VPI）resin

2017-11-01 发布　　　　　　　　　　　　　2018-05-01 实施

中华人民共和国国家质量监督检验检疫总局
中国国家标准化管理委员会　发布

前　言

GB/T 15022《电气绝缘用树脂基活性复合物》分为以下几个部分：
——第1部分：定义及一般要求；
——第2部分：试验方法；
——第3部分：无填料环氧树脂复合物；
——第4部分：不饱和聚酯为基的浸渍树脂；
——第5部分：石英填料环氧树脂复合物；
——第6部分：核电站1E级配电变压器绝缘用环氧浇注树脂；
——第7部分：环氧酸酐真空压力浸渍(VPI)树脂；
——第8部分：环氧改性不饱和聚酯真空压力浸渍(VPI)树脂；
……

本部分为GB/T 15022的第7部分。

本部分按照GB/T 1.1—2009给出的规则起草。

请注意本文件的某些内容可能涉及专利。本文件的发布机构不承担识别这些专利的责任。

本部分由中国电器工业协会提出。

本部分由全国绝缘材料标准化技术委员会(SAC/TC 51)归口。

本部分起草单位：苏州巨峰电气绝缘系统股份有限公司、浙江荣泰科技企业有限公司、苏州太湖电工新材料股份有限公司、桂林电器科学研究院有限公司。

本部分主要起草人：夏宇、李翠翠、罗传勇、曹万荣、张春琪、李新忠、陶纯初。

电气绝缘用树脂基活性复合物
第7部分:环氧酸酐真空压力浸渍(VPI)树脂

1 范围

GB/T 15022 的本部分规定了电气绝缘用环氧酸酐真空压力浸渍(VPI)树脂的分类、要求、试验方法、检验规则及包装、标志、贮存和运输。

本部分适用于大中型高压电机、风力发电机、水力发电机及汽轮发电机绝缘浸渍用的 F 级、H 级环氧酸酐真空压力浸渍(VPI)树脂。

注:该树脂为环氧树脂(可含有环氧活性稀释剂)和液体酸酐组成的环氧酸酐真空压力浸渍(VPI)树脂。

2 规范性引用文件

下列文件对于本文件的应用是必不可少的。凡是注日期的引用文件,仅注日期的版本适用于本文件。凡是不注日期的引用文件,其最新版本(包括所有的修改单)适用于本文件。

GB/T 1981.2—2009 电气绝缘用漆 第2部分:试验方法

GB/T 6488—2008 液体化工产品 折光率的测定(20 ℃)

GB/T 11026.1—2003 电气绝缘材料 耐热性 第1部分:老化程序和试验结果的评定

GB/T 11026.2—2012 电气绝缘材料 耐热性 第2部分:试验判断标准的选择

GB/T 11026.3—2006 电气绝缘材料 耐热性 第3部分:计算耐热特征参数的规程

GB/T 11026.4—2012 电气绝缘材料 耐热性 第4部分:老化烘箱 单室烘箱

GB/T 15022.2—2007 电气绝缘用树脂基活性复合物 第2部分:试验方法

ISO 7327—1994 塑料 环氧树脂用固化剂和促进剂 酸酐中游离酸测定(Plastics—Hardeners and accelerators for epoxide resins—Determination of free acid in acid anhydride)

3 分类

本部分按表1对产品进行分类。

表 1 产品分类

类 型	23 ℃±1 ℃黏度范围
高黏度	300 mPa·s～500 mPa·s
低黏度	100 mPa·s～250 mPa·s

4 要求

产品应分别符合表2、表3规定的要求。

表 2 高黏度环氧酸酐真空压力浸渍(VPI)树脂

序号	性　能		单位	要　求	
				A 组分	B 组分
1	外观		—	无色透明液体或结晶体	无色透明液体
2	密度,(23±1)℃		g/cm³	1.15～1.17	1.14～1.16
3	黏度,(23±1)℃		mPa·s	3 500～6 000	50～70
4	环氧当量		g/mol	170～176	—
5	可水解氯		%	≤0.05	—
6	总氯含量		%	≤0.05	—
7	游离酸(以草酸计)		%	—	≤0.5
8	闪点		℃	≥250	≥145
9	折光指数		—	1.567±0.002	1.476±0.002
A:B=1:1 混合后树脂:					
10	黏度	(23±1)℃	mPa·s	300～500	
		(60±1)℃		30～60	
11	贮存稳定性	(60±1)℃/96 h	倍	黏度增长≤0.5	
		(70±1)℃/10 d	倍	黏度增长≤3	
12	固化中挥发分含量 (110±2)℃/h+(130±2)℃/2 h		%	≤3	
13	吸水率(23±1)℃/24 h		%	≤0.5	
14	电气强度 (快速升压法)	(23±1)℃	MV/m	≥22	
		(25±1)℃浸水/24 h		≥20	
15	体积电阻率	(23±1)℃	Ω·m	≥1.0×10¹³	
		(25±1)℃浸水/24 h		≥1.0×10¹²	
16	长期耐热性 温度指数		—	≥155	

表 3 低黏度环氧酸酐真空压力浸渍(VPI)树脂

序号	性　能	单位	要　求
1	外观	—	透明液体,无机械杂质
2	密度,(23±1)℃	g/cm³	1.15±0.02
3	黏度,(23±1)℃	mPa·s	100～250
4	贮存稳定性 (60±1)℃/96 h	倍	黏度增长≤0.5
5	固化中挥发分含量 (110±2)℃/h+(130±2)℃/2 h	%	≤3

表 3（续）

序号	性	能	单位	要求
6	吸水率(23±1)℃/24 h		%	≤0.5
7	电气强度 （快速升压法）	(23±1)℃	MV/m	≥22
		(25±1)℃浸水/24 h		≥20
8	体积电阻率	(23±1)℃	Ω·m	≥1.0×10^{13}
		(25±1)℃浸水/24 h		≥1.0×10^{12}
9	长期耐热性 温度指数		℃	≥155

5 试验方法

5.1 外观

按 GB/T 1981.2—2009 中 5.1.1 的规定。

5.2 密度

按 GB/T 15022.2—2007 中 4.2 的规定。

5.3 黏度

按 GB/T 15022.2—2007 中 4.3 的规定，采用旋转黏度计测定。

5.4 环氧当量

按 GB/T 15022.2—2007 中 4.9 的规定。

5.5 可水解氯

按 GB/T 15022.2—2007 中 4.8.3 的规定。

5.6 总氯含量

按 GB/T 15022.2—2007 中 4.8.1 的规定。

5.7 游离酸

按 ISO 7327—1994 中的规定。

5.8 闪点

按 GB/T 15022.2—2007 中 4.1 的规定。

5.9 折光指数

按 GB/T 6488—2008 的规定。

5.10 贮存稳定性

按 GB/T 15022.2—2007 中 4.4 的规定,采用密闭容器法。

5.11 固化中挥发分含量

按 GB/T 15022.2—2007 中 4.6 的规定,在树脂中添加 0.5%BDMA(N,N 二甲基苄胺)。

5.12 吸水率

按 GB/T 15022.2—2007 中 5.5.1 的规定,温度为 23 ℃±1 ℃;

试样制备:在树脂中填加树脂质量 0.5% 的 BDMA 做促进剂,搅拌均匀后制成厚度为 1.0 mm±0.1 mm 的漆片,漆片固化条件为(70±2)℃/h+(110±2)℃/h+(160±2)℃/8 h。

5.13 电气强度

按 GB/T 15022.2—2007 中 5.6.3 的规定,其中试样制备同 5.12,试样厚度为 1.0 mm±0.1 mm。

5.14 体积电阻率

按 GB/T 15022.2—2007 中 5.6.1 的规定,其中试样制备同 5.12,试样厚度为 1.0 mm±0.1 mm。

5.15 温度指数

按 GB/T 11026.1—2003、GB/T 11026.2—2012、GB/T 11026.3—2006、GB/T 11026.4—2012 的相关规定,终点判断标准的选择:弯曲强度下降至原始值的 50%,或树脂质量损失达到 5%,推荐优先选择弯曲强度性能作为终点判断标准。

6 检验规则

6.1 每批树脂均应进行出厂检验或型式检验。

6.2 用相同的原材料、工艺和设备系统连续生产的树脂为一批。每批树脂应进行出厂检验,出厂检验项目为"外观""密度""黏度""环氧当量""固化中挥发分含量""体积电阻率[(23±1)℃]"和"电气强度"。

6.3 型式检验为本部分除"温度指数"以外的全部性能,"温度指数"为产品鉴定检验项目。型式检验在正常生产时每年应进行一次。有下列情况之一时,应进行型式检验:

    a) 生产设备、材料、工艺条件有较大改变,可能影响产品性能时;

    b) 产品停产半年后,恢复生产时;

    c) 出厂检验结果与上次型式检验有较大差异时;

    d) 质量监督机构提出进行型式检验要求时。

6.4 试样应从一批树脂中不少于包装桶总数 5% 的桶中抽取。若批量较小,试样应从至少 3 个包装桶中抽取,若包装桶总数少于 3 桶,则应从每桶中抽取。抽取前应先将选中的包装桶内的树脂搅拌均匀,然后从中各取出 500 g,并对取出的树脂进行充分混合,之后再从中取出所需数量的树脂装在洁净干燥的磨口瓶中作为试样。

6.5 若有任何一项试验结果不符合要求,则应从该批树脂另外 5% 的桶中按 6.4 重新取样进行该项检验,若结果仍不符合要求,则判定该批树脂为不合格品。

6.6 每批产品均应附有产品检验合格证。在用户有要求时,制造厂应提供型式检验报告。

7 包装、标志、贮存和运输

7.1 树脂应装在洁净而干燥的铁桶或塑料桶中,并密封好。容器的优先容积为:20 L 和 200 L。对于高黏度环氧酸酐真空压力浸渍(VPI)树脂为 A、B 两组份分开包装,使用时按规定比例使用;对于低黏度环氧酸酐真空压力浸渍(VPI)树脂为单组分包装。

7.2 桶上应标明:制造厂名称,产品型号及名称,制造日期或批号,毛重及净重,以及"小心轻放"等字样和图示标识。

7.3 树脂应存放在清洁、干燥、通风良好、防止日光直接照射,并隔绝火源。

7.4 树脂应贮存在密封容器中,对于高黏度环氧酸酐真空压力浸渍(VPI)树脂,其 A、B 组分在(23±2)℃密闭条件下贮存期分别为 24 个月,对于低黏度环氧酸酐真空压力浸渍(VPI)树脂,其在 5 ℃～10 ℃密闭条件下贮存期为 12 个月,如超过贮存期则需进行型式检验,经检验合格后仍可继续使用。

7.5 运输时应装载在有篷的车船中,不得靠近火源、暖气和受日光直射。

ICS 29.035.99
K 15

中华人民共和国国家标准

GB/T 15022.8—2017

电气绝缘用树脂基活性复合物
第 8 部分：环氧改性不饱和聚酯真空压力
浸渍（VPI）树脂

Resin based reactive compounds used for electrical insulation—
Part 8:Epoxy modified unsaturated polyester vacuum pressure
impregnation（VPI）resin

2017-09-29 发布

2018-04-01 实施

中华人民共和国国家质量监督检验检疫总局
中国国家标准化管理委员会　发布

前　言

GB/T 15022《电气绝缘用树脂基活性复合物》分为以下几个部分：
——第1部分:定义及一般要求;
——第2部分:试验方法;
——第3部分:无填料环氧树脂复合物;
——第4部分:不饱和聚酯为基的浸渍树脂;
——第5部分:石英填料环氧树脂复合物;
——第6部分:核电站1E级配电变压器绝缘用环氧浇注树脂;
——第7部分:环氧酸酐真空压力浸渍(VPI)树脂;
——第8部分:环氧改性不饱和聚酯真空压力浸渍(VPI)树脂;
……

本部分为GB/T 15022的第8部分。

本部分按照GB/T 1.1—2009给出的规则起草。

本部分由中国电器工业协会提出。

本部分由全国绝缘材料标准化技术委员会(SAC/TC 51)归口。

本部分起草单位:苏州太湖电工新材料股份有限公司、桂林电器科学研究院有限公司、浙江荣泰科技企业有限公司、苏州巨峰电气绝缘系统股份有限公司。

本部分主要起草人:李新忠、施文磊、罗传勇、曹万荣、夏宇、李翠翠。

电气绝缘用树脂基活性复合物
第8部分:环氧改性不饱和聚酯真空压力
浸渍(VPI)树脂

1 范围

GB/T 15022 的本部分规定了电气绝缘用环氧改性不饱和聚酯真空压力浸渍(VPI)树脂的要求、试验方法、检验规则及包装、标志、贮存和运输。

本部分适用于电气绝缘用环氧改性不饱和聚酯真空压力浸渍(VPI)树脂。

注:环氧改性不饱和聚酯真空压力浸渍(VPI)树脂是由高纯度环氧改性不饱和聚酯,配合新型改性固化剂、促进剂、活性交联剂而制成的单组分浸渍树脂。

2 规范性引用文件

下列文件对于本文件的应用是必不可少的。凡是注日期的引用文件,仅注日期的版本适用于本文件。凡是不注日期的引用文件,其最新版本(包括所有的修改单)适用于本文件。

GB/T 1981.2—2009 电气绝缘用漆 第2部分:试验方法

GB/T 11028—1999 测定浸渍剂对漆包线基材粘结强度的试验方法

GB/T 15022.2—2007 电气绝缘用树脂基活性复合物 第2部分:试验方法

GB/T 15223—2008 塑料 液体树脂 用比重瓶法测定密度

3 要求

本产品应符合表1的要求。

表 1 环氧改性不饱和聚酯真空压力浸渍(VPI)树脂的要求

序号	性 能	单 位	要 求
1	外观	—	淡黄色透明液体,无机械杂质
2	黏度[涂-4 黏度计,(23±1)℃]	s	30~60
3	酸值(以 KOH 计)	mg/g	≤8
4	密度	g/cm³	1.04±0.03
5	厚层固化能力[(135±2)℃/2 h]	—	不差于 S_1、U_1、$I_{2.1}$ 均匀
6	固化中的挥发分(140±2)℃/2 h	%	≤10
7	凝胶时间[试管法,(135±2)℃]	min	5~20
8	漆和铜的反应	—	无铜绿
9	工频电气强度 (23±1)℃ (23±1)℃浸水 24 h 后 (155±2)℃	MV/m	≥25 ≥22 ≥18

表 1（续）

序号	性　能	单　位	要　求
10	体积电阻率 　　(23±1)℃ 　　(23±1)℃浸水 24 h 后 　　(155±2)℃	Ω·m	≥1.0×10¹² ≥1.0×10¹⁰ ≥1.0×10⁹
11	介质损耗因数 　　(23±1)℃ 　　(155±2)℃	%	≤1 ≤3
12	粘结强度[螺旋线圈法,(23±1)℃]	N	≥100
13	漆在密闭容器中的稳定性[闭口法,(60±1)℃/96 h]	黏度增长倍数	≤1
14	长期耐热性 　　温度指数	—	≥155

4　试验方法

4.1　外观

按 GB/T 1981.2—2009 中 5.1.1 的规定测定。

4.2　黏度

按 GB/T 15022.2—2007 中 4.3 的规定测定,其中黏度计为涂-4 黏度计。

4.3　酸值

按 GB/T 1981.2—2009 中 5.5 的规定测定。

4.4　密度

按 GB/T 15223—2008 的规定测定。

4.5　厚层固化能力

按 GB/T 1981.2—2009 中 5.9 的规定测定。

4.6　固化中的挥发分含量

按 GB/T 15022.2—2007 中 4.6 的规定测定。

4.7　凝胶时间

按 GB/T 15022.2—2007 中 4.14.1 的规定测定。

4.8　漆和铜的反应

按 GB/T 1981.2—2009 中 5.12 的规定测定。

4.9 工频电气强度

按 GB/T 15022.2—2007 中 5.6.3 的规定测定。其中试样制备:(130±2)℃/h+(140±2)℃/h+(170±2)℃/8 h,试样厚度为 1.0 mm±0.1 mm。

4.10 体积电阻率

按 GB/T 15022.2—2007 中 5.6.1 的规定测定。其中试样制备同 4.9,试样厚度为 1.0 mm±0.1 mm。

4.11 介质损耗因数

按 GB/T 15022.2—2007 中 5.6.2 的规定测定。其中试样制备同 4.9,试样厚度为 1.0 mm±0.1 mm。

4.12 粘结强度

按 GB/T 11028—1999 中的方法 B(螺旋线圈法)测定,采用温度指数不低于 155 的漆包绕组线作底材。其中试样制备条件同 4.9。测定 5 个试样,结果取中值。

4.13 漆在密闭容器中的稳定性

按照 GB/T 1981.2—2009 中 5.8 的规定测定,采用密闭容器法,贮存温度为 60 ℃±2℃,贮存时间为 96 h。进行两次试验,测定试验后试样的粘度变化,结果取平均值。

4.14 温度指数

按 GB/T 15022.2—2007 中 5.4.4 的规定测定,其中终点判断标准为弯曲强度降至初始值的 50%。

5 检验规则

5.1 每批树脂均应进行出厂检验或型式检验。

5.2 用相同的原材料、工艺和设备系统连续生产的树脂为一批。每批树脂应进行出厂检验,出厂检验项目为表 1 中第 1 项、第 2 项、第 5 项、第 6 项。

5.3 型式检验项目为表 1 中第 1 项～第 13 项,每年至少进行一次,第 14 项为产品鉴定项目。有下列情况之一时,一般应进行型式检验:

 a) 生产设备、材料、工艺条件有较大改变,可能影响产品性能时;
 b) 产品停产六个月后,恢复生产时;
 c) 出厂检验结果与上次型式检验有较大差异时;
 d) 质量监督机构提出进行型式检验要求时。

5.4 试样应从一批树脂中不少于包装桶总数 5% 的桶中抽取。若批量较小,试样应从至少 3 个包装桶中抽取,若包装桶总数少于 3 桶,则应从每桶中抽取。抽取前应先将选中的包装桶内的树脂搅拌均匀,然后从中各取出 500 g,并对取出的树脂进行充分混合,之后再从中取出所需数量的树脂装在洁净干燥的磨口瓶中作为试样。试样应在室温下保持 4 h 后方可进行试验。

5.5 若有任何一项试验结果不符合要求,则应从该批树脂另外 5% 的桶中按 5.4 重新取样进行该项检验,若结果仍不符合要求,则判定该批树脂为不合格品。

5.6 每批产品均应附有产品检验合格证。在用户有要求时,制造厂应提供型式检验报告。

6 包装、标志、贮存和运输

6.1 树脂应装在洁净而干燥的铁桶或塑料桶中,并密封好。容器的优先容积为:5 L,10 L,20 L,25 L

和 200 L。

6.2 桶上应标明:制造厂名称,产品型号及名称,制造日期或批号,毛重及净重,以及"小心轻放"等字样和图示标识。

6.3 树脂应存放在清洁、干燥、通风良好、温度为低于 25 ℃的库房中。

6.4 树脂贮存在原密封容器中,从出厂之日起贮存期为在 25 ℃下为 3 个月。若贮存期超过 3 个月则需进行型式检验,合格者仍可使用。

6.5 运输时应装载在有蓬的车船中,不得靠近火源、暖气和受日光直射。

——————

ICS 29.035.20
K 15

中华人民共和国国家标准

GB/T 31134—2014

电气用纤维增强环氧粉状模塑料(EP-PMC)

Fiber reinforced epoxy powder moulding
compounds(EP-PMC) for electrical purposes

2014-09-03 发布

2015-02-01 实施

中华人民共和国国家质量监督检验检疫总局
中国国家标准化管理委员会　发布

前　言

本标准按照 GB/T 1.1—2009 给出的规则起草。

本标准参考 ISO 15252-1:1999《塑料　环氧粉状模塑料(EP-PMCs)　第 1 部分:分类系统与基础》;ISO 15252-2:1999《塑料　环氧粉状模塑料(EP-PMCs)第 2 部分:试样制备和性能测定》;ISO 15252-3:1999《塑料　环氧粉状模塑料(EP-PMCs)第 3 部分:对选定模塑料的要求》。

本标准在编写格式及技术内容方面均与 ISO 15252 系列标准有所不同,主要差异如下:

a) 将 ISO 15252 系列标准各部分的"规范性引用文件"一章中所列部分已转化为我国国家标准的相关国际标准直接引用相应的国家标准,部分已有新版本的国际标准经核对改用新版国际标准,并增加引用 GB/T 1033.1—2008、GB/T 2547—2008 等国家标准;

b) 将 ISO 15252-2 中的表 3"性能和试验条件"进行了重新编辑,并将其作为规范性附录 A;

c) 删除了 ISO 15252-3 中两个无纤维增强的 EP-PMC 产品;

d) 增加了外观、温度指数(TI)、耐电弧性、电气强度、燃烧性和密度的要求;

e) 删除了负荷变形温度($T_{ff,8.0}$)的要求;

f) 增加了对检验、包装、标志、运输和贮存的要求。

本标准由中国电器工业协会提出。

本标准由全国绝缘材料标准化技术委员会(SAC/TC 51)归口。

本标准主要起草单位:桂林电器科学研究院有限公司、桂林金格电工电子材料科技有限公司、无锡新宏泰电器有限责任公司。

本标准主要起草人:马林泉、王明军、罗传勇、唐影、余文武、刘建文、罗风良、夏宏伟、冯伟祖。

电气用纤维增强环氧粉状模塑料(EP-PMC)

1 范围

本标准规定了电气用纤维增强环氧粉状模塑料(EP-PMC)的产品分类命名、性能要求、试验方法、检验、标志、包装、运输和贮存。

本标准适用于以环氧树脂为基体,以纤维为增强材料制成的电气用纤维增强粉状模塑料(EP-PMC)。

2 规范性引用文件

下列文件对于本文件的应用是必不可少的。凡是注日期的引用文件,仅注日期的版本适用于本文件。凡是不注日期的引用文件,其最新版本(包括所有的修改单)适用于本文件。

GB/T 1033.1—2008 塑料 非泡沫塑料密度的测定 第1部分:浸渍法、液体比重瓶法和滴定法

GB/T 1034—2008 塑料 吸水性的测定

GB/T 1040.1—2006 塑料 拉伸性能的测定 第1部分:总则

GB/T 1040.2—2006 塑料 拉伸性能的测定 第2部分:模塑和挤塑塑料的试验条件

GB/T 1043.1—2008 塑料 简支梁冲击性能的测定 第1部分:非仪器化冲击试验

GB/T 1408.1—2006 绝缘材料电气强度试验方法 第1部分:工频下试验

GB/T 1409—2006 测量电气绝缘材料在工频、音频、高频(包括米波波长在内)下电容率和介质损耗因数的推荐方法

GB/T 1410—2006 固体绝缘材料体积电阻率和表面电阻率试验方法

GB/T 1411—2002 干固体绝缘材料 耐高电压、小电流电弧放电的试验

GB/T 1634.2—2004 塑料 负荷变形温度的测定 第2部分:塑料、硬橡胶和长纤维增强复合材料

GB/T 1844.1—2008 塑料 符号和缩略语 第1部分:基础聚合物及其特征性能

GB/T 1844.2—2008 塑料 符号和缩略语 第2部分:填充及增强材料

GB/T 2547—2008 塑料 取样方法

GB/T 2918—1998 塑料试样状态调节和试验的标准环境

GB/T 4207—2012 固体绝缘材料耐电痕化指数和相比电痕化指数的测定方法

GB/T 5169.16—2008 电工电子产品着火危险试验 第16部分:50 W水平与垂直火焰试验方法

GB/T 5471—2008 塑料 热固性塑料试样的压塑

GB/T 9341—2008 塑料 弯曲性能的测定

GB/T 11026.1—2003 电气绝缘材料 耐热性 第1部分:老化程序和试验结果的评价

ISO 2577:2007 塑料 热固性模塑料 收缩率的测定(Plastics—Thermosetting moulding materials—Determination of shrinkage)

ISO 2818:1994 塑料 机加工试样的制备(Plastics—Preparation of test specimens by machining)

ISO 3167:2002 塑料 多用途试样(Plastics—Multipurpose test specimens)

ISO 10724-1:1998 塑料 粉状热固性模塑料(PMCs)注塑试样 第1部分:总则和多用途试样

GBT 31134—2014

〔Plastics—Injection moulding of test specimens of thermosetting powder moulding compounds
(PMCs)—Part 1：General principles and moulding of multipurpose test specimens〕

ISO 10724-2：1998　塑料　粉状热固性模塑料(PMCs)注塑试样　第2部分：小方板〔Plastics—Injection moulding of test specimens of thermosetting powder moulding compounds(PMCs)—Part 2：Small plates〕

ISO 15062：1999　塑料　用转矩流变仪测定热固性材料的热流动和固化行为(Plastics—Determination of the thermal-flow and cure behaviour of thermosetting materials by torque rheometry)

IEC 60296：2003　电工流体　变压器和开关用的未使用过的矿物绝缘油(Specification for unused mineral insulating oils for transformers and switchgear)

IEC 60707：1981　测定固体电气绝缘材料暴露在引燃源后燃烧性能的试验方法(methods of test for the determination of the flammability of solid electrical insulating materials when exposed to an igniting source)

3　术语和定义

下述定义适用于本文件。

3.1

粉状模塑料　powder moulding compound；PMC

能够自由流过加工机械进料系统的粉末、颗粒或磨碎料，以及通常不被认为是粉末的小片状模塑料。

粉状模塑料的缩写为PMC。

3.2

EP-PMC

以环氧树脂为基的、既可注塑也可压塑的粉状模塑料的缩写。

3.3

热流动　thermal flow

表征已塑化的热固性模塑料填充到模具型腔中时流动特性的参数，且按ISO 15062：1999测定的最小转矩 M_B 可作为热流动的一个量化值。

4　分类命名

4.1　总则

分类命名是基于纤维增强环氧模塑料的形状描述、组成、加工方法、典型性能或特殊性能进行的(见表1)，并按上述顺序以字母代码组合而成，其中描述码与代码组1之间加"—"，其他各代码组之间加"，"。

表1　纤维增强环氧粉状模塑料(EP-PMC)分类命名方法

描述代码 （PMC）	代码组1 （组成代码）	代码组2 （加工方法代码）	代码组3 （典型性能或特殊性能代码）

4.2　代码组1（组成代码）

共由4项组成，分别按下述顺序标识。

800

第1项:符合 GB/T 1844.1—2008 规定的基体树脂代号标识,即 EP。

第2项:符合 GB/T 1844.2—2008 规定的增强材料和/或填料的种类代号标识(见表2)。

第3项:符合 GB/T 1844.2—2008 规定的增强材料和/或填料的形状代号标识(见表2)。

第4项:符合表2规定的增强材料和/或填料标称含量标识(见表2)。

混合材料和/或混合形状可通过用"+"将相关的代码组合在一起并整体放入括弧中来标识,例如由20%玻璃纤维(GF)和20%矿物粉(MD)的混合组成可标识为 GF20+MD20 或(GF+MD)20。

表 2 填料/增强材料的种类、形状、质量分数代码

填料/增强材料的种类		填料/增强材料的形状		质量分数 w,%	
		B	珠状,球状,球体	05	$w<7.5$
C	碳	C	片状,切片	10	$7.5 \leqslant w<12.5$
D	三水合氧化铝	D	微粉,粉末	15	$12.5 \leqslant w<17.5$
E	黏土			20	$17.5 \leqslant w<22.5$
		F	纤维	25	$22.5 \leqslant w<27.5$
G	玻璃	G	磨碎物	30	$27.5 \leqslant w<32.5$
K	碳酸钙			35	$32.5 \leqslant w<37.5$
L1	纤维素			40	$37.5 \leqslant w<42.5$
L2	棉			45	$42.5 \leqslant w<47.5$
M	矿物			50	$47.5 \leqslant w<52.5$
P	云母			55	$52.5 \leqslant w<57.5$
Q	硅石,二氧化硅			60	$57.5 \leqslant w<62.5$
R	再生材料			65	$62.5 \leqslant w<67.5$
S	合成有机物	S	鳞状、薄片	70	$67.5 \leqslant w<72.5$
T	滑石			75	$72.5 \leqslant w<77.5$
W	木			80	$77.5 \leqslant w<82.5$
X	未规定	X	未规定	85	$82.5 \leqslant w<87.5$
Z	其他	Z	其他	90	$87.5 \leqslant w<92.5$
				95	$92.5 \leqslant w<97.5$

4.3 代码组2(加工方法代码)

见表3,例如压塑用 Q 表示,注塑用 M 表示,无指定模塑方法用 X 表示。

表 3 推荐的加工方法代码

G	通用	T	传递模塑
M	注塑	X	未指定
Q	压塑	Z	其他

4.4 代码组3(典型性能或特殊性能代码)

共由2项组成,分别按下述顺序标识。

第1项:典型性能或特殊性能代码(见表4),若典型性能或特殊性能多于一个时,各代码之间加"、"。

第2项:温度指数,如130、155等。

第1项与第2项按之间加"/"。

表 4 典型性能或特殊性能代码

E	电气性能	T	耐温
FR	阻燃	X	未指定
M	机械性能	Z	其他
R	含再生材料		

4.5 示例

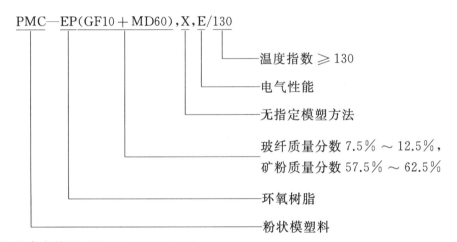

$$PMC—EP(GF10+MD60),X,E/130$$

温度指数 ≥ 130

电气性能

无指定模塑方法

玻纤质量分数 7.5% ~ 12.5%,
矿粉质量分数 57.5% ~ 62.5%

环氧树脂

粉状模塑料

用于标签的命名缩写:EP(GF10+MD60)

5 要求

5.1 性能值

符合本标准的纤维增强环氧粉状模塑料(EP-PMC)应符合表5、表6、表7所列的性能要求。

表5、表6、表7给出的性能值是由一组试样的个别测定值经计算得出的平均值,其中各项机械性能的个别测定值与平均值的偏差不应大于10%,负荷变形温度的个别测定值与平均值的偏差不应大于5 ℃。

在流变性能和加工性能方面无特别的限定。不过,合适的流变性能和加工性能对使用好一种模塑料而言是必不可少的。这些性能所用的试验方法和试验条件由相关方商定。

另外,对于某些应用场合,提供其他性能方面的信息,例如固化时间、粒子尺寸和水分含量等,可能是有用的。如果这样,这些性能和试验方法以及所用的试验条件应由相关方商定。

表 5 EP-PMC 性能要求

性 能	单 位	加工方法	要 求		
			(GF10＋MD60)～(GF20＋MD50)	(GF10＋MD60),X,E～(GF20＋MD50),X,E	(GF15＋MD55)～(GF25＋MD45)
1 机械性能					
1.1 断裂拉伸应力	MPa	Q	—	—	—
		M	≥70	≥70	≥70
1.2 弯曲强度	MPa	Q	≥120	≥120	≥110
		M	≥130	≥130	≥120
1.3 简支梁无缺口冲击强度	kJ/m²	Q	≥7.0	≥7.0	≥8.0
		M	≥9.0	≥9.0	≥10.0
1.4 简支梁缺口冲击强度	kJ/m²	Q	≥2.0	≥2.0	≥3.0
		M	≥3.0	≥3.0	≥4.0
2 热性能					
2.1 负荷变形温度($T_{ff,1.8}$)	℃	Q/M	≥150	≥150	≥200
2.2 温度指数(TI)		Q/M	≥130	≥130	≥130
3 电气性能					
3.1 电气强度(常态油中)	kV/mm	Q/M	≥18	≥20	≥18
3.2 介质损耗因数(100 Hz)		Q/M		≤0.03	—
3.3 表面电阻率	Ω	Q/M	≥1.0×10¹²	≥1.0×10¹²	≥1.0×10¹²
3.4 体积电阻率	Ω·m	Q/M	≥1.0×10¹¹	≥1.0×10¹²	≥1.0×10¹¹
3.5 相比电痕化指数(CTI)	—	Q/M	≥200	≥600	≥250
3.6 耐电弧性	s	Q/M	—	≥180	—
4 燃烧性能					
4.1 燃烧性	级	Q/M	不次于 V-0	不次于 V-0	不次于 V-0
4.2 炽热棒燃烧试验	级	Q/M	不次于 BH2-10	不次于 BH2-10	不次于 BH2-10
5 理化性能					
5.1 密度	g/cm³	Q/M	1.75～2.05	1.80～2.10	1.80～2.10
5.2 模塑收缩率	%	Q/M		相关方商定	
5.3 吸水性(浸水 24 h 后)	%	Q/M	≤0.35	≤0.30	≤0.25

表 6　EP-PMC 性能要求

性　能	单　位	加工方法	要　求		
			(GF20＋MD50,X,E)～(GF30＋MD40),X,E	(GF20＋MD50)～(GF30＋MD40)	(GF25＋MD45)～(GF35＋MD35)
1　机械性能					
1.1　断裂拉伸应力	MPa	Q	—	—	—
		M	≥70	≥70	≥80
1.2　弯曲强度	MPa	Q	≥130	≥130	≥150
		M	≥140	≥140	≥160
1.3　简支梁无缺口冲击强度	kJ/m²	Q	≥8.0	≥7.0	≥8.0
		M	≥10.0	≥9.0	≥10.0
1.4　简支梁缺口冲击强度	kJ/m²	Q	≥4.0	≥2.5	≥2.5
		M	≥5.0	≥4.5	≥3.5
2　热性能					
2.1　负荷变形温度($T_{ff,1.8}$)	℃	Q/M	≥200	≥180	≥180
2.2　温度指数(TI)	—	Q/M	≥130	≥130	≥130
3　电气性能					
3.1　电气强度(常态油中)	kV/mm	Q/M	≥20	≥18	≥18
3.2　介质损耗因数(100 Hz)	—	Q/M	≤0.03	—	—
3.3　表面电阻率	Ω	Q/M	≥1.0×10¹³	≥1.0×10¹²	≥1.0×10¹³
3.4　体积电阻率	Ω·m	Q/M	≥1.0×10¹²	≥1.0×10¹¹	≥1.0×10¹²
3.5　相比电痕化指数(CTI)	—	Q/M	≥600	≥400	≥250
3.6　耐电弧性	s	Q/M	≥180	—	—
4　燃烧性能					
4.1　燃烧性	级	Q/M	不次于 V-0	不次于 V-0	不次于 V-0
4.2　炽热棒燃烧试验	级	Q/M	不次于 BH2-10	不次于 BH2-10	不次于 BH2-10
5　理化性能					
5.1　密度	g/cm³	Q/M	1.75～2.05	1.75～2.05	1.75～2.05
5.2　模塑收缩率	%	Q/M	相关方商定		
5.3　吸水性(浸水 24 h 后)	%	Q/M	≤0.20	≤0.20	≤0.20

表 7 EP-PMC 性能要求

性 能	单 位	加工方法	要 求		
			(GF25+GG25)~ (GF35+GG15)		
1 机械性能					
1.1 断裂拉伸应力	MPa	Q	—		
		M	≥50		
1.2 弯曲强度	MPa	Q	≥120		
		M	≥130		
1.3 简支梁无缺口冲击强度	kJ/m²	Q	≥6.0		
		M	≥6.0		
1.4 简支梁缺口冲击强度	kJ/m²	Q	≥2.0		
		M	≥2.0		
2 热性能					
2.1 负荷变形温度($T_{ff,1.8}$)	℃	Q/M	≥150		
2.2 温度指数(TI)	—	Q/M	≥130		
3 电性能					
3.1 电气强度(常态油中)	kV/mm	Q/M	≥18		
3.2 介质损耗因数(100 Hz)	—	Q/M	—		
3.3 表面电阻率	Ω	Q/M	$\geq1.0\times10^{12}$		
3.4 体积电阻率	Ω·m	Q/M	$\geq1.0\times10^{11}$		
3.5 相比电痕化指数(CTI)	—	Q/M	≥250		
3.6 耐电弧性	s	Q/M	—		
4 燃烧性能					
4.1 燃烧性	级	Q/M	不次于 V-0		
4.2 炽热棒燃烧试验	级	Q/M	不次于 BH2-10		
5 理化性能					
5.1 密度	g/cm³	Q/M	1.75~2.05		
5.2 模塑收缩率	%	Q/M	相关方商定		
5.3 吸水性(浸水 24 h 后)	%	Q/M	≤0.20		

5.2 填料/增强材料的类型和含量

应与第 4 章规定的分类命名相一致。

5.3 外观

成型后的标准试样应表面平整、光滑、色泽均匀,无气泡、砂眼和裂纹。

6 试样制备

6.1 总则

应采用相同的方法(注塑或压塑)和相同的工艺条件来制备试样。

每个试验方法宜采用的试样制备方法见附录 A。

纤维增强环氧粉状模塑料使用前应始终贮存在防潮容器中。

加有填料和增强材料的环氧粉状模塑料的水分含量应以模塑料总质量的百分数表示。

6.2 材料的预处理

对于注塑,材料样品在成型前通常不需要预处理,若需预处理应遵循制造商的建议。

对于压塑,材料样品在成型前允许按 GB/T 5471—2008 中的有关规定进行预处理。

6.3 注塑

注塑试样制备应按 ISO 10724-1:1998 和/或 ISO 10724-2:1998 的规定进行,工艺条件见表 8。

工艺条件可在表 8 中规定的范围内选择,只要选择的工艺条件相同即可,但在具体操作时熔融温度、注塑温度、固化时间都应当是一个定值而不是一个范围。

固化时间作为被试纤维增强环氧粉状模塑料(EP-PMC)固化特性和预处理类型的一个功能参数可被选择,只要由任何一种型号的纤维增强环氧粉状模塑料(EP-PMC)注塑而得的所有相同厚度的试样其固化时间是相同的即可。所选的固化时间应确保所有试样尽可能均匀、完全的固化。

> 注:对具有高度热流动的 EP-PMC,可能会出现下列状况:具有预期质量的某些模塑物注塑是可行的,但试样(例如 ISO 3167:2002 A 型多用途试样或 ISO 10724-2:1998 D1/D2 小方板试样)注塑是不可行的。在此情况下,并且仅在此情况下,推荐按 GB/T 5471—2008 压塑该试样,或先压塑成 GB/T 5471—2008 E 型板(120 mm × 120 mm×厚度),然后按 ISO 2818:1994 机加工成该试样。

表 8 注塑工艺条件

PMC 类型	熔融温度 ℃	注塑温度 ℃	平均注射速率 mm/s	固化时间 s
注塑 EP-PMC	100~110	160~180	50~150	见 6.3

6.4 压塑

压塑试样制备应按 GB/T 5471—2008 规定进行,工艺条件见表 9。

工艺条件可在表 9 中规定的范围内选择,只要选择的工艺条件相同即可,但在具体操作时压塑温度、固化时间都应当是一个定值而不是一个范围。

固化时间作为被试纤维增强环氧粉状模塑料(EP-PMC)固化特性和预处理类型的一个功能参数可被选择,只要由任何一种型号的纤维增强环氧粉状模塑料(EP-PMC)压塑而得的所有相同厚度的试样其固化时间是相同的即可。所选的固化时间应确保所有试样尽可能均匀、完全的固化。

性能测定所需的试样应按 ISO 2818:1994 从压塑板中机加工而得,或应按 GB/T 5471—2008 压塑成 ISO 3167:2002 A 型多用途试样。

表 9　压塑工艺条件

PMC 类型	压塑温度 ℃	压塑压力 MPa	固化时间 s
压塑 EP-PMC	165～175	25～40	每毫米厚 20～60

7　试验方法

7.1　试样条件处理

除非另有规定,在对表 5、表 6、表 7 所列性能进行测定前试样应按下述方法进行条件处理。

7.1.1　方法 1

试样按 GB/T 2918—1998 在(23±2)℃、相对湿度(50±5)%的条件下处理至少 16 h。这是通行的方法,适用于所有未规定采用方法 2 的情况。表 A.1 中未明确提到方法 1。

7.1.2　方法 2

试样先在室温蒸馏水中处理 24 h,然后按 GB/T 2918—1998 在(23±2)℃、相对湿度(50±5)%的条件下处理 2 h。

7.2　试验条件

除非另有规定,所有试验均应在(23±2)℃、相对湿度(50±5)%的标准试验室环境条件下进行。

7.3　断裂拉伸应力

应按 GB/T 1040.1—2006、GB/T 1040.2—2006 规定测定,采用 ISO 3167:2002 A 型多用途试样或从 GB/T 5471—2008 E 型板中制取试样,试验速度 5 mm/min。

7.4　弯曲强度

应按 GB/T 9341—2008 规定测定,试验速度 2 mm/min。

7.5　简支梁无缺口冲击强度

应按 GB/T 1043.1—2008 规定进行侧向冲击(即试样平放)试验。

7.6　简支梁缺口冲击强度

应按 GB/T 1043.1—2008 规定进行侧向冲击(即试样平放)试验,试样上的 V 形缺口由机加工而成,缺口底部半径 $r=0.25$ mm(即加工成 A 形缺口)。

7.7　负荷变形温度($T_{\mathrm{ff,1.8}}$)

应按 GB/T 1634.2—2004 规定进行 A 法(即使用 1.80 MPa 弯曲应力)平放试验。

7.8　温度指数(TI)

应按 GB/T 11026.1—2003 规定测定。其中,评定性能为弯曲强度,终点判定标准为弯曲强度降至

GB/T 31134—2014

起始值的 50%。

7.9 电气强度

应按 GB/T 1048.1—2006 规定测定。其中,试验在常态变压器油中进行,升压方式为快速升压 (2 kV/s),电极为 $\phi20$ mm 的球形电极。

7.10 介质损耗因数(100 Hz)

应按 GB/T 1409—2006 规定测定。其中,电极为三电极系统,试验电压为 AC 1 000 V。

7.11 表面电阻率和体积电阻率

应按 GB/T 1410—2006 规定测定。其中,电极为三电极系统,试验电压均为 DC 500 V,电化时间 为 1 min。

7.12 相比电痕化指数(CTI)

应按 GB/T 4207—2012 规定测定。其中,试验用污染液为 A 液。

7.13 耐电弧性

应按 GB/T 1411—2002 规定测定。

7.14 燃烧性

应按 GB/T 5169.16—2008 规定进行水平或垂直燃烧试验。

7.15 炽热棒燃烧试验

应按 IEC 60707:1981 中 BH 法的规定测定。

7.16 密度

应按 GB/T 1033.1—2008 中 A 法的规定测定。

7.17 模塑收缩率

应按 ISO 2577:2007 规定测定。其中,压塑的试样尺寸为 120 mm×15 mm×10 mm,注塑的试样 尺寸为 60 mm×60 mm×2 mm。

7.18 吸水性(浸水 24 h 后)

应按 GB/T 1034—2008 中方法 1 的规定测定。

8 检验、包装、标志、运输和贮存

8.1 检验

8.1.1 出厂检验和型式检验的规定

8.1.1.1 本标准表 5、表 6、表 7 中 1.2"弯曲强度"、1.3"简支梁无缺口冲击强度"、3.1"电气强度(常态油 中)"、3.5"相比电痕化指数(CTI)"、4.1"燃烧性"、5.1"密度"、5.2"模塑收缩率"共 7 项为出厂检验项目, 若经相关方商定,可增加或减少出厂检验项目。

808

8.1.1.2 本标准表5、表6、表7中除2.3"温度指数(TI)"外的其余16项为型式检验项目。有下列情况之一时,应进行型式检验:

 a) 新产品或老产品转厂生产的试制定型鉴定;

 b) 原材料或生产工艺有较大改变,可能影响产品性能时;

 c) 停产半年以上恢复生产时;

 d) 出厂检验结果与上次型式检验有较大差异时;

 e) 上级质量监督机构或客户提出进行型式检验的要求时。

8.1.2 取样与批的规定

8.1.2.1 正常生产时,由同一配方、相同生产工艺生产的小于或等于5 t纤维增强环氧粉状模塑料(EP-PMC)为一批。

8.1.2.2 取样按GB/T 2547—2008的规定,其中,样本的抽取采用系统抽样法,取出的样品进行混合试验。

8.1.3 合格判定

全部检验项目合格方可判定批合格。若有不合格项目则加倍抽样,全部检验项目检验合格仍可判定批合格,否则整批为不合格。

8.2 包装

纤维增强环氧粉状模塑料(EP-PMC)用塑料内袋封装,再用编织袋、塑料桶、纸箱或其他外包装。每件包装重量应小于50 kg。

8.3 标志

在材料的外包装上应至少有下列标志:

 a) 制造商名称和商标;

 b) 产品名称和型号;

 c) 产品标准号;

 d) 每件包装的净重;

 e) "小心轻放"、"防潮"、"防热"、"勿压"等标志;

 f) 贮存条件及贮存期说明。

8.4 运输

纤维增强环氧粉状模塑料(EP-PMC)在运输过程中应避免受潮、受热、挤压和其他机械损伤。

8.5 贮存

通常纤维增强环氧粉状模塑料(EP-PMC)贮存在温度低于20 ℃的干燥、洁净环境中。贮存期为自生产之日起3个月,若贮存期超过3个月则按本标准进行型式检验,合格者仍可使用。

附　录　A

（规范性附录）

性能和试验条件

性能和试验条件如表 A.1 所示。

表 A.1　性能和试验条件

序号	性能	代号	试样类型 （尺寸单位为 mm）	成型工艺	试验条件及补充说明
1	机械性能				
1.1	断裂拉伸应力	σ_B	哑铃状 1A 型（直接模塑）或哑铃状 1B 型（从按 GB/T 5471—2008 制备的 120×120×4 的 E4 型试样中制取）	Q/M	GB/T 1040.1—2006，GB/T 1040.2—2006，试验速度 5 mm/min
1.2	弯曲强度	σ_{fM}	≥80×10×4	Q/M	GB/T 9341—2008，试验速度 2 mm/min
1.3	简支梁无缺口冲击强度	a_{cU}	≥80×10×4	Q/M	GB/T 1043.1—2008，试样平放（冲击方向平行于试样宽度方向）
1.4	简支梁缺口冲击强度	a_{cA}	≥80×10×4，机加工出的 V 形缺口底圆半径 $r=0.25$	Q/M	GB/T 1043.1—2008，试样平放（冲击方向平行于试样宽度方向）
2	热性能				
2.1	负荷变形温度（$T_{ff,1.8}$）	$T_{ff,1.8}$	≥80×10×4	Q/M	GB/T 1634.2—2004 中 A 法，最大表面应力 1.8 MPa，试样平放
2.2	温度指数	TI	≥80×10×4	Q/M	GB/T 11026.1—2003，GB/T 9341—2008，试验速度 2 mm/min
3	电气性能				
3.1	电气强度	E_s	≥60×60×1 或 ≥60×60×2	Q/M	GB/T 1048.1—2006，采用 20 mm 直径球形电极，浸入符合 IEC 60296:2003 要求的变压器油中，升压速度 2 kV/s
3.2	介质损耗因数（100 Hz）	tanδ100	≥60×60×1 或 ≥60×60×2	Q/M	GB/T 1409—2006，修正电极边缘效应
3.3	表面电阻率	ρ_s	≥60×60×1 或	Q/M	GB/T 1410—2006，三电极系统，施加电压 500 V，1 min 后测
3.4	体积电阻率	ρ_v	≥60×60×2		
3.5	相比电痕化指数	CTI	≥15×15×4（从按 GB/T 5471—2008 制备的 120×120×4 的 E4 型试样中制取或从按 ISO 3167:2002 制备的 A 型试样中制取）	Q/M	GB/T 4207—2012，采用 A 溶液

表 A.1（续）

序号	性能	代号	试样类型 （尺寸单位为 mm）	成型 工艺	试验条件及 补充说明
3.6	耐电弧性		≥60×60×2	Q/M	GB/T 1411—2002
4	燃烧性能				
4.1	燃烧性	$B_{50/3.0}$	125×13×3	Q	GB/T 5169.16—2008，施加 50 W 火焰，记录某一分级：V-0、V-1、V-2、HB、HB40、HB75 或无法分级
		$B_{50/x.x}$	厚度为 $x.x$ 的试样		
4.2	炽热棒燃烧试验	BH	120×10×4（从按 GB/T 5471—2008 制备的 120×120×4 的 E4 型试样中制取或从按 ISO 3167：2002 制备的 A 型试样中制取）	Q/M	IEC 60707：1981 中 BH 法
5	理化性能				
5.1	密度	ρ_m	≥10×10×4（从按 GB/T 5471—2008 制备的 120×120×4 的 E4 型试样中制取）或采用按 ISO 3167：2002 制备的 A 型试样的中间部分	Q/M	GB/T 1033.1—2008 中 A 法
5.2	模塑收缩率	S_{Mc}	120×15×10	Q	ISO 2577：2007
			按 ISO 17024-2：1998 制备的 60×60×2 的 D2 型试样	M	ISO 2577：2007，互相垂直的两个方向的平均值
5.3	吸水性	$W_{w.24}$	按 ISO 17024-2：1998 制备的 60×60×1 的 D1 型或 60×60×2 的 D2 型试样	Q/M	GB/T 1034—2008 中方法 1，浸入 23 ℃水中 24 h

六、其他树脂复合材料

ICS 29.035.01
K 15

中华人民共和国国家标准

GB/T 1303.6—2009

电气用热固性树脂工业硬质层压板
第 6 部分：酚醛树脂硬质层压板

Industrial rigid laminated sheets based
on thermosetting resins for electrical purposes—
Part 6：Requirements for rigid laminated sheets based on phenolic resins

(IEC 60893-3-4：2003，Insulating materials— Industrial rigid laminated
sheets based on thermosetting resins for electrical purposes—
Part 3：Specifications for individual materials—
Sheet 4：Requirements for rigid laminated sheets based
on phenolic resins，MOD)

2009-06-10 发布　　　　　　　　　　　　　　2009-12-01 实施

中华人民共和国国家质量监督检验检疫总局
中国国家标准化管理委员会　发布

前　言

GB/T 1303《电气用热固性树脂工业硬质层压板》，分为以下几个部分：

——第 1 部分：定义、名称和一般要求；

——第 2 部分：试验方法；

——第 3 部分：工业硬质层压板型号；

——第 4 部分：环氧树脂硬质层压板；

——第 5 部分：三聚氰胺树脂硬质层压板；

——第 6 部分：酚醛树脂硬质层压板；

——第 7 部分：聚酯树脂硬质层压板；

——第 8 部分：有机硅树脂硬质层压板；

——第 9 部分：聚酰亚胺树脂硬质层压板；

——第 10 部分：双马来酰亚胺树脂硬质层压板；

——第 11 部分：聚酰胺酰亚胺树脂硬质层压板；

......

本部分为 GB/T 1303 的第 6 部分。

本部分修改采用 IEC 60893-3-4：2003（第 2 版）《电气用热固性树脂工业硬质层压板　第 3 部分：单项材料规范　第 4 篇：对酚醛树脂硬质层压板的要求》（英文版）。

本部分与 IEC 60893-3-4：2003 的差异如下：

a)　删除了 IEC 60893-3-4：2003 中的"前言"和"引言"，将引言内容编入本部分的"前言"中；

b)　对第 1 章"范围"进行了修改，删除了有关材料符合性说明，增加了适用范围；

c)　删除了第 3 章名称举例中的尺寸标注内容；

d)　根据国内实际需要，增补了层压板原板宽度、长度的允许偏差性能要求；PFCP 型增补了"表观弯曲弹性模量"、"垂直层向压缩强度"、"平行层向剪切强度"、"拉伸强度"、"粘合强度"、"工频介质损耗因数"、"工频介电常数"、"1 MHz 下介质损耗因数"、"1 MHz 下介电常数"、"耐电痕化指数"和"密度"性能要求；PFCC 型增补了"表观弯曲弹性模量"、"平行层向剪切强度"、"拉伸强度"、"粘合强度"、"工频介电常数"、"耐电痕化指数"和"密度"性能要求。有关技术性差异在它们所涉及的条款的页边空白处用垂直单线标识；

e)　将"要求"一章按"外观"、"尺寸"、"平直度"、"性能要求"分条编写，将"供货要求"单独列为一章编写，同时对 IEC 60893-3-4：2003 中表 5 进行了修改，将备注内容列入表注；将表 5 中试验方法章条放入第 5 章"试验方法"重新编写，并增加了板条的测试方法；

f)　删除了 IEC 60893-3-4：2003 的参考文献。

本部分由中国电器工业协会提出。

本部分由全国绝缘材料标准化技术委员会（SAC/TC 51）归口。

本部分主要起草单位：北京新福润达绝缘材料有限责任公司、四川东材科技集团股份有限公司、西安西电电工材料有限责任公司、国家绝缘材料工程技术研究中心、桂林电器科学研究所。

本部分起草人：刘琦焕、赵平、杜超云、刘锋、罗传勇。

本部分为首次制定。

电气用热固性树脂工业硬质层压板
第6部分:酚醛树脂硬质层压板

1 范围

GB/T 1303 的本部分规定了以酚醛树脂为粘合剂的硬质层压板的分类、要求和试验方法。

本部分适用于以棉布、纤维素纸、玻璃布、木质胶合板为基材,以酚醛树脂为粘合剂经热压而成的各类酚醛树脂硬质层压板。其用途和特性见表1。

2 规范性引用文件

下列文件中的条款通过 GB/T 1303 的本部分引用而成为本部分的条款。凡是注日期的引用文件,其随后所有的修改单(不包括勘误的内容)或修订版均不适用于本部分,然而,鼓励根据本部分达成协议的各方研究是否可使用这些文件的最新版本。凡是不注日期的引用文件,其最新版本适用于本部分。

GB/T 1303.1—2009 电气用热固性树脂工业硬质层压板 第1部分:定义、命名和一般要求(IEC 60893-1:2004,IDT)

GB/T 1303.2—2009 电气用热固性树脂工业硬质层压板 第2部分:试验方法(IEC 60893-2:2003,MOD)

3 分类

本部分所涉及的层压板按所用树脂和增强材料的不同以及板的特性不同划分成各种型号。各种板的名称构成如下:

——国家标准号;

——代表树脂的双字母缩写;

——代表增强材料的第二个双字母缩写;

——系列号。

名称举例:PF CP 201 型工业硬质层压板,名称为:GB/T 1303.6-PF CP 201

下列缩写用于本部分:

树脂类型	增强材料类型
PF 酚醛	CC(纺织)棉布
	CP 纤维素纸
	GC(纺织)玻璃布
	WV 木质胶合板

表1 酚醛树脂工业硬质层压板的型号

层压板型号			用途与特性[a]
树脂	增强材料	系列号	
PF	CC	201	机械用。较 PF CC 202 型机械性能好,但电气性能较其差
		202	机械和电气用
		203	机械用。推荐用于制作小零件。较 PF CC 204 型机械性能好,但电气性能较其差

表 1（续）

层压板型号			用途与特性[a]
树脂	增强材料	系列号	
PF	CC	204	机械和电气用。推荐用于制作小零件
		305	机械和电气用。用于高精度机加工
	CP	201	机械用。机械性能较其他 PF CP 型更好，一般湿度下电气性能较差。适用于热冲加工
		202	工频高电压用。油中电气强度高，一般湿度下空气中电气强度好
		203	机械和电气用。一般湿度下电气性能好。适用于热冲加工
		204	电气和电子用。高湿度下电气性能稳定性好。适用于冷冲加工或热冲加工
		205	类似于 PF CP 204 型，但具低燃烧性
		206	机械和电气用。高湿度下电气性能好。适用于热冲加工
		207	类似于 PF CP 201 型，但提高了低温下的冲孔性
		308	类似于 PF CP 206 型，但具低燃烧性
	GC	201	机械和电气用。一般湿度下机械强度高、电气性能好，耐热
	WV	201	机械用。交叉层叠。机械性能好
		202	机械和电气用。交叉层叠。一般湿度下电气性能好
		303	机械用。同向层叠。机械性能好
		304	机械和电气用。同向层叠

[a] 不应根据表 1 中得出：某一具体型号的层压板一定不适用于未被列出的用途，或者特定的层压板一定适用于所述大范围内的各种用途。

4 要求

4.1 外观

应符合 GB/T 1303.1—2009 中 5.1 的规定。

4.2 尺寸

4.2.1 层压板的原板宽度、长度的允许偏差应符合表 2 的规定。

表 2　宽度、长度的允许偏差

单位为毫米

宽度和长度	允许偏差
450～1 000	±15
>1 000～2 600	±25

4.2.2 厚度

层压板的标称厚度及公差见表 3。

表 3 标称厚度及公差

单位为毫米

标称厚度	标称厚度公差（所有型号）				
	PF CP 所有型号	PF CC 201 PF CC 202	PF CC 203 PF CC 204 PF CC 305	PF GC 201	PF WV 所有型号
0.4	±0.07	—	—	±0.10	—
0.5	±0.08	—	±0.13	±0.12	—
0.6	±0.09	—	±0.14	±0.13	—
0.8	±0.10	±0.19	±0.15	±0.16	—
1.0	±0.12	±0.20	±0.16	±0.18	—
1.2	±0.14	±0.22	±0.17	±0.21	—
1.5	±0.16	±0.24	±0.19	±0.24	—
2.0	±0.19	±0.26	±0.21	±0.28	—
2.5	±0.22	±0.29	±0.24	±0.33	—
3.0	±0.25	±0.31	±0.26	±0.37	—
4.0	±0.30	±0.36	±0.32	±0.45	—
5.0	±0.34	±0.42	±0.36	±0.52	—
6.0	±0.37	±0.46	±0.40	±0.60	—
8.0	±0.47	±0.55	±0.49	±0.72	—
10.0	±0.55	±0.63	±0.56	±0.82	—
12.0	±0.62	±0.71	±0.64	±0.94	±1.25
14.0	±0.69	±0.78	±0.70	±1.02	±1.35
16.0	±0.75	±0.85	±0.76	±1.12	±1.45
20.0	±0.86	±0.95	±0.87	±1.30	±1.60
25.0	±1.00	±1.10	±1.02	±1.50	±1.80
30.0	±1.15	±1.22	±1.12	±1.70	±2.00
35.0	±1.25	±0.34	±1.24	±1.95	±2.10
40.0	±1.35	±1.45	±1.35	±2.10	±2.25
45.0	±1.45	±1.55	±1.45	±2.30	±2.40
50.0	±1.55	±1.65	±1.55	±2.45	±2.50
60.0	—	—	—	—	±2.80
70.0	—	—	—	—	±3.00
80.0	—	—	—	—	±3.25
90.0	—	—	—	—	±3.60
100.0	—	—	—	—	±3.75

注1：对于标称厚度不在本表所列的优选厚度时，其公差应采用最接近的优选标称厚度的公差。

注2：其他公差要求可由供需双方商定。

4.2.3 层压板切割板条宽度及公差

层压板切割板条的宽度及公差见表4。

表 4 层压板切割板条的宽度及公差（均为负公差）

单位为毫米

标称厚度 d	标称宽度（所有型号）					
	$3<b\leqslant50$	$50<b\leqslant100$	$100<b\leqslant160$	$160<b\leqslant300$	$300<b\leqslant500$	$500<b\leqslant600$
0.4	0.5	0.5	0.5	0.6	1.0	1.5
0.5	0.5	0.5	0.5	0.6	1.0	1.5
0.6	0.5	0.5	0.5	0.6	1.0	1.5
0.8	0.5	0.5	0.5	0.6	1.0	1.0
1.0	0.5	0.5	0.5	0.6	1.0	1.0
1.2	0.5	0.5	0.5	1.0	1.2	1.2
1.5	0.5	0.5	0.5	1.0	1.2	1.2
2.0	0.5	0.5	0.5	1.0	1.2	1.5
2.5	0.5	1.0	1.0	1.5	2.0	2.5
3.0	0.5	1.0	1.0	1.5	2.0	2.5
4.0	0.5	2.0	2.0	3.0	4.0	5.0
5.0	0.5	2.0	2.0	3.0	4.0	5.0

注：表中所列宽度的公差均为单向负公差。其他公差可由供需双方商定。

4.3 平直度

平直度要求见表5。

表 5 平直度

单位为毫米

材 料	厚度 d	直尺长度	
		1 000	500
PF WV 型	$12\leqslant d$	9	2.0
所有其他型号	$3<d\leqslant6$	10	2.5
	$6<d\leqslant8$	8	2.0
	$d>8$	6	1.5

4.4 性能要求

层压板的性能要求见表6。

表 6 性能要求

性能	单位	要求							
		PF CP 201	PF CP 202	PF CP 203	PF CP 204	PF CP 205	PF CP 206	PF CP 207	PF CP 308
弯曲强度	MPa	≥135	≥120	≥120	≥75	≥75	≥85	≥80	≥85
表观弯曲弹性模量	MPa	≥7 000	≥7 000	≥7 000	≥7 000	≥7 000	≥7 000	≥7 000	≥7 000
垂直层向压缩强度	MPa	≥300	≥300	≥250	≥250	≥250	≥250	≥250	≥250
平行层向剪切强度	MPa	≥10	≥10	≥10	≥10	≥10	≥10	≥10	≥10
拉伸强度	MPa	≥100	≥100	≥100	≥100	≥100	≥100	≥100	≥100
粘合强度	N	≥3 600	≥3 600	≥3 200	≥3 200	≥3 200	≥3 200	≥3 200	≥3 200
垂直层向电气强度(90 ℃油中)	kV/mm	见表7							
平行层向击穿电压(90 ℃油中)[a]	kV	—	≥35[a]	≥15	≥25	≥20	≥25	—	≥25
工频介质损耗因数		—	≤0.05	—	—	—	—	—	—
工频介电常数		—	≤5.5	—	—	—	—	—	—
1 MHz下介质损耗因数		—	—	—	≤0.05	≤0.05	≤0.05	≤0.05	≤0.05
1 MHz下介电常数		—	—	—	≤5.5	≤5.5	≤5.5	≤5.5	≤5.5
浸水后绝缘电阻	Ω	—	—	≥5.0×10^7	≥5.0×10^9	≥1.0×10^9	≥1.0×10^9	—	≥1.0
耐电痕化指数		—	—	≥100	≥100	≥100	≥100	—	≥100
密度	g/cm³	1.3~1.4							
燃烧性	级	—	—	—	—	V-1	—	—	V-1
吸水性	mg	见表8							

注1："—"表示无此要求。

注2："平行层向剪切强度"与"粘合强度"任选一项达到要求即可。

注3：在本部分中,燃烧性试验主要用于监控层压板生产的一致性,所测结果并不全面代表材料实际使用过程的着火危险性。

注4："表观弯曲弹性模量"、"垂直层向压缩强度"、"平行层向剪切强度"、"拉伸强度"、"粘合强度"、"工频介质损耗因数"、"工频介电常数"、"1 MHz下介质损耗因数"、"1 MHz下介电常数"、"耐电痕化指数"、"密度"为特殊性能要求,由供需双方商定。

[a] 试验前经(105 ℃±5 ℃)/96 h空气中处理,然后立即浸入90 ℃±2 ℃热油中测定。

表 6（续）

性能	单位	要 求									
		PF CC 201	PF CC 202	PF CC 203	PF CC 204	PF CC 305	PF GC 201	PF WV 201	PF WV 202	PF WV 303	PF WV 304
弯曲强度	MPa	≥100	≥90	≥110	≥100	≥125	≥200	≥100	≥100	≥180	≥170
表观弯曲弹性模量	MPa	≥7 000	≥7 000	≥7 000	≥7 000	≥7 000	—	—	—	—	—
平行层向简支梁冲击强度	kJ/m²	≥8.8	≥7.8	≥7.0	≥6.0	≥6.0	≥25	≥10	≥10	≥25	≥25
平行层向悬臂梁冲击强度	kJ/m²	≥5.4	≥5.9	≥5.9	≥4.9	≥4.9	≥29	≥5.9	≥4.9	待定	待定
平行层向剪切强度	MPa	≥25	≥25	≥20	≥20	≥20	—	—	—	—	—
粘合强度	N	≥3 600	≥3 600	≥3 200	≥3 200	≥3 200	≥3 200	—	—	—	—
拉伸强度	MPa	≥80	≥85	≥60	≥80	≥80	—	—	—	—	—
垂直层向电气强度（90 ℃油中）	kV/mm	见表7						由供需双方商定			
平行层向击穿电压（90 ℃油中）	kV	待定	≥20	待定	≥20	待定	≥20	—	≥25	—	≥25
浸水后绝缘电阻	Ω	待定	≥5.0× 10^7	待定	≥5.0× 10^7	待定	≥1.0× 10^8	—	≥1.0× 10^7	—	≥1.0× 10^7
工频介电常数	—	—	—	≤5.5	≤5.5	≤5.5	—	—	—	—	—
耐电痕化指数	—	≥100	≥100	≥100	≥100	≥100	—	—	—	—	—
密度	g/cm³	1.3～1.4									
吸水性	mg	见表8									

注 1：“—”表示无此要求。

注 2：平行层向简支梁冲击强度和平行层向悬臂梁冲击强度，两者之一满足要求即可。

注 3：“表观弯曲弹性模量”、“平行层向剪切强度”、“拉伸强度”、“粘合强度”、“工频介电常数”、“耐电痕化指数”、“密度”为特殊性能要求，由供需双方商定。

表 7 垂直层向电气强度(90 ℃油中)
(1 min 耐压试验或试验 20 s 逐级升压试验)ᵃ

单位为千伏每毫米

型号	测得的试样厚度平均值ᵇ / mm															
	0.4	0.5	0.6	0.7	0.8	0.9	1.0	1.2	1.5	1.8	2.0	2.2	2.4	2.6	2.8	3.0
PF CC 201	—	—	—	—	0.89	0.84	0.82	0.80	0.74	0.69	0.65	0.61	0.58	0.56	0.53	0.50
PF CC 202	—	—	—	—	5.60	5.30	5.10	4.60	4.00	3.60	3.40	3.30	3.20	3.10	3.00	3.00
PF CC 203	—	0.98	0.95	0.92	0.89	0.84	0.82	0.80	0.74	0.69	0.65	0.61	0.58	0.56	0.53	0.50
PF CC 204	—	8.10	7.70	7.30	7.00	6.60	6.30	5.80	5.25	4.80	4.60	4.40	4.20	4.10	4.10	4.00
PF CC 305	2.72	2.50	2.30	2.15	1.97	1.89	1.72	1.52	1.21	1.10	1.03	1.00	0.90	0.85	0.83	0.80
PF CP 202ᶜ	19.00	18.20	17.60	17.10	16.60	16.20	15.80	15.20	14.50	13.90	13.60	13.40	13.30	13.20	13.00	13.00
PF CP 203	7.70	7.60	7.50	7.40	7.30	7.20	7.00	6.90	6.70	6.40	6.20	5.90	5.70	5.50	5.20	5.00
PF CP 204	15.70	14.70	14.00	13.40	12.90	12.50	12.10	11.40	10.40	9.60	9.30	9.00	8.80	8.60	8.50	8.40
PF CP 205	15.70	14.70	14.00	13.40	12.90	12.50	12.10	11.40	10.10	9.60	9.30	9.00	8.80	8.60	8.50	8.40
PF CP 206	17.50	16.00	15.00	14.10	13.40	12.80	12.30	11.40	10.35	9.50	9.10	8.70	8.40	8.20	7.90	7.70
PF CP 308	17.50	16.00	15.00	14.10	13.40	12.80	12.30	11.40	10.30	9.50	9.10	8.70	8.40	8.20	7.90	7.70
PF GC 201	10.80	10.20	9.70	9.30	9.00	8.70	8.40	8.00	7.45	7.00	6.80	6.50	6.30	6.10	5.90	5.70

ᵃ 两者试验任取其一。对满足两者中任何一个要求的应视其垂直层向电气强度(90 ℃油中)符合要求。

ᵇ 如果测得的试样厚度算术平均值介于本表中所示两种厚度之间，则其极限值应由内插法求得。如果测得的试样厚度算术平均值低于给出极限值的最小厚度，则电气强度极限值取相应最小厚度的极限值。如果标称厚度为 3 mm 而测得的厚度算术平均值超过 3 mm，则取 3 mm 厚度的极限值。

ᶜ PF CP202 型板型板试验前应在 105 ℃±5 ℃的空气中预处理 96 h，然后立即浸入 90 ℃±2 ℃热油中测定。

表 8 吸水性极限值

单位为毫克

性能	测得的试样厚度平均值[a] (mm)																				
	0.4	0.5	0.6	0.8	1.0	1.2	1.5	2.0	2.5	3.0	4.0	5.0	6.0	8.0	10.0	12.0	14.0	16.0	20.0	25.0	22.5[b]
PF CC 201	—	—	—	201	206	211	218	229	239	249	262	275	284	301	319	336	354	371	406	450	540
PF CC 202	—	—	—	133	136	139	144	151	157	162	169	175	182	195	209	223	236	250	277	311	373
PF CC 203	—	190	194	201	206	211	218	229	239	249	262	275	284	301	319	336	354	371	406	450	540
PF CC 204	—	127	129	133	136	139	144	151	157	162	169	175	182	195	209	223	236	250	277	311	373
PF CC 305	—	190	194	201	206	211	218	229	239	249	262	275	284	301	319	336	354	371	406	450	540
PF CP 201	410	417	423	437	450	460	475	500	525	550	600	650	700	810	920	1 020	1 130	1 230	1 440	1 700	2 040
PF CP 202	165	167	168	173	180	188	200	220	240	260	300	342	382	450	550	630	720	800	970	1 150	1 380
PF CP 203	160	162	163	167	170	174	180	190	195	200	220	235	250	285	320	350	390	420	490	570	684
PF CP 204	44	45	46	47	48	50	52	56	58	63	70	77	84	99	113	128	142	157	196	222	266
PF CP 205	44	45	46	47	48	50	52	56	58	63	70	77	84	99	113	128	142	157	196	222	266
PF CP 206	62	63	65	67	69	71	75	80	85	90	100	110	118	135	149	162	175	175	202	219	263
PF CP 207	410	417	423	437	450	460	475	500	525	550	600	650	700	810	920	1 020	1 130	1 230	1 440	1 700	2 040
PF CP 308	62	63	65	67	69	71	75	80	85	90	100	110	118	135	149	162	175	186	202	219	263
PF GC 201	80	85	89	95	100	105	115	127	140	153	178	202	226	270	310	347	380	410	465	525	630
PF WV 201	—	—	—	—	—	—	—	—	—	—	—	—	—	—	—	2 500	2 650	2 810	3 110	3 500	4 200
PF WV 202	—	—	—	—	—	—	—	—	—	—	—	—	—	—	—	600	630	660	720	800	960
PF WV 303	—	—	—	—	—	—	—	—	—	—	—	—	—	—	—	2 500	2 650	2 810	3 110	3 500	4 200
PF WV 304	—	—	—	—	—	—	—	—	—	—	—	—	—	—	—	600	630	660	720	800	960

[a] 如果测得的试样厚度算术平均值介于表中所示两种厚度之间，则其极限值应由内插法求得。如果测得的试样厚度算术平均值低于给出极限值的最小厚度，则取最小厚度相应最小极限值。如果标称厚度为 25 mm 而测得的厚度算术平均值超过 25 mm，则取 25 mm 厚度的极限值。

[b] 标称厚度大于 25 mm 的板应从单面机加工至 22.5 mm±0.3 mm，并且加工面应光滑。

5 试验方法

5.1 总则

试验分出厂检验和型式试验。出厂检验为 4.1、4.2、4.3 及 4.4 表 6 中的"弯曲强度"和"垂直层向电气强度",型式试验为全部性能项目。

5.2 外观

目测检查。

5.3 尺寸

5.3.1 厚度

按 GB/T 1303.2—2009 中 4.1 的规定。

5.3.2 宽度及长度

用分度为 0.5 mm 的直尺或量具至少测量三处,并报告其平均值。

5.4 平直度

按 GB/T 1303.2—2009 中 4.2 的规定。

5.5 弯曲强度

适用于试验的板材标称厚度为大于或等于 1.5 mm,按 GB/T 1303.2—2009 中 5.1 的规定,高温试验时,试样应在高温试验箱内在规定温度下处理 1 h 后,在该规定温度下进行试验。

5.6 表观弯曲弹性模量

适用于试验的板材标称厚度为大于或等于 1.5 mm,按 GB/T 1303.2—2009 中 5.2 的规定,高温试验时,试样应在高温试验箱内在规定温度下处理 1 h 后,在该规定温度下进行试验。

5.7 垂直层向压缩强度

适用于试验的板材标称厚度为大于或等于 5.0 mm,按 GB/T 1303.2—2009 中 5.3 的规定。

5.8 平行层向剪切强度

适用于试验的板材标称厚度为大于或等于 5.0 mm,按 GB/T 1303.2—2009 中 5.5 的规定。

5.9 拉伸强度

适用于试验的板材标称厚度为大于或等于 1.5 mm,按 GB/T 1303.2—2009 中 5.6 的规定。

5.10 粘合强度

5.10.1 适用于试验的板材标称厚度为大于或等于 10.0 mm,每组试样不少于五个,尺寸为长 25 mm ±0.2 mm,宽 25 mm±0.2 mm,厚为标称厚度 10 mm。标称厚度 10 mm 以上者,应从两面加工至 10 mm ±0.2 mm。标称厚度 10 mm 以下者不予试验。试样两相邻面应互相垂直。

5.10.2 示值误差不超过 1% 的材料试验机,试样破坏的负荷量应在试验机的刻度范围(15~85)% 之间,试验机压头上装有 Φ10 mm 的钢球。

5.10.3 试验前需将试样进行预处理,预处理及试验条件按 GB/T 1303.2—2009 中第 3 章规定进行。

5.10.4 将试样置于下夹具平台的中央,调整钢球与试样位置,使其如图 1 所示,然后以(10 mm± 2 mm)/min 的速度施加压力,直至试样破坏读取负荷值。

5.10.5 粘合强度以试样破坏所施加压力值表示,取每组试样的算术平均值,个别值对平均值的允许偏差为 ±15%。

单位为毫米

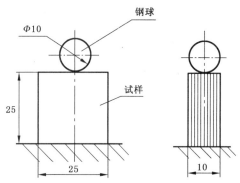

图 1 粘合强度试验装置

5.11 冲击强度

5.11.1 平行层向简支梁冲击强度

适用于试验的板材标称厚度为大于或等于 5.0 mm,按 GB/T 1303.2—2009 中 5.4.2 的规定。

5.11.2 平行层向悬臂梁冲击强度

适用于试验的板材标称厚度为大于或等于 5.0 mm,按 GB/T 1303.2—2009 中 5.4.3 的规定。

5.12 垂直层向电气强度

适用于试验的板材标称厚度为小于或等于 3.0 mm,按 GB/T 1303.2—2009 中 6.1.3.1 的规定,试验报告应报告试验方式。

5.13 平行层向击穿电压

适用于试验的板材标称厚度为大于 3.0 mm,按 GB/T 1303.2—2009 中 6.1.3.2 的规定,试验报告应报告电极的类型。

5.14 工频介质损耗因数

适用于试验的板材标称厚度为小于或等于 3.0 mm,按 GB/T 1303.2—2009 中 6.2 的规定。

5.15 工频介电常数

适用于试验的板材标称厚度为小于或等于 3.0 mm,按 GB/T 1303.2—2009 中 6.2 的规定。

5.16 1 MHz 下介质损耗因数

适用于试验的板材标称厚度为小于或等于 3.0 mm,按 GB/T 1303.2—2009 中 6.2 的规定。

5.17 1 MHz 下介电常数

适用于试验的板材标称厚度为小于或等于 3.0 mm,按 GB/T 1303.2—2009 中 6.2 的规定。

5.18 浸水后绝缘电阻

按 GB/T 1303.2—2009 中 6.3 的规定。

5.19 耐电痕化指数(PTI)

适用于试验的板材标称厚度大于或等于 3.0 mm,按 GB/T 1303.2—2009 中 6.4 的规定。

5.20 密度

按 GB/T 1303.2—2009 中 8.1 的规定。

5.21 燃烧性

适用于试验的板材标称厚度等于 3.0 mm,按 GB/T 1303.2—2009 中 7.2 的规定。

5.22 吸水性

按 GB/T 1303.2—2009 中 8.2 的规定。

6 供货要求

应符合 GB/T 1303.1—2009 中 5.4 的规定。

ICS 29.035.99
K 15

中华人民共和国国家标准

GB/T 1303.8—2009/IEC 60893-3-6:2003
代替 GB/T 4206—1984

电气用热固性树脂工业硬质层压板
第8部分：有机硅树脂硬质层压板

Industrial rigid laminated sheets based on thermosetting resins for
electrical purposes—Part 8：Requirements for
rigid laminated sheets based on silicone resins

（IEC 60893-3-6:2003，Insulating materials-Industrial rigid laminated sheets
based on thermosetting resins for electrical purposes—
Part 3：Specifications for individual materials—Sheet 6：Requirements for
rigid laminated sheets based on silicone resins，IDT）

2009-06-10 发布   2009-12-01 实施

中华人民共和国国家质量监督检验检疫总局
中国国家标准化管理委员会   发 布

前　言

GB/T 1303《电气用热固性树脂工业硬质层压板》包含下列几个部分：
——第 1 部分：定义、分类和一般要求；
——第 2 部分：试验方法；
——第 3 部分：工业硬质层压板型号；
——第 4 部分：环氧树脂硬质层压板；
——第 5 部分：三聚氰胺树脂硬质层压板；
——第 6 部分：酚醛树脂硬质层压板；
——第 7 部分：聚酯树脂硬质层压板；
——第 8 部分：有机硅树脂硬质层压板；
——第 9 部分：聚酰亚胺树脂硬质层压板；
——第 10 部分：双马来酰亚胺树脂硬质层压板；
——第 11 部分：聚酰胺酰亚胺树脂硬质层压板；
……
本部分为 GB/T 1303 的第 8 部分。

本部分等同采用 IEC 60893-3-6：2003《电气用热固性树脂工业硬质层压板　第 3 部分：单项材料规范　第 6 篇：对有机硅树脂硬质层压板的要求》（英文版）。

本部分与 IEC 60893-3-6：2003 的编辑性差异如下：
a) 删除了 IEC 60893-3-6：2003 中的"前言"和"引言"，将引言内容编入本部分的"前言"中；
b) 对第 1 章"范围"进行了修改，删除了有关材料符合性说明，增加了适用范围；
c) 删除了第 3 章名称举例中的尺寸标注内容；
d) 将"要求"一章按"外观"、"尺寸"、"平直度"、"性能要求"分条编写，将"供货要求"单独列为一章编写，同时对 IEC 60893-3-6：2003 中表 5 进行了修改，将备注内容列入表注，将表 5 中试验方法章条放入第 5 章"试验方法"重新编写，并增加了切割板条的测试方法及总则；
e) 删除了 IEC 60893-3-6：2003 的参考文献。

本部分代替 GB/T 4206—1984《有机硅层压玻璃布板》。

本部分与 GB/T 4206—1984 的区别如下：
a) 本部分在"前言"中列出了有关电气用热固性树脂工业硬质层压板标准系列组成部分；
b) 在第 3 章"分类"增加了有关层压板的"名称构成"、"树脂类型"和"补强材料类型"的详细规定；并详细地增加了有机硅树脂工业硬质层压板的所有型号，而不仅仅针对 SIGC 201 型；
c) 对厚度公差按不同型号进行了明细规定；
d) 增加了 25 mm 以上标称厚度层压板的公差要求；
e) 增加了"平行层向悬臂梁冲击强度"、"垂直层向电气强度（90 ℃油中）"、"介电常数（48 Hz～62 Hz）"、"介质损耗因数（48 Hz～62 Hz）"和"燃烧性"性能要求；
f) 删除了 GB/T 4206—1984 中对"试验方法"一章的分述，将相应章条编号列入本部分表 5"性能要求"中。

本部分由中国电器工业协会提出。

本部分由全国绝缘材料标准化技术委员会（SAC/TC 51）归口。

本部分主要起草单位：西安西电电工材料有限责任公司、东材科技集团股份有限公司、北京新福润达绝缘材料有限公司、桂林电器科学研究所。

本部分起草人：杜超云、赵平、刘琦焕、罗传勇。

本部分所代替标准的历次版本发布情况为：

——GB/T 4206—1984。

电气用热固性树脂工业硬质层压板
第8部分：有机硅树脂硬质层压板

1 范围

GB/T 1303 的本部分规定了电气用有机硅树脂和不同增强材料制成的工业硬质层压板的分类要求。

本部分适用于电气用环氧树脂和不同补强材料制成的工业硬质层压板。其用途和特性见表1。

2 规范性引用文件

下列文件中的条款通过 GB/T 1303 的本部分的引用而成为本部分的条款。凡是注日期的引用文件，其随后所有的修改单(不包括勘误的内容)或修订版均不适用于本部分，然而，鼓励根据本部分达成协议的各方研究是否可使用这些文件的最新版本。凡是不注日期的引用文件，其最新版本适用于本部分。

GB/T 1303.1—2009 电气用热固性树脂工业硬质层压板 第1部分：定义、分类和一般要求(IEC 60893-1:2004,IDT)

GB/T 1303.2—2009 电气用热固性树脂工业硬质层压板 第2部分：试验方法(IEC 60893-2:2003,MOD)

3 命名

本部分所涉及的板按所用的树脂和增强材料不同以及板的特性不同划分成各种型号。各种板的名称构成如下：

——GB 标准号；

——代表树脂的双字母缩写；

——代表增强材料的第二个双字母缩写；

——系列号；

名称举例：SI GC 201 型工业硬质层压板，名称为：GB/T 1303 SI GC 201。

下列缩写适用于本部分：

树脂类型	增强材料类型
SI 有机硅	GC (纺织)玻璃布

环氧树脂工业硬质层压板的型号见表1。

表 1 有机硅树脂工业硬质层压板的型号

层压板型号			用途与特性
树脂	增强材料	系列号	
SI	GC	201	电气和电子用。干燥条件下电气性能极好，潮湿条件下电气性能好
		202	高温下机械和电气用。耐热性好
注：不应从表中推论层压板一定不适用于未被列出的用途，或者特定的层压板将适用于大范围内的各种用途。			

4 要求

4.1 外观

应符合 GB/T 1303.1—2009 中 5.1 的规定。

4.2 尺寸

4.2.1 层压板的原板宽度和长度的允许偏差应符合表 2 的规定。

表 2 宽度和长度的允许偏差

单位为毫米

宽度和长度	允许偏差
450～1 000	±15
>1 000～2 600	±25

4.2.2 标称厚度及允许偏差

层压板的标称厚度及偏差见表 3。

表 3 标称厚度及允许偏差

单位为毫米

标　称　厚　度	偏差（所有型号） ±
0.4	0.10
0.5	0.12
0.6	0.13
0.8	0.16
1.0	0.18
1.2	0.21
1.5	0.24
2.0	0.28
2.5	0.33
3.0	0.37
4.0	0.45
5.0	0.52
6.0	0.60
8.0	0.72
10.0	0.82
12.0	0.94
14.0	1.02
16.0	1.12
20.0	0.30
25.0	1.50
30.0	1.70
35.0	1.95
40.0	2.10
45.0	2.30
50.0	2.45
注：对标称厚度不是所列的优选厚度之一者，其公差应采用相近最大优选标称厚度的公差。 　　其他公差可由供需双方商定。	

4.2.3 层压板切割板条宽度及偏差

层压板切割板条的宽度及偏差见表4。

4.3 平直度

层压板的平直度要求见表5。

表4 切割板条的宽度偏差

单位为毫米

标称厚度	标称宽度（所有型号）					
d	3<b≤50	50<b≤100	100<b≤160	160<b≤300	300<b≤500	500<b≤600
0.4	0.5	0.5	0.5	0.6	1.0	1.5
0.5	0.5	0.5	0.5	0.6	1.0	1.5
0.6	0.5	0.5	0.5	1.0	1.2	1.5
0.8	0.5	0.5	0.5	0.6	1.0	1.0
1.0	0.5	0.5	0.5	0.6	1.0	1.0
1.2	0.5	1.0	0.5	1.0	1.2	1.2
1.5	0.5	0.5	0.5	1.0	1.2	1.2
2.0	0.5	0.5	0.5	1.0	1.2	1.5
2.5	0.5	1.0	1.0	1.5	2.0	2.5
3.0	0.5	1.0	1.0	1.5	2.0	2.5
4.0	0.5	2.0	2.0	3.0	4.0	5.0
5.0	0.5	2.0	2.0	3.0	4.0	5.0

注：通常表中所列切割板条宽度的偏差均为单向的负偏差。其他偏差可由供需双方商定。

表5 平直度

单位为毫米

厚度 d	直尺长度	
	1 000	500
3<d≤6	15	4.0
6<d≤8	12	3.0
8<d	10	2.5

注：均为负偏差。

4.4 性能要求

层压板的性能要求见表6。

表6 性能要求

性能	单位	要求	
		型号	
		SI GC 201	SI GC 202
垂直层向弯曲强度	MPa	≥90	≥120
平行层向间支梁冲击强度	kJ/m²	≥20	≥25
平行层向悬臂梁冲击强度	kJ/m²	≥21	≥26
垂直层向电气强度（90 ℃油中）	kV/mm	见表7	
平行层向击穿电压（90 ℃油中）	kV	≥30	≥25

表 6（续）

性　　能	单位	要　　求	
		型　　号	
		SI GC 201	SI GC 202
介电常数（50 Hz）	—	≤4.5	≤6.0
介电常数（1 MHz）	—	≤4.5	≤6.0
介质损耗因数（50 Hz）	—	≤0.02	≤0.07
介质损耗因数（1 MHz）	—	≤0.02	≤0.07
浸水后绝缘电阻	MΩ	≥1×10⁴	≥1×10³
燃烧性	级	V-0	V-0
吸水性	mg	见表 8	

注：平行层向间支梁冲击强度和平行层向悬臂梁冲击强度两者之一满足要求即可；介电常数（50 Hz）和介电常数（1 MHz）两者之一满足要求即可；介质损耗因数（50 Hz）和介质损耗因数（1 MHz）两者之一满足要求即可。

表 7　垂直层向电气强度（90 ℃油中）

（1 min 耐压试验或 20 s 逐级升压试验）ᵃ

单位为千伏每毫米

型号	测得的试样厚度平均值																	
	mm																	
	0.4	0.5	0.6	0.7	0.8	0.9	1.0	1.2	1.5	1.8	2.0	2.2	2.4	2.5	2.6	2.8	3.0
SI GC 201	10.0	9.4	8.9	8.5	8.2	8.0	7.7	7.3	7.0	6.4	6.2	6.0	5.8	5.6	5.4	5.2	5.0
SI GC 202	9.1	8.6	8.2	7.9	7.6	7.3	7.0	6.6	6.2	5.6	5.4	5.3	5.2	5.2	5.2	5.1	5.0

注：如果测得的试样厚度算术平均值介于表中所示两种厚度之间，则其极限值应由内插法求得。如果测得的试样厚度算术平均值低于给出极限值的那个最小厚度，则电气强度极限值取相应最小厚度的那个值。如果标称厚度为 3 mm 而测得的厚度算术平均值超过 3 mm，则取 3 mm 厚度的那个极限值。

ᵃ 两者试验任取其一。满足两者中任何一个即视为符合本规范要求。

表 8　吸水性极限值

单位为毫克

型号	测得的试样厚度平均值																			
	mm																			
	0.4	0.5	0.6	0.8	1.0	1.2	1.5	2.0	2.5	3.0	4.0	5.0	6.0	8.0	10.0	12.0	14.0	16.0	20.0	25.0	22.5
SI GC 201	7	7	8	8	9	9	10	11	12	13	15	17	19	23	27	31	35	39	47	57	68
SI GC 202	28	29	29	31	32	33	35	36	38	40	45	50	55	65	75	82	95	105	125	150	180

注：如果测得的试样厚度算术平均值介于表中所示两种厚度之间，则其极限值应由内插法求得。如果测得的试样厚度算术平均值低于给出极限值的那个最小厚度，则其吸水性极限值取相应最小厚度的那个值。如果标称厚度为 25 mm 而测得的厚度算术平均值超过 25 mm，则取 25 mm 厚度的那个极限值。

标称厚度大于 25 mm 的板应单面机加工至 22.5 mm±0.3 mm，并且加工面应光滑。

5 试验方法

5.1 总则

试验分出厂检验和型式试验。出厂检验为4.1、4.2、4.3及4.4表6中的"弯曲强度"和"垂直层向电气强度",型式试验为全部性能项目。

5.2 外观

目测检查。

5.3 尺寸

5.3.1 厚度

按GB/T 1303.2—2009中4.1的规定。

5.3.2 宽度及长度

用分度为0.5 mm的直尺或量具至少测量三处,并报告其平均值。

5.4 平直度

按GB/T 1303.2—2009中4.2的规定。

5.5 垂直层向弯曲强度

适用于试验的板材标称厚度为大于或等于1.5 mm,按GB/T 1303.2—2009中5.1的规定,高温试验时,试样应在高温试验箱内在规定温度下处理1 h后,在该规定温度下进行试验。

5.6 冲击强度

5.6.1 平行层向简支梁冲击强度

适用于试验的板材标称厚度为大于或等于5.0 mm,按GB/T 1303.2—2009中5.4.2的规定。

5.6.2 平行层向悬臂梁冲击强度

适用于试验的板材标称厚度为大于或等于5.0 mm,按GB/T 1303.2—2009中5.4.3的规定。

5.7 垂直层向电气强度

适用于试验的板材标称厚度为小于或等于3.0 mm,按GB/T 1303.2—2009中6.1.3.1的规定,试验报告应报告试验方式。

5.8 平行层向击穿电压

适用于试验的板材标称厚度为大于3.0 mm,按GB/T 1303.2—2009中6.1.3.2的规定,试验报告应报告电极的类型。

5.9 工频介质损耗因数

适用于试验的板材标称厚度为小于或等于3.0 mm,按GB/T 1303.2—2009中6.2的规定。

5.10 工频介电常数

适用于试验的板材标称厚度为小于或等于3.0 mm,按GB/T 1303.2—2009中6.2的规定。

5.11 1 MHz下介质损耗因数

适用于试验的板材标称厚度为小于或等于3.0 mm,按GB/T 1303.2—2009中6.2的规定。

5.12 1 MHz下介电常数

适用于试验的板材标称厚度为小于或等于3.0 mm,按GB/T 1303.2—2009中6.2的规定。

5.13 浸水后绝缘电阻

按GB/T 1303.2—2009中6.3的规定。

5.14 燃烧性

适用于试验的板材标称厚度等于3.0 mm,按GB/T 1303.2—2009中7.2的规定。

5.15 吸水性

按 GB/T 1303.2—2009 中 8.2 的规定。

6 供货要求

应符合 GB/T 1303.1—2009 中 5.4 的规定。

———————————

ICS 29.035.01

K 15

中华人民共和国国家标准

GB/T 1303.9—2009

电气用热固性树脂工业硬质层压板
第 9 部分:聚酰亚胺树脂硬质层压板

Industrial rigid laminated sheets based on thermosetting resins for electrical
purposes—Part 9:Requirements for rigid laminated sheets based
on polyimide resins

(IEC 60893-3-7:2003,Insulating materials—Industrial rigid laminated sheets
based on thermosetting resins for electrical purposes—Part 3:Specifications
for individual materials—Sheet 7:Requirements for rigid laminated
sheets based on polyimide resins,MOD)

2009-06-10 发布　　　　　　　　　　　　2009-12-01 实施

中华人民共和国国家质量监督检验检疫总局
中国国家标准化管理委员会　发 布

837

前　言

GB/T 1303《电气用热固性树脂工业硬质层压板》，分为以下几个部分：

——第 1 部分：定义、名称和一般要求；

——第 2 部分：试验方法；

——第 3 部分：工业硬质层压板型号；

——第 4 部分：环氧树脂硬质层压板；

——第 5 部分：三聚氰胺树脂硬质层压板；

——第 6 部分：酚醛树脂硬质层压板；

——第 7 部分：聚酯树脂硬质层压板；

——第 8 部分：有机硅树脂硬质层压板；

——第 9 部分：聚酰亚胺树脂硬质层压板；

——第 10 部分：双马来酰亚胺树脂硬质层压板；

——第 11 部分：聚酰胺酰亚胺树脂硬质层压板；

……

本部分是 GB/T 1303 的第 9 部分。

本部分修改采用 IEC 60893-3-7:2003(第 2 版)《电气用热固性树脂工业硬质层压板　第 3 部分：单项材料规范　第 7 篇：对聚酰亚胺树脂硬质层压板的要求》(英文版)的相关内容。

本部分与 IEC 60893-3-7:2003 的差异如下：

a)　删除了 IEC 60893-3-7 中的"前言"和"引言"，将引言内容编入本部分的"前言"中；

b)　对第 1 章"范围"进行了修改，删除了有关材料符合性说明，增加了适用范围；

c)　删除第 3 章的尺寸标注内容；

d)　根据国内实际情况需要，增补了"表观弯曲弹性模量"、"垂直层向压缩强度"、"平行层向剪切强度"、"拉伸强度"、"粘合强度"、"1 MHz 下介质损耗因数"、"1 MHz 下介电常数"、"耐电痕化指数"、"温度指数"和"密度"性能要求。有关技术性差异在它们所涉及的条款的页边空白处用垂直单线标识；

e)　将"要求"一章按"外观"、"尺寸"、"平直度"、"性能要求"分条编写，将"供货要求"单独列为一章编写，同时对 IEC 60893-3-7:2003 中表 5 进行了修改，将备注内容列入本部分表 6 的表注，将 IEC 60893-3-7:2003 表 5 中试验方法章条列入本部分第 5 章"试验方法"重新编写，并增加了切割板条的测试方法及总则；

f)　删除了 IEC 60893-3-7:2003 的"参考文献"。

本部分由中国电器工业协会提出。

本部分由全国绝缘材料标准化技术委员会(SAC/TC 51)归口。

本部分主要起草单位：北京新福润达绝缘材料有限责任公司、西安西电电工材料有限责任公司、桂林电器科学研究所。

本部分起草人：刘琦焕、杜超云、罗传勇。

本部分为首次制定。

电气用热固性树脂工业硬质层压板
第9部分:聚酰亚胺树脂硬质层压板

1 范围

GB/T 1303 的本部分规定了电气用聚酰亚胺树脂和不同增强材料为基的工业硬质层压板的名称、要求、试验方法及供货要求。

本部分适用于以玻璃布为基材,以聚酰亚胺树脂为粘合剂经热压而成的聚酰亚胺树脂硬质层压板。其用途和特性见表1。

2 规范性引用文件

下列文件中的条款通过 GB/T 1303 的本部分的引用而成为本部分的条款。凡是注日期的引用文件,其随后所有的修改单(不包括勘误的内容)或修订版均不适用于本部分,然而,鼓励根据本部分达成协议的各方研究是否可使用这些文件的最新版本。凡是不注日期的引用文件,其最新版本适用于本部分。

GB/T 1303.1—2009 电气用热固性树脂工业硬质层压板 第1部分:定义、名称和一般要求(IEC 60893-1:2004,IDT)

GB/T 1303.2—2009 电气用热固性树脂工业硬质层压板 第2部分:试验方法(IEC 60893-2:2003,MOD)

3 名称

本部分所涉及的层压板按所用的树脂和增强材料不同以及板的特性不同划分成各种型号。各种板的名称构成如下:

——国家标准号;
——代表树脂的双字母缩写;
——代表增强材料的第二个双字母缩写;
——系列号。

名称举例:PI GC 301 型工业硬质层压板,则名称为:GB/T 1303.9-PI GC 301

下列缩写用于本规范中:

树脂类型	增强材料类型
PI 聚酰亚胺	GC (纺织)玻璃布

表 1 聚酰亚胺树脂工业硬质层压板的型号

型 号	用途和特性[a]
PI GC 301	机械和电气用。高温下机械和电气性较好
[a] 不应从表1中推论:任何具体型号的层压板一定不适用于未被列出的用途,或者特定的层压板适用于所述大范围内的各种用途。	

4 要求

4.1 外观

应符合 GB/T 1303.1—2009 中 5.1 的规定。

4.2 尺寸

4.2.1 层压板原板宽度、长度的允许偏差应符合表 2 的规定。

表 2 宽度和长度的允许偏差

单位为毫米

宽度和长度	允许偏差
450~1 000	±15
>1 000~2 600	±25

4.2.2 厚度

标称厚度及允许偏差见表 3。

表 3 标称厚度及允许偏差

单位为毫米

标称厚度	偏差（所有型号）
0.8	±0.16
1.0	±0.18
1.2	±0.21
1.5	±0.24
2.0	±0.28
2.5	±0.33
3.0	±0.37
4.0	±0.45
5.0	±0.52
6.0	±0.60
8.0	±0.72
10.0	±0.82
12.0	±0.94
14.0	±1.02
16.0	±1.12
20.0	±1.30
25.0	±1.50
30.0	±1.70

注 1：对于标称厚度不在本表所列的优选厚度时，其偏差应采用最接近的优选标称厚度的偏差。

注 2：其他偏差要求可由供需双方商定。

4.2.3 层压板切割板条宽度及偏差

层压板切割板条的宽度及允许偏差见表 4。

表 4 层压板切割板条的宽度允许偏差（均为负偏差） 单位为毫米

标称厚度	标称宽度（所有型号）					
d	$3 < b \leqslant 50$	$50 < b \leqslant 100$	$100 < b \leqslant 160$	$160 < b \leqslant 300$	$300 < b \leqslant 500$	$500 < b \leqslant 600$
0.8	0.5	0.5	0.5	0.6	1.0	1.0
1.0	0.5	0.5	0.5	0.6	1.0	1.0
1.2	0.5	0.5	0.5	1.0	1.2	1.2
1.5	0.5	0.5	0.5	1.0	1.2	1.2
2.0	0.5	0.5	0.5	1.0	1.2	1.5
2.5	0.5	1.0	1.0	1.5	2.0	2.5
3.0	0.5	1.0	1.0	1.5	2.0	2.5
4.0	0.5	2.0	2.0	3.0	4.0	5.0
5.0	0.5	2.0	2.0	3.0	4.0	5.0

注：表中所列宽度的偏差均为单向的负偏差，其他偏差可由供需双方商定。

4.3 平直度

平直度要求见表5规定。

表 5 平直度 单位为毫米

厚 度	直尺长度	
d	1 000	500
$3 < d \leqslant 6$	$\leqslant 10$	$\leqslant 2.5$
$6 < d \leqslant 8$	$\leqslant 8$	$\leqslant 2.0$
$8 < d$	$\leqslant 6$	$\leqslant 1.5$

4.4 性能要求

性能要求见表6规定。

表 6 性能要求

序号	性 能		单位	要 求
				PI GC 301
1	弯曲强度	常态	MPa	$\geqslant 400$
		200 ℃ ± 3 ℃		$\geqslant 300$
2	平行层向简支梁冲击强度		kJ/m²	$\geqslant 70$
3	平行层向悬臂梁冲击强度		kJ/m²	$\geqslant 54$
4	表观弯曲弹性模量		MPa	$\geqslant 14\,000$
5	垂直层向压缩强度		MPa	$\geqslant 350$
6	平行层向剪切强度		MPa	$\geqslant 30$
7	拉伸强度		MPa	$\geqslant 300$
8	粘合强度		N	$\geqslant 4\,900$
9	垂直层向电气强度（90 ℃ ± 2 ℃油中）		kV/mm	见表7
10	平行层向击穿电压（90 ℃ ± 2 ℃油中）		kV	$\geqslant 40$

GB/T 1303.9—2009

表 6（续）

| 序号 | 性 能 | 单位 | 要 求 |
			PI GC 301
11	1 MHz下介质损耗因数	—	≤0.01
12	1 MHz下介电常数	—	≤4.5
13	浸水后绝缘电阻	Ω	≥1.0×10⁸
14	耐电痕化指数（PTI）	—	≥600
15	温度指数	—	≥200
16	密度	g/cm³	1.7～1.9
17	燃烧性	级	HB 40
18	吸水性	mg	见表8

注1：平行层向简支梁冲击强度和平行层向悬臂梁冲击强度，两者之一满足要求即可。

注2：平行层向剪切强度与粘合强度任选一项达到即可。

注3：燃烧性试验主要用于监控层压板生产的一致性，所测结果并不能全面代表材料实际使用过程中的潜在的着火危险性。

注4："表观弯曲弹性模量"、"垂直层向压缩强度"、"平行层向剪切强度"、"拉伸强度"、"粘合强度"、"1MHz下介质损耗因数"、"1 MHz下介电常数"、"耐电痕化指数"、"温度指数"和"密度"为特殊性能要求，由供需双方商定。

表 7 垂直层向电气强度
（1 min 耐压或 20 s 逐级升压试验）ᵃ   单位为千伏每毫米

| 型号 | 测得的试样厚度平均值ᵇ mm | | | | | | | | | | | | |
	0.8	0.9	1.0	1.2	1.5	1.8	2.0	2.2	2.4	2.5	2.6	2.8	3.0
PI GC 301	15.0	14.6	14.0	13.2	12.0	11.6	11.2	10.8	10.5	10.4	10.2	10.1	10.0

ᵃ 两种试验任取其一。对满足两者中任何一个要求的材料应视其垂直层向电气强度(90 ℃油中)符合要求。

ᵇ 如果测得的试样厚度算术平均值介于表中所示两种厚度之间，则其极限值应由内插法求得。如果测得的试样厚度算术平均值低于给出极限值的最小厚度，则电气强度极限值取相应最小厚度的值。如果标称厚度为3 mm而测得的算术平均值超过3 mm，则取3 mm厚度的电气强度值。

表 8 吸水性极限值   单位为毫克

| 型号 | 测得的试样厚度平均值ᵃ mm | | | | | | | | | | | | | | | | | |
	0.8	1.0	1.2	1.5	2.0	2.5	3.0	4.0	5.0	6.0	8.0	10.0	12.0	14.0	16.0	20.0	25.0	22.5ᵇ
PI GC 301	60	64	66	71	74	77	80	87	93	100	113	127	140	153	166	193	227	250

ᵃ 如果测得的试样厚度算术平均值介于表中所示两种厚度之间，则其极限值应由内插法求得。如果测得的试样厚度算术平均值低于给出极限值的最小厚度，则其吸水性极限值取相应最小厚度的值。如果标称厚度为25 mm而测得的厚度算术平均值超过25 mm，则取25 mm的吸水性。

ᵇ 标称厚度大于25 mm的板应从单面机加工至(22.5±0.3)mm，并且加工面应光滑。

5 试验方法

5.1 总则

试验分出厂检验和型式试验。出厂检验为 4.1、4.2、4.3 及 4.4 表 6 中的"弯曲强度(常态)"和"垂直层向电气强度",型式试验为全部性能项目。

5.2 外观

目测检查。

5.3 尺寸

5.3.1 厚度

按 GB/T 1303.2—2009 中 4.1 的规定。

5.3.2 宽度及长度

用分度为 0.5 mm 的直尺或量具至少测量三处,并报告其平均值。

5.4 平直度

按 GB/T 1303.2—2009 中 4.2 的规定。

5.5 弯曲强度

适用于试验的板材标称厚度为大于或等于 1.5 mm,按 GB/T 1303.2—2009 中 5.1 的规定,高温试验时,试样应在高温试验箱内在规定温度下处理 1 h 后在该规定温度下进行试验。

5.6 表观弯曲弹性模量

适用于试验的板材标称厚度为大于或等于 1.5 mm,按 GB/T 1303.2—2009 中 5.2 的规定,高温试验时,试样应在高温试验箱内在规定温度下处理 1 h 后,在该规定温度下进行试验。

5.7 垂直层向压缩强度

适用于试验的板材标称厚度为大于或等于 5.0 mm,按 GB/T 1303.2—2009 中 5.3 的规定。

5.8 平行层向剪切强度

适用于试验的板材标称厚度为大于或等于 5.0 mm,按 GB/T 1303.2—2009 中 5.5 的规定。

5.9 拉伸强度

适用于试验的板材标称厚度为大于或等于 1.5 mm,按 GB/T 1303.2—2009 中 5.6 的规定。

5.10 粘合强度

5.10.1 适用于试验的板材标称厚度为大于或等于 10.0 mm,每组试样不少于五个,尺寸为长 25 mm±0.2 mm,宽 25 mm±0.2 mm,厚为标称厚度 10 mm。标称厚度 10 mm 以上者,应从两面加工至10 mm±0.2 mm。标称厚度 10 mm 以下者不予试验。试样两相邻面应互相垂直。

5.10.2 示值误差不超过 1% 的材料试验机,试样破坏的负荷量应在试验机的刻度范围(15~85)% 之间,试验机压头上装有 Φ10 mm 的钢球。

5.10.3 试验前需将试样进行预处理,预处理及试验条件按 GB/T 1303.2—2009 中第 3 章规定进行。

5.10.4 将试样置于下夹具平台的中央,调整钢球与试样位置,使其如图 1 所示,然后以(10 mm±2 mm)/min 的速度施加压力,直至试样破坏读取负荷值。

5.10.5 粘合强度以试样破坏所施加压力值表示,取每组试样的算术平均值,个别值对平均值的允许偏差为 ±15%。

单位为毫米

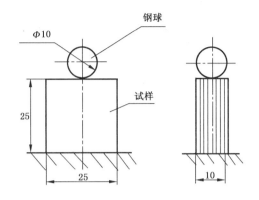

图 1　粘合强度试验装置

5.11　冲击强度

5.11.1　平行层向简支梁冲击强度

适用于试验的板材标称厚度为大于或等于 5.0 mm,按 GB/T 1303.2—2009 中 5.4.2 的规定。

5.11.2　平行层向悬臂梁冲击强度

适用于试验的板材标称厚度为大于或等于 5.0 mm,按 GB/T 1303.2—2009 中 5.4.3 的规定。

5.12　垂直层向电气强度

适用于试验的板材标称厚度为小于或等于 3.0 mm,按 GB/T 1303.2—2009 中 6.1.3.1 的规定,试验报告应报告试验方式。

5.13　平行层向击穿电压

适用于试验的板材标称厚度为大于 3.0 mm,按 GB/T 1303.2—2009 中 6.1.3.2 的规定,试验报告应报告电极的类型。

5.14　1 MHz 下介质损耗因数

适用于试验的板材标称厚度为小于或等于 3.0 mm,按 GB/T 1303.2—2009 中 6.2 的规定。

5.15　1 MHz 下介电常数

适用于试验的板材标称厚度为小于或等于 3.0 mm,按 GB/T 1303.2—2009 中 6.2 的规定。

5.16　浸水后绝缘电阻

按 GB/T 1303.2—2009 中 6.3 的规定。

5.17　耐电痕化指数(PTI)

适用于试验的板材标称厚度大于或等于 3.0 mm,按 GB/T 1303.2—2009 中 6.4 的规定。

5.18　温度指数

按 GB/T 1303.2—2009 中 7.1 的规定。

5.19　密度

按 GB/T 1303.2—2009 中 8.1 的规定。

5.20　燃烧性

适用于试验的板材标称厚度等于 3.0 mm,按 GB/T 1303.2—2009 中 7.2 的规定。

5.21　吸水性

按 GB/T 1303.2—2009 中 8.2 的规定。

6　供货要求

应符合 GB/T 1303.1—2009 中 5.4 的规定。

ICS 29.035.01
K 15

中华人民共和国国家标准

GB/T 1303.10—2009

电气用热固性树脂工业硬质层压板
第 10 部分：双马来酰亚胺树脂硬质层压板

Industrial rigid laminated sheets based on thermosetting
resins for electrical purposes—
Part 10：Requirements for rigid laminated sheets
based on bis-maleimide resins

（IEC 60893-3-7：2003，Insulating materials—Industrial rigid laminated
sheets based on thermosetting resins for electrical purposes—
Part 3：Specifications for individual materials—
Sheet 7：Requirements for rigid laminated sheets
based on polyimide resins，MOD）

2009-06-10 发布　　　　　　　　　　　　　2009-12-01 实施

中华人民共和国国家质量监督检验检疫总局
中国国家标准化管理委员会　发 布

前　言

GB/T 1303《电气用热固性树脂工业硬质层压板》,分为以下几个部分:

——第 1 部分:定义、名称和一般要求;

——第 2 部分:试验方法;

——第 3 部分:工业硬质层压板型号;

——第 4 部分:环氧树脂硬质层压板;

——第 5 部分:三聚氰胺树脂硬质层压板;

——第 6 部分:酚醛树脂硬质层压板;

——第 7 部分:聚酯树脂硬质层压板;

——第 8 部分:有机硅树脂硬质层压板;

——第 9 部分:聚酰亚胺树脂硬质层压板;

——第 10 部分:双马来酰亚胺树脂硬质层压板;

——第 11 部分:聚酰胺酰亚胺树脂硬质层压板;

……

本部分为 GB/T 1303 的第 10 部分。

本部分修改采用 IEC 60893-3-7:2003《电气用热固性树脂工业硬质层压板　第 3 部分:单项材料规范　第 7 篇:对聚酰亚胺树脂硬质层压板的要求》(英文版)的相关内容。

本部分与 IEC 60893-3-7:2003 的差别如下:

a)　删除了 IEC 60893-3-7:2003 中的前言和引言,将引言内容编入本部分的前言中;

b)　对第 1 章"范围"进行了修改,删除了有关材料符合性说明,增加了适用范围;

c)　删除第 3 章的尺寸标注内容;

d)　根据国内实际情况需要,增补了"表观弯曲弹性模量"、"垂直层向压缩强度"、"平行层向剪切强度"、"拉伸强度"、"粘合强度"、"1 MHz 下介质损耗因数"、"1 MHz 下介电常数"、"耐电痕化指数"、"温度指数"和"密度"性能要求。有关技术性差异在它们所涉及的条款的页边空白处用垂直单线标识;

e)　将"要求"一章按"外观"、"尺寸"、"平直度"、"性能要求"分条编写,将"供货要求"单独列为一章编写,同时对 IEC 60893-3-7:2003 中表 5 进行了修改,将备注内容列入本部分表 6 的表注;将 IEC 60893-3-7:2003 表 5 中试验方法章条列入本部分第 5 章"试验方法"重新编写,并增加了切割板条的测试方法及总则;

f)　删除了 IEC 60893-3-7:2003 的"参考文献"。

本部分由中国电器工业协会提出。

本部分由全国绝缘材料标准化技术委员会(SAC/TC 51)归口。

本部分起草单位:西安西电电工材料有限责任公司、北京新福润达绝缘材料有限责任公司、桂林电器科学研究所。

本部分起草人:杜超云、刘琦焕、罗传勇。

本部分为首次制定。

电气用热固性树脂工业硬质层压板
第 10 部分：双马来酰亚胺树脂硬质层压板

1 范围

GB/T 1303 的本部分规定了双马来酰亚胺树脂硬质层压板的分类、命名、要求、试验方法和供货要求。

本部分适用于以玻璃布为基材，以双马来亚酰胺为粘合树脂经热压而成的双马来酰亚胺树脂硬质层压板。

2 规范性引用文件

下列文件中的条款通过 GB/T 1303 的本部分的引用而成为本部分的条款。凡是注日期的引用文件，其随后所有的修改单(不包括勘误的内容)或修订版均不适用于本部分，然而，鼓励根据本部分达成协议的各方研究是否可使用这些文件的最新版本。凡是不注日期的引用文件，其最新版本适用于本部分。

GB/T 1303.1—2009 电气用热固性树脂工业硬质层压板 第 1 部分：定义、分类和一般要求 (IEC 60893-1:2004,IDT)

GB/T 1303.2—2009 电气用热固性树脂工业硬质层压板 第 2 部分：试验方法(IEC 60893-2:2002,MOD)

GB/T 1303.3—2008 电气用热固性树脂工业硬质层压板 第 3 部分：工业硬质层压板型号 (IEC 60893-3-1:2002,MOD)

3 命名与分类

3.1 命名

按 GB/T 1303.3—2008 规定，以树脂和增强材料及板材特性进行命名。

示例：

BMI GC 301
特性系列号
玻璃布补强
双马来酰亚胺树脂

3.2 分类

表 1 双马来酰亚胺树脂工业硬质层压板的型号

型 号	用途和特性
BMI GC 301	机械和电气用。高温下机械和电气性较好。

4 要求

4.1 外观

目测检查。

4.2 尺寸

4.2.1 层压板原板宽度和长度的允许偏差应符合表 2 的规定。

表 2　宽度和长度的允许偏差　　　　　　　　　　　单位为毫米

宽度和长度	允许偏差
450～1 000	±15
＞1 000～2 600	±25

4.2.2　厚度

标称厚度及允许偏差见表3。

表 3　厚度偏差　　　　　　　　　　　单位为毫米

标称厚度	偏　　差	标称厚度	偏　　差
0.8	±0.16	6.0	±0.60
1.0	±0.18	8.0	±0.72
1.2	±0.21	10.0	±0.82
1.5	±0.24	12.0	±0.94
2.0	±0.28	14.0	±1.02
2.5	±0.33	16.0	±1.12
3.0	±0.37	20.0	±1.30
4.0	±0.45	25.0	±1.50
5.0	±0.52	30.0	±1.70

注1：若标称厚度不在所列优选厚度时,其偏差应采用最相近的偏差。

注2：其他偏差由供需双方商定。

4.2.3　切割板条的宽度及偏差

层压板切割板条宽度及允许偏差见表4。

表 4　切割板条宽度及允许偏差　　　　　　　　　　　单位为毫米

标称厚度 d	标称宽度 b					
	3＜b≤50	50＜b≤100	100＜b≤160	160≤b＜300	300＜b＜500	500＜b＜600
0.8	0.5	0.5	0.5	0.6	1.0	1.0
1.0	0.5	0.5	0.5	0.6	1.0	1.0
1.2	0.5	0.5	0.5	1.0	1.2	1.2
1.5	0.5	0.5	0.5	1.0	1.2	1.2
2.0	0.5	0.5	0.5	1.0	1.2	1.5
2.5	0.5	1.0	1.0	1.5	2.0	2.5
2.5	0.5	1.0	1.0	1.5	2.0	2.5
3.0	0.5	2.0	2.0	3.0	4.0	5.0
4.0	0.5	2.0	2.0	3.0	4.0	5.0

注：表中所规定宽度偏差均为单向的负偏差,其他偏差由供需双方商定。

4.3 平直度

平直度见表5。

表 5 平直度　　　　　　　　　　　　　　　　　　　　　　　单位为毫米

标称厚度 d	直尺长度	
	1 000	500
3＜d≤6	≤10	≤2.5
6＜d≤8	≤8	≤2.0
8＜d	≤6	≤1.5

4.4 性能要求

性能要求见表6。

表 6 性能要求

序号	性　　能		单　位	要　　求
1	弯曲强度	常态	MPa	≥350
		180 ℃±2 ℃		≥180
2	平行层向简支梁冲击强度		kJ/m²	≥60
3	平行层向悬臂梁冲击强度		kJ/m²	≥40
4	表观弯曲弹性模量		MPa	≥14 000
5	垂直层向压缩强度		MPa	≥350
6	平行层向剪切强度		MPa	≥30
7	拉伸强度		MPa	≥300
8	粘合强度		N	≥4 900
9	垂直层向电气强度(90 ℃±2 ℃油中)		kV/mm	见表7
10	平行层向击穿电压(90 ℃±2 ℃油中)		kV	≥35
11	1 MHz下介质损耗因数		—	≤0.05
12	1 MHz下介电常数		—	≤5.5
13	浸水后绝缘电阻		Ω	≥$1.0×10^8$
14	耐电痕化指数(PTI)		—	≥275
15	温度指数		—	≥180
16	密度		g/cm³	1.7～1.9
17	燃烧性		级	HB 40
18	吸水性		mg	见表8

注1：第2项和第3项两者之一合格则视为符合要求。

注2："平行层向剪切强度"与"粘合强度"任选一项达到要求即可。

注2：燃烧性试验主要用于监控层压板生产的均一性,测得的结果不能全面反映层压板在实际使用条件下的潜在着火危险。

注4："表观弯曲弹性模量"、"垂直层向压缩强度"、"平行层向剪切强度"、"拉伸强度"、"粘合强度"、"1 MHz下介质损耗因数"、"1 MHz下介电常数"、"耐电痕化指数"、"温度指数"和"密度"为特殊性能要求,由供需双方商定。

表 7　垂直层向电气强度（1 min 耐压或 20 s 逐级升压）ᵃ　　　单位为千伏每毫米

测得的试样平均厚度ᵇ/mm												
0.8	0.9	1.0	1.2	1.5	1.8	2.0	2.2	2.4	2.5	2.6	2.8	3.0
≥15.0	≥14.6	≥14.0	≥13.2	≥12.0	≥11.6	≥11.2	≥10.8	≥10.5	≥10.4	≥10.2	≥10.1	≥10.0

ᵃ　试验方式任选其一，之一满足要求则视为符合要求。

ᵇ　如果测得的试样厚度算术平均值介于表中所示两种厚度之间，则其极限值应由内插法求得。如果测得的试样厚度算术平均值低于给出极限值的最小厚度，则电气强度极限值取相应最小厚度的值。如果标称厚度为 3 mm 而测得的算术平均值超过 3 mm，则取 3 mm 厚度的电气强度值。

表 8　吸水性　　　单位为毫克

试样平均厚度ᵃ mm	吸水性	试样平均厚度ᵃ mm	吸水性
0.8	≤60	6.0	≤100
1.0	≤64	8.0	≤113
1.2	≤66	10.0	≤127
1.5	≤71	12.0	≤140
2.0	≤74	14.0	≤153
2.5	≤77	16.0	≤166
3.0	≤80	20.0	≤193
4.0	≤87	25.0	≤227
5.0	≤93	22.5ᵇ	≤250

ᵃ　如果测得的试样厚度算术平均值介于表中所示两种厚度之间，则其极限值应由内插法求得。如果测得的试样厚度算术平均值低于给出极限值的最小厚度，则其吸水性极限值取相应最小厚度的值。如果标称厚度为 25 mm 而测得的厚度算术平均值超过 25 mm，则取 25 mm 的吸水性。

ᵇ　若板厚大于 25 mm 时，则应从单面加工至(22.5±0.3)mm，加工面应平整光滑。

5　试验方法

5.1　总则

试验分出厂检验和型式试验。出厂检验为 4.1、4.2、4.3 及 4.4 表 6 中的"弯曲强度（常态）"和"垂直层向电气强度"，型式试验为全部性能项目。

5.2　外观

目测检查。

5.3　尺寸

5.3.1　厚度

按 GB/T 1303.1—2009 中 4.1 规定。

5.3.2　宽度及长度

用分度为 0.5 mm 直尺或量具，至少测量三处报告其平均值。

5.4　平直度

按 GB/T 1303.2—2009 中 4.2 规定。

5.5　弯曲强度

适用于试验的板材标称厚度为大于或等于 1.5 mm，按 GB/T 1303.2—2009 中 5.1 规定。高温试验试样应在高烘箱中处理 45 min 后,并在该温度试验。

5.6 表观弯曲弹性模量

适用于试验的板材标称厚度为大于或等于 1.5 mm,按 GB/T 1303.2—2009 中 5.2 的规定,高温试验时,试样应在高温试验箱内在规定温度下处理 1 h 后,在该规定温度下进行试验。

5.7 垂直层向压缩强度

适用于试验的板材标称厚度为大于或等于 5.0 mm,按 GB/T 1303.2—2009 中 5.3 的规定。

5.8 平行层向剪切强度

适用于试验的板材标称厚度为大于或等于 5.0 mm,按 GB/T 1303.2—2009 中 5.5 的规定。

5.9 拉伸强度

适用于试验的板材标称厚度为大于或等于 1.5 mm,按 GB/T 1303.2—2009 中 5.6 的规定。

5.10 粘合强度

5.10.1 适用于试验的板材标称厚度为大于或等于 10.0 mm,每组试样不少于五个,尺寸为长 25 mm±0.2 mm,宽 25 mm±0.2 mm,厚为标称厚度 10 mm。标称厚度 10 mm 以上者,应从两面加工至 10 mm±0.2 mm。标称厚度 10 mm 以下者不予试验。试样两相邻面应互相垂直。

5.10.2 示值误差不超过 1%的材料试验机,试样破坏的负荷量应在试验机的刻度范围(15～85)%之间,试验机压头上装有 φ10 mm 的钢球。

5.10.3 试验前需将试样进行预处理,预处理及试验条件按 GB/T 1303.2—2009 中第 3 章规定进行。

5.10.4 将试样置于不夹具平台的中央,调整钢球与试样位置,使其如图 1 所示,然后以(10 mm±2 mm)/min 的速度施加压力,直至试样破坏读取负荷值。

5.10.5 粘合强度以试样破坏所施加压力值表示,取每组试样的算术平均值,个别值对平均值的允许偏差为±15%。

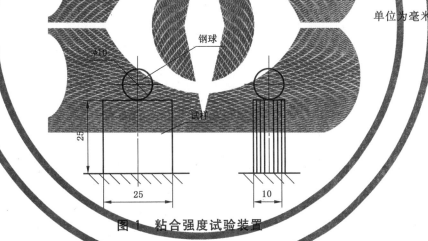

图 1 粘合强度试验装置

5.11 冲击强度

5.11.1 平行层向简支梁冲击强度

适用于试验的板材标称厚度为大于或等于 5.0 mm,按 GB/T 1303.2—2009 中 5.4.2 的规定。

5.11.2 平行层向悬臂梁冲击强度

适用于试验的板材标称厚度为大于或等于 5.0 mm,按 GB/T 1303.2—2009 中 5.4.3 的规定。

5.12 垂直层向电气强度

适用于试验的板材标称厚度为小于或等于 3.0 mm,按 GB/T 1303.2—2009 中 6.1.3.1 的规定,试验报告应报告试验方式。

5.13 平行层向击穿电压

适用于试验的板材标称厚度为大于 3.0 mm,按 GB/T 1303.2—2009 中 6.1.3.2 的规定,试验报告应报告电极的类型。

5.14　1 MHz 下介质损耗因数

适用于试验的板材标称厚度为小于或等于 3.0 mm,按 GB/T 1303.2—2009 中 6.2 的规定。

5.15　1 MHz 下介电常数

适用于试验的板材标称厚度为小于或等于 3.0 mm,按 GB/T 1303.2—2009 中 6.2 的规定。

5.16　浸水后绝缘电阻

按 GB/T 1303.2—2009 中 6.3 的规定。

5.17　耐电痕化指数(PTI)

适用于试验的板材标称厚度大于或等于 3.0 mm,按 GB/T 1303.2—2009 中 6.4 的规定。

5.18　温度指数

按 GB/T 1303.2—2009 中 7.1 的规定。

5.19　密度

按 GB/T 1303.2—2009 中 8.1 的规定。

5.20　燃烧性

适用于试验的板材标称厚度等于 3.0 mm,按 GB/T 1303.2—2009 中 7.2 的规定。

5.21　吸水性

按 GB/T 1303.2—2009 中 8.2 的规定。

6　供货要求

应符合 GB/T 1303.1—2009 中 5.4 的规定。

ICS 29.035.01
K 15

中华人民共和国国家标准

GB/T 1303.11—2009

电气用热固性树脂工业硬质层压板
第 11 部分：聚酰胺酰亚胺树脂
硬质层压板

Industrial rigid laminated sheets based on thermosetting resins for
electrical purposes—Part 11：Requirements for rigid laminated sheets based on
polyamide-imide resins

（IEC 60893-3-7：2003，Insulating materials—Industrial rigid laminated sheets
based on thermosetting resins for electrical purposes—Part 3：Specifications for
individual materials—Sheet 7：Requirements for rigid laminated sheets based
on polyimide resins，MOD）

2009-06-10 发布
2009-12-01 实施

中华人民共和国国家质量监督检验检疫总局
中国国家标准化管理委员会
发布

前　言

GB/T 1303《电气用热固性树脂工业硬质层压板》,分为以下几个部分:

——第1部分:定义、名称和一般要求;

——第2部分:试验方法;

——第3部分:工业硬质层压板型号;

——第4部分:环氧树脂硬质层压板;

——第5部分:三聚氰胺树脂硬质层压板;

——第6部分:酚醛树脂硬质层压板;

——第7部分:聚酯树脂硬质层压板;

——第8部分:有机硅树脂硬质层压板;

——第9部分:聚酰亚胺树脂硬质层压板;

——第10部分:双马来酰亚胺树脂硬质层压板;

——第11部分:聚酰胺酰亚胺树脂硬质层压板;

……

本部分为GB/T 1303的第11部分。

本部分修改采用IEC 60893-3-7:2003《电气用热固性树脂工业硬质层压板　第3部分:单项材料规范　第7篇:对聚酰亚胺树脂硬质层压板的要求》(英文版)的相关内容。

为便于使用对IEC 60893-3-7:2003进行了下述编辑性及技术性修改:

a)　删除了IEC 60893-3-7:2003中的"前言"和"引言",将引言内容编入本部分的"前言"中;

b)　对第1章"范围"进行了修改,删除了有关材料符合性说明,增加了适用范围;

c)　删除第3章的尺寸标注内容;

d)　根据国内实际需要,增补了"表观弯曲弹性模量"、"垂直层向压缩强度"、"平行层向剪切强度"、"拉伸强度"、"粘合强度"、"1 MHz下介质损耗因数"、"1 MHz下介电常数"、"耐电痕化指数"、"温度指数"和"密度"性能要求。有关技术性差异在它们所涉及的条款的页边空白处用垂直单线标识。

e)　将"要求"一章按"外观"、"尺寸"、"平直度"、"性能要求"分条编写,将"供货要求"单独列为一章编写,同时对IEC 60893-3-7:2003中表5进行了修改,将备注内容列入本部分表6的表注;将IEC 60893-3-7:2003表5中试验方法章条列入本部分第5章"试验方法"重新编写,并增加了切割板条的测试方法及总则;

f)　删除了IEC 60893-3-7:2003的参考文献。

本部分由中国电器工业协会提出。

本部分由全国绝缘材料标准化技术委员会(SAC/TC 51)归口。

本部分主要起草单位:四川东材科技集团股份有限公司、北京新福润达绝缘材料有限责任公司、国家绝缘材料工程技术研究中心、桂林电器科学研究所。

本部分起草人:刘锋、刘琦焕、赵平、罗传勇。

本部分为首次制定。

电气用热固性树脂工业硬质层压板
第 11 部分:聚酰胺酰亚胺树脂
硬质层压板

1 范围

GB/T 1303 的本部分规定了电气用聚酰胺酰亚胺树脂和不同增强材料为基的工业硬质层压板的名称、要求、试验方法及供货要求。

本部分适用于以玻璃布为基材,以聚酰胺酰亚胺树脂为粘合剂经热压而成的聚酰胺酰亚胺树脂硬质层压板。其用途和特性见表1。

2 规范性引用文件

下列文件中的条款通过 GB/T 1303 的本部分的引用而成为本部分的条款。凡是注日期的引用文件,其随后所有的修改单(不包括勘误的内容)或修订版均不适用于本部分,然而,鼓励根据本部分达成协议的各方研究是否可使用这些文件的最新版本。凡是不注日期的引用文件,其最新版本适用于本部分。

GB/T 1303.1—2009 电气用热固性树脂工业硬质层压板 第1部分:定义、命名和一般要求(IEC 60893-1:2004,IDT)

GB/T 1303.2—2009 电气用热固性树脂工业硬质层压板 第2部分:试验方法(IEC 60893-2:2003,MOD)

3 名称

本部分所涉及的层压板按所用的树脂和增强材料不同以及板的特性不同划分成各种型号。各种层压板的名称构成如下:

——国家标准号;

——代表树脂的双字母缩写;

——代表增强材料的第二个双字母缩写;

——系列号。

名称举例:PAI GC 301 型工业硬质层压板,则名称为:GB/T 1303.11—PAI GC 301

下列缩写用于本规范中:

树脂类型 增强材料类型

PAI 聚酰胺酰亚胺 GC (纺织)玻璃布

层压板的型号见表1。

表 1 聚酰胺酰亚胺树脂工业硬质层压板的型号

型 号	用途和特性[a]
PAI GC 301	机械和电气用。高温下机械和电气性较好
[a] 不应从表1中推论:该型号的层压板一定不适用于未被列出的用途,或者特定的层压板适用于所述大范围内的各种用途。	

4 要求

4.1 外观

应符合 GB/T 1303.1—2009 中 5.1 的规定。

4.2 尺寸

4.2.1 层压板原板宽度和长度的允许偏差应符合表2的规定。

表 2 宽度和长度的允许偏差　　　　　　　　　单位为毫米

宽度和长度	允许偏差
450～1 000	±15
＞1 000～2 600	±25

4.2.2 厚度

标称厚度及允许偏差见表3。

表 3 标称厚度及允许偏差　　　　　　　　　单位为毫米

标称厚度	偏差	标称厚度	偏差
0.8	±0.16	6.0	±0.60
1.0	±0.18	8.0	±0.72
1.2	±0.21	10.0	±0.82
1.5	±0.24	12.0	±0.94
2.0	±0.28	14.0	±1.02
2.5	±0.33	16.0	±1.12
3.0	±0.37	20.0	±1.30
4.0	±0.45	25.0	±1.50
5.0	±0.52	30.0	±1.70

注1：若标称厚度不在所列优选厚度时，其允许偏差应采用最相近的偏差。
注2：其他偏差由供需双方商定。

4.2.3 层压板切割板条宽度及偏差

层压板切割板条宽度及允许偏差见表4。

表 4 层压板切割板条宽度允许偏差（均为负偏差）　　　　单位为毫米

标称厚度 d	标称宽度 b					
	3＜b≤50	50＜b≤100	100＜b≤160	160≤b＜300	300＜b＜500	500＜b＜600
0.8	0.5	0.5	0.5	0.6	1.0	1.0
1.0	0.5	0.5	0.5	0.6	1.0	1.0
1.2	0.5	0.5	0.5	1.0	1.2	1.2
1.5	0.5	0.5	0.5	1.0	1.2	1.2
2.0	0.5	0.5	0.5	1.0	1.2	1.5
2.5	0.5	1.0	1.0	1.5	2.0	2.5
2.5	0.5	1.0	1.0	1.5	2.0	2.5
3.0	0.5	2.0	2.0	3.0	4.0	5.0
4.0	0.5	2.0	2.0	3.0	4.0	5.0

注：表中所规定宽度偏差均为单向的负偏差，其他偏差由供需双方商定。

4.3 平直度

平直度要求见表5。

表 5　平直度　　　　　　　　　　单位为毫米

标称厚度 d	直尺长度	
	1 000	500
3＜d≤6	≤10	≤2.5
6＜d≤8	≤8	≤2.0
8＜d	≤6	≤1.5

4.4 性能要求

性能要求见表6。

表 6　性能要求

序号	性　　能		单位	要　　求
1	弯曲强度	常态	MPa	≥400
		180 ℃±2 ℃		≥280
2	平行层向简支梁冲击强度		kJ/m²	≥60
3	平行层向悬臂梁冲击强度		kJ/m²	≥40
4	表观弯曲弹性模量		MPa	≥14 000
5	垂直层向压缩强度		MPa	≥350
6	平行层向剪切强度		MPa	≥30
7	拉伸强度		MPa	≥300
8	粘合强度		N	≥4 900
9	垂直层向电气强度(90 ℃±2 ℃油中)		kV/mm	见表7
10	平行层向击穿电压(90 ℃±2 ℃油中)		kV	≥40
11	1 MHz下介质损耗因数		—	≤0.03
12	1 MHz下介电常数		—	≤5.5
13	浸水后绝缘电阻		Ω	≥1.0×10⁸
14	耐电痕化指数(PTI)		—	≥500
15	温度指数		—	≥180
16	密度		g/cm³	1.7～1.9
17	燃烧性		级	HB 40
18	吸水性		mg	见表8

注1：第2项和第3项两者之一合格则视为符合本规范。

注2："平行层向剪切强度"与"粘合强度"任选一项达到即可。

注3：燃烧性试验主要用于监控层压板生产的均一性,测得的结果不全面体现层压板在实际使用条件下的潜在着火危险。

注4："表观弯曲弹性模量"、"垂直层向压缩强度"、"平行层向剪切强度"、"拉伸强度"、"粘合强度"、"1 MHz下介质损耗因数"、"1 MHz下介电常数"、"耐电痕化指数"、"温度指数"和"密度"为特殊性能要求,由供需双方商定。

GB/T 1303.11—2009

表 7　垂直层向电气强度（1 min 耐压或 20 s 逐级升压）ᵃ　　单位为千伏每毫米

测得的试样平均厚度ᵇ/mm												
0.8	0.9	1.0	1.2	1.5	1.8	2.0	2.2	2.4	2.5	2.6	2.8	3.0
≥15.0	≥14.6	≥14.0	≥13.2	≥12.0	≥11.6	≥11.2	≥10.8	≥10.5	≥10.4	≥10.2	≥10.1	≥10.0

ᵃ 试验方式任选其一，其一满足要求则视为符合要求；

ᵇ 若测得的试样厚度介于表中两种厚度之间，其极限值由内插法求得。测得试样厚度低于 0.8 mm 时，则按 0.8 mm 厚度考核垂直层向电气强度，若测得的厚度超过 3 mm 时，此时垂直层向电气强度则按 3 mm 厚度考核。

表 8　吸水性　　单位为毫克

试样平均厚度ᵃ mm	吸水性	试样平均厚度ᵃ mm	吸水性
0.8	≤60	6.0	≤100
1.0	≤64	8.0	≤113
1.2	≤66	10.0	≤127
1.5	≤71	12.0	≤140
2.0	≤74	14.0	≤153
2.5	≤77	16.0	≤166
3.0	≤80	20.0	≤193
4.0	≤87	25.0	≤227
5.0	≤93	22.5ᵇ	≤250

ᵃ 如果测得的试样厚度算术平均值介于以上表中所示两种厚度之间，则其极限值应由内插法求得。如果测得的试样厚度算术平均值低于给出极限值的最小厚度，则其吸水性极限值取相应最小厚度的值。如果标称厚度为 25 mm 而测得的厚度算术平均值超过 25 mm，则取 25 mm 的吸水性。

ᵇ 若板厚大于 25 mm 时，则应单面加工至（22.5±0.3）mm，加工面应平整光滑。

5　试验方法

5.1　总则

试验分出厂检验和型式试验。出厂检验为 4.1、4.2、4.3 及 4.4 表 6 中的"弯曲强度（常态）"和"垂直层向电气强度"，型式试验为全部性能项目。

5.2　外观

目测检查。

5.3　尺寸

5.3.1　厚度

按 GB/T 1303.2—2009 中 4.1 的规定。

5.3.2　宽度及长度

用分度为 0.5mm 直尺或量具，至少测量三处报告其平均值。

5.4　平直度

按 GB/T 1303.2—2009 中 4.2 的规定。

5.5　弯曲强度

适用于试验的板材标称厚度为大于或等于 1.5 mm，按 GB/T 1303.2—2009 中 5.1 规定。高温试验试样应在高烘箱中处理45 min后,并在该温度试验。

5.6 表观弯曲弹性模量

适用于试验的板材标称厚度为大于或等于1.5 mm,按GB/T 1303.2—2009中5.2的规定,高温试验时,试样应在高温试验箱内在规定温度下处理1 h后在该规定温度下进行试验。

5.7 垂直层向压缩强度

适用于试验的板材标称厚度为大于或等于5.0 mm,按GB/T 1303.2—2009中5.3的规定。

5.8 平行层向剪切强度

适用于试验的板材标称厚度为大于或等于5.0 mm,按GB/T 1303.2—2009中5.5的规定。

5.9 拉伸强度

适用于试验的板材标称厚度为大于或等于1.5 mm,按GB/T 1303.2—2009中5.6的规定。

5.10 粘合强度

5.10.1 适用于试验的板材标称厚度为大于或等于10.0 mm,每组试样不少于五个,尺寸为长25 mm±0.2 mm,宽25 mm±0.2 mm,厚为标称厚度10 mm。标称厚度10 mm以上者,应从两面加工至10 mm±0.2 mm。标称厚度10 mm以下者不予试验。试样两相邻面应互相垂直。

5.10.2 示值误差不超过1%的材料试验机,试样破坏的负荷量应在试验机的刻度范围(15~85)%之间,试验机压头上装有 ϕ10 mm的钢球。

5.10.3 试验前需将试样进行预处理,预处理及试验条件按GB/T 1303.2—2009中第3章规定进行。

5.10.4 将试样置于下夹具平台的中央,调整钢球与试样位置,使其如图1所示,然后以(10 mm±2 mm)/min的速度施加压力,直至试样破坏读取负荷值。

5.10.5 粘合强度以试样破坏所施加压力值表示,取每组试样的算术平均值,个别值对平均值的允许偏差为±15%。

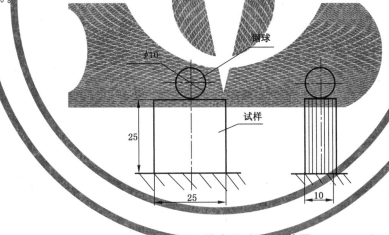

图 1 粘合强度试验装置

5.11 冲击强度

5.11.1 平行层向简支梁冲击强度

适用于试验的板材标称厚度为大于或等于5.0 mm,按GB/T 1303.2—2009中5.4.2的规定。

5.11.2 平行层向悬臂梁冲击强度

适用于试验的板材标称厚度为大于或等于5.0 mm,按GB/T 1303.2—2009中5.4.3的规定。

5.12 垂直层向电气强度

适用于试验的板材标称厚度为小于或等于3.0 mm,按GB/T 1303.2—2009中6.1.3.1的规定,试验报告应报告试验方式。

5.13 平行层向击穿电压

适用于试验的板材标称厚度为大于3.0 mm,按GB/T 1303.2—2009中6.1.3.2的规定,试验报告应报告电极的类型。

5.14 1 MHz 下介质损耗因数

适用于试验的板材标称厚度为小于或等于 3.0 mm,按 GB/T 1303.2—2009 中 6.2 的规定。

5.15 1 MHz 下介电常数

适用于试验的板材标称厚度为小于或等于 3.0 mm,按 GB/T 1303.2—2009 中 6.2 的规定。

5.16 浸水后绝缘电阻

按 GB/T 1303.2—2009 中 6.3 的规定。

5.17 耐电痕化指数(PTI)

适用于试验的板材标称厚度大于或等于 3.0 mm,按 GB/T 1303.2—2009 中 6.4 的规定。

5.18 温度指数

按 GB/T 1303.2—2009 中 7.1 的规定。

5.19 密度

按 GB/T 1303.2—2009 中 8.1 的规定。

5.20 燃烧性

适用于试验的板材标称厚度等于 3.0 mm,按 GB/T 1303.2—2009 中 7.2 的规定。

5.21 吸水性

按 GB/T 1303.2—2009 中 8.2 的规定。

6 供货要求

应符合 GB/T 1303.1—2009 中 5.4 的规定。